WLED用发光材料及应用

李优 李丹 李健 编著

化学工业出版社
·北京·

内容简介

随着白光发光二极管（WLED）在照明、显示行业的广泛应用，对WLED重要组成部分的发光材料进行研究有重要意义。本书通过概括总结用于WLED的发光材料体系最新发展及应用，分析优缺点，为寻找性能更优、更适合WLED用的发光材料提供理论基础和数据支持。本书以发光材料的颜色和材料的体系进行章节编排，系统介绍材料的设计、制备、表征分析、应用等，具有教学体系完整、科研前沿突出的特点，同时具有产教学融合的特色。

本书可作为功能材料本科生、研究生学习专业课程的教材或教学参考书，也可作为从事相关工作的科研人员和工程技术人员的参考书。

图书在版编目（CIP）数据

WLED用发光材料及应用/李优，李丹，李健编著. —北京：化学工业出版社，2023.10

ISBN 978-7-122-43843-0

Ⅰ.①W… Ⅱ.①李… ②李… ③李… Ⅲ.①发光材料 Ⅳ.①TB34

中国国家版本馆CIP数据核字（2023）第132722号

责任编辑：王 婧 杨 菁

责任校对：边 涛　　　　装帧设计：张 辉

出版发行：化学工业出版社（北京市东城区青年湖南街13号　邮政编码100011）

印　　装：河北鑫兆源印刷有限公司

710mm×1000mm　1/16　印张22　字数371千字　2024年7月北京第1版第1次印刷

购书咨询：010-64518888　　　　售后服务：010-64518899

网　　址：http://www.cip.com.cn

凡购买本书，如有缺损质量问题，本社销售中心负责调换。

定　　价：98.00元

前言

白光发光二极管（WLED）作为第四代半导体照明光源的代表，成为21世纪实用性较高且应用范围较广的照明光源，它具有使用寿命长、节能效果显著、安全性高、适用性强、响应时间短和绿色环保等诸多优点，适用于各种环境的照明、背光光源及美化等方面。

发光材料是WLED的重要组成部分，发光材料的发展对WLED的广泛应用具有非常重要的影响。现已广泛商用的黄色钇铝石榴石体系，性能优异但制备条件较苛刻的氮（氧）化物体系、硅酸盐体系，价格较便宜但显色性稍差的磷酸盐体系，结构复杂、发光性能较好但易水解的铝酸盐体系等都是WLED用发光材料中应用比较多的体系。通过对各发光材料体系最新进展及应用进行概括和总结，分析其优缺点，为寻找性能更优、更适合WLED用的发光材料提供基础数据以及分析说明。

本书可作为功能材料专业本科生、研究生的教材，也可作为相关工程技术人员的参考书。编著过程中，本书着重于不同体系发光材料的研究状况及新进展，在章节上进行了科学系统的安排。全书共分七章：第一章系统地介绍WLED及其发光材料、发光的基本理论、发光材料的光学性能指标等；第二章详细地介绍发光材料的主要制备技术以及表征分析方法，并说明了各制备技术的优缺点；第三章到第七章分别详细地介绍WLED用黄色、红色、绿色、蓝色、白色发光材料的研究进展，并以各体系的划分为基础，对发光材料的晶型结构及应用进行了总结和分析。

桂林理工大学李优负责第一章、第二章、第七章的撰写；哈尔滨理工大学李丹负责第三章、第五章、第六章的撰写；李健负责第四章的撰写。课题组的硕士、博士研究生参与了本书有关章节的撰写。本书在编写过程中参考了国内外许多专家学者的研究工作及成果，在此对他们表示最诚挚的谢意。

鉴于WLED用发光材料处于快速发展中，较多理论知识未能全面完善，且编者水平有限，书中难免出现疏漏及不当之处，恳请广大读者批评指正。

2023年2月

目录

第六章　蓝色发光材料 / 243

第七章　白色发光材料 / 281

第一章　WLED及发光材料

按照电光源的发光机理划分，可以将照明光源分为四代：第一代是以白炽灯为代表的电阻发光光源；第二代是以钠灯、汞灯为代表的电弧和气体发光光源；第三代是以荧光灯为代表的发光材料发光光源；第四代是以LED为代表的固态芯片发光光源。

第一节　WLED

白光发光二极管（white light-emitting diode，WLED）是以半导体技术为基础，利用多芯片或单芯片与发光材料配合，将电能直接或间接转化为光能的一种高效、节能、环保的固态发光光源[1]。

将蓝光芯片与黄色发光材料封装在一起发射白光的WLED在1998年研发成功，其结构简单、成本低廉，为WLED在一般照明上的应用铺平了道路，此后WLED高速发展，成为现代照明的宠儿。

WLED发展到今天成为照明界的新宠，因为它有较多的优点[2]。

(1) 光效高，节能环保　在我们使用的照明光源中，白炽灯的光效为12～24lm/W，荧光灯的光效为50～120lm/W，如今制备的WLED的光效已经超过了100lm/W，并正向着150～200lm/W的方向迈进。在具有高光效的情况下，它的能量转化效率也非常高，理论上只需要白炽灯

10% 的能耗，相比荧光灯也可以达到 50%的节能效果。

（2）响应时间短，使用寿命长　普通白炽灯、荧光灯的响应时间为毫秒级别，且高频操作对灯的使用寿命有非常大的影响，而 WLED 的响应时间为纳秒级别，且可以高频操作；正常使用的情况下，WLED 光衰减到 50%的寿命为 50000～100000h（普通白炽灯使用寿命为 1000～2000h，普通节能灯使用寿命为 6000～10000h），这减少了实际应用中的更换频率和其他维护工作，提高了应用的范围和强度。

（3）安全稳定，绿色环保　WLED 使用低压电源，单颗灯珠供电电压仅为 2～3.6V，整个电器的供电电压也只在 6～24V 之间，不会产生安全隐患；密封性能、抗震性能及抗冲击性能优良，不容易损坏；发射的光线中不含紫外线和红外线，不产生辐射；不含汞和氙等有害元素，利于回收；不会产生电磁干扰。

（4）体积小，发热量低　WLED 的每个颗粒都较小，且适合平面封装，这为灯具的美观、简洁等方面提供更大的应用空间；以半导体为基础，产生的发热量也非常低，适于各种要求严格的场所。

（5）光色可调，可控性强　WLED 可以实现从暖白光到冷白光的选择调控，提高应用的价值及范围；可以通过电路的控制，在所需场所提供合理的解决方案，达到智能、集约的目的。

WLED 发射白光的实现方法主要分为两大类，一是多芯片组合型，二是发光材料转换型。

多芯片组合型是通过发射红、绿、蓝三种颜色的半导体芯片相互组合产生白光的发射。其优点是颜色可控、显色性较好；缺点是三种颜色的芯片在配光过程中会产生色分离、所需的控制电路较复杂、成本较高，并不适用于照明光源。

发光材料转换型是通过发光材料将芯片的发射光进行波长转换，不同的发光材料发射的光相互配合形成白光。它分为两种不同的方式，一种为单芯片与一种发光材料合成白光，另一种为单芯片与多种发光材料合成白光。

单芯片与一种发光材料合成白光的方式分为两种：一种是蓝光芯片与黄色发光材料组合，蓝光芯片发出的蓝光一部分作为黄色发光材料的激发光，另一部分透过发光材料作为与黄色光的混合光，形成白光；一种是近紫外芯片或蓝光芯片与白色发光材料组合，近紫外光或蓝光作为白色发光材料的激发光，激发白色发光材料产生光发射，形成白光。此种方式的优点是制备简单、效率高、温度稳定性高、技术成熟等；缺点是缺少红色光而显色性较差，蓝光芯片与黄色发光材料结合容易产生色分离，不容易得到均匀的白光，而且还存在技术专利的壁垒。

单芯片与多种发光材料合成白光的方式也分为两种：一种是蓝光芯片与红色、绿色发光材料组合，蓝光芯片发出的蓝光一部分作为红色、绿色发光材料的激发光，另一部分透过发光材料作为红色、绿色的混合光，形成白光；一种是近紫外芯片与红色、绿色、蓝色发光材料组合，近紫外芯片发出的近紫外光作为激发光，激发发光材料发出相应颜色的光，再光色合成形成白光。第一种方案的优点是克服了蓝光芯片与黄光发光材料合成时缺少红色光而显色性较差及技术专利的壁垒等问题，缺点是能被蓝光有效激发的红色和绿色发光材料较少，且易产生色分离，得到的白光不均匀；第二种方案的优点是可以得到高显色性的均匀配光效果及可见光全域的连续发光，缺点是封装复杂，对发光材料的要求较高。

第二节 WLED 发光材料

一、WLED 用发光材料性能要求

WLED 用发光材料不但要具有灯用发光材料的基本要求，还要具有本身特定的要求[3]：

① 能够充分吸收激发源产生的激发光，激发源光的波长为近紫外光（365～410nm）或蓝光（约 460nm），能够将激发光转换为可见光，并且具有较高发光量子效率。

② 在 285～720nm 波长范围内具有适宜的发射光谱，各个颜色的发射光能够很好地合成白光，具有较宽的色域。

③ 具有较佳的颗粒粒径中心值，一般在 8μm 以下，粒径分布集中，分散性好，利于涂覆出均匀、致密、平滑的发光层。

④ 不能与封装材料、WLED 芯片等发生作用，物理、化学性能稳定性较高。

⑤ 具有在较高温度下及特殊气氛下的稳定性，工作时具有良好的温度猝灭特性。

⑥ 具有一定的耐激发源辐照和离子轰击的稳定性，能够在紫外光子长期轰击下保持性能稳定。

⑦ 能够透过封装材料，具有较高的光通量、较好的显色性。

二、主要基质

发光材料的基质化合物种类较多，但 WLED 用发光材料一般为氧化物、氮（氧）化物、含氧酸盐及一些多元复合体系[4]。在基质的设计和选择上，原则上是组成中阳离子应该具有惰性气体元素电子构型，或具有闭壳层电子结构。

氧化物在发光材料，尤其是灯用发光材料的发展中一直占据着比较重要的位置，如 $Y_2O_3:Eu^{3+}$，$Gd_2O_3:Eu^{3+}$ 等；氮（氧）化物是近些年研究比较深入的一种重要的基质，它具有非常好的荧光性能，具有非常好的物理化学性能，但是在制备过程中需要较高条件。

含氧酸盐的种类比较多，也是发光材料最主要的基质类型。主要类型有：硅酸盐，如 $M_3MgSi_2O_8:Eu^{3+}$（M＝Ca，Sr，Ba）等；磷酸盐，如 $M_2P_2O_7$（M＝Ca，Sr，Ba）；铝酸盐，如 $BaMgAl_{10}O_{17}:Eu^{2+}$；钨酸盐，如 MWO_4（M＝Mg，Ca，Sr，Ba）；锡酸盐，如 M_2SnO_4（M＝Ca，Sr，Ba）等。

三、发光中心

发光中心[5] 是发光材料中被激发的电子跃迁回基态（或与空穴复合）发射出光子的特定中心。它可以是组成基质的离子、离子团或掺入的杂质。无机发光材料的发光中心通常被称为激活剂，激活剂决定发光材料的发光性能、发光颜色及发光效率等。

ns^2 型离子发光中心：ns^2 型离子指基态为 ns^2、第一激发态为 $nsnp$ 电子构型的一些离子，n＝4，5，6。基态为 ns^2 电子构型的离子如 n＝4，为原子序数 29～33 的元素；n＝5 为原子序数 47～51 的元素；n＝6 为原子序数 79～83 的元素。但这种类型的发光中心在 WLED 用发光材料中应用较少。

过渡金属离子发光中心：具有 $3d^1$ 或 $3d^5$ 电子构型的过渡金属离子，

它们往往作为无机发光材料的激活剂，并能得到较好的荧光光谱。在WLED用发光材料中较常用的离子为Mn^{2+}、Mn^{4+}、Zn^{2+}等。

稀土离子发光中心：元素周期表中的15个镧系元素，加上同族的钪（Sc）和钇（Y），被称为稀土元素（RE），将它们掺杂入发光材料的基质中作为发光中心，产生需要的发射光谱。稀土离子发光中心的发光性能源于自身电子构型的特殊性，发光主要为4f→4f跃迁、5d→4f跃迁和电荷迁移跃迁。大部分三价稀土离子的发光为4f→4f跃迁，它属于宇称禁戒的跃迁，吸收度比较小，得到的发光强度不高，且多为狭窄的线谱。但Ce^{3+}、Pr^{3+}等和一些二价稀土离子，如Eu^{2+}等，则属于5d→4f跃迁，这个跃迁是允许的电偶极跃迁，吸收及发射强度较大。电荷迁移跃迁是指吸收光子能量的电子从一个离子转移到另一个离子，如以Eu为例，当氧离子的2p态转移到Eu^{3+}的4f态后，Eu^{3+}变为Eu^{2+}，电子从电荷迁移态返回配位离子后，将激发能返还给Eu^{3+}，使Eu^{3+}跃迁到^5D态，产生发光。电荷迁移跃迁是允许的电偶极跃迁，吸收度较大，吸收光谱为宽带光谱，一般的四价稀土离子的最低吸收带为此类跃迁形成的。

复合离子发光中心：主要指一些具有特定电子构型的阴离子基团。多为白钨矿结构的闭壳电子构型，主要为B族阳离子与氧形成的基团。经常为用作发光中心的复合离子为钨酸根（WO_4^{2-}）、钼酸根（MoO_4^{2-}）、钒酸根（VO_4^{3-}）及一些其他闭壳复合离子发光中心（MO_4^{n-}，M=Ti、Zr、Nd、Ta、Cr等）。还存在一些其他类型的复合离子发光中心，其通式可以写作$[MO_6]^{n-}$，其中M=W、Ti、Mo、Zr及Ta等。

四、光致发光过程

WLED用发光材料属于光致发光材料，即通过外界光源对发光材料进行激发，使发光材料产生发光现象。因此，WLED用发光材料具备固体发光的两个基本特征：①任何物体在一定温度下都具有热辐射，而发光是物体吸收外来能量后所发出的总辐射中超出热辐射的部分；②当外界激发源对物体的作用停止后，发光现象还会持续一定的时间。

光致发光过程分为光的吸收、能量传递和光发射三个主要阶段[6,7]。

（1）光的吸收　光致发光过程，主要的激发源也为光，这个光可以是紫外光、可见光及红外光等，对于WLED用发光材料，其主要的激发为芯片发射的光，多为近紫外（365～410nm）、蓝光（约460nm）。当外部激发光照射到发光材料上时，会出现反射、散射、透过、吸收等，而能够产生激发光作用的为能被发光材料吸收的部分。对于发光中心来说，当出现光的吸收后，会从基态能级跃迁到激发态能级，只有符合选择定则的跃迁过程才会发生。

（2）能量传递　对于光致发光材料，大多数会存在另一种能量接受、传递中心——敏化剂，它能够吸收外部激发光照射，产生能级跃迁，当跃迁结束，从激发态能级跃迁回基态能级，会释放出能量，这个能量能够被发光中心所吸收，并能够使发光中心跃迁到更高的激发态能级。

（3）光发射　发光中心会由激发态返回基态，在返回过程中可能出现两种情况：①以热的形式把能量释放给临近的晶格，成为"无辐射弛豫"，也称为荧光猝灭现象。②以辐射的形式将能量进行释放出来，称为"发光"现象。

第三节　发光基本理论

一、能带理论

能带理论是研究固体中电子运动规律的一种近似理论[8,9]。在形成分子时，原子轨道构成具有分立能级的分子轨道。晶体是由大量的原子有序堆积而成的。由原子轨道所构成的分子轨道的数量非常之大，以至于可以将所形成的分子轨道的能级看成是准连续的，即形成了能带。材料的能带结构是由多条能带组成，能带数目及其宽度等都不相同。相邻两能带间的能量范围称为"能隙"或"禁带"。晶体中电子不能具有这种能量。完全被电子占据的能带称"满带"。满带中的电子不会导电；完全未被占据的称"空带"；部分被占据的称"导带"。导带中的电子能够导电；价电子所占据能带称"价带"。导带和价带间的空隙称为能隙。

当发光材料收到外部激发光的作用，会使价带的电子激发到导带，这个过程就是光的吸收；被激发到导带的电子是非平衡态载流子，它们会自发地或受激地从激发态跃迁回基态，恢复到平衡态，并将吸收的能量以光的形式辐射出来，这个过程称为光发射。

在禁带中存在发光中心所产生的能级和电子俘获能级，在发光材料被光激发的情况下，会产生基态能级向激发态能级的电子跃迁，当有激发态返回到基态能级时，会产生“荧光”；如果把必需的能量传递给跃迁到导带的电子，电子或者重新被陷阱俘获，或者从导带跃迁到激活剂能级，与发光中心复合，产生长时发光。

能带理论的出发点是固体中的电子不再束缚于个别的原子，而是在整个固体内运动，称为共有化电子，在讨论共有化电子的运动状态时假定原子实处在其平衡位置，而把原子实偏离平衡位置的影响看成微扰，对于理想晶体，原子规则排列成晶体，晶格具有周期性，利用能带理论解释发光的过程，其应用较广泛。

二、位形坐标

在发光材料中，以发光中心周围的晶格离子位置为横坐标，以各状态系统的总能量为纵坐标形成位形坐标图，如图 1-1 所示[7]。电子和核组成的系统的总能量包括电子的能量和核的振动能，以电子基态的能量为 0，基态电子的能量和核的振动能量的和为电子处于基态时系统的总能量。振动能量是量子化的，纵坐标的各状态能量是以抛物线形式存在的，因此，这条抛物线是准连续的，系统也只是处于抛物线上的一系列能量值，电子处于基态时的能量可以通过位形坐标图中的抛物线 U 观察到。当电子被激发到激发态时，电子云分布产生的改变导致核处于一个新的平衡位置，平衡位置的变化称为晶格弛豫，在激发态，核会以这个新的位置为平衡位置振动，系统处于激发态时的能量在坐标系中的标示为抛物线 V，这条抛物线相对于基态抛物线 U 在水平和垂直方向上产生一定的位移，同样，量子化使系统能量的取值为抛物线 V 上的一些分离值。利用位形坐标说明光致发光过程，如图 1-2 所示。

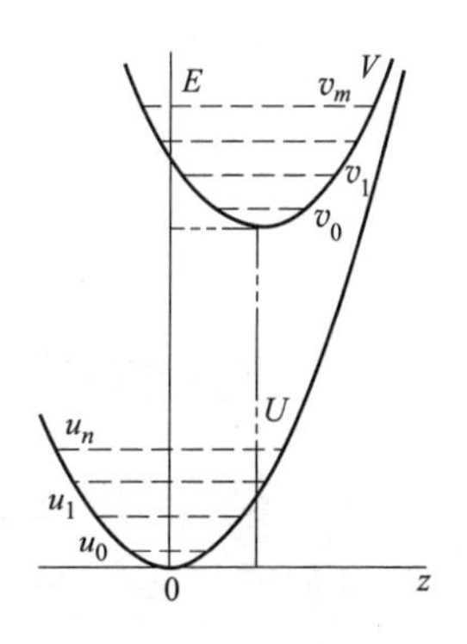

图 1-1 位形坐标

当电子处于基态时，系统处在抛物线 U 上某能级位置，电子被激发而发生跃迁，电子态的变化比晶格振动快得多，在跃迁过程的一瞬间，晶格的位置和动量未来得及变化，这是发光材料受到外部激发产生的吸收过程，如图 1-2（a）所示。由于系统产生跃迁后所对应的振动态较高，系统由于弛豫现象很快回到抛物线 V 上最低的振动能级。随后，电子跃迁回到基态能级，即抛物线 U 上某个位置，这个过程为光的发射，如图中（b）所示。而当电子通过与外界碰撞的过程或与外界进行能量交换的过程而从一个能级改变到另一个能级，这两个能级的能量值处于同一状态，既不发射也不吸收光子，则这个过程为无辐射跃迁，如图中（c）所示。

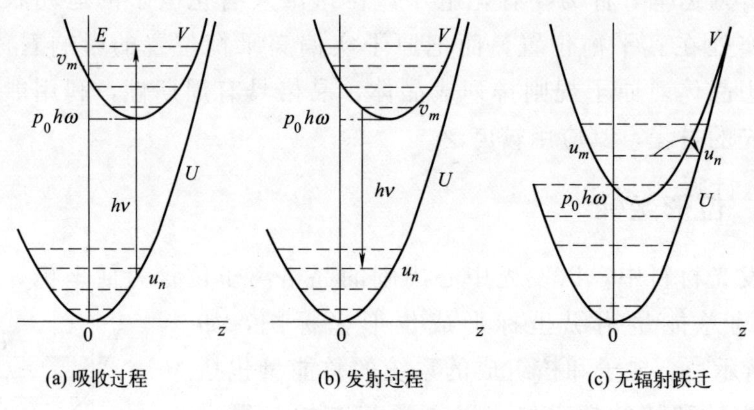

图 1-2　光致发光过程位形坐标

三、选择定则

依据量子力学的基本观点及电磁基本理论，一个稳定的电荷分布体系的电荷密度是不随时间变化的，且不会发射电磁辐射，因此，外部辐射场对原子作用时，原子处于混合态。处于某一个能级上的原子在单位时间内跃迁到另一个能级存在一定的概率，而原子辐射中最主要的模式为电偶极辐射，当电偶极跃迁的概率不为 0，被称为电偶极跃迁的选择定则。服从选择定则的跃迁称为允许跃迁；不满足电偶极跃迁的选择定则的跃迁称为禁戒跃迁[10]。

由量子力学基础可以知道，一个原子的状态需要四个量子数 n、l、j、m_j 确定，其中 n 为主量子数，l 为轨道角动量量子数，j 为总角动量量子数，m_j 为总角动量磁量子数。原子中各价电子轨道角动量量子数为 l_i，可以按照角动量相加的规则耦合得到总轨道角动量 L；各个电子存在自旋角动量 s_i，同样耦合得到总自旋角动量 S；在一个闭合壳层中，一个电子占据一个量子态，由于 m_l 和 m_s 总是正负存在，因此整个闭合壳层

的磁量子数为 $M_L = \sum m_l$，$M_S = \sum m_s$；通过自旋-轨道相互作用，会使轨道角动量 L 和自旋角动量 S 耦合为总角动量 J，这种耦合称为 LS 耦合。自旋-轨道相互作用可能存在大于剩余静电相互作用，每个电子的自旋-轨道相互作用会导致轨道角动量 l_i 和自旋角动量 s_i 耦合得到总角动量 j_i，在计算剩余库仑相互作用时进行能级修正，导致电子的总角动量不再守恒，j_i 将耦合成为总角动量 j，这种耦合称为 jj 耦合。

电偶极跃迁时量子数会遵从一定的选择定则。①LS 耦合：$\Delta S = 0$；$\Delta L = 0$，± 1；$\Delta J = 0$，± 1（$J = 0 \rightarrow J = 0$ 除外）；$\Delta M_J = 0$，± 1。②jj 耦合：$\Delta j = 0$，± 1；$\Delta J = 0$，± 1（$J = 0 \rightarrow J = 0$ 除外）；$\Delta M_J = 0$，± 1。

对于 $\Delta S = 0$ 的规则，有些情况，例如原子序数较大的原子的一些状态，由于自旋-轨道相互作用而不能完全以 LS 耦合来近似，这条选择定则就可能被违背。

四、热猝灭

在发光过程中，虽然主要涉及电子的跃迁，但是晶体中的电子跃迁不可能与晶格振动完全分开，在某种程度上会存在电子-声子的相互作用。声子参与跃迁有多种形式[11]：①多声子弛豫，激发到导带的过热电子通过多声子发射弛豫到导带底，这个过程叫做热均化。多声子发射参与的带间跃迁造成吸收和发射光谱之间的斯托克斯频移，同时也会使谱线加宽。②热猝灭，当温度升高时，导带中的过热电子可能获得足够的激活能，从而越过一个势垒到达导带与价带位形曲线的交点，并通过多声子发射无辐射的弛豫到基态，这个过程叫做光的热猝灭。③通过深能级的多声子发射。④声子参与的间接跃迁等。

发光材料可以通过升高温度提高其发光效率。利用位形坐标解释为电子从激发态到基态的跃迁，即材料的发光过程，这个过程可以用量子效率来表示。量子效率是材料发射的光量子数与吸收光量子数之比，作为实用的材料，人们当然希望它的量子效率越高越好，但是在实际材料中总有一些无辐射过程，这些无辐射过程有些是由材料本身决定的，有些是由材料中的缺陷和杂质决定的。

由材料本身决定的无辐射跃迁可以用位形坐标进行描述，在发光体系中，吸收跃迁和发射跃迁可以同时发生，但是当温度足够高的时候，电子占据的激发态振动能级可以达到基态和激发态交叉的区域，这时激发态的能量通过交叉处以无辐射过程转化为晶格的热振动，使体系回到基态，则通过发光消耗能量的概率就会相应降低，即发生了热猝灭过程。

五、浓度猝灭

在发光体系中，激活剂的作用不可替代，为了获得高的发光效率，按照常识似乎应该在材料中加入尽可能多的激活剂。然而，在多数情况下，激活剂的浓度达到一定数值后，材料的发光效率不会再提升反而有所降低，这种现象称为浓度猝灭[7,11]。当激活剂的浓度过高时，能量在激活剂离子之间的传递概率超过了发射概率，激发的能量重复地在激活剂离子之间传递。由于晶体中总会存在缺陷，比如晶体表面、晶粒间界、位错等，当能量在激活剂离子之间传递过程中遇到这些缺陷，激发的能量就会以热的形式无辐射地散失掉，正因为如此，激活剂的浓度尽管再增加，发光效率也不会增加，反而会有所下降。

改善的方法是可以在发光材料中加入共激活剂。共激活剂不是发光中心，而是起到一种辅助发光中心的作用，可以作为能量传递的机构，在发光材料中构成复合发光中心，与基质保持密切联系，作为能量传递媒介，解决浓度猝灭的问题。

第四节　光学性能指标

一、激发光谱及发射光谱

在发光材料的光谱表征中，通常要确定使发光材料产生光的发射时激发光的波长，并确定某发射波长的最大发射强度时的最佳激发波长；同时和激发光的波长相对应的，在光的激发下会产生发射光的波长，并确定最佳激发光波长的最大发射强度的波长[7,11-15]。

激发光谱（EX）就是在一定范围波长内通过连续扫描，产生的某谱线或谱带的强度随激发波长（或频率）变化的光谱。激发光谱的 x 轴为激发光的波长，单位为 nm，y 轴为激发光的相对强度。激发光谱反映了发光材料对光的吸收并转换成发射光的总效率，确定对发光材料起作用的波长和能量。发光材料激发光谱与漫反射光谱相关，但不完全一致，漫反射光谱只能说明发光材料能够吸收某波长的光，但这个波长的光吸收后能否使发光材料发光就不一定了，因此通过比较两个光谱，可以判定哪些吸收光有用，哪些吸收光无用。在 WLED 中，激发波长具有非常重要的作用，所制备的应用于 WLED 中的发光材料激发光谱的最强峰必须与所要封装的 LED 芯片的发射光波长相匹配，这样才能产生最佳的发射光效果。

发射光谱（EM）反映发光材料在特定激发源激发下，发射出不同光的强度或能量随波长变化的光谱。发射光谱的 x 轴为发射光的波长，单位为 nm，y 轴为发射光的相对强度。发射光谱是发光材料最重要的光学性能指标之一，常用来表征发光材料的发光强度、最强峰的位置及光谱形状，同时也能反映发光中心的种类（如稀土离子、某些过渡金属离子、一些重金属离子及某些离子团等）及能级跃迁，在实际应用中，发射光谱可以表征在某种特定激发光条件下的发光颜色。将发射光谱按照形状可以分为线状谱、窄带谱及宽带谱等。而发射光谱形状的形成取决于发光中心，同时基质及晶体结构的变化也会改变发射光谱的形状。当发光材料具有多个发射谱带时，温度的变化会导致一些带相对增强，一些带相对减弱，因此在发射光谱分析测试过程中，温度也是应该考虑的因素。

二、发光强度及效率

发光强度，简称光强，是指光源在指定方向上的单位立体角内发出的光通量，也就是说光源向空间某一方向辐射的光通密度，用 I 表示，国际单位是 cd（坎德拉），表达式为 $I=\Phi/W$。式中，Φ 为光源发光范围立体角内辐射出的总光通量；W 为光源发光范围的立体角，立体角是一个锥形角度，以 sr（球面度）为计量单位。光强代表了光源在不同方向上的辐射能力，通俗地说发光强度就是光源所发出的光的强弱程度[7,11-13]。

发光效率反映发光材料将激发时吸收的能量转换为光能的能力，是发光材料及器件的重要物理参量之一，表示方法主要有三种，即能量效率（或功率效率）、量子效率及流明效率（或光度效率）。

（1）能量效率（η_E） 是指发射光的能量与输入或吸收的能量的比，表达式为 $\eta_E=E_{em}/E_{in}$。式中，E_{em} 为发射能量；E_{in} 为输入能量。

功率效率是发射光功率与激发时输入或吸收的功率的比，在光致发光中通常使用能量功率来表示。

（2）量子效率（η_Q） 是发光体发射的光子数与激发时所吸收的光子数的比，表达式为 $\eta_Q = N_{em}/N_{in}$。式中，N_{em} 为发射的光子数；N_{in} 为输入的光子数。

在光致发光中，一些发光材料的量子效率可以接近 100%，即大概能够将全部吸收的光子转换成为可发光光子。但在整个发光过程中，发射波长和激发波长之间存在着斯托克斯位移，因此能量效率不能接近于 1。

在能量效率和量子效率之间可以利用公式 $\eta_E/\eta_Q = \lambda_{ex}/\overline{\lambda}_{em}$ 进行转换。式中，λ_{ex} 为激发光波长；$\overline{\lambda}_{em}$ 为发射谱带的平均波长（平均波长按照发光谱带的光子数随波长的分布计算）。

（3）流明效率（η_L）是发可见光的发光器件的重要参数之一，是发光材料发出的总光通量与消耗的功率的比，表达式为 $\eta_L = L/W$。式中，L 为发出的总光通量；W 为消耗的总功率。

三、余辉

余辉是发光现象的两个主要特征之一，其定义为当外界激发源对物体的作用停止后，发光现象的持续时间，一般将持续时间短于 10^{-8} s 的发光被称为荧光，而持续时间长于 10^{-8} s 的发光被称为磷光[11,12]。在发光研究的历史中，曾经根据物质受激发的时间段将发光分为荧光（受激发时的发光）和磷光（激发停止后的发光），现在已经不再用荧光和磷光来区分发光的过程。现在的发光都以余辉的形式来显现其衰减过程，衰减时间可以很短，也可以很长，但较长的余辉时间不适合应用于 WLED 用发光材料中。

四、色坐标

色坐标就是颜色的坐标。对于颜色的表述，语言是无法准确真实地描述的，更不能很好地说明相近颜色的异同点，而色坐标是用定量的方法对颜色进行描述，将人的视觉利用数字准确衡量[7,16]。

通过利用红、绿、蓝三种颜色作为基本色，调节三种基本颜色的比例可以合成任何颜色，这是三基色原理。其合成表达式为：C[C]=R[R]+G[G]+B[B]。式中，C 为合成色；R 为红色（$\lambda_{标}$=700nm）；G 为绿色（$\lambda_{标}$=546.1nm）；B 为蓝色（$\lambda_{标}$=435.8nm）。

由合成表达式可以知道，其三原色可以相加或相减，即三原色在表达式中可以出现负值，而在实际中不可能出现这种情况，为了克服这个缺点，出现了 XYZ 表色系统，经过坐标转换等，得到 x、y 坐标，就可以绘制 XYZ 表色系统的各光谱色的轨迹图，这是目前通用的表示颜色的标准色度系统的色品图，也称 CIE-1931 色品图（图 1-3）。

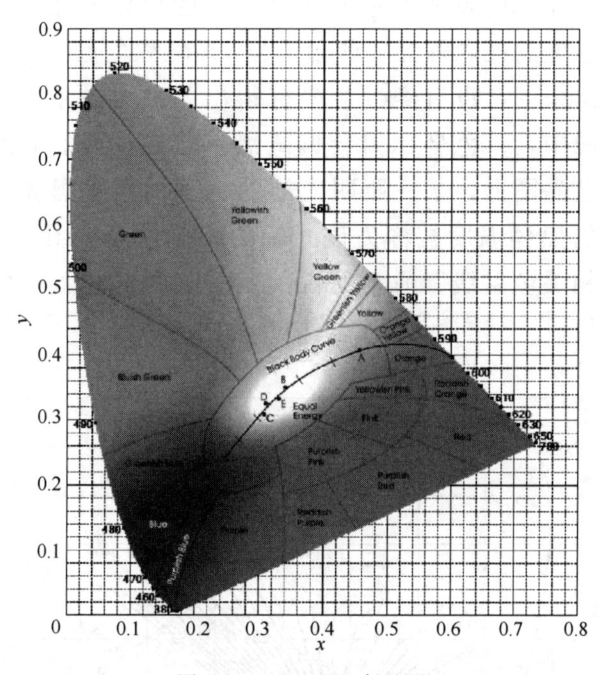

图 1-3 CIE-1931 色品图

从图 1-3 可以看到，整个 CIE 色品图呈现马蹄形，包裹马蹄的曲线为单色光谱轨迹，曲线上的每一点代表 380nm（紫色）到 780nm（红色）之间的某一波长的单色光；曲线包围的区域内的每一点为复色光，即代表一种颜色。在马蹄前端为绿色区域，在马蹄的后部靠左为蓝色区域，马蹄后部靠右为红色区域，而马蹄的中心区域为白光区域。在色品图中，越靠近光谱轨迹的点的颜色越纯正、鲜艳，即色饱和度越好。自然界中的每一种颜色都能够在色品图上找到相应的位置，而每一种颜色都能够用坐标（x，y）表示，这个坐标即为色坐标。

五、色温及光色

在任何温度下能完全吸收任何方向入射的任何波长辐射的热辐射体

称为黑体。通过计算，将不同温度的黑体光谱能量曲线换算成色坐标，再将这些色坐标绘制到色品图上，连成一条曲线，形状如图 1-3 中白光区域的黑色曲线，称为黑体曲线。整条曲线随着黑体温度的升高，呈橙色—橙黄色—白色—蓝色—紫色变化，即可以通过颜色的变化推断出温度的高低。这样可以用数字和颜色两方面表明光源的颜色，既准确又直观。当表示照明光源的发光颜色与某个温度的黑体发光颜色相同或接近时这一黑体的温度的概念称为“颜色温度”，简称色温[17,18]。色温必须是通过色坐标算出来的，没有经过色坐标得出的色温是不准确的。在实际应用的照明光源中，其色坐标值会偏离黑体轨迹，人们对此给出了一个新的定义：在色品图上，某一照明光源的色坐标点在黑体轨迹线上的最近距离所对应的黑体温度被称为该光源的相关色温。图 1-4 为 CIE-1931 色品图上的等相关色温线。通常所说的某一光源的色温，实际上是该光源的相关色温值。

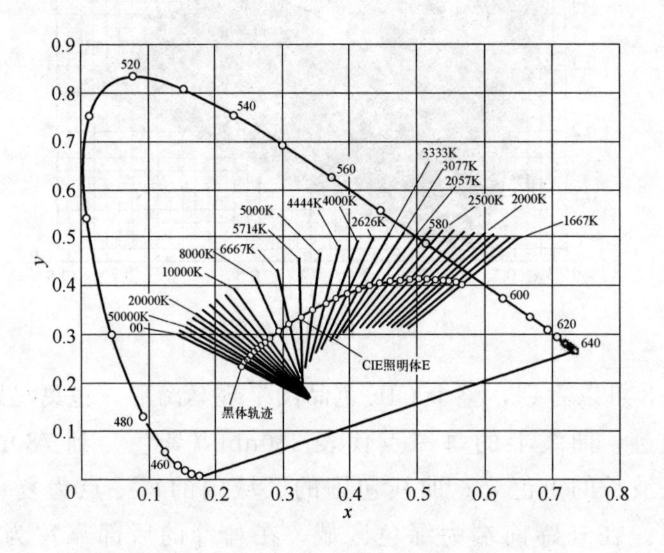

图 1-4　CIE-1931 色品图上的等相关色温线

光源的颜色简称为光色，是光学里一种以 K（开尔文）为计算单位表示光颜色的数值[16,17]。对于照明光源，国际电工委员会（IEC）规定了荧光灯的四种光色的名称及对应的色温：日光色（D）对应的色温为 6500K；冷白色（CW）对应的色温为 4200K；白色（W）对应的色温为 3000～3450K；暖白色（WW）对应的色温为 2850K。

六、色相、纯度及明度

色相、纯度及明度在色彩学上称为色彩的三属性，它们之间相互关联、相互影响[16,19]。

色相，又称为色调，是能够比较确切地表示某种颜色色别的名称，如黄、红、绿、蓝、紫等，是区分颜色的重要特性。

纯度，也称彩度、饱和度，是指色彩的纯净程度，表示颜色中所含有色成分的比例。含有色彩成分的比例愈大，色彩的纯度愈高；含有色成分的比例愈小，色彩的纯度也愈低。可见光谱的各种单色光是最纯的颜色，为极限纯度。

明度是指色彩的明亮程度，表示物体表面颜色明亮程度的视知觉特性值，以绝对白色和绝对黑色为基准给予分度。物体明度大于 8.5 的中性色称为白色，而物体明度为 10 的理想白色为绝对白色；物体明度小于 2.5 的中性色称为黑色，而物体明度为 0 的理想黑色称为绝对黑色；物体明度位于 2.5～8.5 之间的中性色称为灰色。

七、显色指数

光源照射物体后会引起的颜色效果被称为这个光源的显色性，但光源的显色性相对于人却具有主观的定性，会根据人对于颜色的感觉及日光照射产生的颜色效果进行对比[19]。而要反映真实的颜色，就需要把光源的显色性进行量化，CIE 就提出了显色指数来度量显色性。光源的显色指数是指在特定的条件下，物体有光源照明和参比施照体（标准光源 D_{65}，即相关色温为 6504 K 的昼光）照明时，知觉色符合程度的度量。显色指数的计算公式为 $R_i=100-4.6\Delta E_i$。式中，ΔE_i 为照明光源有标准光源 D_{65} 换成待测光源时，试验色 i 在 CIE1960 年 UCS 色品图上所引起的色差值。

在实际照明光源的研究中，经常使用的显色指数 R_a 称为平均显色指数，计算公式为 $R_a=100-4.6\Delta\overline{E}_a$。式中，$\Delta\overline{E}_a$ 为 ΔE_i 的平均值。

显色指数对于显色性有一定的等级区别和评价作用，不同的显色指数应用于不同的场所，具体如表 1-1 所示。

表 1-1　显色指数及显色性的应用

显色指数(R_a)	等级	显色性	一般应用场所
90～100	1A	优良	色彩精确对比的场所
80～89	1B	优良	色彩正确判断的场所
60～79	2	普通	中等显色性的场所
40～59	3	普通	显色性的要求较低、色差较小的场所
20～39	4	较差	显色性无具体要求的场所

参考文献

[1] Adrian K. Luminescent materials and applications [M]. Chichester: John Wiley & Sons Ltd, 2008.

[2] 田民波，朱焰焰. 白光LED照明技术 [M]. 北京：科学出版社，2012.

[3] 全国照明电器标准化技术委员会. 照明用LED系列标准宣贯教材 [M]. 北京：中国标准出版社，2010.

[4] 方志烈. 半导体照明技术 [M]. 北京：电子工业出版社，2009.

[5] 祁康成，曹贵川. 发光原理与发光材料 [M]. 成都：电子科技大学出版社，2012.

[6] 方容川. 固体光谱学 [M]. 合肥：中国科学技术大学出版社，2001.

[7] 张中太，张俊英. 无机光致发光材料及应用 [M]. 北京：化学工业出版社，2005.

[8] 黄昆，韩汝琦. 半导体物理基础 [M]. 北京：科学出版社，2010.

[9] Taylor K N R, Darby M I. Physics of rare earth solids [M]. London: Chapman and Hall, 1972.

[10] 张思远. 稀土离子的光谱学：光谱性质和光谱理论 [M]. 北京：科学出版社，2008.

[11] 张希艳，卢利平，柏朝晖，等. 稀土发光材料 [M]. 北京：国防工业出版社，2005.

[12] 孙家跃，杜海燕，胡文祥. 固体发光材料 [M]. 北京：化学工业出版社，2003.

[13] 李建宇. 稀土发光材料及其应用 [M]. 北京：化学工业出版社，2003.

[14] 洪广言. 稀土发光材料——基础与应用 [M]. 北京：科学出版社，2011.

[15] 许少鸿. 固体发光 [M]. 北京：清华大学出版社，2011.

[16] 滕秀金，邱迦易，曾晓栋. 颜色测量技术 [M]. 北京：中国计量出版社，2008.

[17] 肖志国. 半导体照明发光材料及应用 [M]. 北京：化学工业出版社，2008.

[18] 余宪恩. 实用发光材料 [M]. 北京：中国轻工业出版社，2008.

[19] 金伟其，胡威捷. 辐射度 光度与色度及其测量 [M]. 北京：北京理工大学出版社，2006.

第二章　制备技术及表征方法

自发光材料问世至今，传统的制备方法已经趋于成熟，这些成熟的制备方法为发光材料的发展奠定了坚实的基础。而随着新发光材料的出现及发展，要求发光材料颗粒小、近球形、粒度分布窄、分散性好等。越来越高的要求也促进新的合成、制备技术的开发，在各相近学科间相互融合的今天，发光材料的制备也出现了较多的机遇和挑战，从传统到新型，多方面的物理、化学制备技术必定会为发光材料的发展提供最有力的支持。

第一节　主要制备技术

WLED用发光材料的制备，基本上为粉体的制备，其制备方法较多。实验室及工厂中常用的制备技术为高温固相法、沉淀法、溶胶-凝胶法、水热法等[1-3]。

一、高温固相法

高温固相法[4-9] 是制备发光材料最传统的方法，也是工业生产和实验领域最常用的方法。固相反应主要是指固相与固相、固相与液相、固相与气相之间在高温下发生化学反应形成新的产物的过程，在发光材料制备中，以固相与固相间的反应居多。

高温固相法制备发光材料的基本实验过程如下：

① 选择高纯度原料，并按照实验要求称量所需的量，对原料进行预处理。

② 利用研钵或球磨机对处理好的原料进行研磨、混合，并将处理好的原料放入适当的坩埚等容器中。

③ 将装有原料的容器放入高温炉中，设置一定的烧结温度，进行高温煅烧，如需要，可加入一定的气氛保护等。

④ 煅烧结束后，将粉料取出进行后处理，得到性能良好的发光材料。

在国内，一般的化学试剂分为化学纯、分析纯及保证试剂，纯度更高的化学试剂称为高纯、超纯或优级纯。对于发光材料的制备，所需要的化学试剂的纯度都属于高纯度，即所谓的荧光纯，要求试剂中有害元素的含量均应减少到 10^{-6} 以下。原料的粒度、纯度、形态等对于高温固相反应的速度及发光材料的荧光性能有很大影响，因此在进行高温固相法制备时，除选择高纯的原料外，一般还需要对原料进行预处理。活化处理可以提高原料的反应活性，处理的方法包括研磨、酸洗、碱洗、表面处理、热处理等；干燥处理可以提高制备时样品组分的精确性。

原料的前期研磨、混合可以提高固相反应的效率及发光性能，因此对于混合方式及混合仪器的选择非常重要。在实验室条件下，常用研钵手工研磨处理原料，常用的有陶瓷研钵，也有玻璃研钵、玛瑙研钵等，其钵体大小根据原料的多少选择。有时候会加入适量的助磨剂处理难磨原料或提高原料混合的均匀程度。在一般工业生产中，常用球磨机进行混料。不论选择何种混合仪器，都要在保证原料混合均匀的前提下，防止杂质进入污染原料。

升温—保温—降温过程是固相反应的最关键的步骤，是原料发生化学反应得到最终所需的产物、形成较好的物相结构的过程。由于是高温固相反应，承载原料的容器就非常重要，需要在高温状态下难熔且保持化学惰性，常用的容器为坩埚（也有舟形），如石英坩埚、刚玉坩埚、碳化硅坩埚和铂坩埚等。

发光材料进行高温固相反应，有时需要保护性还原气氛。这个可以通过以下几种方式实现：通入氮气和氢气混合气体；通入氨气气体；通入一氧化碳气体；将坩埚中的原料用碳纤维制品包裹或覆盖活性炭粒；

利用金属作为还原剂，惰性气体保护。

为了降低煅烧温度，促进固相反应的进行，可以在原料中混入少许的助熔剂。助熔剂是熔点较低、在高温状态下熔融、提供半流动态的环境、促进反应物间的扩散、利于产物结晶化，且对发光性能无害的物质。常用的助熔剂有碱金属、碱土金属卤化物、氧化硼、硼酸等。

通过高温固相法制备的发光材料，必须经过后处理才能满足实验及工业生产的要求。通常后处理包括粉碎、选粉、洗粉（水洗、酸洗、碱洗）、表面处理及筛分等，经过后处理的发光材料，不但可以满足实际应用对于粒度的要求、涂敷要求等，而且也能够增强发光材料的发光性能。

高温固相法制备发光材料有诸多优点：①生产成本低，产量大，适合工业化生产；②实验周期较短，制备工艺简单，易于实现；③制备的发光材料表面缺陷少，发光性能较好。

同时，高温固相法的缺点也十分明显：①生产过程能源损耗大，浪费严重，效率低；②制备的发光材料粒度不够细，颗粒间易团聚，需要进行后续处理；③制备过程易混入杂质，降低发光材料的发光性能，降低产品质量。

二、沉淀法

沉淀法[5,8-10] 制备发光材料，是在一种或多种无机金属盐中加入沉淀剂形成溶解度小的化合物，从而在溶液中沉淀下来得到所需的前驱物，再经过煅烧处理得到所需要的粉体。也可以理解为，沉淀剂与溶液中的金属离子形成新的化合物，当这些化合物离子的浓度的乘积大于其溶度积，就会出现沉淀析出，得到所需前驱物的化学反应。

沉淀法具有反应过程简单、所需成本较低等特点。这种方法看似简单，但要经过沉淀法制备出粒度均匀、粒径分布范围窄、形貌良好的发光材料粉体，需要考虑、控制的因素很多，如溶液的浓度、溶液的温度、沉淀剂的选择、滴定的方式、滴定的速度、pH 值及陈化时间等，应综合反应机理及实验数据多方面选择。

将两种以上的无机金属盐中的金属离子经过沉淀剂的作用，从同一溶液中同时沉淀下来得到发光材料的前驱物的方法称为共沉淀法，这种方法也是发光材料最常用的溶液制备法之一。在共沉淀法制备过程中，除需要考虑沉淀法的影响因素外，还需要考虑多种金属离子形成的难溶化合物的溶解度应该相近。

共沉淀法制备发光材料的主要实验过程如下：

① 称量计算好的所需的原料质量，将氧化物配置成硝酸溶液，再将硝酸盐溶解，并调节至一定浓度的溶液。

② 根据所需基体，选择所需的沉淀剂及滴定方式，并将沉淀剂溶解，配置成一定浓度的溶液。

③ 根据所选择的滴定方式，在一定的温度条件下，以一定的滴定速度进行，滴定同时进行恒速搅拌。

④ 随着滴定的进行，会出现白色絮状（较多时）沉淀，待滴定完毕，加入适量的酸或碱调节 pH 值，使沉淀完全。

⑤ 将沉淀物在烧杯中静置适当的时间，使得反应完全。

⑥ 对得到的沉淀物进行过滤处理，在过滤过程中需利用蒸馏水或（和）无水乙醇等对沉淀物进行多次洗涤，去除沉淀物中的杂质。

⑦ 将过滤所得沉淀物放入干燥箱中，调节至适当温度，进行一定时间的烘干处理，烘干后所得物质为共沉淀法制备的发光材料前躯体，再经高温处理得到所需发光材料。

有很多种沉淀剂适合于共沉淀法制备发光材料中，较为常用的有氨水、碳酸氢铵、草酸、尿素、磷酸氢二铵、其他一些氢氧化物及基体阴离子的一些化合物等。在沉淀剂选择时，应遵从以下几点：①便于实现沉淀，即操作容易；②沉淀剂与金属离子形成的化合物溶解度要小，保证共同沉淀；③不会引入其他无用的离子和杂质；④生成的沉淀易于过滤、洗涤，不给滤液带来其他重金属污染；⑤不会除去溶液中其他有用的离子；⑥经济实惠，安全无污染。

共沉淀法制备发光材料具有诸多优点：①通过溶液中的各种化学反应可以直接得到化学成分均一的粉体发光材料，且发光材料的粒度较小，粒度分布较窄，优化制备可以合成纳米级的发光材料；②制备工艺简单易行，生产成本低，制备过程易于控制；③共沉淀法合成前躯体，煅烧时温度较低，合成周期短，利于工业生产。

同时，共沉淀法存在自身的缺点：①在制备过程中，沉淀物的配比难以精确控制；②当组分较为复杂时，沉淀的溶解度差别较大，沉淀不适于一次形成，只能采取多步沉淀法进行，增加合成的难度及成本；③ pH 值对于沉淀有较大的影响，发光材料的粒度也与外界温度、溶液浓度有非常大的关系，外界环境的不确定因素给共沉淀法合成带来一定的不确定性。

三、溶胶-凝胶法

溶胶-凝胶法[4,5,7-11] 作为低温条件下合成无机发光材料的重要方法，在无机发光材料制备中占据着非常重要的位置。此方法合成温度低，制备出的发光材料高纯，粒度均匀、可控、分布范围窄。它是利用原始的无机盐、金属醇盐溶液，经过在溶液中形成稳定的透明溶胶体系，溶胶经陈化胶粒间缓慢聚合、缩聚，形成凝胶，再经过干燥及焙烧等步骤，去除多余的物质，得到所需的无机发光材料的一种制备方法。

液溶胶是指通过水解和聚合作用，形成的有机或无机的纳米或微米级的粒子（直径为 1～100nm），这些粒子通常带有电荷，并由于电荷作用，吸附一层溶剂分子，形成由溶剂包覆的纳米或微米粒子，这些粒子由于带有电荷而相互排斥，以悬浮状态存在于溶剂中。凝胶则是纳米或微米粒子由于失去电荷，或者包覆在外圈的溶剂层被破坏，胶体粒子发生聚合，溶胶发生固化产生的。

溶胶-凝胶在发光材料的应用中，水解反应成胶是一个主要的类型。这个类型主要有金属醇盐的水解-聚合和无机盐的水解-聚合，其化学反应过程主要为水解过程和缩聚过程，而缩聚过程又分为脱水缩聚及脱醇缩聚。

水解过程：$M(OR)_n + xH_2O \longrightarrow M(OH)_x(OR)_{n-x} + xROH$

脱醇缩聚：$—M—OH + RO—M \longrightarrow M—O—M + ROH$

脱水缩聚：$—M—OH + HO—M \longrightarrow M—O—M + H_2O$

式中，R 为烷烃基；M 为金属离子。

金属醇盐是指其分子是由有机基团通过氧与金属离子连接的化合物。它的水解-聚合过程在较低的 pH 值下水解产生凝胶，而在较高的 pH 值下水溶液中水解直接成核，得到所需的粉体。

对于无机盐的水解-聚合过程，其是具有高的电子电荷或电荷密度的金属阳离子在水中发生水化反应，水化反应会涉及配位水分子和水分子中弱结合 OH 键的中心阳离子之间的电荷转移。阳离子的水解可能产生三种配体，即水、羟基及络氧配体。根据阳离子化合价的不同，当化合价小于 4 时，在整个 pH 范围内都会产生水-羟基络合物、羟基络合物等；

当化合价大于 5 时，在整个 pH 范围内都会产生氧-羟基络合物、氧络合物等；而化合价为 4 时，会形成介于两者之间的一系列化合物。

在制备应用中，经常利用金属离子和至少含有一个羧基的有机物形成多元螯合物实现溶胶-凝胶反应。而这个至少含有一个羧基的且能够和金属离子形成多元螯合物有机物的物质称为络合剂，在实际应用中，经常利用的物质称为柠檬酸（2-羟基-1,2,3-已三酸，$C_6H_8O_7$）。柠檬酸是作为一种重要的有机三元酸，由羟基和三个羧基组成，其中的羟基和羧基的双键氧容易形成氢键，脱氢后，羟基上的氧与金属离子很容易产生络合作用，形成稳定的络合物。柠檬酸与制备发光材料的金属离子能够形成较稳定的络合物，保证了各个离子的混合程度达到原子级别，从而使发光材料的颗粒粒度均匀、分布较窄，为制备性能良好的发光材料提供分布均匀的前躯体。

利用柠檬酸作为络合剂制备发光材料前躯体的基本实验过程如下：

① 将所需要原料中的氧化物配制成硝酸盐，再将其他硝酸盐配制成溶液，均匀混合，控制加水量，从而调节溶液的浓度。

② 将其他所需原料配制成水溶液，调节到所需的浓度。

③ 称取适量的柠檬酸，并配成所需浓度的溶液。

④ 将上述的溶液混合，在一定的温度下进行匀速搅拌，并调节溶液至所需的 pH 值。

⑤ 恒温搅拌一段时间，随着溶胶中的硝酸根离子及柠檬酸的蒸发，溶液慢慢变成具有一定黏性的溶胶，继续恒温搅拌，溶胶黏度增加，成为凝胶，控制生成条件，最后得到所需的湿凝胶前驱物。

⑥ 将湿凝胶前驱物放入干燥箱中恒温干燥一段时间，随着水分及其他挥发性物质的去除，湿凝胶逐渐变成干凝胶。

⑦ 在溶胶-凝胶制备过程中，常需要对干凝胶进行前期预烧，去除低温下挥发大量气体的有机物质及硝酸根等，最后进行高温煅烧，得到发光材料。

溶胶-凝胶法与其他方法相比具有许多独特的优点：①由于溶胶-凝胶法中所用的原料首先被分散到溶剂中而形成低黏度的溶液，因此，就可以在很短的时间内获得分子水平的均匀性，在形成凝胶时，反应物之间很可能是在分子水平上被均匀地混合；②由于经过溶液反应步骤，那么就很容易均匀定量地掺入一些微量元素，实现分子水平上的均匀掺杂；

③与固相反应相比，化学反应将容易进行，而且仅需要较低的合成温度，一般认为溶胶-凝胶体系中组分的扩散在纳米范围内，而固相反应时组分扩散是在微米范围内，因此反应容易进行，温度较低；④选择合适的条件及原料，可以制备各种新型体系的发光材料。

当然，在利用溶胶-凝胶法合成发光材料也存在一些问题：①目前所使用的原料价格比较昂贵，有些原料为有机物，制备过程中对人身体健康有害；②通常整个溶胶-凝胶过程所需时间较长，常需要几天或几周，严重影响制备的速度，不利于快速生产；③在溶胶-凝胶过程中，会有部分的羟基残留，而在发光材料中存在羟基这种高能振动基团，会引起非辐射跃迁，降低发光材料的发光。

四、水热法

19 世纪中叶地质学家模拟了自然界成矿的作用，经过长时间研究形成了水热法。水热法[4,7,8,10-12] 是指在一定的温度和压强条件下，利用水溶液中物质之间的化学反应进行合成制备材料的一种方法。如果将水溶液置换成非水有机溶剂，则被称为溶剂热法。

当水热的温度低于 100℃时称为低温水热法；当水热温度位于 100～300℃之间时称为中温水热法；而当水热温度大于 300℃称为高温水热法。在高温水热法中，当水热温度位于水的超临界状态（即临界温度 374℃、临界压强 22.1MPa 以上的工作条件）时，称为超临界水热法。发光材料的合成制备，基本在低温水热和中温水热条件下进行。

不论是水热法还是溶剂热法，在化学合成和制备中是在原子水平控制材料的组成和结构的，能够使原子按照一定的要求进行反应和堆积排列，获得最佳的物相组成。虽然水热法制备发光材料能够进行原子水平的控制合成，但在实际合成制备中，却只能通过控制宏观条件，如水热时间、压力、pH 值、浓度等来影响微观的变化。

利用水热法制备发光材料的主要实验过程如下：

① 按照实验要求选择、称量所需的实验原料。

② 将选择好的原料按照实验要求及一定加入次序混合、搅拌，并配置成需要的水溶液。

③ 将溶液放入水热反应釜中，定容至所需装满度，调节至所需 pH 值，密封反应釜，并设置一定的压力及反应温度。

④ 在恒定的反应温度下进行一段时间的反应，待反应结束后，冷却(可以选择空气冷或水冷)、取出。

⑤ 将取出的混合物进行过滤、洗涤、烘干等处理，得到发光材料。如需高温处理，可将水热后的发光材料置于高温炉中煅烧，得到性能良好的发光材料。

在水热法制备材料过程中，水一直处于高温高压状态，而处于这个状态下的水有气态和（或）液态，它可以作为传递压力的介质，同时处于这个状态的水能够溶解大多数难溶的物质，使原来反应必须在高温下进行变成了在液相或气相中低温下可以实现。

常用的水热反应容器为水热反应釜，大部分为合金钢制成，有的内部有聚四氟乙烯或贵金属作为衬套。在实验室中常用的反应釜规格为20mL、50mL、100mL等，而在工厂应用中反应釜的容积较大，一般为数十升及以上。

水热法制备发光材料具有较多的优点：①制备的发光材料纯度较高，生产成本较低；②通过水热法制备发光材料，容易调节环境气氛，利于低价态、中间态及特殊价态的生成，能够实现发光材料均匀的掺杂效果；③便于实现准确控制各物质的加入量，适合于制备多组分体系；④合成温度较低，节能减排，适于生产推广；⑤可以通过控制外部宏观条件调节内部组分的结构和分布，可以得到结晶度好、粒度分布窄的材料，晶型好且易控制。

同样，水热法也存在一些缺点需要改进：①密闭的容器中进行，无法观察生长过程，不直观；②由于压力的存在，对于设备的要求较高，且存在安全隐患；③压强控制较不准确，影响产物合成。

五、燃烧法

燃烧法[4,7,8,10-12]是经自蔓延高温合成法的改变发展形成的一种合成方法，它是原料中的金属硝酸盐或有机酸盐等，与络合剂和燃料进行均匀混合，在外部辅助加热作用下，燃料达到燃点后产生燃烧，同时引发可燃原料和其他添加物产生燃烧，释放热量，产生高温，达到对原料煅烧制备发光材料的一种方法。

燃烧法制备发光材料的一般实验过程如下：

① 选择原料、燃料等，准确称量，并将称量好的原料及燃料等均匀

混合。

② 将混合好的粉料放入坩埚（或瓷舟）中，再放入制备装置中。

③ 打开外部辅助加热，调节至一定温度，等待燃料燃烧。

④ 燃料、可燃原料及其他添加物燃烧，释放热量产生高温，达到原料煅烧的要求。

⑤ 将煅烧好的发光材料取出，如有需要，进行二次处理。

燃烧法是基于氧化剂（金属硝酸盐等）和还原剂（燃烧剂等）之间的剧烈氧化还原反应，释放出大量的热量，这些热量一方面可以促进各反应物之间的质量传输和扩散，有利于反应的进行，同时又能促进反应过程中生成的碳化物的分解；另一方面迅速传递给与反应物临近的未反应物，使其温度升高从而使得反应得以自维持。

当氧化还原反应启动后，会释放出巨大的能量，在绝热条件下，这些能量用于加热反应物，使其达到着火点而出现火焰，此绝热火焰温度为反应的最高温度。绝热火焰温度受燃料的类型、燃料与氧化剂的比例及在着火点附近原料中残余水分的含量等影响。而绝热火焰温度可以利用下式大约估计所得：

$$T_f = T_0 + \frac{\Delta H_\gamma - \Delta H_p}{C_p}$$

式中，T_f 为绝热火焰温度；T_0 为 298K；ΔH_γ 为反应物生产焓；ΔH_p 为产物的生成焓；C_p 为产物的恒压热容。

T_f 是反应能否启动及自传播的重要依据，具有实用价值。在设计实验时，应该预先根据上述方程计算出理论值，而由于燃烧不完全和反应中热量不可避免的损失的缘故导致实际测得的火焰温度比计算值偏低。

氧化剂多为构成发光材料的化学组分的阳离子硝酸盐、过氯酸盐等高纯化合物；而还原剂要求结构组分简单，含碳量少，高温中反应缓和，不造成公害。常用的燃料多为有机化合物，例如甘氨酸、尿素、卡巴胺、柠檬酸等。经过研究，各燃料都有自身的特点，甘氨酸在实验过程中，释放气体最多，带走的热量也最多，但燃烧的绝热温度高，反应剧烈，燃爆现象严重；尿素是气相反应引起的燃烧，在高温中生成聚合物，会包围金属硝酸盐使热散失减少，导致温度骤升而出现火焰。

在燃烧法制备发光材料中，氧化剂和燃烧剂的配比按照推进剂化学的热化学理论计算。计算氧化剂的总氧化化合价和燃烧剂的总还原化合价，平衡时的系数就是燃烧剂和氧化剂的摩尔比。按照计算的理论值，以化学计量比配料，燃烧过程释放的能量最接近理论值。在燃烧反应中，燃烧产物一般为CO_2、H_2O和N_2，元素C和H的还原化合价分别为+4和+1，元素O的氧化化合价为-2，元素N为0价的中性元素。对于常用燃烧剂尿素［$CO(NH_2)_2$］的还原化合价为：$(+4)+(-2)+[0+(+1)\times2]\times2=+6$。对于常用的氧化剂，即金属硝酸盐，例如硝酸镧［$La(NO_3)_3$］的氧化化合价为：$(+3)+[0+(-1)\times3]\times3=-6$。其他氧化剂计算如此类。再将氧化化合价的值和还原化合价的值以一定比例相加为0，其比例值为各原料和燃料的化学计量摩尔配比。

燃烧法制备发光材料具有自身的特点：①生产工艺简单，成本较低，节约能源，便于工业生产；②整个反应合成依靠燃料燃烧放热合成，点火温度较低，瞬间进行，反应迅速；③燃烧反应制备发光材料过程中，会释放一些气体，起到防止离子氧化的作用，不需保护气氛，同时大量气体的存在，易于生成粒度较细的材料；④燃烧法反应时间较短，生产的产物结晶度往往不好，荧光性能往往较差，需要二次煅烧处理；⑤在实验过程中，要控制燃烧剂、助燃剂等用量，既要保证燃烧反应的进行，又要防止用量过多，产生爆炸。

六、喷雾热解法

喷雾热解法[8,9]是以水、乙醇或其他溶剂将原料配成溶液，再通过喷雾装置将反应液雾化并导入反应器内，使溶液迅速挥发，反应物发生热分解，或者同时发生燃烧和其他化学反应，生成与初始反应物完全不同的具有新化学组成的粒子。

喷雾热解法制备材料的过程如下：将反应用的原料，利用水、乙醇或其他溶剂配成溶液，再通过喷雾装置将反应液雾化并导入反应器中，将前驱体溶液雾流干燥，反应物发生热分解或燃烧等化学反应，从而得到通过原料合成的具有全新化学组分的粉体。可以将整个过程分为两个阶段：第一阶段是从液滴表面进行蒸发，随着溶剂的蒸发，溶质出现过饱和状态，因此从液滴底部析出细微的固相，再逐渐扩展到液滴四周，最后覆盖液滴整个表面，形成一层固相壳层；第二阶段为液滴干燥，这阶段比较复杂，包括形成气孔、断裂、膨胀、皱缩和晶粒“发毛”生长。

液体表面析出的初始物的结构和性质，不但决定了将要形成的固体颗粒的性质，而且决定了固相继续析出的条件，粒子干燥的每一步都对下一步有很大的影响。

喷雾热解法制备材料的设备包括一个雾化器，如超声雾化器、过滤膨胀气溶胶发生器、静电喷雾器，一个夹层气溶胶热解反应器（陶瓷体，内径 10 ～ 20mm、长 1.0 ～1.5m）和一个粉体沉降捕集器。

喷雾热解所用的原料是一些金属的硝酸盐、氯化物、乙酸盐，在将原料配成溶液时，会加入少量的硝酸防止金属盐类水解。在热解过程中防止发生氧化或产生还原反应，可以使用 N_2-H_2 混合气体作为气溶胶的载气。

喷雾热解法制备粉体材料的优点如下：①喷雾热解法制备的粉体材料具有球形形貌，且粒度分布均匀，比表面积大；②干燥所需要的时间极短，整个过程一般在几秒到几十秒之内迅速完成，因此每一个多组分细微液滴在反应过程中来不及发生偏析，从而可以获得组成均匀、粒度较佳的粉体材料；③由于该方法的原料是均匀混合的，所以可以准确地控制所合成化合物和最终材料的组成；④通过控制操作条件，能够很好地控制得到形态不同和性能较好的粉体；⑤操作过程简单，反应一次完成，并且可以连续进行，产物无需水洗、过滤及研磨等处理，避免不必要的污染，保证产物的纯度。

同样喷雾热解法也存在缺点：①由于喷雾热解法的干燥过程需要将雾滴中的所有水分蒸干，会造成较大的能源浪费；②雾化的液滴在成球过程中，外层水分优先蒸干，形成固相壳层，当内层水分蒸干，固相壳层就会形成气孔、裂纹，导致颗粒的强度降低。

七、其他制备方法

随着制备技术的完善，出现了一些新的制备方法，为发光材料各方面性能的增强等方面提供了更多的选择，下面简述几种制备方法。

1. 熔盐法

熔盐法[7] 是将产物的原成分在高温下溶解于熔盐熔体中，形成饱和溶液，然后通过缓慢降温或蒸发熔剂等方法，形成过饱和溶液而析出晶体，常用以合成或生长晶体，一般也称作高温溶液生长法。熔盐法主要是利用熔盐当作反应物之间的介质，在加热过程中，反应物溶解于熔盐中，由于溶质在熔盐中的高速移动率（$10^{-5}\sim10^{-8}cm^2/s$，而固态合成法约 $10^{-18}cm^2/s$），加速了反应进行，而使反应在短时间内完成。故熔盐法常被用来在较低温度下合成单相、化学计量占比多的氧化物。熔盐法主要特征为：①离子熔体；②具有广泛的使用温度范围；③低的蒸气压；④较大的热容量和热传导值；⑤对物质有较高的溶解能力；⑥较低的黏度、较大的质量传递速度及化学稳定性。

利用熔盐法合成发光材料有许多优点：①可以明显地降低合成温度和缩短反应时间；②通过熔盐法可以更容易地控制粉体颗粒的形状和尺寸；③熔盐法适用性很强，几乎对所有的材料，包括许多难熔的化合物和在熔点极易挥发或由于变价而分解释出气体的材料，以及非同成分熔融化合物，都能够找到一些适当的熔盐，从中将其生长出来；④熔盐法在反应过程以及随后的清洗过程中，也会有利于杂质的清除，形成高纯的反应产物。但是熔盐法在制备过程中不易观察生长现象，许多熔盐都具有不同程度的毒性，其挥发物还常常腐蚀或污染炉体；而且，如何控制成核数目和位置，如何控制掺杂的均匀性，如何提高溶解度，提高粉体尺寸等，这些都是熔盐法遇到的问题。

2. **微乳液法**

微乳液法[4] 是利用两种互不相溶的溶剂（有机溶剂和水溶液）在表面活性剂作用下形成的均匀乳液，在水乳液中发生沉淀反应并从中析出固相的一种制备方法，可以分为油包水和水包油两种类型。

微乳液通常由表面活性剂、助表面活性剂、溶剂和水（或水溶液）组成。在此体系中，两种互不相溶的连续介质被表面活性剂双亲分子分割成微小空间形成微型反应器，其大小可控制在纳米级范围，反应物在体系中反应生成固相粒子。由于微乳液能对纳米材料的粒径和稳定性进行精确控制，限制了纳米粒子的成核、生长、聚结、团聚等过程，从而形成的纳米粒子包裹有一层表面活性剂，并有一定的凝聚态结构。常用的表面活性剂有：双链离子型表面活性剂，如琥珀酸二辛酯磺酸钠；阴离子表面活性剂，如十二烷基磺酸钠、十二烷基苯磺酸钠；阳离子表面活性剂，如十六烷基三甲基溴化铵；非离子表面活性剂，如 Triton X 系列（聚氧乙烯醚类）等。而常用的溶剂为非极性溶剂，如烷烃或环烷烃等。

用该法制备纳米粒子的实验装置简单，能耗低，操作容易，具有以下明显的特点：①粒径分布较窄，粒径可以控制；②选择不同的表面活性剂修饰微粒子表面，可获得特殊性质的纳米微粒；③粒子的表面包覆一层（或几层）表面活性剂，粒子间不易聚结，稳定性好；④粒子表层类似于“活性膜”，该层基团可被相应的有机基团所取代，从而制得特殊的纳米功能材料；⑤表面活性剂对纳米微粒表面的包覆改善了纳米材料的界面性质，显著地改善了其光学、催化及电流变等性质。

3. 模板法

模板法[4,10] 就是将具有纳米结构、价廉易得、形状容易控制的物质作为模板，通过物理或化学的方法将相关材料沉积到模板的孔中或表面，然后移去模板，得到具有模板规范形貌与尺寸的纳米材料的过程。常用的模板可分为硬模板（纳米孔模板和纳米结构模板）和软模板（常用的有溶致液晶、正胶团、反胶团、囊泡等）。其中软模板法主要是利用表面活性剂分子疏水作用，在水溶液内部发生自聚，形成多种不同结构、形态和大小的聚集体。表面活性剂聚集形成的空腔具有纳米尺寸，一般来说，正胶团的直径为 5～10nm，反胶团的直径为 3～6nm，而多层囊泡的直径为 100～800nm。形成的胶团、囊泡等软模板的形状、尺寸与表面活性剂的特性有很大的关系，

模板法具有如下优点：①装置简单、操作容易、形态可控、适用面广；②可制备分散性好、粒度分布窄、结构规整的纳米材料；③粉体结晶性好，发光性能高。同时模板法也存在问题尚待解决，如硬模板后处理较繁琐，常需要强酸、强碱或有机溶剂等去除模板，不但增加工艺流程，而且破坏了晶体的结构及发光性能；利用软模板法合成虽然后处理工艺比较简单，但影响因素多，难准确地控制材料形貌、结构及性能等。

第二节　主要表征方法

发光材料要对晶体结构、反应程度、形貌和尺寸以及发光性能等[13-17] 多方面进行表征分析，利用全面的测试数据系统分析出发光材料的优劣。

一、形貌分析

1. 扫描电子显微镜

扫描电子显微镜简称扫描电镜（scanning electron microscope, SEM），是通过电子枪发射的电子束与试样相互作用而产生的二次电子、背散射电子或吸收电子的数量与表面形貌的关系，生成这些电子像，再通过收集转换以图像形式表现出来。

其工作过程为，当一束高能的入射电子轰击物质表面时，被激发的区域将产生二次电子、俄歇电子、特征X射线和连续谱X射线、背散射电子、透射电子，以及在可见、紫外、红外光区域产生的电磁辐射。同时，也可产生电子-空穴对、晶格振动（声子）、电子振荡（等离子体）。原则上讲，利用电子和物质的相互作用，可以获取被测样品本身的各种物理、化学性质的信息，如形貌、组成、晶体结构、电子结构和内部电场或磁场等。扫描电子显微镜正是根据上述不同信息产生的机理，采用不同的信息检测器，使选择检测得以实现。如对二次电子、背散射电子的采集，可得到有关物质微观形貌的信息；对X射线的采集，可得到物质化学成分的信息。

发光材料的粒度、形貌等对于荧光性能有着非常重要的影响。而观察发光材料的形貌结构的最易行且效果较好的方法就是采用扫描电镜。扫描电镜的制样具有场深大、图像富有立体感并易于识别与解释、放大倍数变化范围大、较高的分辨率等优点，操作较方便，放大倍数可以达到20万倍，最高分辨能力达到0.5nm。对于发光材料，在扫描电镜测试的样品制备时，需要对样品表面进行表面镀金处理，镀金的方法主要有真空蒸发法和离子溅射法等。

2. 透射电子显微镜

透射电子显微镜简称透射电镜（transmission electron microscope, TEM），是以波长较短的电子束作为照明源，用电磁透镜聚焦成像的一种高分辨率、高放大倍数的电子光学仪器。

其工作过程是：由电子枪发射出来的电子束，在真空通道中沿着镜体光轴穿越聚光镜，通过聚光镜将之会聚成一束尖细、明亮而又均匀的光斑，照射在样品室内的样品上；透过样品后的电子束携带有样品内部的结构信息，样品内致密处透过的电子量少，稀疏处透过的电子量多；经过物镜的会聚调焦和初级放大后，电子束进入下级的中间透镜和第 1、第 2 投影镜进行综合放大成像，最终被放大了的电子影像投射在观察室内的荧光屏板上；荧光屏将电子影像转化为可见光影像以供使用者观察。

透射电镜的放大倍数可以达到 100～80 万倍，最高分辨能力达到 0.2nm，可聚束衍射，获得三维衍射信息，有利于分析点群、空间群对称性，但是对于样品的要求也比较高，制样比较复杂。目前一些扫描电镜和透射电镜具备图像处理软件，可以观察发光材料的粒度，但显微镜的视野较小，不能大范围取样，且统计计算过程复杂，统计结果不能全面系统分析。

二、成分结构分析

1. X 射线衍射

X 射线衍射（X-raydiffraction，XRD）是材料科学中比较重要和实用的表征分析方法之一，也是材料微观结构和缺陷分析必不可少的重要手段之一。

其基本原理是：X 射线是一种波长很短（0.006～2nm）的电磁波，能穿透一定厚度的物质，并能使发光材料发光、照相乳胶感光、气体电离。当入射的 X 射线通过晶体时，由于晶体的空间点阵结构的周期性，各个原子中的电子将发生电子散射，产生与入射 X 射线相同波长的相干散射波，这些相干的散射波之间相互干涉叠加，其结果使射线的强度在某些方向上加强，在其他方向上减弱。分析在图片上得到的衍射花样，便可确定晶体结构。X 射线衍射方法具有不损伤样品、无污染、快捷、测量精度高、能得到有关晶体完整性的大量信息等优点。

首先，通过 X 射线衍射可以进行物相分析，可以进行定性和定量分析，把对材料测得的各衍射峰的角度位置确定的晶面间距及衍射强度与标准物相的衍射数据相比较，可以确定材料中存在的各种物相；后者则根据衍射花样的强度，确定材料中各相的含量。其次，可以进行粒度分析，通过测量衍射峰的半峰宽，利用谢乐公式带入常数计算：

$$d=\frac{0.89\lambda}{B\cos\theta}$$

式中，d 为晶体的平均粒径；λ 为 X 射线波长；B 为衍射峰半峰宽；

θ 为入射角。

2. X 射线光电子能谱

X 射线光电子能谱（X-ray photoelectron spectroscopy，XPS）是一种表面分析方法，可以测量光电子的能量。以光电子的动能/束缚能为横坐标、相对强度为纵坐标可做出光电子能谱图。

其主要工作原理为：一定能量的 X 射线照射到样品的表面和样品发生作用，使待测物质原子中的电子脱离原子成为自由电子，由于入射 X 射线的光子能量已知，只要测出电子的动能，就可以得到固体样品电子的结合能。各种原子、分子的轨道电子结合能是一定的，通过对样品产生的光子能量的测定，可以知道样品中元素的组成。元素所处的化学环境不同，结合能也会有微小的差别，这种微小差别叫做化学位移，由化学位移的大小就可以确定元素所处的状态，可以分析元素的化合价和存在形式。

X 射线光电子能谱可进行定性、定量或半定量、化合物结构及价态分析，多用于样品表面的组成、化学状态分析、元素分析、多相研究、化合物结构鉴定、富集法微量元素分析、元素价态鉴定等。

3. 拉曼光谱

拉曼光谱（Raman spectra）是一种散射光谱，是基于拉曼散射效应，对与入射光频率不同的散射光谱进行分析以得到分子振动、转动方面信息，并应用于分子结构研究的一种分析方法。

其基本原理为：当一束频率为 ν_0 的单色光照射到样品上后，分子可以使入射光发生散射，大部分光只是改变方向发生散射，而光的频率仍与激发光的频率相同，这种散射称为瑞利散射；约占总散射光强度的 $10^{-6}\sim10^{-10}$ 的散射，不仅改变了光的传播方向，而且散射光的频率也发生改变，不同于激发光的频率，这种散射称为拉曼散射。拉曼散射中频率减少的称为斯托克斯散射，频率增加的散射称为反斯托克斯散射，斯托克斯散射通常要比反斯托克斯散射强得多。拉曼光谱仪通常测定的大多是斯托克斯散射，也统称为拉曼散射。散射光与入射光之间的频率差称为拉曼位移，拉曼位移与入射光频率无关，它只与散射分子本身的结构有关。拉曼散射是由于分子极化率的改变而产生，拉曼位移取决于分子振动能级的变化，不同化学键或基团有特征的分子振动，因此与之对应的拉曼位移也是特征的。这是拉曼光谱可以作为分子结构定性分析的依据。

利用拉曼光谱测试，其特点为不用制备样品，所需样品量少，不与样品接触，分析快速、简单，分辨率高，能够在高、低温及高压条件下测量。

三、光学性能测试

1. 荧光分光光度计

荧光分光光度计用于扫描发光材料所发出的荧光光谱的一种仪器，其能够提供包括激发光谱、发射光谱以及荧光强度、量子产率、荧光寿命等许多物理参数，从各种角度反映了分子的成键和结构情况。

其工作原理主要为：由光源氙弧灯发出的光通过切光器使其变成断续之光以及激发光单色器变成单色光后，此光即为发光材料的激发光。被测的发光材料在激发光照射下所发出的荧光，经过单色器变成单色荧光后照射于测样品用的光电倍增管上，由其所发生的光电流经过放大器放大输至记录仪，激发光单色器和荧光单色器的光栅均由电动机带动的凸轮所控制，当测绘荧光发射光谱时，将激发光单色器的光栅固定在最适当的激发光波长处，而让荧光单色器凸轮转动，将各波长的荧光强度信号输出至记录仪上，所记录的光谱即发射光谱。当测绘荧光激发光谱时，将荧光单色器的光栅固定在最适当的荧光波长处，只让激发光单色口的凸轮转动，将各波长的激发光的强度信号输出至记录仪，所记录的光谱即为激发光谱。

发光材料的光学性能是最重要、最常用的性能之一，因此荧光分光光度计也是发光材料最重要的表征分析仪器。

2. WLED 光色测试系统

图 2-1 所示为 WLED 光色测试系统，这个系统是《发光学与发光材料》[18] 中提到的测试方法，通过这个系统可以测得待测 WLED 的光谱功率分布和总光通量，并可以依据光谱功率分布按照有关计算方法计算色坐标、色温、显色指数等。其系统的构成为：将 WLED 置于积分球（直径 100～150nm）底部，发光面竖直向上（LED 的供电系统全部在积分球外），积分球壁沿水平中心轴的一端开适当小窗作为光纤的入端，光纤的

出端耦合到单色仪的入缝。图中所设的小挡屏，大小能够挡住 WLED 的直射光不进入光纤入端即可。

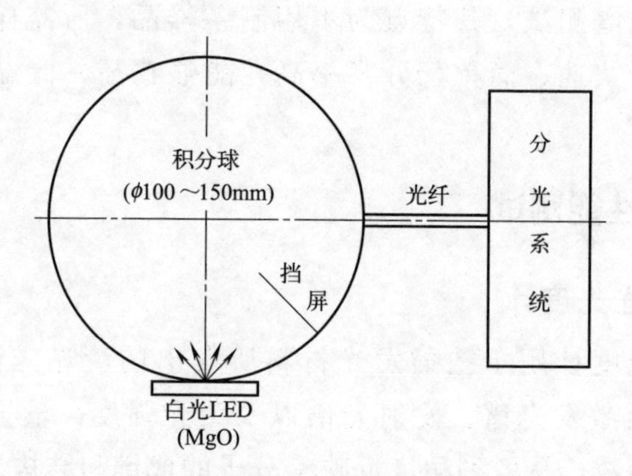

图 2-1 WLED 光色测试系统

测试系统使用前，首先需要准备 3 只已知光通量的 WLED 作为总光通量标准，其次需要在积分球顶部开一个小窗，用已知色温白炽标准灯对取代 WLED 位置的 MgO 盘进行照射，漫反射光经光纤对整个系统进行光谱校正。

参考文献

[1] Askeland D R，Fulay P P，Wright W J．The science and design of engineering materials [M]．New York：McGraw-Hill，1999．

[2] 宋晓岚，黄学辉．无机材料科学基础 [M]．北京：化学工业出版社，2006．

[3] 卢安贤．无机材料科学基础简明教程 [M]．北京：化学工业出版社，2012．

[4] 李群．纳米材料的制备与应用技术 [M]．北京：化学工业出版社，2008．

[5] 许春香．材料制备新技术 [M]．北京：化学工业出版社，2010．

[6] 刘韩星，欧阳世翕．无机材料微波固相合成方法与原理 [M]．北京：科学出版社，2006．

[7] 朱继平．无机材料合成与制备 [M]．合肥：合肥工业大学出版社，2009．

[8] 李垚，唐冬雁，赵九蓬．新型功能材料制备工艺 [M]．北京：化学工业出版社，2011．

[9] 高积强，王红洁，杨建锋．无机非金属材料制备方法 [M]．西安：西安交通大学出版社，2009．

[10] 史鸿鑫．现代化学功能材料 [M]．北京：化学工业出版社，2009．

［11］ 周静．功能材料制备及物理性能分析［M］．武汉：武汉理工大学出版社，2012．
［12］ 施尔畏，陈之战，元如林，等．水热结晶学［M］．北京：科学出版社，2004．
［13］ 徐祖耀，黄本立，鄢国强．材料表征与检测技术手册［M］．北京：化学工业出版社，2009．
［14］ 李占双，景晓燕，王君．近代分析测试技术［M］．北京：北京理工大学出版社，2009．
［15］ 吴刚．材料结构表征及应用［M］．北京：化学工业出版社，2011．
［16］ 杨南如．无机非金属材料测试方法［M］．武汉：武汉理工大学出版社，2005．
［17］ 李民赞．光谱分析技术及其应用［M］．北京：科学出版社，2006．
［18］ 徐叙瑢，苏勉曾．发光学与发光材料［M］．北京：化学工业出版社，2004．

第三章　黄色发光材料

自首个商用WLED以来，黄色发光材料占据最重要的位置，也是现在市场上的主力军，黄色发光材料的开发对于WLED性能的提高具有非常大的作用。

第一节　钇铝石榴石体系

一、钇铝石榴石

1. 晶体结构

钇铝石榴石（yttrium aluminum garnet，YAG）体系的晶体结构属于正方晶系（cubic），化学式可表示为$X_3(A_3B_2)O_{12}$，以YAG为例即为$Y_3(Al_3Al_2)O_{12}$，其中A表示为Al填于由氧原子所构成的正四面体中心，B表示为由氧原子所构成的正八面体中心，而每一个单位晶胞由8个化学式所构成。掺杂加入的微量铈（Ce^{3+}）于晶格中取代钇的位置，可被蓝光激发产生黄色发光。根据需要也可以在晶格中利用钆（Gd）取代钇以及镓（Ga）取代铝，调节不同波长的黄色发光。YAG的晶体结构如图3-1所示。

$Y_3Al_5O_{12}$是YAG的化学式简写。其空间群为$O_h(10)$-Ia3d，钇铝石

榴石 YAG 属于立方体系，晶格常数为 1.2002nm，它的分子式可以写作 $L_3B_2(AO_4)_3$，L、A、B 分别代表三种格位。8 个 $Y_3Al_5O_{12}$ 构成了一个晶胞，共由 160 个原子组成。图 3-2 为石榴石晶体单胞的 1/8 结构模型。

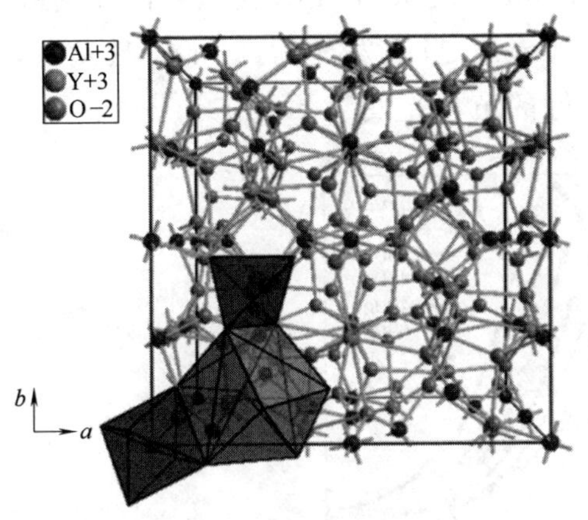

图 3-1 YAG 晶体结构

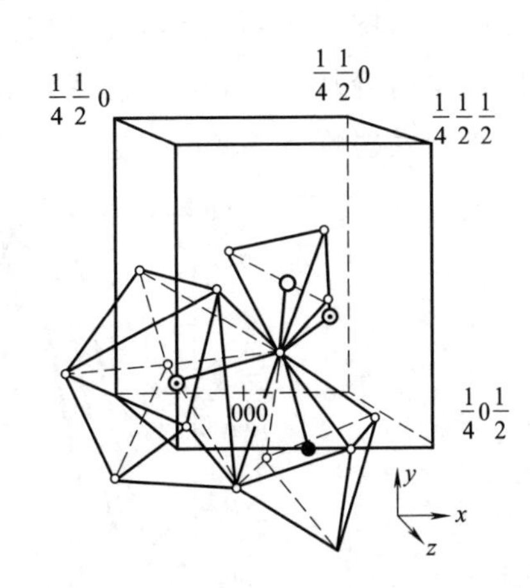

图 3-2 石榴石晶体单胞的 1/8 结构模型

从图 3-2 可以看出 $Y_3Al_5O_{12}$ 的结构中，24 个铝离子处于由 4 个氧离子配位的四面体的 A 格位，16 个铝离子处于由 6 个氧离子配位的八面体的 B 格位，而且相互连接，并且所有的四面体和八面体都是铝离子在中心，氧离子在角上。由于四面体和八面体相互连接起来，这就构成了一个形状不规则的十二面体，由钇离子占据中心位置。其中由铝离子为中心的八面体形成立方结构，由铝离子为中心组成的四面体和由钇离子为中心组成的十二面体的中心离子处于立方体的面等分线上，其结构模型如图 3-2 所示。石榴石的晶胞是由十二面体、八面体和四面体相互连接而成的网状结构。

2. 性能

如果把三价稀土离子作为激活剂掺入到钇铝石榴石作为基质的发光材料中，可以提高它的亮度。在三价稀土离子中镧系元素中的铈是作为激活剂的最佳选择，因为在所有镧系元素离子中只有正三价的铈离子具有最强的 f→d 跃迁，与其他镧系元素相比它具有更宽的激发带和发射带。由于 Ce^{3+} 的 5d→4f 电子跃迁而产生的发射峰与发光二极管相匹配，从而复合而产生白光。由于受到晶体场的影响，5d 能级被分裂，使铈离子在激发光谱中有三个吸收带处，分别位于 225nm、345nm、450nm，因此处于 450nm 左右的吸收带非常适用于 WLED 的蓝光芯片。

Chen 等[1] 一步法合成了 WLED 用的黄色 YAG 量子点，并与蓝色芯片配合形成白色发光。图 3-3 为不同激发光激发，黄色 YAG 量子点的发射光谱，从图中可以看出，激发光由 370nm 到 550nm 的变化会使发射峰红移，发射峰从 480nm 一直变化到 600nm。当激发光为 460nm 激发时，可以看到发射峰为 530nm 左右，为较好的黄色光发射。

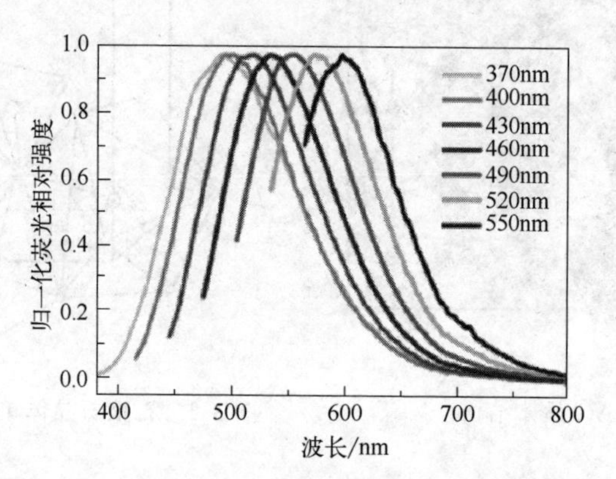

图 3-3　YAG 的激发光变化的发射光谱

图 3-4 为黄色发光材料与芯片合成的 WLED 的发射光谱图及色坐标图。从图中可以看到，出现两个发射峰，分别为 460nm 的蓝光芯片发射以及宽带发射的黄色发光材料的发射峰，这两个发射带合并可以产生白光。其发光颜色用色坐标图标示出来，其色坐标的位置为（0.34，0.35），这个色坐标值接近于白色发光点（0.33，0.33），表现出暖白光发射，接近于自然光。

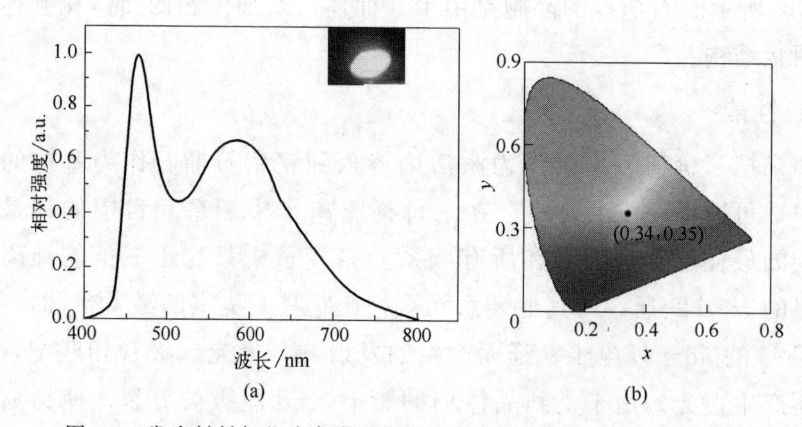

图 3-4　发光材料与芯片合成 WLED 的发射光谱（a）及色坐标（b）

Pan 等[2] 对碳酸氢铵做沉淀剂的共沉淀法、柠檬酸做络合剂的溶胶-凝胶法、尿素做燃烧剂的燃烧法和高温固相法等不同制备方法合成 YAG:Ce 发光材料的结晶度、形态、粒径和荧光性能进行了比较。高温固相反应需要在 1500℃温度下才能制备得到 YAG:Ce 发光材料，因此材料的颗粒比较大，形状不规则；而共沉淀法、溶胶-凝胶法和燃烧法制备的发光材料，由于制备所需的温度比较低，因此得到了纳米球形颗粒，结晶度比较好，SEM 图如图 3-5 所示。

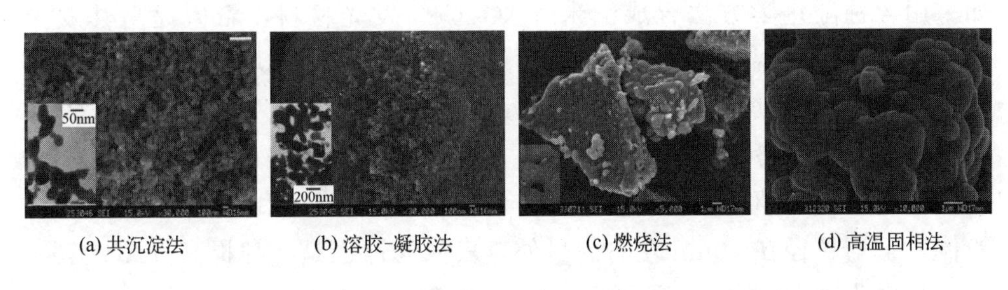

(a) 共沉淀法　(b) 溶胶-凝胶法　(c) 燃烧法　(d) 高温固相法

图 3-5　不同方法制备 YAG 的 SEM 图

图 3-6 为不同制备方法得到的发光材料的发射光谱，可以看到，通过燃烧法和高温固相法制备的发光材料与溶胶-凝胶法和共沉淀法制备的发光材料相比，Ce^{3+} 的发射产生了红移，这是由于后两种方法制备的发光材料的颗粒比较小，产生的表面张力比较大的原因导致的。在燃烧法中，由于反应过程中产生 CO 气体，使 Ce 的浓度增加，取代 Y 的位置，从而导致发射带红移；高温固相法则是由于加入助熔剂，取代了 Al 的位置而导致的红移。

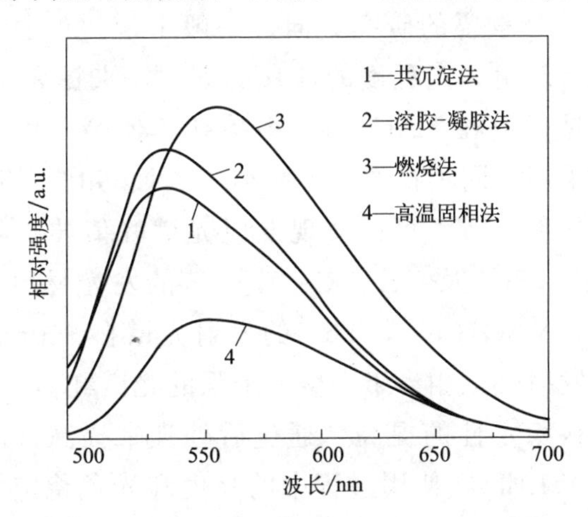

图 3-6　不同制备方法得到的发光材料的发射光谱

$YAG:Ce^{3+}$发光材料经过近十几年的研发，性能已经基本满足商品化要求。针对高端需求方面应用的$YAG:Ce^{3+}$发光材料，目前还存在发光效率不够高、缺乏红色发光成分造成显色指数低、煅烧温度高造成产品粒度大及粒度分布不均匀等缺陷。今后的主要研究方向如下。

(1) 合成工艺的优化　由于传统的固相反应法合成温度很高（需要1500℃以上），反应过程要经历很多中间相，导致晶粒粗化，发光效率不高。对固相反应进行一些改进，可使颗粒团聚减少，合成温度降低。例如采用各种湿化学方法合成纳米$YAG:Ce^{3+}$发光材料，希望提高其发光性能、降低煅烧温度。由于纳米粉体的表面积相对较大，粉体表面能较高，使材料煅烧动力增加，从而使煅烧温度降低，此外单纯从处于表面的发光离子总量考虑，也有利于提高发光材料的发光强度。Chen 等[1] 用共沉淀法制备前驱体，再850℃煅烧2h得到纯YAG相的$YAG:Ce^{3+}$纳米粉体，平均粒径在40nm左右。另外，表面修饰也是一种提高$YAG:Ce^{3+}$发光材料发光性能的重要方法。Kasuya 等[3] 用PEG（ethylene glycol，乙二醇），通过醇热法反应制备出表面修饰的$YAG:Ce^{3+}$纳米发光材料，修饰后的发光效率比未进行表面修饰制备出的$YAG:Ce^{3+}$发光材料的发光原子效率提高近16%。

(2) 发光显色指数的改善　目前，用于普通照明的WLED要求实现较高的显色指数、低色温的暖白光，但是以$YAG:Ce^{3+}$发光材料作为光转换材料，由于缺乏红色成分，显色指数偏低，得到的是冷白光。因此通过特定方法改变$YAG:Ce^{3+}$发光材料在蓝光激发下的颜色组成来提高显色指数，也是一个重要的研究方向。一般来说，可通过$YAG:Ce^{3+}$纳米颗粒的发射光谱产生一定程度的红移的方法，来提高WLED的显色指数。常用的方法是通过在$YAG:Ce^{3+}$中掺杂其他稀土离子来增强红光波长部分的发射。采用不同半径的稀土阳离子，如Gd^{3+}、Tb^{3+}、Lu^{3+}等取代$YAG:Ce^{3+}$中的部分Y^{3+}可以实现发射光谱峰值波长红移。Jang 等[4] 合成了$YAG:Ce^{3+},Pr^{3+}$及$YAG:Ce^{3+},Tb^{3+}$的发光材料，相对于$YAG:Ce^{3+}$的发射光谱，$YAG:Ce^{3+}$，Tb^{3+}的发射光谱在610nm附近的红光区域有一个尖锐的发射峰，相当于产生一个强的光谱红移。

(3) 发光材料稳定性的提高　通过后处理来提高$YAG:Ce^{3+}$发光材料稳定性，保证WLED在使用过程中的亮度和光色稳定性。发光材料在使用过程中必然要受使用过程中化学和物理因素的影响，这些影响会使发光材料的发光效率、光色稳定性和使用寿命降低。尽管 InGaN 蓝光芯片与黄色发光材料组合实现白光发射的技术已经相当成熟，但是器件随着温度升高而发生的色漂移及相应的热衰减极大地限制了其在照明领域的广泛应用。深入了解其中发光材料的温度依赖特性，并给出其发生衰减的来源，有助于给出解决问题的途径。通过化学方法进行包膜后处理，对发光材料的表面进行修饰，可以使发光材料具有较好的物理化学稳定性，使发光材料的使用寿命达 10000h，转化效率衰减≤15%的使用标准。但后处理同时也会使粉体粒径增大，发光效率有所降低。因此，合适的后处理方式以及后处理材料的选择仍然是 WLED 用 $YAG:Ce^{3+}$ 发光材料大规模生产必须解决的难题。

二、其他钇铝石榴石结构

在黄色发光材料中，除了 $YAG:Ce^{3+}$ 发光体系外，其他的钇铝石榴石结构也被广大研究人员进行研究，如 $Tb_3Al_5O_{12}:Ce^{3+}$、$Lu_3A_{15}O_{12}:Ce^{3+}$、$Lu_2CaMg_2(Si,Ge)_3O_{12}:Ce^{3+}$ 和 $Ca_3Sc_2Si_3O_{12}:Ce^{3+}$ 等。以上的发光材料与 YAG 发光材料有着相似的发光性能。

1. $Tb_3Al_5O_{12}:Ce^{3+}$

李明利等[5] 采用微波辅助合成-高温热处理制备了铈掺杂铽铝石榴石（$Tb_3Al_5O_{12}:Ce^{3+}$，简称 TAG:Ce）发光材料。用 XRD、SEM、激发光谱和发射光谱等对粉末的晶型、形貌以及发光性能进行了检测表征。结果表明，发光材料晶粒清晰、表面光滑，粒径在 2nm 以下。TAG:Ce 的激发光谱主激发峰在 467nm、330nm 左右存在次激发峰，375nm 附近存在两个强度较弱的峰；发射光谱峰值波长为 550nm，与传统固相法制备的 TAG:Ce 基本一致。通过分析反应历程，证明了 Tb_2O_3-Al_2O_3 体系中铝离子的分扩散系数大于铽离子的。

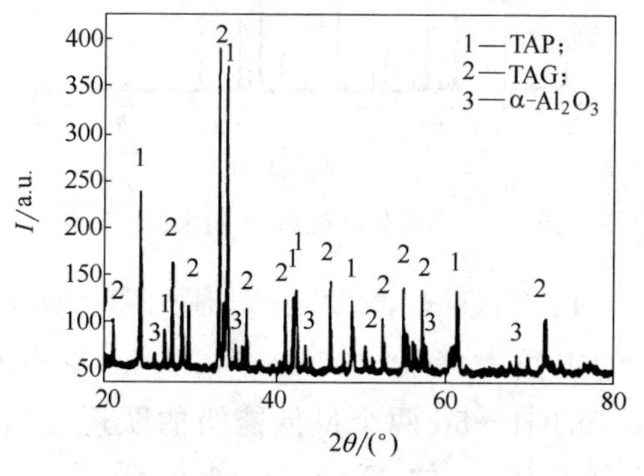

图 3-7 微波辐照合成后样品的 XRD 图谱

图 3-7 是微波辐照合成后得到的样品 XRD 图谱。JCPDS No. 20-1242 卡片中的有一定强

度的衍射峰均出现在该谱图中，说明经过微波辅助合成，高温热处理前样品就出现 $TbAlO_3$（TAP）相；JCPDS No. 17-0735 卡片中有一定强度的衍射峰也出现在该谱图中，说明高温热处理前样品就含有 TAG 相；此外，高温热处理前样品还含有 α-Al_2O_3 相。

图 3-8 是 1550℃高温热处理 2 h 后样品的 XRD 图谱。从图中看出微波辅助合成制备的样品再经过高温热处理，样品为单一 TAG 相，说明经过了高温热处理完成了固相反应步骤。图中衍射峰比较尖锐，可见高温热处理后，发光材料的煅烧所伴随的晶体生长步骤基本完成。在图 3-7 中，微波辐照合成后就出现了 TAP 相和 TAG 相；再通过图 3-8 可以看到，进一步高温热处理后，中间相 TAP 消失，只剩 TAG 相，说明铝离子扩散比铽离子快。

图 3-9 为 TAG:Ce 发光材料颗粒的 SEM 图片。从图中可以看到，颗粒团聚程度较轻，这使得所制备的发光材料免于球磨粉碎，可提高样品的发光性能。发光材料的粉体颗粒细小，粒径在 2μm 以下；样品晶粒清晰、表面光滑。这可能是因为助熔剂 NaF 和 H_3BO_3 在反应时能产生黏度较低的液相，液相均匀地分布在晶粒之间，有效地改善了粉末间接触状态，降低了扩散阻力，促进了界面扩散过程的进行，有利于晶体生长。

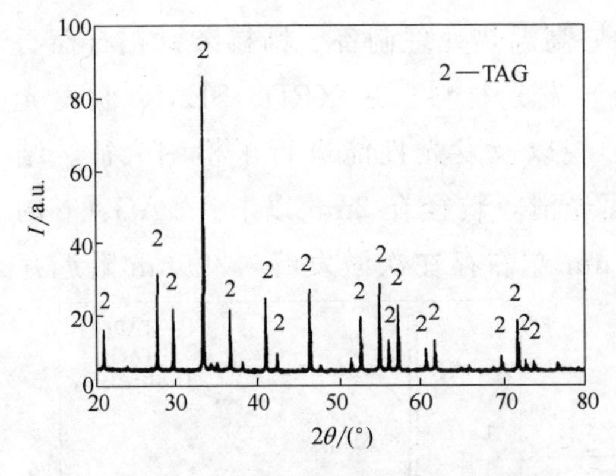

图 3-8 高温热处理后的 XRD 图谱

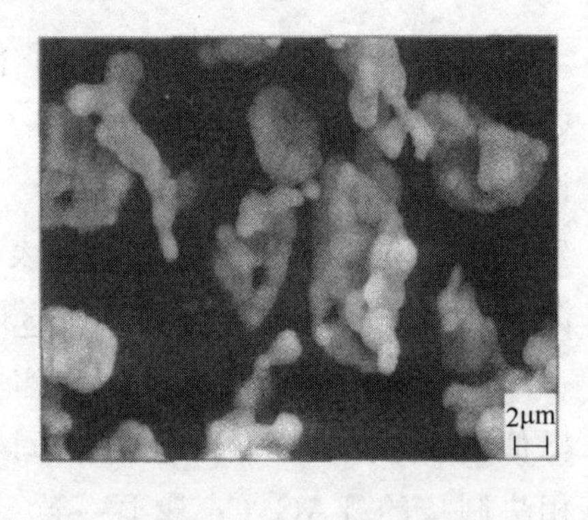

图 3-9 TAG:Ce 颗粒的 SEM 图片

TAG:Ce 的激发光谱如图 3-10 所示。以 537nm 为发射波长，发光材料的主激发峰为 467nm，330nm 左右存在次激发峰，它们分别对应于 Ce^{3+} 的 4f→5d 两个最低能级的跃迁，375nm 附近存在两个强度较弱的峰，对应于 Tb^{3+} 的 $^7F_6 \rightarrow ^5D_3$ 能级跃迁，激发峰位置与传统固相法制备的 TAG:Ce 基本一致。

以峰值为 467nm 的激发光激发 TAG:Ce 发光材料的发射光谱图如图 3-11 所示。发射峰位置与传统固相法制备的 TAG:Ce 基本一致，主发射峰的峰值位置为 550nm，对应于 Ce^{3+} 由 5d 能级到 4f 能级的跃迁。

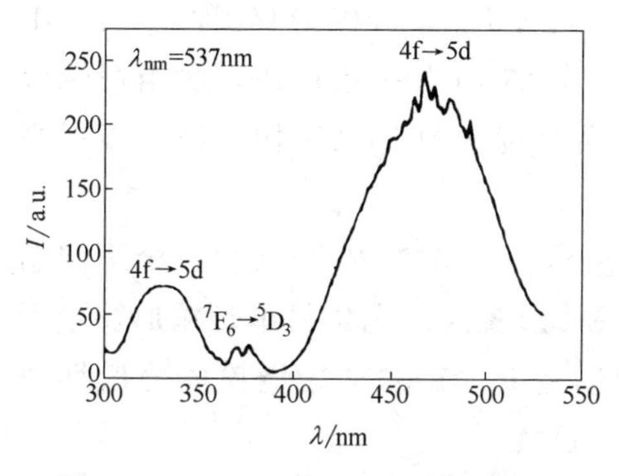

图 3-10　TAG:Ce 发光材料的激发光谱

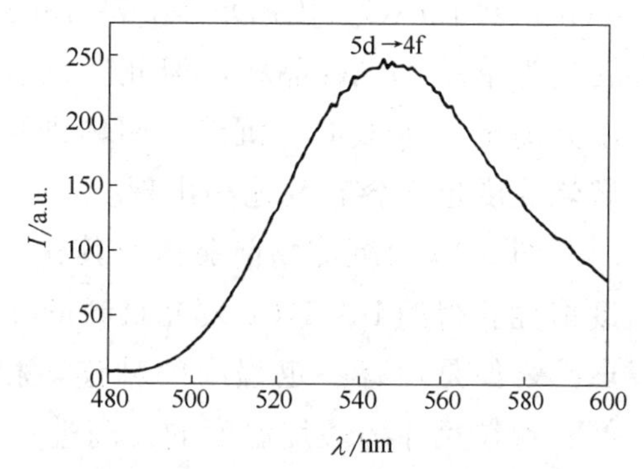

图 3-11　TAG:Ce 发光材料的发射光谱

2. $Lu_3Al_5O_{12}:Ce^{3+}$

谢建军等[6]采用反滴定共沉淀及低温煅烧前驱体的方法制备 $Lu_3Al_5O_{12}:Ce^{3+}$（LAG:Ce）纳米发光材料。

沉淀物前驱体及其在 1050℃煅烧 2h 获得的 LuAG(Ce) 粉体的 FTIR 光谱如图 3-12 所示。在沉淀物前驱体的红外吸收光谱图中，位于 $3420cm^{-1}$ 处宽吸收带是由于吸附水中 υ(O—H) 的伸缩振动，位于 $1530cm^{-1}$ 和 $1420cm^{-1}$ 以及 $840cm^{-1}$ 处的吸收峰，分别是 C—O 键的伸缩和弯曲振动所致，$788cm^{-1}$ 和 $692cm^{-1}$ 处的吸收峰代表 υ(Al—O) 特征振动，而位于 $724cm^{-1}$、$568cm^{-1}$ 和 $455cm^{-1}$ 的吸收峰则是 υ(Lu—O) 的特征振动。

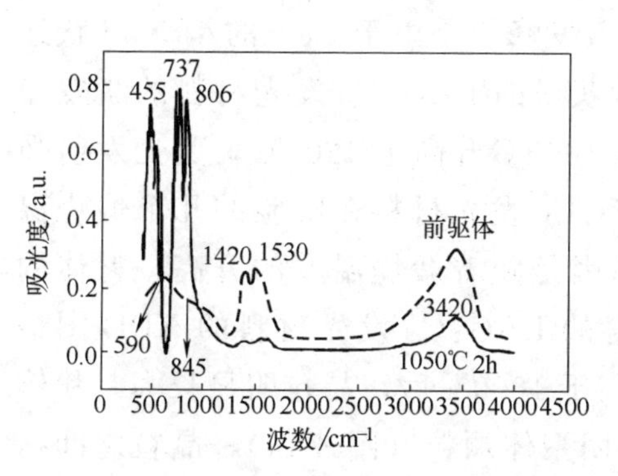

图 3-12　前驱体及煅烧后的 FTIR 光谱

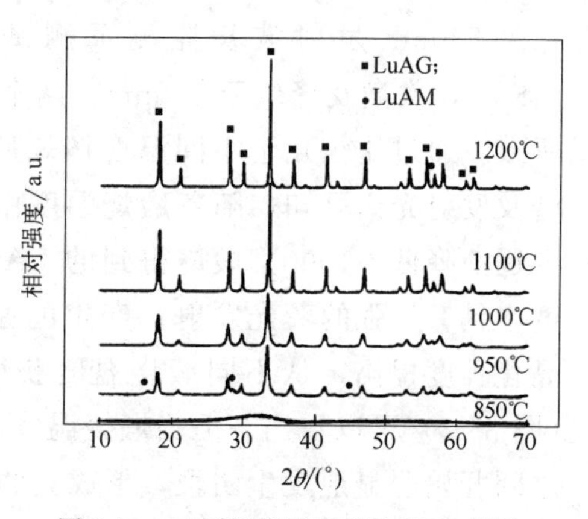

图 3-13　不同煅烧温度下的 XRD 图谱

图 3-13 为不同温度煅烧获得的 LAG:Ce 发光材料的 XRD 图谱。图中 XRD 分析结果表明，沉淀物前驱体的晶化温度开始于 900℃左右，在此温度热处理 2h 获得的发光材料中同时出现了 LuAM（JCPDS No. 33-0844）和 LuAG（JCPDS No. 73-1368）两种晶相。950℃热处理 2h 可基本转化为单一 LuAG 晶相，但此时仍有少量的 LuAM 相存在，而当煅烧温度升高至 1000℃时，沉淀前驱体即可完全转化为 LuAG 相，进一步提高煅烧温度也不会有其他相出现。

图 3-14 为沉淀物前驱体及其在 1000℃、1100℃和 1200℃三个不同温度煅烧获得的 LAG:Ce 发光材料的 TEM 形貌。发光材料单颗粒形貌接近球形，但是均有一定程度的粘连，相比之下，1000℃煅烧粉体分散性较好，颗粒尺寸随煅烧温度的升高进一步长大。

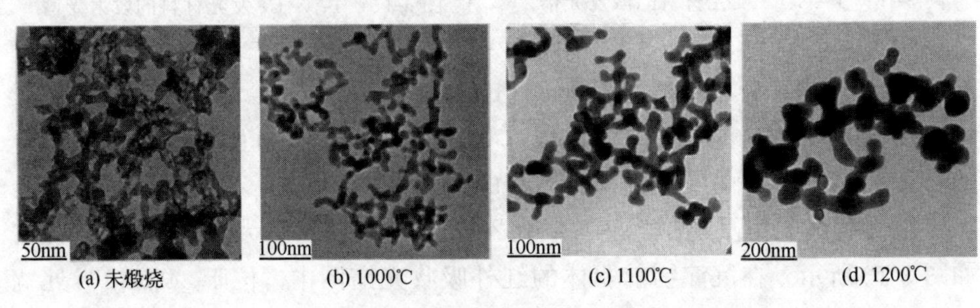

(a) 未煅烧 (b) 1000℃ (c) 1100℃ (d) 1200℃

图 3-14 不同温度煅烧获得的发光材料的 TEM 图

图 3-15 为经过不同温度煅烧后获得的 LAG:Ce 发光材料的发射及激发光谱。图（a）为 λ_{ex}=350nm 波长激发下的发射光谱，主发射峰位于约 500nm 的发射带，这个发射带是 Ce^{3+} 5d→4f 跃迁产生的；图（b）为 λ_{em}=530nm 发射波长监测下测试得到的激发光谱，主激发峰位于 448nm，次激发峰位于 348nm，两个激发峰均是由于 Ce^{3+} 的 4f→5d 跃迁所致。通过比较几个不同温度煅烧后获得的 LAG:Ce 发光材料的激发光谱及发射光谱可知，随着煅烧温度由 1000℃升高至 1200℃，荧光发射强度逐渐降低，1000℃煅烧得到的 LAG:Ce 发光材料在实验的几个煅烧温度中具有最强的荧光发射。产生的原因是随着煅烧温度的升高，粉体的晶化程度提高，从不同煅烧温度获得的 LAG:Ce 发光材料的 XRD 图谱（图 3-13）可以看出，但当煅烧温度高于 1000℃后，晶粒明显长大，粉体之间开始明显地发生团聚，形成大的团聚体颗粒（图 3-14），晶粒之间接触面积增加，从而降低了发光强度。

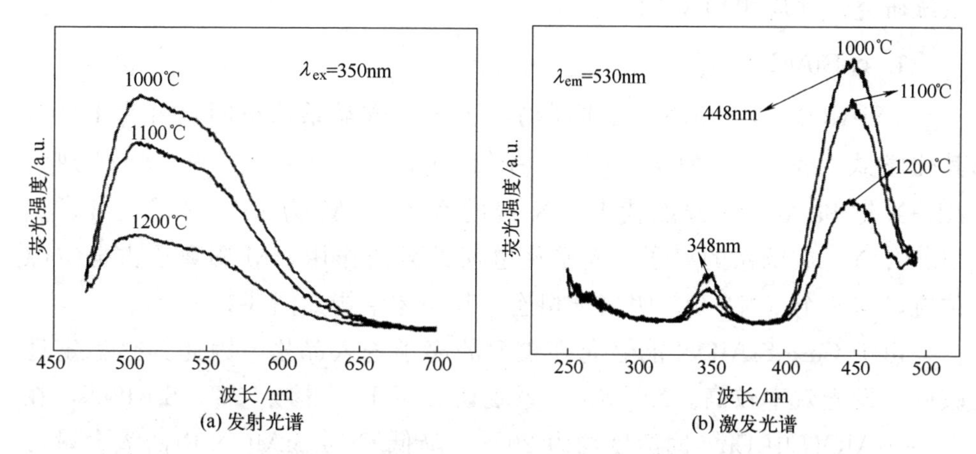

图 3-15 不同温度煅烧后获得的 LAG:Ce 发光材料的发射光谱和激发光谱

第二节 氮(氧)化物体系

LED 用氮(氧)化物发光材料具有优异的化学稳定性和热稳定性,稀土发光离子位于形成的骨架空隙中。稀土离子的 5d 能级裸露于离子外层,受晶体场环境的影响显著,N^{3-} 的电荷数高于 O^{2-},且 N^{3-} 具有更强的共价性,富氮的晶体场环境能够引起较大的电子云重排效应,导致发光离子的 5d 电子能级发生更大分裂,4f→5d 跃迁能量向长波方向移动,从而使激发和发射光谱发生红移。

一、SiAlON

SiAlON 体系是 Si_3N_4-Al_2O_3 的固溶体(silicon aluminum oxynitride),根据 Si_3N_4 结构的不同,可分为 α-SiAlON 和 β-SiAlON 等,可分别用 $M_xSi_{12-m-n}Al_{m+n}O_nN_{16-n}$($m$,$n$ 分别代表被 Al—N 键和 Al—O 键取代的 Si—N 键的个数)和 $Si_{6-z}Al_zO_zN_{8-z}$(z 代表被 Al—O 键取代的 Si—N 键的个数)表示,其中金属离子 M 通常为 Ca^{2+}、Sr^{2+}、Li^+ 和 Mg^{2+} 等,掺杂的稀土离子有 Eu^{2+}、Ce^{3+}、Yb^{2+} 等。1996 年 Karunaratue 等[7] 和 1997 年 Shen 等[8] 分别报道了稀土离子掺杂 SiAlON 的荧光性能,随后 Krevel 等[9] 和 Xie 等[10] 分别对 α-SiAlON 基荧光转换材料做了

系统研究，并应用到 WLED 上。

1. α-SiAlON

α-SiAlON 与 α-Si_3N_4 晶体同构，属于三方晶系，空间点群为 P31C，其化学式可表示为 $M_xSi_{12-(m+n)}Al_{m+n}O_nN_{16-n}$，（$n\geqslant 0$，$m$、$n$ 分别为 Al—N 键和 Al—O 键取代 Si—N 键的数量）。M 为 Li^+、Ca^{2+}、Eu^{2+}、Mg^{2+}、Y^{3+} 或镧系的离子，起平衡电荷差异的作用，M 阳离子占据空隙位置，与 7 个（N，O）阴离子相连，其晶体结构如图 3-16 所示。

由于 Ca-α-SiAlON 能够允许较大的离子进入晶格，因此其热稳定性较好，发光效率较高。Xie 等[11] 系统研究了 Eu^{2+} 掺杂 Ca-α-SiAlON，在 Ca-α-SiAlON 中 Eu^{2+} 固溶度约为 20%，降低 Ca-α-SiAlON 中的氧含量可提高 Eu^{2+} 的溶解度。在 $Ca_{0.625}Si_{10.75}Al_{1.25}N_{16}$ 中，Eu^{2+} 掺杂出现最大固溶度，为 25%。Ca-α-SiAlON:Eu^{2+} 激发光谱由位于 300nm 和 425nm 的宽带双峰组成，可被紫外、蓝光有效激发，发射 560～600nm 的黄橙光，Stokes 位移为 7000～8000cm^{-1}。通过采用 Li、Y 等取代 Ca-α-SiAlON 中的 Ca^{2+} 以及改变 m、n 的值可调节固溶体的晶格参数实现光谱裁剪。Ca-α-SiAlON:Eu^{2+} 可有效弥补 YAG:Ce 黄色发光材料缺少的红光，成为 WLED 用黄色发光材料。图 3-17 给出了 Ca-α-SiAlON:Eu^{2+} 以及 $(Y,Gd)_3Al_5O_{12}$:Ce^{3+} 激发和发射光谱，与 $(Y,Gd)_3Al_5O_{12}$:Ce^{3+} 相比，Ca-α-SiAlON:Eu^{2+} 的发射光谱位于 590nm，发射强度更高，用此发光材料可与蓝光芯片组合制备低色温的 WLED。

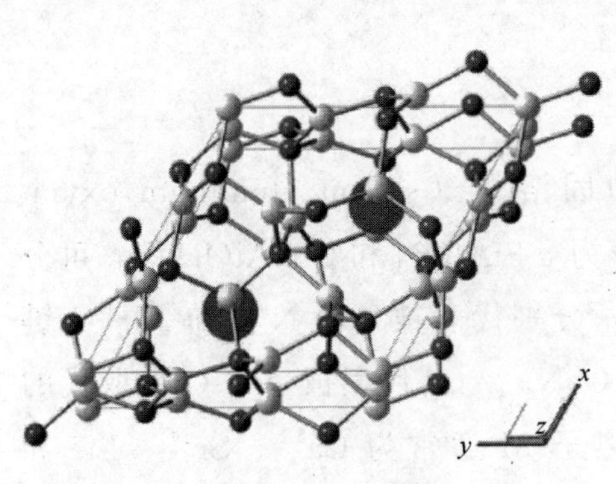

图 3-16 α-SiAlON 的晶体结构

[●为金属阳离子；●为（Si，Al）原子；●为（N，O）原子]

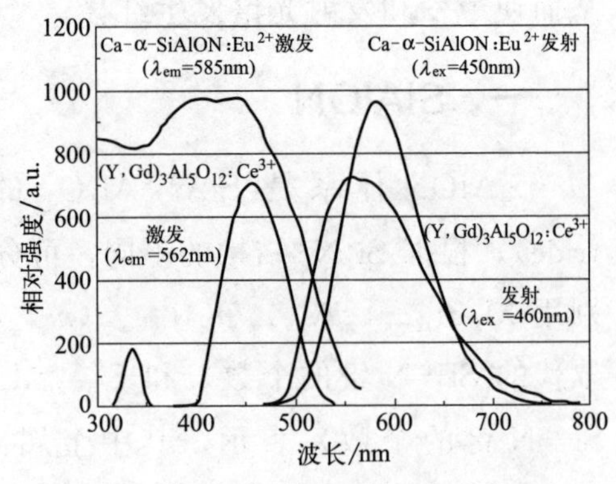

图 3-17 Ca-α-SiAlON:Eu^{2+} 与 $(Y,Gd)_3Al_5O_{12}$:Ce^{3+} 的激发和发射光谱

2. β-SiAlON

β-SiAlON 属于 β-Si_3N_4 固溶体，系六方晶系，空间点群为 $p6_3$ 或 $p6_3/m$ 通过 Al—O 键取代 Si—N 键形成 β-SiAlON，化学式可表示为 $Si_{6-z}Al_zO_zN_{8-z}$（z 表示为 Al—O 取代 Si—N 的数量，$0\leqslant z\leqslant 4.2$），晶体结构如图 3-18 所示。

β-SiAlON∶Eu^{2+} 在紫外或蓝光激发下，发射出峰值位于 535nm 黄绿光（如图 3-19 所示），内外量子效率分别为 70%与 61%，各项性能明显优于目前商业化的 YAG∶Ce^{3+} 和 ZnS：Cu，Al。随着 z 的增加，颗粒尺寸的均匀性增加，发光强度也随之提高。发光材料的发光强度随 Eu^{2+} 浓度增加而增加，达到 0.3%（摩尔分数）时最佳，然后发生浓度猝灭，强度下降。β-SiAlON∶Eu^{2+} 发光材料具有较低热猝灭，在 150℃时发光强度降为室温的 86%，β-SiAlON∶Ce^{3+} 的激发光谱覆盖 225～460nm 范围，发射光谱峰值位于 536nm，半高宽为 100nm。发射光谱强度受 Ce^{3+} 的浓度以及 z 影响较大。在 150℃时发光强度降为室温的 84%，仅仅比 YAG∶Ce^{3+} 的高 7%，但在 250℃时为 78%，相比 150℃时，变化不大，但是远大于 YAG∶Ce^{3+} 在 250℃的 42%，因此 β-SiAlON∶Ce^{3+} 是一种比较理想的近紫外 LED 芯片激发的蓝光发光材料。

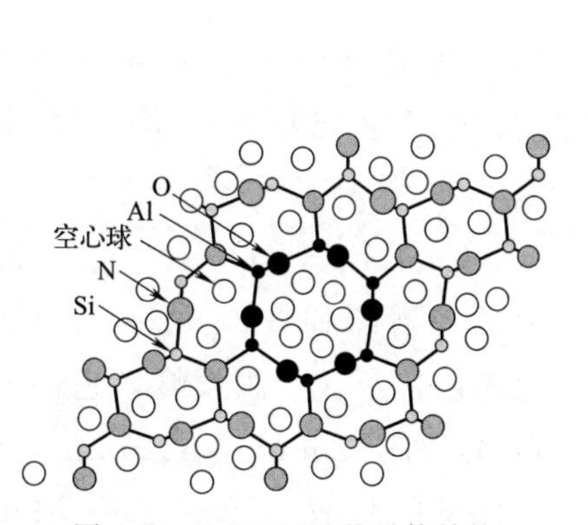

图 3-18 β-SiAlON 的晶体结构

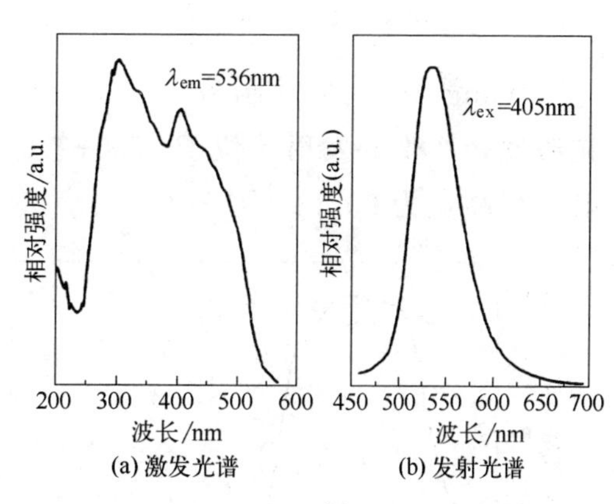

图 3-19 β-SiAlON∶Eu^{2+} 的激发和发射光谱

二、$MSi_2O_2N_2$

在 WLED 领域中，稀土掺杂的 $MSi_2O_2N_2$（M＝Ca，Sr，Ba）发光材料已经开始被广泛研究和应用，因其化学稳定性优异，具有高的转化效率和优良的荧光性能，可被紫外光或蓝光有效激发，发射出波长 550mn 左右的黄绿光。$MSi_2O_2N_2$ 化合物是单斜晶系，此类化合物的结构中包含 $SiON_3$ 四面体基本单元构成的 $[Si_2O_2N]^{2-}$ 层，每个氮原子连接 3 个硅原子，氧原子的终端连接 2 个硅原子，且 4 个阳离子的位置空出来，每个 M^{2+} 都与 6 个氧原子配位。图 3-20 为 $Sr_2Si_2O_2N_2$: Eu^{2+} 的结构。

Song 等[12] 研究了 Eu 对发光材料 $Sr_2Si_2O_2N_2$: Eu^{2+} 发光性能的影响。发光强度先升高后降低，当 Eu^{2+} 原子分数为 0.02%时最高，Eu^{2+} 含量较多会产生荧光猝灭效应。随 Eu^{2+} 含量增加发射峰位置从 528nm 偏移到 544nm（图 3-21）。

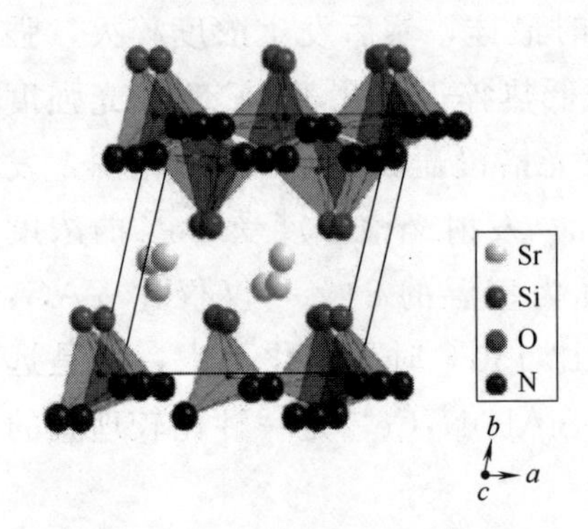

图 3-20　$Sr_2Si_2O_2N_2$: Eu^{2+} 结构

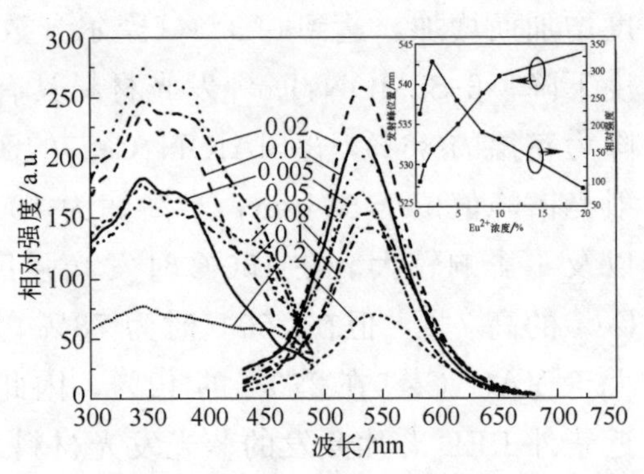

图 3-21　Eu^{2+} 浓度变化的激发和发射光谱

Wang 等[13] 成功制备了 $CaSi_2O_2N_2$: Eu^{2+} 发光材料，在 395nm 波长光激发，产生的发射光位于 470～700nm，发射峰为 560nm，属于黄光发射，半高宽为 90nm（图 3-22）。

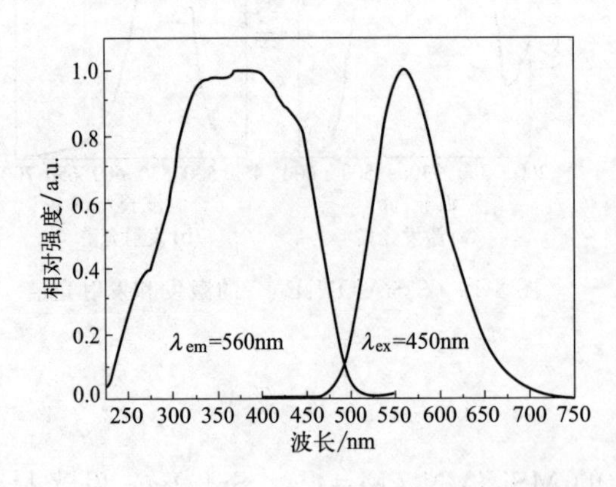

图 3-22　$CaSi_2O_2N_2$: Eu^{2+} 的激发和发射光谱

$Ca_{1-x}Eu_xSi_2O_{2-\delta}N_{2+2\delta/3}$ 的荧光光谱图如 3-23 所示。激发光谱包含了 3 个激发峰，它们分别位于 266nm、310nm 和 331nm 的位置。随着 Eu^{2+} 浓度的增加，266nm 和 331nm 位置的激发峰有蓝移的趋势，而 310nm 位置的激发峰有红移的趋势。在高的 Eu^{2+} 浓度时，310nm 和 331nm 的峰值位置移向了 315nm 处。这种激发带边红移的现象说明了一种在带边与激发峰之间能量分离现象的发生，同时这种移动也证明了 Eu^{2+} 的 $4f^6 5d^1$ 能级劈裂的增加。能级劈裂的增加暗示着晶场强度的增加，晶场强度的增加是由于在高 Eu^{2+} 浓度的时候，增加的 O/N 的比例改变了 Eu-(O，N) 的局域结构导致的。

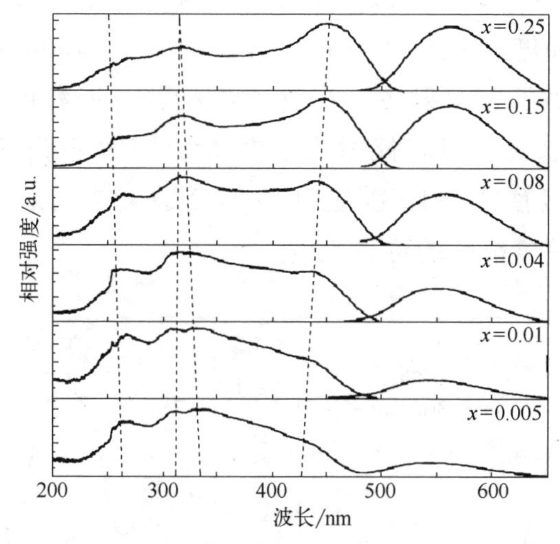

图 3-23　$Ca_{1-x}Eu_xSi_2O_{2-\delta}N_{2+2\delta/3}$ 的荧光光谱图

第三节　硅酸盐体系

硅酸盐是一种比较好的黄色发光材料基质，现在被学者广泛研究。掺杂微量铕于硅酸盐的晶格，可被蓝光激发产生黄色发光。根据需要可将一部分铕以锰取代或将一部分硅以锗、硼、铝、磷取代，产生不同波长的发光。图 3-24 为 [SiO_4] 四面体。

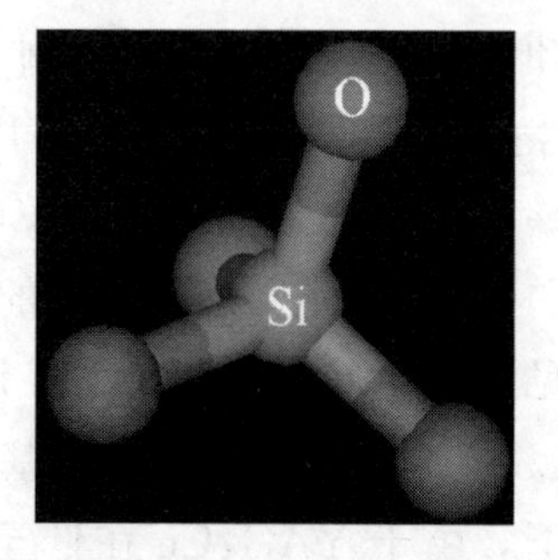

图 3-24　[SiO_4] 四面体

Jang 等[14] 制备了 Sr_3SiO_5:Ce^{3+}，Li^+ 黄色发光材料。通过 Ce^+ 的 5d→4f 跃迁，发光材料在近紫外或蓝光激发下展现出了宽且强的黄色发光带。

图 3-25 为 Sr_3SiO_5 和 Sr_3SiO_5:Ce^{3+}，Li^+

的吸收光谱。如图所示，$Sr_3SiO_5:Ce^{3+}$，Li^+ 能够有效吸收从近紫外到蓝光。然而，未掺杂的 Sr_3SiO_5，其本身的颜色是白色的，没有表现出在光谱区域从近紫外到可见光的吸收。很明显发光材料的黄光发射是由于激活剂 Ce^{3+} 的离子从 5d 过渡到 4f。

图 3-26 为 $Sr_3SiO_5:Ce^{3+}$，Li^+ 的激发和发射光谱。这个激发带由 $4f\rightarrow{}^2D_{3/2}$ 和 $4f\rightarrow{}^2D_{5/2}$ 组成。激发带的范围从 250～500nm 且在 415nm 附近显示出强大的强度。$Sr_3SiO_5:Ce^{3+}$，Li^+ 在 360～460nm 激发下在 465～700nm 表现出强烈的宽发射带。在宽的黄色发射带和可见光谱区域的强激发带，$Sr_3SiO_5:Ce^{3+}$，Li^+ 能适用于由蓝色 LED 或近紫外 LED 芯片激发的 WLED。可以预料 WLED 使用 $Sr_3SiO_5:Ce^{3+}$，Li^+ 可以产生一个优越的白光，涵盖更广范围的可见光谱。

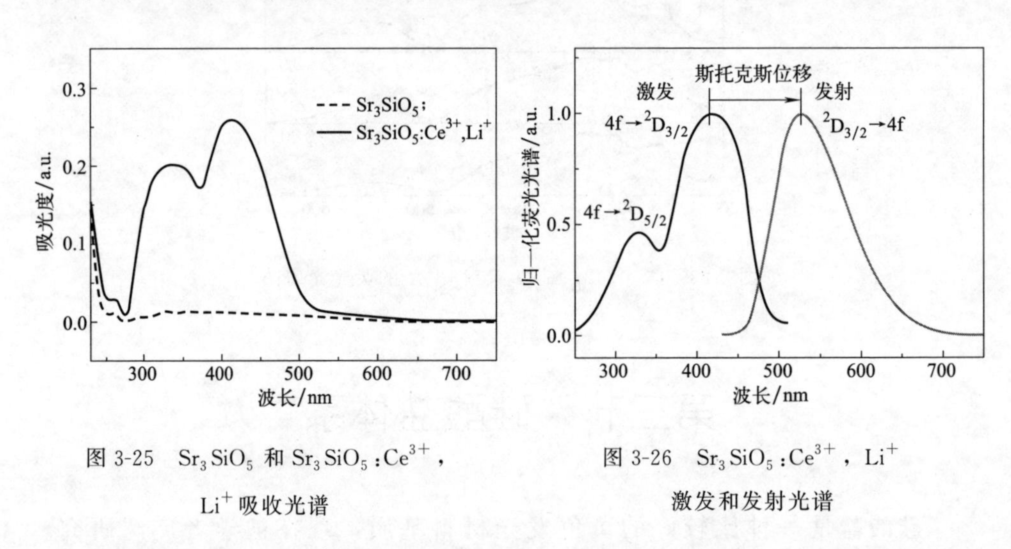

图 3-25 Sr_3SiO_5 和 $Sr_3SiO_5:Ce^{3+}$，Li^+ 吸收光谱

图 3-26 $Sr_3SiO_5:Ce^{3+}$，Li^+ 激发和发射光谱

通过结合 460nm 发光蓝色 LED InGaN 芯片和 405nm GaN 芯片发光和 $Sr_3SiO_5:Ce^{3+}$，Li^+ 制作了 WLED，还通过使用一个近紫外 LED 的 GaN 基 380nm 的发光芯片和上述的发光材料制作了一个黄色 LED。将每一个制作的 WLED 和 WLED 制作中采用商业的 YAG:Ce 做对比，在正向偏压为 20mA 下测得的 WLED 相对发射光谱如图 3-27 所示。由图可见，$Sr_3SiO_5:Ce^{3+}$，Li^+ 用 460nm 的 InGaN 基 LED 或 $Sr_3SiO_5:Ce^{3+}$，Li^+ 与 405nm 的氮化镓基 LED 结合都能产生白光。在 YAG:Ce 的情况下，由于 YAG:Ce 在低至 405nm 有效激发，很难适用于 405nm 的 GaN 基片 WLED。然而，这两种 460nm 的 InGaN 基和 405nm 的 GaN 基

WLED结合 $Sr_3SiO_5:Ce^{3+}$，Li^+ 可以产生明亮的白光。

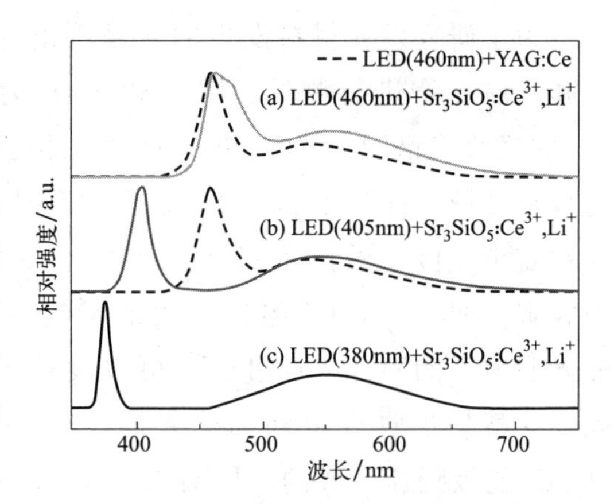

图 3-27 在正向偏压为 20mA 下得的 WLED 相对发射光谱

Jang 等[15] 利用固相反应制备了 γ-$Ca_2SiO_4:Ce^{3+}$，Li^+ 黄色发光材料，发光材料在蓝光激发下表现出强烈的黄光，配合蓝光芯片可以产生显色指数为86的优异白色光发射。其晶体结构如图 3-28 所示。

图 3-29 为 γ-$Ca_2SiO_4:Ce^{3+}$，Li^+ 的X射线衍射图谱和拉曼光谱，X射线衍射图谱与标准 PDF 卡片中的 JCPDS No. 49-1672 完全吻合，表明合成材料为 γ-Ca_2SiO_4 结构，这种结构在室温下为稳定结构。对应于 XRD 图谱，拉曼光谱也显现明显的 γ-Ca_2SiO_4 相位移，同样可以证明合成的为硅酸二钙。在硅酸盐混合物中，位于 800cm^{-1} 和 1000cm^{-1} 拉曼峰对应的是 Ca—Si—O 的振动模式。位于 500cm^{-1} 和 562cm^{-1} 对应的是 O—Si—O 弯曲振动。去除少量的杂峰无论从 XRD 还是拉曼光谱分析，都可以认为合成了高纯度的 γ-$Ca_2SiO_4:Ce^{3+}$，Li^+。

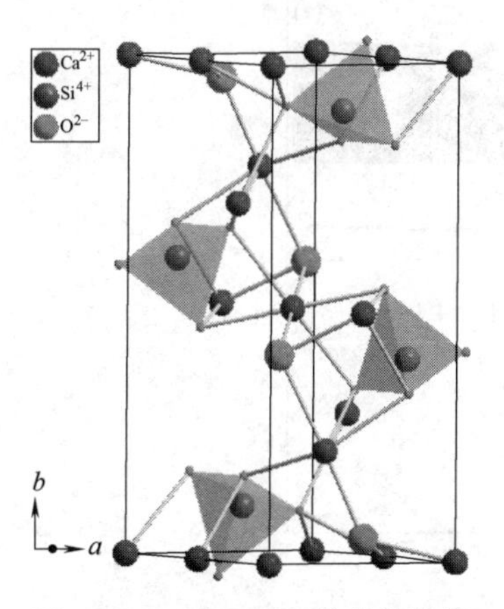

图 3-28 γ-Ca_2SiO_4 的晶体结构

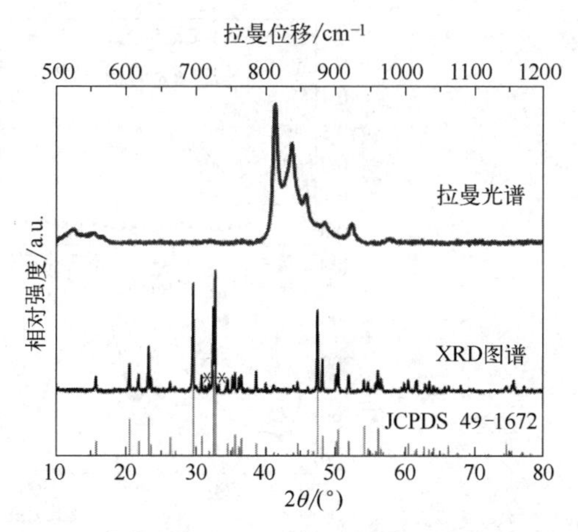

图 3-29 γ-$Ca_2SiO_4:Ce^{3+}$，Li^+ 的 XRD 图谱及拉曼光谱（图中 * 为杂峰）

为了研究发光材料发出的光是否由进入主晶格的 Ce^{3+} 造成的，对吸收和发射光谱进行测量。图 3-30（a）为 γ-Ca_2SiO_4 和 γ-Ca_2SiO_4:Ce^{3+}，Li^+ 的吸收光谱图。γ-Ca_2SiO_4 的主晶格没有显现出任何对近紫外和蓝光的吸收区域。并且 γ-Ca_2SiO_4 显现的自身颜色为白色，这与没有吸收近紫外和蓝色光区一致。然而 γ-Ca_2SiO_4:Ce^{3+} 却显现出了对近紫外和蓝光的吸收带。图（a）中插图显示的是 γ-Ca_2SiO_4:Ce^{3+}，Li^+ 在室内光线和紫外光照射下的照片，通过照片可以发现黄色的体色和黄色的激发光。因此，这就是吸收近紫外和蓝光的 γ-Ca_2SiO_4:Ce^{3+}，Li^+ 中 Ce^{3+} 的 $4f^1 \rightarrow 4f^0 5d^1$ 能级跃迁造成的，同时 Ce^{3+} 的发射特点通常为短的衰减时间，这是由于 Ce^{3+} 的 5d 态到 4f 态的自旋和奇偶允许跃迁造成的。γ-Ca_2SiO_4:Ce^{3+}，Li^+ 的衰减时间为 70ns，在衰减过程中主要观察到 Ce^{3+} 的发光。

图 3-30（b）显示的是 γ-Ca_2SiO_4:Ce^{3+}，Li^+ 的激发和发射光谱。激发光谱主要包括三个部分，激发光谱与吸收光谱相似但并不完全一致，两种图谱的不一致可以做以下解释：因为激发光谱的监测波长为材料的发射光波长，而发射光谱波长可能与吸收光谱的监测波长不同。另一方面，不同的可能是由于晶格中两种位置的 Ca^{2+} 被 Ce^{3+} 替代造成的，当有两种 Ce 进入晶格时，经计算，认为发光的主要贡献者为替代 Ca（1）的 Ce，激发光谱中的三个宽波段归因于 Ce^{3+} 的 5d 轨道跃迁分裂为三重峰和双重峰。激发带为 300～500nm 的宽带激发，并在 436nm 处达到最强激

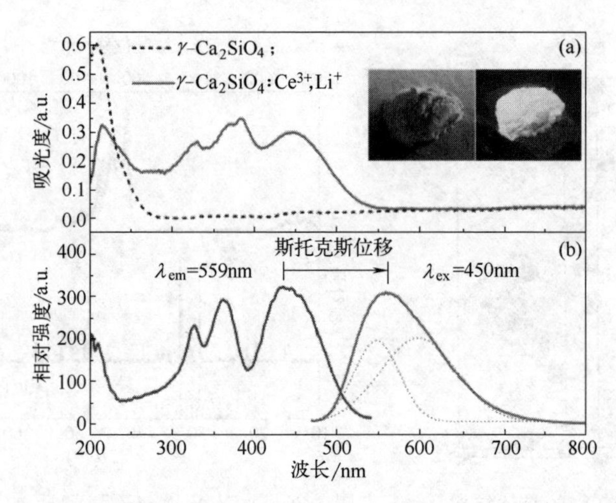

图 3-30　γ-Ca_2SiO_4（虚）和 γ-Ca_2SiO_4:Ce^{3+}，Li^+（实）的吸收光谱（a）及 γ-Ca_2SiO_4:Ce^{3+}，Li^+ 的激发和发射光谱（b）

发。图 3-30（b）中的发射图谱同样验证了这一观点，由于发射带中的两个子带的能量差为 $1560cm^{-1}$ 这与 $^2F_{7/2}$ 与 $^2F_{5/2}$ 的能极差（1500～$2000cm^{-1}$）相符，4f 能级跃迁的分裂与自旋轨道耦合有关。γ-Ca_2SiO_4：Ce^{3+}，Li^+ 发光材料呈现宽带发射，峰值为 559nm 斯托克斯位移为 $5050cm^{-1}$，产生这种特征峰的原因是 5d 能级和 4f 能级的过渡（$^2F_{7/2}$，$^2F_{5/2}$），在色坐标为（0.4846，0.5018）处，是标准的黄色光区域。所以这种发光材料可以用于近紫外和蓝光 LED，这种材料发射带的宽度（135.4nm）大于传统 YAG:Ce 的宽度，预计可应用于高显色指数的优越发色材料。

为了研究掺杂浓度对发射带位置和色坐标的影响，对不同 Ce^{3+} 摩尔浓度（0.004～0.05）的发光材料进行测量，当 Ce^{3+} 摩尔浓度为 0.0016 时发光强度最大，当浓度过大时发生了浓度猝灭。随着 Ce^{3+} 进入主晶格的浓度的增加，发光材料发光带向长波长方向移动，如图 3-31 所示。最高峰由 554nm（0.004）移动到了 571nm（0.050）。更高的离子浓度主要产生了高能量的 Ce^{3+} 向低能量的能量传递的非均匀加宽，同时，浓度的增加使得离子间的距离减小，这也导致了离子间能量传递的概率增加。激活能量的转移以及 Ce^{3+} 高 5d 能级向低 5d 能级的传递导致了能量的减少，即较少的能量从发光材料中放出，导致了红移现象同时色坐标也进入到红光区域，如图 3-32 所示。白光中不同的关联色温以及 CIE 色坐标可以在该区域产生椭圆形，如图 3-32 中所示虚线的交点。

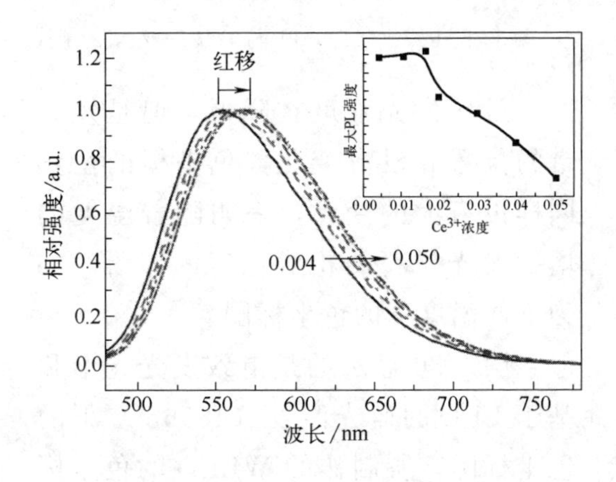

图 3-31 不同掺杂浓度的发射光谱

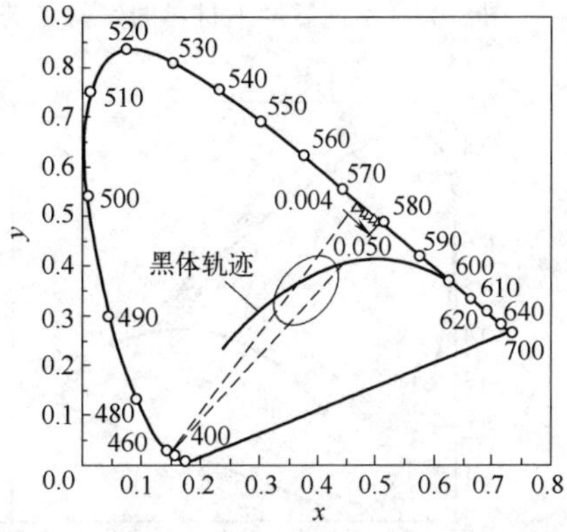

图 3-32 450nm 激发下不同的色坐标图

对发光材料的热稳定性也进行研究，图 3-33 为在 450nm 激发下发光材料的最大发光强度，温度范围为室温～175℃。当温度为 100℃和 150℃时，最大荧光强度分别为室温时的 72%和 56%，这对于具有高热稳定性的氮化物来说是具有一定缺陷的。为了减小这种缺陷进一步研究以减少热猝灭是必要的，而热猝灭的活化能是可以计算的，一定温度下发光材料的发光强度由以下公式算出：

$$I(T)=\frac{I_0}{1+c\exp\left(-\frac{E}{kT}\right)}$$

式中，I_0为室温时发光材料的初始发光强度；$I(T)$ 为温度为 T 时发光材料的发光强度；c 为常数；E 为热猝灭的活化能；k 为玻尔兹曼常数。

其中 $\ln[I_0/I(T)-1]$ 与 $1/(kT)$ 组成的函数为一条直线，如图 3-34 所示实验测得的热猝灭活化能为 0.25eV。

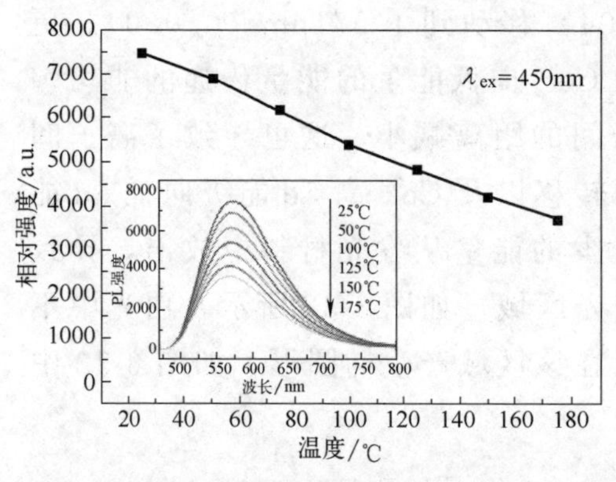

图 3-33 不同温度下材料的发射光谱

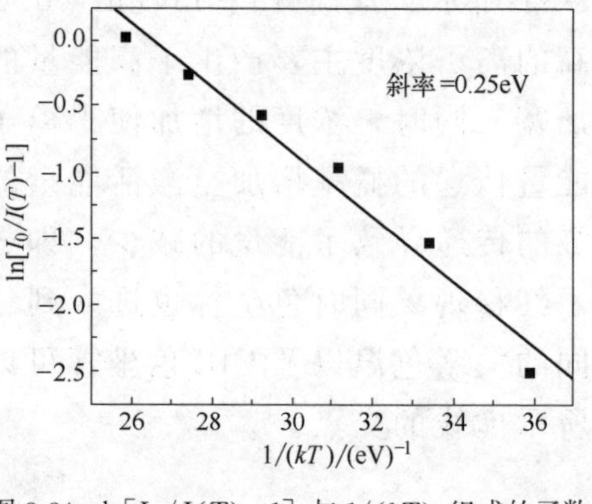

图 3-34 $\ln[I_0/I(T)-1]$ 与 $1/(kT)$ 组成的函数

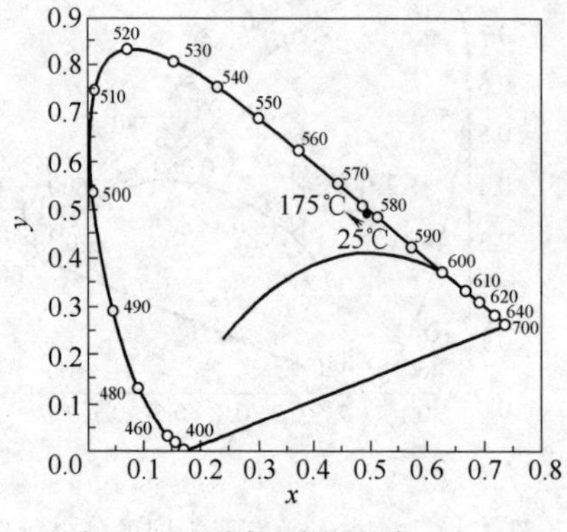

图 3-35 不同温度下的色坐标图

虽然发光强度在降低，但是发光带的位置并没有变化，色坐标的位置同样没有大的变动，表明随着温度的增加发光材料的相对稳定的。图 3-35 为不同温度下的色坐标图。

图 3-36 显示的是电致发光光谱和基于 LED 的蓝光激发（455nm）下的色坐标图，所制作的 WLED 的色坐标为（0.3511，0.3175），相应的色温为

4600K，显色指数为86，略高于YAG（20mA下为75～78），发光材料的发光效率为22.4lm/W。介于γ-Ca_2SiO_4:Ce^{3+}，Li^+混合在透明树脂中的量的增加，其相关色温下降，当γ-Ca_2SiO_4:Ce^{3+}，Li^+的量从20%增加到40%时，色坐标为（0.4214，0.4095）和色温为3322K的暖白光。

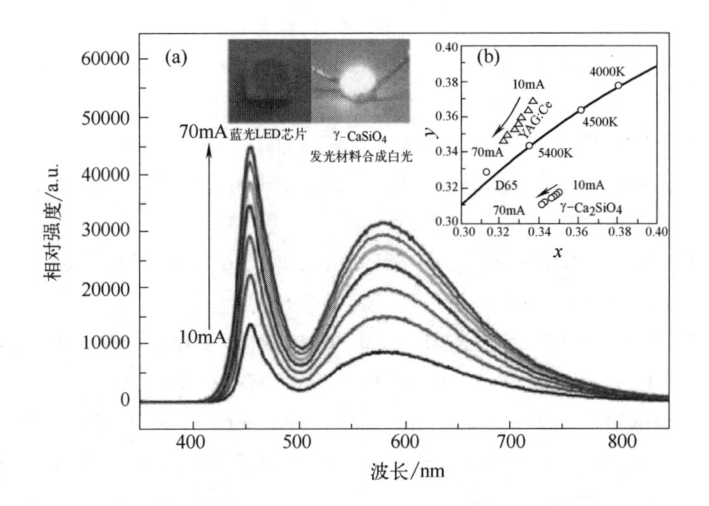

图3-36 电致发光光谱（a）和所制作的WLED的CIE色坐标图（b）

参考文献

［1］ Chen Q L，Wang C F，Su C. One-step synthesis of yellow-emitting carbogenic dots toward white light-emitting diodes［J］. Journal of Materials Science，2013，48：2352-2357.

［2］ Pan Y，Wu M，Su Q. Comparative investigation on synthesis and photoluminescence of YAG:Ce phosphor［J］. Materials Science and Engineering：B，2004，106（3）：251-256.

［3］ Kasuya R，Isobe T，Kuma H，et al. Photoluminescence enhancement of PEG-modified YAG:Ce^{3+} nanocrystal phosphor prepared by glycothermal method［J］. The Journal of Physical Chemistry B，2005，109（47）：22126-22130.

［4］ Jang H S，Won Y H，Jeon D Y. Improvement of electroluminescent property of blue LED coated with highly luminescent yellow-emitting phosphors［J］. Applied Physics B，2009，95（4）：715-720.

［5］ 李明利，李艳辉，陈毅彬，等. $Tb_3Al_5O_{12}$:Ce^{3+}发光粉的微波辅助合成和性能表征

［J］. 发光学报，2008，29（6）：1013-1017.

［6］ 谢建军，施鹰，胡耀铭，等. 共沉淀法合成制备 Ce^{3+} 掺杂 $Lu_3Al_5O_{12}$ 纳米粉体［J］. 无机材料学报，2009，24（1）：79-82.

［7］ Karunaratne B S B，Lumby R J，and Lewis M H. Rare-earth-doped α-Sialon ceramics with novel optical properties［J］. Journal of Materials Research，1996，11（11）：2790-2794.

［8］ Shen Z，Nygren M，Halenius U. Absorption spectra of rare-earth-doped α-sialon ceramics［J］. Journal of Materials Science Letters，1997，16（4）：263-266.

［9］ van Krevel J W H，van Rutten J W T，Mandal H，et al. Luminescence properties of terbium-，cerium-，or europium-doped α-Sialon materials［J］. Journal of Solid State Chemistry，2002，165（1）：19-24.

［10］ Xie R J，Hirosaki N. Silicon-based oxynitride and nitride review［J］. Science and Technology of Advanced Materials，2007，8（7-8）：588-600.

［11］ Xie R J，Hirosaki N，Mitoino M，et al. Optical properties of Eu^{2+} in α-SiAlON［J］. Journal of Physical Chemistry B，2004，108（32）：12027-12031.

［12］ Song X，He H，Fu R，et al. Photoluminescent properties of $SrSi_2O_2N_2:Eu^{2+}$ phosphor：concentration related quenching and red shift behavior［J］. Journal of Physics D，2009，42（6）：065409（1-6）.

［13］ Wang M，Zhang J，Zhang X，et al. Photoluminescent properties of yellow emitting $Ca_{1-x}Eu_xSi_2O_{2-\delta}N_{2+2\delta/3}$ phosphors for white light- emitting diodes［J］. Journal of Physics D，2008，41（20）：205103（1-5）.

［14］ Jang H S，Jeon D Y. Yellow emitting $Sr_3SiO_5:Ce^{3+}$，Li^+ phosphor for white light-emitting diodes and yellow light-emitting diodes［J］. Applied Physics Letters，2007，90：041906（1-3）.

［15］ Jang H S，Kim H Y，Kim Y S，et al. Yellow-emitting γ-$Ca_2SiO_4:Ce^{3+}$，Li^+ phosphor for solid-state lighting：luminescent properties，electronic structure，and white light-emitting diode application［J］. Optics Express，2012，20（3）：2761-2771.

第四章　红色发光材料

WLED的制备，以蓝光LED芯片激发红色及绿色发光材料或近紫外LED芯片激发红色、绿色及蓝色发光材料的方式最为广泛，同时在蓝光LED芯片激发黄色发光材料中，会加入红色发光材料来调节显色性，使WLED的发光颜色最佳，因此红色发光材料的研究及制备一直处于非常重要的地位。

第一节　氧化物体系

一、氧化钇

红色发光材料$Y_2O_3:Eu^{3+}$是一种微红色晶体，不溶于水，化学性质稳定。其发光机理是通过稀土离子部分代替Y^{3+}而得到的发光材料。通过对其光致发光性能的研究，发现这种发光材料在紫外辐照下能得到有效激发，其发射主峰在626nm附近。监控波长为626nm时，激发光谱最强峰位于330nm附近，在280～375nm范围内激发强度较高，该发光材料可匹配发光光谱主峰在375nm以下的紫光LED晶片。

从理论上来说，Y_2O_3中的Y原子占据C_2和S_6两种结晶学对称位置，且比值为3∶1。若统计稀土离子取代Y的情况，则有1/4的稀土离

子占据 S_6 位置，而 S_6 位置上存在对称中心，这种结构完全禁戒了稀土离子的电偶极跃迁。

通过金属离子掺杂可对稀土氧化物发光材料进行改良，优化其发光性能，可能降低其成本。目前的一个研究热点是对现有发光材料体系进行改良，有以下几个方面：一是加入少量添加物。在稀土氧化物发光材料中加入少量金属氧化物或碱土金属硼酸盐，可以提高亮度。二是改变阳离子成分，寻找合适的多种同族元素代替单一元素。研究表明在稀土氧化物中掺杂 Zn^{2+}、Li^+、Na^+ 等一些金属离子能提高发光材料的发光性能，即使很少量的金属离子或碱土金属离子掺杂也能使发光强度大大提高。

氧化钇的晶体结构（图 4-1）为立方晶系，具有体心立方结构。晶格常数 $a=0.3785$nm，$c=0.6589$nm。氧化钇的熔点为 2410℃，密度 5.010g/cm³，折射率为 1.91，在室温下呈稳定的立方结构，在 2280℃左右会发生由立方相到六方相的相变。每个立方氧化钇晶胞中包含 16 个分子，32 个 Y^{3+} 格位中有 24 个具有 C_2 对称性，其余 8 个具有 S_6（C_{3i}）对称性。如 Y^{3+} 格位的配位数为 6，在 S_6 格位，中心 Y^{3+} 周围存在 6 个等同的 Y—O 键，键长为 0.2261nm；而在 C_2 格位，存在 3 个不等同的 Y—O 键，键长分别为 0.2249nm、0.2278nm 和 0.2336nm。当三价稀土离子作为激活剂掺入氧化钇时，占据不同格位的稀土发光离子呈现出不同的发光特性。

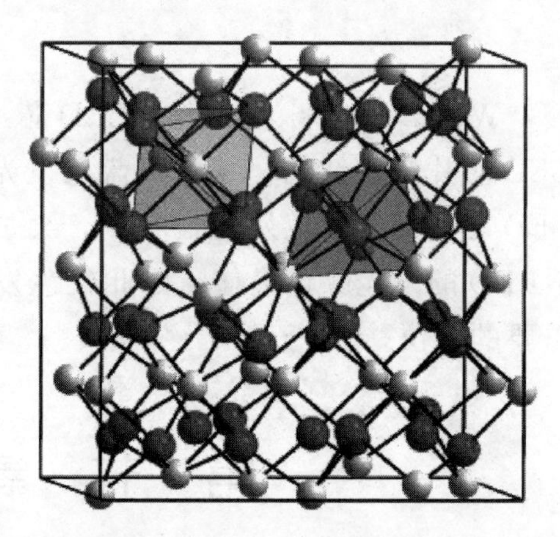

图 4-1　Y_2O_3 晶体的晶胞结构

Y_2O_3:Eu^{3+} 是性能优异的红色发光材料，发光效率高且具有较高的色纯度和良好的光衰特性，化学稳定性好，尽管这种物质已经发现了 30 多年，但它一直是使用最广泛的红色发光材料之一，在红色发光材料中处于非常重要的地位。

郭静[1] 采用水热/溶剂热法制备了 Y_2O_3:Eu^{3+} 微球，图 4-2 为 Y_2O_3:Eu^{3+} 微球的 XRD 图谱。图 4-2（a）为溶剂热反应温度为 140℃时，不同

pH 值条件下所得的 Y_2O_3:Eu^{3+} 的 XRD 图。由图可见，当 pH 值较小（pH＝1 和 2）时，所得 Y_2O_3:Eu^{3+} 具有良好的结晶性，其位于 2θ＝29.2°、33.8°、35.9°、39.9°、43.5°、48.5°、53.2°、57.6°、59.0°、60.4°的衍射峰分别对应于体心立方结构 Y_2O_3 的（222)、(400)、(411)、(332)、(431)、(440)、(611)、(622)、(631）和（444）晶面（JCPDS No. 25-1011)，无明显的杂峰出现。而当 pH 值逐渐增大时（pH＝3、4、5、10 和 12）时，所得 Y_2O_3:Eu^{3+} 无明显衍射峰，表明该条件下所得 Y_2O_3:Eu^{3+} 结晶性较差。以上 XRD 表征结果表明，在 140℃溶剂热反应条件下，反应体系的 pH 值对最终 Y_2O_3:Eu^{3+} 的结晶性有较大影响。

图 4-2（b)～(d）分别为溶剂热反应温度为 160℃、180℃和 200℃时，不同 pH 值条件下所得 Y_2O_3:Eu^{3+} 的 XRD 图谱。由图可见，当溶剂热反应温度升高为 160～200℃时，不同 pH 值下均得到具有较好结晶性的 Y_2O_3:Eu^{3+}，其为立方相结构，无其他杂峰出现，表明在这些条件下，

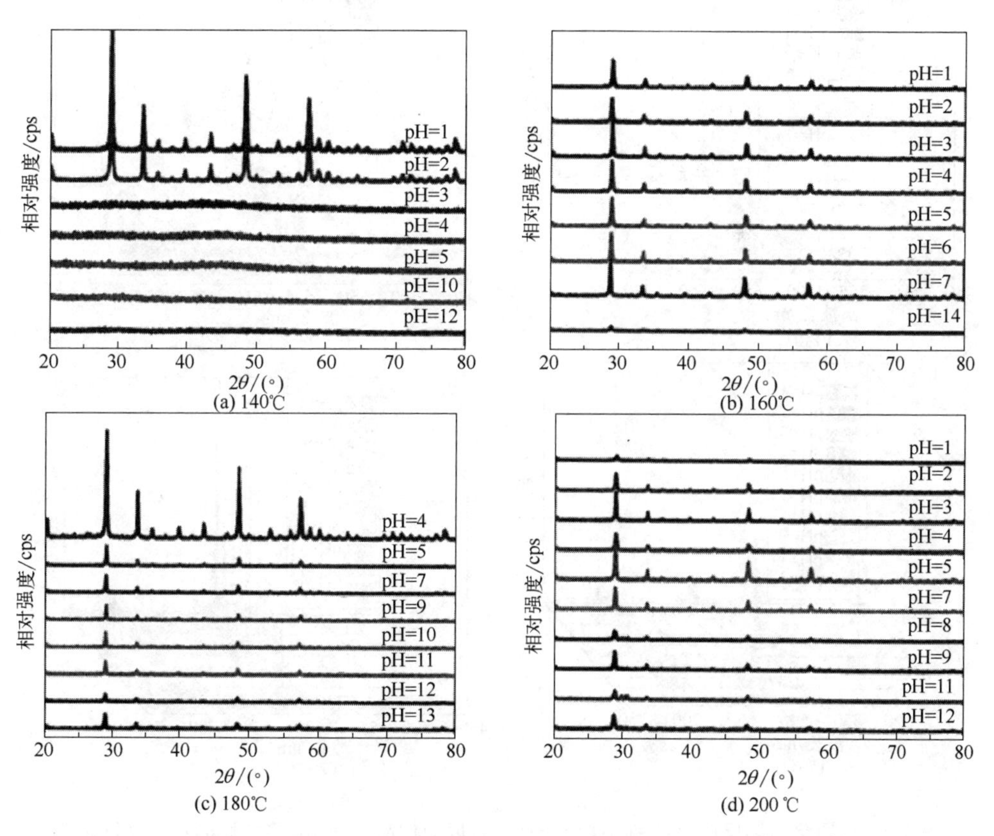

图 4-2　不同溶剂热反应温度及 pH 值条件下合成的样品经 900℃煅烧的 XRD 图谱

利用溶剂热方法可以成功地得到结晶性较好的 $Y_2O_3:Eu^{3+}$ 发光材料。

图 4-3 为不同溶剂热反应温度和 pH 值条件下合成的 $Y_2O_3:Eu^{3+}$ 的荧光发射光谱。由图可见，$Y_2O_3:Eu^{3+}$ 具有多处发射峰，这是由 Eu^{3+} 的 $^5D_0 \rightarrow {}^7F_j$（$j=0$，1，2，3，4）跃迁导致的。根据洪特选择定则，宇称相同的组态之间只能发生磁偶极跃迁和电偶极跃迁，但是在该发射光谱中却观察到了极强的 $^5D_0 \rightarrow {}^7F_2$ 的电偶极跃迁，说明原来属于禁戒的 f→f 跃迁光谱选择定律部分解除。根据晶体场理论，由于晶格振动与镧系元素之间具有较强的自旋-轨道耦合作用，使得具有较高能量的相反宇称组态混入到 $4f^n$ 组态，引起 J 混效应导致组态状态的混合，因此这种禁戒会被部分解除或完全解除。其中，最主要的红光发射谱带位于 602～633nm，峰值分别是 610nm 和 630nm 处，对应着 $^5D_0 \rightarrow {}^7F_2$ 能级的跃迁。其次是位

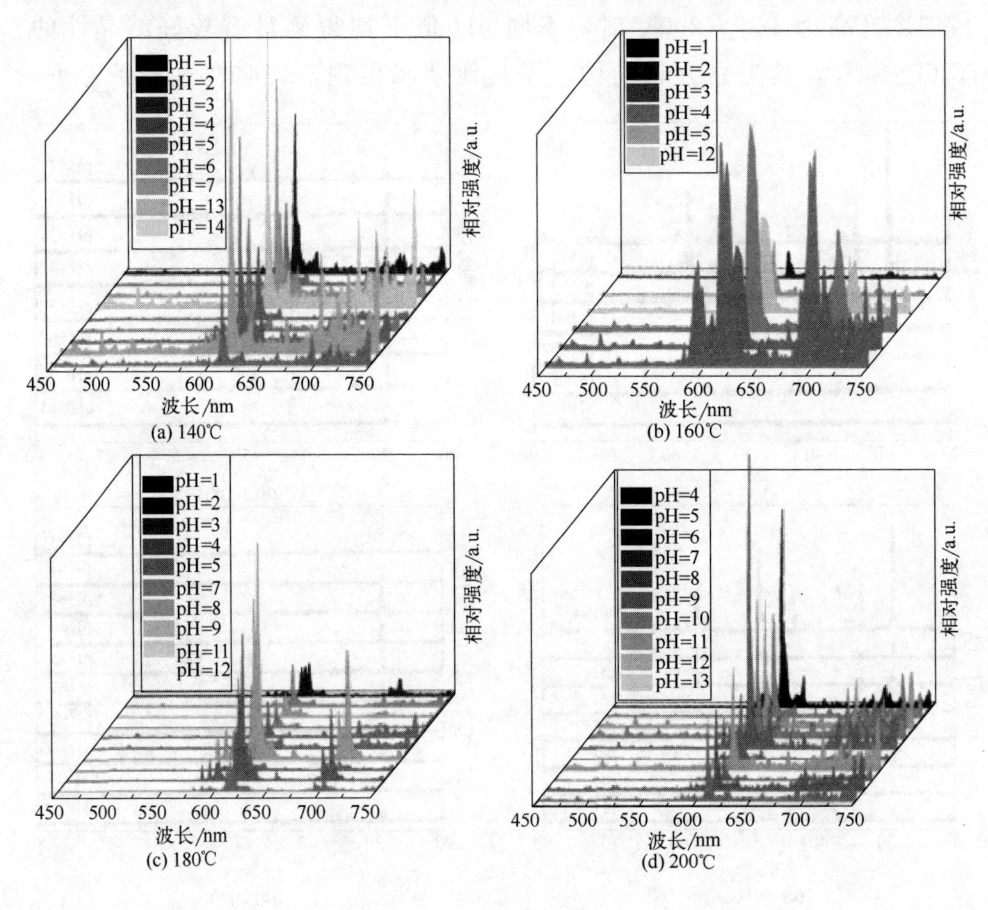

图 4-3　不同溶剂热反应温度和 pH 值条件下合成的样品经 900℃焙烧后的荧光发射光谱

于 585～601nm 处的发射谱带，有三个峰值，对应着$^5D_0 \rightarrow ^7F_1$ 能级的跃迁。在该发射光谱中，还能够观察到位于 580nm 和 649nm 的发射峰，分别对应着$^5D_0 \rightarrow ^7F_3$ 的能级跃迁。698mn 附近的发射峰归属于铕离子的$^5D_0 \rightarrow ^7F_4$ 跃迁，一般情况下其强度检测不会太强，但在结晶性好的样品中也可以观察到，其也是铕离子特征发射峰之一。

Eu^{3+} 的外层电子结构为 $5s^2 5p^6 4f^7 6s^2$，由于其特殊的电子层结构，被大量用于红色发光材料的激活剂研究。当 Eu^{3+} 进入 Y_2O_3 基质晶格后，会取代原来位置的 Y^{3+}，原来 Y_2O_3 基质晶格吸收的能量就会被转移给 Eu^{3+}，即发生了 Y_2O_3 基质晶格与 Eu^{3+} 之间的能量传递，因此 Eu^{3+} 受激发而发出不同波长的光。

在图 4-3 中，当体系 pH 值不同时，Eu^{3+} 各个跃迁峰之间的相对强度也会有很大差异。在 pH＝4 和 pH＝12 时，Eu^{3+} 所有跃迁峰的强度均高于其他 pH 值时的峰强度；而在 pH＝12 时，700nm 附近跃迁峰的强度与 613nm 附近跃迁峰的强度相当，异于其他 pH 值下的发射强度，且在 613nm 附近的主峰发生了劈裂，这是由 Eu^{3+} 的配位环境所引起的，说明在 OH^- 浓度增大时，对 Eu^{3+} 吸收能量以及跃迁的过程造成了一定的影响。

Moura 等[2] 利用微波水热法制备了 Y_2O_3:Eu^{3+} 纳米棒和纳米片，并对其发光性能进行了研究。图 4-4 为所制备的发光材料的 XRD 图谱，其中（a）为前驱体的 XRD 曲线，（b）、（c）、（d）为 Y_2O_3:Eu^{3+} 发光材料

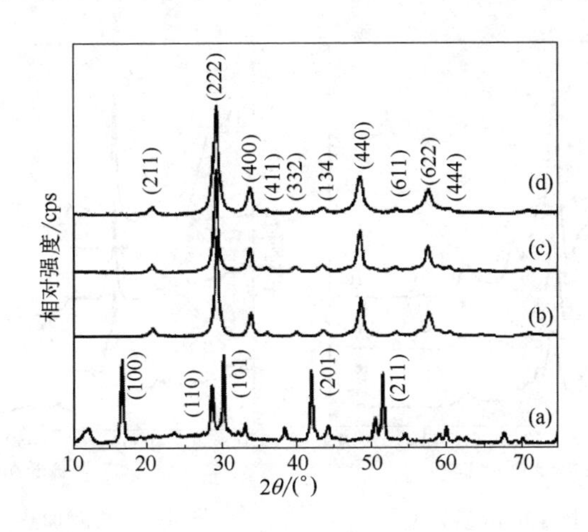

图 4-4　前驱体和微波炉中 500℃下 20min 后发光材料的 XRD 图谱

在微波炉中 500℃加热 20min 后的 XRD 谱图，它们有相同的特征峰。从（a）中可以看出，没有发现 Y_2O_3 的特征峰，前驱体主要为 $Y(OH)_3$，其与标准卡片 JCPDS No. 83-2042 相对应。在（b）、（c）、（d）中可以观察到特征峰在 2θ 为 20.5°、29.1°、33.8°、36.1°、39.9°、43.5°、48.6°、53.3°、57.7°和 60.5°体心立方的 Y_2O_3 的相。它们对应着（211）、(222)、(400)、(411)、(332)、(134)、(440)、(611)、(622) 和（444）晶面，这与标准卡片 JCPDS No. 43-1036 符合。

图 4-5 为所制得样品的激发光谱。分析结果表明，与 $4f^6$ 内部结构转换相关的窄谱段分别对应 362nm 的基态 $^7F_0 \rightarrow {}^5G_6$ 的跃迁发射，382nm 的 $^7F_0 \rightarrow {}^5H_4$ 跃迁发射，394nm 的 $^7F_0 \rightarrow {}^5L_6$ 跃迁发射，其中 $^7F_0 \rightarrow {}^5L_6$ 的跃迁发射最为强烈，这是由于无机基体的原因。在图中也发现一个宽的吸收带位于 250～280nm（本图未出现），这是由于基体 Y_2O_3 与 Eu^{3+} 之间的电荷转移。

图 4-6 为发光材料的发射光谱，从图中可以看出在 394nm 激发下的 Eu^{3+} 的发射从激发态的 $^5D_0$ 到 ^7F_J（$J=1$，2，3，4）的跃迁发射。最强烈的发射峰位于 610nm，这是 Eu^{3+} 的 $^5D_0 \rightarrow {}^7F_2$ 的电偶极跃迁。样品的发射峰位于 580nm，591nm，610nm，651nm 和 695nm，属于 Eu^{3+} 的 $^5D_0 \rightarrow {}^7F_J$（$J=0$，1，2，3，4）的跃迁发射。这表明 Eu^{3+} 点对称没有反演中心。谱图中 610nm 红色发光占主导地位。从以往的报道来看，Eu^{3+} 的在无机体系中具有地对称性的强烈红色发光。

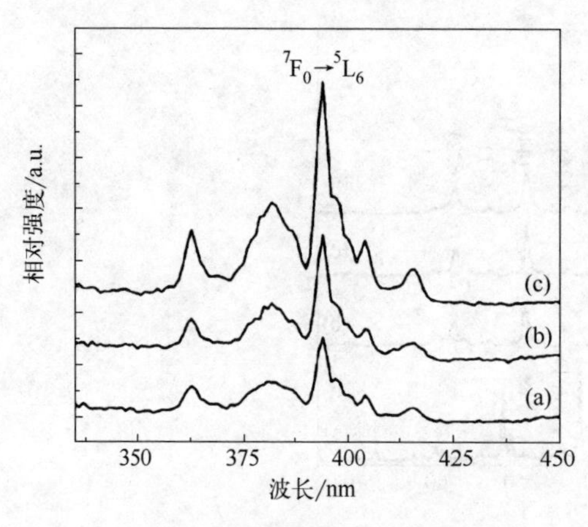

图 4-5　微波加热 20min 后发光材料的激光发谱

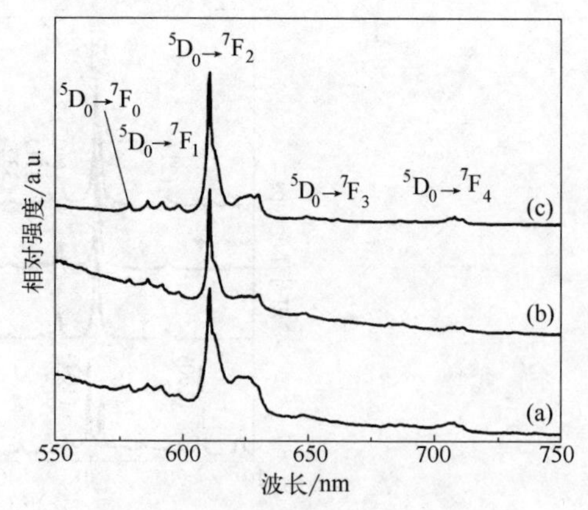

图 4-6　微波加热 20min 后发光材料于 394nm 激发下的发射光谱

二、氧化锌

近年来，由于ZnO具有优良的光电性能，与传统的硫化物发光材料相比，ZnO有耐紫外线、高电导等优点，ZnO由于宽禁带、高激子束缚能成为优良的基质候选材料，考虑到纯ZnO的色纯度和发光效率问题，结合稀土离子的发光单色性，通过适当的掺杂和添加敏化剂可以改善ZnO的发光性能缺陷，从而获得高发光性能的发光材料。以ZnO作为基质合成的红色发光材料稳定性较好，其最大激发峰范围都在340～370nm范围内，与365～370nm紫外光LED芯片的发射峰大部分相交，适用于三基色WLED制造。

ZnO是一种Ⅱ～Ⅵ族直接带隙宽禁带半导体，属于第三代半导体材料。常见的晶体结构有三种类型，即岩盐型结构、闪锌矿结构和纤锌矿结构，如图4-7所示。从热力学稳定性方面考虑，常温常压下的ZnO以纤锌矿结构存在，而在高温高压的情况下以岩盐矿结构和闪锌矿结构的形式存在。

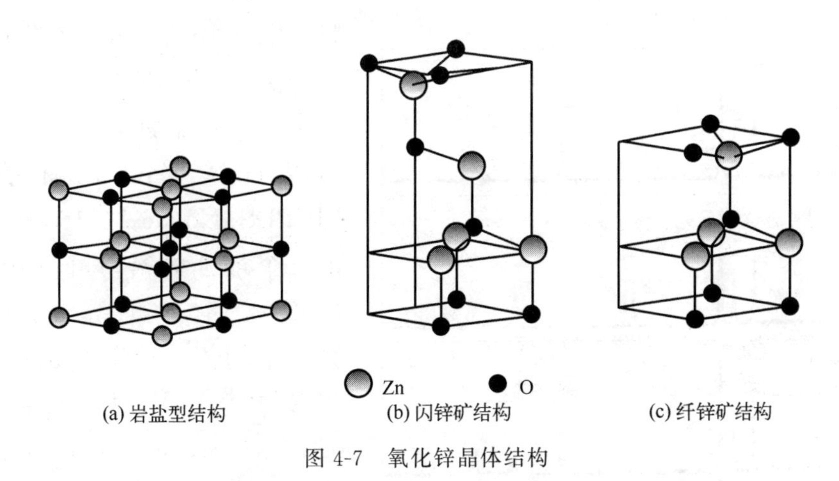

图4-7 氧化锌晶体结构

ZnO在常温下的稳定相是纤锌矿结构，空间群为$P6_3mc$，对称性为C_{6V}^4，$a=b=0.32533$nm，$c=0.52073$nm，$c/a=0.1602$，$Z=2$，结构如图4-8所示。ZnO密度为$5.606g/cm^3$，介电常数为$\varepsilon(0)=8.75$，$\varepsilon(\infty)=3.75$。锌原子位于4个相邻氧原子形成的四面体间隙中，形成1个ZnO_4四面体，同样每个氧原子都被4个锌原子包围着，按照四面体排布，所以锌原子和氧原子的配位数都为4。

锌原子和氧原子各自组成一个六方密堆积结构的子格子，每一个原子层都是一个（0001）晶面，（0001）面规则地按 ABABA…的六角密堆顺序排列，从而构成纤锌矿结构。ZnO 中的锌和氧之间的结合处于共价键和离子键之间，ZnO 沿着 *c* 轴方向有比较强的极性，质量较好的 ZnO 具有 *c* 轴择优取向生长的特性。其原子点阵如图 4-9 所示。

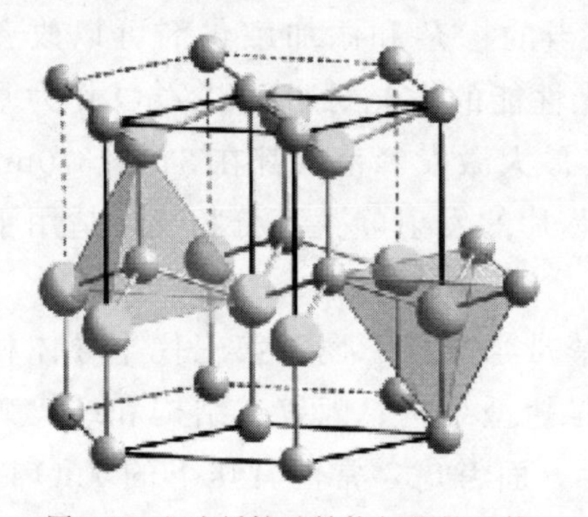

图 4-8　六边纤锌矿结构氧化锌晶体

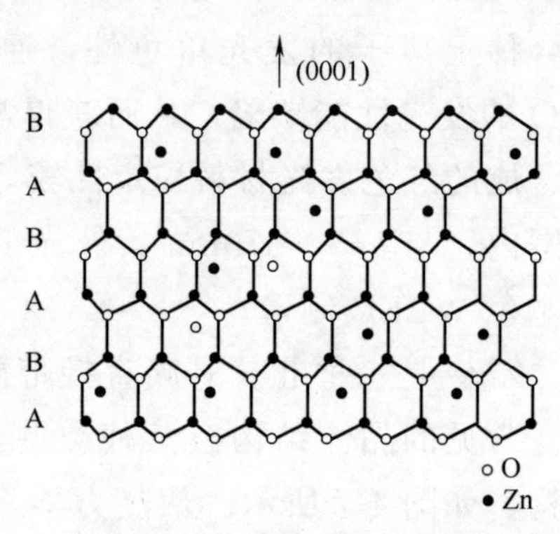

图 4-9　纤锌矿结构的原子点阵

邹科[3] 通过复合溶剂热法制备了 Eu^{3+} 掺杂的花状结构 ZnO 发光材料。图 4-10 是 Eu^{3+} 掺杂花状结构 ZnO 的 XRD 谱图。谱图中出现的各晶面衍射峰的位置与纤锌矿 ZnO 的标准值（JCPDS No. 36-1451）一致。由三个最强的衍射峰（100）、（002）、（101）计算出晶格常数的平均值：掺杂 0.5%（摩尔分数）Eu^{3+} 时，$a=b=$ 0.32581nm，$e=$ 0.52085nm；掺杂 1% Eu^{3+} 时，$a=b=$ 0.32589nm，$e=$ 0.52152nm；掺杂 2% Eu^{3+} 时，$a=b=$ 0.32600nm，$e=$ 0.52136nm。

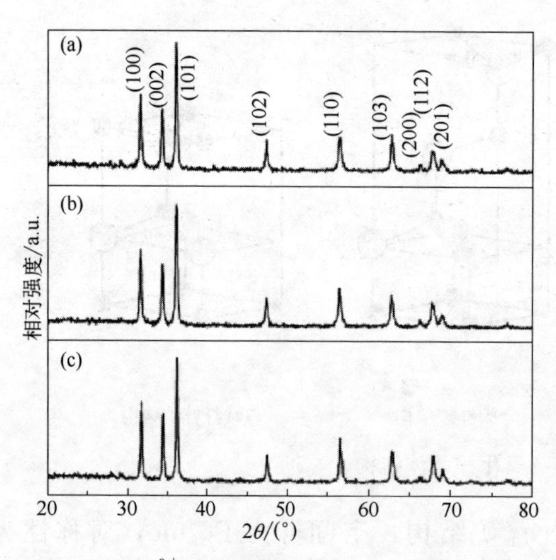

图 4-10　Eu^{3+} 掺杂花状结构 ZnO 的 XRD 图谱

(a) 0.5%；(b) 1%；(c) 2%

图中没有其他杂质峰存在，说明 Eu^{3+} 的掺杂并没有改变 ZnO 的晶体结构，大部分 Eu^{3+} 进入到 ZnO 晶格内。

图 4-11 为 Eu^{3+} 掺杂花状结构 ZnO 的扫描电镜图片，从图中可以看出与未掺杂 Eu^{3+} 的花状结构 ZnO 相比，低浓度掺杂 Eu^{3+} 的花状结构 ZnO 整体形貌均匀［图（a）和图（c）］，花状结构 ZnO 直径在 1～2μm 之间，随着掺杂浓度的提高，Eu^{3+} 掺杂后的花状结构 ZnO 整体形貌均匀性变差［图（e）］，花状结构颗粒尺寸分布变宽，但这种颗粒尺寸不均匀性变化并不显著。一方面从晶体生长的角度分析，花状结构 ZnO 颗粒的不均匀性是由于成核的不均匀性造成的，由于 Eu^{3+} 的引入，当 Eu^{3+} 进入到 ZnO 晶核中替代 Zn^{2+} 后，由于 Eu^{3+} 半径（0.108nm）大于 Zn^{2+} 半径（0.074nm），导致在晶体生长过程中产生更多的晶面位错或表面缺陷，从而减缓了部分晶核生长的速度。另一方面，由于 Eu^{3+} 在 ZnO 基质中的固溶度较低，多余的 Eu^{3+} 有可能以 $Eu(OH)_3$ 或者 Eu_2O_3 的形式附着于晶粒表面，从而抑制溶液中 Zn^{2+} 在 ZnO 晶核表面的继续沉积生长。

图 4-11　Eu^{3+} 掺杂花状结构 ZnO 的 SEM 图

（a），（b）0.5%；（c），（d）1%；（e），（f）2%

图 4-12 为 1%（摩尔分数）❶ Eu^{3+} 掺杂花状结构 ZnO 的荧光激发光谱，用于测量的发射波长为 618nm，对应于 Eu^{3+} 的 $^5D_0 \rightarrow {}^7F_2$ 跃迁。从图中可以看出 Eu^{3+} 掺杂后的花状结构 ZnO 的激发光谱主要包含两个激发峰，一个位于 320nm 附近，对应于 ZnO 基质带边跃迁引起激发峰，另一个位于 396nm，对应于 Eu^{3+} 从基态 $^7F_0$ 到激发态 $^5L_6$ 的电子跃迁。通过测

❶ 未标注处均为摩尔分数。

量 Eu^{3+} 的激发谱，在图谱中出现 ZnO 基质的带边吸收，说明 Eu^{3+} 发射光谱的能量来源于 ZnO 基质的能量转换，因而可以证明 Eu^{3+} 掺入到 ZnO 晶格中，并且说明存在 ZnO 基质到 Eu^{3+} 的能量转移。

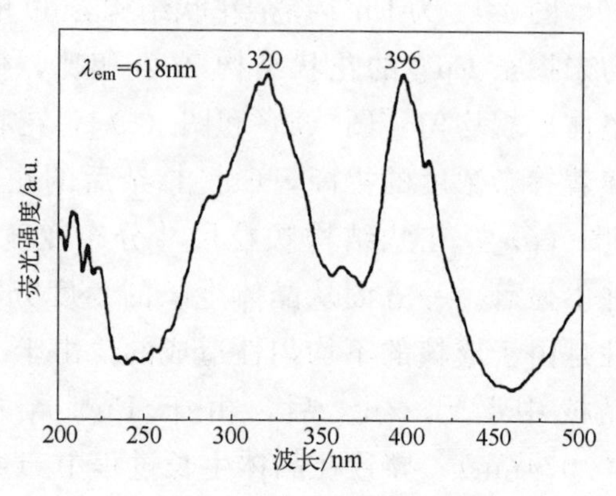

图 4-12　1%Eu^{3+} 掺杂花状结构 ZnO 的荧光激发光谱

分别以测量得到的激发光谱图中的激发波长（λ_{ex}=320nm，396nm）为激发源进行样品的荧光发射光谱测量。当以 λ_{ex}=320nm 为激发波长激发测试时得到的发射光谱如图 4-13 所示，发射光谱中出现两个位置的比较强的发射峰，一个发射峰位于 390nm，源于 ZnO 基质的带边发射，是由激子复合引起的，另一个发射峰则位于 516nm，属于绿光波长范围内，由于 Eu^{3+} 自身没有与此波长位置相对应的能级跃迁发射，因而认为 516nm 处的发射峰是由 ZnO 内部的氧空位引起的，而 ZnO 基质的自身的氧空位引起的绿光发射峰范围较宽，此处 0.5%Eu^{3+} 掺杂的 ZnO 样品发光峰窄而强很可能源自由 Eu^{3+} 的掺杂而引起的氧空位缺陷。由于在图中没有观察到 Eu^{3+} 在 618nm 波长处的 $^5D_0 \rightarrow {}^7F_2$ 特征发射峰，说明当以 λ_{ex}=320nm 激发 ZnO 基质时，能量仍然以 ZnO 的基质发光和缺陷发光的形式为主，而 ZnO 基质到 Eu^{3+} 之间的能量传递较弱。

以 λ_{ex}=396nm 为激发波长激发测试时，所得到的发射光谱如图 4-14 所示。主发射峰分别为 580nm、590nm、618nm 和 685nm，对应于 Eu^{3+} 的 $^5D_0 \rightarrow {}^7F_0$、$^5D_0 \rightarrow {}^7F_1$、$^5D_0 \rightarrow {}^7F_2$ 和 $^5D_0 \rightarrow {}^7F_4$ 跃迁。其中 $^5D_0 \rightarrow {}^7F_0$ 跃迁由于具有相同的轨道（$J=0$），并不符合轨道跃迁选择定则，由于晶体场引起的 J 能级混合效应，$^5D_0 \rightarrow {}^7F_0$ 跃迁才能够实现。$^5D_0 \rightarrow {}^7F_1$ 和 $^5D_0 \rightarrow {}^7F_2$ 能级跃迁发射峰劈裂为两个峰，其中 $^5D_0 \rightarrow {}^7F_1$ 发射峰劈裂为 590nm 和 600nm 两个发射峰，而 $^5D_0 \rightarrow {}^7F_2$ 发射峰劈裂为 612nm 和 618nm 两个发射峰。发射峰的劈裂源于晶体场内部的对称性以及 Eu^{3+} 在晶格内部所处的位置。Eu^{3+} 在晶格中占据 Zn^{2+} 的位置时，将会与周围的 6 个 O^{2-} 发生配位作用，当晶格中的 Eu^{3+} 占据 C_{3v} 对称位置时，（$J=0 \rightarrow J=1$）跃迁将会

劈裂成两个晶体场能级跃迁（$J=0\rightarrow J=0$，$J=0\rightarrow J=1$）。当 Eu^{3+} 在晶体中占据对称中心的格位，将以 $^5D_0\rightarrow{}^7F_1$ 跃迁为主，$^5D_0\rightarrow{}^7F_1$ 跃迁是磁偶极跃迁，受配位环境的影响很小；如果 Eu^{3+} 在晶体中占据非对称中心的格位，将以 $^5D_0\rightarrow{}^7F_2$ 跃迁为主，$^5D_0\rightarrow{}^7F_2$ 跃迁属于电偶极跃迁，发出波长为 618nm 的红光。从图中可以看出，两个位置发射峰强度相差不多并且都相对较弱，而 686nm 处的 $^5D_0\rightarrow{}^7F_4$ 跃迁相对强度较高，而 $^5D_0\rightarrow{}^7F_4$ 跃迁与 $^5D_0\rightarrow{}^7F_2$ 跃迁同属于电偶极跃迁，因而推测 Eu^{3+} 在 ZnO 基质中主要占据非对称中心格位，但由于 ZnO 内部缺陷较多，吸收了激发光的大部分能量，导致从 ZnO 基质到 Eu^{3+} 的能量转移很弱，$^5D_0\rightarrow{}^7F_2$ 的发射峰强度也就很弱。

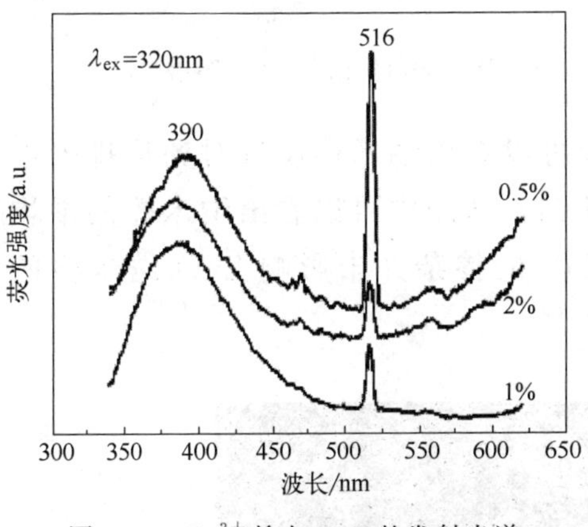

图 4-13 Eu^{3+} 掺杂 ZnO 的发射光谱（$\lambda_{ex}=320nm$）

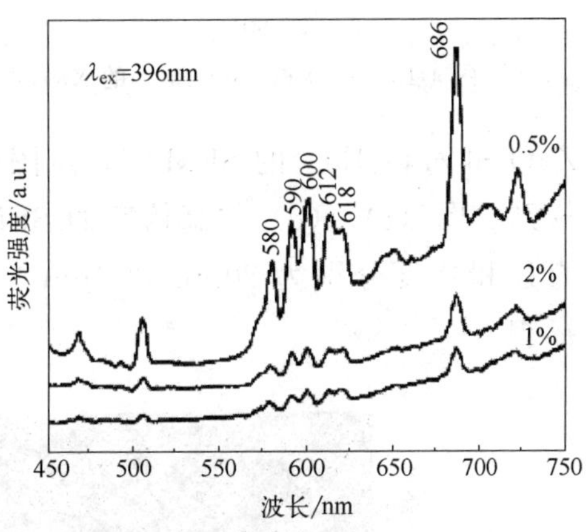

图 4-14 Eu^{3+} 掺杂 ZnO 的发射光谱（$\lambda_{ex}=396nm$）

从整个发射光谱图中可以看出 0.5%Eu^{3+} 掺杂的氧化锌发射峰强度最高，说明 Eu^{3+} 发射峰并不是来自于样品表面沉积的 Eu^{3+} 的氧化物或氢氧化物，而是来自于 ZnO 晶格内部 Eu^{3+} 的能级跃迁。

Yang 等[4] 通过震荡法制备了稀土 Eu^{3+} 掺杂的 ZnO 纳米棒发光材料。图 4-15（a）为震荡法制备的 ZnO 纳米棒和稀土 Eu^{3+} 掺杂的 ZnO 纳米棒发光材料的 XRD 图谱。从图中可以看出，所有的衍射峰显示样品为纤锌矿 ZnO 晶型。最强的衍射峰对应于（002）晶面，这能说明 ZnO 晶体是沿 c 轴取向的。在制备的 ZnO:Eu^{3+} 样品中，通过 EDX 图谱可以证明 Eu^{3+} 成功地进入了基体中。在图 4-15（b）中显示了样品的元素组成含量，包括锌、氧以及 1%的稀土铕。

图 4-16 为 ZnO 和 ZnO:Eu^{3+} 的 SEM 图。其中图（a）、（b）为低倍的

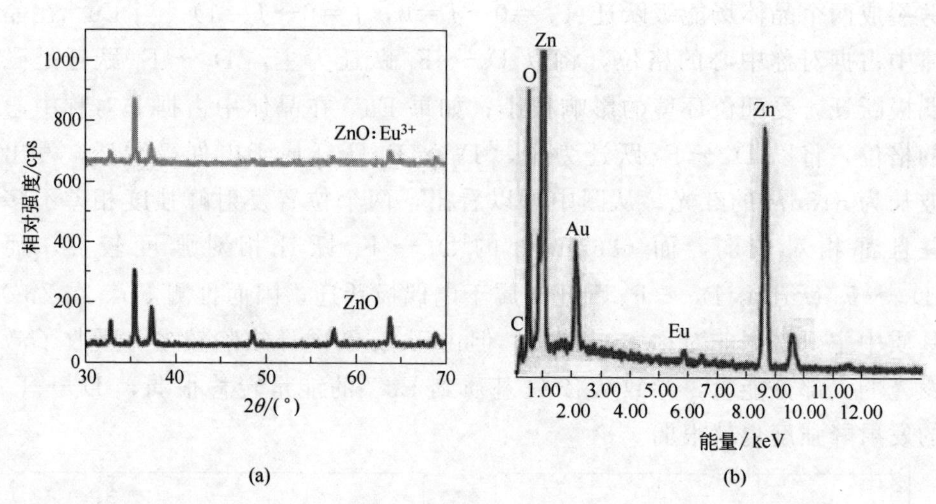

图 4-15 ZnO 和 $ZnO:Eu^{3+}$ 的 XRD 图谱（a）及 $ZnO:1\%Eu^{3+}$ EDX 图谱（b）

ZnO 和 $ZnO:Eu^{3+}$ 的 SEM 图，从图中可以看出纳米棒没有对齐且排列不规则。图（c）、（d）位高倍率的 SEM 图，从图中可以看出纳米棒的平均直径和长度分别为 80nm 和 2μm。Eu^{3+} 的掺杂并未影响 ZnO 纳米棒的形貌。

图 4-16 ZnO 和 $ZnO:Eu^{3+}$ 的 SEM 图

（a）低倍率下 ZnO；（b）低倍率下 $ZnO:Eu^{3+}$；（c）高倍率下 ZnO；（d）高倍率下 $ZnO:Eu^{3+}$

发光材料的发射光谱如图 4-17 所示。在室温下 464nm 激发下的发射光谱谱，其中 Eu 的掺杂量为 1%，对应于 Eu^{3+} 所占格位的 $^7F_0 \rightarrow {}^5D_2$ 的跃迁发射。在发射光谱中有三个主要的发射峰，分别位于 588nm，612nm 和 650nm 处，其对应于 Eu^{3+} 的 $^5D_0 \rightarrow {}^7F_1$，$^5D_0 \rightarrow {}^7F_2$ 和 $^5D_0 \rightarrow {}^7F_3$ 跃迁发射。这也存在电子-声子交互作用。在 Eu^{3+} 掺杂的材料中经常能观察到 $^5D_0 \rightarrow {}^7F_2$ 的强烈发射。这个结果也进一步证明了 Eu^{3+} 离子成功进入了 ZnO 晶格中。

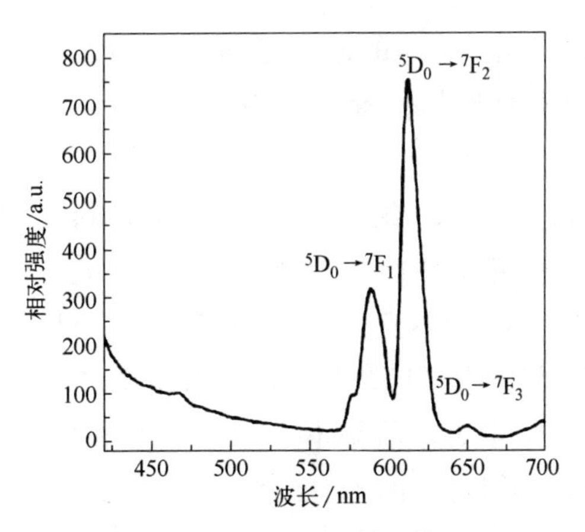

图 4-17 ZnO：1%Eu^{3+} 纳米棒的发射光谱（λ_{ex}=464nm）

三、氧化钆

Gd_2O_3 是一种典型的稀土氧化物，其在低温时为立方相，在升温过程中会发生立方相到单斜相的相变，在常压下相变温度通常为 1300～1400℃，熔点为 2410℃。立方晶相的 Gd_2O_3 的晶体结构为方铁锰矿结构，属于 Ia3(T_h^7) 空间群，由于 Gd^{3+} 的离子半径为 0.094nm，立方相 Gd_2O_3 的晶胞参数为 1.081nm，密度为 7.62g/cm³。立方相的氧化钆的晶体结构见图 4-18（a），一个晶胞含 16 个分子结构单元：三价稀土阳离子处于临近的 6 个氧原子形成的配位八面体中，其中 3/4 的阳离子位于 C_2 点对称

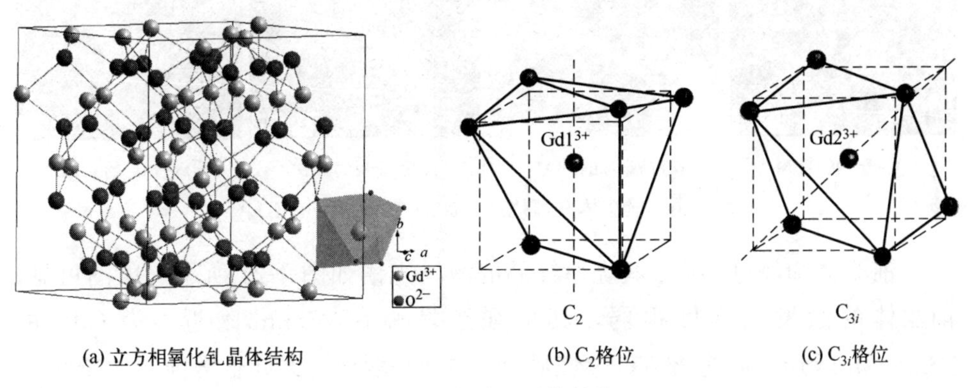

图 4-18 氧化钆晶体结构

的位置，1/4 的阳离子位于 C_{3i}（S_6）点对称性的位置上。

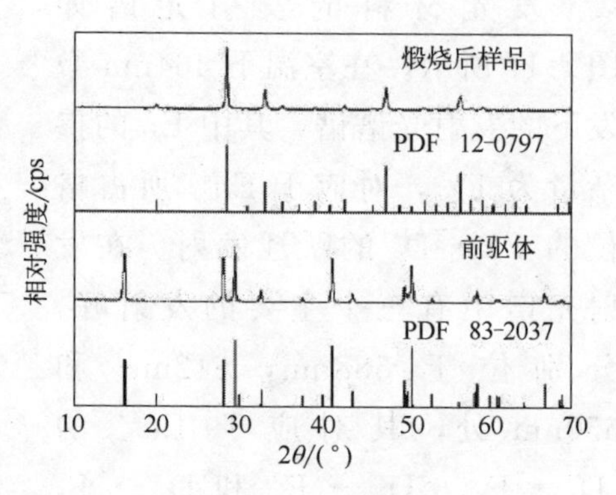

图 4-19 前驱体及煅烧后样品的 XRD 图谱

张颂等[5]利用水热法制备了 Gd_2O_3:Eu^{3+} 纳米棒红色发光材料，对其荧光性能等进行了分析研究。图 4-19 为本实验制备的红色发光材料前驱体和煅烧后的 XRD 图谱。由图可知，前驱体样品的谱图与 $Gd(OH)_3$ 的标准卡片（JCPDS No. 83-2037）完全一致，且无杂质峰。说明所得的前驱物为六方晶系的 $Gd(OH)_3$，晶格参数为 $a=0.6336$nm，$c=0.3624$nm，而经过 800℃煅烧后，样品的图谱与 Gd_2O_3 的标准卡片（JCPDS No. 12-0797）完全一致，且无杂质峰。说明经过 800℃煅烧后所得样品为立方晶系的 Gd_2O_3，并且晶体发育良好。

图 4-20 为前驱体及煅烧后样品的 TEM 及 SAED 图。由图中的透射电镜图片可见，所得的 $Gd(OH)_3$:Eu^{3+} 与 Gd_2O_3:Eu^{3+} 均为棒状，且形貌均一，前驱体 $Gd(OH)_3$:Eu^{3+} 直径约为 60nm，长度达到 500nm，分散性很好，经过 800℃煅烧后所得 Gd_2O_3:Eu^{3+} 的直径仍为 60nm 左右，长度达到 600nm，分散性略变差。由图 4-20（b）、(c) 中的选区电子衍射照片可见，所得 $Gd(OH)_3$:Eu^{3+} 与 Gd_2O_3:Eu^{3+} 均具有多晶结构，且煅烧后晶体发育更加良好。

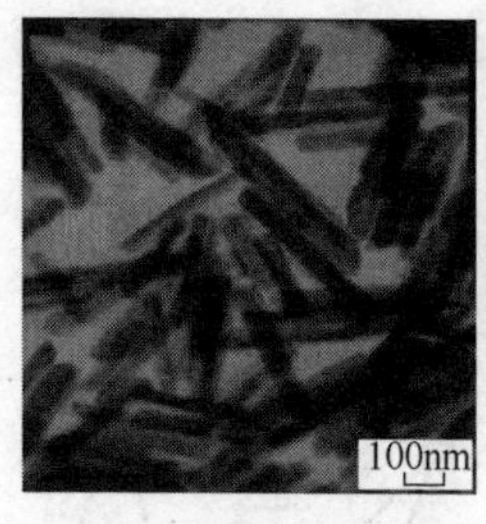

(a) 前驱体的TEM

(b) 前躯体的SEAD

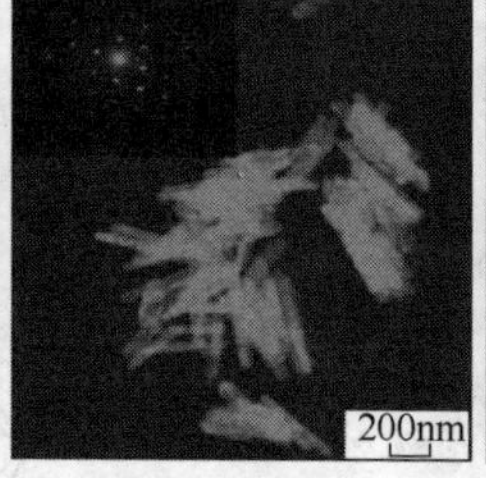

(c) 煅烧后的TEM

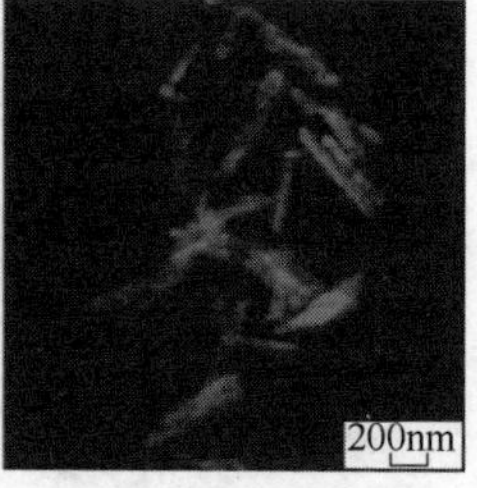

(d) 煅烧后的SEAD

图 4-20 前驱体及煅烧后样品的 TEM 及 SAED 图

前驱体和经过 800℃煅烧后样品的激发光谱如图 4-21 所示。由图可见，前驱体的激发峰强度很弱，其最强激发峰在 278nm 附近，为 Gd^{3+} 的 $^8S_{7/2}\rightarrow{}^6I_J$ 跃迁。经过 800℃煅烧后样品的激发峰强度明显增强，主要由位于 254nm 附近的强而宽的激发带和位于 314nm、397nm、468nm、537nm

处的弱峰组成，前者主要源于 O^{2-}-Eu^{3+} 的电荷迁移带；后者分别对应于 Eu^{3+} 的 $^7F_0 \rightarrow ^5D_{3,4}$、$^7F_{0,1} \rightarrow ^5L_6$、$^7F_{0,1} \rightarrow ^5D_2$、$^7F_{0,1} \rightarrow ^5D_1$ 跃迁激发。

前驱体样品和经过 800℃煅烧后样品的发射光谱如图 4-22 所示。由图可见，前驱体样品的发射谱峰较弱（插图为其放大图），其最强发射峰出现在 590nm 处，为橙红光，对应 Eu^{3+} 的 $^5D_0 \rightarrow ^7F_1$ 磁偶极跃迁，另外还可观察到位于 615nm 处的对应于 Eu^{3+} 的 $^5D_0 \rightarrow ^7F_2$ 跃迁发射峰和位于 695nm 附近的 $^5D_0 \rightarrow ^7F_4$ 跃迁发射峰。经过 800℃煅烧后，样品的发射光谱由 Eu^{3+} 的 $^5D_0 \rightarrow ^7F_J$（$J=0$，1，2，3，4）跃迁发射组成，分别为 580nm、586nm、591nm、598nm、610nm、627nm、650nm 和 706nm。其中最强发射峰出现在 610nm 附近，为 Eu^{3+} 的特征红光发射，根据 Eu^{3+} 电子跃迁的一般规律，当 Eu^{3+} 处于无反演对称中心的格位时，$^5D_0 \rightarrow ^7F_2$ 电偶极跃迁峰最强，位于 610nm 处。当 Eu^{3+} 处于反演对称中心的格位时，$^5D_0 \rightarrow ^7F_1$ 磁偶极跃迁峰最强，位于 590nm 附近。而前驱体样品的主发射峰出现在 590nm 处，经煅烧后样品的最强发射峰位于 610nm 处。由 XRD 结果可知，前驱体样品的基质为 $Gd(OH)_3$，经过 800℃煅烧后样品的基质为 Gd_2O_3，两者基质不同，Eu^{3+} 在不同基质中所占的格位不同，所以发射光谱出现了差异，也说明 Gd_2O_3 是红色发光材料的良好基质之一。

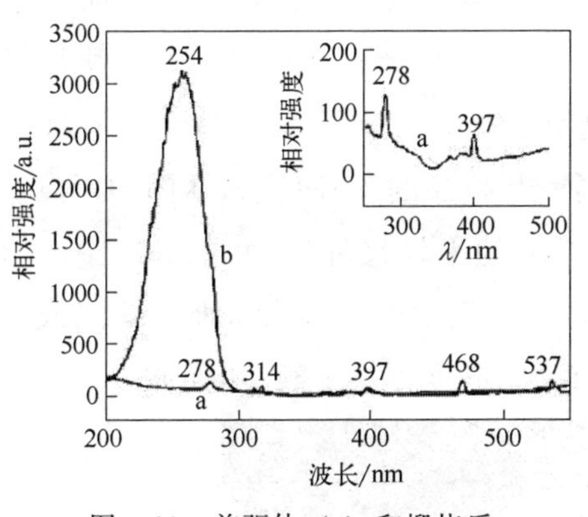

图 4-21　前驱体（a）和煅烧后样品（b）的激发光谱

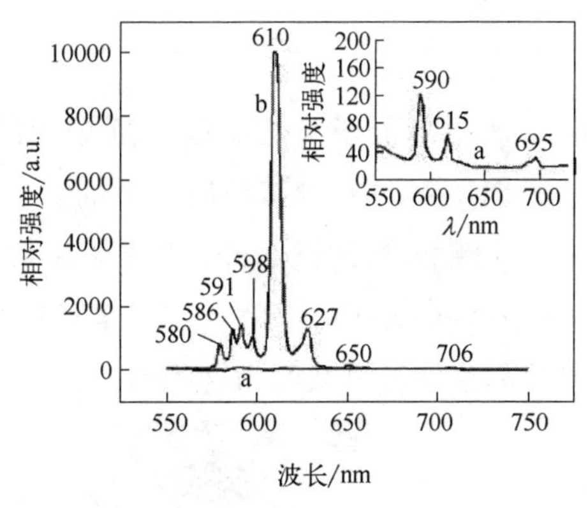

图 4-22　前驱体（a）和煅烧后样品（b）的发射光谱

Xia 等[6] 通过溶液燃烧法合成了 Gd_2O_3:Eu^{3+} 纳米发光材料。柠檬酸在本实验中不仅是一种配位剂，同时也是一种燃剂。结果发现，柠檬酸与金属硝酸盐的比率（C/M）对于氧化钆铕的相组成和结晶具有决定性的影响。图 4-23 为不同 C/M 的 Gd_2O_3:Eu^{3+} 的 XRD 图谱，其中图（a）

为 $C/M=0.7$ 的 Gd_2O_3:Eu^{3+} 样品的 XRD 图谱，具有尖锐和强烈的衍射峰，这可能是立方 Gd_2O_3 的相（JCPDS No. 43-1014）。与此相反，图（b）为 $C/M=0.9$ 的 Gd_2O_3:Eu^{3+} 样品的 XRD 图谱，它具有低而宽的衍射峰，说明它的结晶程度低。图 4-23（c）中 $C/M=0.5$ 的 Gd_2O_3:Eu^{3+} 样品位于（222）晶面的主峰强度低于 $C/M=0.7$，另外也可以观察到其他杂质峰。它是一种混合的立方和单斜晶系 Gd_2O_3 相。所有这些结果清楚地表明，相演变在燃烧过程中密切取决于柠檬酸与金属硝酸盐的比例。这里 C/M 比值从 0.9 降低到 0.5，Gd_2O_3 开始结晶为立方相，然后是混合立方与单斜晶相，这表明燃烧过程中火焰的温度是升高的。众所周知，燃烧反应的火焰温度可以通过增加燃料与金属硝酸盐的摩尔比来进行增高。然而，在此实验中，火焰温度趋向于随着燃料与金属硝酸盐的摩尔比减少而增加。这主要是由于柠檬酸的碳含量高，从而降低了火焰温度，延缓相的进化。

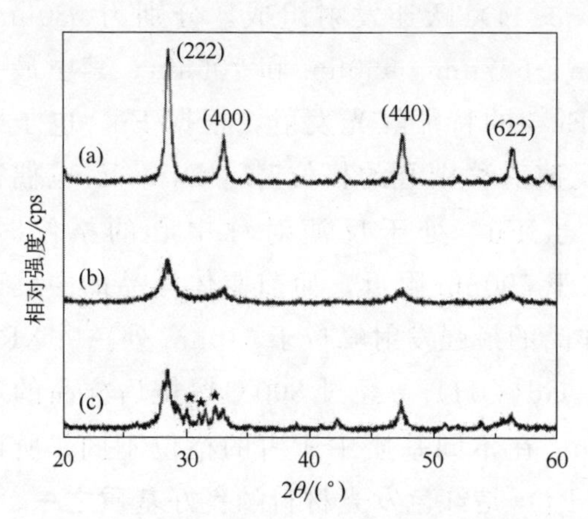

图 4-23 不同 C/M 的 Gd_2O_3：Eu 粉体的 XRD 图谱

（a）$C/M=0.7$；（b）$C/M=0.9$；（c）$C/M=0.5$

图 4-24（a）为 $C/M=0.7$ 的 Gd_2O_3:Eu^{3+} 样品的 TEM 图，从图中可以看出粉体颗粒为 20～40nm 的球形颗粒。颗粒的平均尺寸约为 29nm。图 4-24（a）为 Gd_2O_3:Eu^{3+} 高分辨率 TEM 图像，图中显示的为效果清晰无缺陷或位错的晶格条纹，从而为这些纳米粒子具有高结晶度提供了额外的证据。

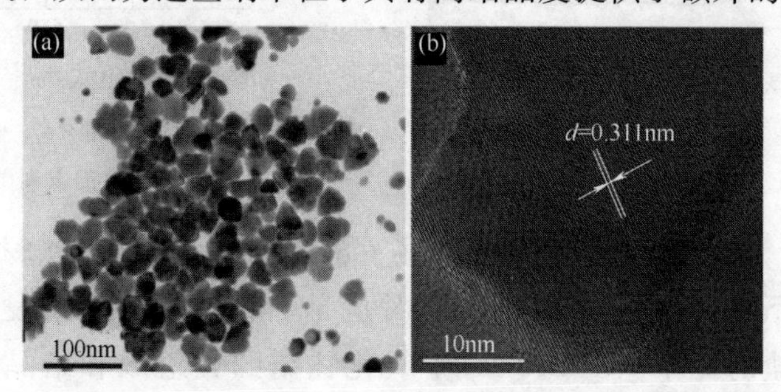

图 4-24 $C/M=0.7$ 的 Gd_2O_3:Eu^{3+} 样品的 TEM 和高分辨率 TEM 图

图 4-25 为 $C/M=0.7$ 的 $Gd_2O_3:Eu^{3+}$ 样品的激发和发射光谱。其中从激发光谱图［图 4-25（a）］中可以看出，它包括了在 248nm 处宽而强烈的最高峰和大约 273nm 处的小峰。在 248nm 处的宽而强烈的峰是由于 O^{2-}-Eu^{3+} 之间的电荷转移。在 273nm 的小峰是属于 Gd^{3+} 的 $^8S_{7/2}\rightarrow{}^6I_J$ 跃迁发射。这个发射可以表明 Gd^{3+} 的存在可以高效地将能量从 Gd^{3+} 转移到 Eu^{3+}，这能够提高 $Gd_2O_3:Eu^{3+}$ 的发光效率，尤其是紫外光波段。

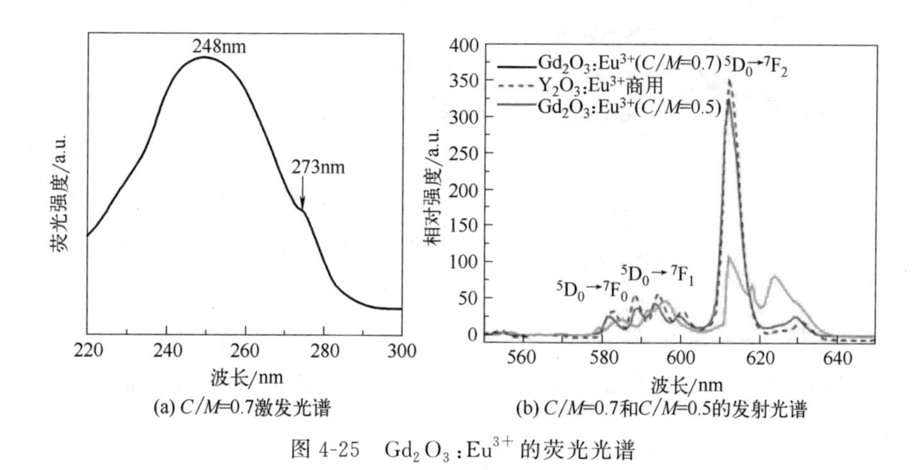

(a) C/M=0.7激发光谱
(b) C/M=0.7和C/M=0.5的发射光谱

图 4-25 $Gd_2O_3:Eu^{3+}$ 的荧光光谱

图 4-25（b）为 $C/M=0.7$ 的 $Gd_2O_3:Eu^{3+}$ 的发射光谱。图中黑色曲线部分为其典型的 Eu^{3+} 的 $^5D_0\rightarrow{}^7F_J$（$J=0\sim4$）跃迁发射。最强峰位于 612nm 处，是属于 Eu^{3+} 的 $^5D_0\rightarrow{}^7F_2$ 的电偶极跃迁发射。在立方 Gd_2O_3 晶格中，Eu^{3+} 的掺杂有两种方式：一个是与 C_2 点对称，另一个是与 S_6 点对称。与 S_6 点对称的 Eu^{3+} 的 $^5D_0\rightarrow{}^7F_2$ 跃迁是严禁反演对称性。因此，$Gd_2O_3:Eu^{3+}$ 的发射峰主要源于与 C_2 点对称的无反演对称的 Eu^{3+}。比较 $C/M=0.7$ 的 $Gd_2O_3:Eu^{3+}$ 发光材料与商业用的 $Y_2O_3:Eu^{3+}$ 发光材料（虚线部分）的发光强度，发现 $C/M=0.7$ 的 $Gd_2O_3:Eu^{3+}$ 发光材料的荧光强度为商业用的 $Y_2O_3:Eu^{3+}$ 发光材料的 92%。需要强调的是 $Y_2O_3:Eu^{3+}$ 发光材料的通常合成温度是高于 1100℃的。图 4-25（b）中灰色曲线部分为 $C/M=0.5$ 的 $Gd_2O_3:Eu^{3+}$ 的发射光谱曲线。位于 612nm 处的最高峰是立方 Gd_2O_3 晶格的特征发射峰。另一方面，位于 617nm 和 623nm 处的 $^5D_0\rightarrow{}^7F_2$ 发射也被观察到了。可以看出当 $C/M=0.7$ 时在 612nm 处的发光强度是 $C/M=0.5$ 的 3 倍。它表明单一的立方相 Gd_2O_3 对于高发光强度是很重要的。

四、其他

朱振峰等[7] 通过微波水热法制备了 Al_2O_3:Eu^{3+} 红色发光材料。通过XRD、SEM和荧光光谱对系列样品的物相、形貌、发光性质进行表征。图4-26是前驱体经2h恒温500℃煅烧获得系列样品（1～5）的XRD图谱，样品1～5中 Eu^{3+} 的摩尔分数分别为0.01%、0.03%、0.05%、0.07%、0.09%。从图中可以看出各样品的XRD图谱相似，与标准卡片对比分析知均为 Al_2O_3（JCPDS No.47-1770，No.21-0010），没有发现其他杂峰的出现，这表明 Eu^{3+} 可能掺入到 Al_2O_3 晶格中。由其图谱形状得出样品经500℃煅烧的结晶性不好，这是由 γ-Al_2O_3 本身的性质决定的。

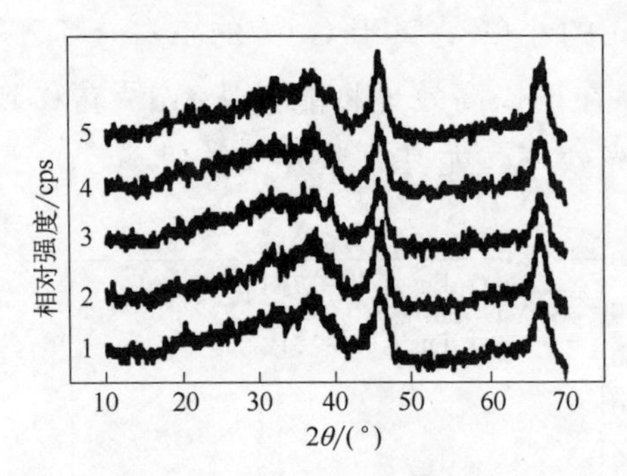

图 4-26　500℃下煅烧得到的 Al_2O_3:Eu^{3+} 的XRD图谱

为了研究表面形貌，用SEM对掺杂0.07% Eu^{3+} 的前驱体及500℃煅烧后的样品进行观测。从图4-27中可以看出，煅烧前后样品均为纳米片组装成的微球，大小比较均一，只是大小有所改变。前驱体的直径约为1μm，500℃煅烧后微球的尺寸略有减小，直径约为0.9μm，这是煅烧后有机物的去除引起的。500℃煅烧后，样品的形貌完好，没有破坏。

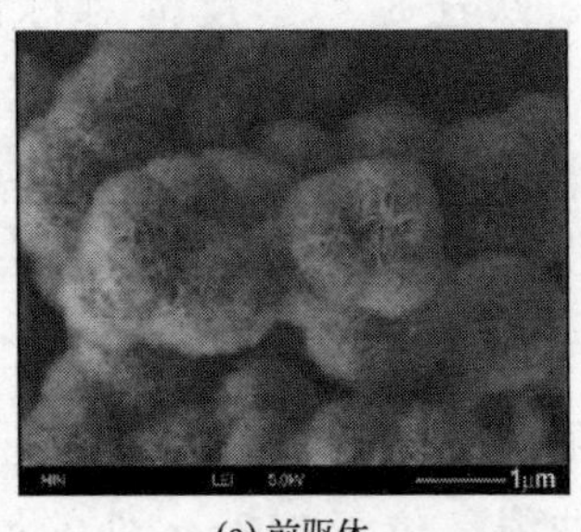

(a) 前驱体

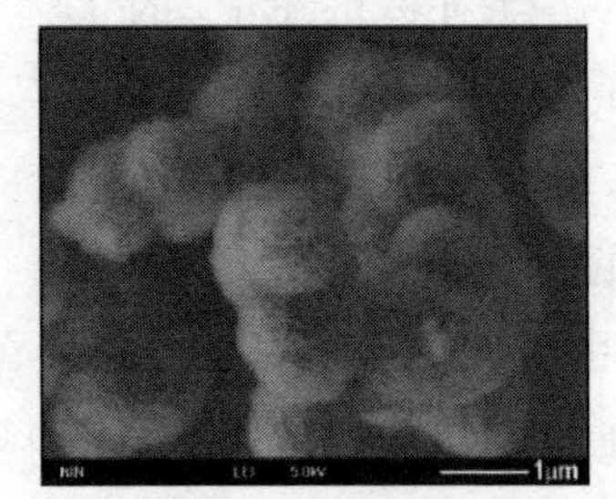

(b) 500℃煅烧后样品

图 4-27　Al_2O_3:Eu^{3+} 煅烧前后的SEM图

图4-28是 Al_2O_3:Eu^{3+}（0.09%）经500℃煅烧2h样品的激发和发射光谱。由图4-28可见在波长394nm处激发观察到 Eu^{3+} 的主峰、次峰在

594nm、619nm，对应$^5D_0 \rightarrow {}^7F_1$、$^5D_0 \rightarrow {}^7F_2$跃迁发射，并以594nm处发射最强。在594nm监控波长下，Eu^{3+}最大激发波长位于394nm，在此波长下激发效率最高。

图4-29为以394nm为激发波长，测得不同掺杂浓度的$Al_2O_3:Eu^{3+}$ 500℃煅烧2h样品的发射光谱。样品1～5中Eu^{3+}的摩尔分数分别为0.01%、0.03%、0.05%、0.07%、0.09%。从图4-29中可以看出，随着Eu^{3+}浓度的变化，样品发射光谱的形状和谱峰位置基本不变，只是发光强度有所改变。

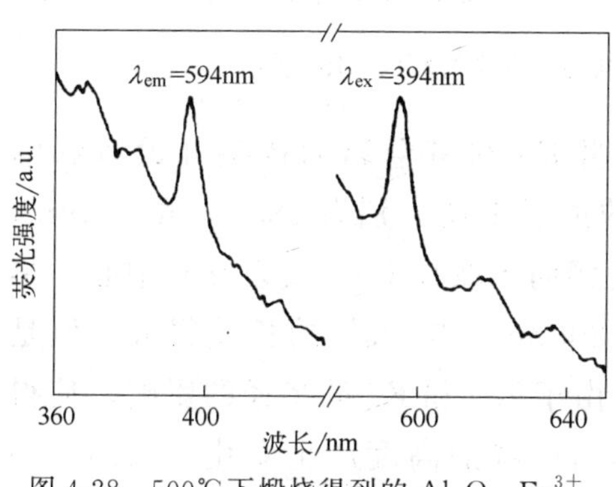

图4-28 500℃下煅烧得到的$Al_2O_3:Eu^{3+}$的激发光谱及发射光谱

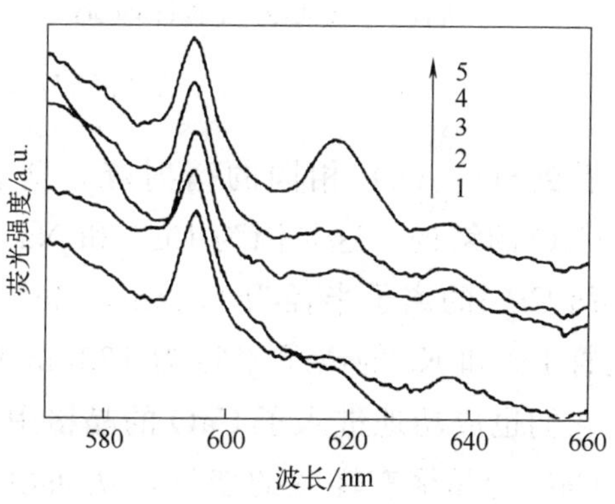

图4-29 不同掺杂浓度的$Al_2O_3:Eu^{3+}$的发射光谱（λ_{ex}=394nm）

根据^7F_J的能级劈裂数和$^5D_0 \rightarrow {}^7F_J$的跃迁数等光谱结构数据，可以判断$Eu^{3+}$所处环境的点群对称性，当$Eu^{3+}$处于偏离反演对称中心的格位时，常以$^5D_0 \rightarrow {}^7F_2$受迫电偶极跃迁发射为主。随着掺杂浓度的增大，$^5D_0 \rightarrow {}^7F_2$电偶极跃迁发射强度变大，说明处于偏离反演对称中心格位Eu^{3+}数量增多。图4-29样品5在618nm处的发光强度比其他掺杂时有很大的提高，表明处于偏离反演对称中心的格位Eu^{3+}显著提高。

Maria等[8]利用燃烧法和二次煅烧合成了与稀土Eu和碱金属共掺杂的CaO、SrO和$CaSrO_2$发光材料。稀土Eu掺杂的CaO、SrO和$CaSrO_2$发光材料与稀土Eu和碱金属Li、Na、K共掺杂的CaO、SrO和$CaSrO_2$发光材料的XRD图如图4-30所示。从图4-30（a）可以观察到，在CaO：Eu^{3+}的X射线衍射图的衍射峰与面心立方晶相的氧化钙（JCPDS No. 37-1497）相符合，空间群为Fm-3m，并且还有另一个物相对应于CaO_4（JCPDS No. 21-0155），没有观察到其他杂质峰。在图4-30（b）中也可以

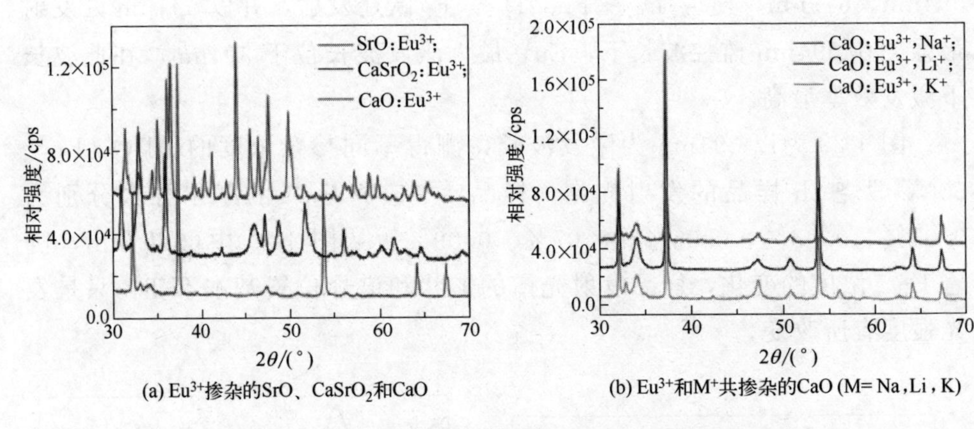

(a) Eu^{3+}掺杂的SrO、$CaSrO_2$和CaO

(b) Eu^{3+}和M^+共掺杂的CaO (M= Na, Li, K)

图 4-30　Eu^{3+} 及 Eu^{3+} 与 M^+ 共掺杂发光材料的 XRD 图谱

看到与图（a）相同的衍射峰，这表明 Eu 和碱金属的掺杂并没有影响 CaO 的结构。这是因为 Eu^{3+} 和 Na^+ 的离子半径分别为 185pm 和 154pm，而 Ca^{2+} 的离子半径为 174pm，Eu^{3+} 更倾向于取代 Ca^{2+} 成为发光中心。尽管 Li^+ 和 K^+ 的离子半径为 123pm 和 203pm，与 Ca^{2+} 的相差很大，但是它们也成功地进入了 CaO 的晶格中。由于 Li^+ 和 K^+ 的半径的影响，使得 CaO 的晶格有轻微的变形，从而使其衍射峰的高度产生变化。从图（a）中 Eu^{3+} 掺杂 SrO 的 XRD 图谱可以看出，其中主要有 SrO（JCPDS No. 001-1113）和 Eu_2O_3（JCPDS No. 034-0392）两相。Eu^{3+} 掺杂的 $CaSrO_2$ 图谱中主要有 CaO_4(JCPDS No. 21-0155)、SrO_2(JCPDS No. 001-1113）和 Eu_2O_3(JCPDS No. 034-0392）三种物相。在 SrO 和 $CaSrO_2$ 中存在的 Eu_2O_3 相也可以表明有部分的 Eu^{3+} 成功地进入了晶格中。在图 4-30（b）中掺杂 Li^+、Na^+、K^+ 的 CaO:Eu^{3+} 的衍射峰是相同的，但是它们的（111)、(200)、(221）晶面的强度彼此不同。这能证明在这些样品的晶格中已经发生了很大的变化。

图 4-31（a)～(d）分别为 CaO:Eu^{3+}、CaO:Eu^{3+}、Na^+、SrO:Eu^{3+} 和 $CaSrO_2$:Eu^{3+} 的 SEM 图。从图中可以看出（a）和（b）的形貌极为相似，小粒度分布的立方形状的颗粒光滑，排列规则。从图（c）和（d）的 SrO:Eu^{3+} 和 $CaSrO_2$:Eu^{3+} 可以观察到颗粒的表面不光滑，尺寸不同的不规则颗粒团聚在一起。光滑的表面形貌可以减少非辐射和散射，这有利于发光强度的提高。

图 4-32 为室温 325nm 激发波长激发下 Eu^{3+} 掺杂的 CaO、SrO 和

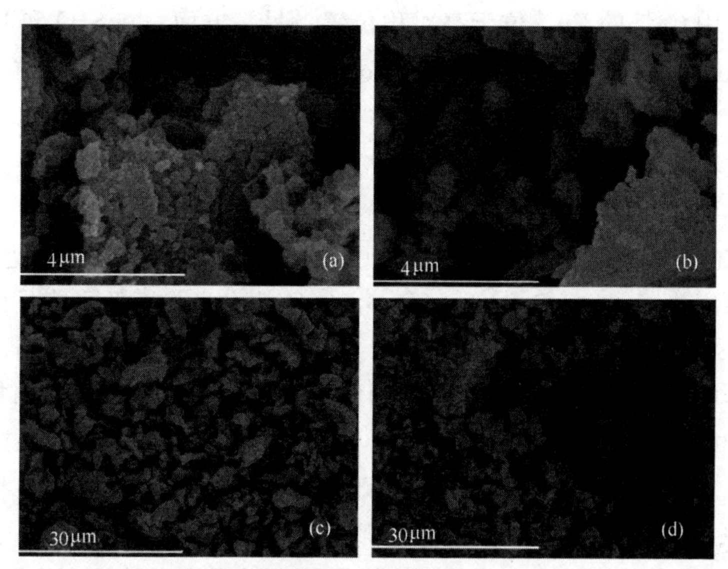

图 4-31 氧化物发光材料的 SEM 图

(a) $CaO:Eu^{3+}$；(b) $CaO:Eu^{3+}$，Na^{+}；(c) $SrO:Eu^{3+}$；(d) $CaSrO_2:Eu^{3+}$

$CaSrO_2$ 发光材料与 Eu^{3+} 和 Li^{+}、Na^{+}、K^{+} 共掺杂的 CaO、SrO 和 $CaSrO_2$ 发光材料的发射光谱。发光材料发出的为不同强度的红光，表明 Eu^{3+} 进入了基体的晶格中。Eu^{3+} 的 $^5D_0 \rightarrow {}^7F_2$ 特征发射峰位于 614nm 和 620nm 处，属于 $^5D_0 \rightarrow {}^7F_n$（$n=0$，1，3，4）的较弱发射峰位于 580nm、592nm、654nm、705nm 处。$^5D_0 \rightarrow {}^7F_1$ 跃迁主要是 Eu^{3+} 位于高对称位置时的磁偶极子跃迁发射，$^5D_0 \rightarrow {}^7F_{2,4}$ 主要是 Eu^{3+} 位于非反演对称点的电偶极跃迁。从图 4-30 的 XRD 衍射图可知 CaO 具有面心立方的 NaCl 结构，

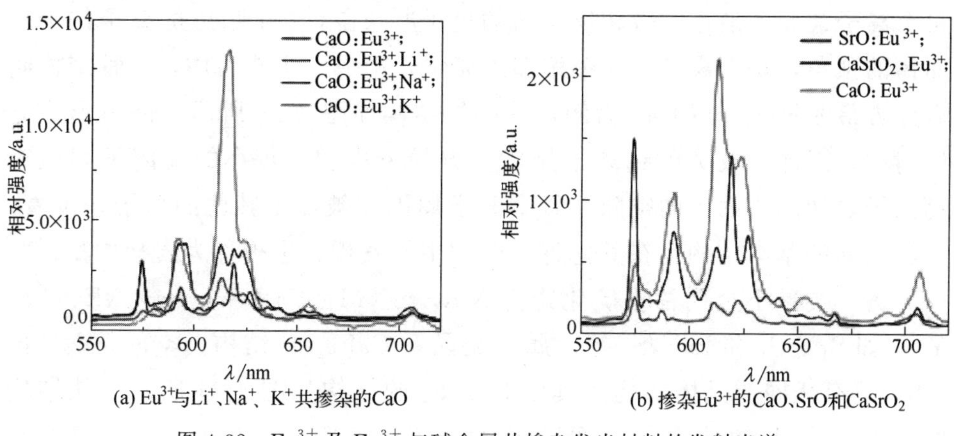

图 4-32 Eu^{3+} 及 Eu^{3+} 与碱金属共掺杂发光材料的发射光谱

取代晶格中 Ca^{2+} 的 Eu^{3+} 位于高对称位置。另一方面，在 SrO 和 Eu_2O_3 晶格中，Eu^{3+} 不具有高对称的位置，这是因为这两相为四方和单斜晶系。此外，$^5D_0 \rightarrow {}^7F_1$ 的跃迁线并未因对称群 O_h 而拆分。在这些点上，电偶极跃迁是被禁止的。然而，CaO 的晶格加入了 Eu^{3+} 的对称性，$^5D_0 \rightarrow {}^7F_2$ 可以被观察到。

将 Eu^{3+} 掺杂 CaO、SrO 和 $CaSrO_2$ 相对应的发射峰的强度进行比较，其排列顺序为 CaO > $CaSrO_2$ > SrO。SrO 的发光强度低可能是由于缺少 Sr 与 Eu 之间高效的能量传递或是由于一些表面杂质和表面缺陷。而它们相应的峰的位置大致相同，这也说明它们可能具有相同的晶格结构。

由于碱金属离子的加入，可以看到对于 $CaO:Eu^{3+}$ 的发光强度有着显著的增强，尤其是 Eu^{3+} 的 $^5D_0 \rightarrow {}^7F_2$ 跃迁发射。钠离子、锂离子和钾离子的掺杂使得发光强度同比增长约 20%、30% 和 600 %。这是由于电荷补偿离子的加入使得 Eu 与 Ca 之间的能量传递得到提高并且产生了氧空位。这些氧空位可以起到敏化剂的作用，增强了 Ca—O 和 Eu—O 之间的电荷转移，从而促进 Ca—O 之间的能量传递更有效地传递给 Eu^{3+} 。

第二节　硫化物体系

一、碱土金属硫化物

碱土硫化物 MS（M＝Ca，Sr，Ba）是立方晶系，呈氯化钠型结构。每个离子被 6 个最近的带相反电荷的离子所包围，6 个最近的离子位于六面体的顶角，每个离子有 6 个相邻的离子，组成一个八面体，这种结构叫做立方最密堆积，以 CaS 为例，其晶体结构如图 4-33 所示，晶体形成立体对称。因此，较大的钙离子排成立方最密堆积，较小的硫离子则填充钙离子之间的八面体的空隙。每个离子周围都被 6 个其他的离子包围着。与其相同的基本结构也在其他许多矿物中被发现，也被称为岩盐构型。

另一类碱土金属稀土硫化物为 MRE_2S_4（M＝Ca，Sr，Ba；RE＝La，Y），如 SrY_2S_4 和 BaY_2S_4 等，属正交晶系 $CaFe_2O_4$ 结构，空间群为 Pnmb，具有相同的晶体结构，其中 SrY_2S_4 的结构如图 4-34 所示。从结构图中可以看到，8 个 S 与 Sr 配位，由于 Sr—S 距离比较大，配位键非常弱，6 个 S 与 Y 配位形成扭曲的八面体，然而，在 SrY_2S_4 晶体中，两个 Y 的配位环境有微小的差别，中心原子是 Y1 的八面体比中心原子是 Y2 的八面体扭曲程度大。

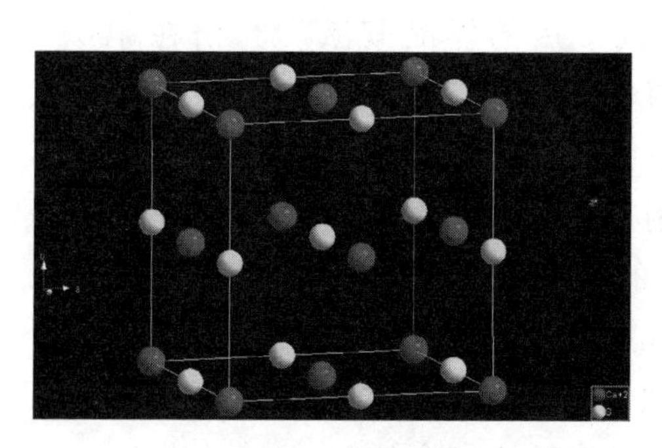

图 4-33 CaS 的晶体结构

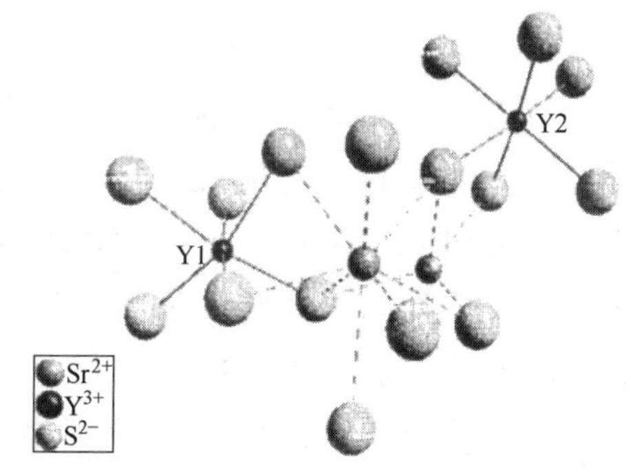

图 4-34 SrY_2S_4 晶体结构

碱土金属硫化物体系在发光材料领域中扮演着重要角色，是一类用途广泛的基质材料，但其化学性质不稳定，应用大受限制。但 Eu^{2+} 掺杂的 CaS 和 SrS 可以被蓝光有效激发而发射出红光，因而可应用于白光中以降低白光的相关色温，提高其显色性，而且通过包覆等方法，降低了发光材料的不稳定性，出现了更好的应用前景。

陈亚勇[9] 利用高温固相法制备了 $CaS:Eu^{2+}$ 红色发光材料。图 4-35 为 C 和 N_2-H_2 还原气氛下不同 Eu^{2+} 掺杂量（x，摩尔分数）$CaS:Eu^{2+}$ 的 XRD 图谱。从图中见，两种气氛下热处理后的样品，Eu^{2+} 在实验范围内对样品的衍射峰位置没有明显的影响。对比发现，C 还原气氛下的样品

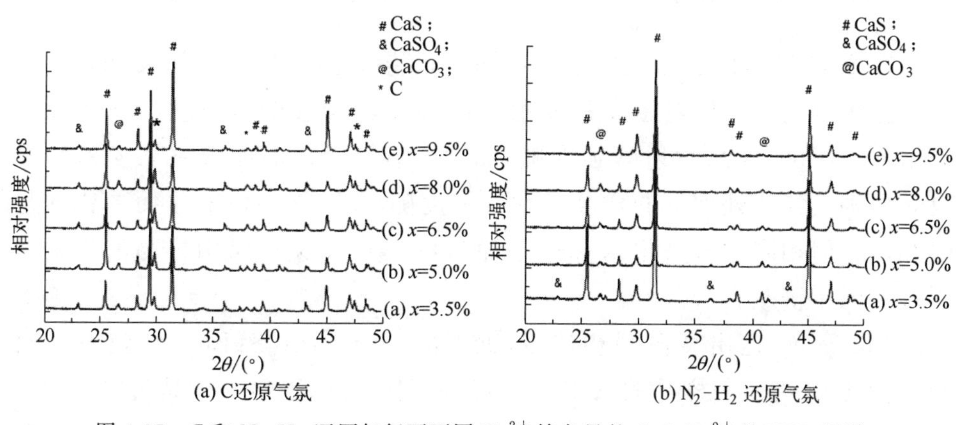

图 4-35 C 和 N_2-H_2 还原气氛下不同 Eu^{2+} 掺杂量的 $CaS:Eu^{2+}$ 的 XRD 图谱

XRD谱有较多的杂峰，除了未反应完全的$CaCO_3$和副反应产物$CaSO_4$的杂峰外，还有微量的C混入样品中，而N_2-H_2还原气氛下的样品相对较纯。

C和N_2-H_2还原气氛下不同Eu^{2+}掺杂量的CaS:Eu^{2+}的激发与发射光谱如图4-36所示。两种还原气氛热处理后的样品其激发光谱在400～600nm都有一个较宽广的激发带。随着Eu^{2+}掺杂量的增加，发光材料的激发和发射峰的强度出现先增强后下降，在Eu^{2+}掺杂量为6.5%时出现峰值，再增大掺杂量，激发峰和发射峰的强度下降，这可能是受浓度猝灭的影响。对比两种气氛条件下样品的激发与发射光谱，C还原气氛下样品的激发和发射光谱峰值出现在540nm和632nm，而N_2-H_2还原气氛下样品的激发和发射光谱峰值分别出现在551nm和634nm。对照XRD分析，这可能是受样品中杂相$CaSO_4$以及未反应完全的$CaCO_3$的影响。

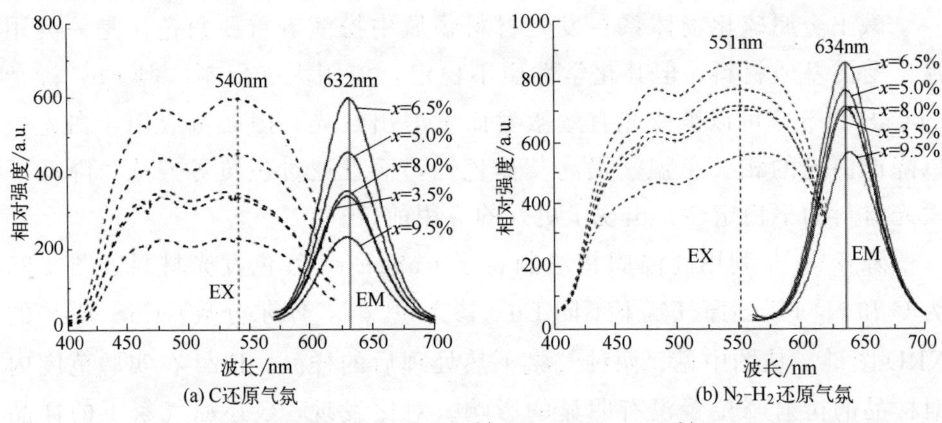

图4-36　C和N_2-H_2还原气氛下不同Eu^{2+}掺杂量的CaS:Eu^{2+}的激发及发射光谱

在C和N_2-H_2还原气氛下，不同Eu^{2+}掺杂量对样品的激发和发射峰的位置影响较小，但对激发和发射峰的强度影响较明显。从不同还原气氛下CaS:Eu^{2+}样品发射峰强度随Eu^{2+}掺杂量变化的曲线（图4-37）可见，两种气氛热处理下的样品发射峰强度随Eu^{2+}掺杂量变化而变化的趋势相同，但相同配方采用N_2-H_2还原气氛比C还原气氛中样品的发射峰强度要强1倍左右。

Xia等[10]运用高温固相法成功制备了$Ca_{1-x}Sr_xS$:Eu^{2+}红色发光材料。图4-38为所制样品的XRD图谱。从图中可以看出，样品为单一的岩盐型结构，没有双相位硫化物的痕迹，也没有硫酸盐和Eu^{2+}的杂质相，这说明生成了均匀的 SrS/CaS 固溶体。其中 Sr^{2+} 的离子半径 1.13 要大于 Ca^{2+} 的离子半径 0.99，主体的晶格常数因为 Sr^{2+} 的置换而扩大，这对应于图 4-38 中的衍射峰。

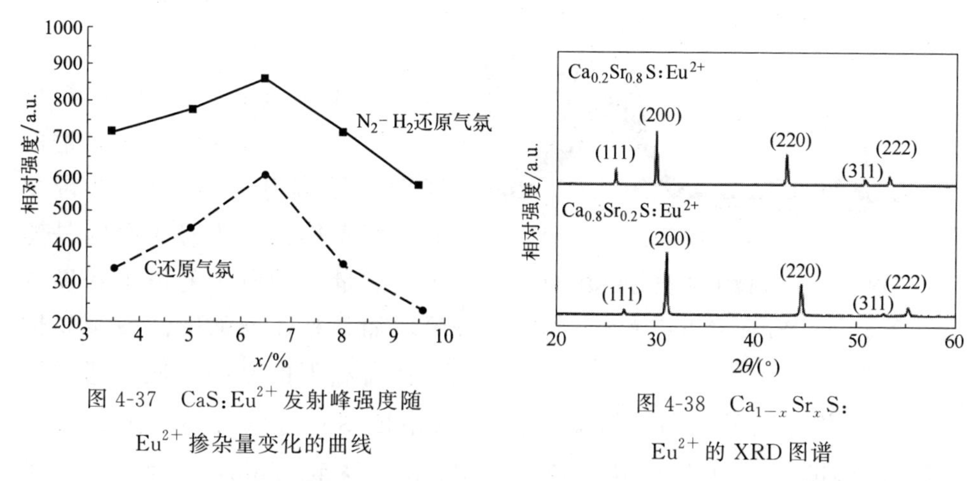

图 4-37　$CaS:Eu^{2+}$ 发射峰强度随 Eu^{2+} 掺杂量变化的曲线

图 4-38　$Ca_{1-x}Sr_xS$: Eu^{2+} 的 XRD 图谱

图 4-39 为 Sr^{2+} 浓度增长的 $Ca_{1-x}Sr_xS$：1% Eu^{2+} 发光材料的发射光谱，右上角插图为 Sr^{2+} 含量增长的发光峰值波长的变化曲线，从图中可以看到，发光材料呈现红光发射，源于 Eu^{2+} 的 $4f^65d \rightarrow 4f^7$ 电偶极发射从 CaS 中的 663nm 变化到 SrS 中的 619nm。对这一现象的解释，可认为是由于小的晶体场的劈裂导致了一个较短的发射波长。在实验中观察到的转变是由于含量大的 Sr^{2+} 导致了晶格常数变大并且随后产生较小的晶体场劈裂。这说明了为什么当 Sr^{2+} 的含量小于 20%时，发射波长很稳定的问题。其原因可能是由于 Eu^{2+} 的大离子半径，使得较小的 Ca^{2+} 优先围绕在其周围，

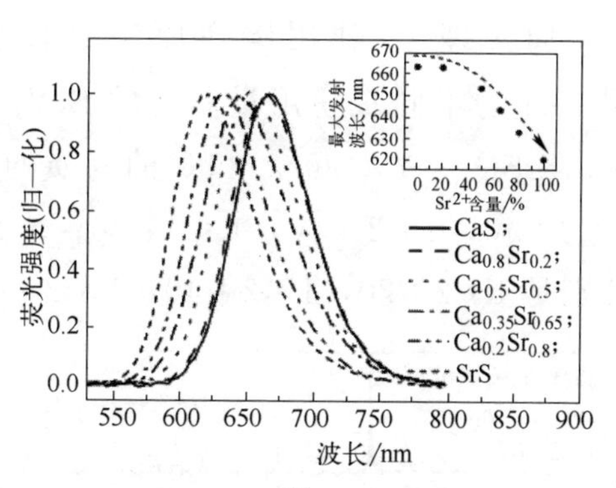

图 4-39　Sr^{2+} 浓度增长的 $Ca_{1-x}Sr_xS$：1% Eu^{2+} 发射光谱

而不是在更大的 Sr^{2+} 的周围。激发光谱在可见光区（440～560nm）显示了宽波段和紫外区（约 350nm）的高能量带。在紫外光中的低能量带是 Eu^{2+} 在立方晶体结构中的 $4f^7 \rightarrow 4f^6(^7F_J)5d(T_{2g})(J=0 \sim 6)$ 特征发射，而低能量带是由于 Eu^{2+} 的 $4f^7 \rightarrow 4f^65d$ 跃迁发射和直接的晶格吸收。因此发

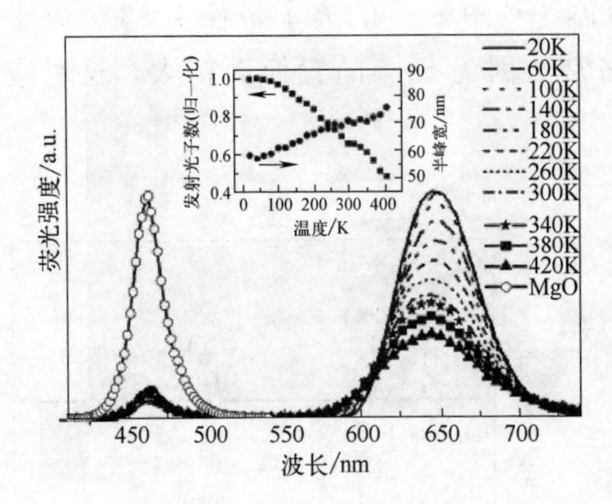

图 4-40 不同温度下蓝光 LED 下的 $Ca_{0.8}Sr_{0.2}S$：0.3%Eu^{2+} 的发射光谱

光材料在蓝-绿色激发光激发下产生强烈的红光发射。

为了研究荧光强度与温度之间的关系，测试了不同温度下（20～420K）$Ca_{0.8}Sr_{0.2}S$：0.3% Eu^{2+} 的发射光谱，如图 4-40 所示。从图中可以看出发射光谱的峰发生了蓝移（6nm），谱带变宽，荧光猝灭。蓝移的原因是源于高能量带的电子的声子辅助数量增加。晶体场强度的减少是因为在高温下的晶格膨胀。通过不同温度下发射光子数和半峰宽（图 4-40 中插图）可以看到，在 20K 和 420K 之间的 Eu^{2+} 的发射峰半峰宽从 56nm 升高至 76nm，这是由于声子宽化产生的。在 420K 发射的光子数是在室温下获得的 73.8%，是 20K 下的 48.3%。当操作过程中的温度升高到 420K 时，其发射的光子数还能满足 LED 高的热稳定性，可以很好地应用 WLED 中。

周文理[11] 利用碳还原法直接合成 MY_2S_4:Eu^{2+}（M＝Sr，Ba）。图 4-41 为不同炭粉用量制备的 SrY_2S_4:Eu^{2+} 和 BaY_2S_4:Eu^{2+} 的 XRD 图谱。$SrSO_4$、$Y_2(SO_4)_3$ 和 C 的物质的量比分别是 1∶2∶10，1∶2∶20，1∶2∶40，1∶2∶60，1∶2∶80；$BaSO_4$、$Y_2(SO_4)_3$ 和 C 的物质的量比分别是 1∶2∶20，1∶2∶40，1∶2∶50，1∶2∶60，1∶2∶70。从样品

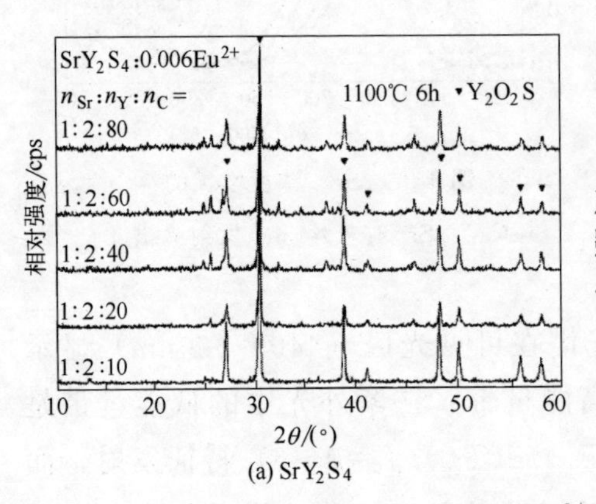

(a) SrY_2S_4

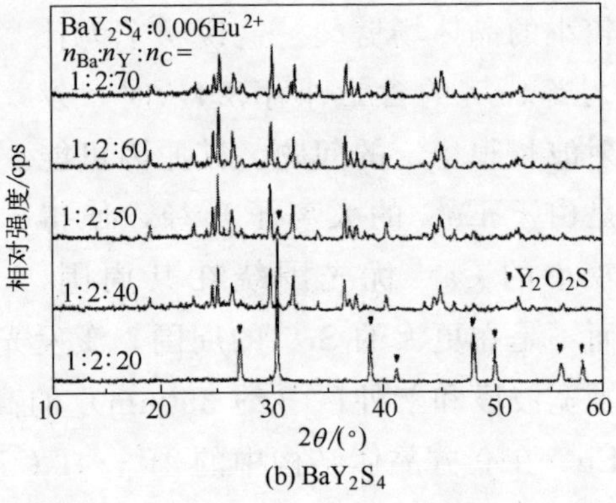

(b) BaY_2S_4

图 4-41 MY_2S_4:Eu^{2+} 发光材料的 XRD 图谱

的 XRD 衍射图来分析，所有样品的 XRD 衍射峰中都含有 Y_2O_2S 物相衍射峰，但没有检测到 SrS 物相，说明水能够除去样品中的 SrS。对 $SrY_2S_4:Eu^{2+}$ 发光材料而言，当 $SrSO_4$、$Y_2(SO_4)_3$ 和 C 的物质的量比为 1∶2∶10 时，没有形成 SrY_2S_4 物相，当 $SrSO_4$、$Y_2(SO_4)_3$ 和 C 的物质的量比为 1∶2∶20 时才出现了 SrY_2S_4 的衍射峰，由于生成 SrY_2S_4 的反应物的计量系数之比为 1∶2∶16，所以 C 必须足量，甚至要远远过量，在 $SrSO_4$、$Y_2(SO_4)_3$ 和 C 的物质的量比为 1∶2∶60 时合成样品的 XRD 衍射峰强度相对最大，形成晶型最好。对 $BaY_2S_4:Eu^{2+}$ 发光材料而言，当 $BaSO_4$、$Y_2(SO_4)_3$ 和 C 的物质的量比为 1∶2∶20 时，没有形成 BaY_2S_4 物相，当 $BaSO_4$、$Y_2(SO_4)_3$ 和 C 的物质的量比为 1∶2∶40 时已经较好地形成了 BaY_2S_4 物相，而在 $BaSO_4$、$Y_2(SO_4)_3$ 和 C 的物质的量比为 1∶2∶60 时样品的晶型最好。

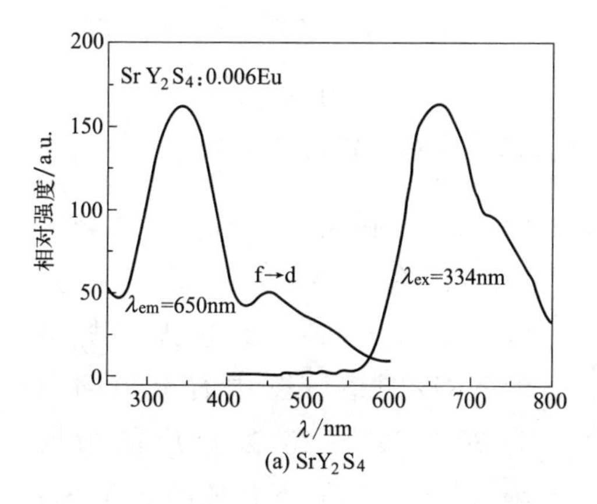

(a) SrY_2S_4

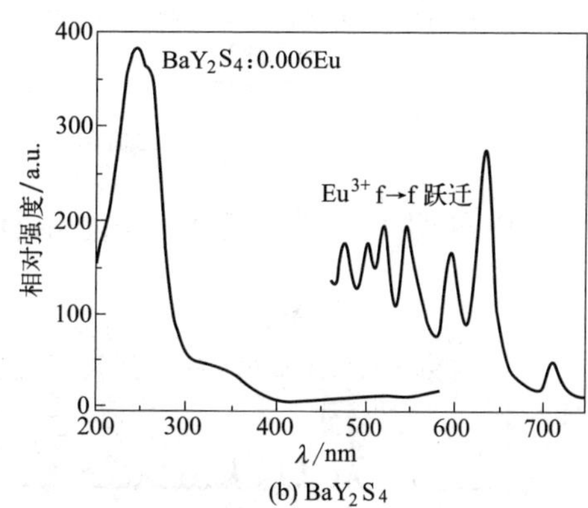

(b) BaY_2S_4

图 4-42 $MY_2S_4:Eu$ 发光材料的激发及发射光谱

图 4-42 为 $SrY_2S_4:Eu$ 和 $BaY_2S_4:Eu$ 的激发和发射光谱。图（a）中的激发和发射光谱表明形成了 $SrY_2S_4:Eu$ 发光材料，其激发光谱由基质中 $S^{2-}\rightarrow Y^{3+}$ 的电荷迁移带（CTB）和 Eu^{2+} 的 d→f 跃迁吸收组成，发射光谱只呈现了一个不对称的位于 631nm 的宽带，这种不对称性表明发射光谱中除了 Eu^{2+} 的 f→d 跃迁红光发射外，还包含有 Eu^{3+} 的 f→f 跃迁发射。结合 $BaY_2S_4:Eu$ 的 XRD 图谱和图 4-42（b）的激发和发射光谱，认为虽然碳还原法直接合成了 BaY_2S_4 物相，但在煅烧过程中，稀土铕离子并没有掺杂进入 Ba 的格位，没有形成 Eu^{2+}，而形成的显然是 Eu^{3+}，发射光谱全是 Eu^{3+} 的 f→f 跃迁发射，Eu^{3+} 可能占据的是 Y_2O_2S 中 Y^{3+} 的格

位，形成了 Y_2O_2S∶Eu^{3+} 发光材料。

胡运生等[12] 研究了 $Ca_{1-x}Sr_xS$∶Eu^{2+} 中 Sr/Ca 比变化时对发光材料的光谱影响，结果显示，随着 Sr/Ca 比值的减小，也就是 Sr 逐渐减少而 Ca 逐渐增加，发光材料的激发和发射光谱都发生了明显的红移（图 4-43）；当 Ca 完全取代 Sr 时，发光材料的发射主峰从 609nm 红移到了 647nm，红移了近 40nm，更加有效地提高了 WLED 的显色指数。

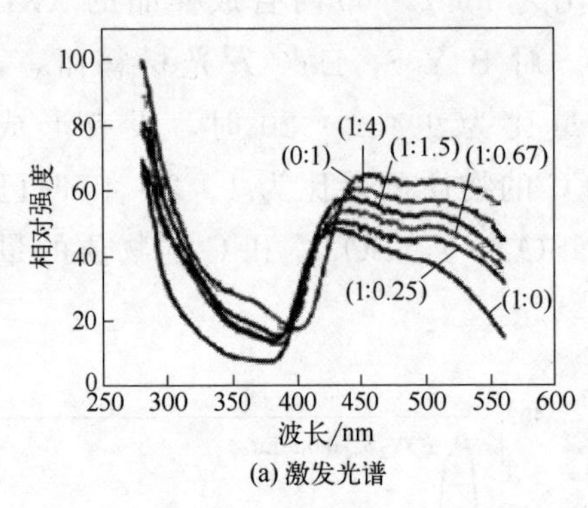

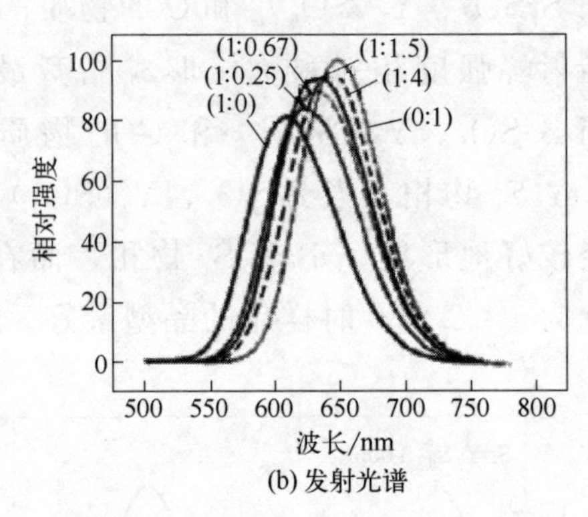

图 4-43　不同 Sr/Ca 比值时 $Ca_{1-x}Sr_xS$∶Eu^{2+} 的激发光谱和发射光谱

田科明[13] 利用碳酸盐前驱体和 CS_2 硫化制备了 $Sr_{1-x}Ba_xY_2S_4$∶Eu^{2+} 红色发光材料。图 4-44 是 $Sr_{1-x}Ba_xY_2S_4$∶Eu^{2+} 红色发光材料的 XRD 图谱（图中右上角插图为 $2\theta=24°\sim28°$ 处对应的衍射峰）。在 1050℃下合成的 SrY_2S_4∶Eu^{2+}、BaY_2S_4∶Eu^{2+} 样品均归属于斜方晶系 $CaFe_2O_4$ 结构系列，分别对应于 JCPDS No. 83-1180 和 No. 83-1151 的衍射峰。$CaFe_2O_4$ 结构系列的 SrY_2S_4、BaY_2S_4 结构由两个共边的八面体［YS_6］构成金红石链组成，金红石链在［YS_6］的最高点连接形成三棱镜状孔隙，孔隙中的大离子 Sr^{2+} 或 Ba^{2+} 与 S^{2-} 成键。在 SrY_2S_4 中，Y—S 键长从 0.2675nm 到 0.2760nm 变化，而在 BaY_2S_4 中，Y—S 键长从 0.2695nm 到 0.2765nm 变化，在 SrY_2S_4、BaY_2S_4 中 Y—S 平均键长分别

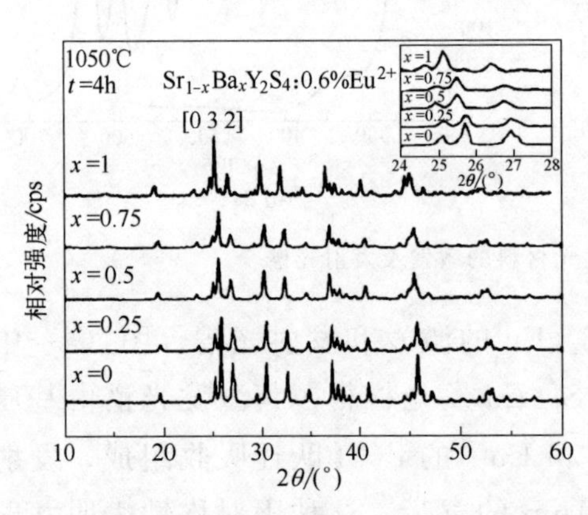

图 4-44　$Sr_{1-x}Ba_xY_2S_4$∶Eu^{2+} 的 XRD 图谱

为 0.2732nm、0.2744mn，Sr—S、Ba—S 平均键长分别为 0.3093nm、0.3208mn。从图中插图可知，就同一晶面而言，除了 $BaY_2S_4:Eu^{2+}$ 晶面对应的 2θ 值比 $SrY_2S_4:Eu^{2+}$ 晶面对应的 2θ 值较小之外，$SrY_2S_4:Eu^{2+}$、$BaY_2S_4:Eu^{2+}$ 两者的衍射峰形状基本一致，2θ 值的变化规律与标准卡片值相对应。以（032）晶面为例，在 $SrY_2S_4:Eu^{2+}$ 结构中（032）晶面位于 $2\theta=25.541°$ 处；在 $BaY_2S_4:Eu^{2+}$ 结构中，（032）晶面位于 $2\theta=25.072°$ 处；在 $Sr_{1-x}Ba_xY_2S_4:Eu^{2+}$ 结构中，随 Ba^{2+} 摩尔分数（x）增多，（032）晶面对应的 2θ 值移向更低值，在 $CaFe_2O_4$ 结构中，Eu^{2+}、Sr^{2+}、Ba^{2+} 有近似的离子半径，其值分别为 0.131nm、0.127nm、0.15nm，并有相同的电荷，因此，Eu^{2+} 是取代 Sr^{2+}、Ba^{2+} 位，而不是 Y^{3+}（$r=0.104$nm）位，微量 Eu^{2+} 不会影响其晶体结构，从 XRD 图谱证实，形成的 $Sr_{1-x}Ba_xY_2S_4:Eu^{2+}$ 晶体结构是 SrY_2S_4 与 BaY_2S_4 固溶体。

图 4-45（a）是 $Sr_{1-x}Ba_xY_2S_4:Eu^{2+}$ 发光材料的激发光谱（图中右上角插图为磷光激发光谱）。在各自最强发射峰值的监控下，$Sr_{1-x}Ba_xY_2S_4:Eu^{2+}$ 的激发峰图形基本一致。激发光谱在 250～400mn 之间出现强的宽带，属于基质的吸收带，在 400～575nm 之间出现弱的宽带，属于 Eu^{2+} 的 4f→5d 跃迁。随 Ba^{2+} 摩尔分数的增加，对应的激发峰值依次增大。从插图可知，磷光激发光谱峰位和荧光激发光谱峰位基本一致。

图 4-45（b）是 $Sr_{1-x}Ba_xY_2S_4:Eu^{2+}$ 发光材料的发射光谱（图中右上角插图为磷光发射光谱）。发射光谱在 500～750nm 之间出现对称的宽带发射，是典型的 Eu^{2+} 的 5d→4f 跃迁发射。在 $Sr_{1-x}Ba_xY_2S_4:Eu^{2+}$ 发光材料的发射光谱中，随 Ba^{2+} 的摩尔分数增加，其荧光发射峰位发生移动，最大荧光发射峰值蓝移，峰值从 630nm 移动到 600nm。从插图可知，磷光发射光谱与荧光发射光谱的形状基本一致，随 Ba^{2+} 摩尔分数的变化，最大磷光发射峰值从 624nm 移动到 594nm。这是由于 Eu^{2+} 受不同晶场能影响而出现发射峰值移动。由于平均 Sr—S、Ba—S 键长分别为 0.3093nm、0.3208nm，故 Eu^{2+} 受 $SrY_2S_4:Eu^{2+}$、$BaY_2S_4:Eu^{2+}$ 的影响依次降低，随 Ba^{2+} 摩尔分数的增加，晶场能降低，$Sr_{1-x}Ba_xY_2S_4:Eu^{2+}$ 发射峰值蓝移。

二、硫氧化物体系

稀土硫氧化物（Ln_2O_2S）（Ln＝La，Y，Gd），具有六方晶系结构，

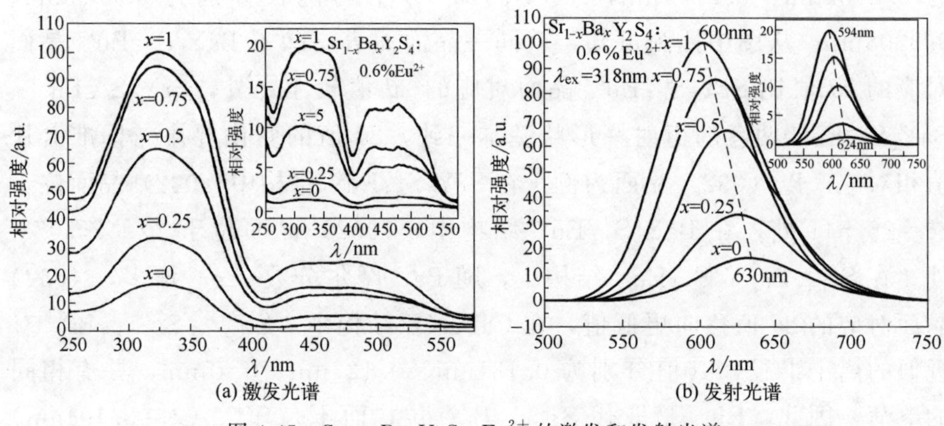

图 4-45　$Sr_{1-x}Ba_xY_2S_4:Eu^{2+}$ 的激发和发射光谱

空间群为 P3m1，具有较宽的禁带宽度，其化学键呈现为离子键-共价键的混合态。该类材料化学稳定性好，不溶于水，熔点高达 2000～2200℃，抗氧化性强，在 LED 制造领域应用较广泛，其缺点是色纯度和发光效率仍不十分理想，需要做深入研究来进一步提高其发光性能。例如 La_2O_2S 与潮湿的空气不起反应，而 La_2O_3 则迅速水解。La_2O_2S 在空气中加热时在 600℃以上才发生氧化；如果在惰性气氛中加热，2070℃时稳定地熔融。仅在真空中熔融时才逐渐随着失硫而发生分解。图 4-46 为 La_2O_2S 的晶体结构。

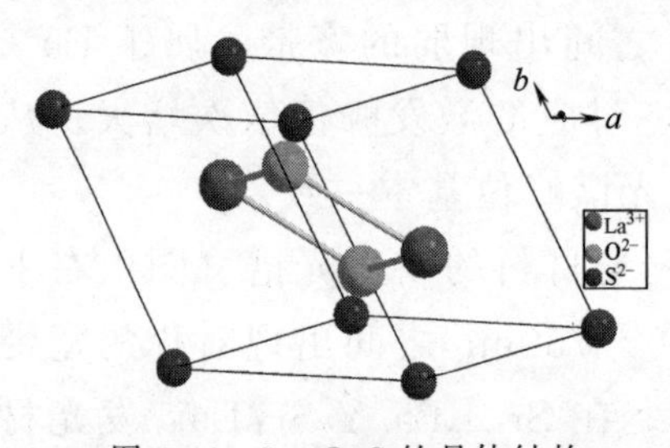

图 4-46　La_2O_2S 的晶体结构

杨利颖等[14] 通过静电纺丝及双坩埚硫化法制备了 $Y_2O_2S:Eu^{3+}$ 纳米发光材料。$Y_2O_3:Eu^{3+}$ 纳米纤维分别在不同温度下硫化焙烧以及在 800℃下保温 4h 的 Y_2O_2S: $x Eu^{3+}$ [x=0，1%，3%，5%，7%] 纳米纤维的 XRD 图谱，如图 4-47 所示。由图 4-47（a）可知，当在 700℃硫化处理时，结晶并不完全，为 Y_2O_3 和 Y_2O_2S 的混合物，当温度升高到 800℃时，氧化物的相消失，已形成明显的衍射峰，与 Y_2O_2S 的标准卡片 JCPDS No. 24-1424 完全相符，表明得到的物质与六方相的 Y_2O_2S 结构一致，为六方相的 $Y_2O_2S:Eu^{3+}$ 晶体，空间群为 P3m1。当硫化温度为 900℃时，结晶更加完全，晶胞参数为 a = 0.381nm，b = 0.660nm，与 JCPDS No. 24-1424 中所提供的数据相符。通过图 4-47（b）可以看出，Eu^{3+} 取

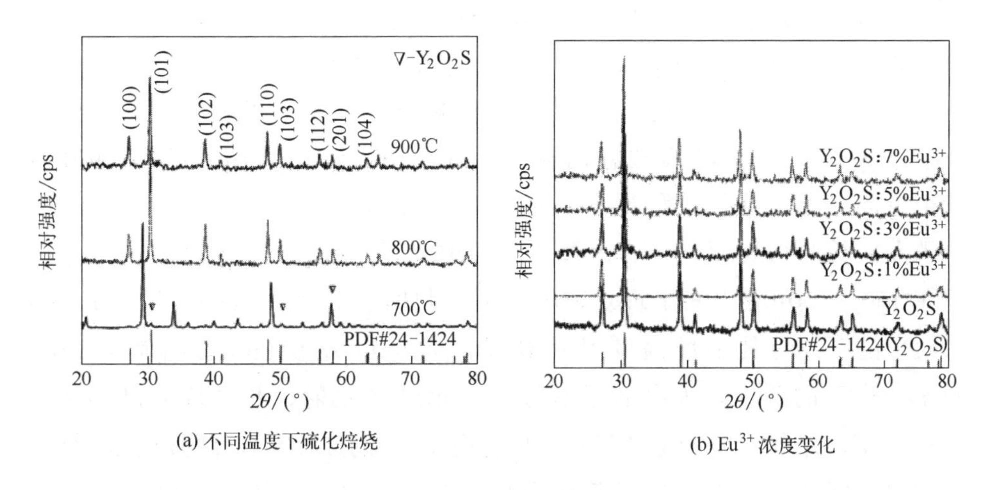

(a) 不同温度下硫化焙烧　　(b) Eu^{3+} 浓度变化

图 4-47　Y_2O_3:Eu^{3+} 纳米纤维的 XRD 图谱

代 Y^{3+} 的位点，由于 Eu^{3+}（0.112nm）的半径略大于 Y^{3+}（0.106nm）的半径，因此，尽管 Eu^{3+} 的掺杂浓度达到 7%仍未改变基质晶格结构，为六方晶系，说明 Eu^{3+} 很好地掺入了 Y_2O_2S 中。

800℃硫化处理后所得 Y_2O_2S：3% Eu^{3+} 纳米纤维的 TEM 和 SAED 如图 4-48 所示。纳米纤维直径约为 150nm，由类似于六方形的颗粒紧密排列组成，尺寸约在 30～60nm 之间。SAED 图谱含有环形及衍射斑点，说明该材料为多晶结构。

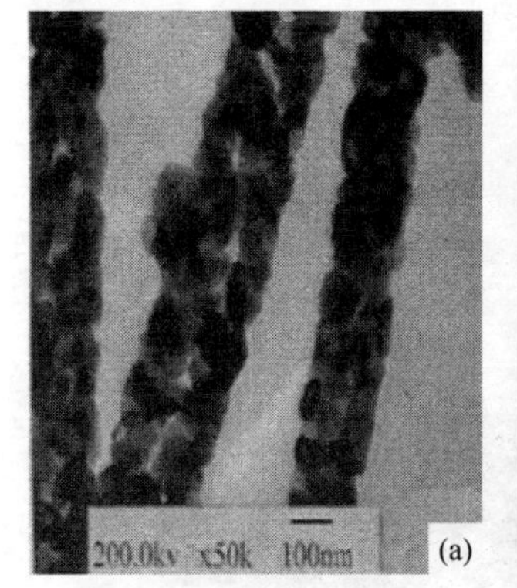

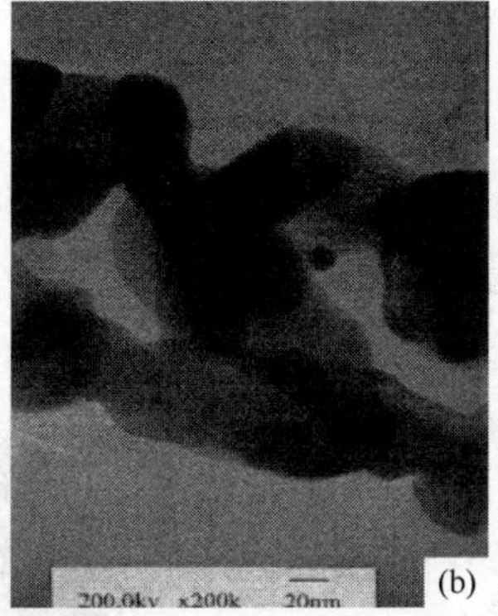

图 4-48　Y_2O_2S：3% Eu^{3+} 纳米纤维的 TEM（a）、（b）和 SAED（c）

图 4-49 为样品 Y_2O_2S：xEu^{3+}（x=1%，3%，5%，7%）纳米纤维的荧光光谱。在 628nm 监测下，得到 Y_2O_2S：xEu^{3+} 的激发光谱，如

图 4-49（a）所示，从图中可以看出，激发光谱由一个基质吸收峰和两个电荷转移带吸收峰（Eu^{3+}-O^{2-}/S^{2-}）组成，另外在 375～500nm 之间，还有一些较弱的峰，归属于 Eu^{3+} 的 f→f 跃迁。从基质吸收峰来看，Eu^{3+} 掺杂量从 1%到 5%的峰位分别为 244nm、241nm、238nm，这表明随着掺杂量的增加出现了蓝移现象，且 Eu^{3+} 为 3%时出现最强峰。以 260nm 为激发波长，得到 Y_2O_2S：$x Eu^{3+}$ 的发射光谱，如图 4-49（b）所示，图中在 450～700nm 之间出现发射峰，主要归属于 Eu^{3+} 的 $^5D_0 \to ^7F_J$（$J=1$，2，4）的跃迁，其中最强发射峰劈裂为 628nm 及 618nm，归属于 Eu^{3+} 的 $^5D_0 \to ^7F_2$ 的跃迁，为电偶极跃迁，显示红光发射，并且说明已形成了 Y_2O_2S 基质结构。另外在 592mn 处出现 Eu^{3+} 的 $^5D_0 \to ^7F_1$ 跃迁的发射峰，为磁偶极跃迁。Eu^{3+} 的发射跃迁受其所在晶格位置及环境影响，当 Eu^{3+} 处于反演中心的对称格位上时，磁偶极跃迁 $^5D_0 \to ^7F_1$ 即占主要位置；当 Eu^{3+} 处于无反演中心的低对称格位上时，电偶极跃迁 $^5D_0 \to ^7F_2$ 即占主要位置。通过上述分析，该 Y_2O_2S：$x Eu^{3+}$（$x=1\%$，3%，5%，7%）发光材料中 Eu^{3+} 的电偶极跃迁明显强于磁偶极跃迁，说明 Eu^{3+} 占据非反演低对称中心格位。还有一些如 558nm 和 566nm 处的发射峰，归属于 Eu^{3+} 的 $^5D_0 \to ^7F_2$ 的跃迁。同时，随着 Eu^{3+} 掺杂量的增大，可发现谱图形状和峰位大致相同，但是强度有所改变，3%时发光最强。通过上述分析，从 Eu^{3+} 跃迁的谱峰劈裂和相对强度分布可以看出，Eu^{3+} 已经很好地掺入 Y_2O_2S 基质晶格中。

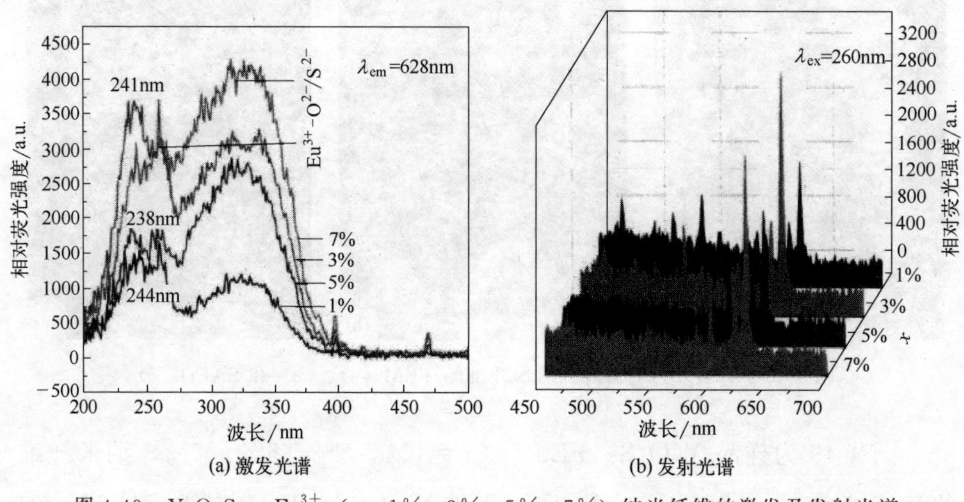

图 4-49　Y_2O_2S：$x Eu^{3+}$（$x=1\%$，3%，5%，7%）纳米纤维的激发及发射光谱

Thirumalai 等[15] 通过溶剂热法成功制备了单分散的形态可控的纳米结构的 $Gd_2O_2S:Eu^{3+}$。图 4-50 为所制得的样品的 XRD 图谱，B 为颗粒，B_1 为纳米颗粒，B_2 为纳米棒。与 $Gd_2O_2S:Eu^{3+}$ 相对比，图谱中显示了明显的宽峰，这显示所制备的材料的晶粒大小。由 XRD 图谱可见晶体的结构主要是六方相。(100)、(101)、(102)、(110) 和 (200) 晶面与标准的 Gd_2O_2S (JCPDS No. 26-1422；晶格常数：$a=b=0.3784$nm，$c=0.6589$nm) 相对应。从 XRD 图谱可以看出，(101) 晶面的峰比其他峰要强，而 (102) 的峰低而宽。这是沿 (101) 晶面堆垛层错的特性。在图谱中并没有观察到其他钆硫氧化合物的峰，说明样品的纯度高。

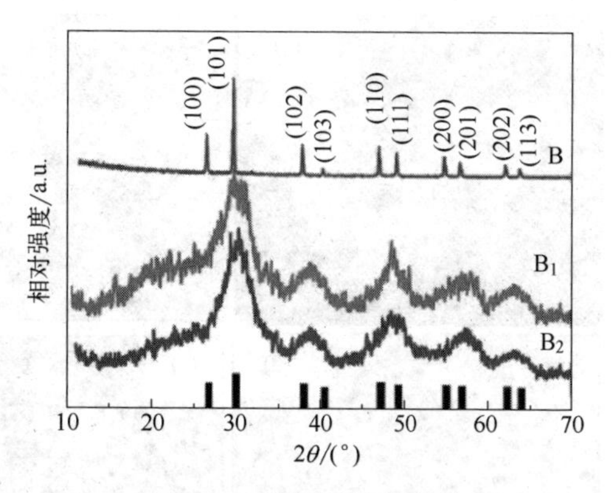

图 4-50 溶剂热法制备的 $Gd_2O_2S:Eu^{3+}$ 的 XRD 图谱

图 4-51 为样品的 SEM 和 TEM 照片。其中，图 (a) 为多晶粒的 SEM 照片，它显示了六边形的结构，这与 $Gd_2O_2S:Eu^{3+}$ 的晶体结构相一致，颗粒大小为 1～2μm。在形成纳米粒子的纳米棒的过程中硫代乙酰胺 (TAA) 的量非常重要。在更详细的纳米结构的形貌在图 (b)～(m) 中显示出来，通过进一步观察揭示了良好分散性、可控高宽比的纳米晶体。提高温度有利于成核和快速生长，这将有助于高品质的结晶，当温度为 120℃时，会导致图 (b) 中所示的花状纳米晶的低结晶。图 (c) 中显示了在 150℃、16h 时只生成了纳米颗粒而不是纳米棒。在图 (d) 中，反应 12h 后纳米晶体的平均尺寸为 5nm，反应 24h 为 8nm。将温度提高至 160～190℃，TAA 提高至 1.4mmol/L，保持其他的条件不变，得到的是球形颗粒和更小一些的纳米棒［图 (g)］。颗粒并没有团聚，这表明纳米颗粒的表面被油胺钝化并且在溶液中很好地分散。TEM 图片测量显示，单分散球形纳米晶体的平均尺寸是 6～8nm。图 (f) 为从图 (e) 中获得的单个 $Gd_2O_2S:Eu^{3+}$ 纳米粒子的高分辨图像，说明其为类球形。高分辨透射图像说明了制备的单个纳米颗粒具有非常好的结晶性。相应的电子衍射和快速傅里叶变换形式［图 (e)、(f) 的插图］显示，纳米晶粒是高度单结晶的性质。在 $Gd_2O_2S:Eu^{3+}$ 纳米棒的合成中，反应温度、时间以

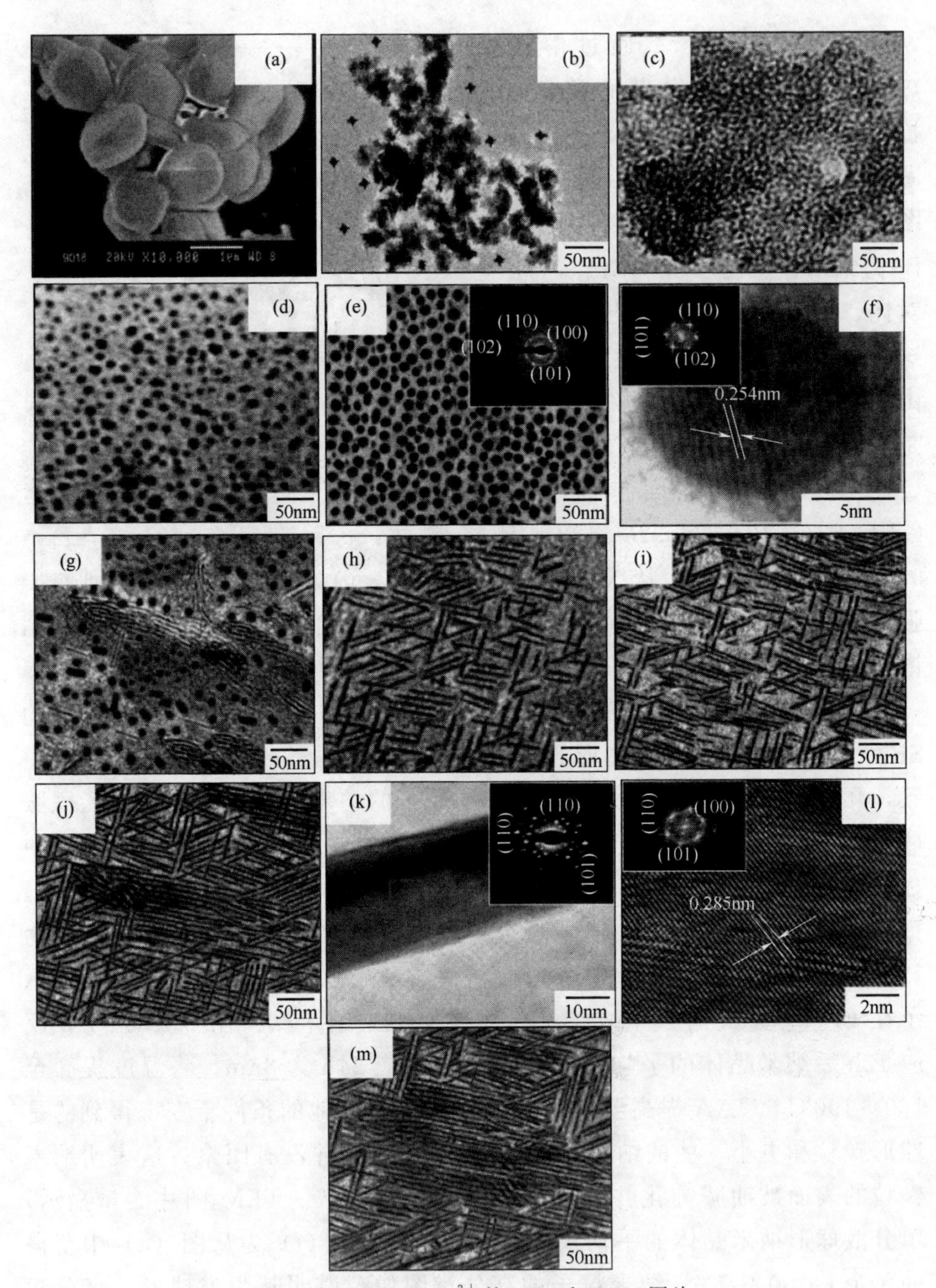

图 4-51 $Gd_2O_2S:Eu^{3+}$ 的 SEM 和 TEM 图片

(a)～(m) 通过改变生长温度、反应时间和 TAA 的用量制备的单分散 $Gd_2O_2S:Eu^{3+}$ 纳米晶体；(f) $Gd_2O_2S:Eu^{3+}$ 纳米颗粒的高清晰透射电镜照片；(h) 单个纳米棒的纳米结构；(l) 在图 (k) 的标记框部分的高清晰透射电镜照片

图 (e)、(f)、(k)、(l) 中的插图是对应的 SAD 和快速傅里叶变换 (FFT) 图像

及 TAA 的量是很重要的。通过略增加温度、时间和 TAA 可以获得分散性良好的更小的纳米棒［图（h)]。从图（h）中可以看出纳米棒的长度小于 40nm，直径小于 5nm。而图（i）中反应 16h 的纳米棒的长度为 80nm，图（j）中反应 24h 的纳米棒的长度为 100～200nm。而纳米棒的直径没有明显的变化。可以通过延长反应时间和提高温度的方式获得纳米棒。如果温度提高至 240℃，短的纳米棒斜向产生，并且长度从 150nm 减小至 120nm［图（m)]。综上，通过 TEM、SAED 和 HRTEM 的测定显示 $Gd_2O_2S:Eu^{3+}$ 纳米结构是单晶体性质。

半导体在吸收峰边缘的吸收光谱的形状通常取决于导带到价带的电子跃迁。当基体的尺寸小于激子的半径，量子限制效应被显示出来，并被间隙的尺寸扩大效应所证明，通过激发光谱和发射光谱进一步研究 $Gd_2O_2S:Eu^{3+}$ 纳米结构的光学性质。图 4-52 为样品的激发光谱和发射光谱，基本的激发峰（约 260nm）和 Eu^{3+}-X^{2-} 的特征发射（约 330nm）产生了蓝移。在发射带的蓝移可以被认定为由于量子限制效应的结果。在图 4-52（b）中 Gd_2O_2S 掺杂 Eu^{3+} 的发射光谱由 580～710nm 的尖锐曲线构成发光属于 Eu^{3+} 的从激发态 $^5D_0 \rightarrow {}^7F_J$（$J$＝1，2，4）的跃迁发射。

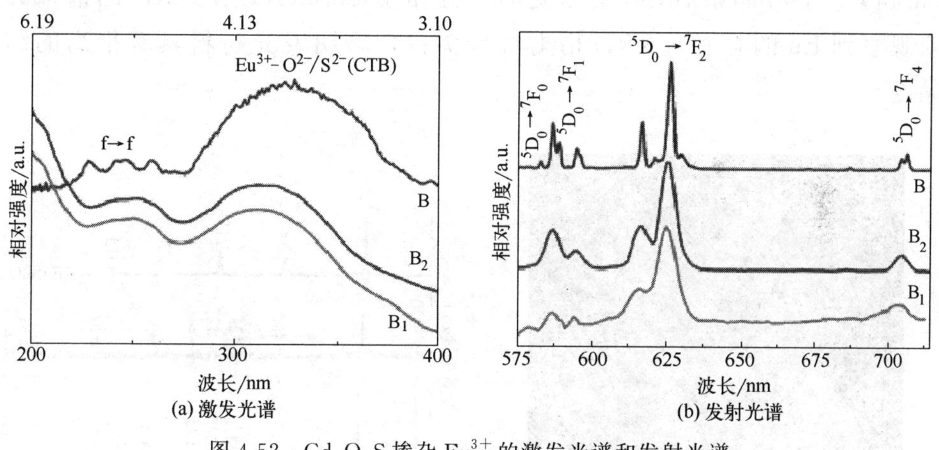

图 4-52 Gd_2O_2S 掺杂 Eu^{3+} 的激发光谱和发射光谱

第三节 锡/锗酸盐

一、偏锡酸盐

$MSnO_3$（M＝Ca，Sr，Ba）是立方晶系的复合金属氧化物，是具有钙钛矿结构的材料，其结构如图 4-53 所示。在标准钙钛矿结构中，M^{2+} 和 O^{2-} 共同构成近似立方密堆积，M^{2+} 有 12 个氧配位，氧离子同时有属于 8 个 SnO_6 八面体共享角，每个氧离子有 6 个阳离子（$4M^{2+}$～$2Sn^{2+}$）连接，Sn^{2+} 有 6 个氧配位，占据着由氧离子形成的全部氧八面体空隙，$BaSnO_3$ 为理想的立方相钙钛矿结构。在类钙钛矿结构中，Sn^{4+} 周围的八面体配位环境不变，而且靠共八面体所连接起来的钙钛矿结构也不变。唯一变化的是由于八面体的扭曲而导致的 M^{2+} 周围的对称性和氧的配位环境。这种扭曲通常被认为是八面体的倾斜扭曲，在类钙钛矿结构中这种现象非常常见。对 $CaSnO_3$ 和 $SrSnO_3$ 而言，这种扭曲使晶体结构变成了正交晶系。

Lu 等[16] 利用水热法成功制备了掺杂 Eu^{3+} 的 $MSnO_3$（M＝Ca，Sr，Ba）红色发光材料。图 4-54 显示了 $MSn(OH)_6$ 三个前驱体经过煅烧后得到的 $CaSnO_3$:Eu^{3+}、$SrSnO_3$:Eu^{3+} 和 $BaSnO_3$:Eu^{3+} 三种物质的 XRD 图谱。从图中看出，制备得到的发光材料为纯钙钛矿型的斜方晶系 $CaSnO_3$、立方晶系 $SrSnO_3$ 和变形立方晶系 $BaSnO_3$。在 XRD 图谱中并未观察到 Eu 的存在，XRD 衍射峰较尖锐，表明发光材料具有很高的结晶度。

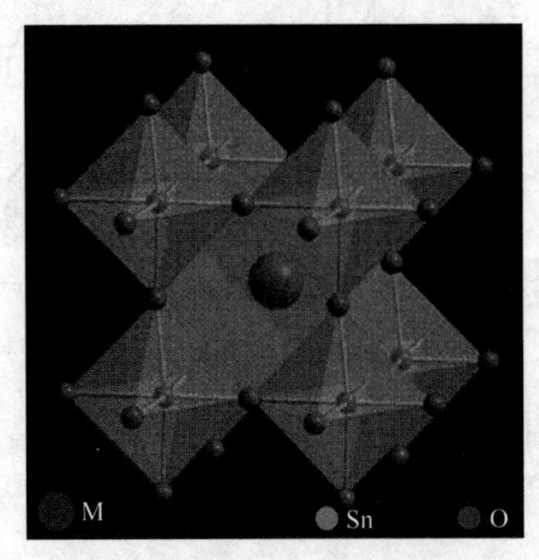

图 4-53 $MSnO_3$ 的钙钛矿结构

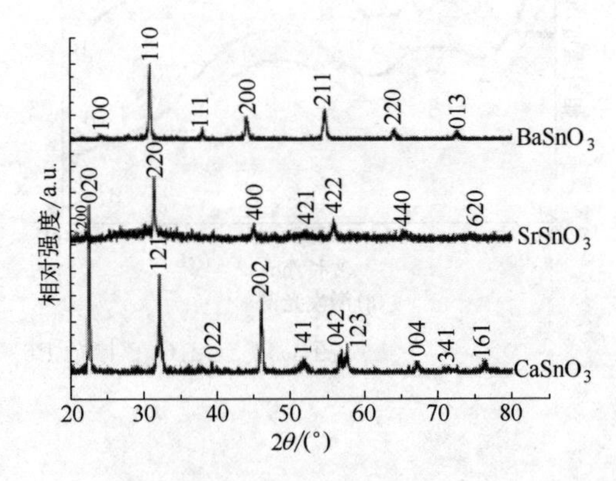

图 4-54 $MSnO_3$ 的 XRD 图谱

图 4-55 为发光材料的 TEM 图像，可见 $CaSnO_3$:Eu^{3+} 样品为均匀的球形颗粒，直径约 350nm [图（a)]；$SrSnO_3$:Eu^{3+} 样品为不规则球形颗粒，尺寸约为 400nm [图（b)]；$BaSnO_3$:Eu^{3+} 的形状为立方体颗粒和一些由更小的颗粒组成的球形聚集体，平均边长约为 420nm [图（c)]。对

选定区域进行电子衍射（SAED），得到由亮点组成的环形图案（图 4-55 中插图），进一步确认了制备得到的发光材料具有很好的结晶度。

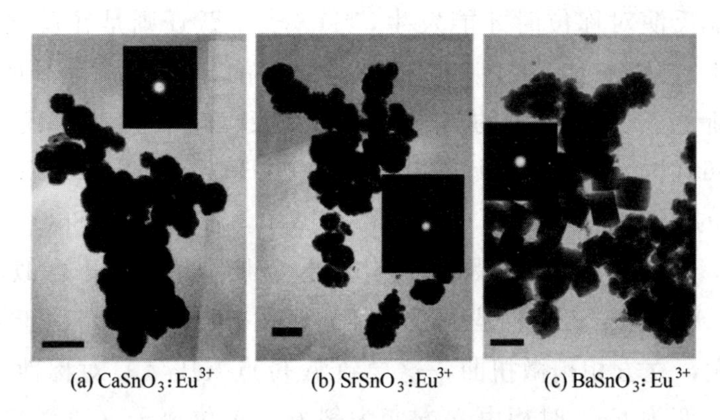

图 4-55 $MSnO_3$ 发光材料的 TEM 图

图 4-56 给出所制备的发光材料在室温下的激发光谱和发射光谱。$CaSnO_3$:Eu^{3+} 的激发光谱［图 4-56（a）中的点线］为 210～300nm 之间宽带激发，这由于 Eu^{3+} 与氧负离子存在较宽电荷迁移带。$SrSnO_3$:Eu^{3+} 的激发光谱［图 4-56（a）中的实线］和 $BaSnO_3$:Eu^{3+} 激发光谱［图 4-56（a）中的虚线］与 $CaSnO_3$:Eu^{3+} 的相似。$CaSnO_3$:Eu^{3+}、$SrSnO_3$:Eu^{3+} 和 $BaSnO_3$:Eu^{3+} 的激发峰分别集中在 253nm、255nm 和 260nm。当 M^{2+} 从 Ca^{2+} 改变至 Ba^{2+} 发生了红移。电荷迁移与 O^{2-} 和 Eu^{3+} 之间的共价键密切相关。在 Eu^{3+}—O^{2-}—M^{2+}（M=Ca，Sr 和 Ba）键结构中，$CaSnO_3$ 结构中的 Eu^{3+}—O^{2-} 键共价性的程度是最弱，因为钙离子有最大的电负性和最小半径，因此其对 O^{2-} 的电子吸引最强。因此，在 $BaSnO_3$ 主晶型中比在 $CaSnO_3$ 中电子更容易从 O^{2-} 的 2p 电子层到 Eu^{3+} 的电子层，从而电荷迁移能从 Ca^{2+} 至 Ba^{2+} 逐渐降低。

$CaSnO_3$:Eu^{3+} 发射光谱呈现出的 5 个明显极大值位于 580nm、592nm、614nm、652nm 和 700nm 处（图 4-56（b）的点线），分别为 Eu^{3+} 的 $^5D_0 \to {}^7F_J$（$J=0 \sim 4$）跃迁发射。此外，可由 Judd-Ofelt 规则计算出 $^5D_0 \to {}^7F_2$ 跃迁（614nm）红光占据主导，其比 $^5D_0 \to {}^7F_1$ 跃迁（592nm）橙光强。与此相反，$SrSnO_3$:Eu^{3+}［图 4-56（b）中的实线］在 592nm 处的发光峰与其在室温下的红色发光强度相比更强。更具体理解为，$^5D_0 \to {}^7F_0$ 的 580nm 附近的禁带是检测不到的。$BaSnO_3$:Eu^{3+}［图 4-56

(b) 中的虚线] 的发射光谱与 $CaSnO_3:Eu^{3+}$ 相似，唯一不同的是 $^5D_0 \rightarrow ^7F_2$ 与 $^5D_0 \rightarrow ^7F_1$ 的强度比不同。众所周知，$^5D_0 \rightarrow ^7F_2$ 跃迁只有当 Eu^{3+} 处于非反演对称位时才能发生，$^5D_0 \rightarrow ^7F_1$ 跃迁则是在反演对称位时发生。因此，$^5D_0 \rightarrow ^7F_2$ 与 $^5D_0 \rightarrow ^7F_1$ 荧光强度的比，被称为不对称比，它可以作为衡量基质中 Eu^{3+} 的离子周围环境反演对称性畸变程度的标准。通过图 4-56 (b) 可以分别计算出 $CaSnO_3:Eu^{3+}$、$SrSnO_3:Eu^{3+}$ 和 $BaSnO_3:Eu^{3+}$ 的不对称比为 2.03，1.05 和 1.83。很明显 $CaSnO_3:Eu^{3+}$ 不对称比最高，$SrSnO_3:Eu^{3+}$ 最低。与碱土金属钛酸盐相类似，立方相 $SrSnO_3$ 中 A 位 (Sr^{2+} 的) 是中心对称的，在 $BaSnO_3$ 中，由于 Ba^{2+} 的离子半径较大，立方相稍微扭曲，这导致 A 位点 (Ba^{2+}) 对称性相对较低。然而当 Sr^{2+} 变为 Ca^{2+} 时相由立方变为斜方，A 位离子 (Ca^{2+}) 完全成为非反演对称位。发射光谱中当 Eu^{3+} 取代钙钛矿结构的晶格中不同离子 ($Ca^{2+}/Sr^{2+}/Ba^{2+}$) 时，可以明确地观察到与其一致的变化。

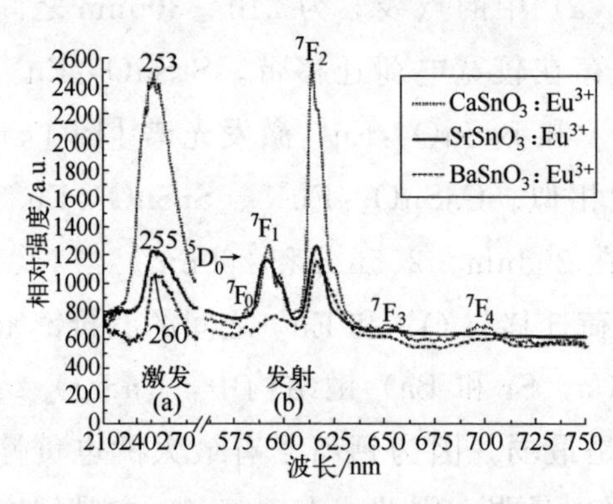

图 4-56　发光材料的激发光谱和发射光谱

从图 4-56 (b) 也清楚看出，$CaSnO_3:Eu^{3+}$ 位于 614nm 红光强度是 $SrSnO_3:Eu^{3+}$ 的两倍。$SrSnO_3:Eu^{3+}$ 的强度略强于 $BaSnO_3:Eu^{3+}$。据推测，晶体缺陷是荧光猝灭的主要原因。毫无疑问，Eu^{3+} (0.095nm) 和 Ca^{2+} (0.099nm) 的离子半径之间相差不大，Eu^{3+} 和 Sr^{2+} (0.112nm) 或 Ba^{2+} (0.134nm) 相比差距比较明显。一方面 Eu^{3+} 取代碱土离子，由于电荷补偿机制而产生缺陷，如氧离子空位；另一方面，Eu^{3+} 在晶体中引起晶格畸变。此外，较大的离子半径不匹配，更大的晶格畸变，缺陷浓度的增加，从而导致周围的 Eu^{3+} 活性中心增加，这反过来又导致减少发光强度。因此在发光强度上，$CaSnO_3:Eu^{3+}$ 最好，$SrSnO_3:Eu^{3+}$ 次之，$BaSnO_3:Eu^{3+}$ 最弱。

郭超[17] 利用共沉淀法制备了 $CaSnO_3:Eu^{3+}$ 红色发光材料，图 4-57 为利用共沉淀法制备的前驱体经 900℃、5h 煅烧得到 $CaBa_{1-x}SnO_3:Eu^{3+}$，Dy^{3+} 发光材料的 XRD 图谱，将 XRD 图与标准卡片进行对比，与

JCPDS No. 1-998 的卡片吻合较好，所标注的晶面即为 $CaSnO_3$ 的晶面，为立方晶系。没有出现其他相的衍射峰，说明掺杂的 Ba^{2+} 和稀土离子进入了晶格。

图 4-58 为锡酸盐沉淀前驱体的热重曲线和差热曲线。在室温～150℃范围内，从热重曲线可以看出，失重率约为 12%的失重现象，这可能是由于在此温度范围内发光材料前驱体在升温过程中的游离水、吸附水、层间水及一些溶剂的挥发、去除产生的，与差热曲线上此温度区间出现的吸热峰对应；在 150～210℃范围内，热重曲线上出现了失重率约为 18%的失重现象，这个失重产生的原因是粉料中含有的 OH^- 等物质以 H_2、O_2、H_2O 等气体形式释放出去，同时与差热曲线上出现的两个放热峰相吻合；在 210～575℃范围内，热重曲线上出现了一个失重率约为 30%的失重现象，在这个温度下产生的这个失重应该为发光材料中残留的 Cl^-、NO_3^- 等以 Cl_2、NO、NO_2、N_2 等气体形式挥发出去产生的，同时这个温度范围内的差热曲线上出现了放热峰和吸热峰，这个吸热峰可能是由于发光材料在这个温度下进行了晶格重组、晶粒结晶等产生的；在 575～700℃范围内，热重曲线上出现了失重率约为 5%的失重现象，同时差热曲线上这个温度范围内出现了放热峰，这说明此处可能是由于锡酸盐化合物的形成，晶粒结晶完全过程所产生的。700℃以后，热重曲线基本不变化，差热曲线也没有明显的吸热或者放热峰。

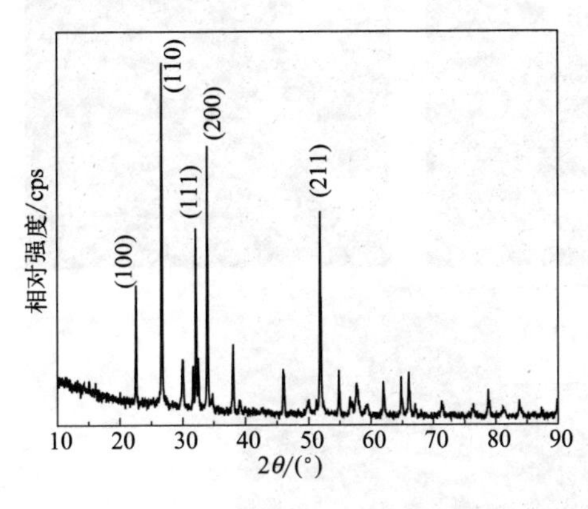

图 4-57　发光材料的 XRD 图谱

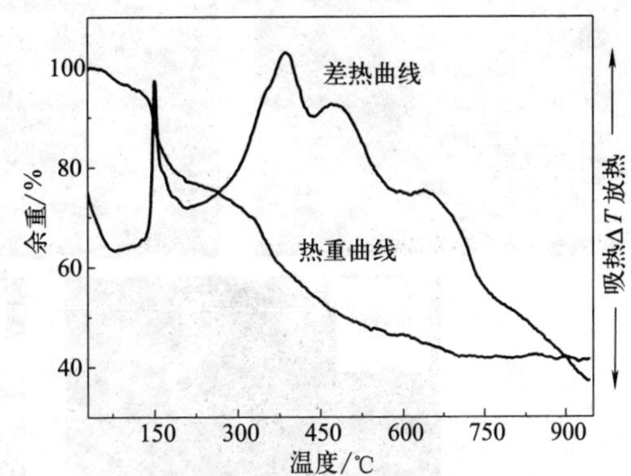

图 4-58　锡酸盐沉淀前驱体的热重曲线和差热曲线

图 4-59 为发光材料在不同煅烧温度下的扫描电镜图。其煅烧温度分别为 700℃、800℃、900℃、1000℃、1100℃。从图中可以看出，当煅烧

温度为 700℃时，样品呈现不规则的块状结构，颗粒粒径为 3～5μm，形貌不规则，存在些许细碎颗粒，颗粒之间边界较清晰；当煅烧温度为 800℃时，样品为不规则的块状结构，颗粒大小不均匀，形貌不规则，大颗粒表面黏附有些许细碎小颗粒；当煅烧温度为 900℃时，样品为规则的块状结构，颗粒大小较均匀，块状大颗粒粒径为 3～5μm，表面较光滑，大颗粒之间边界清晰；当煅烧温度为 1000℃时，样品为不规则的块状结构，颗粒大小不均匀，颗粒之间出现粘连、团聚现象；当煅烧温度为 1100℃时，颗粒之间粘连、团聚现象严重。

随着煅烧温度的提高，发光材料的表面形貌的规则性提高，由不规则的块状逐渐变得规则，细碎颗粒减少，颗粒均匀一致性逐渐提高，当煅烧温度为 700℃时制备所得发光材料的形貌、粒径和表面光滑度达到最优值，再提高煅烧温度，发光材料又呈现不规则的块状结构，出现粘连、团聚现象。这主要是由于外部高温使发光材料的晶粒发育完全，温度提高，晶粒的完整性、均一性都会明显提高，内部缺陷减少，有利于制备优良的发光材料，但煅烧温度过高时使得晶粒过分生长，颗粒间出现团聚等现象，小颗粒聚集形成大颗粒，均一性下降，表面形貌规则性下降。

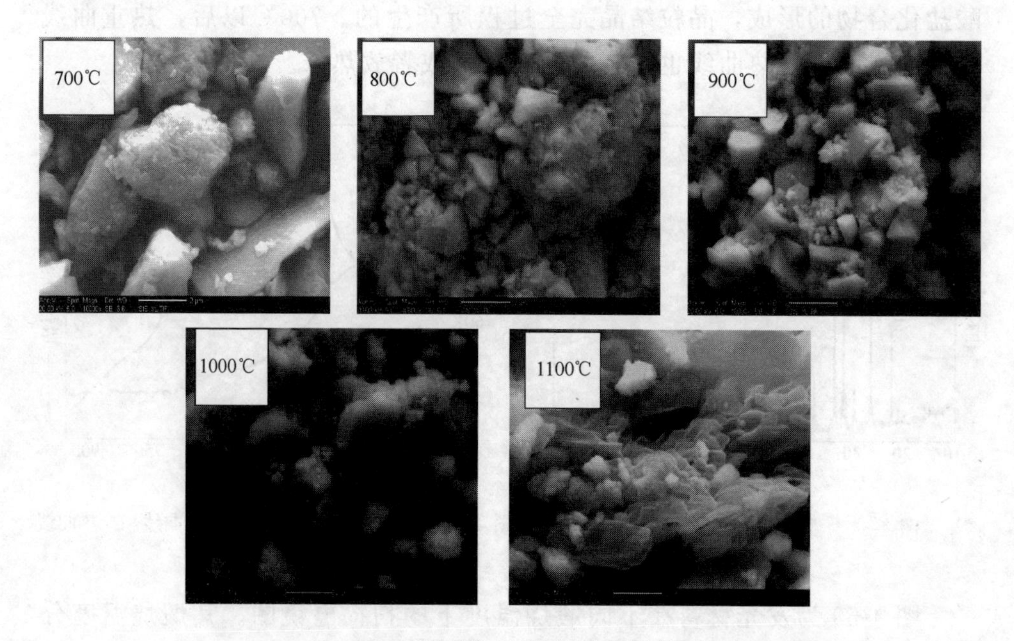

图 4-59　不同煅烧温度下的扫描电镜图

图 4-60 是共沉淀法制备的 $CaBa_{1-x}SnO_3:Eu^{3+}$，Dy^{3+} 发光材料的荧光光谱，图中左半部曲线是激发光谱图，右半部曲线是在 395nm 和 465nm 波长下激发得到的发射光谱图。

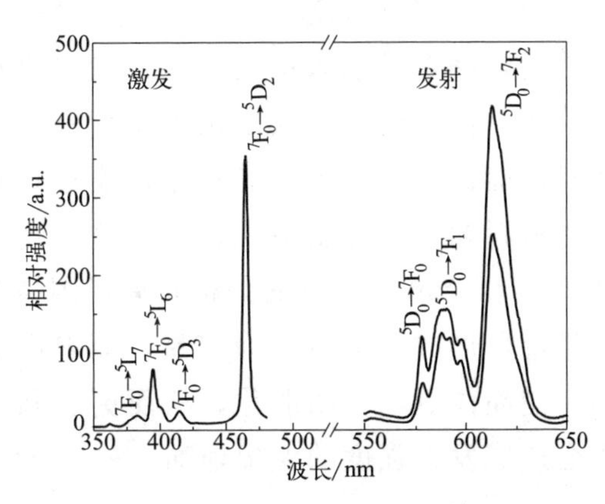

图 4-60 $CaBa_{1-x}SnO_3:Eu^{3+}$，Dy^{3+} 发光材料的荧光光谱

从图 4-60 中的激发光谱可以看到，$CaBa_{1-x}SnO_3:Eu^{3+}$，Dy^{3+} 发光材料的主要激发峰位于 361nm、383nm、396nm、415nm 及 465nm，它们分别属于 Eu^{3+} 的 $^7F_0\rightarrow{}^5D_4$、$^7F_0\rightarrow{}^5L_7$、$^7F_0\rightarrow{}^5L_6$、$^7F_0\rightarrow{}^5D_3$、$^7F_0\rightarrow{}^5D_2$ 跃迁发射，其中位于 395nm 和 465nm 处的激发峰最高。位于 395nm 处的激发峰与近紫外激发（370～410nm）WLED 的芯片所发射的波长相对应，而位于 465nm 处的激发峰与蓝光激发（410～460nm）的芯片所发射的波长相匹配，既能应用于近紫外激发的 WLED，又能应用于蓝光激发的 WLED。

从图 4-60 中的发射光谱可以看到，$CaBa_{1-x}SnO_3:Eu^{3+}$，Dy^{3+} 发光材料的主要发射峰位于 578nm 处 Eu^{3+} 的 $^5D_0\rightarrow{}^7F_0$ 跃迁发射，位于 589nm、596nm 处 Eu^{3+} 的 $^5D_0\rightarrow{}^7F_1$ 跃迁发射，613nm 处 Eu^{3+} 的 $^5D_0\rightarrow{}^7F_2$ 跃迁发射，其中 $^5D_0\rightarrow{}^7F_1$ 和 $^5D_0\rightarrow{}^7F_2$ 跃迁发射产生了能级劈裂，主发射峰位置位于 578nm、589nm、596nm 和 613nm，属于以 $^5D_0\rightarrow{}^7F_1$ 允许的磁偶极跃迁发射的橙红色光，由 Eu^{3+} 电子跃迁的一般定则可知，此时 Eu^{3+} 处于严格的反演中心格位。

掺杂不同浓度的 Eu^{3+} 测得的发射光谱如图 4-61 所示。由图中可以看出，随着 Eu^{3+} 加入量增多，发射光谱的形状和发射峰的位置并没有改变，但是出现了发射峰的发光强度增加的现象，这是因为，激活剂加入量增多，发光材料中的激活离子就增多，能够明显提高激活能的转化率，使发光强度得到明显增加。当 Eu^{3+} 的加入量达到 2%时，发光强度达到最高。加入量再增加时发射谱强度开始降低，产生此现象的原因是由于当激活剂的量加入得过多时，会出现激活剂中心间的距离小于临界距离，产生发光中心传递到最后进入了猝灭中心，导致发光的猝灭。

图 4-62 为不同浓度的 Ba^{2+} 掺杂量的发射光谱。从中可以看出，引入 Ba^{2+} 后，随着其加入量的增加，发射光谱的形状和发射峰的位置没有发生改变，但发射峰的强度出现了增强现象。与未掺杂 Ba^{2+} 的发光材料的荧光性能比较，各个发射峰都有较明显的增强，其中当掺杂 3% Ba^{2+} 时，发光材料的发光强度最强。产生这一现象的原因可能是由于 Ba^{2+} 的引入破坏了 Ca_2SnO_3 原有的晶格布局，因掺杂离子 Ba^{2+} 与 Ca^{2+} 同一主族、性质相近，形成固溶体更为容易，而 Ba^{2+} 的引入导致结构内部出现新的缺陷，使晶体更趋于畸形化，从而更有利于 Eu^{3+} 发光中心的能量传递，故而会造成发光强度的大幅增加。

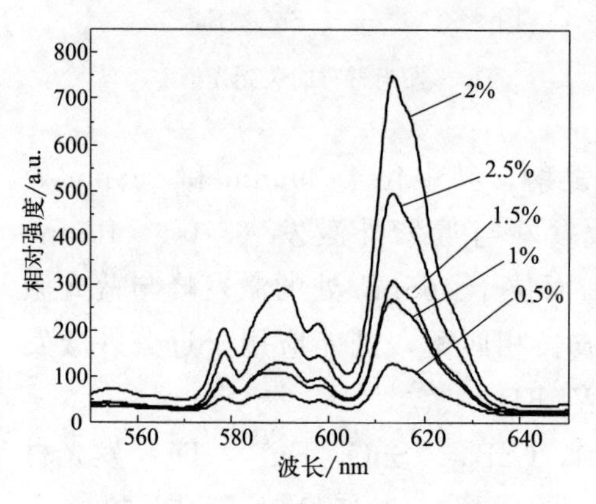

图 4-61　不同 Eu^{3+} 浓度的发射光谱

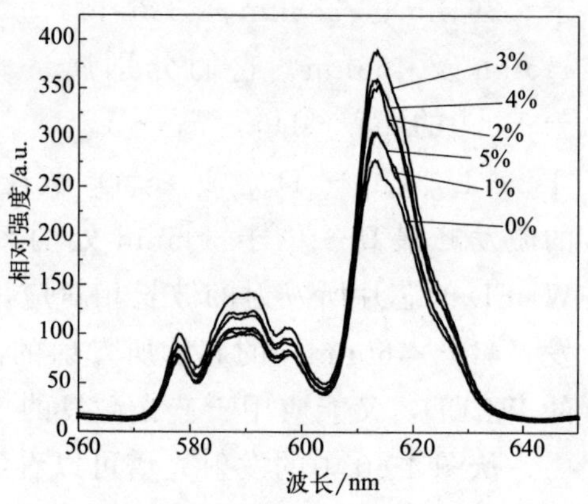

图 4-62　不同 Ba^{2+} 加入量的发射光谱

加入敏化剂 Dy^{3+} 制备不同 Eu^{3+} 与 Dy^{3+} 物质的量比掺杂量的多个发光材料样品，并利用荧光分光光度计测量得到发射光谱（图 4-63），其中 Eu^{3+} 与 Dy^{3+} 的物质的量比分别为 0（无 Dy^{3+}）、1∶1、1∶1.5、1∶2、1∶2.5、1∶3。

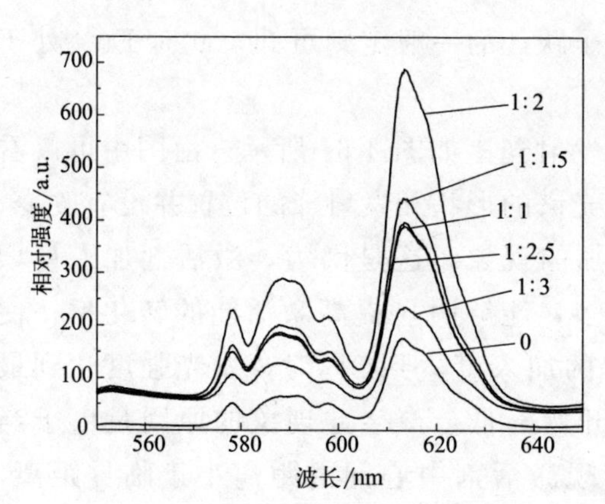

图 4-63　不同敏化剂加入量的发射光谱

从图 4-63 可以看到，当掺入 Dy^{3+} 时，加入量的变化并不会引起发射峰的形状及位置发生变化，但随着 Dy^{3+} 加入量的增加，发光材料的发射峰强度逐渐增加，当 Eu^{3+} 与 Dy^{3+} 的物质的量比为 1∶2，发射峰强度达到最大值，再增加 Dy^{3+} 的加入量，发射峰强度出现降低的现象，出现这个现象的主要原因是，Dy^{3+} 将激发能传递给 Eu^{3+}，Dy^{3+} 的加入量增多，能量迁移的速率加快，能量转化率提高，发射峰强度增强，而当 Dy^{3+} 的加入量过多时，能量迁移过多，使较多的能量通过猝灭中心而消耗在基质的晶格振动中，导致了发射峰强度的下降。

二、正锡酸盐

M_2SnO_4（M＝Ca，Sr，Ba）是一个比较常用于发光材料的锡酸盐，是类钙钛矿结构，其结构如图 4-64 所示。Ca_2SnO_4 属于正交晶系结构，空间群 Pbam，其晶胞参数分别为 a = 0.5753nm，b = 0.9701nm，c＝0.3266nm，结构如图 4-64（a）所示，在 Ca_2SnO_4 中，Sn^{4+} 和 6 个 O^{2-} 形成八面体配位，其中一个 SnO_6 平面上的 4 个 O^{2-} 分别被另外两个 SnO_6 八面体共用，构成八面体共边的一维链状结构，而剩余的两个 O^{2-} 与 Ca^{2+} 配位，Ca^{2+} 共与 7 个 O^{2-} 配位。Ba_2SnO_4 与 Sr_2SnO_4 同属于扭曲型的 K_2NiF_4 结构，Ba_2SnO_4 与 Sr_2SnO_4 的点群结构为 14/mmm (139)，a 轴和 c 轴的晶格常数分别为 0.413nm × 1.3032nm 和 0.4052nm × 1.258nm，结构如图 4-64（b）所示，其中一个 SnO_6 八面体上的 4 个 O^{2-} 分别被另外的 4 个 SnO_6 共用，形成八面体共角的二维层状结构。

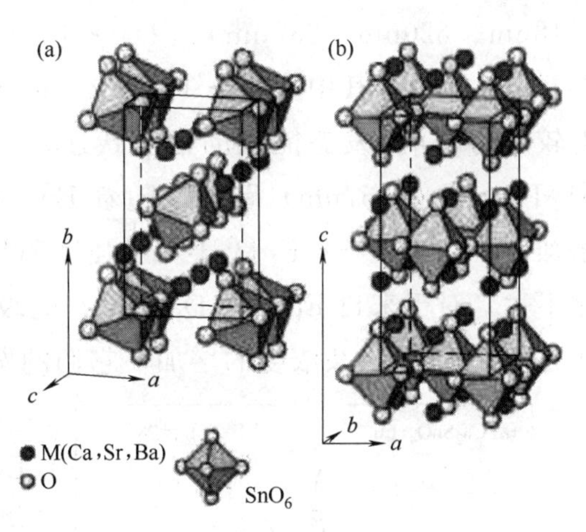

图 4-64 M_2SnO_4(M＝Ca，Sr，Ba) 结构

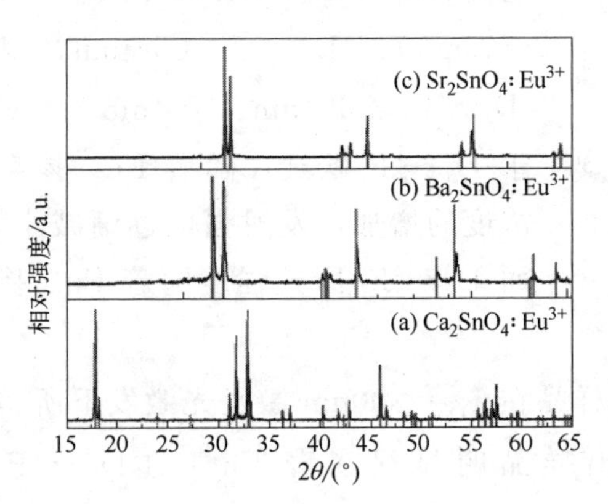

图 4-65 $M_2SnO_4:Eu^{3+}$ 的 XRD 图谱

周涛[18] 利用高温固相法成功合成了 M_2SnO_4(M＝Ca，Sr，Ba) 发光材料。Eu^{3+} 掺杂的 M_2SnO_4

(M=Ca，Sr，Ba）样品的 XRD 图谱以及 M_2SnO_4（M=Ca，Sr，Ba）基质对应的 JCPDS 标准图谱如图 4-65 所示。从图 4-65 中可以看出，Eu^{3+} 的掺杂没有改变 M_2SnO_4（M=Ca，Sr，Ba）基质的结构，而且样品中未明显出现其他杂质相。这说明 Eu^{3+} 进入了 M_2SnO_4（M=Ca，Sr，Ba）基质晶格中，形成 $M_2SnO_4:Eu^{3+}$ 固溶体。

图 4-66（a）为 $Ca_2SnO_4:Eu^{3+}$ 样品的发射光谱，实验时采用的激发波长 $\lambda_{ex}=280nm$。由图可见，Eu^{3+} 的发射主要来自于 $^5D_0$ 激发态能级，包括 $^5D_0\rightarrow{}^7F_0$（581nm）、$^5D_0\rightarrow{}^7F_1$（583nm、594nm、599nm）、$^5D_0\rightarrow{}^7F_2$（618nm、620nm、632nm）、$^5D_0\rightarrow{}^7F_3$（657nm）和 $^5D_0\rightarrow{}^7F_4$（697nm、707nm）跃迁，其中 $^5D_0\rightarrow{}^7F_2$ 跃迁发射强度最大；此外，样品中还存在着较高的 $^5D_1$ 激发态能级的辐射跃迁，包括 $^5D_1\rightarrow{}^7F_1$（536nm、543nm）和 $^5D_1\rightarrow{}^7F_2$（557nm）跃迁。随着 Eu^{3+} 掺杂浓度（$x=0.01\sim0.10$）的增加，Eu^{3+} 的 $^5D_0\rightarrow{}^7F_2$ 跃迁发射强度明显增大，而 $^5D_0\rightarrow{}^7F_1$ 跃迁强度变化不大。对于来自 Eu^{3+} 的 $^5D_1$ 激发态能级的辐射跃迁，其发射强度较弱，而且随着 Eu^{3+} 掺杂浓度的增加，它们的发射强度变化不大。

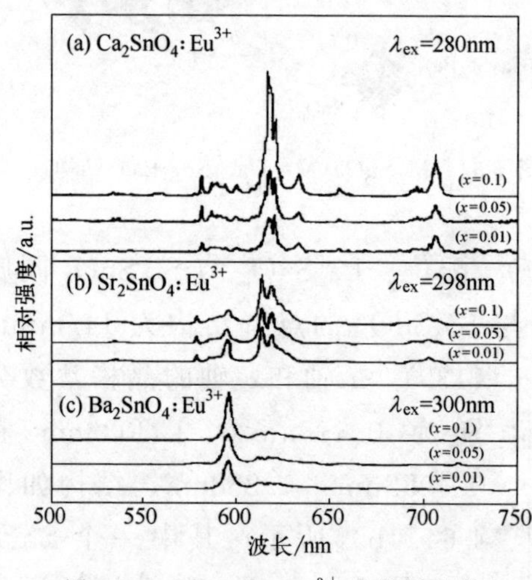

图 4-66　$M_2SnO_4:Eu^{3+}$ 的发射光谱

图 4-66（b）为 $Sr_2SnO_4:Eu^{3+}$ 样品在激发波长 $\lambda_{ex}=298nm$ 辐射下所得到的发射光谱。从图中可以看到，样品的发射以 Eu^{3+} 的电偶极跃迁 $^5D_0\rightarrow{}^7F_2$（613nm、618nm）为主，同时还存在如下发射峰：$^5D_1\rightarrow{}^7F_1$（534nm）、$^5D_0\rightarrow{}^7F_0$（579nm）、$^5D_0\rightarrow{}^7F_1$（594nm）和 $^5D_0\rightarrow{}^7F_4$（694nm、704nm）。对于 $^5D_0\rightarrow{}^7F_1$ 跃迁，随着 Eu^{3+} 掺杂浓度的增加，发射强度逐渐减小，而 $^5D_0\rightarrow{}^7F_2$ 跃迁强度随着 Eu^{3+} 掺杂浓度的增加明显增大。

图 4-66（c）为 $Ba_2SnO_4:Eu^{3+}$ 样品在 $\lambda_{ex}=300nm$ 激发光激发下所得到的发射光谱。从图中可以看出样品明显存在着 Eu^{3+} 的 $^5D_0\rightarrow{}^7F_1$（592nm）、$^5D_0\rightarrow{}^7F_2$（618nm）和 $^5D_0\rightarrow{}^7F_4$（719nm）的跃迁发射，其中

以磁偶极跃迁 $^5D_0 \rightarrow ^7F_1$（592nm）为主。随着 Eu^{3+} 掺杂浓度的增加，$^5D_0 \rightarrow ^7F_1$跃迁发射强度逐渐增大。

Chen 等[19] 采用共沉淀法合成了 $Ca_2SnO_4:Eu^{3+}$ 的前驱体在空气中1100℃下煅烧 3h 得到最终产物，XRD 图谱测试结果标于图 4-67中，其中所有的衍射峰与斜方晶系钙钛矿型 Ca_2SnO_4 相类似（JCPDS No. 46-0112）。实验室曾经使用碳酸钙、氧化锡和氧化铕为原料制备以 1250℃、2h 为条件用高温固相法制备 Eu^{3+} 掺杂 Ca_2SnO_4 样品。合成同样的斜方相 Ca_2SnO_4（1100℃）的煅烧温度远低于高温固相反应，表明所合成方法具有一定的优势。此外，由于其低浓度掺杂的 Eu^{3+} 在 XRD 图谱很难被检测到。在图中的 X 射线衍射峰比较尖锐，表明样品结晶度很高。

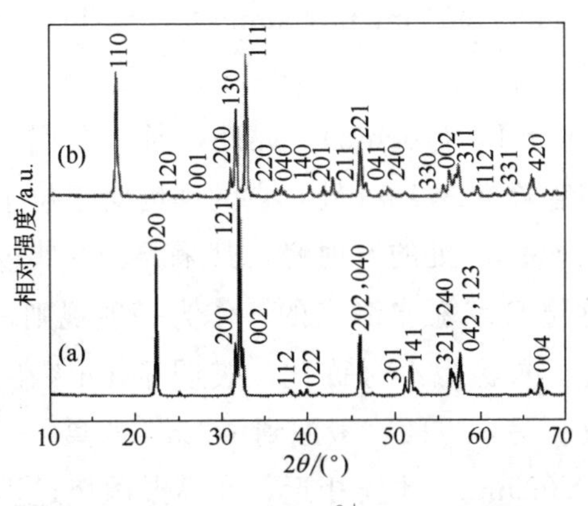

图 4-67 $Ca_2SnO_4:Eu^{3+}$ 的 XRD 图谱

$Ca_2SnO_4:Eu^{3+}$ 发光材料的 SEM 图如图 4-68 所示。$Ca_2SnO_4:Eu^{3+}$ 的样品主要为包含大量孔洞的立方体，这表明了其颗粒整体的多孔性。形成孔洞可以归因于 $CaSn(OH)_6$ 和 CaC_2O_4 煅烧时释放的 H_2O 和 CO_2。这种形貌的 Ca_2SnO_4 之前还未看到过报道。

图 4-68 $Ca_2SnO_4:Eu^{3+}$ 发光材料的 SEM 图

在室温下测量 $Ca_2SnO_4:Eu^{3+}$ 的发光材料的荧光光谱图如图 4-69 所示。在发光材料发射光为 613nm 的条件下，激发范围在 250～550nm 之间的激发光谱如图 4-69（a）所示。由图可看出位于 273nm 的宽带来自 Eu^{3+} 与周围的氧负离子之间的电荷迁移带。在 533nm、464nm、394nm 和 362nm 处的尖锐激发峰可以归结为 Eu^{3+} 的 $^7F_0 \to {}^5D_i$（$i=1, 2, 3, 4$）特征跃迁。图4-69（b）描绘了多孔 $Ca_2SnO_4:Eu^{3+}$ 发光材料激发波长分别为 394nm 和 273nm 时的红色光发射峰。一系列尖锐发射峰在 579nm、589nm、617nm、630nm、654nm 和 700nm 处，源于 Eu^{3+} 的特征激发 $^5D_0 \to {}^7F_J$（$J=1, 2, 3, 4$），即 $^5D_0 \to {}^7F_1$（589nm），$^5D_0 \to {}^7F_2$（617nm），$^5D_0 \to {}^7F_3$（654nm）和 $^5D_0 \to {}^7F_4$（700nm）。此外，通过电偶极跃迁（$^5D_0 \to {}^7F_2$）产生了最激烈的发射峰在 617nm 处，它的强度对于位于对称位的 Eu^{3+} 非常敏感。关于位于在 589nm 处的发射峰，其来源于磁偶极跃迁（$^5D_0 \to {}^7F_1$），它是位于晶格对称位 Eu^{3+} 独自激发的。作为一项规则，其（$^5D_0 \to {}^7F_2$）/（$^5D_0 \to {}^7F_1$）的强度比，被称为不对称比，表明了 Eu^{3+} 在主晶格环境中的反演对称性的失真度。另一方面，考虑到了 Eu^{3+} 的离子半径（0.095nm）和 Ca^{2+} 的离子半径（0.099nm）比较相近，在高温煅烧过程中 Eu^{3+} 结合到钙钛矿型 Ca_2SnO_4 晶体中进行取代时，由于电荷补偿机制会产生一定的缺陷，如氧离子空缺。

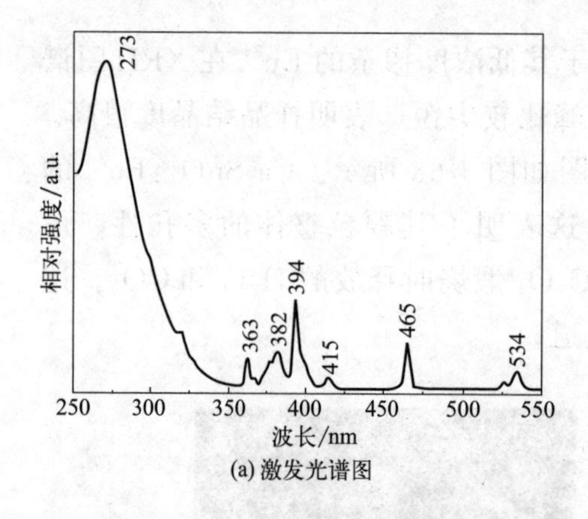

(a) 激发光谱图

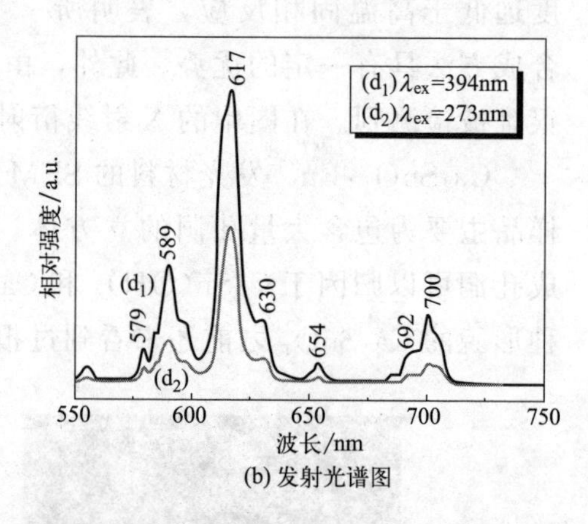

(b) 发射光谱图

图 4-69 在室温下测量的 $Ca_2SnO_4:Eu^{3+}$ 的荧光光谱图

三、稀土锡酸盐

$M_2Sn_2O_7$（M＝稀土元素、Sr、Ca、Pb、Bi 等）是一种等轴晶系氧化物，典型的烧绿石结构化合物。烧绿石结构化合物属立方面心晶系，理想的烧绿石结构属 Fd3m（O_h^7，$z=8.227$）空间群，可以认为是由共顶点的六边钨青铜型结构的 Sn_2O_6 八面体［图 4-70（c）］和有类赤铜矿（Cu_2O）结构的 M_2O［图 4-70（b）］相互交叉穿插而成网络结构，如

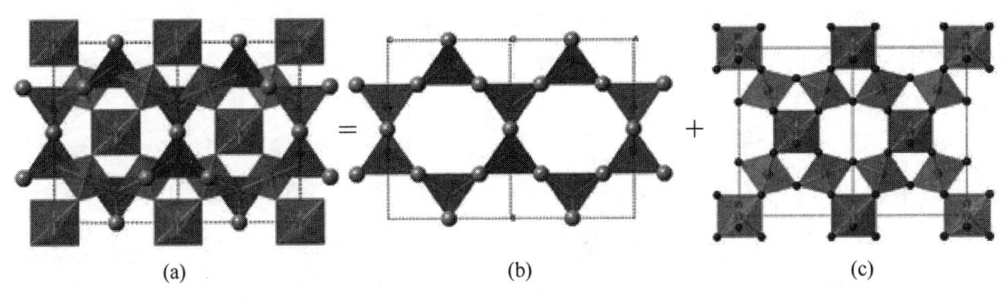

图 4-70 烧绿石结构

图 4-70 (a) 所示。

在烧绿石结构中，具有较大离子半径的 M^{3+} 通常占据 16d (1/2 1/2 1/2) 位置，如稀土离子，可以与 8 个阴离子 O^{2-} 配位，其中 6 个 O 原子属于 [Sn_2O_6] 八面体，它们构成了一个折叠的六边形的环，剩余的两个 O 原子与 M 原子共同组成 O—M—O 链，该链与六边形环相互垂直形成畸变扭曲的立方体。结晶位置 16c (0 0 0) 通常被具有较小离子半径的阳离子 Sn^{4+} 所占据，与 6 个阴离子 O^{2-} 配位并形成畸变八面体 [Sn_2O_6]，6 个阴离子以等间距围绕在中心阳离子 Sn^{4+} 周围。[Sn_2O_6] 八面体共用所有顶点形成三维结构，4 个八面体共用顶点，堆积成四面体，然后 M 以 M_2O 单元的形式占据所形成四面体的中心。

李优[20] 利用沉淀-水热法成功制备了 $La_{0.01}Y_{1.99}Sn_2O_7$:Eu，Dy 红色发光材料，研究水热过程中的影响因素、烧结制度、激活剂及敏化剂的量的改变等，得到了最佳的制备工艺条件。

图 4-71 为制备的红色发光材料水热后未煅烧和煅烧后的 XRD 图。将这两个 XRD 图与标准卡片进行对比，可以知道 XRD 图都与 JCPDS No. 87-1217 的 PDF 卡片吻合较好，所标注的晶面即为 $Y_2Sn_2O_7$ 的晶面，空间群为 Fd-3m (No. 227)，属于立方晶系，晶胞棱长为 $a=1.037$nm。在制备过程中有 La 元素的加入，La 与 Y 的化合价相同，同属于稀土元素，因此本实验所制备的发光材料应为锡酸镧钇。在水热后的 XRD 图中，位于 29.45°位置出现的衍射峰不是锡酸盐的峰，而对应于 $Y(OH)_3$ 的衍射峰。由水热后与煅烧后的 XRD 图看出，经过热处理后 XRD 图中的衍射峰更加尖锐，衍射峰的半高宽变窄，且位于 (311) 晶面出现了衍射峰，这说明高温热处理能够提高材料的结晶度，颗粒长大，使材料的原子排列更加有序。

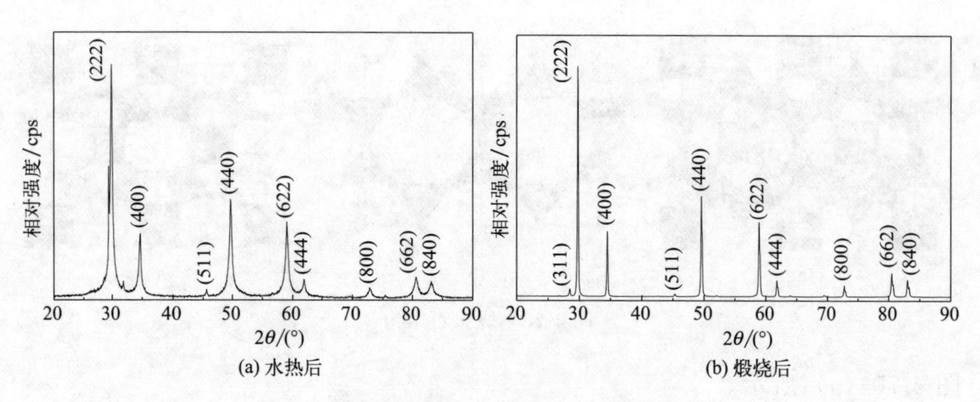

图 4-71　红色发光材料的 XRD 图

图 4-72 为不同水热反应时间下制备的发光材料的 XRD 图，图中的曲线水热时间分别为 0h（沉淀未水热）、2h、4h、6h、8h、10h、12h、24h。

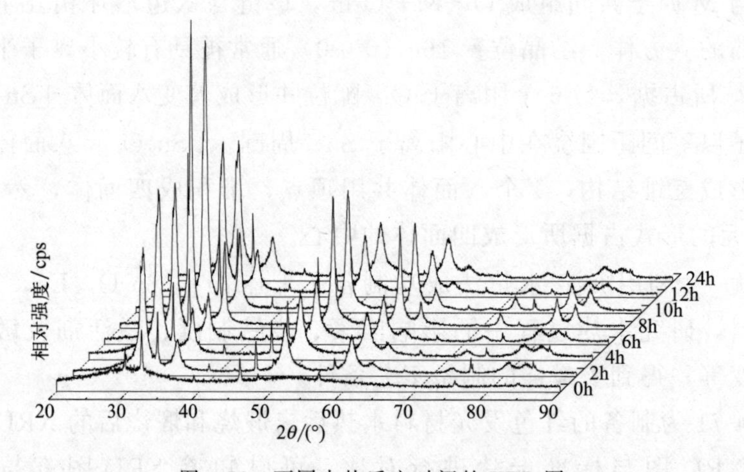

图 4-72　不同水热反应时间的 XRD 图

由图 4-72 可以看到，当发光材料未经过水热处理时，XRD 的衍射峰较低且较少，只出现了（222）、（400）、（511）三个晶面的衍射峰，其他晶面的衍射峰并未发现，说明沉淀反应使位于这三个晶面最先进行结晶。当进行水热反应后，其他晶面的衍射峰开始出现，随着水热反应时间的增加，原来没有的衍射峰开始出现，所有的衍射峰由弥散慢慢变得明锐，衍射峰的半高宽也慢慢变宽。当水热反应时间为 8h 时，制备的发光材料的衍射峰最尖锐，衍射峰的半高宽最宽，再增加水热反应时间，衍射峰由明锐开始变得弥散，半高宽减小，一些衍射峰开始消散。

出现这个现象的主要原因是进行水热反应是模拟地壳内部高温高压环境，在水热条件下能够析出晶相，提高材料的结晶度，使材料的原子排列有序。水热反应时间的增加，能够使材料的结晶完整程度提高，原子排列的有序程度越来越高，面间距变小，得到的材料越好，但水热时间过长时，XRD衍射峰的劈裂严重，并不利于锡酸盐相的生成。

图4-73为不同煅烧温度的SEM图。由图可见，随着煅烧温度的提高，水热后的发光材料经高温煅烧后粒度会逐渐增大，晶粒形貌趋于规则，粒径越来越均匀，团聚现象逐渐减少，当煅烧温度为1500℃时制备的发光材料最优，再提高煅烧温度则出现发光材料的颗粒液化，颗粒形貌不规则。产生此现象的原因是水热后的高温煅烧主要是发光材料内部离子间的运输和晶粒的长大，水热后的发光材料的粒径为纳米级别，高温煅烧过程中颗粒之间的接触面积较大，扩散运输容易，非常利于晶粒的长大及表面规则性的提高，形成需要的发光材料。

图4-73 不同煅烧温度的SEM图

图4-74是沉淀-水热法制备的$La_{0.01}Y_{1.99}Sn_2O_7$:Eu^{3+}，Dy^{3+}发光材料的荧光光谱，图中左半部曲线是激发光谱，右半部曲线是385nm波长激发得到的发射光谱。

从图4-74中的激发光谱图可以看到，$La_{0.01}Y_{1.99}Sn_2O_7$:Eu^{3+}，Dy^{3+}发光材料主要激发峰位于361nm、383nm、392nm、413nm及465nm，

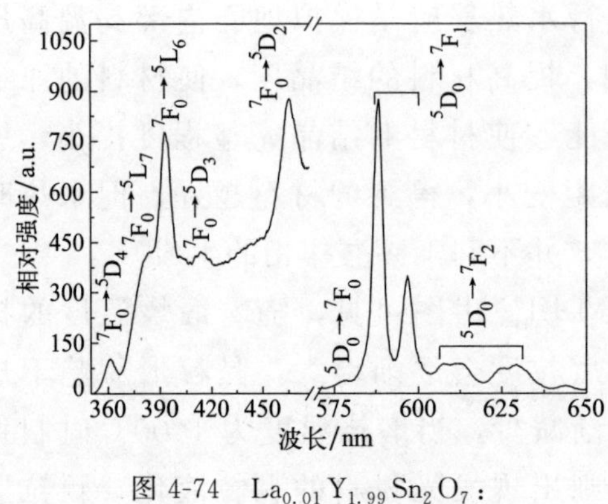

图 4-74　$La_{0.01}Y_{1.99}Sn_2O_7$：Eu^{3+}，Dy^{3+} 的荧光光谱

它们分别属于 Eu^{3+} 的 $^7F_0\to{}^5D_4$、$^7F_0\to{}^5L_7$、$^7F_0\to{}^5L_6$、$^7F_0\to{}^5D_3$、$^7F_0\to{}^5D_2$ 跃迁发射。位于 392nm 处的激发峰与近紫外激发（370～410nm）WLED 的芯片所发射的波长相对应，而位于 465nm 处的激发峰与蓝光激发（约 460nm）的芯片所发射的波长相匹配，既能应用于近紫外激发的 WLED，又能应用于蓝光激发的 WLED。从图 4-74 中的发射光谱图可以看到，$La_{0.01}Y_{1.99}Sn_2O_7$：Eu^{3+}，Dy^{3+} 发光材料主要发射峰为位于 578nm 处 Eu^{3+} 的 $^5D_0\to{}^7F_0$ 跃迁发射，位于 589nm、596nm 处 Eu^{3+} 的 $^5D_0\to{}^7F_1$ 跃迁发射，607nm、612nm、625nm、629nm 处 Eu^{3+} 的 $^5D_0\to{}^7F_2$ 跃迁发射，其中 $^5D_0\to{}^7F_1$ 和 $^5D_0\to{}^7F_2$ 跃迁发射产生了能级劈裂，主发射峰位置位于 589nm 和 596nm，属于以 $^5D_0\to{}^7F_1$ 允许的磁偶极跃迁发射的橙红色光，由 Eu^{3+} 电子跃迁的一般定则可知，此时 Eu^{3+} 处于严格的反演中心格位。

敏化剂 Dy^{3+} 变化的发射光谱见图 4-75，Eu^{3+} 与 Dy^{3+} 的物质的量比分别为 0（无 Dy^{3+}）、1∶1、1∶2、1∶3、1∶4、1∶5。从图中可以看到，当掺入 Dy^{3+} 时，原位于 589nm 处的峰出现蓝移，原位于 596nm 处的峰出现红移，因为这两个峰同为 $^5D_0\to{}^7F_1$ 跃迁发射产生的能级劈裂，所以产生的现象是掺入 Dy^{3+} 能够使 $^5D_0\to{}^7F_1$ 的跃迁发射峰发生宽化。产生的主要原因是 Dy^{3+} 的 $^4F_{9/2}$ 以上的能级较丰富，易发生多声子弛豫，发生发射峰宽化。掺杂 Dy^{3+} 后，加入量的变化并不会引起发射峰的形状及位置的变化，但随着 Dy^{3+} 的加入量的增加，发光材料的发射峰强度逐渐增加，当 Eu^{3+} 与 Dy^{3+} 的物质的量比为 1∶3，发射峰强度达到最大值，再增加

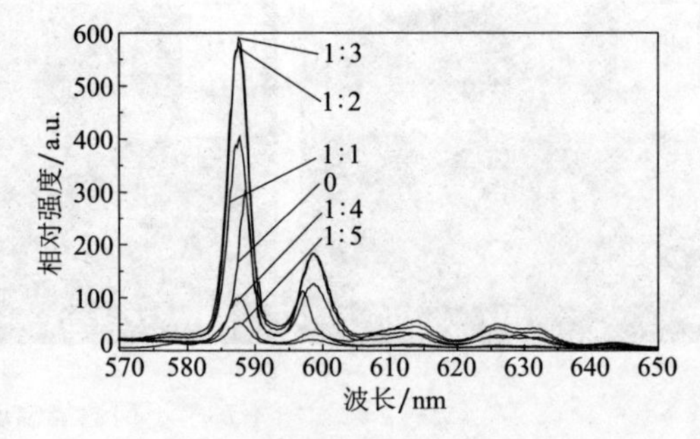

图 4-75　不同敏化剂加入量的发射光谱

Dy^{3+}的加入量，发射峰强度出现降低的现象，出现这个现象的主要原因是，Dy^{3+}将激发能传递给Eu^{3+}，Dy^{3+}的加入量增多，能量迁移的速率加快，能量转化率提高，发射峰强度增强，而当Dy^{3+}的加入量过多时，能量迁移过多，使较多能量通过猝灭中心而消耗在基质的晶格振动中，导致了发射峰强度的下降。

Yang等[21] 利用水热合成法制备了$La_2Sn_2O_7$:Eu^{3+}红色发光材料。图4-76（a）为在不同pH值下所合成的样品的XRD图谱。当pH值为8，即样品A，其与四方相的SnO_2（JCPDS No. 41-1445）相吻合。随着pH的提升，当达到10时$La_2Sn_2O_7$和SnO_2的混合相（样品B）出现；当pH达到11时，即样品C，样品的衍射峰与标准卡片（JCPDS No. 87-1218）相对应，它具有$La_2Sn_2O_7$的纯立方烧绿石结构，空间群为Fd-3m（227）；pH达到12时（样品D）的XRD曲线与pH=11的相似；当pH到达13时（样品E），$La_2Sn_2O_7$和$La(OH)_3$（JCPDS No. 83-2034）的混合相出现了；当pH到达14时（样品F），显示的是纯六方相的$La(OH)_3$。此外，样品D的能谱图［图4-76（b）］和它的XRD图都表明了掺杂的Eu^{3+}成功进入到了$La_2Sn_2O_7$的晶体结构中。同时$La_2Sn_2O_7$的纯立方烧绿石结构需要在特定的pH下才能够得到。

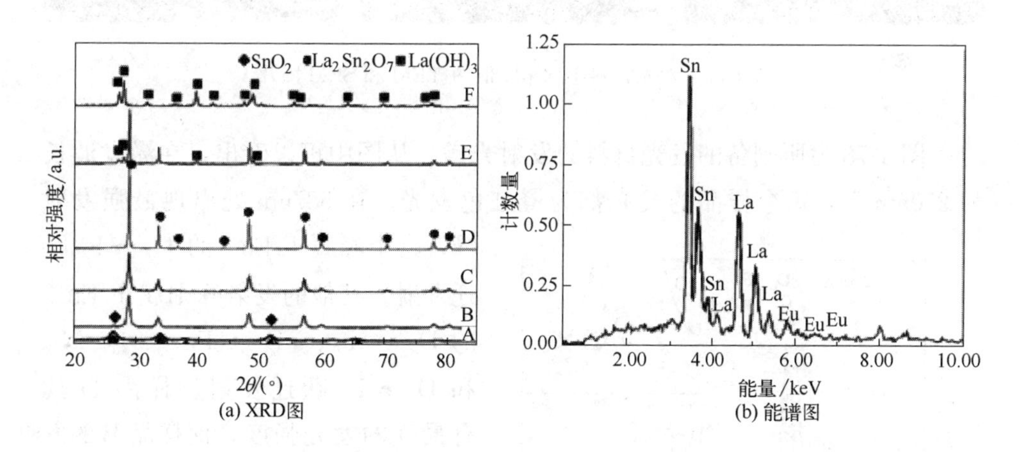

图4-76 发光材料的结构测试谱图

图4-77为发光材料的TEM和SEM图片。从图4-77中的（a）和（b）可以看出当pH为8和10时颗粒的结晶度很差；从图（c）中可以看到八面体晶粒和不规则的颗粒混合在一起，晶粒的平均直径为150nm；

图（d）为 pH＝12 时的图片，从中可以看到颗粒的平均直径变为 700nm；当 pH 到达 13 时，可以看到图（e）中为八面体颗粒和小的颗粒；当 pH 到达 14 时，颗粒又变得不规则了。

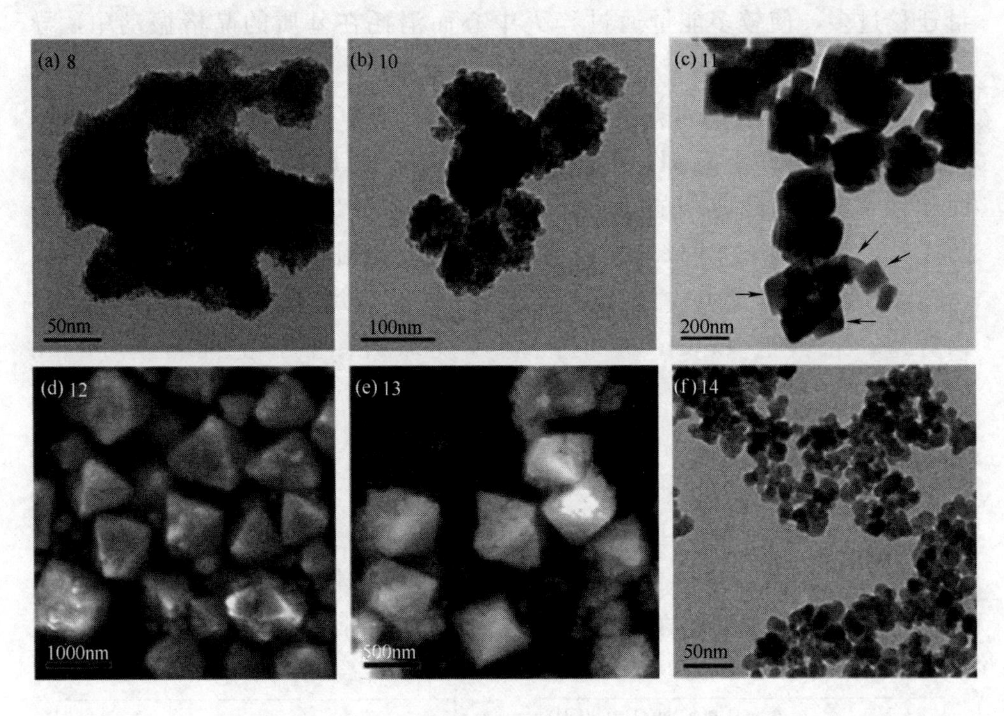

图 4-77　发光材料不同 pH 值的 TEM 和 SEM 图片

图 4-78 为所制备的发光材料的发射光谱。从图中可以看出，在激发波长为 270nm 下，每个样品的发光都为橙红色发光。在 587nm 处出现最强发射峰，这个峰属于 Eu^{3+} 的 $^5D_0\rightarrow{}^7F_1$ 跃迁发射。其他的发射峰则属于 Eu^{3+} 的 $^5D_0\rightarrow{}^7F_0$、$^5D_0\rightarrow{}^7F_1$、$^5D_0\rightarrow{}^7F_2$ 和 $^5D_0\rightarrow{}^7F_3$ 跃迁发射。样品 D 具有最强的发光强度，而样品 B 的发光强度最低。样品 E 与样品 C 相比较具有相近的发射光谱，这可能是由于它的颗粒较大。通过研究还得出，样品中 OH^- 的减少会使得发光强度增加。

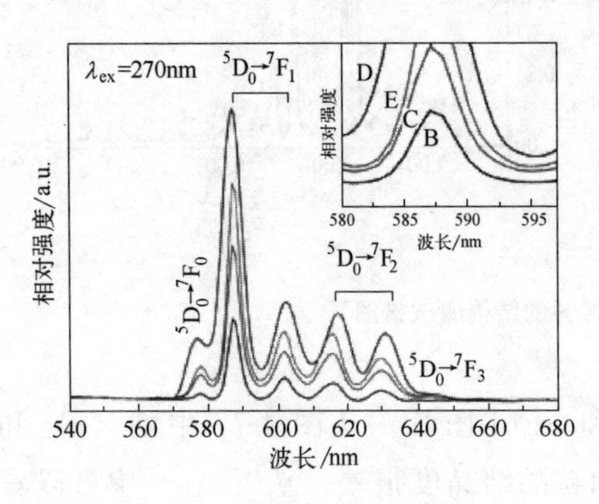

图 4-78　发光材料的发射光谱

四、锗酸盐

M_2GeO_4（M=Ca、Mg、Mn 等）属于斜方晶系，是一类具有橄榄石结构的化合物，空间群为 Pnma，其结构如图 4-79 所示。从堆积的角度看，其结构可视为 O^{2-} 平行于（100）作近似的六方最紧密堆积，Ge^{4+} 充填其中 1/8 的四面体空隙，形成［GeO_4］四面体，骨干外 M 充填其中 1/2 的八面体空隙，形成［MO_6］八面体。从配位多面体联结方式上看，在平行（100）的每一层配位八面体中，一半为实心的八面体（被 M 充填），另一半为空心的八面体（未被 M 充填），二者均呈锯齿状的链，而在位置上相差 $b/2$；层与层之间实心八面体与空心八面体相对，其邻近层以共享八面体角顶相联，而交替层则以共享［GeO_4］四面体的角顶和棱（每一［GeO_4］四面体中的 6 条棱有 3 条与八面体共享）相联。橄榄石结构中的 M 位还可分两类，一半为 M1 位，处于对称中心，另一半为 M2 位，处于对称面上。

图 4-80 是作为典型代表的 Ca_2GeO_4:Eu^{3+}（Eu^{3+} 摩尔分数为 6%）样品的 X 射线衍射谱，结果表明，所制得样品的晶面指数与标准卡片 JCPDS No. 26-0304 一致，其他样品也基本符合。这说明该实验所制备的所有样品均是很好的单相。掺杂 Eu^{3+} 在其浓度达到 12.0%之前不会使样品产生任何杂质相。

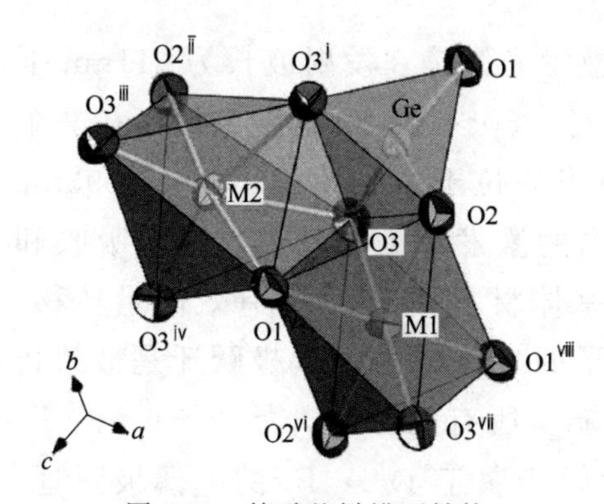

图 4-79　锗酸盐橄榄石结构

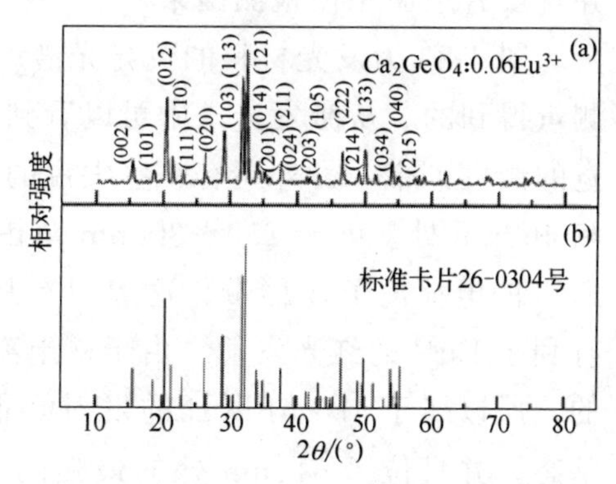

图 4-80　Ca_2GeO_4:Eu^{3+} 的 XRD 图谱

作为一种橄榄石结构的晶体，Ca_2GeO_4 晶体的空间群为 Pnma，其晶格常数 $a=5.24$，$b=6.79$，$c=11.4$。根据相关文献报道的原子坐标，图 4-81 是利用 DIAMOND 程序画出的 Ca_2GeO_4 晶体结构。由图 4-81 可见，1 个 Ca^{2+} 与 6 个 O^{2-} 形成八面体结构，最近的 Ca—O 键长为 1.866。Ca_2GeO_4 中存在两种不同的 Ca 格位，图 4-81 也给出了 Ca_2GeO_4 晶体结构中 Ca(1) 和 Ca(2) 两种格位的八面体配位示意图，其中最邻近钙之间的距离是 4.585。由于 Eu^{3+} 的离子半径（0.095nm）比 Ge^{4+} 的离子半径（0.053nm）更接近 Ca^{2+} 的离子半径（0.099nm），所以掺入 Ca_2GeO_4 晶体中的 Eu^{3+} 将占据 Ca^{2+} 的格位。同时，由于电荷不平衡，且体系中没有其他电荷补偿离子，所以在高温条件下少量 Ca 将移动到表面，从而形成负电的 Ca 空位（V''_{Ca}），以实现电荷平衡。

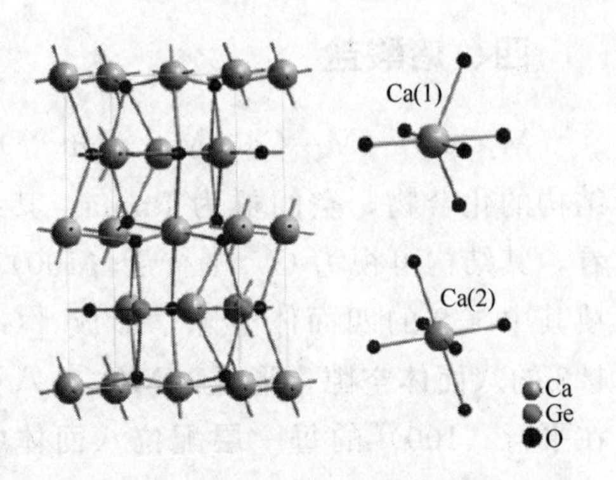

图 4-81 Ca_2GeO_4 的晶体结构和 Ca(1) 和 Ca(2) 的八面体格位

Yang 等[22] 利用传统的高温固相法制备了 $Ca_2GeO_4:Eu^{3+}$ 红色发光材料。图 4-82 为在 1350℃下煅烧 5h 得到的 $Ca_{1.97}Eu_{0.03}GeO_4$ 发光材料样品的 XRD 图。可以看出，发光材料显示出来的是单一的 Ca_2GeO_4 的斜方晶相，并且 Eu^{3+} 并没有引入其他杂质相。它与 JCPDS No. 26-0304）的标准卡片相吻合。XRD 测量表明 Al^{3+} 或 Li^{+} 共掺杂对材料的结构影响不大，并且没有杂质相被检测出来。

图 4-83 为发光材料的荧光光谱。激发光谱是在发射波长为 611nm 下测量得到的。从激发光谱中可以看到，在 250～300nm 的范围内存在一个宽的激发谱带，另外还有一些尖锐的激发峰位于 362nm、380nm、393nm 和 402nm 处。处于 250～300nm 范围内的激发带为该基体材料的吸收和 Eu^{3+} 的电荷离子迁移带。这表明有从基体材料到 Eu^{3+} 的有效能量转移，有利于 Eu^{3+} 的红光发射。由于稀土离子的 4f→4f 的电偶极跃迁是被禁止的，所以属于 4f→4f 跃迁的发射峰很弱。所有的发射开始于 Eu^{3+} 的 $^5D_0$ 基态，并且位于 611nm 处的最强的发射峰属于 $^5D_0 \rightarrow {}^7F_2$ 的电偶极跃迁。来自于 $Ca_2GeO_4:Eu^{3+}$ 发光材料的红光发射肉眼可见。$^5D_0 \rightarrow {}^7F_1$ 是允许的磁偶极跃迁。$^5D_0 \rightarrow {}^7F_2$ 的电偶极跃迁对于 Eu^{3+} 的环境有很大的敏感性。在 585nm、590nm 和 596nm 处的这三个峰归因于 Eu^{3+} 的 $^5D_0 \rightarrow {}^7F_1$ 跃迁。高比例的 $^5D_0 \rightarrow {}^7F_2$ 跃迁显示出了 Eu^{3+} 的发射峰的对称性。

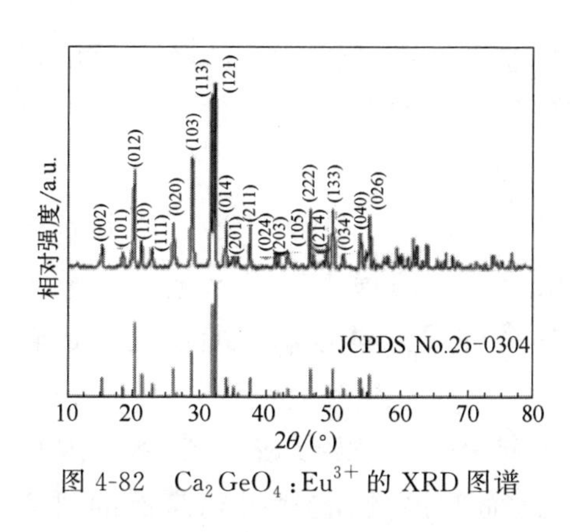

图 4-82　$Ca_2GeO_4:Eu^{3+}$ 的 XRD 图谱

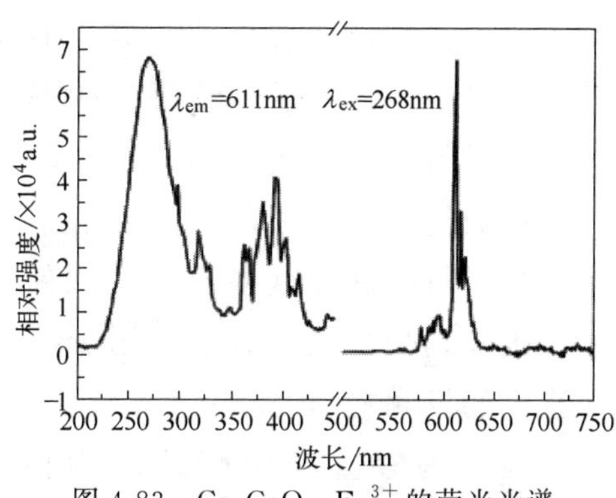

图 4-83　$Ca_2GeO_4:Eu^{3+}$ 的荧光光谱

由于 Eu^{3+}（95.0pm）与 Ca^{2+}（99pm）有着相似的离子半径，所以 Eu^{3+} 可以代替 Ca^{2+} 从而形成正电荷的缺陷，而这种缺陷阻碍了基体到 Eu^{3+} 的能量传递。为了弥补这一缺陷，采用电荷补偿的形式来解决。电荷补偿剂为 Al^{3+} 或 Li^+，$Al^{3+}:Eu^{3+}$ 或 $Li^+:Eu^{3+}$ 的比例为 0∶1、0.4∶1、0.8∶1、1∶1、2∶1、3∶1。图 4-84 为加入电荷补偿剂后的发光强度。从图中可以看出随着电荷补偿剂的加入，发光材料的发光强度逐渐增加，当 $Al^{3+}:Eu^{3+}=1:1$ 和 $Li^+:Eu^{3+}=0.8:1$ 时发光强度达到最大值。这表明电荷补偿对于提高发光强度有很大的作用。

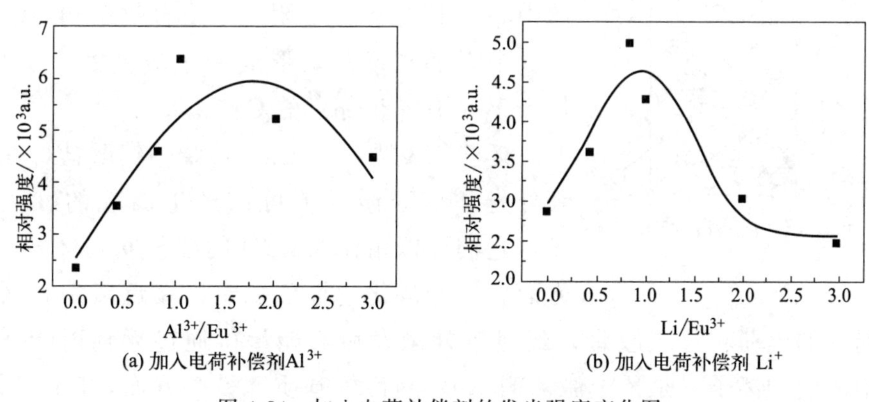

图 4-84　加入电荷补偿剂的发光强度变化图

第四节　钨/钼酸盐体系

很早以前，人们就已经知道了自然界中的钨酸盐以较纯的白钨矿存在，这种钨酸盐能够发光。随着社会的进步，很多钨酸盐已经广泛应用于荧光灯中，是现在广泛研究的 WLED 用发光材料之一，这是因为钨酸盐发光材料制备方法简单，发光效率高，价格低廉。

钼酸盐具有良好的热稳定性、化学稳定性以及光学性能，是制备稀土发光材料的良好基质材料，以钼酸盐为基质的稀土发光材料的研究近年来越来越受重视。对于应用于 WLED 中的发光材料，钼酸盐更是比较受重视的发光材料之一。

因为钨酸盐和钼酸盐同为白钨矿结构，可以形成固溶体，因此 WO_4^{2-} 与 MoO_4^{2-} 的部分或全部互换，从而使钨/钼酸盐得到广泛的研究及应用。

一、碱土钨酸盐

MWO_4（M＝Mg，Ca，Sr，Ba）具有白钨矿结构，属于四方晶系，是一种传统的自激活的发光材料。其中典型的 $CaWO_4$ 的空间群为 $I4_1/a$（88），晶胞参数 $a=b=0.5243nm$，$c=1.1374nm$，其结构如图 4-85 所示。在这种结构中，W^{6+} 位于氧配位四面体中心，形成 WO_4^{2-} 阴离子络合物结构；Ca^{2+} 有 8 个近邻氧配位，形成一个畸变的立方体；每个 W^{6+} 有 4 个邻近的 Ca^{2+}。

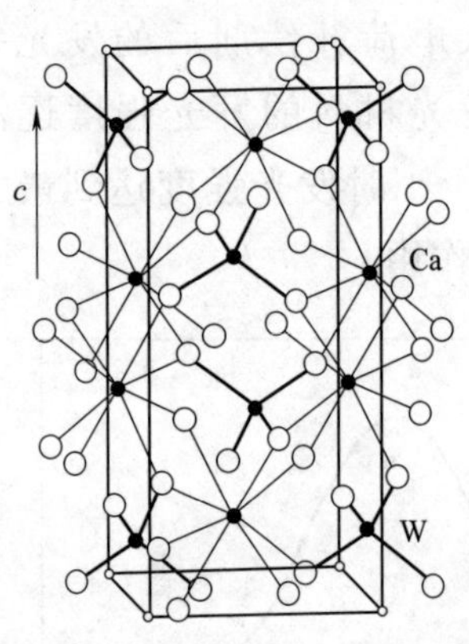

图 4-85　$CaWO_4$ 结构

近些年发现一些 Eu^{3+} 掺杂的钨酸盐，在近紫外光和蓝光激发下可以产生高效的红色发光，它们可以用作 WLED 的红色发光材料。一方面，钨酸盐化学性质稳定，在近紫外光区有宽而强的电荷转移吸收带，经过紫外激发后其能量可通过无辐射跃迁传递给激活剂离子，是稀土激活剂 Eu^{3+} 的良好基质；另一方面，Eu^{3+} 因其特殊的 4f 电子组态而具有独特的光谱性质，能发射单色性好、量子效率高的、波长约在 616nm 的红光发射，被广泛用于照明和显示中。

姜晓岚等[23] 采用共沉淀法制备纳米晶 $CaWO_4:Eu^{3+}$。图 4-86 是不同温度下掺杂 Eu^{3+} 的钨酸钙的 XRD 图谱，三条曲线分别对应 650℃、800 ℃、950℃煅烧后的XRD图谱。将其与 $CaWO_4$ 的 JCPDS No. 08-0145 对照，确认三条曲线中的衍射峰均为 $CaWO_4$ 的衍射峰，即在 650℃、

800℃、950℃温度下煅烧的样品为单相的体心四方晶系 $CaWO_4$。利用XRD图谱由Debye-Seherrer方程计算出三条曲线所代表的样品粒径分别为41.2nm、41.1nm、41.1nm，由此可知制备出的 $CaWO_4:Eu^{3+}$ 发光材料是纳米级的颗粒。

制备的 $CaWO_4:Eu^{3+}$ 样品均有很强的 Eu^{3+} 特征发射，肉眼可观测到明亮的橙红色，这表明样品是一种高发射率的发光材料。图4-87是 $CaWO_4$：0.9%Eu^{3+} 经650℃煅烧后的发射光谱，激发波长为395nm。从图中可以观测到主发射峰峰形为带状窄峰，分别位于591nm（$^5D_0\rightarrow{}^7F_1$）和613nm（$^5D_0\rightarrow{}^7F_1$）处，其中613nm发射峰强度明显高于591nm的发射峰强度。而处于465nm（$^5D_2\rightarrow{}^7F_0$），535nm（$^5D_1\rightarrow{}^7F_1$），653nm（$^5D_0\rightarrow{}^7F_3$），700nm（$^5D_0\rightarrow{}^7F_4$）的发射较弱。

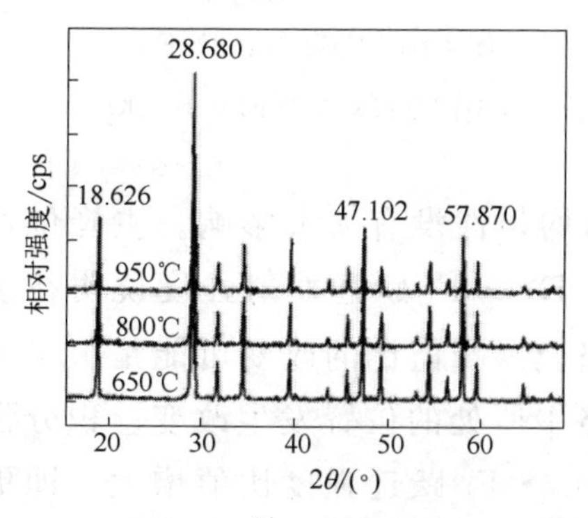

图4-86 $CaWO_4:Eu^{3+}$ 不同煅烧温度XRD图谱

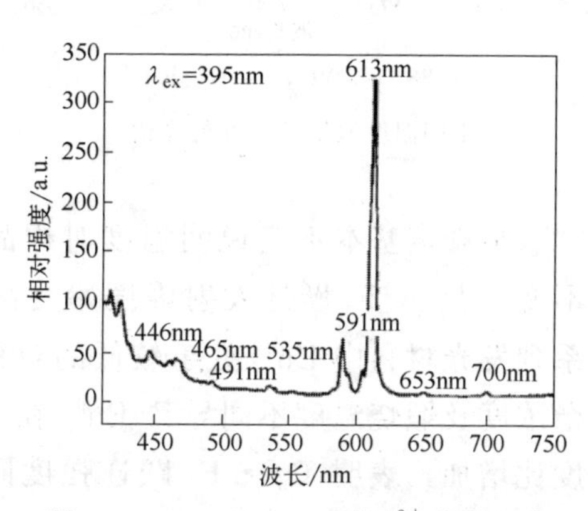

图4-87 $CaWO_4$：0.9%Eu^{3+} 发射光谱

通过对不同掺杂浓度和不同煅烧温度下样品发射谱的对比，发现经650℃、800℃、950℃三种温度下煅烧的样品发射谱的结构相似，主峰位置不变，613nm发射峰强度始终高于591nm的发射峰强度；谱线半宽度基本不变，但样品激发峰强度不同。

当掺杂浓度为0.9%时，随着样品煅烧温度的升高，$^5D_0\rightarrow{}^7F_1$ 跃迁和 $^5D_0\rightarrow{}^7F_2$ 跃迁发射强度增加（图4-88）。当掺杂浓度为3%时，煅烧温度为650℃时发射峰强度最低，煅烧温度为800℃时发射峰强度要高于950℃发射峰强度（图4-89）。当掺杂浓度为5%时，煅烧温度为800℃时发射峰强度和煅烧为950℃发射峰强度基本相等且高于煅烧为650℃发射峰强度（图4-90）。经计算，掺杂为0.9%的样品在613nm和591nm处的发射峰积分强度比在煅烧温度为650℃、800℃、950℃时分别为5.278、5.891、

6.077；掺杂为3%的样品在613nm和591nm处的发射峰积分强度比在煅烧温度为650℃、800℃、950℃时分别为6.324、24.466、17.261；掺杂为5%的样品在613nm和591nm处的发射峰积分强度比在煅烧温度为650℃、800℃、950℃时分别为6.23、6.267、6.351。

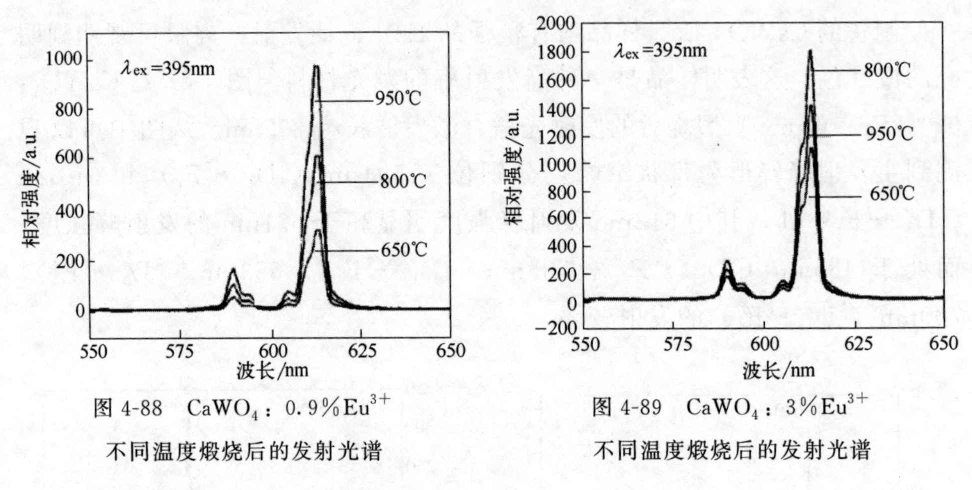

图4-88 $CaWO_4$：0.9%Eu^{3+}不同温度煅烧后的发射光谱

图4-89 $CaWO_4$：3%Eu^{3+}不同温度煅烧后的发射光谱

半峰宽基本不变说明温度对样品的均匀性没有太大影响。主峰位置不变，$^5D_0\rightarrow{}^7F_2$跃迁发射强度始终高于$^5D_0\rightarrow{}^7F_1$跃迁发射强度说明在该系列发光材料中Eu^{3+}处于较低的对称格位。峰值比的改变可能是由于掺杂浓度及煅烧温度不同导致Eu^{3+}在晶格中所处的位置发生改变。积分强度比增加，表明$^5D_0\rightarrow{}^7F_2$跃迁强度同$^5D_0\rightarrow{}^7F_1$跃迁强度比值增大，即更多的稀土离子占据非对称中心格位，Eu^{3+}所占据格位对称性降低；反之则表示Eu^{3+}所占据格位对称性增加。这说明在不同情况下，Eu^{3+}占据着两种不同的格位。其中一种格位的对称性强于另一种格位的对称性。Eu^{3+}在$CaWO_4$中占据的格位可能有以下两种可能性：一是Eu^{3+}取代Ca^{2+}，二是Eu^{3+}取代W^{6+}。由于Eu^{3+}和W^{6+}电荷相差3个电荷，而Eu^{3+}和Ca^{2+}电荷仅相差1个，且离子半径相差不大，所以Eu^{3+}较容易进入Ca^{2+}的格位，产生陷阱；而当Eu^{3+}取代W^{6+}时，可由3个氧空位补偿2个Eu^{3+}取代W^{6+}产生的6个负电荷，这种补偿将引起大量陷阱从而对稀土离子产生强烈作用，使得电偶极跃迁禁阻被解除的可能性增加，使发光强度增加。

图4-91是掺杂浓度为5%并且经950℃煅烧后的样品监测613nm（$^5D_0\rightarrow{}^7F_2$跃迁）的激发光谱，右上嵌入图为监测$^5D_0\rightarrow{}^7F_2$跃迁激发谱的

高能部分。由该图可观测到 Eu^{3+} 的激发峰很丰富，较强的激发峰分别位于 361nm、382nm、395nm、416nm、464nm、524nm、534nm 处，其中位于 395nm 的激发峰对 613nm 的发射最有效，464nm 和 534nm 次之。左上嵌入图中心位于 261nm 处的峰可认为是 $CaWO_4$ 基质吸收峰。

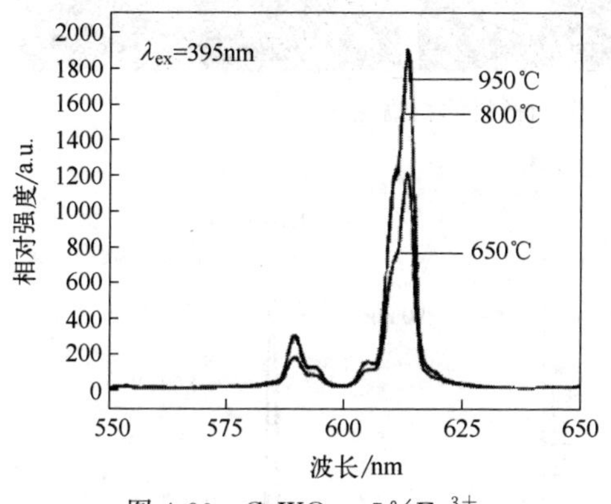

图 4-90 $CaWO_4$：5%Eu^{3+} 不同温度煅烧后的发射光谱

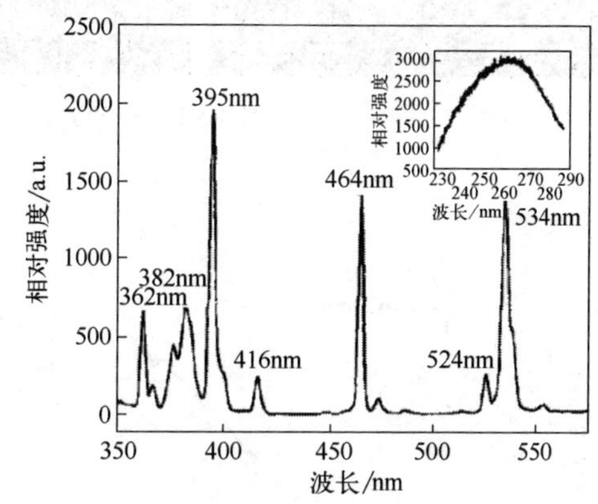

图 4-91 $CaWO_4$：5%Eu^{3+} 的激发光谱

Li 等[24]通过高温固相法合成了 Eu^{3+} 掺杂的 $SrWO_4$ 红色发光材料。图 4-92 为 Eu^{3+} 掺杂 $SrWO_4$ 发光材料的 XRD 图谱。可以看出颗粒的结晶度很好，样品的所有特征峰与 JCPDS No. 08-0490 的四方相 $SrWO_4$ 相匹配。空间群为 I41/a，$Z=4$，晶格常数为 $a=0.5416$nm，$c=1.195$nm。

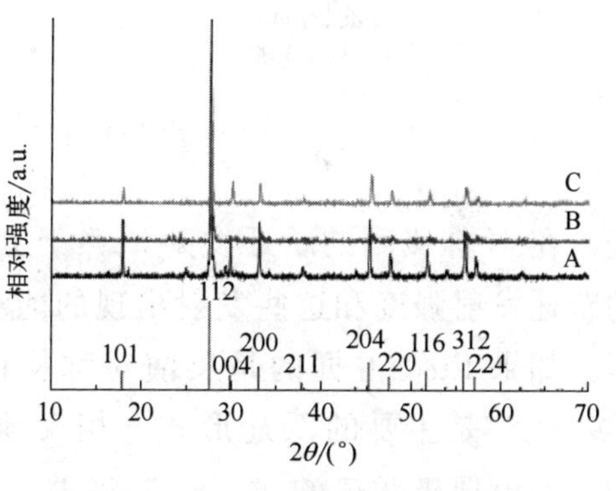

图 4-92 $SrWO_4$ 的 XRD 图谱

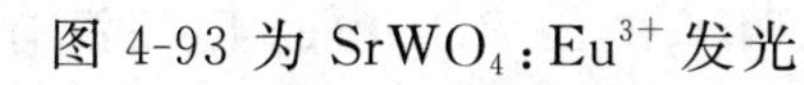

图 4-93 为 $SrWO_4$:Eu^{3+} 发光材料的扫描图片。从图中可以看出粉体颗粒主要由小的颗粒组成，分体分散性良好，颗粒尺寸和形状均一。

图 4-94（a）为 $SrWO_4$:Eu^{3+} 发光材料的激发光谱。在 280nm 附近的紫外激发光谱是由于 Eu 内部 4f 态到 Eu-O 的电荷迁移引起的。图 4-94（b）为 $SrWO_4$:Eu^{3+} 发光材料发射光谱。所有的曲线都很相似，从 450～510nm 出现了一个发射带，这是由于 WO_4^{2-} 基团的电荷迁移引起的。所有的光谱曲线都属于 Eu^{3+} 的 $^5D_0 \rightarrow {}^7F_J$（$J=0$，1，2，3，4）的特征跃

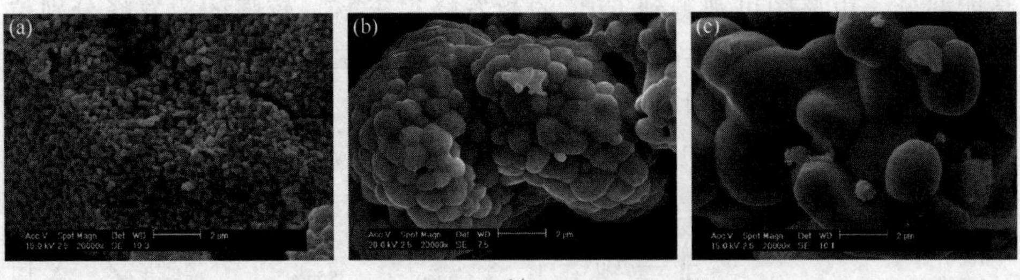

图 4-93　$SrWO_4:Eu^{3+}$ 发光材料的扫描图

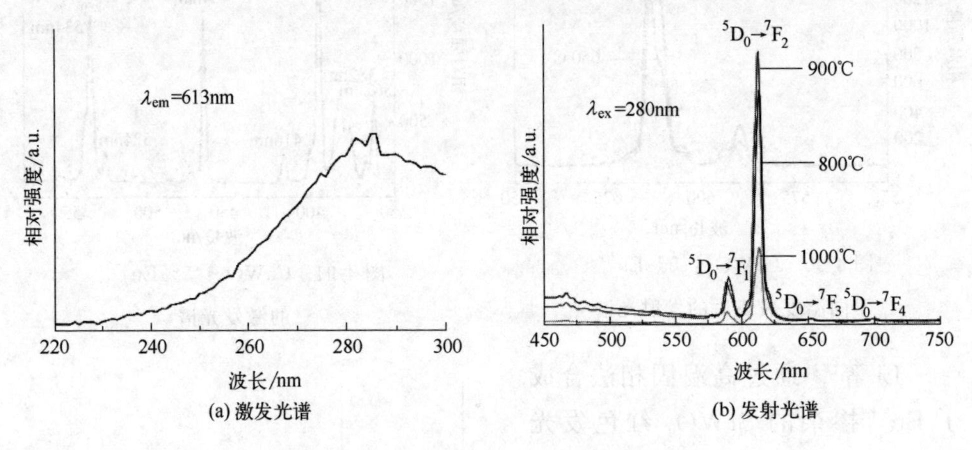

图 4-94　$SrWO_4:Eu^{3+}$ 发光材料的荧光光谱

迁。在 4f 能级间的跃迁发射依赖于电偶极跃迁或磁偶极跃迁。$^5D_0 \rightarrow {}^7F_J$ 的跃迁发射强度和这些发射出现的能级劈裂依赖于 Eu^{3+} 所处的晶体场环境。如果 Eu^{3+} 占据的是反演对称格位，则橙红色放射，磁偶极跃迁的 $^5D_0 \rightarrow {}^7F_1$ 是主要的跃迁形式。相反地，如果 Eu^{3+} 没有占据反演对称格位，则电偶极跃迁的 $^5D_0 \rightarrow {}^7F_2$ 将占主要地位。从图中可以看出电偶极跃迁的 $^5D_0 \rightarrow {}^7F_2$ 跃迁占主要的地位。这证明了在 $SrWO_4$ 中的 Eu^{3+} 没有占据反演对称格位。

二、稀土钨酸盐

$RE_2(WO_4)_3$（RE＝La，Eu，Ga）或 $MRE(WO_4)_2$（M＝Li，K；RE＝La，Eu，Ga）为稀土钨酸盐，大多具有白钨矿结构，Ln—Ln 键长比一般基质材料大，能有效降低浓度猝灭，提高激活剂在基质材料中掺杂浓度，是较好的发光材料。图 4-95 为 β-$KGd(WO_4)_2$ 的晶体结构，属于单斜晶系，空间群为 C_2/c，晶胞参数为 $a=0.810(4)$ nm，$b=1.043(6)$ nm，$c=0.760(2)$ nm，$\beta=130.80°$，$V=0.634\mathrm{nm}^3$，$Z=4$。

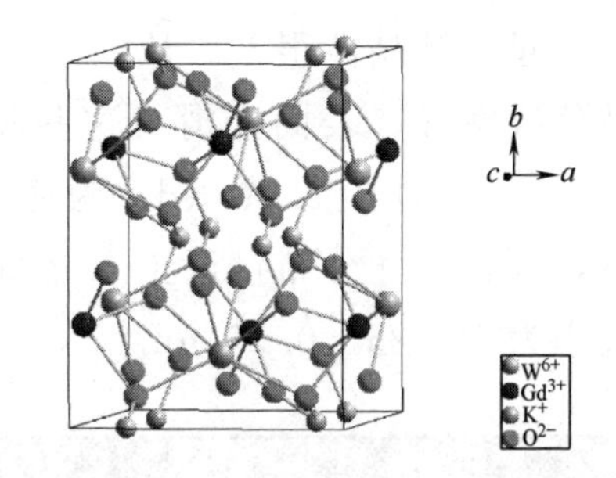

图 4-95　β-$KGd(WO_4)_2$ 的晶体结构

游航英[25] 通过溶胶-凝胶法成功制备了 $KGd(WO_4)_2$:Eu^{3+} 红色发光材料。图 4-96 为水热法、高温固相法和溶胶-凝胶法制备的 Eu^{3+} 掺杂 40%（原子分数）的 $KGd(WO_4)_2$:Eu^{3+} 样品的 XRD 图谱与标准图谱对比。从图 4-96 可以看出溶胶-凝胶法所合成的样品，除位于 $2\theta=18.6°$ 和 $2\theta=28.6°$ 两个小的衍射峰外，其他衍射峰的强度和角度与 JCPDS No. 045-0555 基本相匹配。其中 18.6°的衍射峰又与同属单斜晶系 $KGd(WO_4)_2$ 的 JCPDS No. 01-080-0455 中位于 18.72°的衍射峰相接近，因此不属于杂质峰，而位于 28.6°的衍射峰认为是立方相 Gd_2O_3 的杂质峰。结果表明，合成的 $KGd(WO_4)_2$:Eu^{3+} 发光材料属于单斜晶系，空间群为 $C_{2/c}$，由此可见，当 Gd^{3+} 被 Eu^{3+} 取代时，由于 Eu^{3+} 和 Gd^{3+} 的离子半径相近，Eu^{3+} 的掺杂对 $KGd(WO_4)_2$ 晶体结构基本没有影响。从图 4-96 中可以清楚地看到，水热法未能成功合成结晶性好的纯相 $KGd(WO_4)_2$:Eu^{3+} 发光材料，用溶胶-凝胶法获得的 $KGd(WO_4)_2$:Eu^{3+} 发光材料比采用高温固相法得到的样品的衍射峰更强、更尖锐，这表明用溶胶-凝胶法制备的样品比用高温固相合成法得到样品的结晶性更好、相更纯。

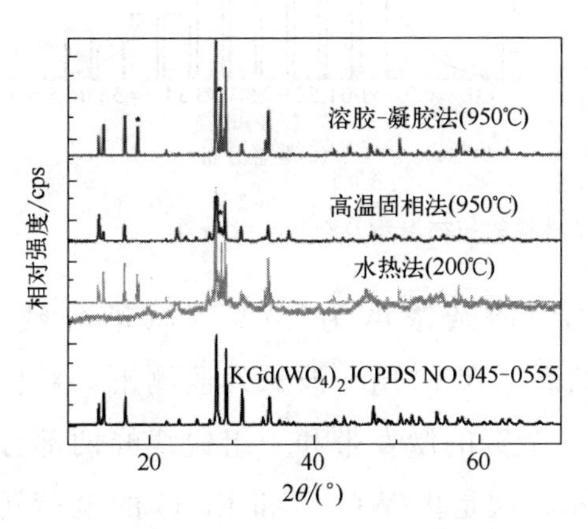

图 4-96　水热法、溶胶-凝胶法和高温固相法合成 $KGd(WO_4)_2$:Eu^{3+} 的 XRD 图谱

图 4-97 为溶胶-凝胶法（a）、水热法（b）和高温固相法（c）制备的 $KGd(WO_4)_2$:Eu^{3+} 发光材料的 SEM 图及溶胶-凝胶法合成 Eu^{3+} 掺杂浓度为 40%（原子分数）的 $KGd(WO_4)_2$:Eu^{3+} 发光材料样品的粒径分布。从图（c）中可以看到，用高温固相合成法经制备的发光材料形貌不规则，颗粒有团聚现象。从图（b）中可以明显看到水热法合成的发光材料样品粗糙，成棉絮状团聚

在一起，结晶性很差。从图（a）明显看出溶胶-凝胶法合成的发光材料样品分散性好，表面光滑，这些特点有利于提高发光材料的发光性能，但颗粒大小不均匀。图（d）为通过扫描电子显微镜统计出来的颗粒尺寸分布，颗粒尺寸分布接近正态分布，分布范围为 0.58～5.35μm，平均粒径大小为（2.25±0.75）μm。

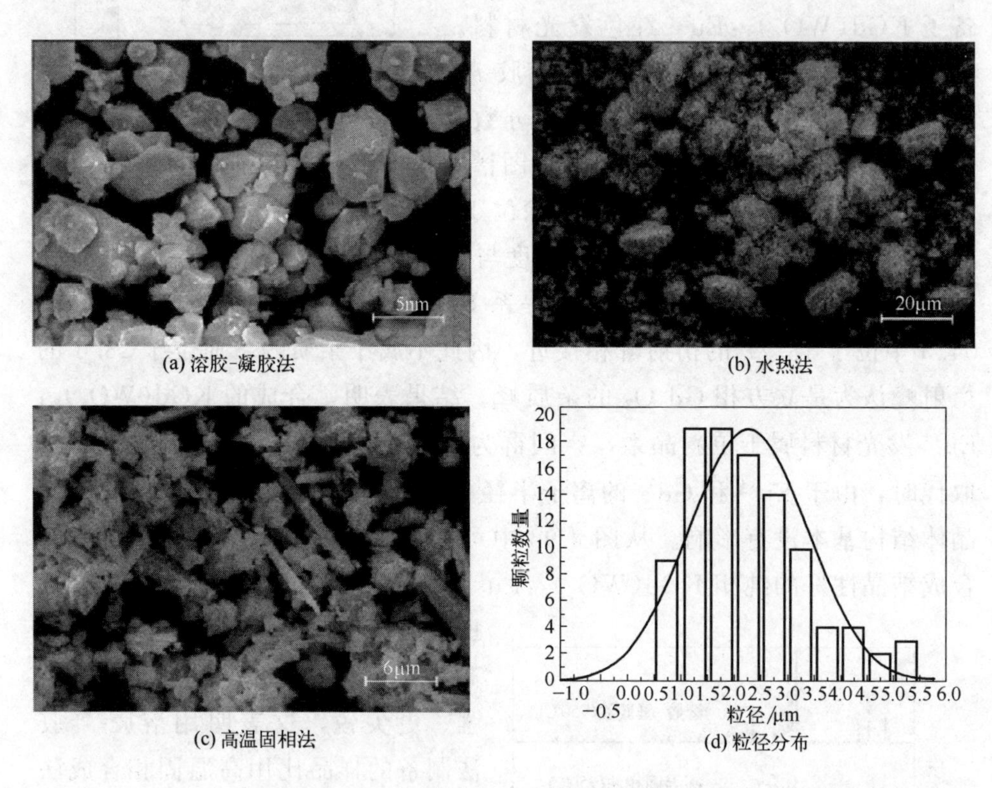

(a) 溶胶-凝胶法　(b) 水热法　(c) 高温固相法　(d) 粒径分布

图 4-97　$KGd(WO_4)_2:Eu^{3+}$ 发光材料的扫描电镜及粒径尺寸分布

图 4-98 为在室温下测得的 Eu^{3+} 掺杂浓度为 40%（原子分数）$KGd(WO_4)_2:Eu^{3+}$ 发光材料的激发光谱（在 614nm 波长处监测下，对应于 $^5D_0\rightarrow{}^7F_2$ 跃迁）。该激发光谱是由一个宽的激发带和一组锐线峰两部分组成：宽带峰的中心波长位于 270nm，这是由 WO_4^{2-} 和 Eu-O 的电荷转移跃迁所引起的；350nm 波长以后是一组很强的锐线峰，是 Eu^{3+} 的 f→f 电子跃迁（$^7F_0\rightarrow{}^5D_{0,1,2,3,4}$，$^5L_{6,7}$，$^5H_3$），已清楚地在图 4-98 中标出。其最强激发峰位于 395nm，对应于 Eu^{3+} 的 $^7F_0\rightarrow{}^5L_6$ 跃迁，该波长正好落在近紫外 LED 芯片发射波长（380～410nm）范围内。因此，$KGd(WO_4)_2$:

Eu^{3+} 发光材料可有效地被近紫外 LED 芯片发射的波长激发，发出明亮的红光。

从图 4-99 可以观察到，当用 395nm 近紫外光激发 $KGd(WO_4)_2:Eu^{3+}$ 发光材料时，在 614nm、616nm、618nm、619nm 处有 4 个强的发射峰，其中以 614nm 发射强度最强，来自于 Eu^{3+} 的 $^5D_0 \rightarrow {}^7F_2$ 电偶极跃迁。而 591nm 发射对应于 Eu^{3+} 的 $^5D_0 \rightarrow {}^7F_1$ 跃迁，属于磁偶极跃迁。一般来说，Eu^{3+} 的 $^5D_0 \rightarrow {}^7F_2$ 跃迁对发光中心周围的化学环境及其对称性非常敏感，而 $^5D_0 \rightarrow {}^7F_1$ 跃迁不敏感。例如，当 Eu^{3+} 在晶体中所处的格位不具有反演对称性，$^5D_0 \rightarrow {}^7F_2$ 电偶极跃迁占主导；当 Eu^{3+} 在晶体中所处的格位具有反演对称性，$^5D_0 \rightarrow {}^7F_1$ 磁偶极跃迁占主导。因此，可以通过 $^5D_0 \rightarrow {}^7F_2$ 和 $^5D_0 \rightarrow {}^7F_1$ 跃迁的发光强度比能很好地判断 Eu^{3+} 在晶体中所处格位的对称性。$^5D_0 \rightarrow {}^7F_2$ 跃迁产生的红光（R）发射强度比 $^5D_0 \rightarrow {}^7F_1$ 跃迁产生的橙光（O）的发射强度强，并且计算得到 $KGd(WO_4)_2:Eu^{3+}$ 发光材料的 R/O 比值为 8.4，说明掺杂的 Eu^{3+} 主要处于非反演对称中心 Gd^{3+} 格位上。从图 4-99 右上角嵌入图的发光材料在 395nm Xe 灯照射下的发光照片，可以看到制备的发光材料发出明亮的红光。

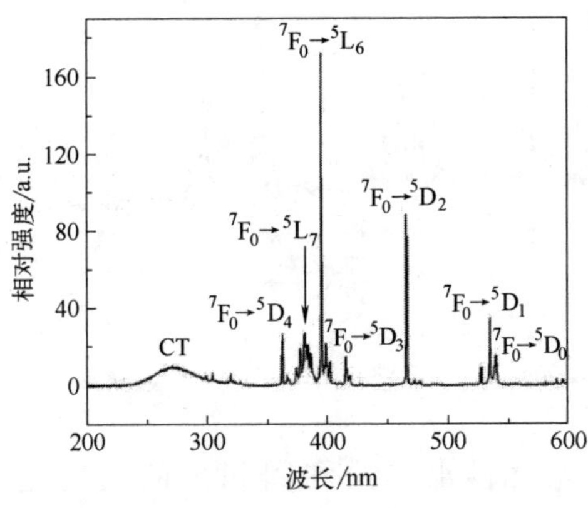

图 4-98 $KGd(WO_4)_2:Eu^{3+}$ 的激发光谱

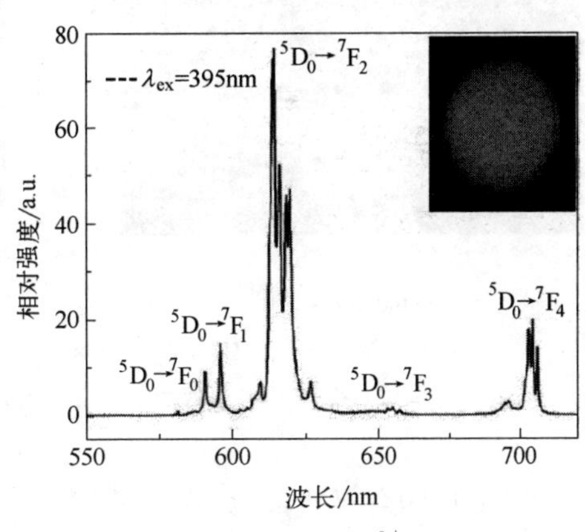

图 4-99 $KGd(WO_4)_2:Eu^{3+}$ 的发射光谱

Liao 等[26] 采用水热法制备了 $La_{2-x}Eu_x(WO_4)_3$ 红色发光材料。图 4-100 为所制备的 $La_{2-x}Eu_x(WO_4)_3$ 样品（x＝0.1，0.2，0.4，0.6，0.8，0.9，1.0，1.2）在 900℃下煅烧 2h 的 XRD 图谱。从图中可以看出，前驱体所有的衍射峰都能很好地匹配标准三斜相的 α-$La_2W_2O_9$(JCPDS No. 34-0704)，这表明前驱体为标准三斜相的 α-$La_2W_2O_9$。此外，不

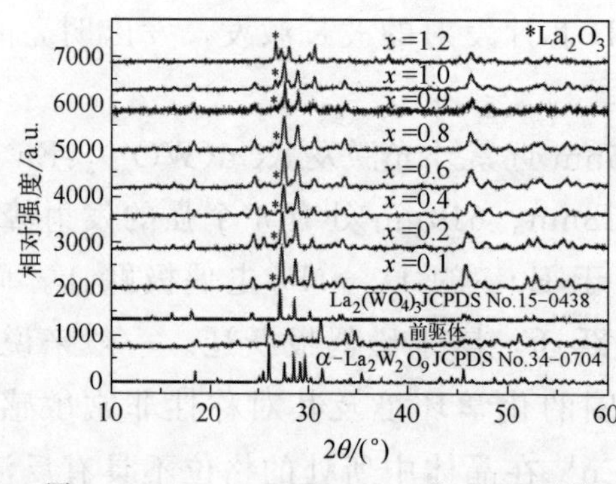

图 4-100 $La_{2-x}Eu_x(WO_4)_3$ 的 XRD 图谱

同掺杂浓度的 $La_{2-x}Eu_x(WO_4)_3$ 的衍射峰除了一个小的立方相的 La_2O_3（JCPDS No. 04-0586）的杂相峰外，都与单斜相的 $La_2(WO_4)_3$ 相匹配（JCPDS No. 15-0438）。还出现了 $La_{2-x}Eu_x(WO_4)_3$ 的衍射峰相比较 $La_2(WO_4)_3$ 的向更大的角度偏移。这是 Eu 取代晶格中的 La 所造成的。

图 4-101 为发光材料的扫描图片，从图中可以看出粉体颗粒的结晶性较好，产生了团聚。通过水热法制得的粉体颗粒尺寸约为 1μm，这要比高温固相法制备的粉体颗粒粒径小。从能谱中可以看出，粉体包含 La、Eu、W、O 等元素，这也间接证明了 Eu 进入了晶格之中。

(a) SEM图

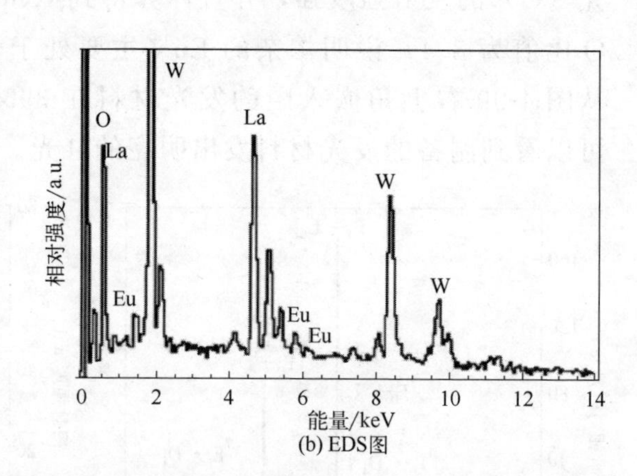

(b) EDS图

图 4-101 $La_{1.1}Eu_{0.9}(WO_4)_3$ 发光材料的 SEM 和 EDS 图

图 4-102 为 $La_{1.1}Eu_{0.9}(WO_4)_3$ 发光材料水热法和固相法的激发光谱。从图中可以看出两种方法制备的发光材料的光谱图形状相似，但是水热法制备的粉体激发强度明显高于高温固相法。在 270nm 处的宽激发带源于 Eu^{3+}-O^{2-} 和 WO_4^{2} 基团之间的电荷迁移。在这些激发峰中，位于 395nm（$^7F_0 \rightarrow {}^5L_6$）处的峰是最强的，适用于 380～410nm 的 LED 芯片。所以制备的 $La_{1.1}Eu_{0.9}(WO_4)_3$ 发光材料能够在近紫外光的激发下发光。

图 4-103 为 $La_{1.1}Eu_{0.9}(WO_4)_3$ 发光材料水热法和固相法的发射光谱。从图中可以看出水热法的发光强度明显高于固相法的发光强度。这可能是由于固相法合成过程中破坏了粉体的表面形貌，从而导致发光强度的降低。属于 Eu 的 $^5D_0 \rightarrow ^7F_2$ 的电偶极跃迁，其发射峰位于 613nm、616nm 和 617nm 处，最强峰是 616nm。$^5D_0 \rightarrow ^7F_2$ 跃迁是很敏感的，而 $^5D_0 \rightarrow ^7F_1$ 却对晶体场的环境不敏感。当 Eu^{3+} 占据的是非反演对称中心格位时，$^5D_0 \rightarrow ^7F_2$ 要强于 $^5D_0 \rightarrow ^7F_1$ 跃迁。图中可以看出红色发光要强于橙色发光，这表明 Eu^{3+} 占据的是非反演对称中心。

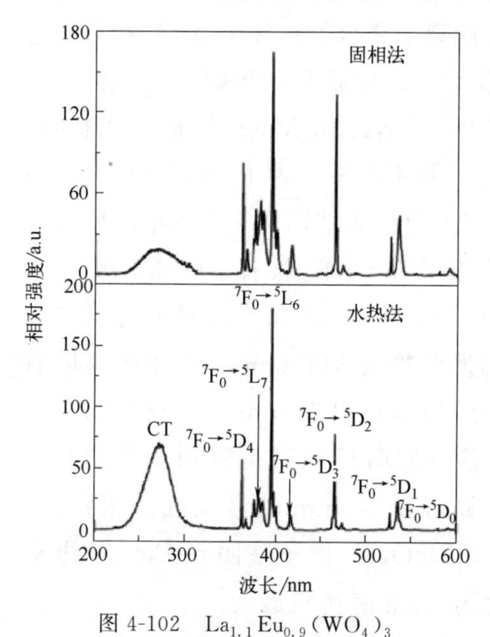

图 4-102 $La_{1.1}Eu_{0.9}(WO_4)_3$ 水热法和固相法的激发光谱

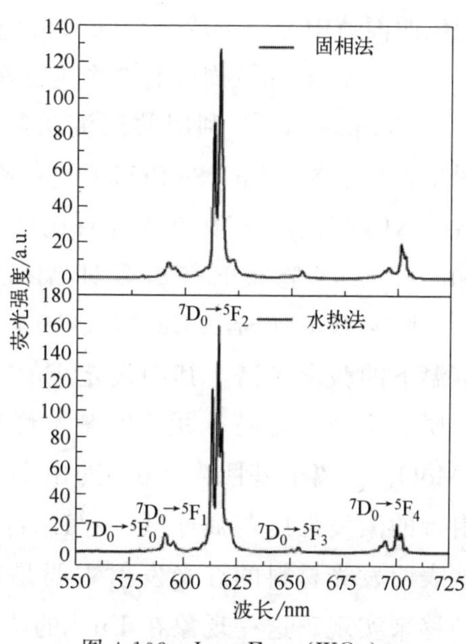

图 4-103 $La_{1.1}Eu_{0.9}(WO_4)_3$ 水热法和固相法的发射光谱

三、碱土钼酸盐

Mo 作为一种过渡金属，在不同的制备条件下，可以形成不同价态的钼化合物。在钼酸盐中，钼离子被 4 个氧离子包围着，位于四面体的对称中心，MoO_4^{2-} 具有相对好的稳定性，是很好的基质材料。对于钼酸盐发光材料而言，稀土元素的电子结构、能级和 f→f 和 f→d 跃迁以及电荷迁移带等对材料的发光性能具有决定性的作用。在近紫外区，钼酸盐发光材料具有宽而强的电荷转移吸收带和属于 Eu^{3+} 的有效 f→f 跃迁。因而，钼酸盐发光材料被认为是一种很有前途的发光材料。

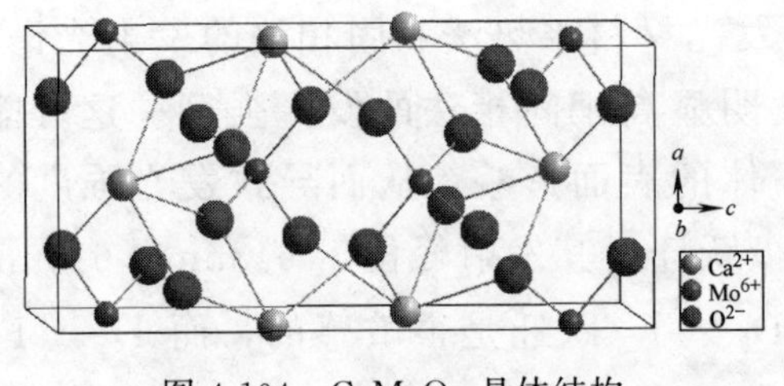

图 4-104　$CaMoO_4$ 晶体结构

碱土钨酸盐 $MMoO_4$（M＝Mg，Ca，Sr，Ba）具有白钨矿结构，属于四方晶系，是一种传统的自激活的发光材料。其中典型的钼酸锶为白钨矿结构，属于四方晶系，其空间群为 $I4_1/a$，晶胞参数分别为：$a=0.5394$nm，$c=1.202$nm。图 4-104 为 $CaMoO_4$ 晶体结构，由图可见，Mo^{6+} 处于 O^{2-} 的配位四面体中心，形成一个 $[MoO_4]^{2-}$ 阴离子络合物；每个 Mo^{6+} 有 4 个近邻 Ca^{2+}；每个 Sr^{2+} 周围有 8 个近邻配位 O^{2-}，构成了一个畸形立方体。

Marques 等[27] 利用共沉淀法制备出了 $Sr_{1-x}Eu_xMoO_4$ 红色发光材料。图 4-105 为掺杂 Eu^{3+} 的 $SrMoO_4$ 发光材料和不掺杂 Eu^{3+} 的 $SrMoO_4$ 发光材料的 XRD 图谱。与标准卡片对比可知都为白钨矿结构的 $SrMoO_4$ 的四角对称形式。而且掺杂 Eu^{3+} 并未对晶体的结构产生影响，没有杂质峰出现。

图 4-106 为 $Sr_{1-x}Eu_xMoO_4$（$x=0.01$，0.03，0.05）红色发光材料在室温下的激发光谱，其中设定 Eu^{3+} 的发射峰为 614.6nm。从图中可以看到属于 $^5D_0 \rightarrow ^7L_6$ 特征跃迁的激发峰位于 394nm 和 288nm 处，这要归因于 $[MoO_4]^{2-}$ 离子基团到 Eu^{3+} 的电荷转移。同时还可以观察到，在 288nm 附近的激发强度与属于 $^5D_0 \rightarrow ^7L_6$ 特征跃迁的 394nm 的激发强度很接近。这表明发光材料的红光发射主要是靠 $[MoO_4]^{2-}$ 离子基团到 Eu^{3+} 的电荷转移来实现。这一现象在 Eu^{3+} 的浓度为 0.03 时达到最大。

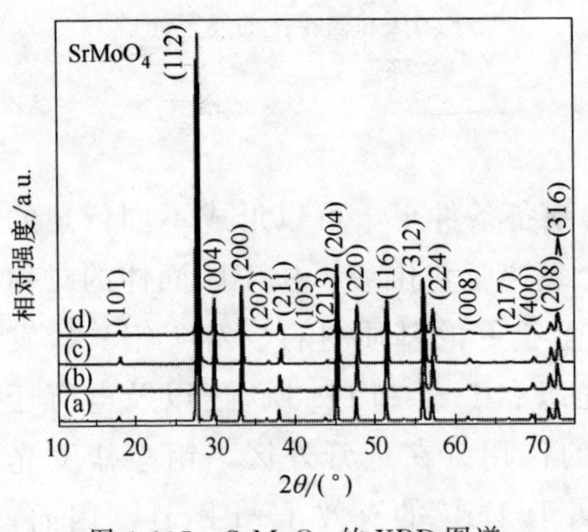

图 4-105　$SrMoO_4$ 的 XRD 图谱

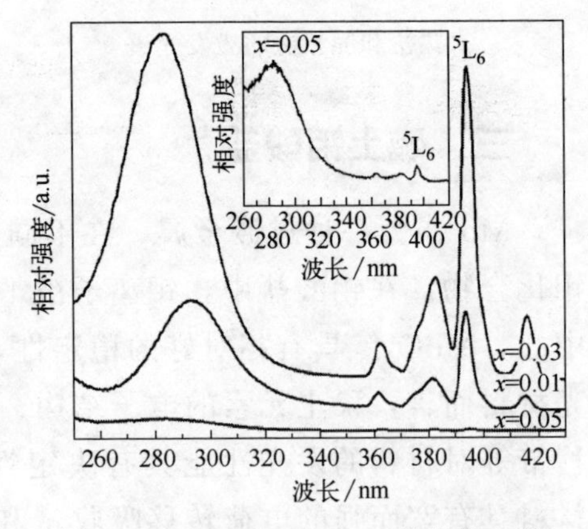

图 4-106　$Sr_{1-x}Eu_xMoO_4$ 的激发光谱

图 4-107 为不同的 Eu^{3+} 的发射光谱，分别在 288nm 和 394nm 下激发。在 523nm、533nm 和 554nm 处的发射峰属于 Eu^{3+} 的 $^5D_1 \rightarrow ^7F_1$、$^5D_1 \rightarrow ^7F_2$、$^5D_0 \rightarrow ^7F_3$。而 578nm、589nm、614nm、652nm 和 699nm 处的发射峰属于 Eu^{3+} 的 $^5D_0 \rightarrow ^7F_{1,2,3,4}$ 跃迁发射。而随着 Eu^{3+} 的增加，发光强度也随之增强，当浓度为 0.03 时达到了最大值。这是由于 Eu^{3+} 的增多使得发光中心增多，发光强度随之增强，当浓度为 0.05 时，Eu^{3+} 反而进入了猝灭中心导致发光强度降低。

杨玉玲等[28] 利用化学共沉淀法制备了 $CaMoO_4:Eu^{3+}$ 红色发光材料。图 4-108 为在不同煅烧温度下煅烧 4h，以混合沉淀剂制备 $CaMoO_4:Eu^{3+}$ 发光材料 XRD 图谱。由图可看出，前驱体在 600℃煅烧时出现 $CaMoO_4$ 白钨矿结构的主要衍射峰，但在 2θ 分别为 13.0°、23.6°、26.0°和 27.7°处存在 MoO_3 杂峰；煅烧温度升到 700℃时，样品的衍射峰与 $CaMoO_4$ 标准卡 JCPDS No. 29-0351 一致，为单一的四方晶系白钨矿结构；随着煅烧温度的上升，XRD 衍射峰半峰宽变小，峰形更尖锐，峰强度增加，表明晶体逐渐生长完善，结晶度提高。但当温度达到 1000℃时，衍射峰强度反而明显下降，并出现一些微弱的杂峰，其原因在于温度过高时，部分 $CaMoO_4$ 分解为 CaO 和 MoO_3。

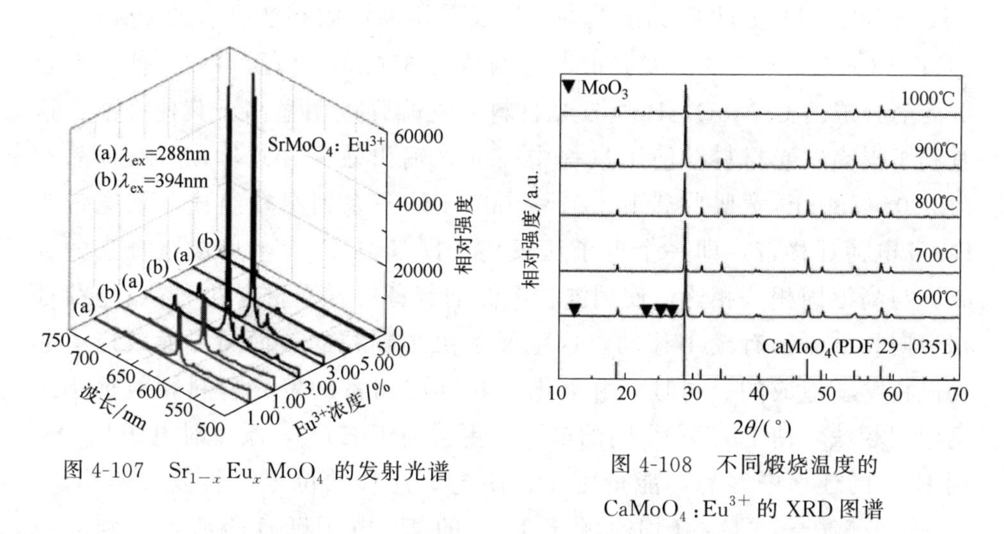

图 4-107　$Sr_{1-x}Eu_xMoO_4$ 的发射光谱

图 4-108　不同煅烧温度的 $CaMoO_4:Eu^{3+}$ 的 XRD 图谱

图 4-109 为煅烧温度 900℃ 时，以 NH_4HCO_3-$NH_3 \cdot H_2O$、NH_4HCO_3 或 $NH_3 \cdot H_2O$ 作为沉淀剂以及高温固相法合成的 $CaMoO_4$：Eu^{3+} 发光材料的表面形貌。分析表明，高温固相法制备的发光材料为多

面体形状，颗粒较大、尺寸不均匀且团聚严重；化学共沉淀法制备的产品为细小类球形颗粒，而使用混合沉淀剂制备的发光材料颗粒更细小均匀，这是因为 NH_4HCO_3 和 $NH_3 \cdot H_2O$ 可形成缓冲溶液，释放出 CO_3^{2-} 和 OH^- 的速度比单独的 NH_4HCO_3 或 $NH_3 \cdot H_2O$ 慢，可提供均匀的沉淀环境，因此形成的颗粒大小更均匀，表面形貌更好，平均粒径 0.9μm，这种粒径均匀细小的发光材料使用时比表面积大、热导性好，有利于延长 WLED 的寿命。因此，采用 NH_4HCO_3-$NH_3 \cdot H_2O$ 混合沉淀剂，使用化学共沉淀法制备的发光材料具有更佳的使用性能。

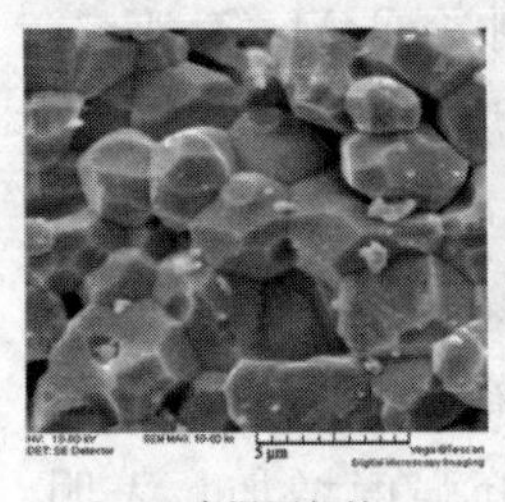

(a) 高温固相法

(b) $NH_3 \cdot H_2O$

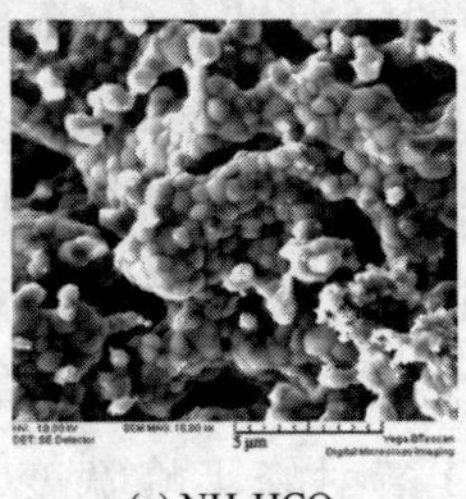

(c) NH_4HCO_3

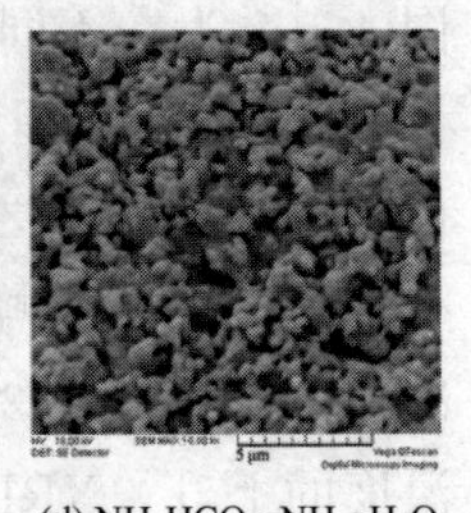

(d) NH_4HCO_3-$NH_3 \cdot H_2O$

图 4-109　不同沉淀剂制备的 $CaMoO_4:Eu^{3+}$ SEM 图

图 4-110（a）为 900℃煅烧时，分别使用 $NH_3 \cdot H_2O$、NH_4HCO_3 和 NH_4HCO_3-$NH_3 \cdot H_2O$ 为沉淀剂，以及采用高温固相法合成的 $CaMoO_4$：xEu^{3+}（$x=0.15$）的激发光谱，监测波长 614nm。由图可知，使用混合沉淀剂合成的 $CaMoO_4:Eu^{3+}$ 发光材料激发峰强度明显高于其他样品，这有利于提高发光材料在使用过程中高的光输出效率。此外，所有样品均由 300～350nm 宽吸收带和 350～500nm 的一系列窄峰组成。该宽带为 Eu-O 电荷迁移带，即一个电子从氧离子跃迁到 Eu^{3+} 上形成组合态的吸收。与高温固相法相比，使用混合沉淀剂制备的发光材料的 Eu-O 电荷迁移带向长波方向有较小移动，这主要是由小颗粒的表面与界面效应引起的晶格畸变造成的。同时，由于化学共沉淀制备的发光材料颗粒远小于高温固相法，使 Eu^{3+}-O^{2-} 间的电子云更偏向于 Eu^{3+}，激发时电子从 O^{2-} 到 Eu^{3+} 的迁移更容易，能量更少，使电荷迁移的位置向长波方向移动。而 350～500nm 的窄峰均来源于 Eu^{3+} 的 $4f^6$ 电子跃迁吸收，分别对应于 $^7F_0 \rightarrow ^5D_4$（362nm）、$^7F_0 \rightarrow ^5L_7$（383nm）、$^7F_0 \rightarrow ^5L_6$（394nm）、$^7F_0 \rightarrow ^5D_3$（425nm）、$^7F_0 \rightarrow ^5D_2$（465nm）、$^7F_0 \rightarrow ^5D_1$（475nm）跃迁激发。其中，$^7F_0 \rightarrow ^5L_6$ 和 $^7F_0 \rightarrow ^5D_2$ 吸收远强于其他峰。整个激发光谱几乎没有 Mo-O

电荷吸收带，这是因为 Eu^{3+} 取代 Ca^{2+} 导致的微小晶体结构缺陷，使 ${MoO_4}^{2-}$ 的强度减小甚至猝灭；且由于 ${MoO_4}^{2-}$ 吸收的能量有效传递给 Eu^{3+}，使 465nm 的 $^7F_0 \rightarrow {^5D_2}$ 跃迁明显增强。因此，使用混合沉淀剂制备的 $CaMoO_4$:Eu^{3+} 红色发光材料，不仅能匹配蓝光 LED 芯片，而且也能匹配紫光 LED 芯片，用于商业 WLED 时可显著改善显色性。

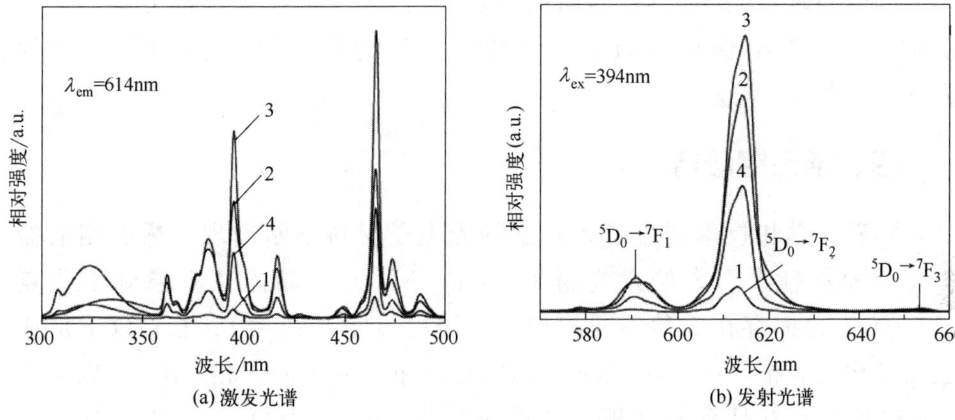

图 4-110　$CaMoO_4$:Eu^{3+} 的激发光谱和发射光谱

1—$NH_3 \cdot H_2O$；2—NH_4HCO_3；3—NH_4HCO_3-$NH_3 \cdot H_2O$；4—高温固相法

图 4-110（b）为煅烧温度 900℃时，分别使用 $NH_3 \cdot H_2O$、NH_4HCO_3 和 NH_4HCO_3-$NH_3 \cdot H_2O$ 为沉淀剂，以及采用高温固相法合成的 $CaMoO_4$：xEu^{3+}（x=0.15）发光材料的发射光谱，激发波长 394nm。由图可知，使用 NH_4HCO_3-$NH_3 \cdot H_2O$ 混合沉淀剂时，其发光强度明显高于使用单独的沉淀剂，这是由于 $NH_3 \cdot H_2O$ 与 NH_4HCO_3 能够形成缓冲溶液，在沉淀过程中，溶液 pH 值保持基本不变，形成的颗粒无团聚，组分更均匀，因此发光性能更好，与紫光 LED 芯片更匹配；同时，使用 NH_4HCO_3-$NH_3 \cdot H_2O$ 混合沉淀剂制备的 $CaMoO_4$:Eu^{3+} 发光材料发光强度约为高温固相法的 2 倍，其原因在于共沉淀法是在液相环境下进行，形成的前驱体颗粒各组分均匀，在煅烧过程中更有利于 Eu^{3+} 进入 $CaMoO_4$ 晶格形成有效的发光中心。与高温固相法得到的多面体颗粒相比，使用化学共沉淀法制备的类球形小颗粒发光材料，其表面缺陷和氧空穴更少，在使用过程中具有更高的发光效率。从发射光谱图还可看出，以 $NH_3 \cdot H_2O$ 为沉淀剂时，其发光强度反而远低于高温固相法制备的发光材料，可能是因为反应物各组分未完全充分沉淀形成前驱体，这也充分说明沉

淀剂的选择对产物的发光性能影响很大。从图中还能看出，所有样品发射光谱峰形及峰位置相同，均是 Eu^{3+} 的特征跃迁 [$^5D_0 \rightarrow ^7F_3$ (654nm)，$^5D_0 \rightarrow ^7F_2$ (615nm)，$^5D_0 \rightarrow ^7F_1$ (590nm)]，但 $^5D_0 \rightarrow ^7F_2$ 的发射强度明显高于其他发射峰。根据光谱选择定律，$^5D_0 \rightarrow ^7F_2$ 的电偶极跃迁原本属于禁阻的，但当 Eu^{3+} 的4f组态与宇称相反的5d和5g组态发生混合或对称性偏离反应中心时，晶体中的宇称选律放宽，f→f禁戒跃迁被部分解禁，出现 $^5D_0 \rightarrow ^7F_2$ 等电偶极跃迁，并以 $^5D_0 \rightarrow ^7F_2$ 电偶极跃迁发射红光（约615nm）为主。

四、稀土钼酸盐

随着科学和技术的进步，新型的光电子材料不断出现，稀土钼酸盐更是一种具有吸引力的发光材料。$Gd_2(MoO_4)_3$ 晶体从室温到熔化点（1160℃）之间存在3种不同的相，在居里温度（T_C=159℃）以下形成正交结构的β相，在159～850℃之间形成单斜晶系的α相；850℃以上由α相转变为四方晶系的β相。单斜晶系的α-$Gd_2(MoO_4)_3$ 为热力学稳定相，因此单斜相的 $Gd_2(MoO_4)_3$ 可作为发光材料体系的基质材料。同时，和碱土金属钼酸盐相比，稀土钼酸盐能够掺杂更高浓度的稀土离子，而且它们之间是直接替换关系，不需电荷补偿剂，且产物中缺陷较少，利于发光。

稀土钼酸盐同样具有白钨矿结构，Ln—Ln的键长比一般的基质材料大，能有效降低浓度猝灭，提高活性中心在基质材料中的掺杂浓度，是一种很有发展前途的发光材料。图4-111为 $NaY(MoO_4)_2$（Ln=Gd，Y）的晶体结构。

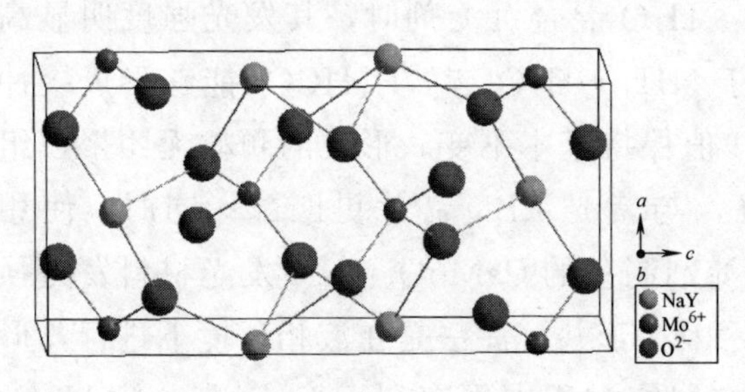

图4-111 $NaY(MoO_4)_2$（Ln=Gd，Y）的晶体结构

武琦[29] 通过高温固相法制备了稀土掺杂钼酸盐发光材料。图4-112（a）为四方晶系结构的 $NaGd(MoO_4)_2$:Eu^{3+} 的XRD图谱，与标准卡片JCPDF No. 25-0828相符合。通过纳米和块体的 $NaGd(MoO_4)_2$:Eu^{3+} 谱图可以看出，X射线衍射峰比较尖锐，在纳米材料中衍射峰明显变宽且峰的强度较弱，这说明衍射角的半高宽增大。根据Scherrer 公式 $D=0.89\lambda/(\beta\cos\theta)$（式中，$D$ 是晶粒的平均尺寸；λ 是 X 射线的波长，约为 0.15405nm；β 和 θ 表示衍射角和半高宽）可以估算晶粒尺寸。计算纳米 $NaGd(MoO_4)_2$:Eu^{3+} 晶粒尺寸近似为 80.8nm。图 4-112（b）是纳米材料和块体材料 $NaY(MoO_4)_2$:Eu^{3+} 的 XRD 图谱。发光材料的 XRD 谱图的衍射峰与四方晶 $NaY(MoO_4)_2$ 的标准卡片 JCPDS No. 52-1802 一一对应，$NaY(MoO_4)_2$:Eu^{3+} 的晶粒尺寸用 Scherrer 公式计算约为 200nm。

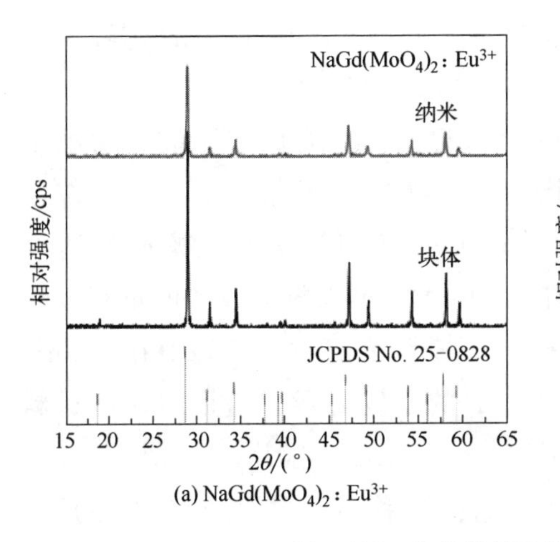

(a) $NaGd(MoO_4)_2$: Eu^{3+}

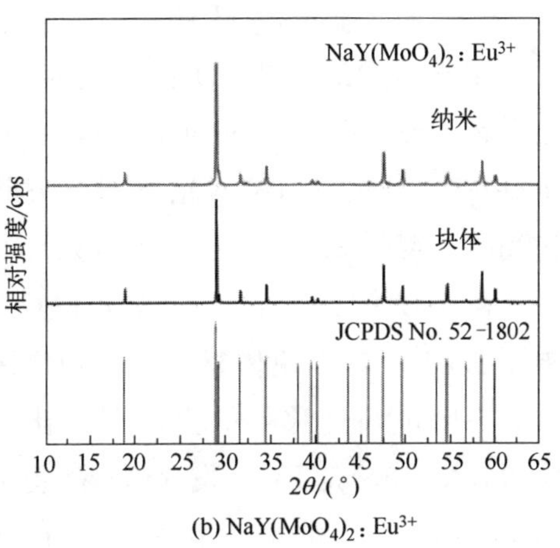

(b) $NaY(MoO_4)_2$: Eu^{3+}

图 4-112 块体及纳米发光材料的 XRD 图谱

图 4-113 为 $NaGd(MoO_4)_2$ 和 $NaY(MoO_4)_2$ 的纳米和块体相材料扫描电镜图。通过扫描电镜图片可以清楚看出，用固相法合成的样品晶粒增长到 5μm，并且因为高温煅烧使得颗粒团聚程度严重，如果将其应用在 LED 芯片上，往往需要粉碎、筛选等过程来减小颗粒尺寸，这样会造成对颗粒形貌与晶粒结构的破坏，从而影响发光材料的荧光性能。

(a) 纳米$NaGd(MoO_4)_2$

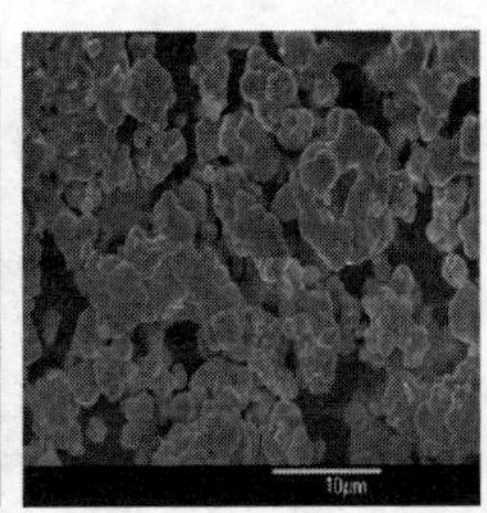

(b)块体$NaGd(MoO_4)_2$

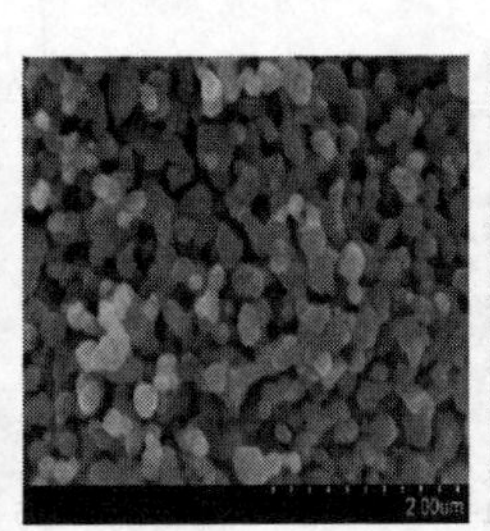

(c) 纳米$NaY(MoO_4)_2$

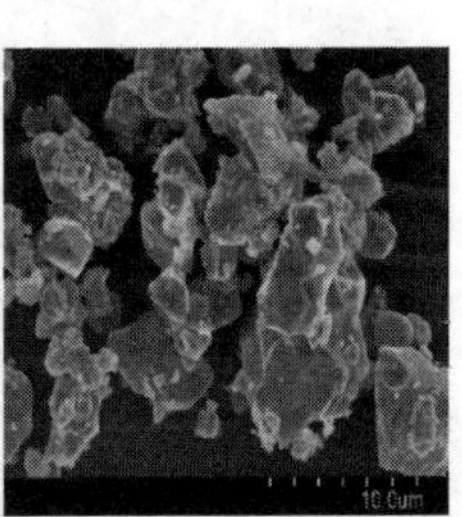

(d)块体$NaY(MoO_4)_2$

图 4-113 发光材料的 FE-SEM 图

图 4-114 给出了块体和纳米 Eu^{3+} 掺杂 $NaLn(MoO_4)_2$（Ln＝Gd，Y）的激发光谱和发射光谱。图（a）是在 616nm（Eu^{3+} 的 $^5D_0 \rightarrow {}^7F_2$ 磁偶极跃迁）发射波长监控下的激发光谱。图中 200～350nm 范围内的宽带峰归属于 O-Mo 电荷迁移带的吸收，O-Eu^{3+} 电荷迁移带一般出现在 250～300nm 之间，但我们不能清楚地观察到此峰，这可能是因为在激发谱中 O^{2-}-Eu^{3+} 电荷迁移带与钼酸根的吸收重叠。在 360～500nm 的长波区的锐线峰属于 Eu^{3+} 的 4f→4f 跃迁，其中 395nm 和 465nm 分别对应于 Eu^{3+} 的 $^7F_0 \rightarrow {}^5L_6$ 和 $^7F_0 \rightarrow {}^5D_2$ 跃迁，可以与近紫外（350～410nm）LED 芯片和蓝光（450～470nm）LED 芯片相匹配。比较图 4-114（a）和（b）两图可见所有激发和发射谱的形状和峰的位置都相同，但有两点不同：①纳米 $NaGd(MoO_4)_2$:Eu^{3+} 发光材料激发谱中有一个宽激发带，最大中心位于 292nm，表明 292nm 可以如 465nm 的蓝光一样作为激发光源而发射红光。在 $La_2(MoO_4)_3$:Eu^{3+} 发光材料中，$MoO_4{}^{2-}$ 可以将吸收的能量有效传递给 Eu^{3+}。对于块体材料 $NaGd(MoO_4)_2$:Eu^{3+} 发光材料，峰值在 313nm 的 O-Mo 电荷迁移带的强度明显比 465nm 的激发峰弱，这说明块体材料 $NaGd(MoO_4)_2$:Eu^{3+} 发光材料更适合蓝光 LED 芯片。②对于 $NaY(MoO_4)_2$:Eu^{3+} 纳米材料，它的 O-Mo 电荷迁移带（峰值在 286nm）较 465nm 的强度弱很多，这表明纳米晶 $NaY(MoO_4)_2$:Eu^{3+} 发光材料更适合蓝光 LED 芯片。而对于块体材料 $NaY(MoO_4)_2$:Eu^{3+} 发光材料，它的电荷迁移带峰值也位于 286nm 处，但是其强度要比自身 465nm 激发峰强度

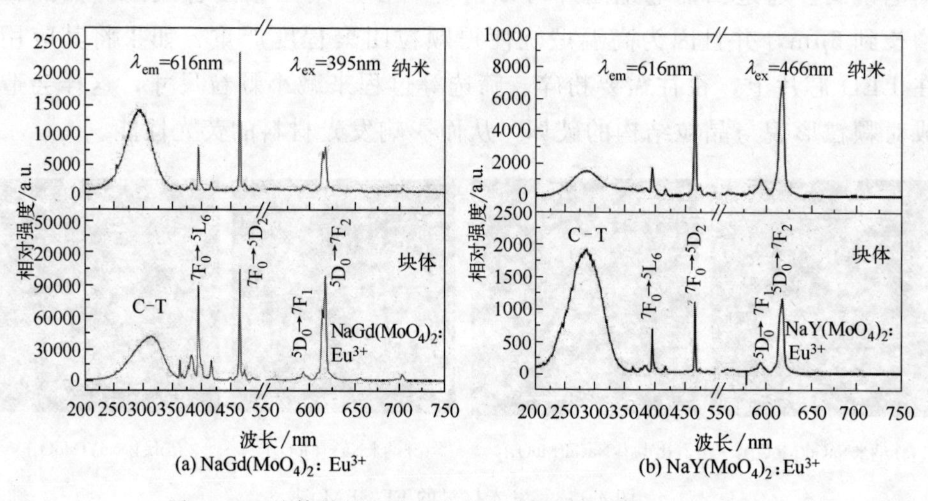

图 4-114 块体材料和纳米发光材料的激发光谱和发射光谱

强很多，$NaLn(MoO_4)_2:Eu^{3+}$（Ln=Gd，Y）块体材料与纳米材料之间的这种性质的差别可能由于形貌与晶粒尺寸不同导致的。

在465nm的激发下，右侧Eu^{3+}的发射光谱主要有616nm的$^5D_0 \rightarrow {}^7F_2$的跃迁和595nm的$^5D_0 \rightarrow {}^7F_1$跃迁。这两种跃迁分别属于电偶极跃迁和磁偶极跃迁，电偶极跃迁的出现说明Eu^{3+}占据着非反演对称中心的格位。激发能级$^5D_0$到基态^7F_J的其他跃迁比较弱，这有利于获得色纯度高的发光材料，可以用作蓝光芯片基WLED的红光材料。

Fu等[30]通过高温固相法制备了$RE_2(MoO_4)_3:Eu^{3+}$（RE=La，Gd）发光材料。图4-115为$RE_2(MoO_4)_3:Eu^{3+}$（RE=La，Gd）发光材料的激发光谱和发射光谱。从图中可以看出激发光谱的曲线形状相似，在200～350nm范围内的激发带属于O-Mo的电荷迁移，在360～500nm范围内尖锐的激发峰属于Eu^{3+}内部的4f→4f能级跃迁。而395nm和465nm的最强峰归因于$^7F_0 \rightarrow {}^5L_6$和$^7F_0 \rightarrow {}^5D_2$跃迁，这与近紫外和蓝光的LED芯片匹配。从图中还可以看出$La_2(MoO_4)_3:Eu^{3+}$发光材料的强度高于$Gd_2(MoO_4)_3:Eu^{3+}$发光材料，这是由于Eu^{3+}的离子半径为0.95nm，Gd^{+}的离子半径为0.94nm，La^{3+}的离子半径为1.02nm，较大的La^{3+}扭曲了钼酸盐的晶格结构，使得Eu^{3+}更有利于占据晶格中的位置，而Gd^{3+}的半径引起的扭曲小，从而导致Eu^{3+}的引入量少，导致发光强度不高。

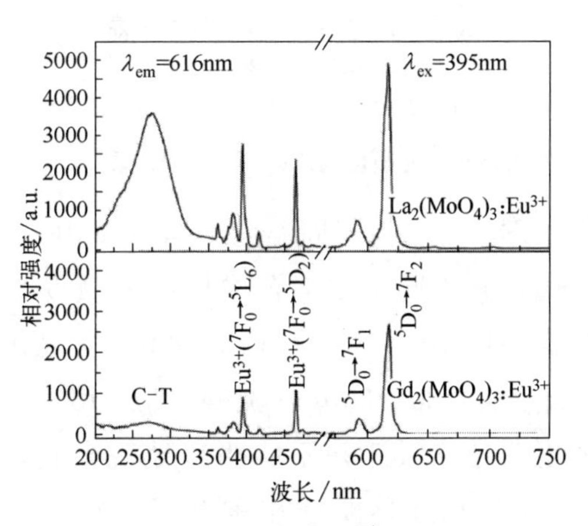

图4-115 $RE_2(MoO_4)_3:Eu^{3+}$（RE=La，Gd）发光材料的激发光谱和发射光谱

从图4-116中的Eu^{3+}掺杂量对荧光强度的影响可以看出，随着Eu^{3+}增多，发光强度逐渐增强，当Eu^{3+}达到45%时（摩尔分数），荧光强度达到最大，而继续增加反而降低。这是由于Eu^{3+}过多导致能量没有转移进入发光中心，而是进入了猝灭中心，从而导致发光强度降低。

刘涛[31]采用高温固相法合成$GdEu(MoO_4)_3$发光材料，图4-117为其在950℃合成$GdEu(MoO_4)_3$的样品的XRD图谱，由图可知，它的主要衍射峰与标准卡片JCPDS No. 20-0408［$Gd_2(MoO_4)_3$］的衍射峰基本相吻合，属于正交晶系的β相铝酸钆，空间群为Pba2。

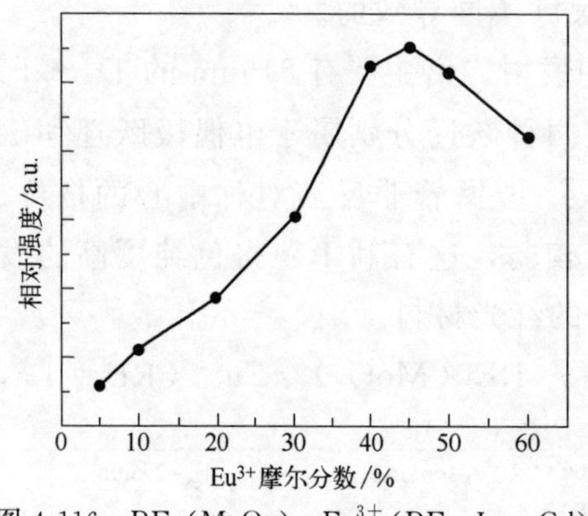

图 4-116　$RE_2(MoO_4)_3:Eu^{3+}$（RE＝La，Gd）发光材料发光强度与 Eu^{3+} 加入量关系

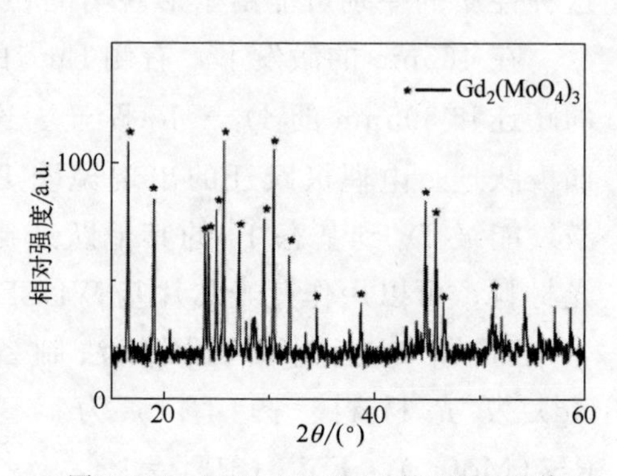

图 4-117　$GdEu(MoO_4)_3$ 的 XRD 图谱

图 4-118 为不同温度下合成 $GdEu(MoO_4)_3$ 的激发光谱与发射光谱。由图可知不同温度下合成样品的激发光谱峰型相同（监测波长 615nm），只有强度不同，950℃相对 900℃有显著提高，温度再升高时荧光强度变化不大，220～350nm 宽峰对应 Mo^{6+}-O^{2-} 电荷迁移跃迁。但是 Eu^{3+}-O^{2-} 的电荷迁移跃迁并不能明显地观察到，这是由于此电荷迁移带与 Mo^{6+}-O^{2-} 的电荷迁移跃迁相重合了。从 350～550nm 之间的许多尖峰，是由 Eu^{3+} 内层 4f→4f 高能级电子跃迁形成的，三大主要激发峰位于 395nm（近紫外光）、466nm（蓝光）及 535nm 左右。分别属于 Eu^{3+} 的 $^7F_0$→$^5L_6$、$^7F_0$→$^5D_2$ 及 $^5F_0$→$^5D_1$ 跃迁，其中 395nm、466nm 两个主要激发峰位置说明该发光材料有利于应用在近紫外和蓝光 LED 芯片上。

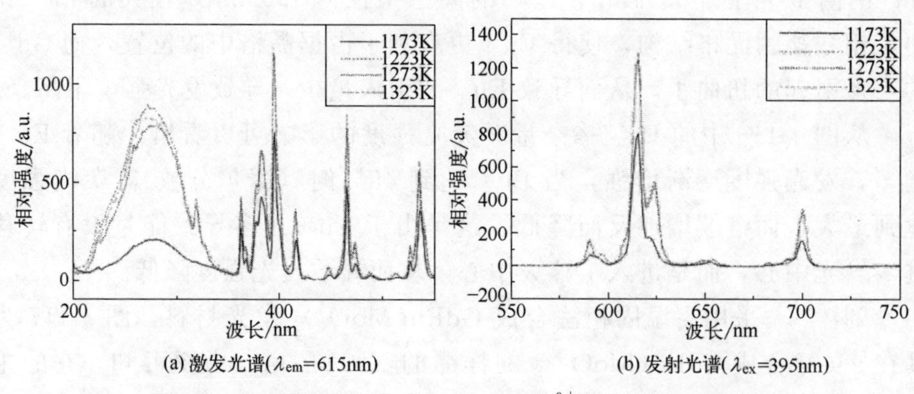

图 4-118　不同温度下合成 $GdMoO_4:Eu^{3+}$ 的激发和发射光谱

通过发射光谱对比图可以知道不同合成温度的发射光谱均为主峰615nm（红光）的窄带发射，应属于 Eu^{3+} 的 $^5D_0 \rightarrow {}^7F_2$ 的电偶极跃迁，而其他的 $^5D_J—{}^7F_J$ 峰相对很弱，这样有利获得较纯的红光发射，在图中并没发现 $MoO_4{}^{2-}$ 的发射峰，说明 $MoO_4{}^{2-}$ 吸收的能量通过无辐射传递给 Eu^{3+}。发射谱图的形状和发射峰位置也相同，只是最大发射峰的强度不同。当合成温度由900℃提高到950℃时发光强度显著提高并且最强，温度再升高发光强度变化不大，而且逐渐下降，与激发光谱变化规律一致。

五、钨钼酸盐

Mo^{6+}（0.041nm）的半径和 W^{6+}（0.042nm）接近，在一定条件下，Mo^{6+} 能够取代在四面体中 W^{6+} 的位置，从而可以让 $WO_4{}^{2-}$ 与 $MoO_4{}^{2-}$ 的部分或全部互换。Mo^{6+} 的引入改变了激活离子周围的环境和晶格结构，因而提高了激活离子激发下的发射强度。

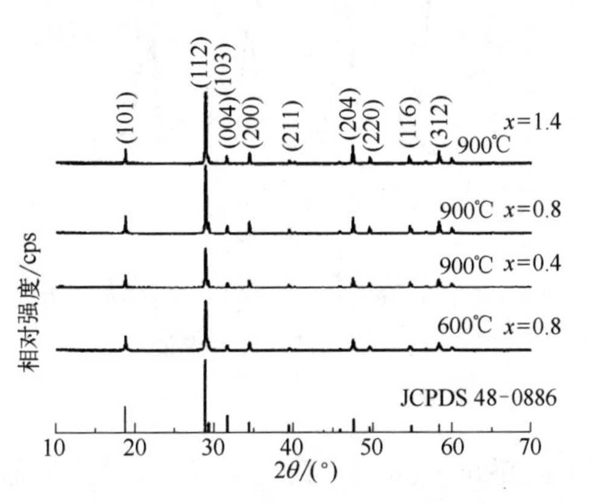

图4-119　$NaY(WO_4)_{2-x}(MoO_4)_x$：Eu^{3+}（x=0.4，0.8，1.4）的XRD图谱

曾露[32]利用高温固相法制备了 $NaY_{0.87}Eu_{0.13}(WO_4)_{2-x}(MoO_4)_x$ 红色发光材料。图4-119显示的是 $NaY_{0.87}(WO_4)_{2-x}(MoO_4)_x$：$Eu_{0.13}$ 红色发光材料在 x 为0.4、0.8、1.4时的X射线衍射谱和标准卡片JCPDS No.48-0886图谱。由图4-119可知，Eu^{3+} 的掺杂浓度对发光材料的晶体结构没有影响。一部分钼酸根离子取代钨酸根离子后样品的结构仍然和 $NaY(WO_4)_2$ 的JCPDS No.48-0886图谱相一致。从用600℃燃烧法合成样品的XRD图谱可以看出，在600℃时，$NaY(WO_4)_2$ 白钨矿结构已经初步形成，但是在900℃的马弗炉中恒温3h后，可以明显提高其结晶度。在整个过程中，均没有杂相生成。所有的样品均呈类似 $NaY(WO_4)_2$ 的白钨矿结构，属于四方晶系，$I4_{1/a}$(88)空间群。W原子与O原子形成四面体，W^{6+} 结构占据 S_4 对称性位置。各原子的配位为：Na^+ 的配位数为8，Y^{3+} 的配位数为8，W^{6+} 的配

位数为 4。各原子的位置对称性为：Na^{+}的位置对称性为 C_2，Y^{3+}的位置对称性为 C_2，W^{6+}的位置对称性为 S_4。Eu^{3+}和 Y^{3+}离子半径相近，掺入晶体的 Eu^{3+}取代 Y^{3+}的位置，Mo^{6+}的离子半径与 W^{6+}的离子半径相近，Mo^{6+}取代了部分 W^{6+}位置而形成固溶体，这均可从它们的 XRD 图谱中得到证实。可以看出，Mo^{6+}和 Eu^{3+}已经掺入基质中，且随着 Mo^{6+}和 Eu^{3+}的掺杂，其 XRD 图谱中的峰的位置和尖锐度几乎不变。

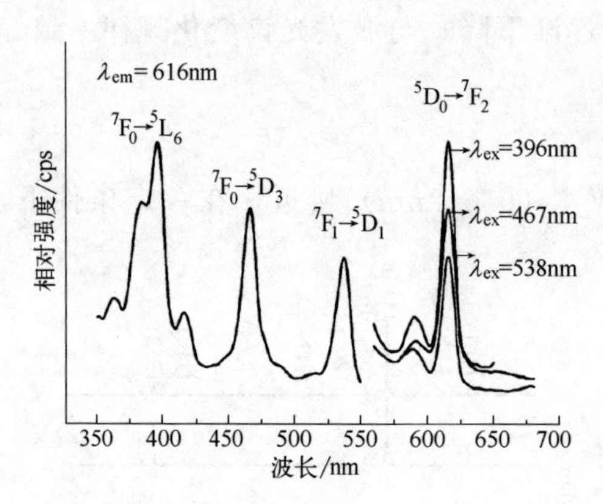

图 4-120 $NaY_{0.87}Eu_{0.13}(WO_4)_{1.2}(MoO_4)_{0.8}$ 的激发光谱和发射光谱

图 4-120 左侧为 616nm 监控波长下的激发光谱，可以看出该激发光谱 350～550nm 的宽带激发峰组成。较强的激发峰主要位于 396nm、467nm 和 538nm，分别归属于 Eu^{3+}的$^7F_0 \to {}^5L_6$，$^7F_0 \to {}^5D_2$ 和$^7F_0 \to {}^5D_1$ 跃迁。其中，最强的激发峰位于 396nm 和 467nm，与紫外和蓝光 LED 芯片相匹配。

从图中右侧发射光谱可以看到，在这三种不同的波长激发下，均能发出明亮的红光，激发主峰位于 616nm 附近，来源于 Eu^{3+}的$^5D_0 \to {}^7F_2$ 的电偶极矩跃迁。在 396nm 激发下，发出的红光强度最强。另外，在发射光谱中 530～560nm 之间还出现了一个较弱的发射峰，该发射峰归属于 Eu^{3+}的$^5D_0 \to {}^7F_1$ 的磁偶极矩跃迁。Eu^{3+}的$^5D_0 \to {}^7F_2$ 的电偶极矩跃迁占主导地位，比其磁偶极矩跃迁$^5D_0 \to {}^7F_1$ 强，这说明了晶体中较多的 Eu^{3+}处于非反演对称中心的格位。

图 4-121 给出了发光材料 $NaY_{0.87}(WO_4)_{2-x}(MoO_4)_x:Eu_{0.13}$（$x=0$，0.4，0.8，1.4，2）在 396nm 和 467nm 激发下的发射光谱。一部分 W 被 Mo 取代后，所有样品发射峰的位置几乎不变，其特征发射仍然是 Eu^{3+}的$^5D_0 \to {}^7F_J$（$J=0$，1，2，3，4）跃迁，Eu^{3+}取代 $NaY(WO_4)_2$ 晶体中的 Y^{3+}时，占据反演对称中心的位置，因而$^5D_0 \to {}^7F_2$ 跃迁强度最强。从图 4-122 可以看出在 396nm 和 467nm 激发时，发光材料 $NaY_{0.87}Eu_{0.13}(WO_4)_{2-x}(MoO_4)_x$ 的$^5D_0 \to {}^7F_2$ 跃迁强度均随着 Mo 浓度的增加而增强，当 Mo 取代 W 的百分比超过 40%（即 $x=0.8$）时，发光材料的发射强度

开始下降。Mo 的掺杂能有效提高发光材料的发光强度。这可能是由于随着（MoO_4）$^{2-}$含量的增加，晶格中 Eu^{3+}-Eu^{3+} 离子之间距离缩小，离子对相互作用增强，导致能量传递效果提高，因而发光性能增强。

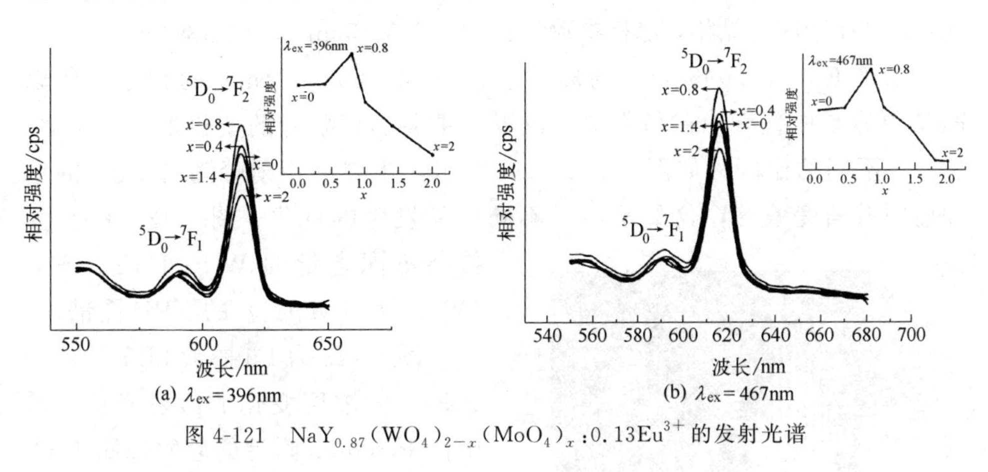

图 4-121 $NaY_{0.87}(WO_4)_{2-x}(MoO_4)_x$:0.13$Eu^{3+}$ 的发射光谱

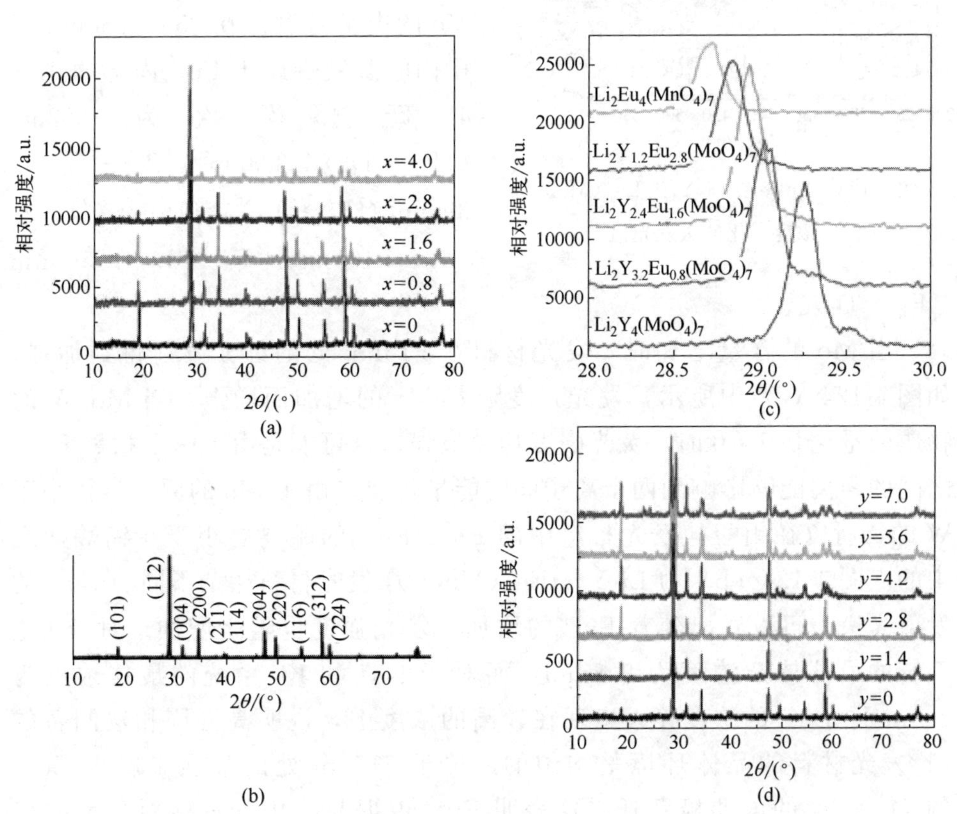

图 4-122 发光材料的 XRD 图谱

Ru等[33] 利用高温固相法制备了$Li_2Y_{4-x}Eu_x(WO_4)_{7-y}(MoO_4)$红色发光材料，并对其性能进行研究。图4-122（a）为其不同Eu^{3+}浓度的XRD图，图中没有其他杂相峰出现，与$Li_2Gd_4(MoO_4)_7$的XRD图谱很相似［图4-122(b)］。其属于四方晶相，晶格参数为$a=b=0.5215nm$，$c=1.1394nm$。

由于Eu^{3+}（0.095nm）的离子半径与Y^{3+}（0.088nm）的相近，所以Eu^{3+}更容易取代Y^{3+}在晶格中的位置。主要的衍射峰的变化来源于Eu^{3+}和Y^{3+}不同的比例。如图4-122（c）所示，主要的衍射峰随着Eu^{3+}的增加而向低角度偏移，这显示出了不同样品发生的变化。图4-122（d）为掺杂不同含量的W的$Li_2Y_{4-x}Eu_x(WO_4)_{7-y}(MoO_4)$的XRD图谱。

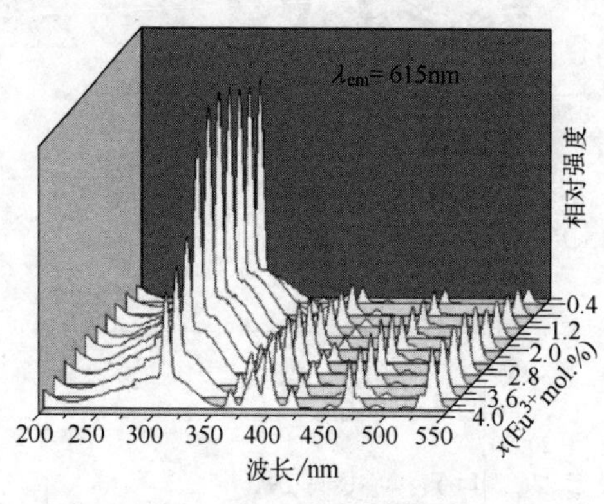

图4-123　Eu掺杂$Li_2Y_{4-x}Eu_x(MoO_4)_7$浓度变化的激发光谱

图4-123为Eu掺杂$Li_2Y_{4-x}Eu_x(MoO_4)_7$浓度变化的激发光谱，其中位于300nm附近的激发峰属于O-Mo的电荷迁移。在350～550nm范围内的激发带属于Eu^{3+}内部的4f→4f跃迁，依次为：362nm（$^7F_0 \rightarrow {}^5D_4$），383nm（$^7F_0 \rightarrow {}^5G_{2\text{-}4}$），395nm（$^7F_0 \rightarrow {}^5L_6$），416nm（$^7F_0 \rightarrow {}^5D_3$），465nm（$^7F_0 \rightarrow {}^5D_2$），535nm（$^7F_1 \rightarrow {}^5D_1$）。

当Mo的含量增加时，发光材料在615nm处的红光发射得到加强。如图4-124（a）中所示，发光强度随着Mo的增加而增强，当Mo/W的物质的量比是7∶0时，荧光强度达到最强。这可能是由于两个相邻Eu^{3+}之间的距离能够影响到两个离子间的能量传递。由于Mo的原子半径小于W的，所以在钼酸盐发光材料中的Eu^{3+}-Eu^{3+}的距离要小于在钨酸盐之中的。图4-124（b）为$Li_2Y_{4-x}Eu_x(MoO_4)_7$发光材料掺杂不同的Eu^{3+}的发射光谱。可以看出随着Eu^{3+}的增加，发光强度也随之增加。对于Li^+系统的最佳掺杂浓度为2.8mol，而对于Na^+和K^+系统的最佳浓度为2.0mol。Eu^{3+}的浓度猝灭出现在较高的浓度上，说明高温固相法制备的Li^+发光材料的晶体环境是均匀的。位于615nm处的最强峰属于Eu^{3+}的$^5D_0 \rightarrow {}^7F_2$的电偶极跃迁。这表明$Eu^{3+}$占据晶格中的反演对称性的格位，并且使$Eu^{3+}$发光中心部分禁止选择定则变成允许。

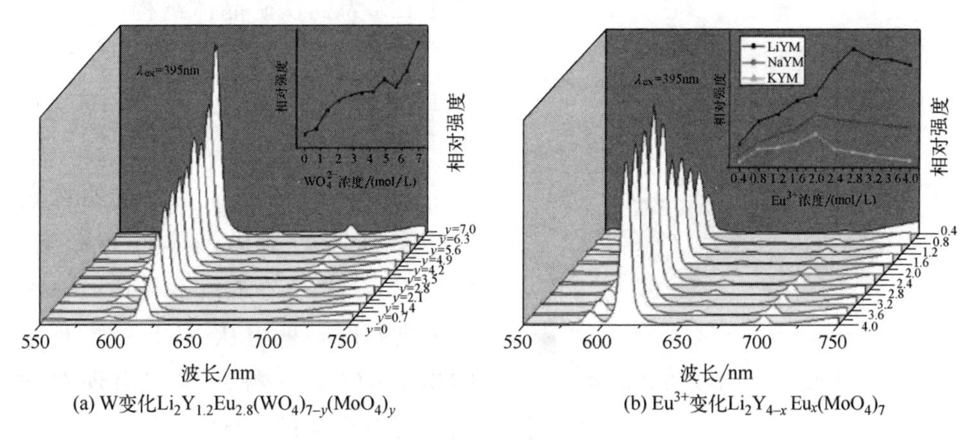

(a) W变化$Li_2Y_{1.2}Eu_{2.8}(WO_4)_{7-y}(MoO_4)_y$　　(b) Eu^{3+}变化$Li_2Y_{4-x}Eu_x(MoO_4)_7$

图 4-124　发光材料的发射光谱

第五节　钛酸盐体系

钛酸盐体系作为WLED用红色发光材料，有着优异的性能：①具有非常好的物理化学稳定性，可以稳定存在于环氧树脂或硅胶等封装材料中；②在该基质材料中，$TiO_4{}^{4-}$基团在近紫外光波段（＜400nm）存在较强的吸收，能够高效吸收激发能并传递给稀土离子而使其发光，即基质中的阴离子团起敏化作用，特别是阴离子团的中心原子和介于中间的氧离子O^{2-}以及取代基质中阳离子位置的稀土离子形成一条直线，即接近180°时，基质阴离子团对稀土离子的能量传递最有效；③通过基质调整，以Pr^{3+}/Eu^{3+}激活的钛酸盐发光材料激发峰在390～400nm，可以和LED芯片很好地配合，并发射较强纯正红光；④钛资源丰富，且与其他钨钼酸盐类相比，钛酸盐具有明显的价格优势，这为钛酸盐发光材料提供了良好的发展条件。

一、偏钛酸盐

$MTiO_3$（M＝Ca，Sr，Ba）化合物是典型的钙钛矿型（ABO_3）结构。氧离子与A离子形成立方最密堆积，A原子周围有12个氧原子，B原子占据氧原子形成的所有八面体空隙，理想的钙钛矿型为立方晶系，但许多属于此结构类型的晶体可以歪曲成四方、正交、单斜晶系的晶体，

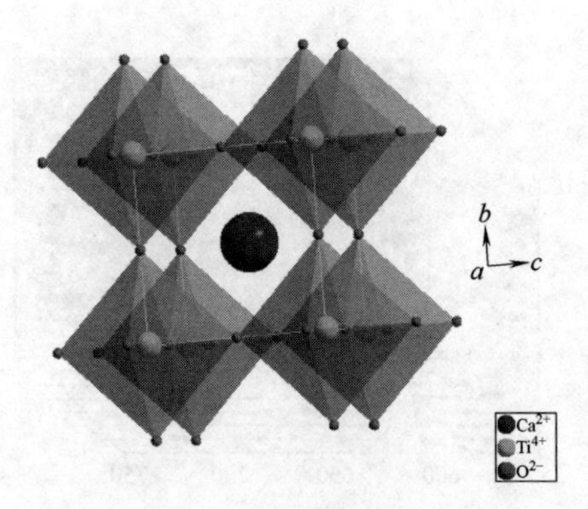

图 4-125　钙钛矿晶体结构

图 4-125 为钙钛矿晶体结构。

孙壮等[34] 利用固相法合成了 $CaTiO_3$：Eu^{3+} 红色发光材料。图 4-126（a）显示在低 Eu^{3+} 掺杂浓度下没有杂质相的存在，表明掺杂 Eu^{3+} 对基体的结构基本没有影响，但当 Eu^{3+} 的掺杂浓度高于 5%（摩尔浓度）时，就可从 XRD 中发现杂质相 Eu_2O_3，这种杂质的出现对发光强度有很大的影响。

图 4-126 为不同 Eu^{3+} 浓度（$x=1\%$，2%，3%，4%，5%）下的 $CaTiO_3$:Eu^{3+} 的 XRD 图谱及发射光谱。最佳的掺杂比例为 3%，所有的样品的发射峰范围均为 585～640nm，最强峰在 617.8nm 处。发射峰的强度并不单纯地随 Eu^{3+} 浓度的增加而增强，因为在 $CaTiO_3$ 晶体中 Eu^{3+} 并不是都能起到作用，综合 XRD 图谱和发射光谱图，在高浓度掺杂时，发光强度降低：一方面是由于杂质的出现引起结构的变化；另一方面是由于当 Eu^{3+} 的浓度高于一定范围时，会出现浓度猝灭。从图 4-126（b）可发现，最强发光强度对应的掺杂浓度为 3%，通过调节 Eu^{3+} 的浓度可以得到良好性能的发光材料。

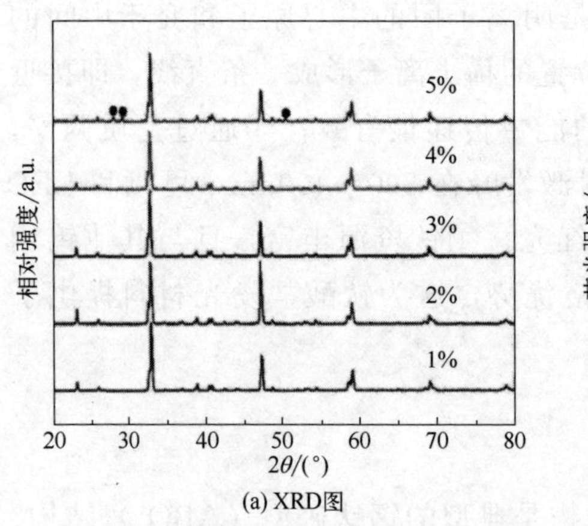

(a) XRD图

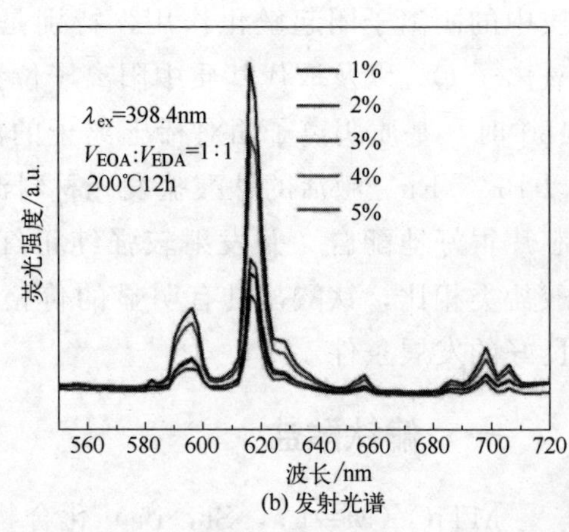

(b) 发射光谱

图 4-126　不同 Eu^{3+} 浓度的 $CaTiO_3$:Eu^{3+} 的 XRD 及发射光谱

图 4-127 的左半部分是 $CaTiO_3$:Eu^{3+} 的激发光谱，光谱图显示这种发光材料可以被 360～420nm 的光源有效激发，其中主要激发峰分别对应

Eu^{3+} 的能级跃迁：$^7F_0 \rightarrow {^5D_4}$（365nm），$^7F_0 \rightarrow 5L_7$（382nm），$^7F_0 \rightarrow {^5L_6}$（398.4nm），$^7F_0 \rightarrow {^5D_3}$（417nm）。

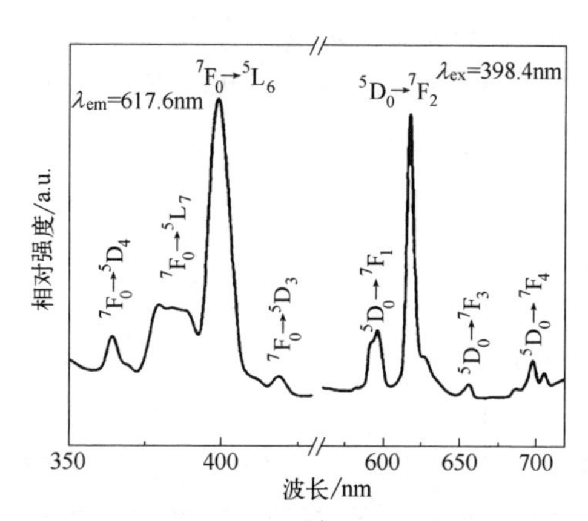

图 4-127 $CaTiO_3:Eu^{3+}$ 的激发和发射光谱

图 4-127 的右半部分是 $CaTiO_3:Eu^{3+}$ 的发射光谱图，显示了 4 个主要峰，即 595nm、617.6nm、654nm 和 697nm，这几个主要峰是由 Eu^{3+} 的激发态 $^5D_0$ 到 ^7F_J（$J=1\sim4$）基态跃迁引起的。最强的发射峰 617.6nm 是由于 $^5D_0 \rightarrow {^7F_2}$ 跃迁引起，595nm 处的 $^5D_0 \rightarrow {^7F_1}$ 跃迁是磁偶极子跃迁，不随 Eu^{3+} 所在晶体场的变化而变化。而电偶极子跃迁 $^5D_0 \rightarrow {^7F_2}$ 对 Eu^{3+} 所在位置有很大的灵敏度，并且其强度也由 Eu^{3+} 所在晶体场的对称性决定的。

图 4-128 为 $CaTiO_3$:Eu 的 SEM 图。从图 4-128（a）可发现，以乙醇胺（EOA）和乙二胺（EDA）的混合溶液做溶剂合成的 $CaTiO_3$:Eu 具有规则的管状结构和高的分散性，尺寸较小，并且没有粘连现象；而从图（b）和（c）可看出，在单相溶剂如乙醇胺或乙二胺里，大尺寸颗粒或粘连现象会出现，这可能是由于介电常数和黏度的不同对晶体的成核和生长产生影响。乙醇胺的介电常数为 12.9，其黏度为 1.6mPa·s，乙二胺的介电常数为 37.7，黏度为 24.1mPa·s，当这两种溶剂混合时，其介电常数和黏度都达到中间状态，有利于合成小尺寸，不团聚的晶体。在图 4-128（d）中，可以发现用乙醇和水作溶剂，尽管不改变其他的实验影响因素，却得不到管状立方体结构，只能得到堆叠的片状结构，所以

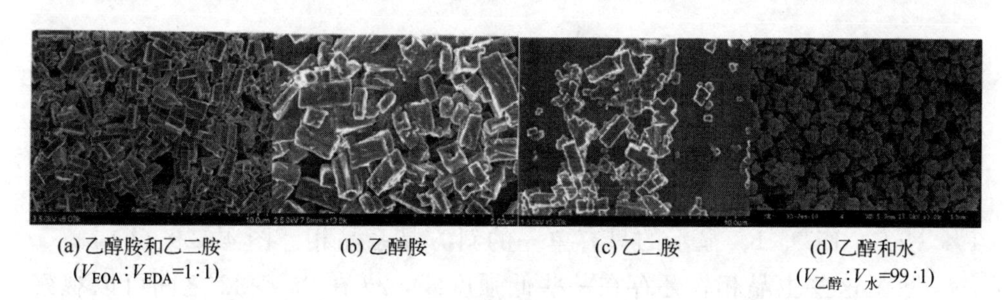

(a) 乙醇胺和乙二胺（$V_{EOA}:V_{EDA}$=1:1）　(b) 乙醇胺　(c) 乙二胺　(d) 乙醇和水（$V_{乙醇}:V_{水}$=99:1）

图 4-128 200℃、12h 制备的 $CaTiO_3$:Eu 的 SEM 图

溶剂对管状的形貌形成也有很大的决定性因素。

实验所制备的 $CaTiO_3:Eu^{3+}$、$CaTiO_3:Pr^{3+}$ 和 $SrTiO_3:Eu^{3+}$ 共掺杂 N^+ 和 N^{3+}（N＝Li，Na，K，Ag，Gd，La）的 XRD 图谱如图 4-129 所示。

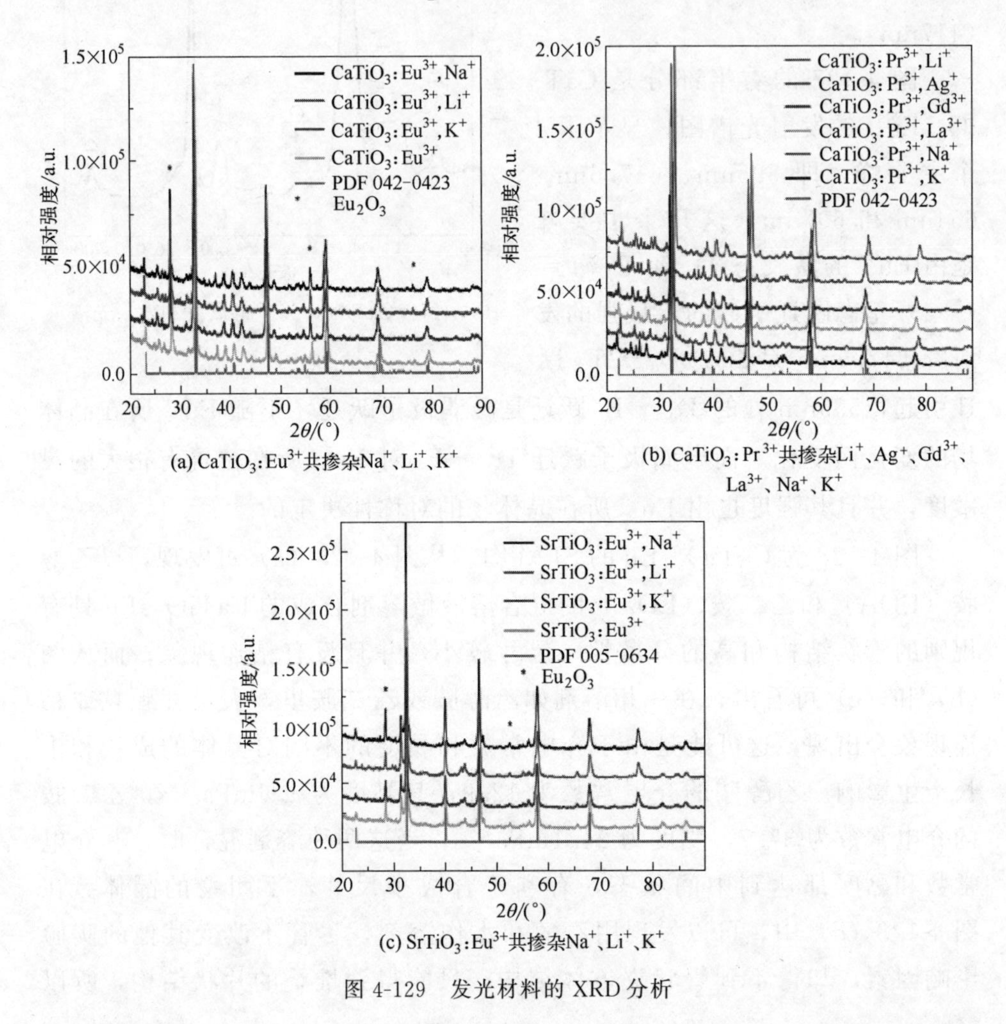

(a) $CaTiO_3:Eu^{3+}$共掺杂Na^+、Li^+、K^+

(b) $CaTiO_3:Pr^{3+}$共掺杂Li^+、Ag^+、Gd^{3+}、La^{3+}、Na^+、K^+

(c) $SrTiO_3:Eu^{3+}$共掺杂Na^+、Li^+、K^+

图 4-129　发光材料的 XRD 分析

在图 4-129（a）中的衍射峰为 $CaTiO_3$ 掺杂 5％的 Eu^{3+} 和 1％ Na^+、Li^+、K^+，它对应于 $CaTiO_3$ 的 JCPDS No. 042-0423 衍射峰，另外还有氧化铕相（JCPDS No. 034-0392）属于立方晶系。单独的氧化铕相显示 Eu^{3+} 在 $CaTiO_3$ 晶格中的部分掺杂。然而，$CaTiO_3$ 掺杂 5％的 Eu^{3+} 和 1％ Na^+、Li^+、K^+ 显示的只有单一的斜方晶系晶相［图 4-129（b）］。

除了这些主晶相，还存在一些低强度线，2θ 在 25°～32°之间可以观察到。这样的线并不是简单的杂相，是可以与加入的 $CaTiO_3$ 中的 Ca、Ti、

O等元素相结合。没有其他的杂质峰被发现说明掺杂离子以相同的方式替代了Ca^{2+}的晶格位置，如图4-129（a）和（b）。后加入的共掺杂的N^{+}或N^{3+}与Eu^{3+}或Pr^{3+}没有显著影响钛酸钙的结构，这是由于Eu^{3+}和Pr^{3+}（94.7pm和99pm，6配位）与Ca^{2+}（100pm，6配位）基本相同。这些离子能够替代$CaTiO_3$中的Ca^{2+}作为发光中心。在$CaTiO_3$:Eu^{3+}或者Pr^{3+}中，其他共掺杂离子Li^{+}、Na^{+}、Ag^{+}、K^{+}、Gd^{3+}和La^{3+}离子半径分别76pm、102pm、129pm、138pm、93pm和103pm，虽然与Ca^{2+}离子半径差异较大，但是仍然在$CaTiO_3$中占据一定的位置。正是由于这种离子半径的差异，$CaTiO_3$晶体结构有细微的变化，从而导致衍射峰的高度变化。掺杂Eu^{3+}、Pr^{3+}的$CaTiO_3$晶体结构可以用来研究光致发光原理。由于掺杂Li^{+}的离子半径较小，有可能驻留在离子之间，使离子间产生空隙，这种空隙的累积可以引起晶体结构的巨大变化。

Zeng等[35]利用溶胶凝胶法合成了$Ca_{1-n}Mg_nTiO_3$:Eu^{3+}，Bi^{3+}红色发光材料。图4-130为$Ca_{0.9}Mg_{0.1}TiO_3$：0.18Eu^{3+}，0.018Bi^{3+}发光材料的SEM图。从图4-130中可以清晰地看出溶胶-凝胶法制备的粉体颗粒的尺寸小于50μm。与高温固相法制备的粉体颗粒相比，其颗粒大小更适合产品应用中。

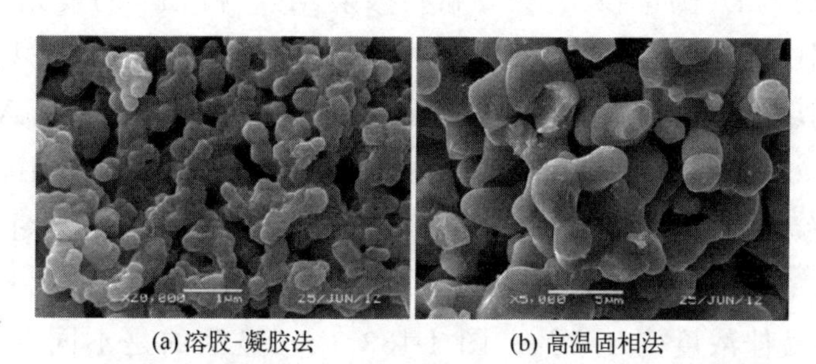

(a) 溶胶-凝胶法　　(b) 高温固相法

图4-130　$Ca_{0.9}Mg_{0.1}TiO_3$：0.18Eu^{3+}，0.018Bi^{3+}的SEM图

图4-131为1400℃下煅烧得到的$CaTiO_3$:Eu^{3+}发光材料的激发光谱。图中350～550nm的尖锐曲线是属于Eu^{3+}内部的4f→4f跃迁，位于399nm的强烈激发峰属于Eu^{3+}的$^7F_0$→$^5L_6$跃迁。其中图中插图显示的是O^{2-}→Eu^{3+}的电荷转移带。相对于f→f跃迁，电荷转移太过于微弱以至于可忽略不计。

图4-132是$CaTiO_3$:Eu^{3+}发光材料的发射光谱，其中的发射峰属于Eu^{3+}的$^5D_0$→^7F_J(J=1，2，3，4）的跃迁发射，最强峰在615nm处。在

610～630nm 附近的发射峰属于$^5D_0→^7F_2$的电偶极跃迁，并且明显强于593nm 处的属于$^5D_0→^7F_1$的磁偶极跃迁。这说明 Eu^{3+} 占据的是不对称的格位，光发射被电偶极跃迁所支配。因此可以得知，Eu^{3+} 占据的是 $CaTiO_3$ 几个结构中的不对称格位。图中插图中显示的是在不同 Eu^{3+} 浓度下的发光强度关系图，可以看出在 399nm 下激发的发光强度明显高于 467nm 激发的发光强度。最佳的 Eu^{3+} 浓度为 18%（摩尔分数）。

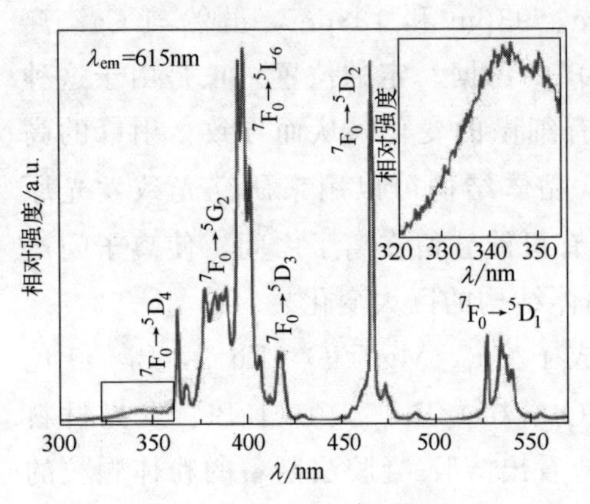

图 4-131　$CaTiO_3:Eu^{3+}$ 的激发光谱

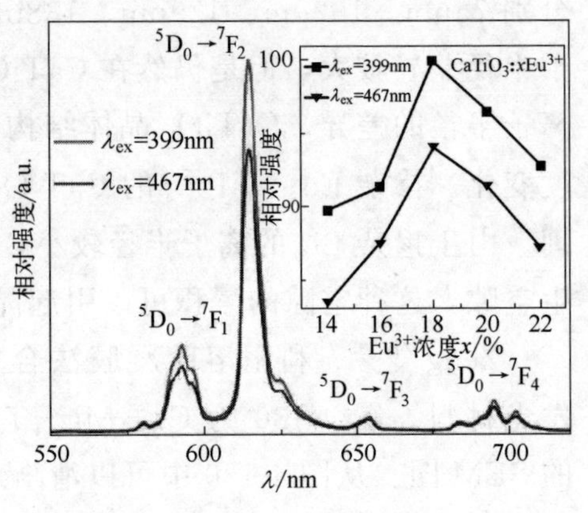

图 4-132　$CaTiO_3:Eu^{3+}$ 的发射光谱

图 4-133（a）为单掺杂 Eu^{3+} 和共掺杂 Mg^{2+} 和 Bi^{3+} 的发光材料的荧光光谱。从图中看出后者的荧光光谱强度明显加强了，并且发射光谱的曲线也很相似，并无太大改变。从图中插图可以看出 $Ca_{0.9}Mg_{0.1}TiO_3$：$0.18Eu^{3+}$，$0.018Bi^{3+}$ 发光材料随着 Mg^{2+} 进入到基体晶格中，在 360～390nm 的激发峰强度降低，在 400nm 附近的强度却增加。图 4-133（b）显示的是在 399nm 和 467nm 激发下不同 Bi^{3+} 浓度的发光材料的发光强度，Bi^{3+} 的最佳浓度为 1.8%。图 4-133（c）显示的是不同 Mg^{2+} 浓度的发光材料的发光强度，从中可以看出发光材料 $Ca_{0.9}Mg_{0.1}TiO_3$：$0.18Eu^{3+}$，$0.018Bi^{3+}$ 为最佳。

李健[36] 利用高温固相法合成了 $Sr_{1-x}Ba_xTiO_3:Eu^{3+}$，$Gd^{3+}$ 发光材料。图 4-134 为样品 $SrTiO_3:Eu^{3+}$，Gd^{3+} 在煅烧温度 1100℃、保温时间 3h 条件下的 XRD 图谱及晶体结构，可看出样品 $SrTiO_3:Eu^{3+}$，Gd^{3+} 的 XRD 图与 $SrTiO_3$ 的标准卡片 PDF74-1296 吻合；$SrTiO_3$ 为立方晶系，空间群为 Pm-3m，晶胞棱长为 $a=3.905$。这表明试验所得到的样品为 $SrTiO_3$ 相，少量掺杂 Eu^{3+} 的进入成功替代 Sr^{2+} 的格位并没有给晶体结构带

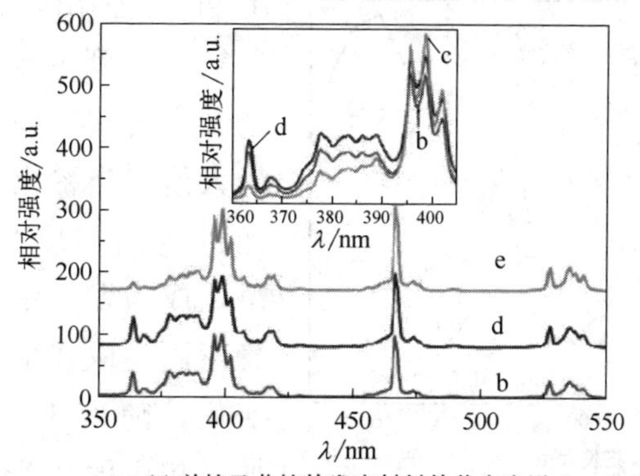

(a) 单掺及共掺的发光材料的荧光光谱

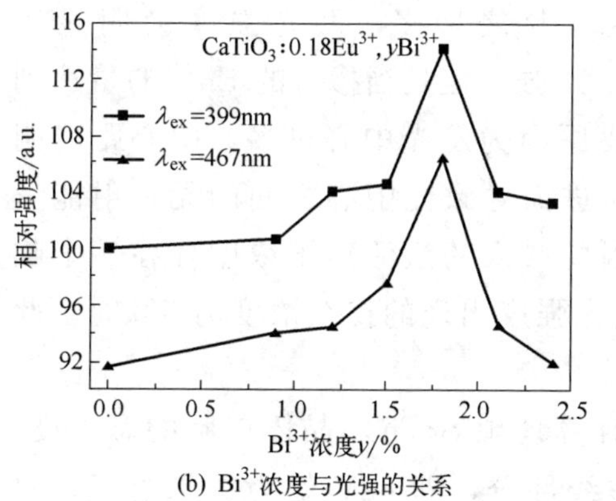

(b) Bi^{3+}浓度与光强的关系

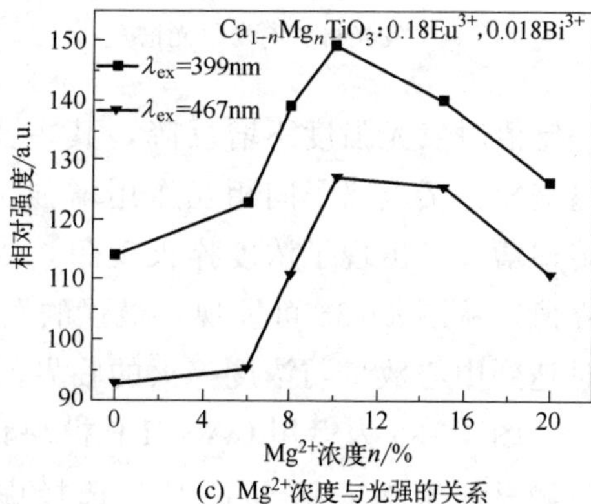

(c) Mg^{2+}浓度与光强的关系

图 4-133 发光材料的荧光光谱

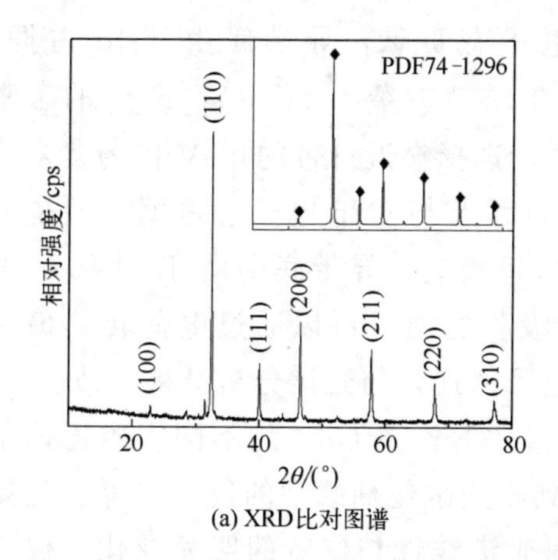

(a) XRD比对图谱

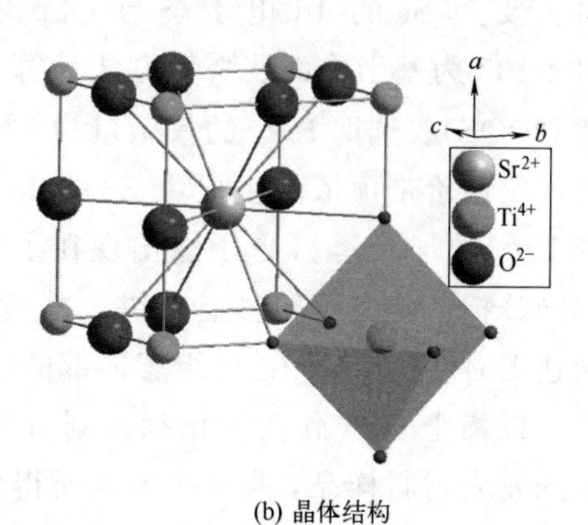

(b) 晶体结构

图 4-134 XRD 比对图谱与晶体结构

来较大影响。

图 4-135 是不同 Eu^{3+} 浓度下 $SrTiO_3$:Eu^{3+} 荧光粉的发射光谱。从图

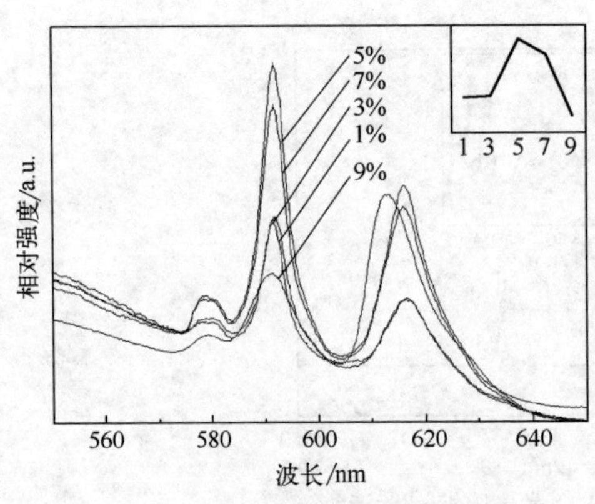

图 4-135 不同 Eu^{3+} 掺杂浓度下的发光材料的发射光谱

中可以看出，当 Eu^{3+} 浓度由 1%、3%到 5%（摩尔分数）逐渐升高时，其发光强度逐渐达到最大值。当稀土 Eu^{3+} 掺杂进入发光材料后，取代基质中 Sr^{2+} 格位，成为发光中心，掺入 Eu^{3+} 的量不同，取代的 Sr^{2+} 的数目也会变化，随着 Eu^{3+} 掺杂浓度的增加，相应的发光中心的数量也会随之增多，发光强度会明显增强，但是当掺入的 Eu^{3+} 的量达到一定值时发光强度不增反降，其主要原因为发光中心过多，中心距离明显缩短，稀土离子间相互作用增强，进而导致光中心之间的无辐射能量传递增多，出现了浓度猝灭现象，因此掺入的激活离子浓度存在一个临界值。从图 4-135 可发现，最强的发光强度出现的掺杂浓度为 5%时，此时达到中心数量与浓度猝灭的临界值。

图 4-136 为运用 CASTEP 模块计算理想 $SrTiO_3$ 晶体单胞的态密度。所测材料未加入稀土 Eu^{3+}，选择虚线部分，即 0eV 处为费米能级，对 $SrTiO_3$ 的总态密度（DOS）和分态密度（PDOS）进行分析。发现价带顶主要为 Sr 的 4d 电子态与 O2p 电子态贡献，导带底由 Ti4d 占据。图 4-137 为基于平面波赝势方法计算的 Eu^{3+} 掺杂的 $SrTiO_3$: Eu^{3+} 的态密度（DOS）。选取 Eu^{3+} 的掺杂量为 5%，选择靠近价带的 0 eV 作为费米能级，发现价带顶依然主要由 Sr 的 4d 电子态与 O2p 电子态占据，但是随着 Eu^{3+} 的加入其 4f 电子层出现在了价带顶处，导带底则由 Ti3d 和 Eu4f 共同分担，从电子转移上来讲，基质吸收的能量可以通过电荷转移最终到达 Eu4f，同时存在 4f 组态内部的电子跃迁，与光谱分析结果一致。

以稀土 Gd^{3+} 作为敏化剂，制备出 5%Eu^{3+}，Gd^{3+} 的不同摩尔比掺杂量的发光材料样品，图 4-138 为所得到不同敏化剂浓度的发射光谱。当掺入敏化剂稀土 Gd^{3+} 后，并未引起发射光谱线性与位置的明显变化，仅仅是荧光强度存在着明显的差异。随着敏化剂稀土 Gd^{3+} 的加入量的增加，发光材料发射峰强度明显提高，发光材料的发射峰强度相对最大值出现在敏化剂浓度为 3%时；进一步增加敏化剂 Gd^{3+} 的加入量，发光材料的

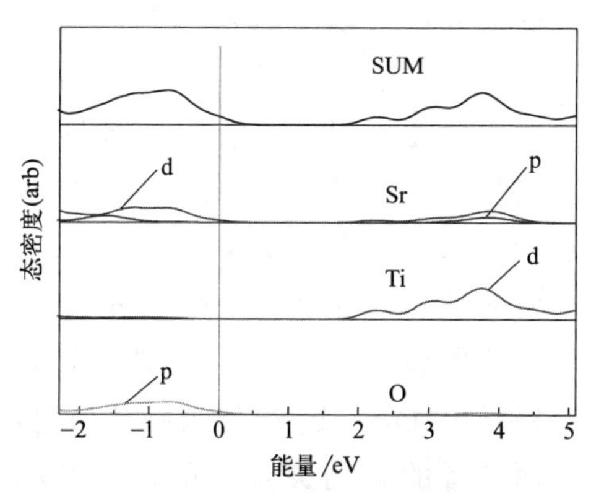

图 4-136 理想 $SrTiO_3$ 晶体单胞的态密度

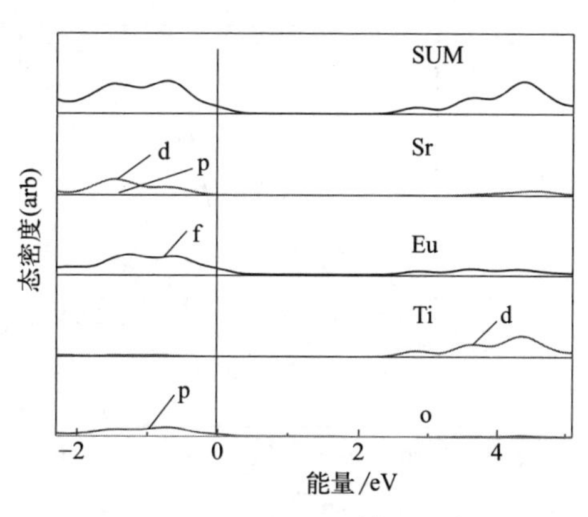

图 4-137 $SrTiO_3$:Eu^{3+} 的态密度

荧光强度并没有继续增加，反而逐渐下降。出现这个现象的主要原因是：激活剂可将吸收的能量高效传递给临近的激活剂离子，随着激活剂的加入量的增加，激活剂与基质吸收的能量能够更容易快捷地传递给激活剂，增加激活剂激活能量的摄入，进而提高能量转化效率，最终以发光强度提高的形式表现出来；而当 Gd^{3+} 的加入量过多时，敏化剂离子比激活剂离子还多，而敏化剂无法作为发光中心以一种能量陷的形式存在于发光材料中，更多的能量会在 Gd^{3+}-Gd^{3+}、基质-Gd^{3+} 之间传递，激活剂无法吸收足够的能量用于跃迁光发射，可以理解为能量以热量形式消耗在基质中，或称为浓度猝灭，最终出现发光强度随敏化剂掺杂量增加反而下降的现象。

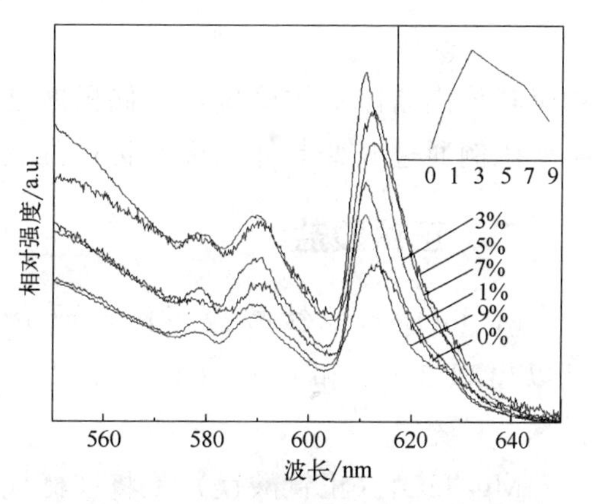

图 4-138 不同 Gd^{3+} 掺杂量发光材料的发射光谱

图 4-139 是发光材料不同 Sr^{2+}、Ba^{2+} 比例的发射光谱。可以看出随着 Sr^{2+} 与 Ba^{2+} 比例的变化，发光强度呈现先升高后下降的趋势。由于已知 Sr^{2+}（0.118nm）与 Ba^{2+}（0.135nm）的半径不同，Ba^{2+} 掺入时会影响其晶格常数，同时也会影响晶体结构的对称性，从而降低晶体场强。而 Ba^{2+} 的最外层 d 轨道受晶体场影响很大，当 Ba^{2+} 的掺入量超过一定限度时，在光谱上的表现就是发光强度的降低。当 Sr^{2+} ：Ba^{2+} ＝4 ：1 时，发光强

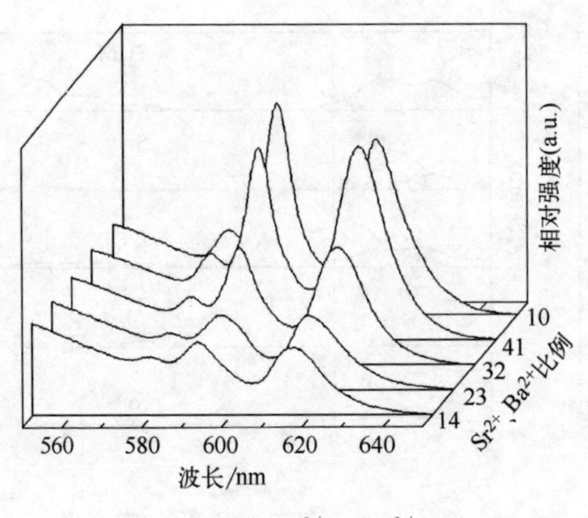

图 4-139 不同 Sr^{2+}、Ba^{2+} 比例的荧光发射图谱

度增大，可以看出，掺杂一定量的 Ba^{2+} 对发光强度的增大是有贡献的。随着 Ba^{2+} 的加入，整个光谱的结构发生了变化，也就是两个衍射主峰的比例，位于 591nm 处的发射峰是由 $^5D_0 \rightarrow {^7F_1}$ 磁偶极跃迁所致，位于 611nm 处的发射峰是由 $^5D_0 \rightarrow {^7F_2}$ 电偶极跃迁引起，而二者的强弱关系与晶体的空间结构息息相关，经研究发现当 Eu^{3+} 掺杂位置不同时，会引起二者强弱的变化，其中磁偶极跃迁对应着替代晶体对称格位，电偶极跃迁对应非对称格位。所以改变 Sr^{2+}、Ba^{2+} 比例通过改变晶体内部对称性的变化可以实现光谱结构的变化。

二、正钛酸盐

M_2TiO_4 与偏钛酸盐相比，研究比较少，阳离子 M 的价态不同可以出现 2＋2 和 1＋3（1、2、3 为阳离子价态）型正钛酸盐发光材料。

Mg_2TiO_4（正钛酸镁）是将镁橄榄石（Mg_2SiO_4）结构中 Si 换成 Ti，形成 Mg 和 Ti 于八面体上混合反向的反尖晶石结构。其晶体结构如图 4-140 所示。

张健[37] 利用溶胶凝胶法合成了 Eu^{3+} 掺杂 Mg_2TiO_4 的红色发光材料前躯体，在 1150℃ 下煅烧 4h 制得样品 Eu^{3+} 摩尔分数为 1.4%，其 XRD 图谱如 4-141 所示。与标准卡片 JCPDS No. 87-1174 进行对比，衍射峰基本吻合，属于反尖晶石型结构，并未发现 Eu 的衍射峰。其透射电镜扫描图如图 4-142 所示。通过图片可以看到，发光材料的颗粒呈现不规则形状，颗粒粒径 100nm 左右，粒径较均匀。

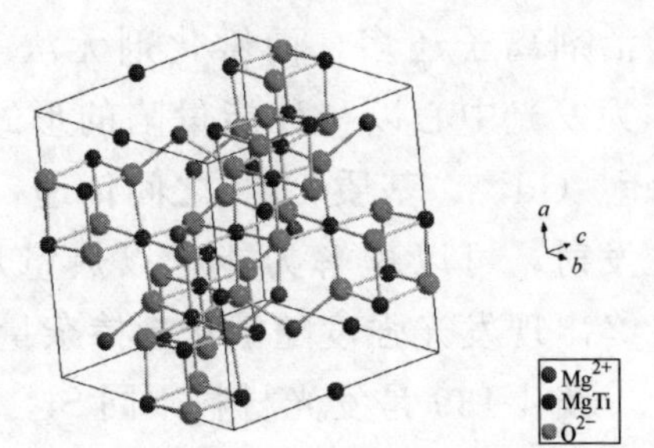

图 4-140 Mg_2TiO_4 的晶体结构

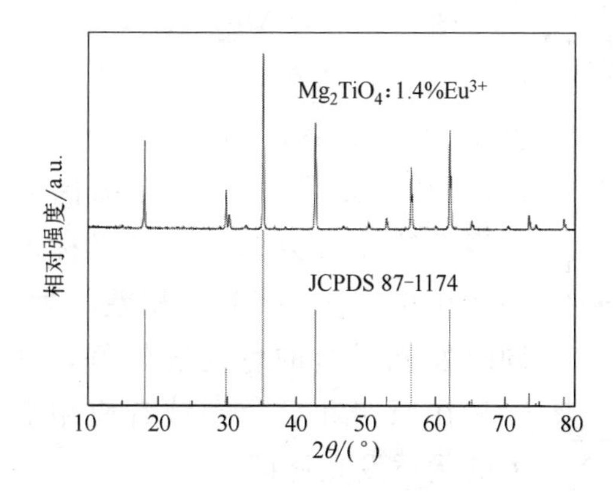

图 4-141　Mg_2TiO_4:1.4%Eu^{3+} 的 XRD 图谱

图 4-142　Mg_2TiO_4:Eu^{3+} 的 TEM 图

图 4-143 为 Mg_2TiO_4:Eu^{3+} 发光材料的荧光光谱，左侧图为发光材料在 614nm 监测下的激发光谱。激发光谱由两部分组成：一是短波长处的较宽的激发峰带，这是由于 Eu^{3+}-O^{2-} 的电荷迁移跃迁造成的，是填满 O^{2-} 的 2p 轨道至未填满 Eu^{3+} 的 4f 轨道的电子电离所致；二是长波长处的比较强的尖峰带，这主要是由于 Eu^{3+} 的 f→f 跃迁所致。光谱中比较强的几个激发峰分别位于 394nm、465nm、533nm 左右，分别对应于 $^7F_0 \to {}^5L_6$、$^7F_0 \to {}^5D_2$、$^7F_0 \to {}^5D_1$ 跃迁。被 394nm 和 465nm 处波长的光有效激发，可以分别与目前已商用的 InGaN 基近紫外 LED 和 GaN 基蓝光 LED 的发射波长相匹配，具有应用于 WLED 的潜力。

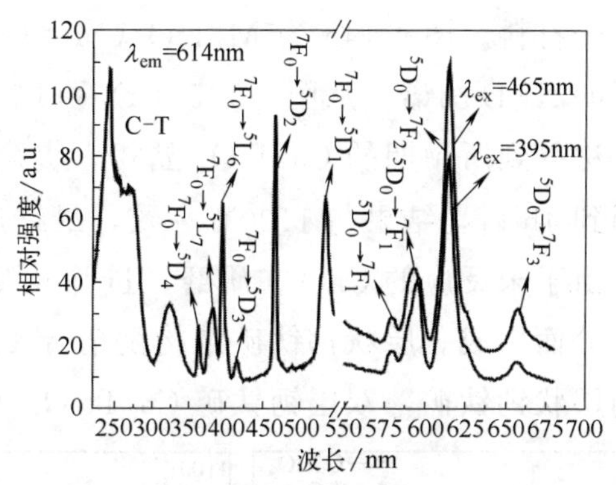

图 4-143　Mg_2TiO_4:Eu^{3+} 的荧光光谱

图 4-143 右侧为 Mg_2TiO_4:Eu^{3+} 的在 395nm 和 465nm 激发下的发射光谱。两种不同波长的光激发所得到的发射光谱比较相似，而 465nm 激发的发射强度更高一些。两者的发射光谱都由 4 个主要的发射峰构成，位于 579nm、593nm、614nm、658nm，分别对应 Eu^{3+} 的 $^5D_0 \to {}^7F_J$ ($J=0$, 1, 2, 3) 发射。主要发射峰是位于 614nm 处的 $^5D_0 \to {}^7F_2$ 跃迁所致，较其他发射峰强，表明该发光材料具有较好的单色性。

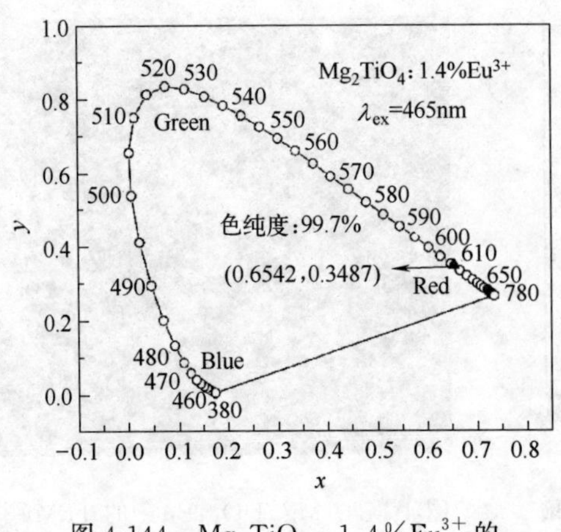

图 4-144　Mg_2TiO_4：1.4%Eu^{3+} 的色坐标（λ_{ex}=465nm）

图 4-144 为 Mg_2TiO_4：1.4% Eu^{3+} 发光材料在 465nm 激发下的色度学参数，其色坐标为（0.6542，0.3487），与美国国家电视系统委员会 NTSC 红光标准（x=0.67，y=0.33）相差不大，同时发光材料的色纯度较好，是一种在照明和显示领域有应用潜力的优质发光材料。

Lu 等[38] 采用高温固相法成功制备了 Eu^{3+} 掺杂的层状钙钛矿 M_2TiO_4（M＝Ca，Sr，Ba）红色发光材料。图 4-145 为 M_2TiO_4（M＝Ca，Sr，Ba）分别在不同煅烧温度下的 XRD 图谱。从图 4-145（a）可以看到在 800～1100℃煅烧下，始终无法得到所预期的 Ca_2TiO_4 晶相，提高煅烧温度到 1300℃，延长保温时间到 4h 后，结果与 1100℃一致，最终产物为 $CaTiO_3$ 和 $Ca(OH)_2$，可能是由于未反应的 CaO 在研磨、过筛及测试过程中非常容易吸收空气中的水分而生成。层状钙钛矿结构随着层数的增多其结构越稳定，比起三层的层状钙钛矿，双层钙钛矿 $Ca_3Ti_2O_7$（$Ccm2_1$）和 $Ca_4Ti_3O_{10}$（Pcab）在

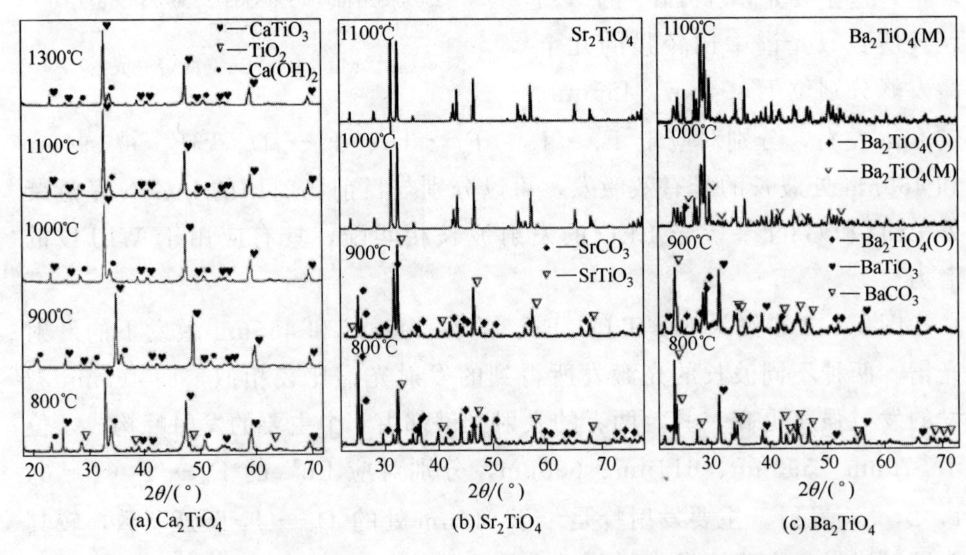

图 4-145　M_2TiO_4（M＝Ca，Sr，Ba）在不同煅烧温度下的 X 射线衍射图

室温下就会发生晶系畸变，而单层钙钛矿 Ca_2TiO_4 在室温下更容易畸变，即 Ca_2TiO_4 只存在于高温环境下。图 4-145（b）显示煅烧温度达到 1000℃就能生成纯相的四方 Sr_2TiO_4，没有其他任何杂相的衍射峰。Ba_2TiO_4 与 Sr_2TiO_4 类似。图 4-145（c）显示 900℃生成部分正交晶系的 Ba_2TiO_4，当达到 1000℃时就能生成纯相的 Ba_2TiO_4，包含正交晶系和单斜晶系（由于这两个晶系有很多峰重叠，图中只标示了不同晶系 Ba_2TiO_4 相特有的峰），当温度达到 1100℃时，生成物全部转变为单斜晶系 Ba_2TiO_4，即 1000℃左右为 Ba_2TiO_4 晶系的转变点，1000℃以下为正交晶系，当超过 1000℃达到 1100℃时，Ba_2TiO_4 全部转变为单斜晶系，因此为了研究 Eu^{3+} 在纯相 Ba_2TiO_4 中的发光特性，后续煅烧温度为 1100℃。

1000℃以上不同煅烧温度发光材料的激发光谱除强度略有不同外，谱线形状大致相似。不同监测波长下（594nm、615nm 分别为 Eu^{3+} 的 $^5D_0 \rightarrow {}^7F_1$ 磁偶极跃迁和 $^5D_0 \rightarrow {}^7F_2$ 的电偶极跃迁），$Ba_2TiO_4:Eu^{3+}$ 发光材料的激发光谱如图 4-146 所示（以 1100℃为例），激发光谱比较典型，有 Eu^{3+} 的 395nm（$^7F_0 \rightarrow {}^5L_6$）和 465nm（$^7F_0 \rightarrow {}^5D_2$）特征线状激发以及 380nm 左右 O→Ti 的电荷迁移吸收引起的宽激发带。图 4-147 为 $Sr_2TiO_4:Eu^{3+}$（1100℃）的激发光谱，同样包含 364nm 左右 O→Ti 的电荷迁移吸收引起的宽激发带，其中还有 395nm 和 465nm 的 Eu^{3+} 特征线状激发，另外，在监测 615nm 的激发光谱中也出现了相对较弱的 416nm 和 536nm 的 Eu^{3+} 特征激发（$^7F_0 \rightarrow {}^5D_3$，$^7F_0 \rightarrow {}^5D_1$），而监测 594nm 的激发光谱中这两个激发峰更弱。

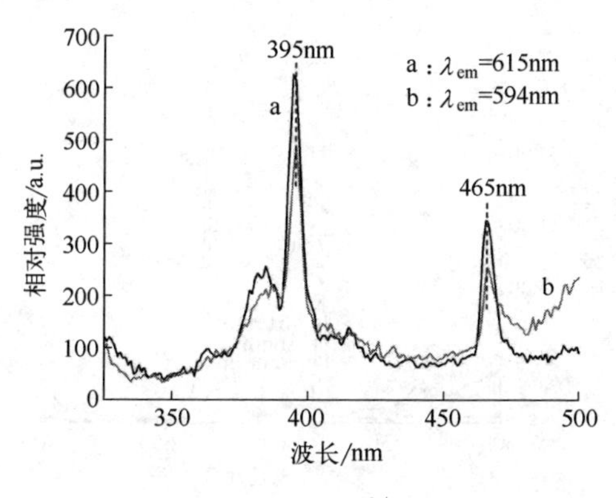

图 4-146　$Ba_2TiO_4:Eu^{3+}$ 的激发光谱

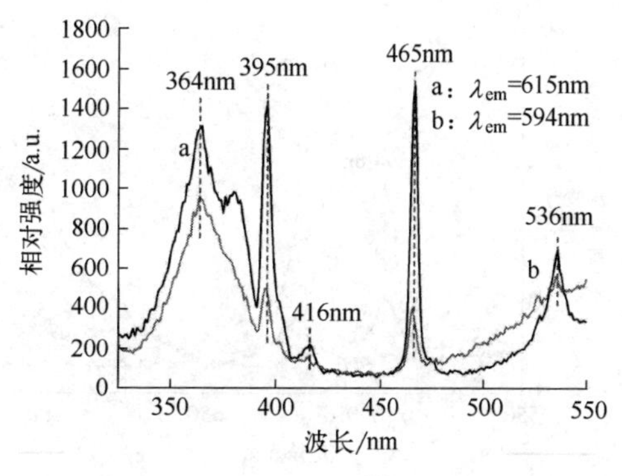

图 4-147　$Sr_2TiO_4:Eu^{3+}$ 的激发光谱

对于 Eu^{3+} 掺杂发光材料的辐射发光，最重要的能量输入方式为电荷迁移激发。在 Eu^{3+} 掺杂发光材料发光中心的电荷迁移激发过程中，电荷迁移将导致发光中心化学键的削弱，即中心 Eu^{3+} 与其配体间束缚作用的减弱。因此，中心 Eu^{3+} 与其配体间的平衡距离将从 R_0 弛豫至较大值 R'_0，发光中心因而膨胀。同时，其膨胀程度将由发光中心所处晶格环境的刚性所决定。如果晶格刚性较小，则发光中心的膨胀将较明显，即电荷迁移态坐标偏差 $\Delta R = R'_0 - R_0$ 将大些。由于 $R_{Sr^{2+}} < R_{Ba^{2+}}$，因此相应的 $Sr_2TiO_4:Eu^{3+}$ 比 $Ba_2TiO_4:Eu^{3+}$ 的电荷迁移激发坐标偏差大，即 ΔR 较大，导致 $Sr_2TiO_4:Eu^{3+}$ 的宽带激发范围＞$Ba_2TiO_4:Eu^{3+}$ 的宽带激发范围。另外，在同结构的基质晶格中，当稀土离子占据一个较大的阳离子格位时，Eu^{3+} 电荷迁移吸收带向长波方向移动，由于 $R_{Sr^{2+}} < R_{Ba^{2+}}$，因此 $Ba_2TiO_4:Eu^{3+}$ 的电荷吸收带较 $Sr_2TiO_4:Eu^{3+}$ 有一定程度的红移。

图 4-148 为 $Ba_2TiO_4:Eu^{3+}$ 发光材料的发射光谱，当用 395nm 和 465nm 激发时，$Ba_2TiO_4:Eu^{3+}$ 的发射光谱表现出 594nm（磁偶极跃迁 $^5D_0 \rightarrow {}^7F_1$）和 615nm（电偶极跃迁 $^5D_0 \rightarrow {}^7F_2$）的橙红光发射。$Eu^{3+}$ 占据了不具有反演对称性的 Ba^{2+} 格位，晶体场的作用使 Eu^{3+} 各 $4f^6$ 能级的宇称性发生变化，使得电偶极跃迁不再是严格禁戒，因此 615nm 的红光发射强度高于 594nm 的橙光强度。$Sr_2TiO_4:Eu^{3+}$ 在不同激发波长（363nm、395nm 和 465nm）下的发射光谱如图 4-149 所示，可以看到，不同激发波长下，发射峰的位置基本相似，但强度有明显的变化。发射峰为：533nm（$^5D_1 \rightarrow {}^7F_0$），578nm（$^5D_0 \rightarrow {}^7F_0$），586nm 和 592nm（$^5D_0 \rightarrow {}^7F_1$），619 和 626nm（$^5D_0 \rightarrow {}^7F_2$）。在 $^5D_0 \rightarrow {}^7F_J$ 的跃迁中，$j=0$ 时有一个峰，$j=1$ 和 2

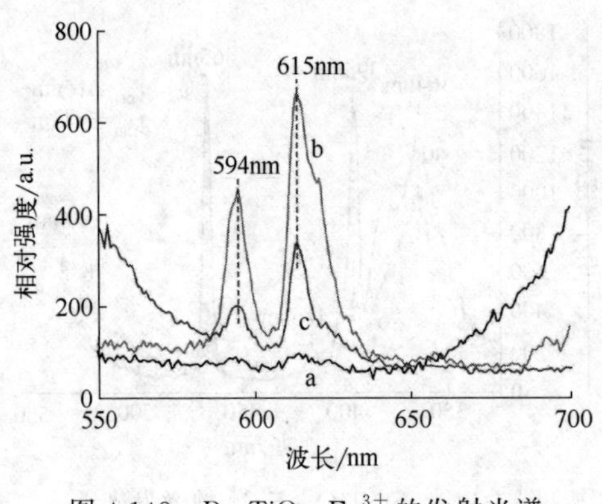

图 4-148 $Ba_2TiO_4:Eu^{3+}$ 的发射光谱

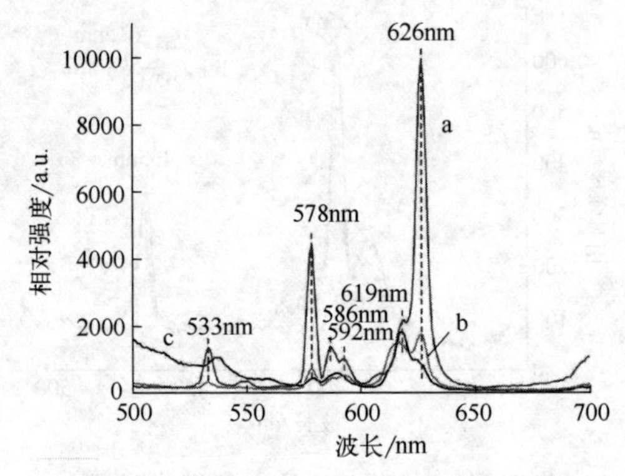

图 4-149 $Sr_2TiO_4:Eu^{3+}$ 的发射光谱

时分别有两个峰，说明$^7F_1$ 和$^7F_2$ 能级简并被晶体场解除分别劈裂成两个子能级，根据 Eu^{3+} 在不同对称性晶体格位的光谱性能，由于 Eu^{3+} 在四方 $SrTiO_4$ 中 Sr^{2+} 所处位置的对称性比单斜 Ba_2TiO_4 中 Ba^{2+} 所处位置的对称性低，其红/橙比更大，其周围晶场的对称性必属 C_4 或 C_{4v} 中的一种，即 Eu^{3+} 在 $SrTiO_4$ 中的红光以发射 626nm 的跃迁劈裂为主，同时也说明 $SrTiO_4$ 比 Ba_2TiO_4 更适合用作 Eu^{3+} 掺杂红色发光材料的基质材料。

Sr_2TiO_4:Eu^{3+} 在 465nm 和 395nm 激发的发射峰形状相近，363nm 激发的发射峰强度明显提高，表现出强烈的红光发射，其最强红光峰 626nm（$^5D_0 \rightarrow {}^7F_2$）强度接近 10000，说明其发射以超灵敏的电偶极辐射跃迁为主，而电荷迁移激发是效率最高的激发方式，说明 Sr_2TiO_4 的电荷迁移吸收与 Eu^{3+} 能够更容易进行能量传递，具有更高的发光效率。Sr_2TiO_4:Eu^{3+} 的主要发射峰为 626nm，相较通常的 Eu^{3+} 特征发射 594nm 和 615nm 有一定的红移，这种偏移表现出更好的红光色纯度且发光强度更高，更适用于 WLED 的红光补偿材料，Sr_2TiO_4:Eu^{3+} 是一种能同时适用于近紫外和蓝光芯片激发的 WLED 用红色发光材料。

郭超[17] 利用溶胶-凝胶法制备了钛酸盐红色发光材料，图 4-150 为利用溶胶-凝胶法制备的前驱体经 1150℃、5h 煅烧所得到的 XRD 图谱。将其与标准卡片进行对比，与 JCPDS No. 25-1157 的卡片吻合较好，所标注的晶面即为 Mg_2TiO_4 的晶面，空间群为 Fd-3m（No. 227），属于立方晶系，晶胞棱长 $a=8.4409$。实验样品的制备过程中掺杂了 Sr^{2+} 及稀土离子，但是在谱图中并未观察到其他相的衍射峰，说明所掺杂的碱土金属 Sr^{2+} 和稀土离子已经进入晶格，且未引起晶格变化。

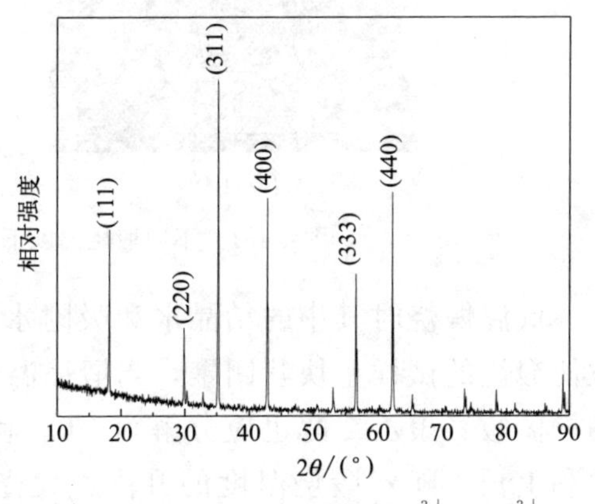

图 4-150 $Mg_xSr_{2-x}TiO_4$:Eu^{3+}，Gd^{3+} 发光材料的 XRD 图谱

图 4-151 为 850℃、950℃、1050℃、1150℃、1250℃下煅烧的发光材料的 SEM 图。从图（a）可知 850℃试样中颗粒为不规则多颗粒团聚的块状，颗粒大小差别较大，颗粒间界面不清晰，形状不规则；图（b）显示的是 950℃煅烧下的试样，颗粒为不规则多颗粒团聚的块状，晶体尚未

完全生长，没有形成完整的晶粒。图（c）可以看出晶粒生长正在趋于完全，已经出现完整晶粒，晶粒形状较规则，晶面较清晰，粒径大约为1μm；从图（d）可以看出1150℃时样品粒径约为1μm，颗粒较为均匀，规则度较高，颗粒变得清晰，呈球形颗粒，表明非常光滑，分散性好；从图（e）可以看出1250℃下煅烧温度下样品颗粒大小不均匀，颗粒表面不光滑，形貌不规则，团聚粘连现象比较明显，并且颗粒间界面不清晰。

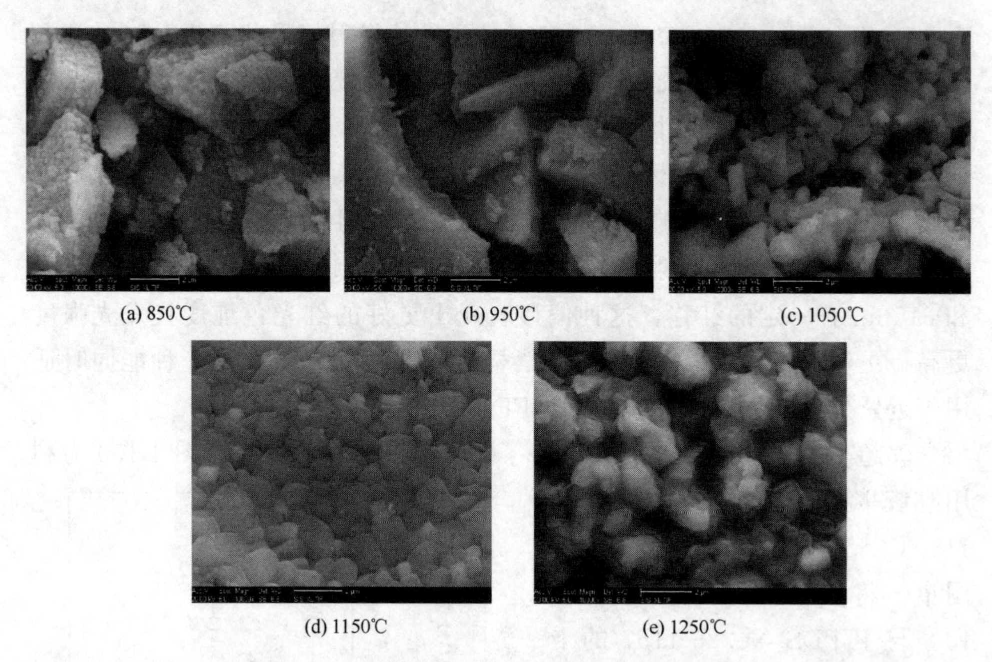
(a) 850℃ (b) 950℃ (c) 1050℃ (d) 1150℃ (e) 1250℃

图 4-151　不同煅烧温度下发光材料的 SEM 图

低温煅烧时其中的结晶水和吸附水排除较慢，反应启动的时间较晚，致使煅烧的试样呈块状团聚，当煅烧温度高于950℃时而且其中部分残留的柠檬酸、聚乙二醇也应分解为 CO_2 和水较快释放出去，使得晶粒能够顺利生长。随着煅烧温度的升高，发光材料的表面形貌规则性提高，颗粒均匀性提高，晶粒生长趋于完全，其中的缺陷减少，呈现较均匀的晶粒排列，有利于制备优良的发光材料。但是，当煅烧温度过高时，晶粒的结构受到破坏，而且晶粒间发生团聚，继而直接影响到荧光性能。对SEM图进行分析可知，温度过高过低都会影响发光材料的形貌。

图4-152是溶胶-凝胶法制备的 $Mg_2Sr_{2-x}TiO_4:Eu^{3+}$ 发光材料的荧光光谱，图中左侧曲线是610nm监测波长下的激发光谱图，右侧曲线分别是395nm、465nm波长激发得到的发射光谱图。如图4-152左侧所示，激

发光谱在短波长处出现较宽的激发峰带，这是由于O-Ti的电荷迁移吸收引起的宽激发带；在长波长段出现两个较强的激发峰，分别为395nm、465nm，这是由于Eu^{3+}在$^7F_0 \rightarrow {}^5L_6$、$^7F_0 \rightarrow {}^5D_2$跃迁产生的特征线状激发。位于392nm处的激发峰与近紫外激发（370～410nm）WLED的芯片所发射的波长相对应，而位于465nm处的激发峰与蓝光激发（410～460nm）的芯片所发射的波长相匹配，既能应用于近紫外激发的WLED，又能应用于蓝光激发的WLED。其中395nm激发峰处出现能级劈裂现象，主要是由于稀土离子在基质环境和光场作用下，能级产生Stark分裂，在室温时，光谱劈裂明显，每个谱由2个相近波长、不同发光强度的子峰组成。

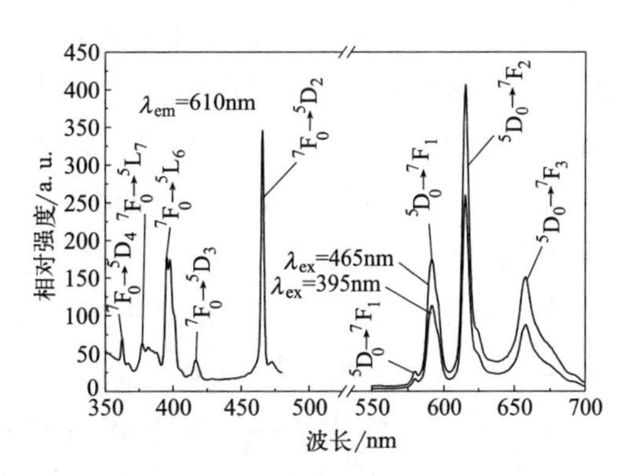

图4-152　$Mg_2Sr_{2-x}TiO_4:Eu^{3+}$发光材料的激发光谱和发射光谱

如图4-152右侧所示，两种波长激发下产生的发射光谱峰形基本相同，但是465nm波长激发下的相对强度高于395nm的。两者的发射光谱主要由591nm、614nm、657nm三个发射峰组成，分别对应Eu^{3+}的$^5D_0 \rightarrow {}^7F_J$（$J=1$、2、3）跃迁发射。其中主要发射峰614nm是由$^5D_0 \rightarrow {}^7F_2$跃迁所致，较其他发射峰强，因此可以表明所制备的发光材料具有较好的单色性。

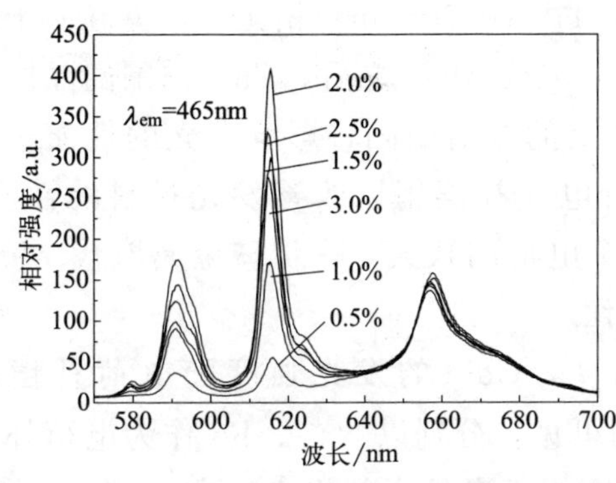

图4-153　Eu^{3+}掺杂浓度变化的发光材料的发射光谱

通过荧光分光光度计测试Eu^{3+}浓度变化的发光材料的发射光谱见图4-153，Eu^{3+}浓度分别为0.5%、1%、1.5%、2%、2.5%、3%。由图可见，$Mg_2Sr_{2-x}TiO_4:Eu^{3+}$发光材料分别在465nm激发下发光强度随着$Eu^{3+}$浓度的变化呈现相同的趋势。$Mg_2Sr_{2-x}TiO_4:Eu^{3+}$发光材料随着$Eu^{3+}$浓度的增加，发光强度也逐步提高，主要是由于 Eu^{3+} 掺杂量的增加，使基质中占据的发光中心越来越多，发光强度也随之增大。当 Eu^{3+} 的掺杂浓度为 2.0%时，发光材料的发光强度达到最大值。随着稀土离子 Eu^{3+} 掺杂浓度的增加而发光强度出现明显下降，主要原因是由于浓度猝灭导致基质的发光中心之间无辐射能量传递引起。

在 $Mg_2TiO_4:Eu^{3+}$ 的制备中发现，掺杂碱土金属（Ca、Sr）对其发光性能产生很大影响。因为同属碱土金属，与钛氧体配位时遵循的规则均有相似之处，所以在取代互换后固溶体引起的影响可能会更小。在引入 Ca^{2+}、Sr^{2+} 离子后发现，发光材料的性质发生很大的变化，不仅是发光强度有了很大的提升，主发射峰位及激发峰位都出现偏移。图 4-154 为加入碱土金属后的发射光谱。如图所示，Ca^{2+}、Sr^{2+} 掺杂浓度在 5%时与未掺杂 Ca^{2+}、Sr^{2+} 的发光材料的发光性能相比较，各个发射峰都有较明显的增强，其中掺杂 5%Sr^{2+} 的发光材料的主发射峰的发光强度提升效果最为明显，发光强度明显增强，并且在 655nm 处出现较高的发射峰。未掺杂 Ca^{2+}、Sr^{2+} 的 $Mg_2TiO_4:Eu^{3+}$ 发光材料的主发射峰位于 610nm，而随着 Sr^{2+}、Ca^{2+} 的引入，发光材料的主发射峰出现一定的红移，到达 614nm。产生这一现象的主要原因是由于掺杂离子的引入破坏了 Mg_2TiO_4 原有的晶格布局，导致结构内部出现新的缺陷，掺杂离子的半径越大，使晶体更趋于畸形化，从而更有利于 Eu^{3+} 发光中心的能量传递，故而会造成发光强度的大幅增加，所以掺杂 Sr^{2+} 的发光材料较掺杂 Ca^{2+} 的发光效果好。

从 $Mg_2Sr_{2-x}TiO_4:Eu^{3+}$ 结构考虑，Ti^{4+} 与 O^{2-} 本身构成一个共同体与 Mg^{2+} 搭配，Eu^{3+} 的引入比较容易取代 Mg^{2+}；从离子半径考虑，Eu^{3+}（0.947nm）与 Mg^{2+}（0.720nm）和 Ti^{4+}（0.605nm）相比，也更倾向于取代 Mg^{2+}。由于电荷的不同，在 Eu^{3+} 取代 Mg^{2+} 之后，Eu^{3+} 周围的晶体环境就会少电子，从而造成一定程度上的电荷缺陷，影响发光的性质。为此，通过掺杂一价碱金属离子进行电荷补偿用以改善发光材料的性质。Eu^{3+} 在取代 Mg^{2+} 以后，会造成一个电荷的缺失，一价碱金属取代 Mg^{2+} 以后会导致电荷富余，两者互相补偿。

图 4-155 为 $Mg_2Sr_{2-x}TiO_4:Eu^{3+}$，$Gd^{3+}$ 的发光强度随电荷补偿剂 Na^+、K^+ 掺杂浓度的变化图。由图可见，分别以 Na^+、K^+ 作为电荷补偿剂，加入电荷补偿离子对于发光强度等都有较大的提高，在 Na^+、K^+ 两种电荷补偿离子的对比中，Na^+ 作为电荷补偿离子的效果相对于掺杂 K^+

作为电荷补偿离子的效果更佳。对于电荷补偿剂 K^+，由于离子半径较大，不能大量进入晶格中作为补偿剂，所以在较少含量下有一定的补偿作用。对于电荷补偿剂 Na^+，由于离子半径较小，主要进入晶格间隙中，产生阳离子空位，加速了离子的扩散，增强了补偿作用。图 4-154 中插图为在 $Mg_2Sr_{2-x}TiO_4$:Eu^{3+} 掺杂 2.0%Eu^{3+} 不变的情况下，引入 Na^+ 浓度对其发光性能的影响。随着 Na^+ 的进入发光材料的发光强度不断增大，电荷补偿起到了应有的效果，在 Na^+ 的掺杂量为 1.5%时发光强度达到最大，再增加则出现浓度猝灭。

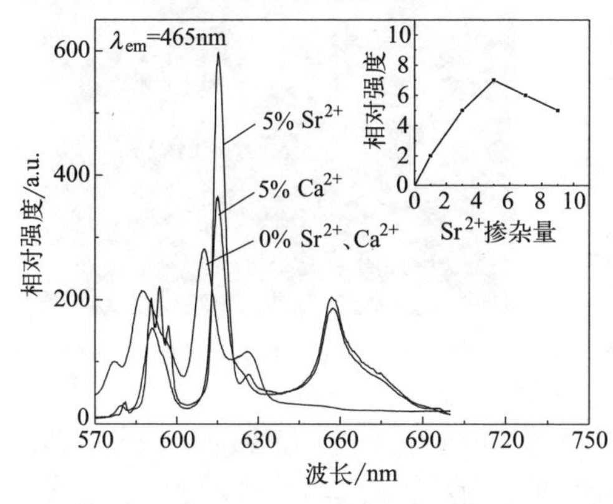

图 4-154 碱土金属变化的发射光谱

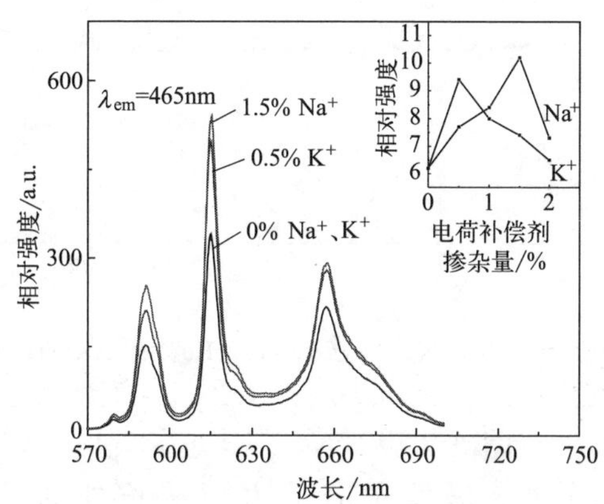

图 4-155 电荷补偿剂变化的发射光谱

三、稀土钛酸盐

$RE_2Ti_2O_7$（RE=La、Y、Gd 等）为层状钙钛矿结构，内层的稀土离子层互相绑定，TiO_6 呈正八面体构成。图 4-156 为 $La_2Ti_2O_7$ 的空间结构。可以发现 $La_2Ti_2O_7$ 结构属于单斜结构，空间群为 P21，晶胞参数：a=0.5546nm，b=0.7817nm，c=1.3015nm，γ=98.64°。

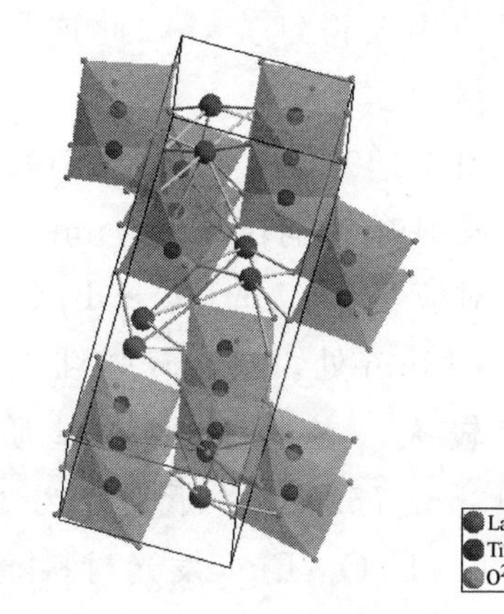

图 4-156 $La_2Ti_2O_7$ 的空间结构

孙壮[34] 利用固相法制备了 $La_2Ti_2O_7$ 发光材料。图 4-157 为 $La_2Ti_2O_7$：30% Eu^{3+} 在 1100℃下煅烧 4h 所得物相分析的 XRD 图谱。可以看出，样品的衍射峰与标准卡片 JCPDS No.28-0517 基本相符，主发射峰有比较好的对应，在掺杂浓度很高的情况下依然保持了较纯净的物相，表明 Eu^{3+} 已经掺杂进基质晶格中。图 4-158 为在 1100℃下煅烧 4h 所得 $La_2Ti_2O_7:Eu^{3+}$ 发光材料颗粒的透射电镜照片。可以看到，样品形貌不是很规则，有团聚现象，颗粒在 100～300nm 之间。

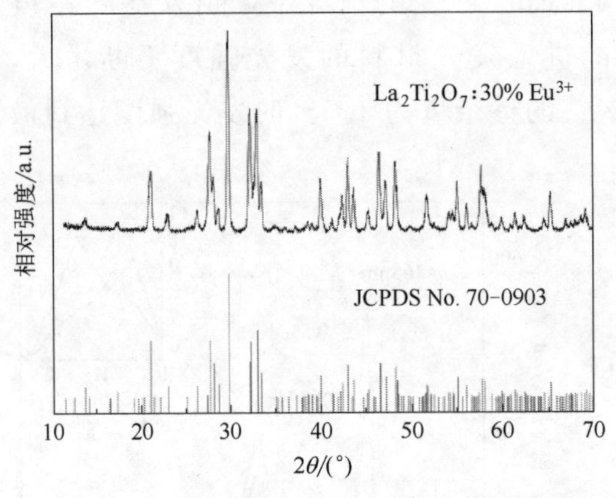

图 4-157　$La_2Ti_2O_7$：30%Eu^{3+} 的 XRD 图谱

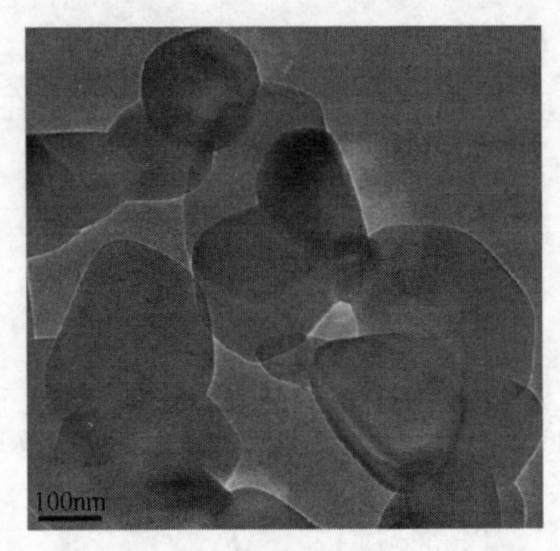

图 4-158　$La_2Ti_2O_7:Eu^{3+}$ 的 TEM 图

图 4-159（a）为 $La_2Ti_2O_7:Eu^{3+}$ 发光材料在 613nm 监测下的激发光谱。激发光谱是由短波长处的宽带和长波长的一系列线状光谱组成。350nm 以下的短波长处的激发峰主要是由于 Eu 和 O 之间的电荷跃迁造成的，在 350～580nm 之间的线状峰是由于 Eu^{3+} 的 f 层电子跃迁所致，峰位主要位于 393nm、412nm、465nm、528nm、576nm 处，分别对应于 Eu^{3+} 的 $^7F_0 \rightarrow ^5L_6$、$^7F_0 \rightarrow ^5D_3$、$^7F_0 \rightarrow ^5D_2$、$^7F_0 \rightarrow ^5D_1$、$^7F_0 \rightarrow ^5D_0$ 跃迁。位于 465nm 处的激发峰与商用发射蓝光的 LED 芯片搭配使用获得红光，因此这是一种有潜力应用于蓝光 LED 芯片激发的发光材料。

图 4-159（b）为 $La_2Ti_2O_7:Eu^{3+}$ 发光材料在 465nm 激发下的发射光谱，发射峰分别位于 577nm、587nm、596nm、613nm、627nm、648nm 处，对应于 Eu^{3+} 的 $^5D_0 \rightarrow ^7F_J$（$J=0$，1，2，3，4）发射。其中主发射峰位于 613nm 处，具有较强红光发射。$^5D_0 \rightarrow ^7F_2$ 跃迁与 $^5D_0 \rightarrow ^7F_1$ 跃迁相比强度较大，表明 Eu^{3+} 在基质中占据不具有反演对称性的格位，R（I613nm/I596nm）近似为 2.279，说明其周围对称性不高。

$La_2Ti_2O_7:Eu^{3+}$ 发光材料随 Eu^{3+} 掺杂浓度变化的趋势如图 4-159（b）中右上嵌入小图所示。随着 Eu^{3+} 的不断引入，基质中的发光中心不断增

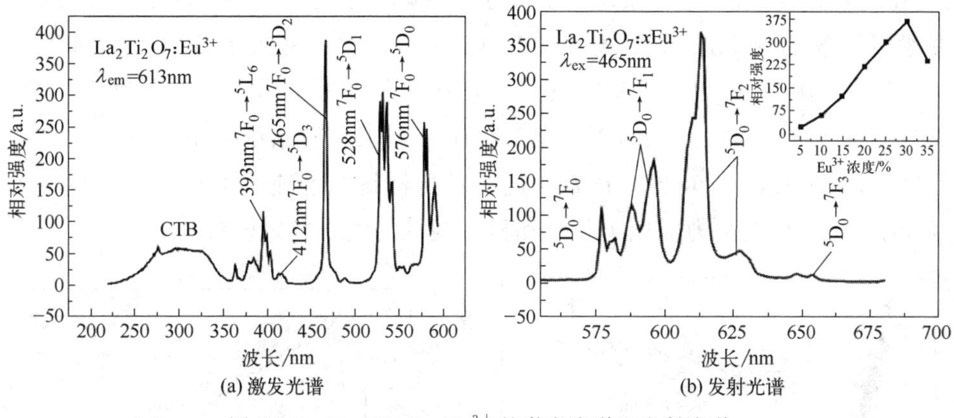

图 4-159 $La_2Ti_2O_7$:Eu^{3+} 的激发光谱和发射光谱

多，$La_2Ti_2O_7$:Eu^{3+} 发光材料的发光强度不断增强，当掺杂浓度到达 30% 后开始产生浓度猝灭，发光强度开始下降。这可能是由于 Eu^{3+} 的掺杂浓度增大以后发光中心增多，发光中心之间的相互作用使激发能在中心之间不断迁移而未辐射发光。Eu^{3+} 浓度增大时，分子间距离缩小了，它们彼此间的能量传递就变得更容易些，这也就意味着激发态的寿命延长了。每个分子中都存在一定的无辐射跃迁概率，在激发态停留的时间越长，发生无辐射跃迁的可能性就越大。Eu-Eu 之间距离缩短使其易发生能量传递，引起无辐射跃迁概率增加。在 $La_2Ti_2O_7$:Eu^{3+} 发光材料中，其 Eu^{3+} 浓度猝灭的浓度很高，这可能与 $La_2Ti_2O_7$ 独特的基质晶体结构有关，在其晶体结构中，a 轴与 b 轴间距相差不大，但是跟 c 轴相比差距明显，也就是在 $La_2Ti_2O_7$ 这种层状钙钛矿结构中，夹层间的 Eu^{3+}-Eu^{3+} 间距比同一层中的 Eu^{3+}-Eu^{3+} 间距要大，这就导致它们之间的能量传递可能会有种规律，夹层间的 Eu^{3+}-Eu^{3+} 相距较远，或许它们之间的能量传递决定了浓度猝灭，这就为高浓度猝灭提供了可能。在有些特定的晶体结构中，某些稀土离子掺杂进去后会以一种近似有规则的顺序排列，例如一维或者二维组合，这会造成共振传递引起的激发能量的再迁移受到一定程度抑制，导致浓度猝灭的浓度非常高，或者基本不出现浓度猝灭现象。

图 4-160 为 $La_2Ti_2O_7$：30%Eu^{3+} 在激发波长为 465nm、发射波长为 613nm 下的光的寿命衰减曲线。发光的衰减是发光现象最重要的特征之一，是指发光物质在激发停止以后会持续发光一段时间，这是区别发光与其他光发射现象的一种主要标志。$La_2Ti_2O_7$：30%Eu^{3+} 在激发波长为

465nm 下的衰减曲线很好地符合单指数模式公式，$La_2Ti_2O_7$：30%Eu^{3+}在激发波长为465nm下的光寿命为12.5ms，是一种短余辉发光材料。

图4-161为$La_2Ti_2O_7$:30%Eu^{3+}发光材料在465nm激发下的色度学参数，其色坐标为（0.6486，0.3508），与（美国）国家电视系统委员会NTSC红光标准（x=0.67，y=0.33）比较相近。发光材料的色纯度为99.9%，色温为1200K，是一种有潜力应用于照明和显示领域的优质发光材料。

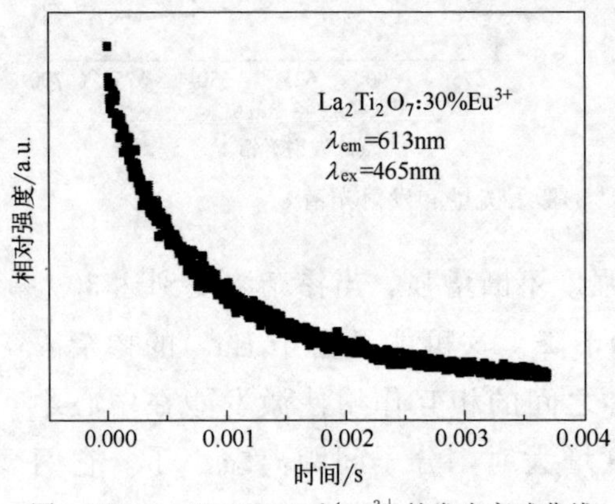

图4-160　$La_2Ti_2O_7$：30%Eu^{3+}的发光衰减曲线

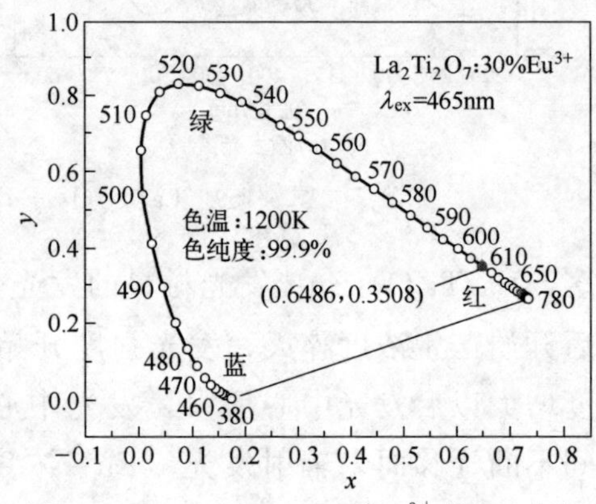

图4-161　$La_2Ti_2O_7$：30%Eu^{3+}的色坐标图

第六节　其他体系

一、铟酸盐

稀土铟酸盐一般是通过稀土氧化物与氧化铟共同烧结的方式获得，其通式表达为$REInO_3$（RE为稀土元素，主要以轻稀土元素为主），在相图上都存在一个单相区，单相区的范围随稀土元素不断变化。氧化铟与稀土氧化物迄今少有完整相图，以La_2O_3-In_2O_3为例，相关的工作仅对其相图固相区进行了预测，如图4-162所示。稀土铟酸盐的结构一般为钙

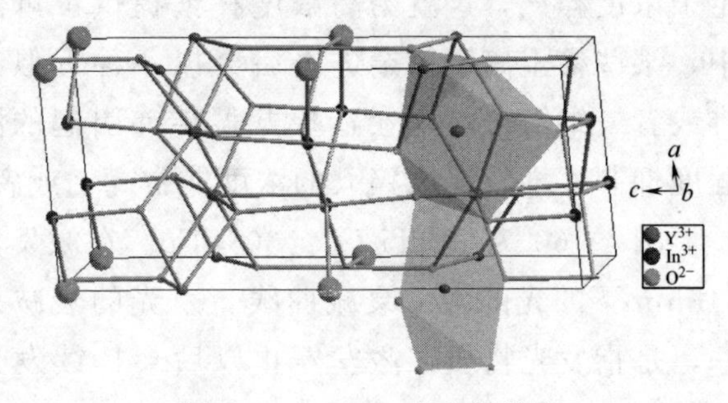

图4-162　$YInO_3$的空间结构

钛矿型结构，其中铟酸镧的晶体结构是斜方晶系钙钛矿扭曲型结构，其能隙带宽 3.2eV，空间群为 Pnma。

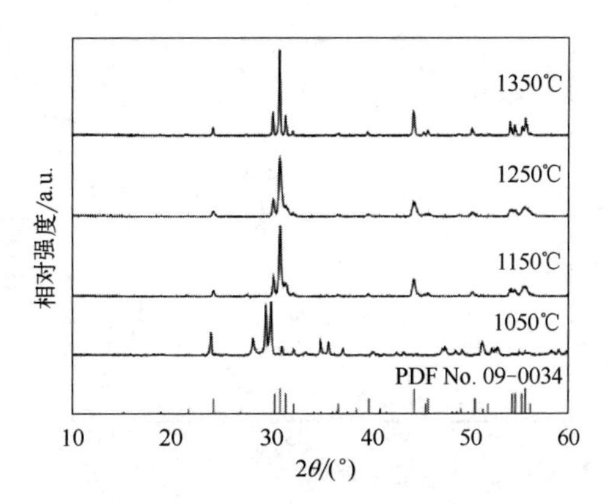

图 4-163 不同煅烧温度 $LaInO_3$：Eu^{3+} 的 XRD 图谱

汤安[39] 利用高温固相法制备了 $LaInO_3$:Eu^{3+}红色发光材料。图 4-163 为在不同煅烧温度下（1050～1350℃）合成的 $LaInO_3$：Eu^{3+} 发光材料 XRD 图谱。由 XRD 图可以看出，其与 JCPDS No. 09-0034 的标准卡片基本一致，当温度升到 1150℃时，已经出现了 $LaInO_3$ 的主要衍射峰，但图谱中还存在一些杂峰相。当温度达到 1250℃时，在 XRD 图中没有发现杂相的衍射峰。温度上升到 1350℃，制备的样品衍射峰的峰宽变窄、强度变大，这应该与晶体的结晶度提高有关。XRD 分析表明，1250℃可以认为是比较合适的煅烧温度。根据 JCPDS 提供的标准卡片，$LaInO_3$ 的晶格参数为 $a=1.1402$nm，$b=0.8198$nm，$c=1.1796$nm。此外，Eu^{3+}的半径为 0.107nm、In^{3+}的半径为 0.116nm，两种离子半径相近，Eu^{3+}的掺杂几乎没有改变 $LaInO_3$ 晶体的晶格参数，故 XRD 的衍射峰与卡片对比几乎没有出现偏移现象。

图 4-164 是 $LaInO_3$:Eu^{3+}发光材料的激发光谱。激发光谱由两部分组成：处在 361nm 以下的宽带激发和处在 361nm 以上的一系列锐线吸收峰。361nm 以前的激发谱带，属于基质 $LaInO_3$ 的吸收，与 La^{3+}-O^{2-} 和 Eu^{3+}-O^{2-} 的电荷迁移带相对应。大于 361nm 的锐线吸收峰是 $LaInO_3$ 本身基质晶格中 Eu^{3+}的 $4f^6$ 态的直接激发峰（分别被标注在图上），其中与紫外、蓝光 LED 芯片波长相匹配的波长（位于 394nm、464nm 处）吸收锐线峰较强，说明所合成的样品能够很好地被 LED 芯片所发出的光激发。

图 4-165 是发光材料 $LaInO_3$：0.2%Eu^{3+}的发射光谱。发射光谱由位于 588nm、610nm、654nm、701nm 处的属于 Eu^{3+}的特征发射峰构成，这些尖锐的峰分别归属于 Eu^{3+} 的$^5D_0\rightarrow{}^7F_1$、$^5D_0\rightarrow{}^7F_2$、$^5D_0\rightarrow{}^7F_3$、$^5D_0\rightarrow{}^7F_4$ 能级跃迁，而电偶极的$^5D_0\rightarrow{}^7F_2$ 跃迁强度显著大于磁偶极

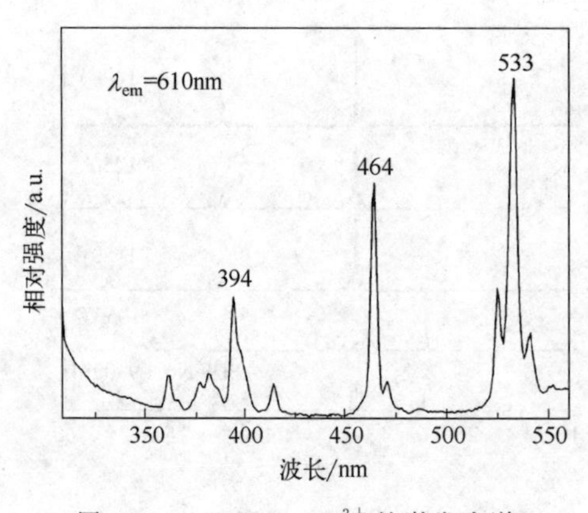

图 4-164　$LaInO_3:Eu^{3+}$的激发光谱

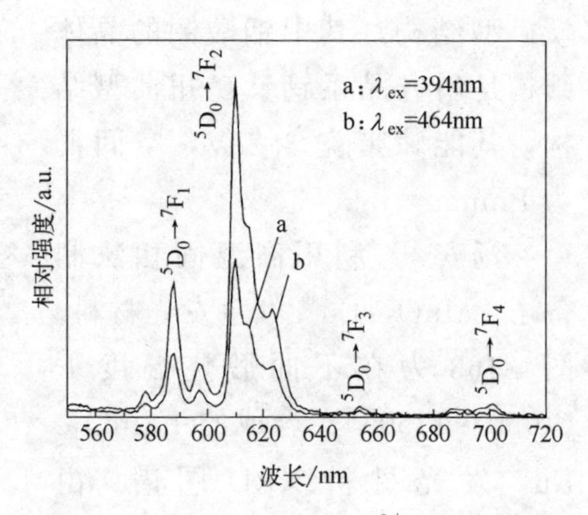

图 4-165　$LaInO_3:0.2\%Eu^{3+}$的发射光谱

$^5D_0 \rightarrow ^7F_1$ 的跃迁强度，这说明 Eu^{3+} 在 $LaInO_3$ 基质中位于非对称中心的格位。位于 610nm 处的发射峰强度最大，说明 $LaInO_3:Eu^{3+}$ 是一种良好的能用于 WLED 发射红光的发光材料。

二、铌酸盐

稀土铌酸盐（$MNbO_4$），是一类较好的光转换材料基质，稀土正铌酸盐本身可以作为自激活材料，在某些波段光激发下，如紫外光，可以观察到一些发射峰，这归因于 NbO_4^{3-} 的电荷转移跃迁发射。其晶体结构为单斜晶系晶体结构，图 4-166 为 $GdNbO_4$ 的晶格结构。

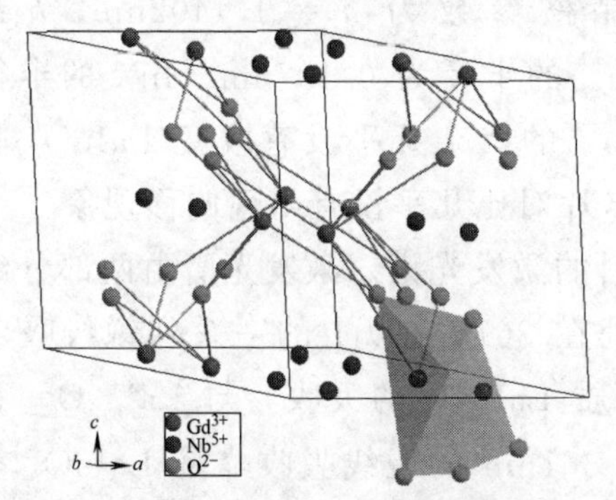

图 4-166　$GdNbO_4$ 的空间结构

汤安[39] 利用高温固相法制备了 $GdNbO_4:Eu^{3+}$ 红色发光材料。图 4-167 为不同煅烧温度下样品 $GdNbO_4:Eu^{3+}$的 XRD 衍射图谱。与标准卡片 JCPDS No. 22-1104 对比，单一相的 $GdNbO_4$ 晶体在 1050℃已经形成，Eu^{3+}的引入没有改变晶体的晶格参数。温度从 1050℃升到 1150℃，样品的结晶程度提高，衍射峰的强度增加，没有发现杂相峰的存在。随着煅烧温度提高到 1250℃，XRD 衍射峰峰值相对较弱，这可能是晶体择优取向降低导致的。从 XRD 图谱分析，1150℃是实验制备样品设定的温度。根据 JCPDS 卡片的信息，纯

相 $GdNbO_4$ 是单斜晶系晶体结构，空间群为 I2（5），晶体参数分别为：$a=0.5369nm$，$b=1.109nm$，$c=0.5105nm$。在 Nb^{5+}（0.048nm）、Eu^{3+}（0.107nm）、Gd^{3+}（0.105nm）的离子半径中，Eu^{3+} 与 Gd^{3+} 几乎相同，且这两个元素的化合价一致，所以可以推断出，Eu^{3+} 在 $GdNbO_4$ 基体中占据 Gd^{3+} 的位置。

图 4-168 为 $GdNbO_4:Eu^{3+}$ 的 SEM 图。从图中可以看出，所制备的发光材料的颗粒形貌较细小，但发光材料的颗粒有团聚现象发生，这也是高温固相反应合成发光材料不可避免的缺陷。

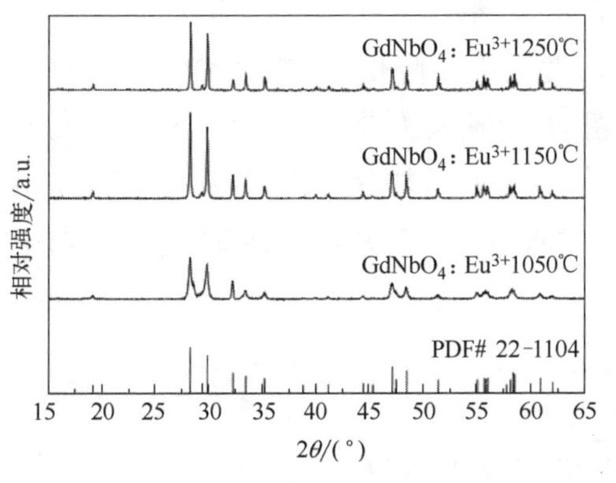

图 4-167　不同煅烧温度的 XRD 图谱

图 4-168　$GdNbO_4:Eu^{3+}$ 的 SEM 图

$GdNbO_4:Eu^{3+}$ 发光材料在 610nm 光监测下的激发光谱包含了宽带、一些锐峰，如图 4-169 左半部所示。前者既有 O^{2-}-Eu^{3+} 的电荷迁移，又有 $NbO_4{}^{3-}$ 基团的 Nb^{5+}-O^{2-} 迁移。后者是 Eu^{3+} 在 $GdNbO_4$ 基体中的 4f 禁戒跃迁。两处较强的峰位各自处在近紫外 394nm、蓝光 464nm 位置，说明实验获得的 $GdNbO_4$：Eu^{3+} 发光材料适合在商用

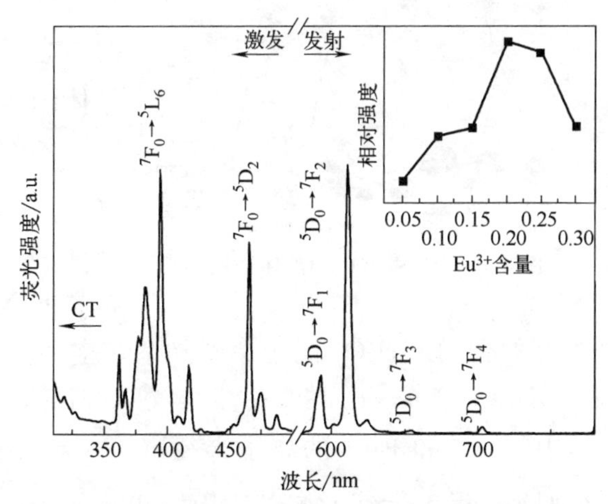

图 4-169　$GdNbO_4:Eu^{3+}$ 发光材料的激发光谱（$\lambda_{em}=610nm$）和发射光谱（$\lambda_{ex}=394nm$）

WLED上应用。在发射光谱中（图4-169右半部分），Eu^{3+}有两个较强的发射峰：最强峰612nm为电偶极$^5D_0 \rightarrow {}^7F_2$跃迁、次强峰593nm为磁偶极$^5D_0 \rightarrow {}^7F_1$跃迁。这两种发射峰的强度之比为4.6∶1，电偶极跃迁的强度显著大于磁偶极跃迁的强度，说明Eu^{3+}在$GdNbO_4$基体中取代Gd^{3+}，占据了非反演对称中心的格位。从$GdNbO_4$:Eu^{3+}发光材料的光谱中分析，该发光材料能够有效地被蓝光、近紫外光激发发射出高强度的红色光。

Eu^{3+}掺杂浓度对$GdNbO_4$:Eu^{3+}发光材料发光强度的影响如图4-169插图所示，随着Eu^{3+}浓度增加，发光强度增加，Eu^{3+}含量为20%，其发光强度最大，之后再提高Eu^{3+}浓度，发光强度降低，这是发光中心Eu^{3+}过饱和引起的浓度猝灭造成的，其机理一般认为是：第一，交叉弛豫产生的Eu^{3+}自身猝灭；第二，Eu^{3+}浓度的增加，加速了基质中的缺陷或杂质的迁移，使它们更容易接近猝灭中心，成为猝灭剂，使附近的发光中心离子产生猝灭。

三、硼酸盐

稀土离子激活的硼酸盐是一种重要的发光材料，其具有煅烧温度低、易于合成、发光时间长、在紫外区域有很好的透明性等特点，并能获得高的发光亮度。图4-170为$LiSrBO_3$的晶体结构。

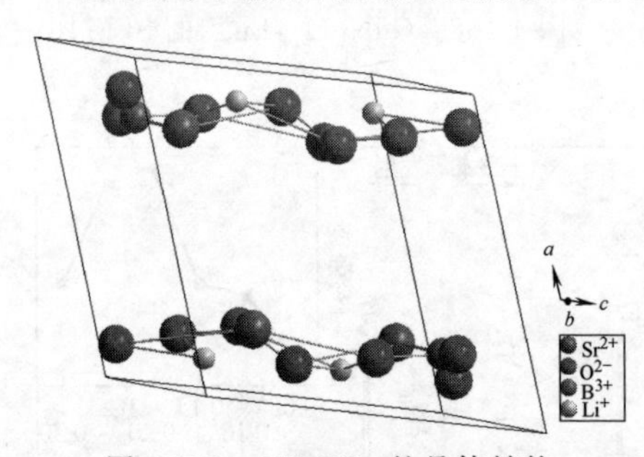

图4-170　$LiSrBO_3$的晶体结构

刘红利等[40]采用高温固相法制备了$LiSrBO_3$:Eu^{3+}红色发光材料。图4-171为$LiSrBO_3$:Eu^{3+}红色发光材料的XRD图谱。其中Eu^{3+}的掺杂浓度为4%。$LiSrBO_3$属于单斜晶系，空间点群为$P2_1/n$群，晶胞参数为$a=0.648$nm，$b=0.668$nm，$c=0.684$nm，$V=0.279$nm^3。在$LiSrBO_3$基质中，Sr^{2+}和Eu^{3+}的离子半径（$r_{Sr^{2+}}=0.12$nm，$r_{Eu^{3+}}=0.107$nm）相近，而Li^+离子半径r_{Li^+}为0.076nm。

图4-172为700℃煅烧的$LiSrBO_3$:Eu^{3+}发光材料的SEM照片，从图中可以看出，发光材料颗粒形貌不规则，颗粒粒径较大（平均粒径7～8μm），并且有一定的团聚现象发生。

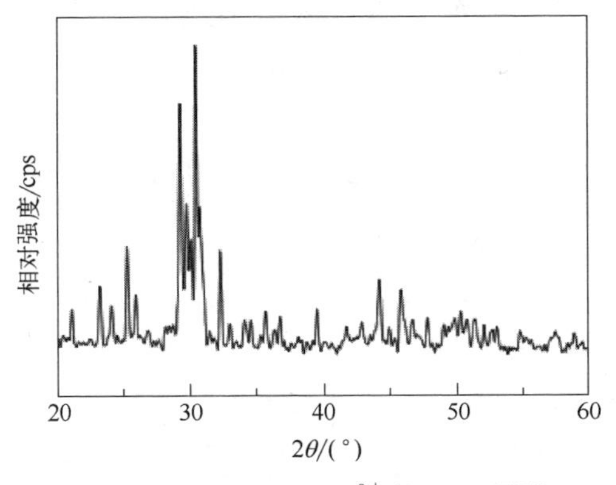

图 4-171　$LiSrBO_3:Eu^{3+}$ 的 XRD 图谱

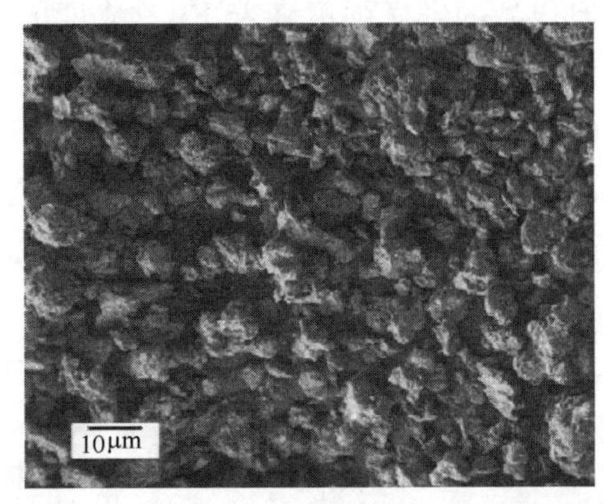

图 4-172　$LiSrBO_3:Eu^{3+}$ 的 SEM 照片

图 4-173 是 Eu^{3+} 掺杂浓度为 4%时 $LiSrBO_3:Eu^{3+}$ 发光材料的激发和发射光谱。图 4-173 左侧为样品在监测波长为 612nm 下的激发光谱，该激发光谱在 363nm、383nm、395nm、416nm、466nm 处有一系列的激发峰，分别对应于 Eu^{3+} 的$^7F_0\rightarrow{}^5D_4$、$^7F_0\rightarrow{}^5L_7$、$^7F_0\rightarrow{}^5L_6$、$^7F_0\rightarrow{}^5D_3$、$^7F_0\rightarrow{}^5D_2$ 跃迁，其中 395nm 处吸收峰最强，这表明 $LiSrBO_3:Eu^{3+}$ 发光材料能被近紫外 LED 芯片激发。图 4-173 右侧为样品在 395nm 激发下的发射光谱，由图可知，发射光谱由几个线状谱组成，对应于 Eu^{3+} 的$^5D_0\rightarrow{}^7F_J$（$J=1$，2，3，4）跃迁。其中 612nm 处的发射峰最强，归属于 Eu^{3+} 的$^5D_0\rightarrow{}^7F_2$ 电偶极跃迁，595nm 处的较弱发射峰对应于 Eu^{3+} 的$^5D_0\rightarrow{}^7F_1$ 磁偶极跃迁。这表明在 $LiSrBO_3$ 中，Eu^{3+} 处于非反演中心格位。

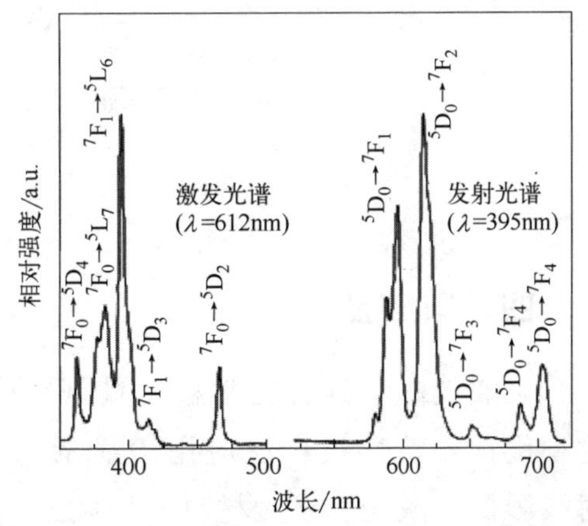

图 4-173　$LiSrBO_3:4\%Eu^{3+}$ 的激发和发射光谱

发光材料的发光强度主要取决于稀土离子的掺杂浓度，即发光中心的多少。为了研究 Eu^{3+} 含量对 $LiSrBO_3:Eu^{3+}$ 发光强度的影响，我们合成了 $LiSrBO_3$：xEu^{3+}（$x=2\%$，4%，6%，8%，10%）系列样品。图 4-174 是 395nm 激发下不同 Eu^{3+} 掺量的 $LiSrBO_3$：xEu^{3+} 的发射光谱。可以看出，Eu^{3+} 掺量的多少对样品发射光谱形状和峰位没有明显影响，但样品的发光强度随着 Eu^{3+} 浓度的增加呈现先增加后减小的规律，这是由于随着 Eu^{3+} 掺量增加，发光中心数量增多，发射强度增强，但 Eu^{3+} 掺量继续增加会使激活剂离子之间的距离缩短，能量在激活剂离子之间传递，通过无辐射弛豫而消耗掉，造成浓度猝灭，使发光亮度降低。当 Eu^{3+} 的掺杂浓度为 6%时，样品的发光强度达到最大。

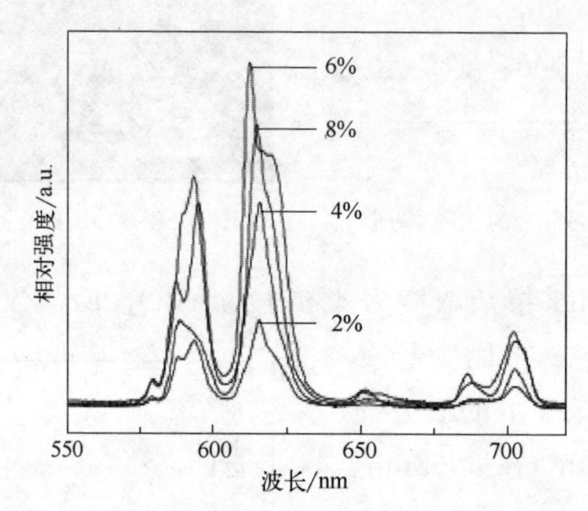

图 4-174 不同 Eu^{3+} 掺量 $LiSrBO_3:xEu^{3+}$ 的发射光谱

四、钒酸盐

钒酸盐由于具有化学稳定性好、耐热性高、结晶性能好、可见光透过率优良等特性被广泛应用于显示、光信息传递、太阳能光电转换、X射线影像、激光、发光材料等领域。

正钒酸盐发光材料基质具有四方结构和单斜结构两种不同的结构，如图 4-175 所示。四方结构的化合物主要有 $LnVO_4$（Ln＝Y，Gd，Sm，

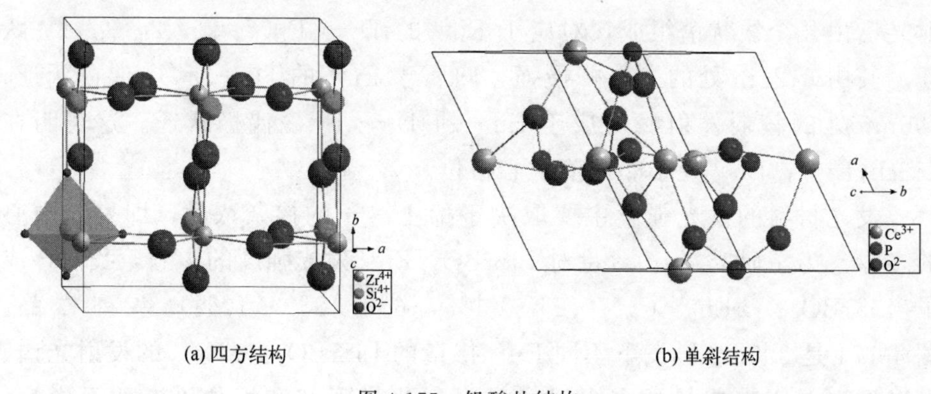

(a) 四方结构

(b) 单斜结构

图 4-175 钒酸盐结构

Dy)、$Y(P, V)O_4$，其中稀土离子的对称性为 D_{2d}，八配位，周围的 8 个氧原子中 4 个距其近一些，另外 4 个略远一些；钒离子与周围的 4 个氧原子形成四面体。当激活离子掺杂进入稀土钒酸盐基质中，通常占据的都是稀土离子的格位，因而同样具有 D_{2d} 对称。单斜结构的化合物主要有 $LaVO_4$、$BiVO_4$、$GdVO_4$，稀土离子的对称性为 C_1，对称性较差，每个稀土离子同样被周围 8 个氧离子包围形成十二面体；每个 V^{5+} 周围都有 4 个与其距离相等的 O^{2-}，形成 VO_4 四面体。钒酸钇（YVO_4）属于锆四方晶系，类似于硅酸锆（$ZrSiO_4$）结构，具有良好的理化特性，由于其具有宽投射波段（0.4～5μm）和大的双折射率（$n=n_e-n_0=0.2054$）成为光学的理想元件。钒酸钇晶体（YVO_4）中的 4 个氧原子以钒原子为中心构成四面体结构，每个钇原子与周围有 8 个氧原子形成 YO_8 十二面体，其中 Y^{3+} 是没有对称中心的 D_{2d} 点群，VO_4 立方群属于 T_d 点群。在稀土离子掺杂中，激活离子取代的是 Y^{3+} 的位置。

李继红[41] 利用水热法制备了 YVO_4：Eu^{3+} 红色发光材料。图 4-176 为水热法制备 YVO_4：Eu^{3+} 的 XRD 图谱。此结果为在实验过程中不加柠檬酸三钠和硝酸的样品的 XRD 图谱，其粒径大约为 1μm，由图可以看出，样品的衍射峰数据和 YVO_4 标准卡片 JCPDS No. 17-0341 对应一致。虽然和标准卡片对应较好，但还存在杂峰，并且峰形很有宽的跨度，说明所制备的样品结晶度并没有像固相烧结情况下的晶型那样良好。水热法是制备纳米颗粒的一种有效方法，它是利用在高温高压下通过水蒸气与溶液形成界面实现化学反应来制备超微颗粒，所制备的微粒结晶度好、晶型稳定且可以实现尺寸可控。利用四方晶相标准化计算钒酸钇的晶胞参数为 $a=0.712$nm，$b=0.712$nm，$c=0.629$nm，显示出晶体有很好的单相性。

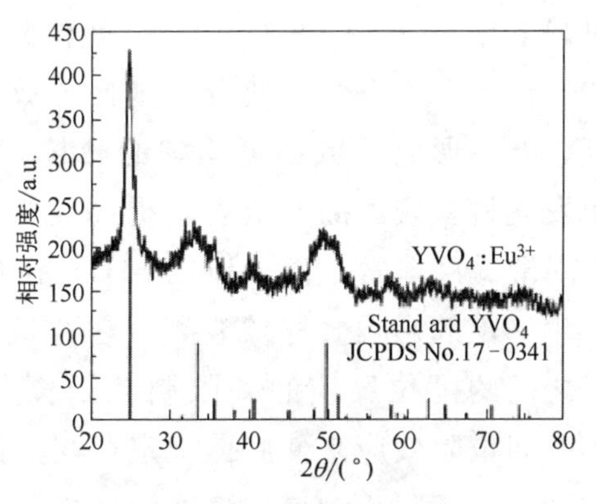

图 4-176 水热法制备 YVO_4:Eu^{3+} 的 XRD 图谱

发光材料的发光特性与粒子的大小和分布状况有关，如果粒径小且分布均匀，有助于发光材料涂覆，表面光滑，有利于减少光散射，并且致密性能高，结果导致很好的发光效果。图 4-177 为不同条件下制备

YVO_4:Eu^{3+}微粒的SEM图及TEM图，图（a）为不加任何络合剂的情况下制备出的柿饼状微粒，分布基本均匀。是以$Y(NO_3)_3$和Na_3VO_4为前驱体，掺杂一定量的$Eu(NO_3)_3$，然后将此样品放入高压釜中，140℃水热12h，冷却，离心分离得到固体样品，再采用稀酸除去多余的反应物，得到粒径2～3μm的近似柿饼状的YVO_4:Eu^{3+}颗粒。图（b）为加入柠檬酸三钠作为络合剂制备YVO_4:Eu^{3+}微粒的SEM图，从图可以观察到其形貌分布更加均匀，而且粒径明显减小，这主要是因为加入了络合剂的缘故。柠檬酸三钠在水溶液中电离水解，形成一个带有三个羧酸根和一个羟基的螯合剂，其中的三个羧酸根具有很强的配合作用，可以和金属离子以络合的方式紧密地结合在一起，形成一个空间三维结构，在本实验中柠檬酸三钠和Y^{3+}形成络合剂，在液相环境中形成稳定的溶胶前驱体。柠檬酸三钠作为络合剂制备YVO_4:Eu纳米粒子所起的作用为：一方面，它与Y^{3+}进行配合，来限制YVO_4基质的长大；另一方面可以通过静电作用（—COO—）和空间位阻效应来使胶体稳定存在。由于柠檬酸三钠和Y^{3+}络合，使Y^{3+}慢慢释放出来，从而减慢了YVO_4的生成速度，结果形成了更小更均匀的微粒，这势必会提高微粒的致密性能，减小发光材料表面的光散射，提高发光性能。由于钒酸根离子和稀土离子都对酸碱度非常敏感，所以pH值的大小会对其形貌和粒径甚至荧光特性产生一定的影响。柠檬酸离子在合成纳米颗粒的过程中，通过与稀土离子之间的配位反应起到限制粒子长大，并以通过静电作用（—COO—）和空间位阻效应来使胶体稳定存在，在酸性环境下能和Y^{3+}形成稳定的络合物，从而阻止Y^{3+}从溶液中形成沉淀析出。图（c）为加入络合剂柠檬酸三钠，使柠檬酸三钠和Y^{3+}的比例为2∶1，再加入1mol/L的HNO_3

(a) 无络合剂

(b) 柠檬酸三钠 : Y^{3+}=2 : 1

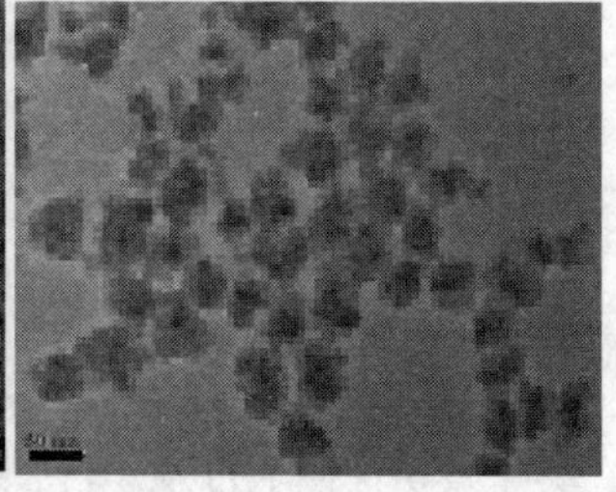

(c) 柠檬酸三钠 : Y^{3+}=2 : 1，pH=1

图4-177　不同条件下制备YVO_4:Eu^{3+}的SEM图及TEM图

调节 pH 值为 1 制备的发光材料的 TEM 图。此样品放入高压釜中，140℃水热 12h，在此过程中，由于 pH 为 1，在强酸的溶液环境下，柠檬酸三钠能和 Y^{3+} 形成稳定的络合物，使得 Y^{3+} 的释放速度更趋于缓慢，内环境的改变明显影响了该发光材料的合成条件，VO_4 和 Eu^{3+} 都对酸度有很强的敏感性，得到粒径为 30nm 的量子点组装的 $YVO_4:Eu^{3+}$ 纳米球。

由于钒酸根与激活离子之间有效的能量传递，使得以钒酸盐为基质的发光材料呈现了很高的发光效率和发光强度。通过对样品发射光谱分析，不同条件下制备的 $YVO_4:Eu^{3+}$ 微粒在相同的测试条件下显示了很好的发光性能。图 4-178 为 $YVO_4:Eu^{3+}$ 中 Eu^{3+} 掺杂浓度为 5%时不同制备条件下的激发和发射光谱的比较。从图可以看出，激发光谱在 254～350nm 范围，发射峰呈现 Eu^{3+} 的特征峰，在 617nm 的发射由于 Eu^{3+} 呈现其特征发射峰（$^5D_0 \rightarrow {}^7F_2$）跃迁和 $VO_4{}^{3-}$ 基质跃迁。其中在 254nm 处的吸收来自于 $VO_4{}^{3-}$ 基质，明亮的红光来自于 Eu^{3+} 的 $^5D_0 \rightarrow {}^7F_2$ 跃迁。因为 Eu^{3+} 在钒酸钇基质里的位置属于 D_{2d} 格位，远离了反对称中心，所以使得 $^5D_0 \rightarrow {}^7F_2$ 的灵敏度最高，进而表现出 619nm 发射强度最高，而磁偶极跃迁 $^5D_0 \rightarrow {}^7F_1$（595nm）则相对较弱，所以 $YVO_4:Eu^{3+}$ 发出强的红光。从图还可以看到，随着加入了柠檬酸三钠作为络合剂，由于络合物的作用使得制备的微粒粒径减小，而且更加均匀，减少了纳米离子之间的光吸收和光散射，从而更有利于吸收，发光能量有所提高，Eu^{3+} 的发射强度也有所提高。在利用硝酸调节 pH 值为 1 时，溶液中酸度的变化使激发光谱发生明显变化，由原来的宽带激发光谱变成了锐尖峰，尖峰在 340nm 左右，而发射光谱有稍微的红移。主要原因是形成纳米颗粒由于减小了尺寸，更有利于紫外的特性吸收，这种特性对增加荧光的显色性有一定影响。

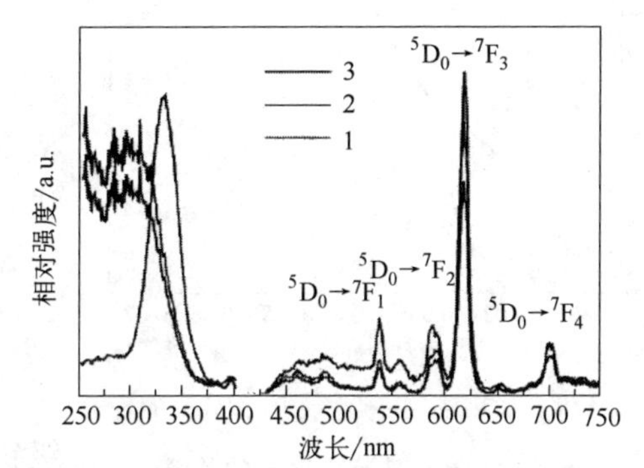

图 4-178 不同条件下制备的 $YVO_4:Eu^{3+}$ 的荧光光谱

1—不加柠檬酸三钠和硝酸；2—柠檬酸三钠：$Y^{3+}=2:1$；3—柠檬酸三钠：$Y^{3+}=2:1$，pH=1

从图 4-178 中可以观察到位于 560～720nm 之间的一系列尖锐的发射

峰，这些发射峰是 Eu^{3+} 的 $^5D_0$ 激发态能级向 ^7F_J（$J=0\sim4$）能级跃迁引起的（位于 594nm、618nm、650nm 和 699nm 处的峰，分别属于 $^5D_0\rightarrow{}^7F_1$、$^5D_0\rightarrow{}^7F_2$、$^5D_0\rightarrow{}^7F_3$、$^5D_0\rightarrow{}^7F_4$ 跃迁发射）。其中由电偶极 $^5D_0\rightarrow{}^7F_2$ 跃迁产生的发射峰在 618nm 处最强，这代表了 Eu^{3+} 的特征峰，通常情况下在 VO_4 与 Eu^{3+} 之间存在有效的能量传递。

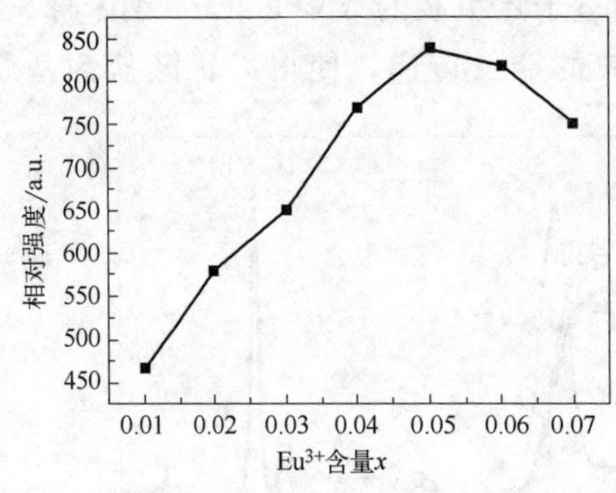

图 4-179　水热法制备 $Y_{1-x}Eu_xVO_4$ 的 $^5D_0\rightarrow{}^7F_2$ 跃迁发射强度与 x 的关系

图 4-179 为在 YVO_4 基质中掺杂 Eu^{3+} 的浓度猝灭图，Eu^{3+} 的特征峰在 617nm 处，归属于 $^5D_0\rightarrow{}^7F_2$ 跃迁。从图中可以看出，当离子 Eu^{3+} 掺杂浓度为 5%左右时，发光强度达到最大值，之后由于浓度猝灭效应显著下降。在纳米级钒酸盐基质中，发光材料尺寸的减少并没有使其发光强度明显下降，这种兼顾发光强度和纳米尺寸的优点使其具有一定的应用价值。

五、磷酸盐

磷酸盐是一类十分稳定的化合物，可用作稀土发光材料的基质，具有合成温度低、物理化学性质稳定、发光亮度高等优点。在 α-$Sr_2P_2O_7$ 晶体结构中，Sr^{2+} 被 9 个 O^{2-} 包围，P^{5+} 与 4 个 O^{2-} 组成四面体，其晶体结构如图 4-180 所示。

鄢蜜昉[42] 制备了 α-$Sr_{2-x}P_2O_7$：xEu^{3+} 红色发光材料。图 4-181 是制备的 $Sr_{2-x}P_2O_7$：xEu^{3+} 发光材料的 XRD 图谱。制得的发光材料的 XRD 图谱与标准卡片 JCPDS No. 75-1490 很好地符合，为正交晶系，属于 Pnma（No. 62）空间群。由图 4-181 可见，Eu^{3+} 的掺杂量 x 为 0.01、0.03、0.05、0.06、0.07 时，样品的 XRD 图谱中都不包含其他杂质的衍射峰，说明合成的样品为纯 $Sr_2P_2O_7$ 相，少量 Eu^{3+} 的掺入不影响基质的晶相结构。

α-$Sr_{1.95}P_2O_7$：$0.05Eu^{3+}$ 的激发光谱和发射光谱如图 4-182 所示。在 394nm 激发下，α-$Sr_{1.95}P_2O_7$：$0.05Eu^{3+}$ 的发射光谱包含 5 个峰，分别位

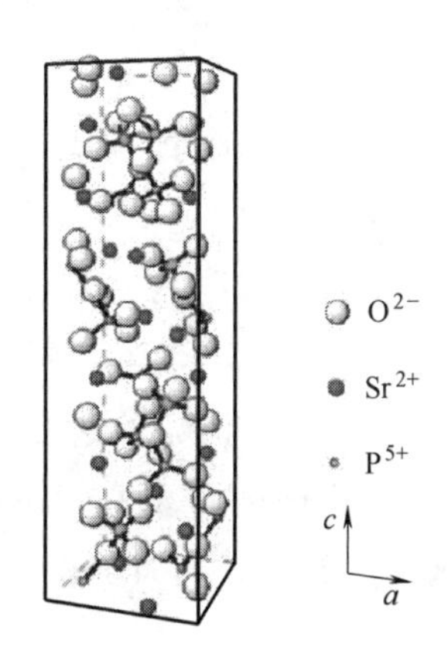

图 4-180 α-$Sr_2P_2O_7$ 的晶体结构

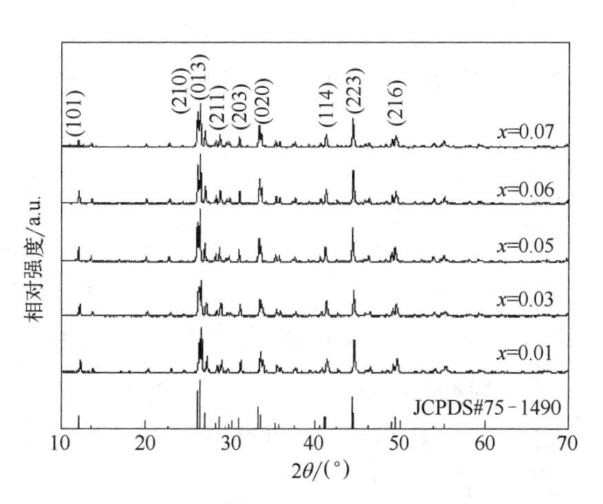

图 4-181 Eu^{3+} 掺杂量变化的 XRD 图谱

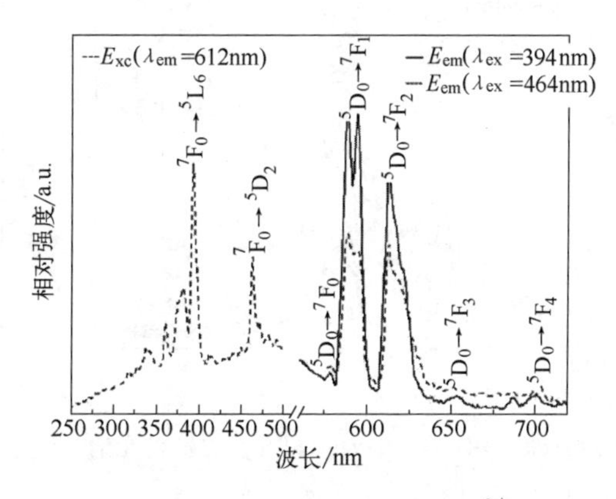

图 4-182 α-$Sr_{1.95}P_2O_7$：0.05Eu^{3+} 的激发光谱和发射光谱

于 578nm、588nm、593nm、612nm、654nm 和 700nm，对应于 Eu^{3+} 的$^5D_0\rightarrow{}^7F_J$（$J=0$，1，2，3，4）辐射跃迁。其中以 588nm 、593nm 处发射峰最强，612nm 处稍弱，其他发射峰强度较小。α-$Sr_2P_2O_7$ 中 Eu^{3+} 的$^7F_1$ 能级解除简并劈裂为两个能级，因此$^5D_0\rightarrow{}^7F_1$ 跃迁发射出现两个尖峰。而在$^5D_0\rightarrow{}^7F_0$ 发光跃迁范围内，只有一个发射峰，位于 578nm。由于 Eu^{3+} 的$^5D_0$ 和$^7F_0$ 都是单态，不会发生分裂，说明基质中只存在一种占主导地位的发光中心。激活剂 Eu^{3+} 在基质 α-$Sr_2P_2O_7$ 中只占据一种晶体学格位（即前述 Sr^{2+} 的晶格晶位）成为发光中心。

α-$Sr_{1.95}P_2O_7$：0.05Eu^{3+} 的激发光谱中，288～325nm 的宽带归属于 Eu^{3+}-O^{2-} 之间的电荷迁移带；325～500nm 的系列锐谱线，归属于 Eu^{3+} 的 f→f 跃迁。Eu^{3+} 的$^7F_0\rightarrow{}^5L_6$ 跃迁激发位于 394nm 处的最强峰，峰值位于 464nm 的窄带对应于 Eu^{3+} 的$^7F_0\rightarrow{}^5D_2$ 跃迁。可见，α-$Sr_{1.95}P_2O_7$：0.05Eu^{3+} 发光材料在近紫外和蓝光区都能够被有效激发。

α-$Sr_{2-x}P_2O_7$：$x$$Eu^{3+}$（$x$＝0.01，0.03，0.05，0.06，0.07）发光材料的发射光谱如图 4-183 所示。当 Eu^{3+} 掺杂量较少时，发射峰强度随 x 增大而升高，这是由于随着掺杂量的增加，Eu^{3+} 吸收的能量增加，发光中心增多。当 x＝0.05 时，发射峰强度达到最大值，然后随 x 继续增大而降低，表现出稀土离子的浓度猝灭效应。样品的猝灭浓度为 0.05。

图 4-184 为不同煅烧温度处理下的 α-$Sr_{1.95}P_2O_7$：0.05Eu^{3+} 样品的 XRD 图谱。与 JCPDS 标准卡对比可明显看到，800℃下煅烧处理的样品的峰值较低，结晶度不佳；900℃与 1000℃下煅烧处理的样品的 XRD 峰数据与 $Sr_2P_2O_7$（JCPDS No. 75-1490）一致，无杂质峰，且 1000℃下样品的结晶度更好。

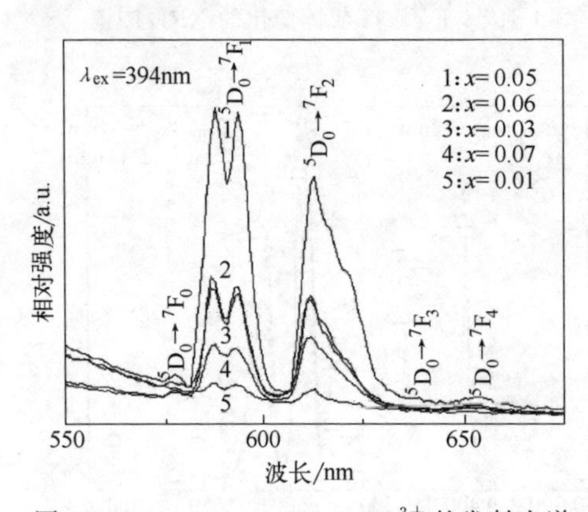

图 4-183　α-$Sr_{2-x}P_2O_7$：$x$$Eu^{3+}$ 的发射光谱

图 4-184　不同煅烧温度变化的 XRD 图谱

将不同温度下处理的发光材料进行场发射扫描电镜（FESEM）测试，测试结果如图 4-185 所示。900℃煅烧所得发光材料颗粒分布均匀，粒径在 250nm 左右；而 1000℃煅烧所得发光材料的颗粒团聚明显。

(a) 900℃

(b) 1000℃

图 4-185　不同温度下处理的发光材料 FESEM 图

由不同温度下处理的 α-$Sr_{1.95}P_2O_7$：0.05Eu^{3+} 的荧光光谱（图 4-186）可见，800℃下煅烧处理后发光较弱，900℃时发射峰的强度最强；而煅烧温度升到 1000℃后，发射峰的强度又下降。这是因为 900℃粉体的结晶度比 800℃粉体的结晶度高（图 4-184），因此发光强度增强；温度再升高，虽然结晶度更好，但发光材料产生团聚（图 4-185），此时粉体的形貌相比于其他因素，对发光性能的影响更大，团聚导致了发光强度的急剧降低。

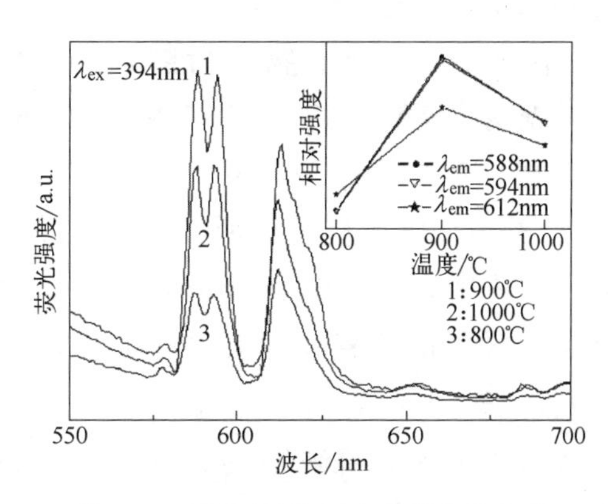

图 4-186 不同煅烧温度下的发射光谱

六、硅酸盐

硅酸盐由于其化学稳定性和良好热化学性质、激发范围宽等优点，可用做稀土发光材料的良好基质。图 4-187 为 Li_2EuSiO_4 晶格结构，属于六方晶系，空间群为 $P3_121$，晶胞参数为：$a=0.502$nm，$b=0.502$nm，$c=1.247$nm，$Z=3$，$V=0.315nm^3$。

于泓[43] 成功制备了 $Li_2Sr_{1-x-y}SiO_4$：xEu^{3+}，ySm^{3+} 红色发光材料。$Li_2Sr_{1-x-y}SiO_4$：xEu^{3+}，ySm^{3+}（$x=0$，$y=0$；$x=0.05$，$y=0$；$x=0.05$，$y=0.0125$）及标准卡片的 XRD 图谱如图 4-188 所示。

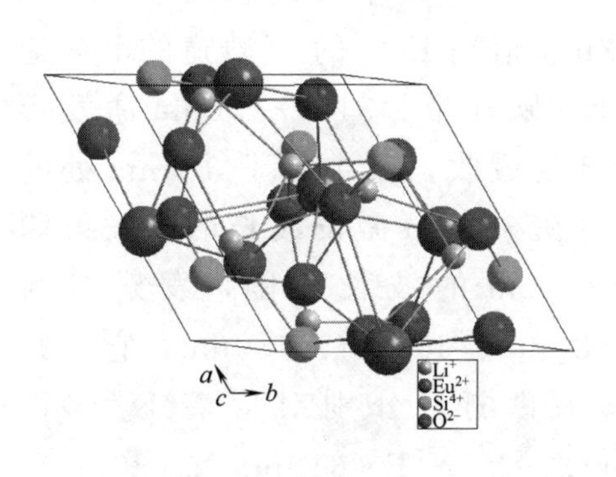

图 4-187 Li_2EuSiO_4 晶体结构

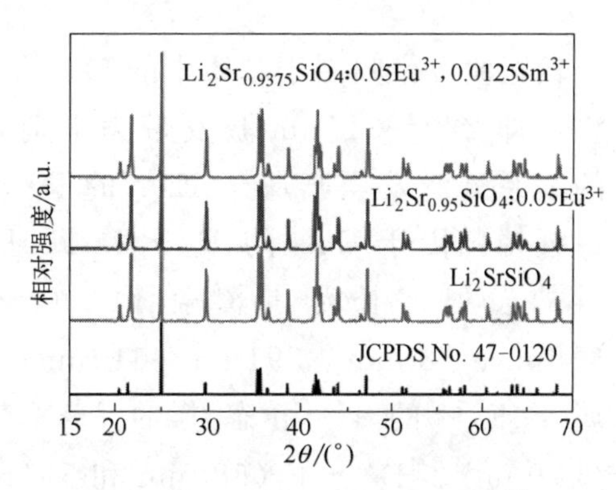

图 4-188 $Li_2Sr_{1-x-y}SiO_4$：xEu^{3+}，ySm^{3+} 的 XRD 图谱

图 4-188 中所有物质衍射峰都与标准卡片（JCPDS No. 47-0120）符合，表明少量稀土离子 Eu^{3+} 和 Sm^{3+} 的掺杂不会引起晶相的变化，是很好的单相。Eu^{3+}（0.095nm）和 Sm^{3+}（0.096nm）的半径与 Sr^{2+} 的半径（0.118nm）比较接近，所以 Eu^{3+}（0.095nm）和 Sm^{3+}（0.096nm）可以掺杂到基质中取代 Sr^{2+} 而非取代 Si^{4+}（0.026nm），掺杂的 Eu^{3+} 和 Sm^{3+} 成功取代了 Sr^{2+} 的位置，没有改变 Li_2SrSiO_4 的结构。当取代离子与被取代离子氧化态不同时，会产生正（负）电荷缺陷，根据 Krger-Vink 的缺陷理论认为产生的电荷缺陷的补偿方式有两种：第一种是用阳离子空位来补偿，第二种是用氧间隙来补偿，如果是正电荷缺陷，可以用阳离子空位或晶格中的氧间隙来补偿，如果是负电荷缺陷可以用氧间隙来补偿。在体系 $Li_2Sr_{1-x-y}SiO_4$：xEu^{3+}，ySm^{3+} 中，由于三价稀土离子 Eu^{3+} 和 Sm^{3+} 部分取代了 Sr^{2+} 的格位，会在晶格中产生一个正电荷缺陷，可以用锶离子的空位来补偿。

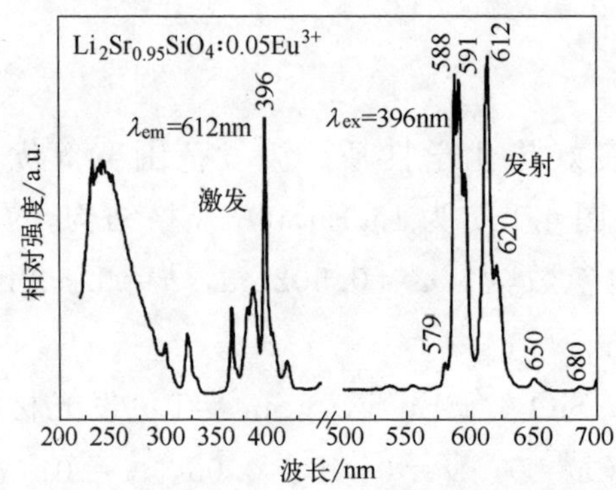

图 4-189　$Li_2Sr_{0.95}SiO_4$：$0.05Eu^{3+}$ 的荧光光谱

图 4-189 中给出发光材料 $Li_2Sr_{0.95}SiO_4$：$0.05Eu^{3+}$ 的激发光谱和发射光谱，在 612nm 的监测波长下的激发光谱分为两个部分：一部分是 220～315nm 较宽的激发带，另外一部分是 315～450nm 的由尖峰组成的激发带。其中最强峰位于 242nm 处较宽激发带归因于基质中的 O^{2-} 的 2p 轨道到 Eu^{3+} 的 4f 轨道的电荷迁移，即 220～315nm 激发带为电荷迁移跃迁带。315～450nm 激发带的一系列激发峰归属于 Eu^{3+} 的 f→f 跃迁吸收，其中位于 396nm 处的最强峰归因于 Eu^{3+} 的 $^7F_0 \rightarrow ^5L_6$ 跃迁。在 396nm 激发波长的激发下测得的发射波长范围覆盖了 500～700nm 的波长范围，发射峰为 579nm、588nm、591nm、612nm、620nm、650nm、680nm。它们归属于 Eu^{3+} 的 $4f^6$ 组态内的 f→f 禁戒跃迁，分别对应着 $^5D_0 \rightarrow ^7F_0$（579nm）、$^5D_0 \rightarrow ^7F_1$（588nm 和 591nm）、$^5D_0 \rightarrow ^7F_2$（612nm 和 620nm）、$^5D_0 \rightarrow ^7F_3$（650nm）和 $^5D_0 \rightarrow ^7F_4$（680nm），其中位于 612nm 处的 $^5D_0 \rightarrow ^7F_2$ 电偶极跃迁最强。

$Li_2Sr_{1-x}SiO_4$：xEu^{3+}（x=0.01～0.09）在 396nm 下的发光光谱如图 4-190 所示。由图所示，所有样品的发射强度随着 Eu^{3+} 掺杂浓度的增加而增强，当 Eu^{3+} 的掺杂浓度为 5%（摩尔分数）时，样品的发射强度最大，随着 Eu^{3+} 掺杂浓度的继续增加，其发光强度逐渐下降，这种现象为浓度猝灭现象。

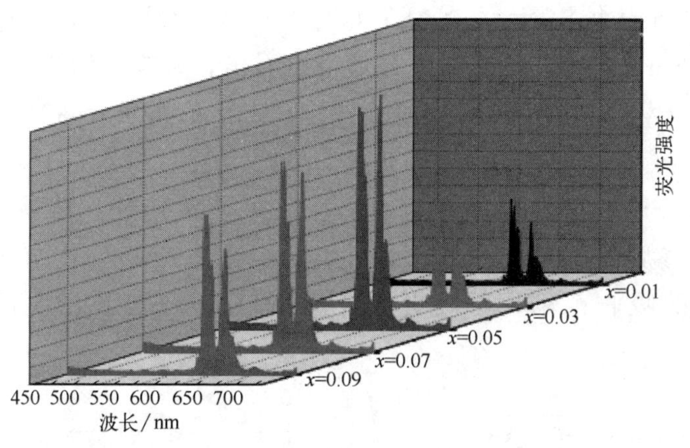

图 4-190 $Li_2Sr_{1-x}SiO_4$：xEu^{3+} 随着 Eu^{3+} 浓度变化的发射光谱

一般来讲，浓度猝灭是这样定义的：激活离子浓度比较大时，离子中心间的距离小于临界距离时，就会产生级联能量传递，也就是从一个中心传递到下一个中心，然后再到下一个中心（发生能量转移），直到最后进入一个猝灭中心时，就会导致发光猝灭，称为浓度猝灭。引发浓度猝灭的原因有以下几点：第一，激活剂离子之间因为交叉驰豫作用导致发射能级的激发能量损耗；第二，激活剂离子之间因为共振作用导致激发浓度增加然后变强，促使在晶体表面成为一个猝灭中心；第三，激活剂离子之间结对而变成猝灭中心。本质上认为发光材料中相同的激活剂离子有相同的激发能态，随着激活离子浓度的增加，离子的能态就会逐渐靠拢从而引发能态之间的能量转移，将能量通过猝灭中心在基质晶格的振动过程中逐渐消耗，从而引起发光强度的下降。因此，在 $Li_2Sr_{1-x}SiO_4$：xEu^{3+}（x=0.01～0.09）体系中，Eu^{3+} 的掺杂浓度为 0.05 时发光强度最强。

$Li_2Sr_{0.9875}SiO_4$：$0.0125Sm^{3+}$ 的激发光谱和发射光谱如图 4-191 所示。从图中可以看出，激发光谱覆盖了 250～500nm 的范围，其中，405nm 处为最强激发峰，归属于 Sm^{3+} 的 $^6H_{5/2}\rightarrow{}^4K_{11/2}$ 跃迁。在最强激发峰 405nm

下测得的发射波长覆盖了 550～750nm 的范围，主要发射峰位于 560nm 和 598nm 处。发射峰依次对应着$^4G_{5/2}\rightarrow{}^6H_{5/2}$（560nm，570nm），$^4G_{5/2}\rightarrow{}^6H_{7/2}$（582nm，598nm）和$^4G_{5/2}\rightarrow{}^6H_{9/2}$（643nm，653nm）。

图 4-192 为在 Eu^{3+} 的发射波长为 612nm 的监测下，图中 a $Li_2Sr_{0.95}SiO_4$：$0.05Eu^{3+}$ 和图中 b $Li_2Sr_{0.9375}SiO_4$：$0.05Eu^{3+}$，$0.0125Sm^{3+}$ 的激发光谱。从 Eu^{3+} 和 Sm^{3+} 共掺样品的激发光谱可以看出，共掺后的激发光谱不仅包含 Eu^{3+} 的激发峰（396nm），同时还包括 Sm^{3+} 的激发峰（405nm），并且可以看出，共掺后的激发光谱在近 400nm 处的激发峰有明显的拓宽，可以初步判定 Sm^{3+} 和 Eu^{3+} 之间存在着一定的能量传递。结果表明，Eu^{3+} 和 Sm^{3+} 共掺后的 $Li_2Sr_{0.9375}SiO_4$：$0.05Eu^{3+}$，$0.0125Sm^{3+}$ 样品可以拓宽到 400nm 的吸收范围，可以更适合近紫外 LED 芯片激发的发光材料应用。

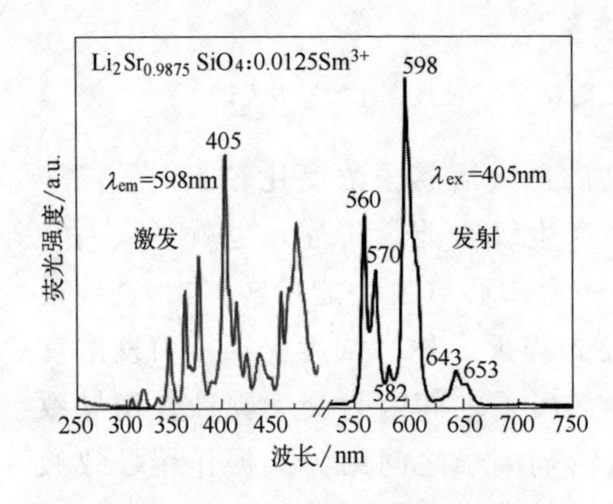

图 4-191 $Li_2Sr_{0.9875}SiO_4$：$0.0125Sm^{3+}$ 荧光光谱

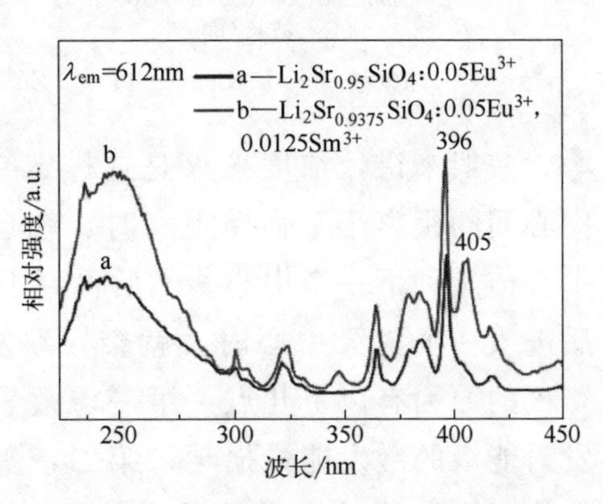

图 4-192 硅酸盐发光材料的激发光谱

分析共掺 Eu^{3+} 和 Sm^{3+} 的发射光谱（图 4-193），固定 Eu^{3+} 的最佳浓度 0.05，讨论随着 Sm^{3+} 浓度的增加，发光材料 $Li_2Sr_{0.95}SiO_4$：$0.05Eu^{3+}$ 和 $Li_2Sr_{0.95-y}SiO_4$：$0.05Eu^{3+}$，ySm^{3+} 的发射光谱的变化。图 4-193 中插图给出了在 Eu^{3+} 的$^5D_0\rightarrow{}^7F_2$ 跃迁对应下的 $Li_2Sr_{0.9375}SiO_4$：$0.05Eu^{3+}$，$0.0125Sm^{3+}$（$ySm^{3+}/xEu^{3+}=1/5$，1/4，1/3，1/2，1）发射强度。从图中更可以看出当 $ySm^{3+}/xEu^{3+}=1/4$ 时，即 $Li_2Sr_{0.9375}SiO_4$：$0.05Eu^{3+}$，$0.0125Sm^{3+}$ 的发光强度最大，当 $ySm^{3+}/xEu^{3+}>1/4$ 时，体系发生了浓

度猝灭作用，发光强度开始逐渐降低。比较图 4-192 中 a 与 b 可以发现，在 405nm 激发下，b 的发射强度明显增强，发射光谱不仅包括 Sm^{3+} 的典型发射峰（560nm，570nm，598nm，643nm），还包括 Eu^{3+} 的典型发射峰（588nm，612nm），也就是说，共掺样品在 Sm^{3+} 的激发波长 405nm 的激发下，Sm^{3+} 把吸收的能量有效传递给了 Eu^{3+}，同时发射出了 Sm^{3+} 和 Eu^{3+} 的光，并且增强了 Eu^{3+} 的发光。因此，Eu^{3+} 扮演的是激活剂的角色，Sm^{3+} 在这个体系中是一个很好的敏化剂。可以得出结论，Sm^{3+} 和 Eu^{3+} 之间存在能量传递。

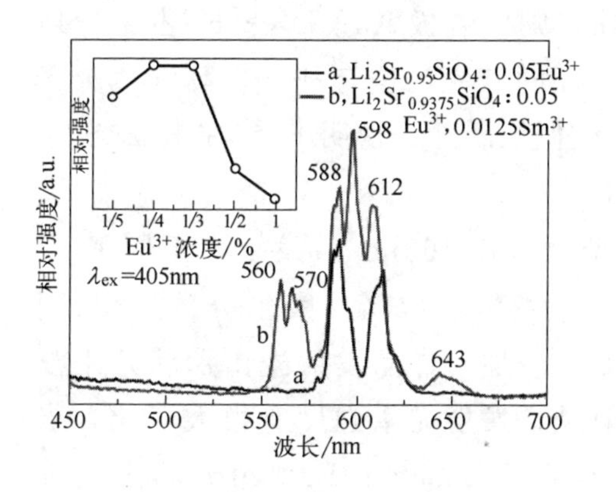

图 4-193 硅酸盐发光材料的发射光谱

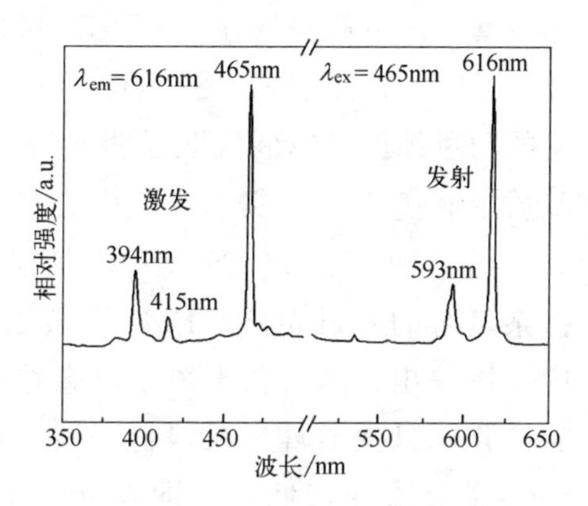

图 4-194 K_2ZnSiO_4:Eu^{3+} 的激发和发射光谱

赵嘉彤[44] 利用高温固相法制备了 K_2ZnSiO_4：Eu^{3+} 发光材料。图 4-194 为煅烧温度为 950℃、保温时间为 4h、Eu^{3+} 掺杂量为 4%（摩尔分数）时 K_2ZnSiO_4：Eu^{3+} 发光材料的荧光图谱。图中左侧是发光材料在 616nm 波长监测下的激发光谱，右侧是发光材料在 465nm 激发下的发射光谱。由图可知，样品的激发光谱由位于 394nm、415nm 和 465nm 的三个峰组成，均属于 Eu^{3+} 的 f→f 高能级特征跃迁吸收，分别对应于 Eu^{3+} 的 $^7F_0 \rightarrow {}^5L_6$、$^7F_0 \rightarrow {}^5D_3$ 和 $^7F_0 \rightarrow {}^5D_2$ 能级跃迁，其中位于 465nm 处的激发峰占主导地位，与商用蓝光激发（450～470nm）的芯片所发射的波长相匹配，说明本实验制备的荧光粉可用于商用 WLED。发射光谱主要由位于 593nm 和 616nm 的两个发射峰组成，分别对应 Eu^{3+} 的 $^5D_0 \rightarrow {}^7F_1$ 和 $^5D_0 \rightarrow {}^7F_2$ 能级跃迁。其中，位于 616nm 的发射峰最强，制备的 K_2ZnSiO_4：Eu^{3+} 发光材料呈红色发射。Eu^{3+} 的激发态为 $^5D_0$，基态为 $^7F_0$。

Eu^{3+}的高能级$^5D_0$到低能级^7F_j（$j=1$，2）的跃迁属于f→f跃迁，这种跃迁以线状光谱的形式发射，晶体场对它的影响小，发出波长不同的光。其中，Eu^{3+}的$^5D_0 \rightarrow {}^7F_2$跃迁为电偶极跃迁，为允许跃迁，$^5D_0 \rightarrow {}^7F_1$跃迁为磁偶极跃迁，为不允许跃迁。$Eu^{3+}$在基质晶格中的位置会影响材料的发光颜色，源于电偶极跃迁和磁偶极跃迁的选择定位，若Eu^{3+}占据基质晶格的反演中心对称位置，则磁偶极跃迁$^5D_0 \rightarrow {}^7F_1$占主导地位，此时，发光材料发橙色光，反之，若$Eu^{3+}$占据基质晶格的非反演中心对称位置，$^4f_6$组态中混入了部分相反宇称的5d组态，宇称选择定律会发生松动，导致禁止的电偶极跃迁f→f部分解除，则电偶极跃迁$^5D_0 \rightarrow {}^7F_2$占主导地位，此时，样品发射出波长位于616nm的红光，这有利于提高红色荧光粉的颜色纯度。电偶极跃迁明显高于磁偶极跃迁，说明Eu^{3+}在K_2ZnSiO_4基质中取代Zn^{2+}占据非反演中心格位。

图4-195为K_2ZnSiO_4：Eu^{3+}发光材料在465nm激发下，不同Eu^{3+}掺杂量时的发射光谱，Eu^{3+}掺杂浓度为2%～14%（摩尔分数）。从图中可以看出，随着稀土离子掺杂浓度的增加，样品发射光谱形状几乎没有变化，且发射峰形状保持一致，但是，发射光谱强度有很大变化。当Eu^{3+}掺杂浓度较低时，即发光中心少，K_2ZnSiO_4：Eu^{3+}荧光粉发光强度较低。随着Eu^{3+}掺杂浓度的增加，位于593nm和616nm的发射峰均有不同程度的增加，且位于616nm处的红色发射峰增加程度明显高于位于593nm处的橙色峰增加程度，这说明Eu^{3+}占据了越来越多的非反演对称中心位置，使得$^5D_0 \rightarrow {}^7F_2$电偶极跃迁增强，$K_2ZnSiO_4$：$Eu^{3+}$荧光粉的发光强度随之增加。此外，在实验测定的浓度范围内并未出现浓度猝灭现象。这种现象产生的原因是K_2ZnSiO_4基质的特殊晶体结构，稀土离子Eu^{3+}进入到K_2ZnSiO_4基质中以一维或二维的方式排列，从而抑制了由共振传递引起的激发能量的再迁移，因此没有发生浓度猝灭现象。

不同Eu^{3+}的掺杂浓度变化所对应的CIE色坐标图如图4-196所示。随着Eu^{3+}含量的增加，K_2ZnSiO_4：xEu^{3+}荧光材料发射红光强度随之增强，当Eu^{3+}浓度达到0.14时，对应的CIE色坐标为（0.6908，0.2909），在CIE色坐标图显示位于红色区域，不同Eu^{3+}掺杂浓度样品的CIE色度坐标见表4-1。

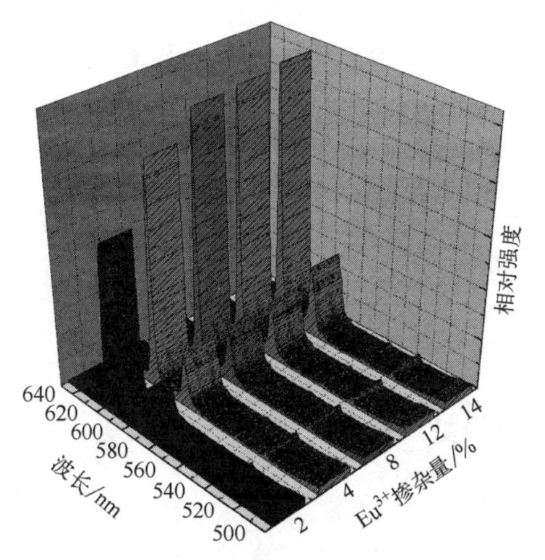

图 4-195 不同 Eu^{3+} 掺杂量下 $K_2ZnSiO_4:Eu^{3+}$ 的发射光谱

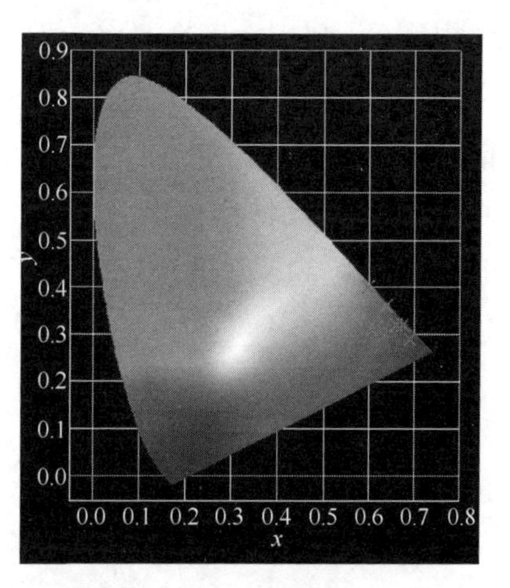

图 4-196 K_2ZnSiO_4：xEu^{3+} 的色坐标图

表 4-1 K_2ZnSiO_4：xEu^{3+} 的色坐标

Eu^{3+} 掺杂量 x	色坐标
0.02	(0.5986,0.4003)
0.04	(0.6384,0.3612)
0.08	(0.6759,0.3197)
0.12	(0.6609,0.3189)
0.14	(0.6908,0.2909)

七、氮（氧）化物

硅基氮氧化物是由 SiX_4(X=O，N）四面体形成的网络组成，具有很好的化学和热稳定性。同时稀土离子（Eu^{2+}、Ce^{3+}等）的 5d 壳层裸露于外层，受晶体场环境的影响显著，4f→5d 跃迁能量随晶体环境（结构、价态、配位、占位和键长）的改变而变化明显。富氮的晶体场环境引起较大的电子云重排效应和发光离子（Eu^{2+}、Ce^{3+}等）的 5d 电子轨道能量下降，从而呈现长波方向的荧光激发和发射。SiX_4(X=O，N）四面体形成的刚性稳定的晶体结构引起的斯托克斯位移较小，使硅基氮氧化物发光材料具有较高的光转换效率和光色稳定性，对温度和驱动电流的变化不敏感。因此以氮化物为基质材料的发光材料由于具有优良的荧光性能而受到广泛关注。

申颖[45] 利用常压高温固相方法制备了 $CaAlSiN_3$:Eu^{2+} 红色发光材料。图 4-197 是高温固相方法制备的 $CaAlSiN_3$:Eu^{2+} 红色发光材料的 XRD 图谱。将所得衍射峰值数据对比 PDF 卡片（No. 39-0747）后，可以看出少量 Eu^{2+} 的掺杂对 $CaAlSiN_3$ 的晶体结构影响较小。发光材料的主相为 $CaAlSiN_3$，此外还有少量的 AlN 相，AlN 相的形成是由于反应不充分造成。

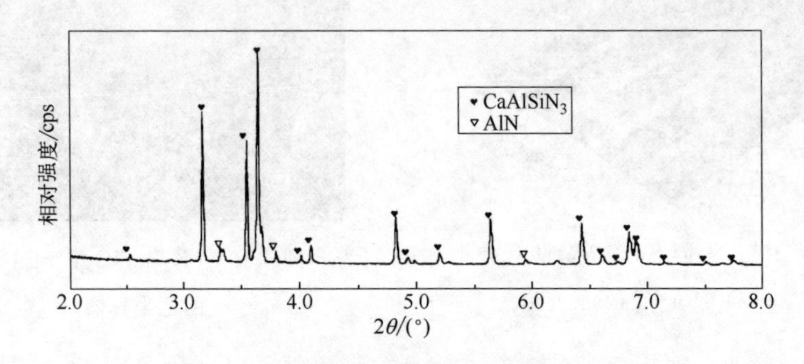

图 4-197 $CaAlSiN_3$:Eu^{2+} 红色发光材料的 XRD 图谱

$CaAlSiN_3$：Eu^{2+} 晶体属于正交晶系，空间群是 $Cmc2_1$，晶格常数为 a＝0.9802nm，b＝0.5651nm，c＝0.5063nm。

图 4-198 为 $CaAlSiN_3$:Eu^{2+} 的晶体结构分析，在 $CaAlSiN_3$:Eu^{2+} 中，在［001］方向具有由 6 个四面体 MN_4（SiN_4 或 AlN_4）形成的一个 M_6N_{18} 刚性三维圆环，而 Ca^{2+} 结合在圆环的中间，Eu^{2+} 在 $CaAlSiN_3$:Eu^{2+} 中取代 Ca^{2+} 的位置。其中 2/3 的 N 原子（N1）与 3 个 M 原子结合，另外有

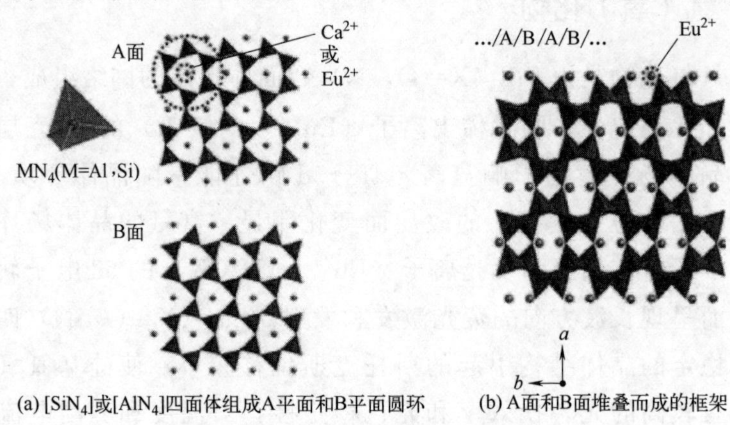

(a) [SiN_4]或[AlN_4]四面体组成A平面和B平面圆环　(b) A面和B面堆叠而成的框架

图 4-198 $CaAlSiN_3$:Eu^{2+} 晶体结构

1/3 的 N 原子（N2）与 2 个 M 原子结合，这种 M_6N_{18} 圆环随着 MN_4 四面体有着非常高的［001］导向。通过水平观察［100］方向，可以发现有着 ABAB…序列的两个层面。A 层和 B 层是完全相同的，B 层是 A 层 180°旋转后得到的。通过对原子间距离的计算得出，M 与 N 的平均距离是 0.18nm，然而 M-N1 的距离比 M-N2 的短。这说明 N1 原子在其中起支配作用，这种结构造成 $CaAlSiN_3:Eu^{2+}$ 具有很强的刚性结构。

$CaAlSiN_3$：$0.01Eu^{2+}$ 的激发光谱如图 4-199 所示。由图可见，$CaAlSiN_3:Eu^{2+}$ 的激发光谱存在两个激发峰，分别位于 300～350nm 和 400～500nm 范围内，可以与紫外芯片和蓝光芯片匹配，制备得到 WLED。目前应用较广的蓝光芯片的发射波长为 450～470nm，与第二个激发峰的波长吻合较好。

图 4-200 的发射光谱为利用 450nm 激发光激发所得，从图中可以看出，$CaAlSiN_3:Eu^{2+}$ 体系发射主峰在 650nm 处，呈现为 575～775nm 的宽带。该宽峰发射属于激活剂 Eu^{2+} 的激发态电子的 5d-4f 跃迁。

Eu^{2+} 是一种高效激活剂离子，在晶体场的作用下 Eu^{2+} 的 5d 轨道发生劈裂，晶体场能量越强，劈裂越严重，电子跃迁到 4f 层的能量越低，从而发出的光的波长也就变长，可以从紫外光逐渐到红光变化。$CaAlSiN_3:Eu^{2+}$ 的晶体场是一种比较强的晶体场，发出的光为红光。

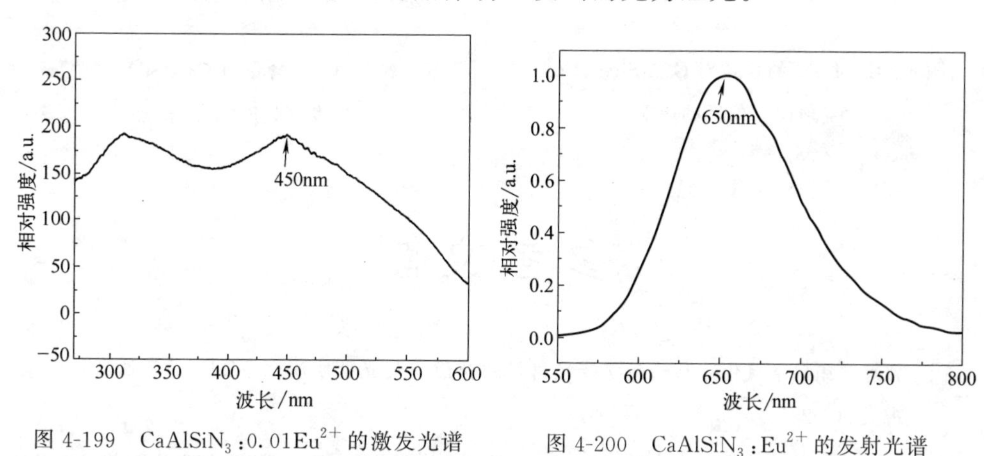

图 4-199 $CaAlSiN_3:0.01Eu^{2+}$ 的激发光谱

图 4-200 $CaAlSiN_3:Eu^{2+}$ 的发射光谱

图 4-201 反映了激活剂 Eu^{2+} 含量对 $CaAlSiN_3:Eu^{2+}$ 发射波长的影响。从图中可以看出，波长是随 Eu^{2+} 含量的升高发生了红移现象。红移产生的原因可解释为二次吸收，二次吸收是一部分 Eu^{2+} 在发射出一定波长光

的时候另外的一部分 Eu^{2+} 会把它发射出的光重新吸收，而且利用这部分重新吸收的光发射出更长波长的光。随着 Eu^{2+} 含量增加，二次吸收现象加重，因此波长变长，发生红移现象。

图 4-202 为激活剂 Eu^{2+} 含量对 $CaAlSiN_3:Eu^{2+}$ 发光强度的影响。从图中看出，随着 Eu^{2+} 含量升高发光强度出现先升高后降低的现象。随 Eu^{2+} 浓度增大，首先 Eu^{2+} 吸收的激发光增多，因此发出的光强增大，但是激发光的量是一定的，Eu-Eu 之间还存在的另一种相互作用就是共振，随 Eu^{2+} 浓度增大，共振引起的非辐射弛豫占主导因素时，强度下降，发生浓度猝灭，发射强度降低。合成的 $CaAlSiN_3:Eu^{2+}$ 发光材料中，Eu^{2+} 的最佳掺杂量为每摩尔 $CaAlSiN_3$ 基质添加 Eu^{2+}（激活剂）0.01mol。

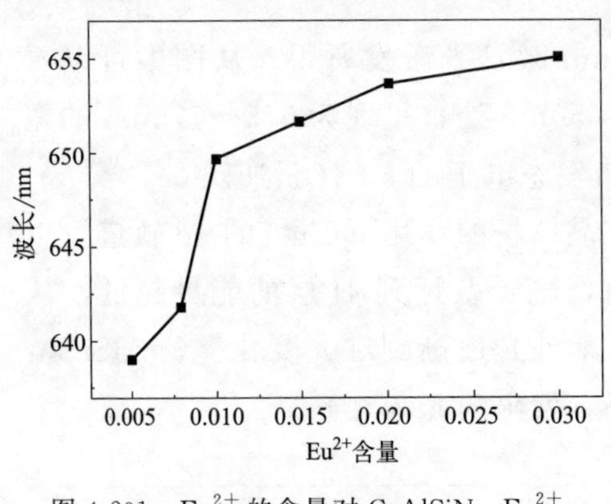

图 4-201 Eu^{2+} 的含量对 $CaAlSiN_3:Eu^{2+}$ 发射波长位置的影响

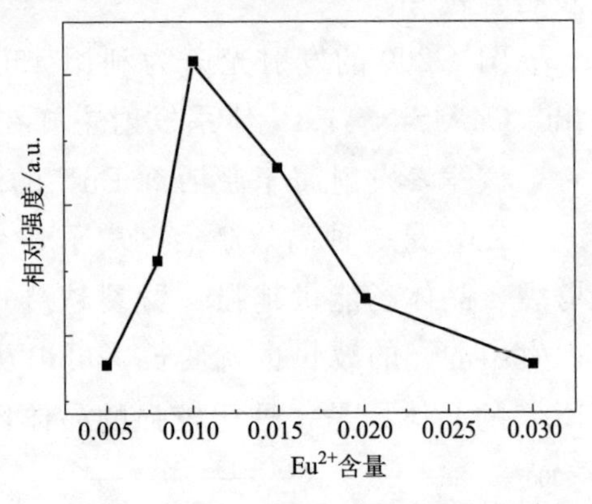

图 4-202 Eu^{2+} 含量对 $CaAlSiN_3:Eu^{2+}$ 发光强度的影响

参考文献

［1］ 郭静. 铕掺杂氧化钇和磷酸钇荧光材料的合成与荧光性质研究［D］. 呼和浩特：内蒙古大学，2013.

［2］ Moura A P，Oliveira L H，Paris E C，et al. Photolumiscent properties of nanorods and nanoplates Y_2O_3：Eu^{3+}［J］. Journal of Fluorescence，2011，21（4）：1431-1438.

［3］ 邹科. ZnO 纳米材料的铝、稀土元素掺杂及其光学和电学性能研究［D］. 济南：山东大学，2011.

［4］ Yang Y M，Lai H，Tao C Y，et al. Correlation of luminescent properties of ZnO and Eu doped ZnO nanorods [J]. Journal of Materials Science: Materials in Electronics, 2010, 21 (2): 173-178.

[5] 张颂，刘桂霞，董相廷，等. Gd_2O_3：Eu^{3+} 纳米棒的制备与发光性能 [J]. 高等学校化学学报，2009，30 (1)：7-10.

[6] Xia G D, Wang S M, Zhou S M, et al. Selective phase synthesis of a high luminescence Gd_2O_3：Eu nanocrystal phosphor through direct solution combustion [J]. Nanotechnology, 2010, 21 (34): 345601.

[7] 朱振峰，刘佃光，李广军，等. 微波水热合成球形 Al_2O_3：Eu^{3+} 及发光性能研究 [J]. 功能材料，2011，42 (7)：1339-1341.

[8] Maria B, Singhb K C, Moyaa M, et al. Characterization and photoluminescence properties of some CaO, SrO and $CaSrO_2$ phosphors Co-doped with Eu^{3+} and alkali metal ions [J]. Optical Materials, June 2012, 34 (8): 1267-1271.

[9] 陈亚勇. 稀土掺杂碱土金属化合物发光材料的研制 [D]. 厦门：厦门大学，2007.

[10] Xia Q, Batentschuk M, Osvet A, et al. Quantum yield of Eu^{2+} emission in ($Ca_{1-x}Sr_x$) S: Eu light emitting diode converter at 20-420K [J]. Radiation Measurements, 2010, 45 (3-6): 350-352.

[11] 周文理. 碱土-稀土三元硫化物红色荧光粉的合成与发光性质 [D]. 长沙：湖南师范大学，2009.

[12] 胡运生，叶红齐，庄卫东，等. Sr/Ca 比变化对红色荧光粉 $Ca_{1-x}Sr_xS$: Eu^{2+} 的影响 [J]. 中国稀土学报，2004，22 (6)：854-857.

[13] 田科明. 微/纳米 MY_2S_4(M=Ca、Sr、Ba) 红色荧光粉的合成及表征 [D]. 长沙：湖南师范大学，2006.

[14] 杨利颖，王进贤，董相廷，等. 用双坩埚硫化法制备 Y_2O_2S: Eu^{3+} 纳米纤维 [J]. 材料热处理学报，2013，34 (3)：7-11.

[15] Thirumalai J, Chandramohan R, Vijayan T. Synthesis, characterization and formation mechanism of monodispersed Gd_2O_2S: Eu^{3+} nanocrystals [J]. Journal of Materials Science: Materials in Electronics, 2011, 22 (8): 936-943.

[16] Lu Z G, Chen L M, Tang Y G, et al. Preparation and luminescence properties of Eu^{3+}-doped $MSnO_3$(M=Ca, Sr and Ba) perovskite materials [J]. Journal of Alloys and Compounds, 2005, 387 (1-2): L1-L4.

[17] 郭超. $Mg_2Sr_{(2-x)}TiO_4$:Eu^{3+}，Gd^{3+} 红色发光材料的制备及影响因素研究 [D]. 哈尔滨：哈尔滨理工大学，2014.

[18] 周涛. 稀土离子 Ce^{4+} 和 Eu^{3+} 在碱土锡酸盐基质中的发光研究 [D]. 汕头：汕头大学，2009.

[19] Chen X Y, Ma C, Bao S P, et al. Novel porous $CaSnO_3$：Eu^{3+} and Ca_2SnO_4：Eu^{3+} phosphors by Co-precipitation synthesis and postannealing approach: a general route to alkaline-earth stannates [J]. Journal of Alloys and Compounds, 2010, 497 (1-2):

354-359.

[20] 李优. WLED 用发光材料的制备及荧光性能研究 [D]. 哈尔滨：哈尔滨理工大学，2013.

[21] Yang J Y，Su Y C. Novel 3D octahedral $La_2Sn_2O_7$：Eu^{3+} microcrystals：hydrothermal synthesis and photoluminescence properties [J]. Materials Letters，2010，64 (3)：313-316.

[22] Yang H M，Shi J X，Gong M L，et al. A novel red phosphor：Ca_2GeO_4：Eu^{3+} [J]. Journal of Rare Earths，2010，28 (4)：519-522.

[23] 姜晓岚，吕树臣. 纳米晶 $CaWO_4$：Eu^{3+} 的制备和发光性质的研究 [J]. 光学仪器，2012，34 (3)：66-70.

[24] Li L Z，Yan B，Lin L X，et al. Solid state synthesis，microstructure and photoluminescence of Eu^{3+} and Tb^{3+} activated strontium tungstate [J]. Journal of Materials Science：Materials in Electronics，2011，22 (8)：1040-1045.

[25] 游航英. 稀土铕掺杂的钨/钼酸盐红色发光材料的制备及性能研究 [D]. 赣州：赣南师范学院，2012.

[26] Liao J S，Wei Y W，Qiu Bao，et al. Photoluminescence properties of $La_{2-x}Eu_x(WO_4)_3$ red phosphor prepared by hydrothermal method [J]. Physica B：Condensed Matter，2010，405 (16)：3507-3511.

[27] Marques A P A，Tanaka M T S，Longo E，et al. The role of the Eu^{3+} concentration on the $SrMoO_4$：Eu phosphor properties：synthesis，characterization and photophysical studies [J]. Journal of Fluorescence，2011，21 (3)：893-899.

[28] 杨玉玲，黎学明，冯文林，等. $CaMoO_4$:Eu^{3+} 红色荧光粉化学共沉淀合成与表征 [J]. 无机材料学报，2010，25 (10)：1015-1019.

[29] 武琦. 稀土掺杂钼酸盐荧光粉的制备及发光性能研究 [D]. 长春：吉林大学，2012.

[30] Fu Z L，Wu Q，Gong W D，et al. Photoluminescence properties and analysis of spectral structure of $R_2(MoO_4)_3$：Eu^{3+} (R=La，Gd) phosphors [J]. Journal of the Optical Society of America B，2011，28 (4)：709-713.

[31] 刘涛. 共掺杂钼酸钆（锌）铕红色荧光粉的合成与荧光增强效应 [D]. 南昌：南昌大学，2011.

[32] 曾露. 稀土掺杂钨钼酸盐发光材料的合成及性能研究 [D]. 武汉：中南民族大学，2012.

[33] Ru J J，Guo J，Luo W K，et al. Preparation and luminescence characteristics of $Li_2Y_{4-x}Eu_x(WO_4)_7$ red-emitting phosphor [J]. Advanced Materials Research，2012，476-478：1820-1824.

[34] 孙壮. 钛酸盐体系白光 LED 用红色荧光粉的制备及性能研究 [D]. 上海：东华大学，2011.

[35] Zeng P J，Yu L P，Qiu Z X，et al. Significant enhancement of luminescence intensity

of $CaTiO_3$：Eu^{3+} red phosphor prepared by sol-gel method and Co-doped with Bi^{3+} and Mg^{2+} [J]. Journal of Sol-Gel Science and Technology，2012，64 (2)：315-323.

[36] 李健. 钛酸盐发光材料的制备与荧光性能研究 [D]. 哈尔滨：哈尔滨理工大学，2015.

[37] 张健. 钛酸盐基质白光LED用红色荧光粉的制备及性能研究 [D]. 天津：天津理工大学，2012.

[38] Lu Z，Zhang L，Xu N C，et al. Luminescent properties of Eu^{3+} doped layered perovskite structure M_2TiO_4 (M＝Ca，Sr，Ba) red-emitting phosphors [J]. Spectroscopy and Spectral Analysis，2012，32 (10)：2632-2636.

[39] 汤安. 白光LED用含铟及铌酸钆红色荧光粉的发光性能研究 [D]. 重庆：重庆大学，2012.

[40] 刘红利，郝玉英，许并社. 白光发光二级管用红色荧光粉 $LiSrBO_3$:Eu^{3+} 的制备与发光性能研究 [J]. 物理学报，2013，62 (10)：453-458.

[41] 李继红. 离子掺杂和自激活钒酸盐荧光粉的制备和发光性能研究 [D]. 上海：上海师范大学，2012.

[42] 鄢蜜昉. 白光LED用红色荧光粉 $M_2P_2O_7$:Eu^{3+} (M＝Ba，Sr，Ca) 的制备及其发光性能研究 [D]. 武汉：华中科技大学，2012.

[43] 于泓. 白光LED用硅酸盐荧光粉的合成与性能研究 [D]. 长春：吉林大学，2013.

[44] 赵嘉彤. 硅酸盐发光材料的制备与荧光性能研究 [D]. 哈尔滨：哈尔滨理工大学，2016.

[45] 申颖. $MAlSiN_3$:Eu^{2+} (M＝Ca，Sr) 及其复合体系荧光粉的制备及发光特性研究 [D]. 北京：北京有色金属研究总院，2011.

第五章　绿色发光材料

在 WLED 用发光材料中，绿色发光材料的相对发光强度占较大部分，约为 40%，且绿色发光材料在价格上较便宜，因此绿色发光材料的亮度和发光效率对于 WLED 总的发光效果有很大的影响。

第一节　磷酸盐体系

磷酸盐基质[1] 的发光材料是一种比较重要的绿色发光材料，具有良好的化学稳定性和热稳定性；高发光强度；高量子效率；显色性较好；合成温度低，大多数的研究所或工厂都能满足设备上的要求；原料价格便宜，可以有效降低发光材料的价格。

一、焦磷酸盐

碱土焦磷酸盐 $M_2P_2O_7$（M＝Ca、Sr、Ba 等），一般为双晶或多晶型同质结构，想要得到室温下稳定的高温相，必须以较快的冷却速度得到。

豆喜华等[2] 利用高温固相的方法制备了 $Sr_{1-x-y}MgP_2O_7$：$x Ce^{3+}$，$y Tb^{3+}$绿色发光材料。$SrMgP_2O_7$ 晶体属于单斜晶系，为 $P2_1/C$ 空间群，晶格常数：$a=0.531$nm，$b=0.830$nm 和 $c=1.268$nm，晶胞体积 $V=0.559nm^3$，$Z=4$。在这种晶体中，阳离子占据三种不同的晶体格位：

Sr^{2+}占据八配位的格位，P^{5+}占据四配位的格位，Mg^{2+}占据三配位的格位，晶胞结构如图 5-1 所示。离子半径随着离子占据的配位数不同而不同，在 $SrMgP_2O_7$ 晶体结构中，$R_{Sr}=0.140nm$，$R_P=0.043nm$，$R_{Mg}=0.071nm$。

图 5-2 为 $SrMgP_2O_7$：Ce^{3+}，Tb^{3+}的激发和发射光谱。545nm 发射峰对应的激发光谱由几个激发带组成。但与只掺 Tb^{3+}的激发光谱相比，其强度明显增强，形状发生了明显的变化，并且与 Ce^{3+}的 4f→4f 跃迁产生的发射带重叠。在 327nm 激发下，发射光谱中包含了几个发射带，发射峰值位于 398nm、437nm、491nm、545nm、585nm 和 621nm，其中 398nm 属于 Ce^{3+} 的 4f→4f 跃迁，其他分别属于 Tb^{3+} 的$^5D_3\rightarrow^7F_4$、$^5D_4\rightarrow^7F_6$、$^5D_4\rightarrow^7F_5$、$^5D_4\rightarrow^7F_4$ 和$^5D_4\rightarrow^7F_3$ 跃迁。图 5-2 中位于 398nm 的发射峰强度明显低于单掺 Ce^{3+}时的发射峰强度，说明由于 Tb^{3+}的加入，Ce^{3+}有部分能量损失而不能转化为荧光发射；而位于 545nm 的发射峰强度很明显高于单掺 Tb^{3+}时在 327nm 激发的发射峰强度，说明了 Ce^{3+}把部分能量传递给 Tb^{3+}。因此，这里 Ce^{3+}作为敏化剂，Tb^{3+}作为激活剂，在 $SrMgP_2O_7$ 基质中，Ce^{3+}对 Tb^{3+}有很强的敏化作用。

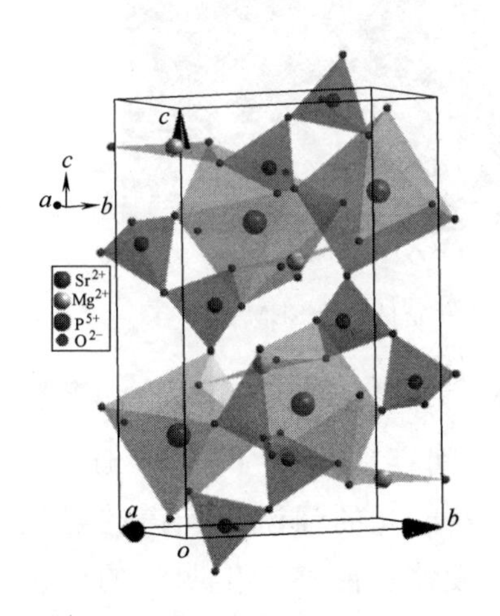

图 5-1　$SrMgP_2O_7$ 的晶胞结构

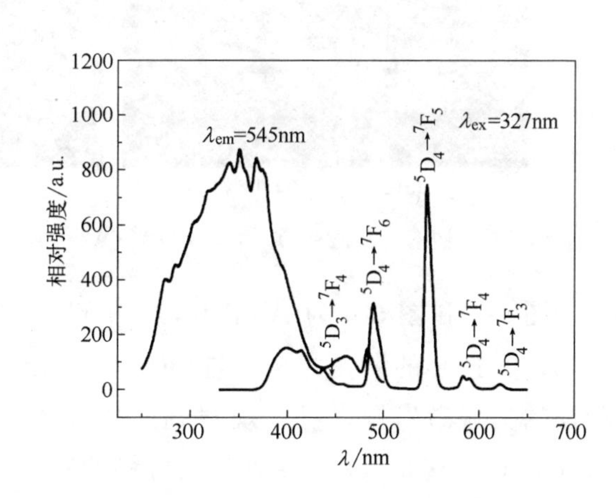

图 5-2　$SrMgP_2O_7$:Ce^{3+},Tb^{3+} 的发光光谱

Thomas 等[3] 利用传统固相合成法制备了 $AY_{1-x}P_2O_{7.5}$：xTb^{3+}（A=Ca，Sr；x=0.01，0.03，0.05，0.10）绿色发光材料。图 5-3 为 $AYP_2O_{7.5}$(A=Ca 或 Sr）发光材料的 X 射线衍射图谱。通过与 JCPDS 标准卡片对比，所有的衍射峰与 No. 11-254 峰位置及强度对比都相同，为

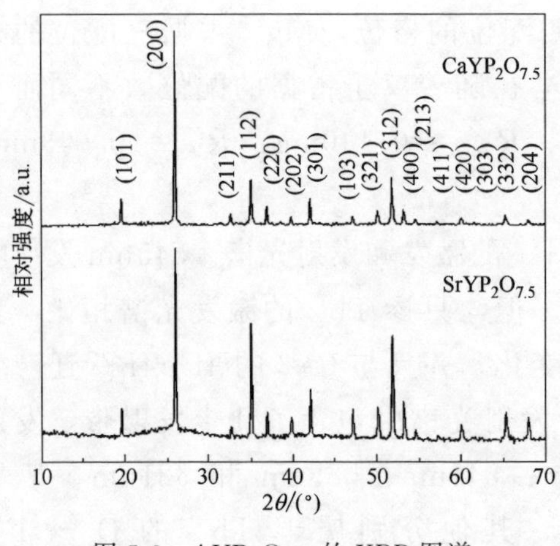

图 5-3 $AYP_2O_{7.5}$ 的 XRD 图谱

标准的磷钇矿四方晶系结构。已知简单的磷酸盐通式为 $REPO_4$（RE 为稀土），当 RE 为 La、Ce、Pr、Nd、Sm、Eu、Gd 时，磷酸盐为单斜晶系（$P2_1/n$）的独居石型结构；当 RE 为 Tb、Dy、Ho、Er、Tm、Yb、Lu、Y、Sc 时，磷酸盐为四方晶系（$I4_1/amd$）的磷钇矿型结构。新合成的化合物也遵循此规则，为磷钇矿四方晶系结构。

图 5-4 为 $AYP_2O_{7.5}$：$0.1Tb^{3+}$（A＝Ca，Sr）发光材料粉末状态的 SEM 图。通过 SEM 图可以看出，所制备的发光材料结晶效果较好。

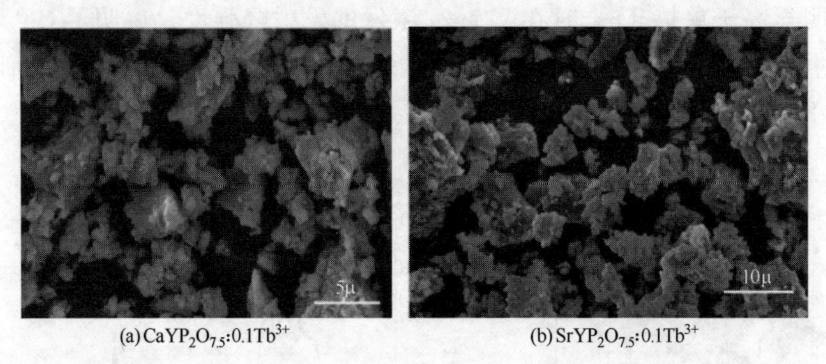

(a) $CaYP_2O_{7.5}$:$0.1Tb^{3+}$　　(b) $SrYP_2O_{7.5}$:$0.1Tb^{3+}$

图 5-4 $AYP_2O_{7.5}$：$0.1Tb^{3+}$（A＝Ca，Sr）发光材料的 SEM 图

图 5-5 和图 5-6 为 $AYP_2O_{7.5}$：xTb^{3+}（A＝Ca，Sr；x＝0.01，0.03，0.05，0.10）的激发光谱。在 300～400nm 之间存在几个 Tb^{3+} 的 4f→4f 跃迁的尖锐激发峰，可以观察到产生 544nm 发射光的强激发光谱的峰位为 378nm，这是 Tb^{3+} 掺杂发光材料的特征激发峰，能够产生明亮的绿色发光。

图 5-7 和图 5-8 为不同浓度的 Tb^{3+} 掺杂 $AYP_2O_{7.5}$（A＝Ca 或 Sr）的发射光谱。整个发射光谱中的峰为 $^5D_4 \rightarrow {}^7F_6$（483～497nm）、$^5D_4 \rightarrow {}^7F_5$（538～557nm）和 $^5D_4 \rightarrow {}^7F_4$（580～590nm）。所有的发射峰被分成两个，因为 Tb^{3+} 在两个基质中四方对称，Tb^{3+} 发射跃迁中的峰位与其他研究相

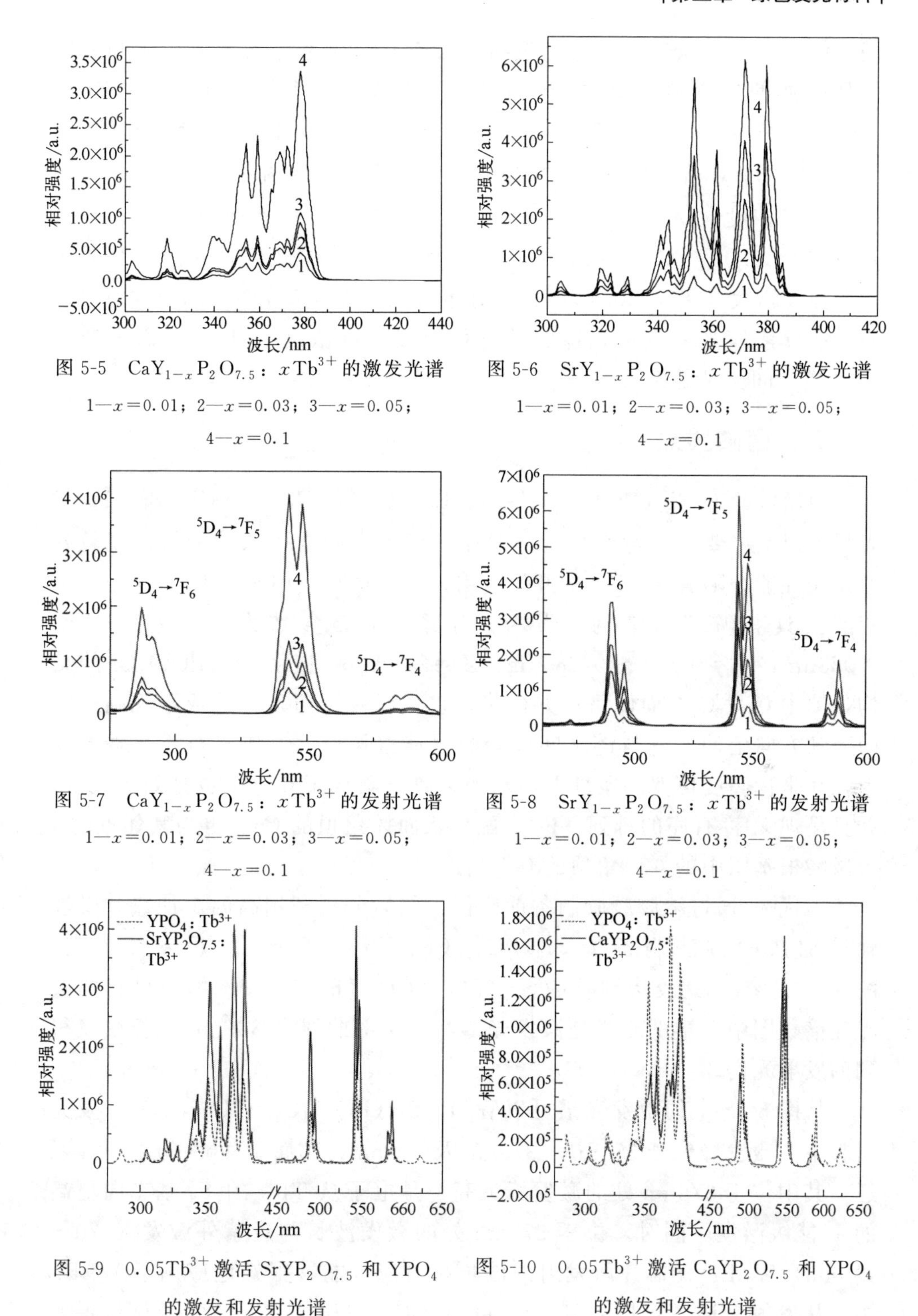

图 5-5 $CaY_{1-x}P_2O_{7.5}$：$x Tb^{3+}$ 的激发光谱

1—x＝0.01；2—x＝0.03；3—x＝0.05；4—x＝0.1

图 5-6 $SrY_{1-x}P_2O_{7.5}$：$x Tb^{3+}$ 的激发光谱

1—x＝0.01；2—x＝0.03；3—x＝0.05；4—x＝0.1

图 5-7 $CaY_{1-x}P_2O_{7.5}$：$x Tb^{3+}$ 的发射光谱

1—x＝0.01；2—x＝0.03；3—x＝0.05；4—x＝0.1

图 5-8 $SrY_{1-x}P_2O_{7.5}$：$x Tb^{3+}$ 的发射光谱

1—x＝0.01；2—x＝0.03；3—x＝0.05；4—x＝0.1

图 5-9 $0.05Tb^{3+}$ 激活 $SrYP_2O_{7.5}$ 和 YPO_4 的激发和发射光谱

图 5-10 $0.05Tb^{3+}$ 激活 $CaYP_2O_{7.5}$ 和 YPO_4 的激发和发射光谱

同。但$^5D_3 \rightarrow {}^7F_J$跃迁产生蓝色发射并没有在本实验中观察到。钙和锶的样品最强的发射强度均位于 544nm。在同一激发波长下，以 YPO_4：0.05Tb^{3+}样品的发射光谱为标准，$SrYP_2O_{7.5}$：0.05Tb^{3+}发射强度高 2.5 倍（图 5-9），$CaYP_2O_{7.5}$：0.05Tb^{3+}发射强度稍低（图 5-10）。

Tb^{3+}浓度对 $AY_{1-x}P_2O_{7.5}$：xTb^{3+}的发光强度的影响（A＝Ca，Sr；x＝0.01，0.03，0.05，0.10）表明，增加 Tb^{3+}的浓度，在两个基质中发射强度增大，当 x＝0.10 时发光强度最大（图 5-7 和图 5-8），这可以说明，在近紫外光激发下，这两种材料能接受高浓度的 Tb^{3+}，而不产生 Tb^{3+}离子间交叉弛豫。

二、卤磷酸盐

卤磷酸盐 $M_5X(PO_4)_3$（M＝Sr、Ba、Ca 等；X＝F，Cl，Br，I）发光材料以前主要用于荧光灯上，但在近紫外光激发下依然能够出现较好的发光性能，随着 WLED 的开发应用，逐渐将其应用到 WLED 中[4]。卤磷酸盐具有磷灰石结构，为六方晶系，晶格参数为：a_0 = 0.943～0.938nm，c_0 = 0.688～0.686nm；Z = 2。图 5-11 为 $Ca_5(PO_4)_3Cl$ 的结构，图中 Ca—O 多面体呈三方柱状，它是以棱及角顶相连成不规则的链向 c 轴方向延伸，链与链之间以磷酸根连接构成，形成平行于 c 轴的孔道，在坐标高度可变的条件下，附加卤离子填充于孔道中也排列形成链，并且呈现无序-有序的排列。F-Ca 配位八面体角顶的 Ca，也与其邻近的 4 个磷酸根基团中的 6 个角顶的 O^{2-} 相连。

李优[5] 通过溶胶凝胶制备前驱体，然后分别利用高温炉加热和微波辅助加热的方法制备了 $Sr_5(PO_4)_3Cl$：Tb^{3+}，Tm^{3+} 绿色发光材料。图 5-12 是溶胶-凝胶法制备的 $Sr_5(PO_4)_3Cl$：Tb^{3+}，Tm^{3+} 发光材料的荧光光谱，图中左半部曲线是激发光谱，右半部曲线是 385nm 波长激发得到的发射光谱。

从图 5-12 中的激发光谱可以看到，$Sr_5(PO_4)_3Cl$：Tb^{3+}，Tm^{3+} 发光材料主要激发峰位于 351nm、378nm 及 405nm，都属于 Tb^{3+} 的 4f→4f 跃迁。其中位于 378nm 处的激发峰最高，是电子从 Tb^{3+} 的$^7F_6$ 基态向更高的 4f 能级激发。同时，位于 378nm 处的激发波长与近紫外激发（370～410nm）WLED 的芯片所发射的波长相对应，能够很好地应用于 WLED 中。从发射光谱图可以看到，$Sr_5(PO_4)_3Cl$：Tb^{3+}，Tm^{3+} 发光材料主要发射峰位于 486nm、543nm、583nm 及 620nm，分别对应 Tb^{3+} 的 $^5D_4 \rightarrow ^7F_6$、$^5D_4 \rightarrow ^7F_5$、$^5D_4 \rightarrow ^7F_4$、$^5D_4 \rightarrow ^7F_3$ 跃迁，其中主发射峰为 486nm 和 543nm。

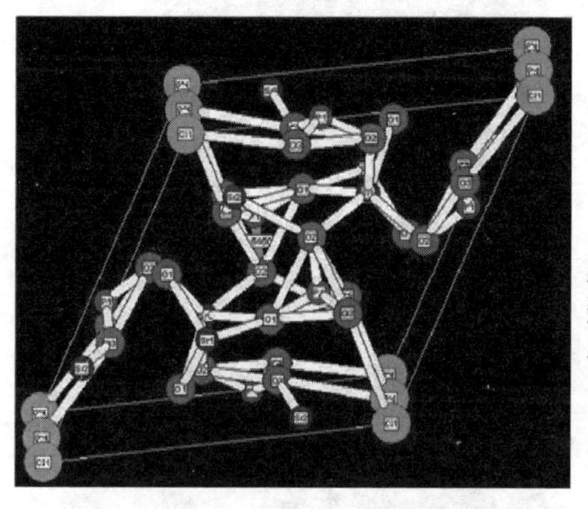

图 5-11 $Ca_5(PO_4)_3Cl$ 晶体结构

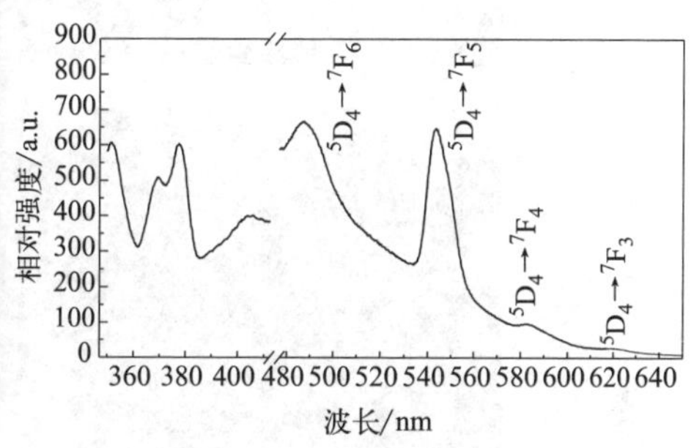

图 5-12 $Sr_5(PO_4)_3Cl$: Tb^{3+}，Tm^{3+} 发光材料的荧光光谱

图 5-13 是经过不同煅烧温度处理 2h 的发光材料的 SEM 图。可以看到，随着煅烧温度的提高，发光材料的表面形貌的规则性提高，由不规则的块状逐渐变成近球形的颗粒，细碎颗粒减少直至消失，颗粒均匀一致性逐渐提高，当煅烧温度为 1250℃时制备所得发光材料的形貌、粒径和表面光滑度达到最优值，再提高煅烧温度，发光材料又呈现不规则的块状结构，颗粒大小不均匀，并有细碎颗粒出现。主要是由于外部高温加热煅烧，使发光材料的晶粒发育完全，温度提高，晶粒的完整性、均一性都会明显提高，内部缺陷减少，有利于制备优良的发光材料，但煅烧温度过高时，使得晶粒过分生长，颗粒间出现团聚等现象，小颗粒聚集形成大颗粒，均一性下降，表面形貌规则性下降。

图 5-14 是不同微波功率下加热 30min 制备的发光材料的 SEM 图。利用家用的微波炉对发光材料进行微波加热，是发光材料制备的一种新方法。利用微波加热制备的发光材料具有迅速、均匀等优点，不需要热传导，对发光材料直接加热，所以加热时间短，高效节能，比常规加热节能 50%以上。

从图 5-14 可以知道，随着微波功率的增加，发光材料的颗粒形貌规则度逐渐增加，细碎小颗粒的数量逐渐减少，颗粒的均匀性逐渐提高，

图 5-13　不同煅烧温度处理 2h 的发光材料的 SEM 图

图 5-14　不同微波功率下加热 30min 制备的发光材料的 SEM 图

粘连、团聚现象逐渐降低，颗粒的缺陷逐渐减少。当微波功率为 800W 时制备得到的发光材料的颗粒较好，再增加微波功率，则颗粒呈现片状，并相互粘连、团聚成为椭球形大颗粒，细碎颗粒增多。无机发光材料并不是非常好的吸波材料，不能通过微波直接快速较好地进行煅烧处理，可通过碳系吸波材料作为加热源对发光材料进行间接加热，同时碳燃烧释放出保护气体，防止稀土元素被氧化，化合价发生变化。对比图 5-13 和图 5-14 可以看出，微波加热与高温炉以热传导的方式直接煅烧的常规加热方式相比，微波加热并没有常规加热方式制备发光材料的颗粒表面形貌规则、颗粒的均匀性好，但在实验中微波加热使用的是家用微波炉，最高的微波功率仅为 1000W，且没有进行任何改进，在同样能煅烧得到较好的发光材料的前提下，微波加热能够节能 80%以上，更适合现在的节能减排的要求。

图 5-15 为不同卤素的发光材料的 XRD 图谱，图 5-16 为不同卤素的发光材料的 SEM 图，图 5-17 为不同卤素的发光材料的发射光谱。

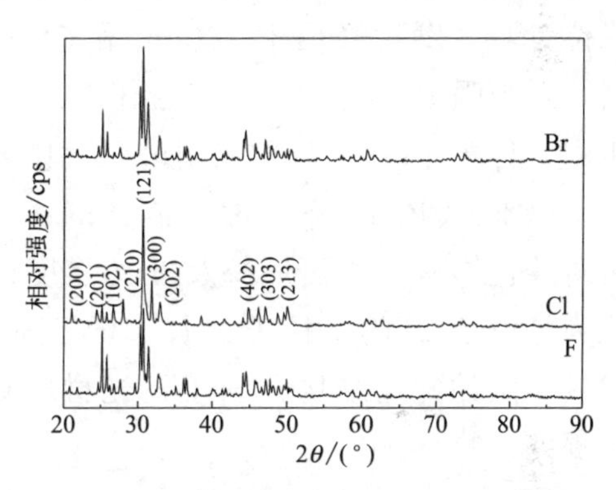

图 5-15　不同卤素发光材料的 XRD 图谱

由图 5-15 可以看出，将 XRD 图谱与标准卡片进行对比，可以知道 XRD 图谱与 JCPDS No. 89-49 的 PDF 卡片吻合较好，所标注的晶面即为 $Sr_5(PO_4)_3Cl$ 的晶面，为六方晶系。三种卤素中，卤素 Cl 作为基体中一部分所合成的发光材料的衍射峰最尖锐，半峰宽最窄，说明本实验中以 Cl 作为卤磷酸盐发光材料中的卤素，对所合成的发光材料晶相的形成具有促进作用，能够提高材料原子有序的程度，减小面间距，提高材料的结晶度。

图 5-16　不同卤素发光材料的 SEM 图

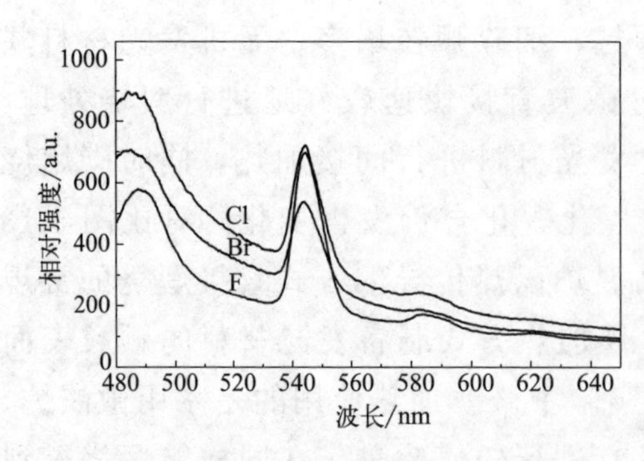

图 5-17 不同卤素发光材料的发射光谱图

由图 5-16 可以看到，当卤素为 F 时，制备的发光材料的颗粒为不规则块状结构，颗粒粒径较小，但团聚现象较严重；当卤素为 Cl 时，制备的发光材料颗粒为不规则块状结构，颗粒表面较光滑，粒径较均匀，基本没有团聚现象；当卤素为 Br 时，制备的发光材料颗粒不规则，颗粒形貌不规则，片状与块状共存，颗粒间团聚现象严重。

由图 5-17 可以看出，卤素变化并没有改变发光材料发射光谱的发射峰位置，主发射峰位于 486nm 和 543nm 处，当卤素为 Cl 时，发射峰最高，发光强度最高，卤素 F 位于 543nm 处的发射峰强度与卤素 Cl 的基本相同，位于 486nm 处的发射峰强度则较低。

以 F、Cl、Br 三种卤素制备的卤磷酸盐发光材料，相结构为各自的卤磷酸盐结构，表面形貌及发光强度以氯磷酸盐最优。产生的原因我们认为是由于 Cl 的半径居于 F、Br 之间，在掺杂发光过程中，更有益于形成较稳定的配位结构，利于发光材料规则的颗粒形貌的形成及发光强度的提高。

三、碱土磷酸盐

Chen 等[6] 利用高温固相法制备了 $LiSrPO_4:Eu^{2+}$，Tb^{3+} 绿色发光材料，发光效果较佳。图 5-18 为 $LiSrPO_4$：xEu^{2+}，yTb^{3+}（$x=0.03$，$y=0$，0.04，0.08，0.10；$x=0$，$y=0.03$）的 XRD 图谱。结果显示稀土元素离子掺杂 $LiSrPO_4$ 的所有的峰与纯 $LiSrPO_4$ 相（JCPDS No. 14-0202）完全对应，杂质对主体的晶格没有明显的影响。考虑到阳离子半径的影响，Eu^{2+} 的离子半径（0.109nm）和 Tb^{3+} 的离子半径（0.104nm）与 Sr^{2+} 的（0.112nm）相接近，Eu^{2+} 和 Tb^{3+} 可能取代 Sr^{2+} 的位置。

$LiSrPO_4$：Tb^{3+} 和 $LiSrPO_4:Eu^{2+}$ 的激发光谱和发射光谱如图 5-19 所示，对于 $LiSrPO_4$：$0.08Tb^{3+}$ 在 369nm 激发下的发射光谱为 Tb^{3+} 的 ${}^5D_4 \rightarrow {}^7F_J$（$J=6$，5，4，3）跃迁发射，发射峰位于 486nm、541nm、585nm、618nm 处。在 $LiSrPO_4$：$Tb^{3+}_{0.08}$ 中观察到了微弱 Tb^{3+} 的 ${}^5D_4 \rightarrow {}^7F_J$

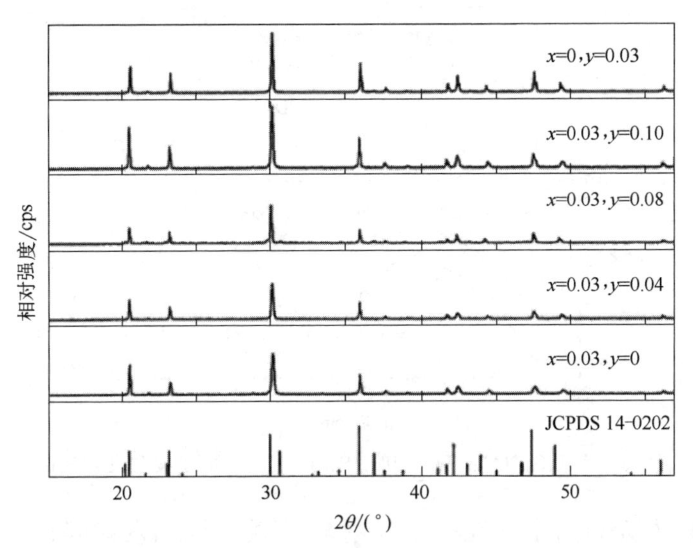

图 5-18 $LiSrPO_4$：xEu^{2+}，yTb^{3+}（$x=0.03$，$y=0$，0.04，0.08，0.10；$x=0$，$y=0.03$）的 XRD 图谱

（$J=5$，6）跃迁发射，分别位于 416nm 和 432nm 处，这可能是由于基体中声子具有较低的振动频率。激发光谱由一个在 260nm 强烈的带组成，这是 Tb^{3+} 在 4f→5d 上的跃迁发射，在 300～490nm 区间存在很多微弱的尖锐峰，这可能是 Tb^{3+} 在 4f→4f 上的跃迁发射。尽管在 300～380nm 之间存在很多吸收带，但因为选择定则，光吸收跃迁被强烈禁止，激发峰较小，因此吸收近紫外 LED 芯片的发射光很困难。此外，在 380～475nm 之间没有任何的吸收带，Tb^{3+} 的单一掺杂发光材料不能被近紫外和蓝光 LED 芯片有效激发。

$LiSrPO_4$:0.03Eu^{2+} 的激发光谱在 250～420nm 处有一个宽的激发峰，这归因于基体中 Eu^{2+} 在 4f→5d 上的跃迁发射。由于激发光谱中 Eu^{2+}（λ_{abs}）的位置处于 5d 能级的最低跃迁发射处，利用激发光谱和发射光谱的镜像关系，估计发射光谱为 23529cm^{-1}。在 250～420nm 处宽的激发峰带表明，该发光材料可以被近紫外 LED 芯片有效地激发。445nm 处的蓝光发射带为 Eu^{2+} 的 5d→4f 能级跃迁。Tb^{3+} 的激发光谱的重叠部分如图 5-19 所示，因此，预计会出现 Eu^{2+} 和 Tb^{3+} 之间的能量传递。

图 5-20 为 Eu^{2+}-Tb^{3+} 共激活发光材料和 Tb^{3+} 单一掺杂 $LiSrPO_4$ 发光材料的激发和发射光谱。370nm 和 400nm 的光激发下，Eu^{2+}-Tb^{3+} 共掺

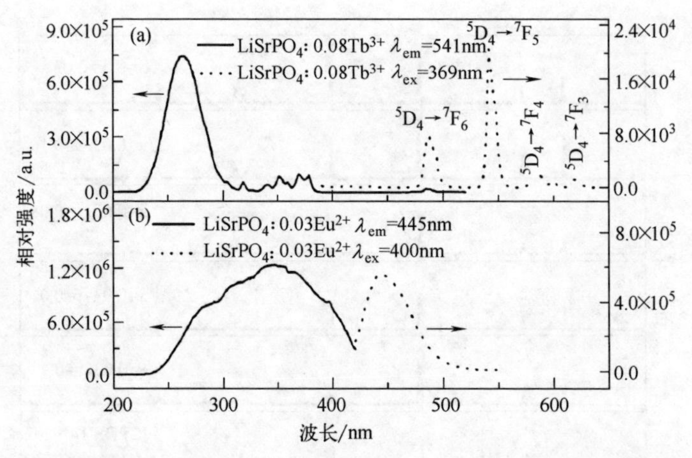

图 5-19　$LiSrPO_4$：Tb^{3+} 和 $LiSrPO_4$：Eu^{2+} 的激发和发射光谱

杂 $LiSrPO_4$ 发光材料中存在一个发射峰较强的绿光发射峰以及一个宽的蓝光发射峰带，前者为 Tb^{3+} 在 4f→4f 上的跃迁发射，后者则是 Eu^{2+} 在 4f→5d 上的跃迁发射。作为对比，图 5-20 也描述了单一掺杂的 $LiSrPO_4$ 发光材料的发射光谱，很明显可以看出在 370nm 或者 400nm 激发下，共掺杂发光材料（曲线 1 和 2）Tb^{3+} 的绿光发射强度大约是 Tb^{3+} 单一掺杂发光材料（曲线 3 和 4）发射强度的 10 或 866 倍。图 5-20 中右上部是在 541nm 发射光下检测 $LiSrPO_4$：$0.03Eu^{2+}$，$0.08Tb^{3+}$ 的激发光谱，存在一个中心在 350nm 处的宽带激发峰和在 484nm 处的一个微弱的激发峰。与单一的掺杂 Eu^{2+} 或者 Tb^{3+} 的激发光谱（图 5-19）相对比，前者归因于 Eu^{2+} 在 4f→5d 上的激发跃迁，而后者则是 Tb^{3+} 在 4f→4f 上的激发跃迁。激发光谱（λ_{em}＝541nm）中 Eu^{2+} 在 4f→5d 上吸收跃迁的出现以及发射光谱（λ_{ex}＝400nm）中 Tb^{3+} 在 4f→4f 上的发射跃迁的出现，证明了从 Eu^{2+} 到 Tb^{3+} 之间产生了有效能量传递。因此 Tb^{3+} 具有充当绿光发光材料激活剂的潜力，在 Eu^{2+} 能量传递基础上，能够被近紫外 LED 芯片发射的

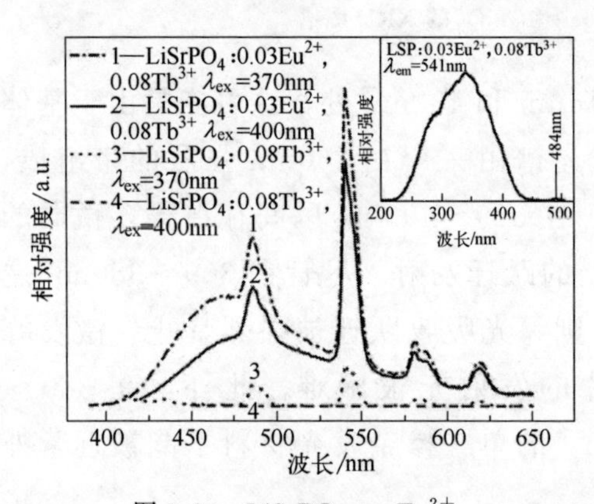

图 5-20　$LiSrPO_4$：$x Eu^{2+}$，$y Tb^{3+}$ 的激发和发射光谱

350～410nm 光直接激发。

在 484nm 处出现了 Eu^{2+} 的宽带发射峰和 Tb^{3+} 的激发峰之间的光谱重叠（图 5-19），表明 Eu^{2+} 和 Tb^{3+} 能量传递可能是辐射，也可能为非辐射。为了研究能量传递的机理和效率，$LiSrPO_4$：$0.03Eu^{2+}$，yTb^{3+} 发光材料中 Eu^{2+} 的能量转移效率及荧光衰减曲线（$\lambda_{ex}=400nm$，$\lambda_{em}=445nm$）如图 5-21 所示，随着 Tb^{3+} 浓度的增加，Eu^{2+} 的荧光寿命通常会有所下降。在缺乏 Tb^{3+} 时，Eu^{2+} 的荧光寿命为 $0.53\mu s$。当 Tb^{3+} 的浓度增加到 10%时，Eu^{2+} 的荧光寿命为 $0.19\mu s$，这进一步说明了 Eu^{2+} 和 Tb^{3+} 之间存在能量传递。

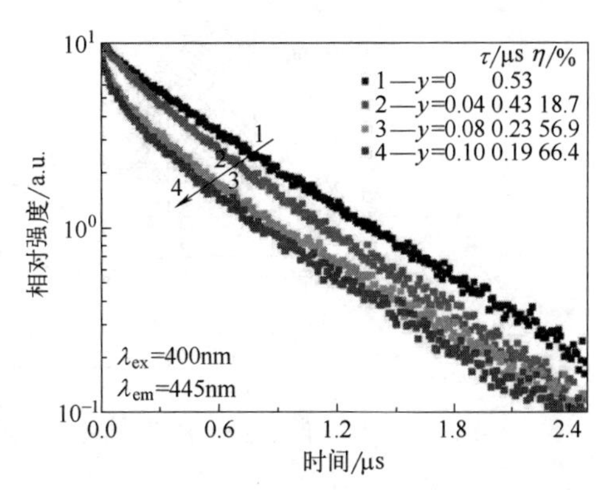

图 5-21　$LiSrPO_4$：$0.03Eu^{2+}$，yTb^{3+} 中 Eu^{2+} 的能量转移效率及荧光衰减曲线

发光过程中，如果是辐射起能量传递作用，在缺少受体存在时，供体的荧光衰减时间保持不变；相反的，如果是非辐射起能量传递作用，随着受体浓度的升高，供体的荧光衰减时间会逐步降低。Tb^{3+} 的浓度对 $LiSrPO_4$ 基体中 Eu^{2+} 荧光寿命的影响表明了从 Eu^{2+} 到 Tb^{3+} 之间传递的能量为非辐射。

Eu^{2+} 到 Tb^{3+} 的能量传递效率（η_T）可以根据下面的公式估算：

$$\eta_T=1-\frac{\tau_x}{\tau_0}$$

式中，τ_0 和 τ_x 分别表示缺少和存在 Tb^{3+} 时 Eu^{2+} 的荧光衰减时间。如图 5-21 所示，随着 Tb^{3+} 浓度的升高能量传递的效率上升，当 Tb^{3+} 的浓度达到 10%时，η_T 达到最大值 66.4%。

$LiSrPO_4$ 发光材料中从 Eu^{2+} 到 Tb^{3+} 的非辐射能量传递过程如图 5-22 所示。从图中可以看出，Eu^{2+} 的最低 $4f^6 5d$ 激发水平（约 $23529cm^{-1}$）与 Tb^{3+} 的 $^5D_4$ 激发水平（约 $20576cm^{-1}$）不匹配，差距约为 $2953cm^{-1}$。据报道，发光材料最大的振动频率约为 $1037cm^{-1}$，因此 Eu^{2+} 的最低激发态和 Tb^{3+} 的激发态（$^5D_4$）之间的差异有望通过基体中的三个声子耦合。

为了进一步优化 $LiSrPO_4$：$0.05Eu^{2+}$，yTb^{3+} 的绿光发射，对 Tb^{3+}

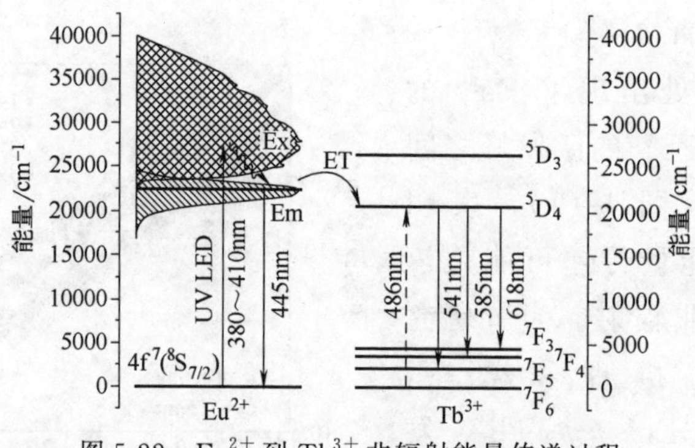

图 5-22　Eu^{2+} 到 Tb^{3+} 非辐射能量传递过程

浓度变化与发射强度变化关系进行了研究。如图 5-23 所示，Tb^{3+} 位于 541nm 处的发射强度随着 Tb^{3+} 浓度的增加而逐渐上升，直到 Tb^{3+} 浓度达到 18%也没有发生浓度猝灭，而当 Eu^{2+} 和 Tb^{3+} 的共掺杂浓度分别为 5%和超过 18%时，出现了杂质相且绿光的发射强度降低。

370nm 光激发下 $LiSrPO_4$：0.05Eu^{2+}，yTb^{3+}（y＝0，0.03，0.09，0.15，0.18）的色品坐标图如图 5-24 所示（对应点 0、1、2、3、4）。随着 Tb^{3+} 浓度的增加，色坐标从蓝色的区域移向绿色的区域，通过对 Tb^{3+} 的浓度进行调节，发射光在一个大的颜色区域内可调。

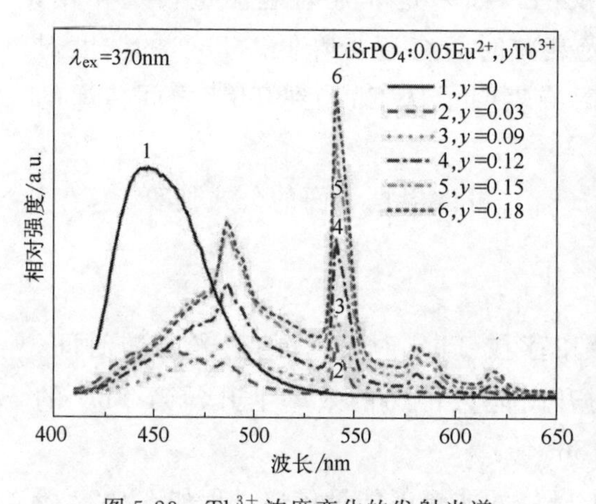

图 5-23　Tb^{3+} 浓度变化的发射光谱

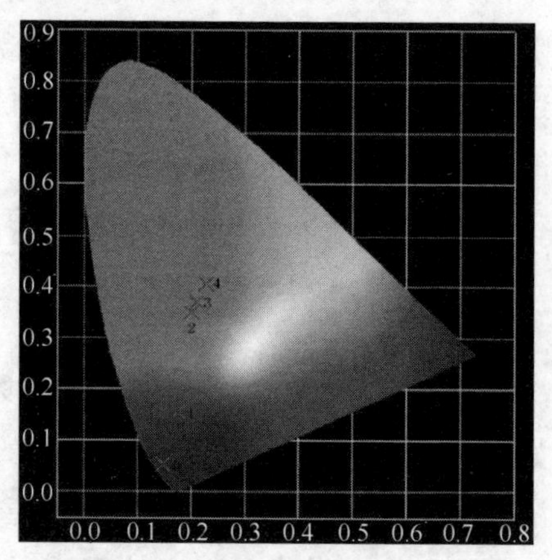

图 5-24　Tb^{3+} 浓度变化的色品坐标图

四、稀土磷酸盐

稀土磷酸盐结构一般用通式 $REPO_4$（RE 为稀土离子）表示。它是很好的发光材料，在 WLED 用发光材料中占据比较重要的位置[7]。由于稀

土离子 Y^{3+}、La^{3+}、Gd^{3+} 和 Lu^{3+} 四种离子具有 $4f^0$、$4f^7$、$4f^{14}$ 等全空、半充满以及全充满的结构，因此不产生 f→f 跃迁，就不会发生无辐射跃迁而消耗能量。

Akiko 等[8] 成功制备了 $KSrY(PO_4)_2:Eu^{2+}$ 绿色发光材料。通过非晶态金属络合（AMC）和固相反应（SSR）法所合成样品的 XRD 图谱如图 5-25 所示。图中的三角形和圆形表示杂质的衍射峰，分别代表 $Sr_3Y(PO_4)_3$ 相与未知相。$KCaNd(PO_4)_2$ 的标准衍射图也标于该图中，$KCaNd(PO_4)_2$ 与 $KSrY(PO_4)_2$ 具有相同的结构形式。所有样品都含有一些未知相，但 $KSrY(PO_4)_2$ 是目标物质，作为将形成的主相。在用 AMC 方法合成样品时，当温度达到 1100℃时会出现温度为 1000℃时并没有出现的 $Sr_3(PO_4)_2$ 与 $Sr_3Y(PO_4)_3$ 等杂质相，这可以说明不包含 K 的 $Sr_3Y(PO_4)_3$ 相更加稳定，因为 K 在基质中随着温度升高而挥发，较不稳定。另一方面，对于利用 SSR 法合成的样品，即使是 1100℃也不会出现 $Sr_3Y(PO_4)_3$ 相，得到的样品为一个几乎单相的 $KSrY(PO_4)_2$，表明 K 在 SSR 法中更难挥发。这可能是因为利用 AMC 法制备的前驱体颗粒具有较大的比表面积，导致 K 更易挥发。

图 5-26 为利用 AMC 与 SSR 法合成的发光材料的荧光光谱。从图中可以看出，荧光光谱峰的位置和形状基本相同，激发带位于 250～450nm 之间，发射峰位于 520nm 处，产生绿光发射。许多报道 Eu^{2+} 激发的磷酸盐发光材料，如 $KSrPO_4:Eu^{2+}$、$LiCaPO_4:Eu^{2+}$ 与 $Ca_2Sr(PO_4)_2:Eu^{2+}$ 都是通过紫外线激发而产生蓝光发射，而本研究发现 $KSrY(PO_4)_2:Eu^{2+}$ 能发出绿光，这对于磷酸盐发光材料来说是个有趣的结果。通过 AMC 法合成的发光材料在煅烧温度为 1100℃时比在 1000℃有更强的光发射，而利用 SSR 法制备的样品，1100℃煅烧时发光强度约为 AMC 法合成样品的 1.7 倍，SSR 合成的样品具有更高的亮度的原因可能是由于 AMC 方法合成样品时大量 K 的挥发，使发光材料中晶体产生了晶体缺陷，导致其发光强度降低。

如上所述，SSR 法比 AMC 法合成的发光材料具有更高的发光强度。因此对 SSR 方法的合成条件进行详细研究，图 5-27 为 $KSrY(PO_4)_2:Eu^{2+}$ 煅烧温度变化的 XRD 图谱，煅烧温度为 950℃、1000℃、1100℃、1200℃。在 950℃和 1000℃时，主要相为 $KSrY(PO_4)_2$，但存在一些 $KSrPO_4$ 与未知相；1100℃时，伴随着 K 的挥发 $KSrPO_4$ 相消失，得到的

为 $KSrY(PO_4)_2$ 相以及一些少量的未知相；而当煅烧温度增加到 1200℃，$KSrY(PO_4)_2$ 相消失，出现了 $Sr_3Y(PO_4)_3$ 与 YPO_4 的混合相缺少 K，可能是高温导致 K 损失所造成的，过高的煅烧温度不利于 $KSrY(PO_4)_2$ 合成。

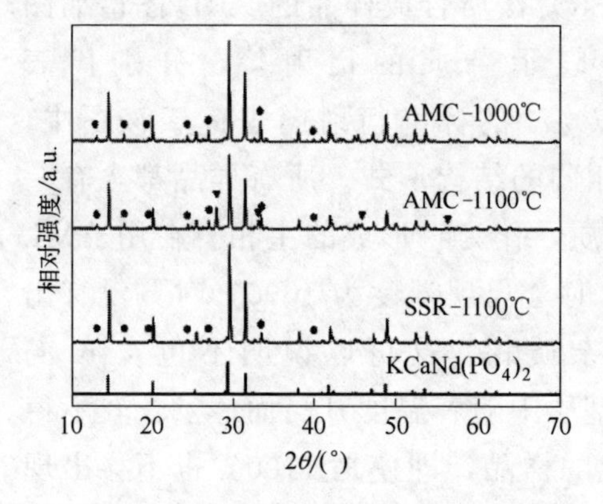

图 5-25　AMC 与 SSR 法合成样品的 XRD 图谱

圆形：未知相；三角形：$Sr_3Y(PO_4)_3$

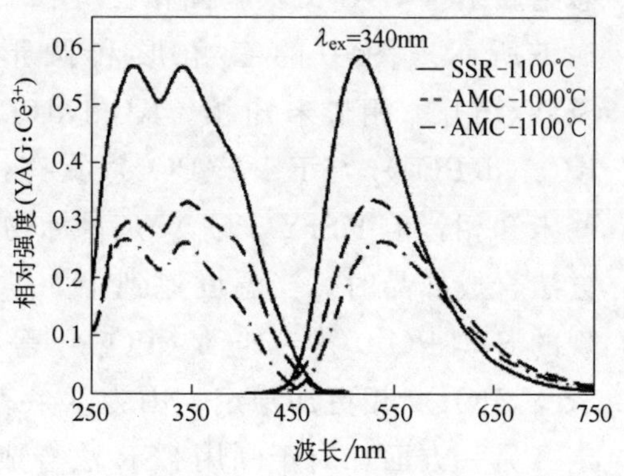

图 5-26　AMC 与 SSR 法合成发光材料的荧光光谱

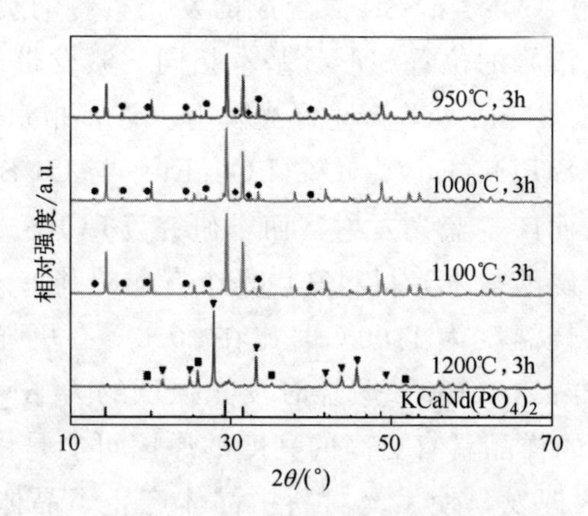

图 5-27　不同温度煅烧的 XRD 图谱

圆形：未知相；三角形：$Sr_3Y(PO_4)_3$；菱形：$KSrPO_4$；方形：YPO_4

煅烧温度变化的激发光谱和发射光谱图如图 5-28 所示，煅烧温度分别为 950℃、1000℃、1100℃。当煅烧温度为 950℃和 1000℃时，合成的样品因为含有 $KSrPO_4$ 相，都存在 430nm 和 520nm 的发射峰，而当温度升到 1100℃时，430nm 的发射峰消失，且位于 520nm 附近的发射峰强度明显高于其他温度。在发射光谱中并没有观察到源于 Eu^{3+} 的强烈发光，这表明，在制备过程中所有 Eu 都转变为 Eu^{2+}。低温合成导致 Eu 不易扩散，从而导致 Eu 在 $KSrY(PO_4)_2$ 主晶中分散性差，由于铕离子之间的能量传递而造成局部猝灭，而在 1100℃煅烧增加了 Eu^{2+} 的扩散，降低了局部猝灭，从而得到了较高的发光强度。

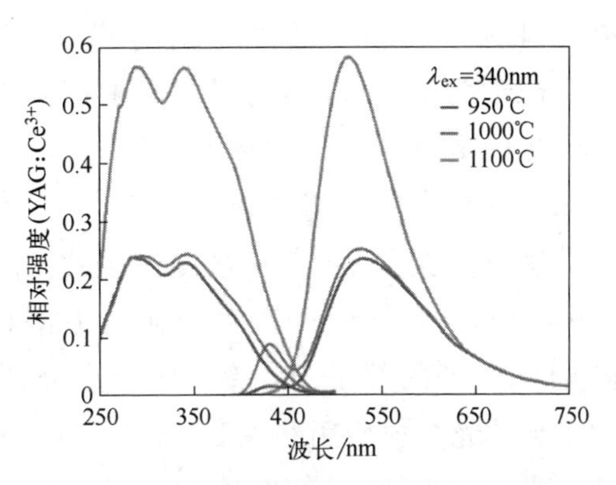

图 5-28 发光材料煅烧温度变化的荧光光谱

图 5-29 和图 5-30 分别为煅烧时间变化的 XRD 图谱及荧光光谱，煅烧时间分别为 2h、3h、4h。

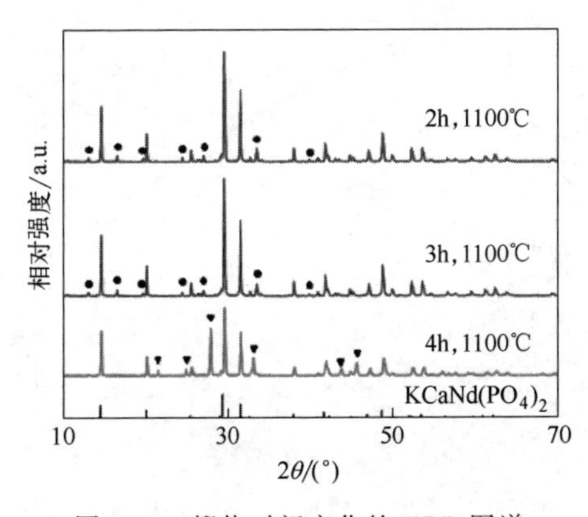

图 5-29 煅烧时间变化的 XRD 图谱

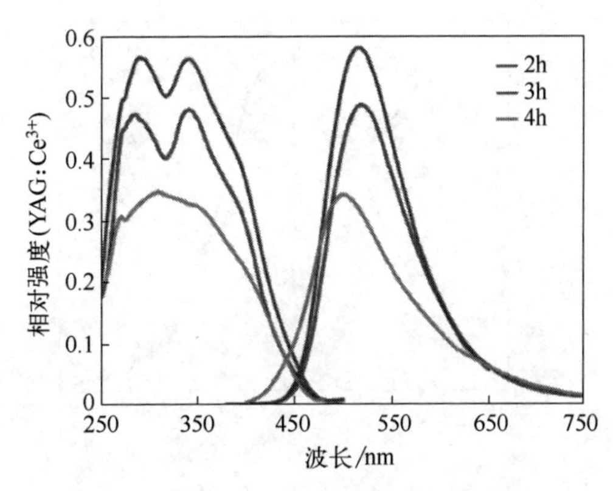

图 5-30 煅烧时间变化的荧光光谱

当煅烧时间为 2h，也能得到相对较纯的 $KSrY(PO_4)_2:Eu^{2+}$ 和少量的未知相（圆形标记），当煅烧时间为 4h 时，未知相消失，但 $KSrY(PO_4)_2$ 的衍射强度大幅下降，出现了 $Sr_3Y(PO_4)_3$ 相（三角形标记）。煅烧时间为 2h 和 3h 的发光材料的激发和发射光谱形状类似，发射峰位置相同，煅烧时间 3h 比 2h 发光强度更高。当煅烧时间为 4h 时，发射峰发生蓝移至 510nm，产生的原因是样品中除了 $KSrY(PO_4)_2:Eu^{2+}$ 相，还存在 $Sr_3Y(PO_4)_3:Eu^{2+}$，而 $Sr_3Y(PO_4)_3:Eu^{2+}$ 发射峰为 490nm。

Eu^{2+} 浓度变化的 $KSrY(PO_4)_2:Eu^{2+}$ 发光材料激发和发射光谱如

图 5-31 所示，Eu^{2+} 浓度分别为 0.5%、1%、4%、6%、8%、10%。当 Eu^{2+} 浓度为 0.5%和 1%时，发射峰为 520nm，当浓度为 4%～10%时发射峰红移至 525nm。对激发光谱进行分析，当 Eu^{2+} 浓度为 4%或以上时，394nm 处激发峰的峰宽更大。当 Eu^{2+} 浓度为 1%时 $KSrY(PO_4)_2$:Eu^{2+} 发光材料产生最大的发射强度，提高 Eu^{2+} 浓度导致发光强度出现下降。$KSrY(PO_4)_2$：1%Eu^{2+} 发光强度为市售的 YAG:Ce^{3+} 发光材料的 58%，在 340nm 处内部量子效率和吸收率分别为 30%和 73%。

当发光材料应用到 WLED 时，存在温度对荧光性能的影响研究的必要性。图 5-32 为 $KSrY(PO_4)_2$：1%Eu^{2+} 发光材料温度从室温到 200℃发射峰强度的变化曲线。从图中可以看到，发光强度随着温度升高迅速降低，当温度升至 150℃时发光强度降至 57%。在磷酸盐发光材料的晶体结构中存在 PO_4 单元，当共享氧时热猝灭发生的可能性较小，由此可以推测，在 $KSrY(PO_4)_2$ 中 PO_4 单元是孤立存在的，导致热猝灭现象相对显著。

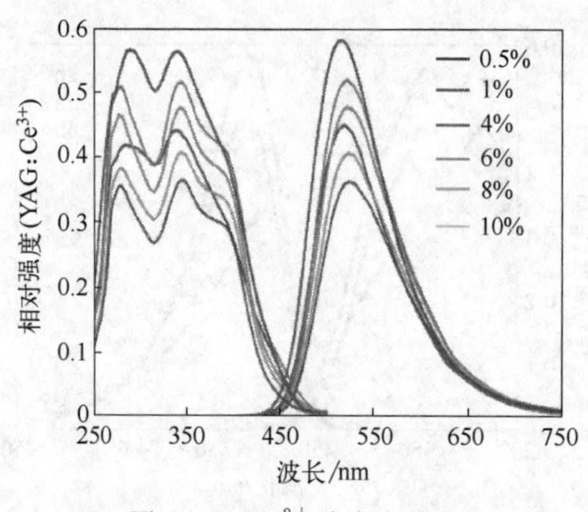

图 5-31 Eu^{2+} 浓度变化的 $KSrY(PO_4)_2$:Eu^{2+} 荧光光谱

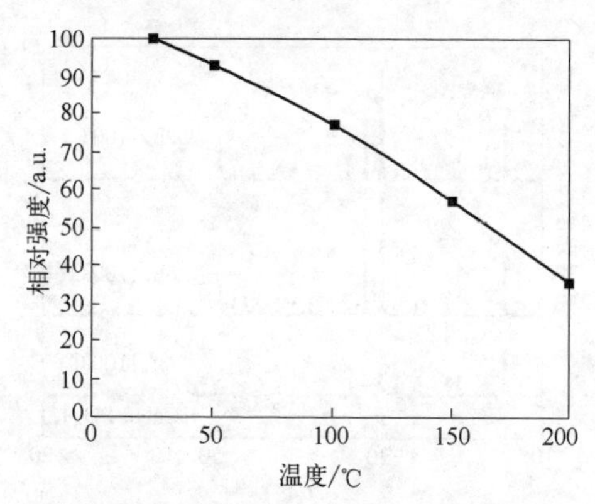

图 5-32 $KSrY(PO_4)_2$:Eu^{2+} 热猝灭曲线

第二节 硫属化合物体系

硫属化合物是一种高效、性能较好的发光材料的基质材料，早在 20 世纪 20 年代就被人们关注，但是这种化合物在潮湿的空气中性质非常不稳定，很容易和 CO_2、H_2O 等发生化学反应而产生成分的改变，导致发光性能不存在，而 WLED 的内部环境可以有效避免此问题的发生。

MGa_2S_4（M=Sr、Ca、Ba 等）是一种三元复合硫化物，相对于一些二元硫化物（如 SrS、CaS）要稳定得多，是较好的发光材料。其中 $SrGa_2S_4$、$CaGa_2S_4$ 和 $EuGa_2S_4$ 归属于正交晶系，而 $BaGa_2S_4$ 归属于立方晶系。

Joos 等[9] 成功制备了 $Sr_{1-x}Eu_xGa_2S_4$ 绿色发光材料。图 5-33 为 $Sr_{1-x}Eu_xGa_2S_4$ 的激发和发射光谱。在整个实验研究范围 $0.001 \leqslant x \leqslant 0.30$ 中发射光谱的位置和宽度基本不变，所有掺杂浓度的激发光谱也是类似的。

图 5-34 为 $Sr_{1-x}Eu_xGa_2S_4$ 发光材料的发射量子效率（QE）和吸收量子效率与掺杂浓度的关系。吸收量子效率为 71% 的位置为掺杂浓度 4%，并且随着掺杂浓度的上升而慢慢下降，例如，当 Sr 被 20% 掺杂浓度的 Eu 取代时效率降到 39%。据其他文献报道，Eu 完全进入晶格的 $Eu_xGa_2S_4$ 量子效率仅为 21%。吸收量子效率必须要考虑到对激发光的吸收，掺杂剂浓度为 4%～7% 时效率稳定在 50%。

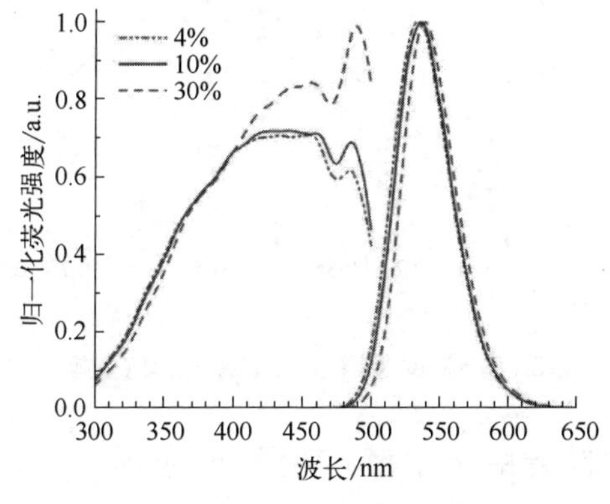

图 5-33 发光材料的激发和发射光谱

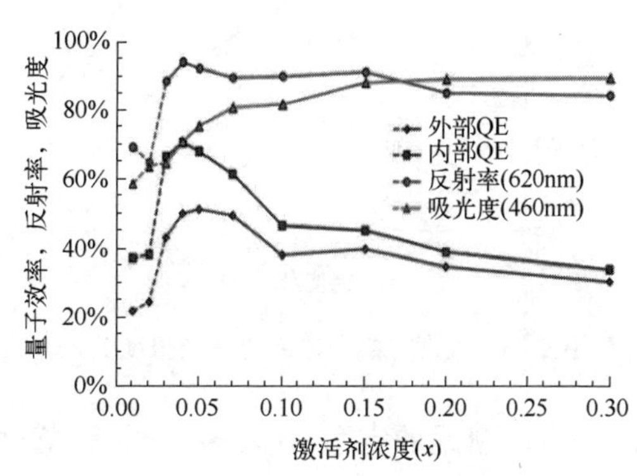

图 5-34 量子效率与掺杂浓度的关系

$Sr_{0.99}Eu_{0.01}Ga_2S_4$ 和 $Sr_{0.98}Eu_{0.02}Ga_2S_4$ 的发射量子效率相对较低，这和期待的高发射量子效率正好相反，在白光照明下两种低掺杂剂浓度（1% 和 2%）的发光材料为灰黄色，而其他的发光材料却表现出较明亮的体色。

对于大多数发光材料，最佳的掺杂剂浓度相对低（通常为 0.5%），而且发光强度随掺杂浓度的升高而下降，高的掺杂浓度会导致猝灭。图 5-35 为温度与掺杂浓度的发光强度关系。从图中可以看到，低的掺杂浓度，即使温度升高到 400K，发光强度仍较稳定。热猝灭与 Eu 从 5d 能级的激发态到导带的位置有一定的联系。对于较高的温度，发光强度迅速下降，这是一个典型的热猝灭行为。对于较高的掺杂浓度（$x>5\%$），其过程是较为复杂的。首先，快速的衰减在 400K 时清晰可见；其次，100～400K 之间，发光强度的下降与浓度的变化是直接相关的。

在热猝灭的研究中，观察到发射光谱的变化，同时也计算出温度对发光颜色的影响，从室温加热至 400K 时发射峰位置几乎不发生变化，半峰宽仅有约 10% 的增加，因此 $Sr_{1-x}Eu_xGa_2S_4$ 发光材料的发光颜色是稳定的。图 5-36 为温度及浓度变化的色坐标图，它很好地证实了掺杂浓度的影响很有限，发光材料的发光颜色较稳定，获得了较好的绿色光发射。

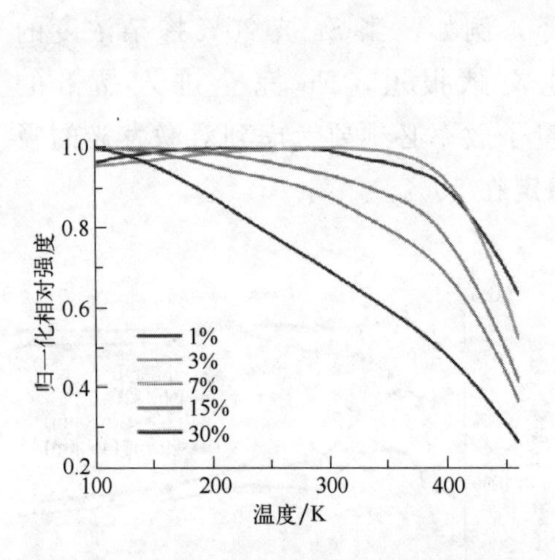

图 5-35　温度与掺杂浓度的发光强度关系

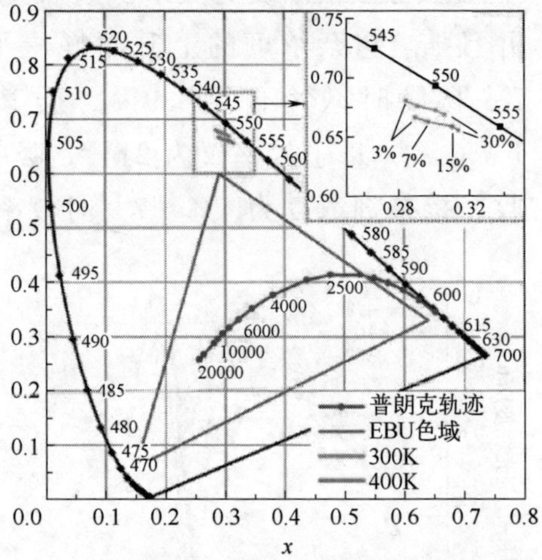

图 5-36　温度及掺杂浓度变化的色坐标图

在潮湿的空气中大多数的发光材料会由于水解产生不可逆的老化。通过在可控气氛（空气，80℃，相对湿度 80%）下加速老化试验连续监测发光强度，评估未受保护的 $Sr_{0.96}Eu_{0.04}Ga_2S_4$ 发光材料的稳定性。100h 后，发光强度已经降低到初始值的 81%。发光材料在暴露 1h 后，发光强度下降到约初始值的 95%，之后下降减缓。

Yu 等[10] 利用固相反应制备了 $ZnGa_2S_4:Eu^{2+}$ 绿色发光材料。图 5-37 为 $ZnGa_2S_4$：$0.01Eu^{2+}$ 发光材料的 XRD 图谱。晶体 $ZnGa_2S_4$ 的结构为四方晶系，空间群为 I⁻42m，$a=0.5297nm$，$c=0.1036nm$，$V=0.291nm^3$，这在 XRD 图谱中得到验证。掺入 Eu^{2+} 对基体的结构无明显影响，而 $ZnGa_2S_4$：$0.01Eu^{2+}$ 的衍射峰与 $ZnGa_2S_4$ 的相位一致。

图 5-38 为发光材料的漫反射光谱。所有发光材料的吸收峰光谱特征相似，随 Eu^{2+} 浓度增加，相对强度稍有不同。随着 Eu^{2+} 浓度的增加，在 250～350nm 范围的强吸收峰几乎不变，这主要是基质的吸收；另一个较强吸收峰发生从紫外到可见光谱区（370～550nm），这主要是 Eu^{2+} 的 $4f^7 \rightarrow 4f^6 5d^1$ 跃迁吸收，因此随着 Eu^{2+} 浓度的增加，这种吸收也越强，产生的发光材料颜色从浅绿色变到深绿色。

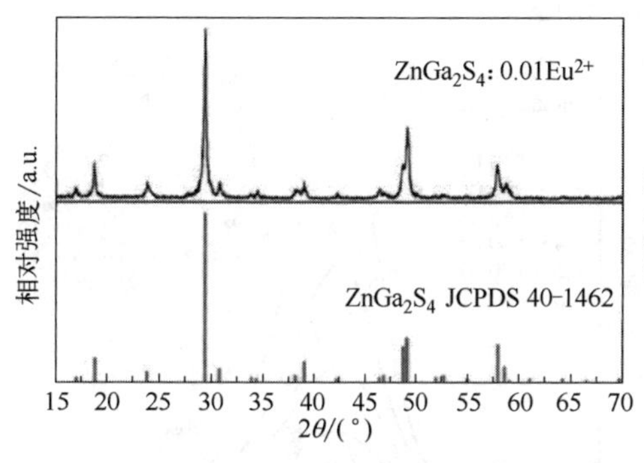

图 5-37　$ZnGa_2S_4$：$0.01Eu^{2+}$ 的 XRD 图谱

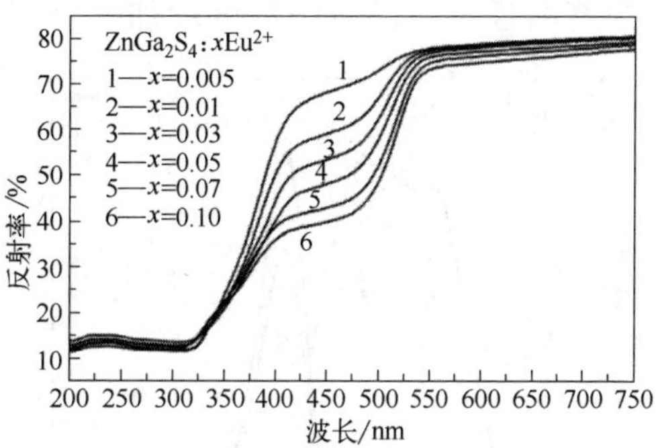

图 5-38　发光材料的漫反射光谱

$ZnGa_2S_4$：$0.05Eu^{2+}$ 的激发和发射光谱如图 5-39 所示。激发光谱显示出了一个 350～520nm 的宽吸收带，这归因于基质吸收和 Eu^{2+} 的 $4f^7(^8S_{7/2}) \rightarrow 4F^6(^7F)\,5d^1$ 跃迁激发，这与图 5-38 的漫反射光谱是一致的。这个宽的激发带与 Ga（In）N 芯片发射相匹配，$ZnGa_2S_4$：xEu^{2+} 发光材料适用于近紫外或蓝光芯片激发的 WLED。以不同的激发波长进行激发，从图 5-39 中可以看出，$ZnGa_2S_4$：$0.05Eu^{2+}$ 发光材料在 395nm 和 460nm 的激发下都为 540nm 处峰值的绿色发光，除了发光强度，发射带的形状和位置在不同的激发波长下无差异。

普遍认为 Eu^{2+} 浓度对探索发光材料的最佳组成起重要作用。在 460nm 光激发下 $ZnGa_2S_4$:Eu^{2+} 发光材料中 Eu^{2+} 掺杂浓度变化的发光光谱如图 5-40 所示，Eu^{2+} 的浓度依次为 0.005、0.01、0.03、0.05、0.07、0.10。从图中可以观察到，发光强度随 Eu^{2+} 含量的增加而增大，掺杂浓度为 0.05 处达到最大值，再增加掺杂浓度，由于浓度猝灭，出现了下降，这主要是由于相同的 Eu^{2+} 浓度增加导致产生非辐射能量转移。

$ZnGa_2S_4$：xEu^{2+}（$x=0.005$，0.01，0.03，0.05，0.07，0.10）发光材料的衰减曲线如图 5-41 所示。Eu^{2+} 的衰变曲线符合二阶指数方程：

$$I(t)=A_1\exp(-t/\tau_1)+A_2\exp(-t/\tau_2)$$

式中，I 是荧光强度；t 是时间；τ_1 和 τ_2 是材料的快速和慢速的衰减时间以及 A_1 和 A_2 的拟合参数。$\bar{\tau}$ 为平均衰减时间，可以计算通过公式计算：

$$\bar{\tau}=\frac{A_1\tau_1^2+A_2\tau_2^2}{A_1\tau_1+A_2\tau_2}$$

计算图 5-41 中 Eu^{2+} 的平均衰减时间为 0.126μs、0.115μs、0.102μs、0.091μs、0.085μs 和 0.079μs。由于 Eu^{2+} 允许奇偶电偶极跃迁，且具有很高跃迁率，随着浓度的增加，衰减时间降低。

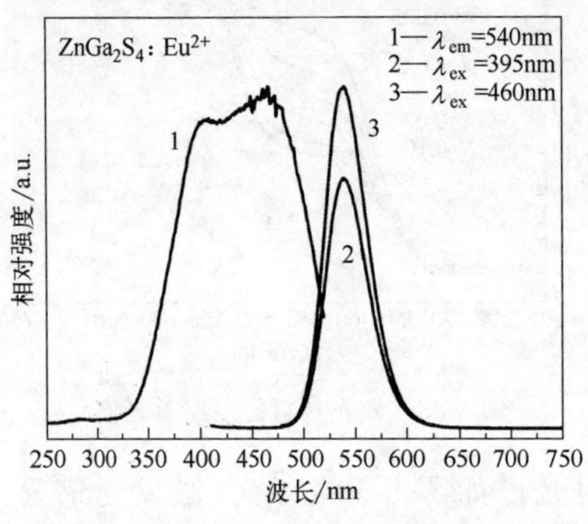

图 5-39　$ZnGa_2S_4$:Eu^{2+} 的激发和发射光谱

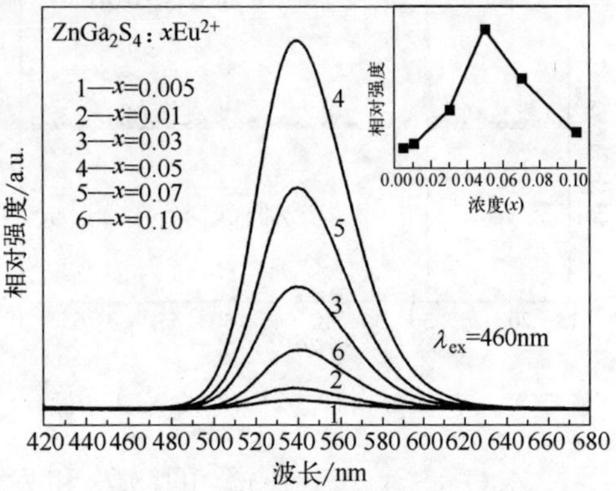

图 5-40　Eu^{2+} 浓度变化的发射光谱

图 5-42 为温度变化与发光强度的关系。温度从 300K 增加到 480K 时，发光强度缓慢降低。热猝灭温度 T_{50} 定义为在发光强度变为初始值的 50%时的温度，$ZnGa_2S_4$：$0.05Eu^{2+}$ 发光材料的热猝灭温度为 407K。将发光材料加热到 420 K，发光强度可以维持在室温下测量值的 44%左右，能够保证 LED 正常工作。

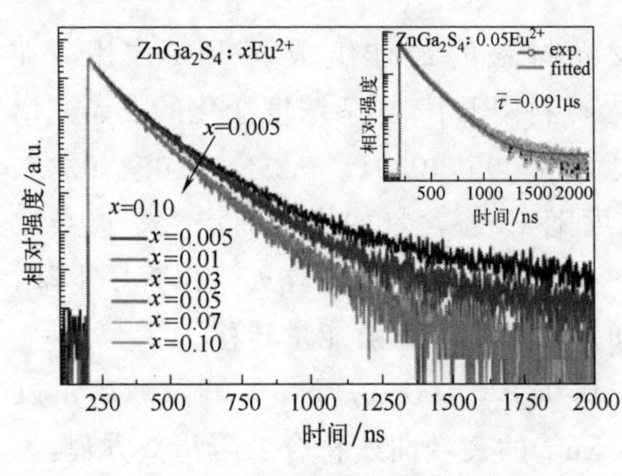

图 5-41　发光材料的衰减曲线

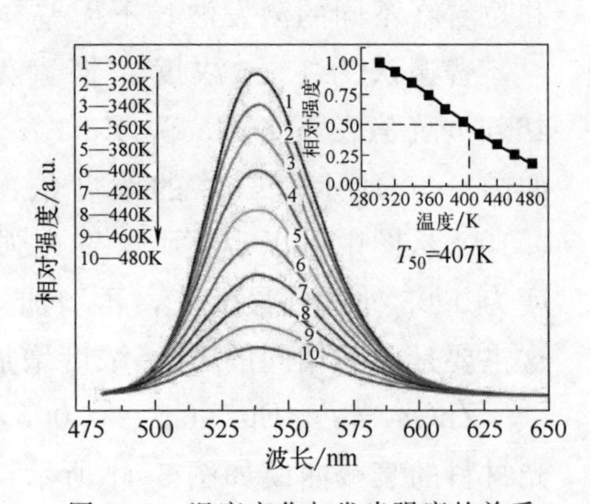

图 5-42　温度变化与发光强度的关系

将 $MGa_2S_4:Eu^{2+}$（M＝Ca，Sr，Ba，Zn）色坐标以及用于荧光灯的 $CaS:Eu^{2+}$（0.680，0.310）、$BaMgAl_{10}O_{17}:Eu^{2+}$（0.144，0.072）发光材料的色坐标描绘在色坐标图中如图 5-43 所示。$ZnGa_2S_4:Eu^{2+}$ 发光材料的色坐标落入绿色区域，非常接近 $SrGa_2S_4:Eu^{2+}$ 的色坐标，这是由于这两种发光材料的光致发光光谱较相似。正如所看到的，再加上其他高效率的蓝色和红色发光材料，$ZnGa_2S_4:Eu^{2+}$ 可以作为 WLED 用绿色发光材料一个很好的组成部分。

Nanai 等[11] 制备了 $(Ba,Eu)Si_2S_5$ 绿色发光材料。图 5-44 为 $(Ba,Eu)Si_2S_5$ 以及 x 为 0、0.5、1 时的 $(Ba_{1-x},Eu_x)Si_2S_5$ 发光材料和 Eu_2SiS_4 的 XRD 图谱，图中的插图为 $(Ba,Eu)Si_2S_5$ 表面显微形貌。图中 x 的变化导致 XRD 衍射峰的变化可以通过 Eu^{3+} 取代 Ba^{2+} 进行理解说明。Eu^{2+} 的离子半径比 Ba^{2+} 小 15%。当 $x=1$ 时，虽然有其他硫代化合物相 Eu_2SiS_4 的存在，但衍射峰主要显示为 Eu_2SiS_5 相。XRD 衍射结果显示 $EuSi_2S_5$ 的晶体结构与 $BaSi_2S_5$ 和 $SrSi_2S_5$ 的基本相同。

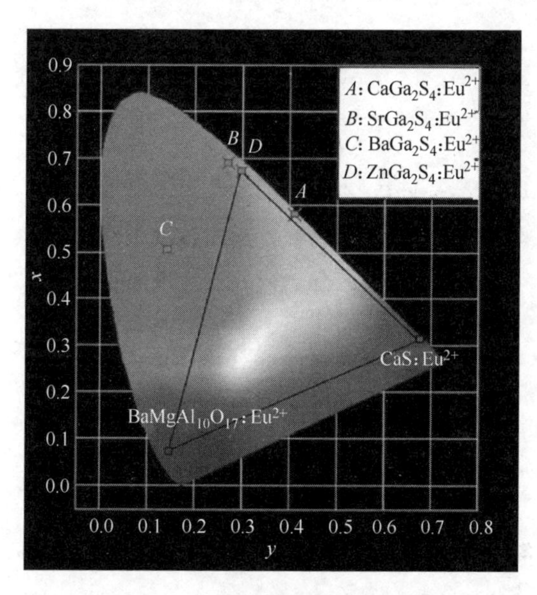

图 5-43 几种发光材料的色坐标图

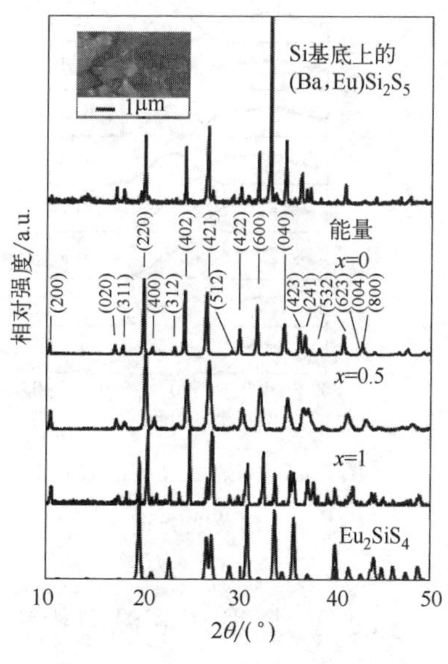

图 5-44 $(Ba_{1-x},Eu_x)Si_2S_5$ 及 Eu_2SiS_4 的 XRD 图谱

图 5-45 是 $(Ba_{1-x},Eu_x)Si_2S_5$（$0.1\leqslant x\leqslant 1$）发光材料的荧光光谱。在 x 的整个范围内，500nm 的激发发绿光，发光峰稍有移动。当 $x=1$ 时，Eu_2SiS_4 的发光光谱如图虚线所示，发射光谱包括绿光和黄光发射。

$x=0$ 时没有检测到 Ba_2SiS_4 发射峰，只是得出 Ba_2SiS_4 为白色粉末，而 $Ba_{1-x}Eu_xSi_2S_5$ 发光材料的颜色为绿色。

图 5-46 为发射峰位置和发光效率与 Eu^{2+} 的关系。对 $Ba_{1-x}Eu_xSi_2S_5$ 的发射峰位置进行研究，x 值在 0.02～0.2 的范围内变化，发光峰在 510～523nm 变化；x 值在 0.2～0.6 范围内变化时，发光峰保持在 523～524nm；x 值在 0.6～0.9 变化时，发射峰位置由 523nm 降至 500nm。发射峰这种复杂的行为与以往 $Ba_{1-x}Eu_xSi_2S_5$ 的单调性移动完全不同。$Ba_{2(1-x)}Eu_{2x}SiS_4$ 的发光带在 490～570nm 变化，这个红移是由 Eu^{2+} 取代 Ba^{2+} 导致晶体场变动，晶格常数的下降引起的。发光峰这种复杂的变化可以由 Eu^{2+} 占据两个不同格位导致具有不同的发光波长和衰减时间来解释。

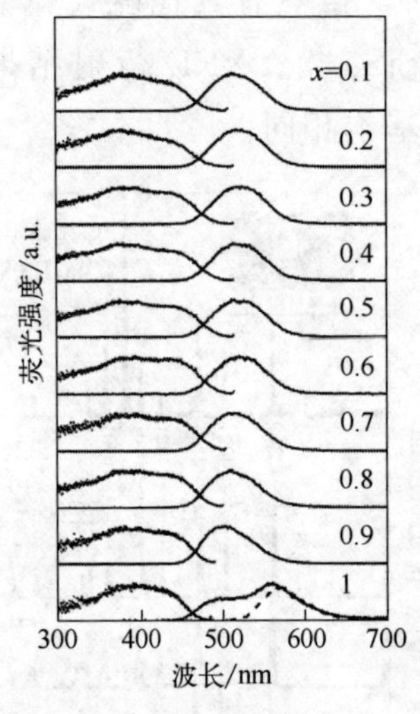

图 5-45 $(Ba_{1-x},Eu_x)Si_2S_5$ 的荧光光谱

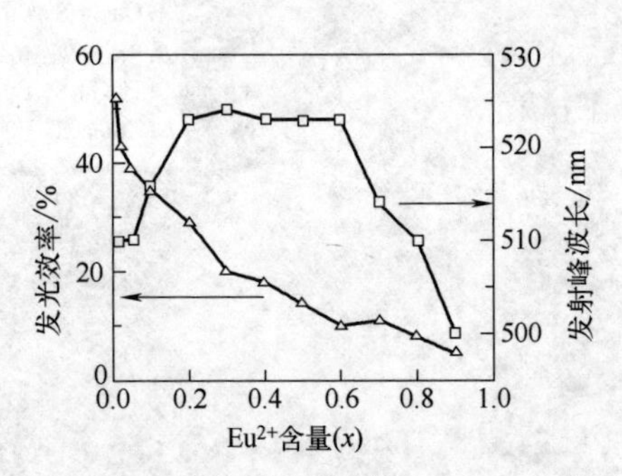

图 5-46 发射峰位和发光效率与 Eu^{2+} 的关系

Yu 等[12] 利用高温固相法制备了 EuM_2S_4（M＝Ga，Al）绿色发光材料。在结构上，$EuGa_2S_4$ 结晶成正交晶系，空间群 D_{2h}^{24}-Fddd，晶胞参数 $a=2.072$nm，$b=2.040$nm，$c=1.220$nm。在 $EuGa_2S_4$ 中，铕原子由 8 个 S 原子包围，并有三个不同的对称点——2 个 D_2 和一个 C_2，Ga 原子位于由 4 个 S 原子形成的四面体的中心。$EuGa_2S_4$ 和 $EuAl_2S_4$ 发光材料的 XRD 图谱如图 5-47 所示，$EuGa_2S_4$ 与 JCPDS No. 25-0333 的衍射峰一致，

说明发光材料为标准单相的 $EuGa_2S_4$，$EuAl_2S_4$ 和 $EuGa_2S_4$ 有非常相似的衍射峰，同样为单相结构。

图 5-48 为 $EuGa_2S_4$ 的激发光谱和发射光谱。很显然，发光材料中铕的离子由于缺乏 Eu^{3+} 的激发光谱尖锐的 f→f 激发峰而呈现特征的宽带激发光谱带。低能量带（300～500nm）是 Eu^{2+} 的 $4f^7(^8S_{7/2})\rightarrow 4f^6(^7F)5d^1$ 跃迁激发和高能量带（240～300nm）的基质吸收跃迁激发。发光材料的激发带与近紫外和蓝色发光的 LED 芯片相匹配。发射光谱为 545nm 附近具有约 45nm 半峰宽的宽带激发峰，这是归因于 Eu^{2+} 的 $4f^6(^7F)5d^1\rightarrow 4f^7(^8S_{7/2})$ 跃迁发射。$EuGa_2S_4:Eu^{2+}$ 发光材料的激发和发射光谱类似于 $SrGa_2S_4:Eu^{2+}$，这些化合物的晶格常数相近，因此认为 $EuGa_2S_4$ 的晶格结构与 $SrGa_2S_4$ 是相同的。$EuGa_2S_4$ 以及 $SrGa_2S_4$ 中 Eu^{2+} 位于 8 个硫原子组成的十面体的中心，Eu^{2+} 的离子被这些硫原子包围，这是激发和发射光谱相同的主要原因。

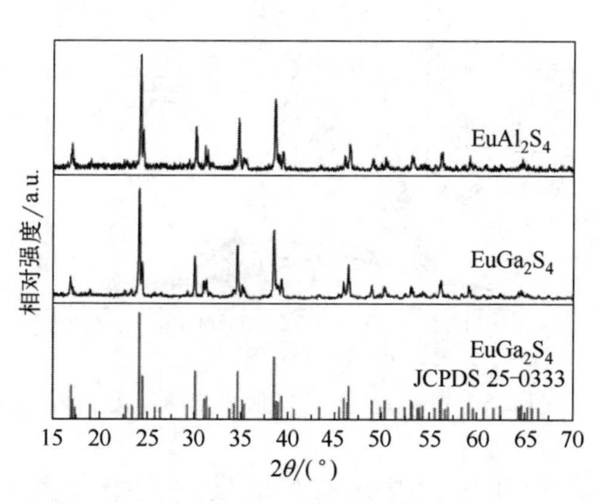

图 5-47　$EuGa_2S_4$ 和 $EuAl_2S_4$ 的 XRD 图谱

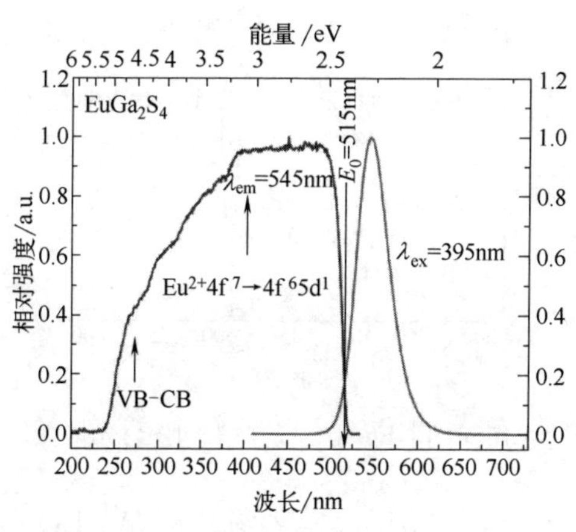

图 5-48　$EuGa_2S_4$ 的激发和发射光谱

图 5-49 为 $EuAl_2S_4$ 的激发光谱和发射光谱。激发光谱是一个 300～480nm 的宽吸收，这是基体的吸收及 Eu^{2+} 的 $4f^7(^8S_{7/2})\rightarrow 4f^6(^7F)5d^1$ 跃迁激发。因为宽的激发波长范围与 InGaN 芯片发射光相匹配，$EuAl_2S_4$ 发光材料适用于近紫外光或蓝光 LED 芯片作为激发源的 WLED。$EuAl_2S_4$ 发光材料的发射光谱为发射峰处于 506nm 下的一个蓝绿色发光带，发射光谱的半峰宽为 26nm。计算 $EuAl_2S_4$ 发光材料的色坐标为（0.066，0.703）。对比图 5-48，$EuAl_2S_4$ 比 $EuGa_2S_4$ 的发射光谱出现了明显的蓝

移，这主要是由于 Eu^{2+} 5d 能级的中心偏移。Al^{3+} 和 Ga^{3+} 是所谓的反阳离子极化或阴离子结合配体，利用 Al^{3+} 代替 Ga^{3+} 导致增加的反阳离子的有效电负性和阴离子配位体的结合，阴离子的极化率下降，并且阴离子和 Eu^{2+} 之间的共价性会导致更小的中心移位，从而导致发光峰蓝移。

在 WLED 应用中，猝灭温度对发光材料的影响较大。在 395nm 得光激发下，$EuGa_2S_4$ 发光材料的发射光谱与温度的关系如图 5-50 所示。温度在 300～500K 增加，发光强度出现了缓慢降低。热猝灭温度 T_{50}，定义为发光强度是其原始值的 50%时的温度。本实验制备的 $EuGa_2S_4$ 发光材料是 412 K，与文献报道的在 393 K 下 $SrGa_2S_4$∶Eu^{2+} 含量 T_{50} 值相比，$EuGa_2S_4$ 具有更好的热猝灭性能。当样品被加热到 420K（LED 通常操作温度）时，样品的发光强度维持在约 46%的水平。

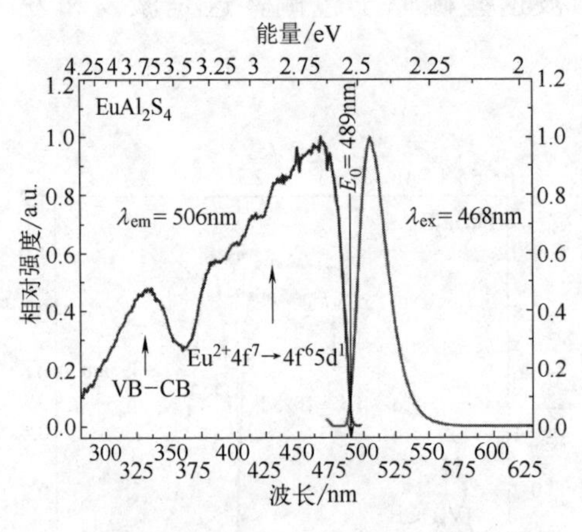

图 5-49　$EuAl_2S_4$ 的激发和发射光谱

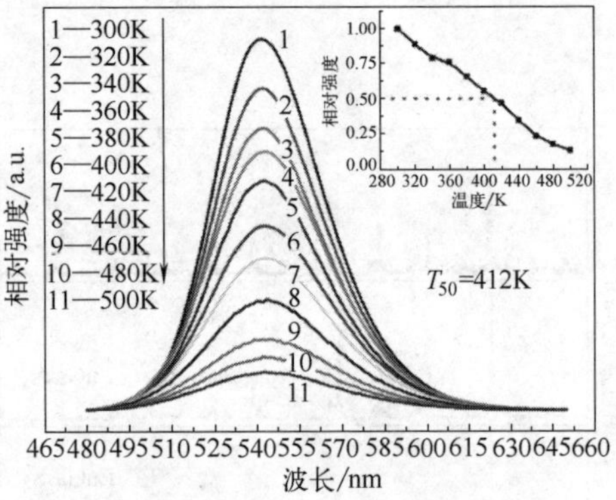

图 5-50　$EuGa_2S_4$ 的发射光谱与温度关系

图 5-51（a）为组装成 WLED 后近紫外光和发光材料的发射光谱，图中的两个照片分别为标准近紫外 LED 芯片和 $EuGa_2S_4$ 绿色发光材料组装成 WLED 的照片。通过曲线 2 可以清楚地观察到位于 395nm 和 545nm 两个分射峰中心的发射谱带。从两条曲线可以清楚地看到，LED 芯片发出 395nm 的近紫外光可以较好地被 $EuGa_2S_4$ 吸收并同时向下转换成 545nm 附近的深绿色的光，通过照片观看到强烈的绿色光。发光材料 CaS∶Eu^{2+} 和 $BaMgAl_{10}O_{17}$∶Eu^{2+} 的色坐标分别为（0.680，0.310）和（0.144，0.072），这是用于荧光灯的两个主要发光材料，色坐标如图 5-51（b）所示。$EuGa_2S_4$ 和 $EuAl_2S_4$ 发光材料的色坐标标示于绿色区域。$EuAl_2S_4$ 和

$EuGa_2S_4$ 相比其他发光材料表现出更好的绿色色纯度，如果再加上其他高效率的蓝色和红色发光材料，$EuGa_2S_4$ 作为绿色发光材料，可以很好地配合应用于近紫外光激发的 WLED 中。

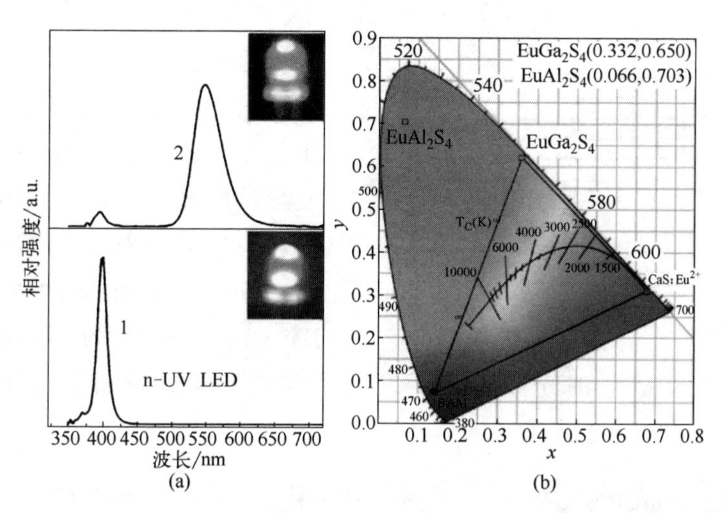

图 5-51 组装成 WLED 后近紫外光和发光材料的发射光谱（a）及 $EuGa_2S_4$ 和 $EuAl_2S_4$ 发光材料的色坐标图（b）

第三节 氮（氧）化物体系

一、碱土金属氮（氧）化物

Li 等[13] 在 N_2/H_2 还原气氛下利用传统的固相反应法成功制备了 $Ba_3Si_6O_{12}N_2$：Eu^{2+} 绿色发光材料。图 5-52 为原料粉体在不同 Si/Ba 比值所得发光材料的 XRD 图谱。可以看出，当 Si/Ba＝2.00，发现其大部分的高强度峰与其他研究者报告中的数据相匹配，这表明 $Ba_3Si_6O_{12}N_2$ 相占主导地位。此外检测到一些杂质的弱衍射峰，这可能为斜方晶 $BaSi_2O_5$ 和单斜晶 $Ba_5Si_8O_{21}$。$Ba_3Si_6O_{12}N_2$ 包含角共享［SiO_3N］四面体，正硅酸钡在结构上是角共享［SiO］四面体形成的，如图 5-53 所示。考虑到正硅酸钡的合成温度，可以假设 $Ba_3Si_6O_{12}N_2$ 相通过溶解—扩散—沉淀阶段形成：①当温度高达约 1000～1200℃，低融点正硅酸钡盐首先出现；②当

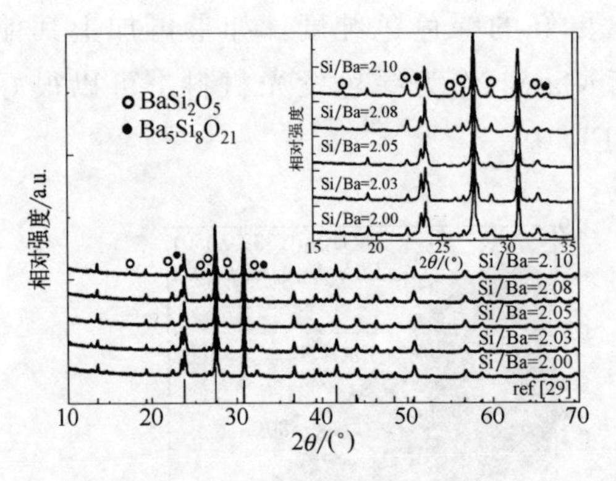

图 5-52 不同 Si/Ba 比值 $Ba_{2.85}Eu_{0.15}Si_6O_{12}N_2$ 的 XRD 图谱

温度进一步升高至约 1350℃，Si_3N_4 开始在 Ba—Si—O 液相溶解；③然后目标相 $Ba_3Si_6O_{12}N_2$ 中氮从饱和液相中析出，与此同时伴随着正硅酸钡的形成。

图 5-54 给出了不同的 Si/Ba 比值的 $Ba_{2.85}Eu_{0.15}Si_6O_{12}N_2$ 的激发与发射光谱。除发光强度变化外，发光光谱基本没有变化，这是由于具有相同的主基质相 $Ba_{2.85}Eu_{0.15}Si_6O_{12}N_2$ 导致的。由于正硅酸盐在蓝色的光照射并不发光，发光强度只受到激活剂的影响，Si/Ba＝2.08 时发光最强。

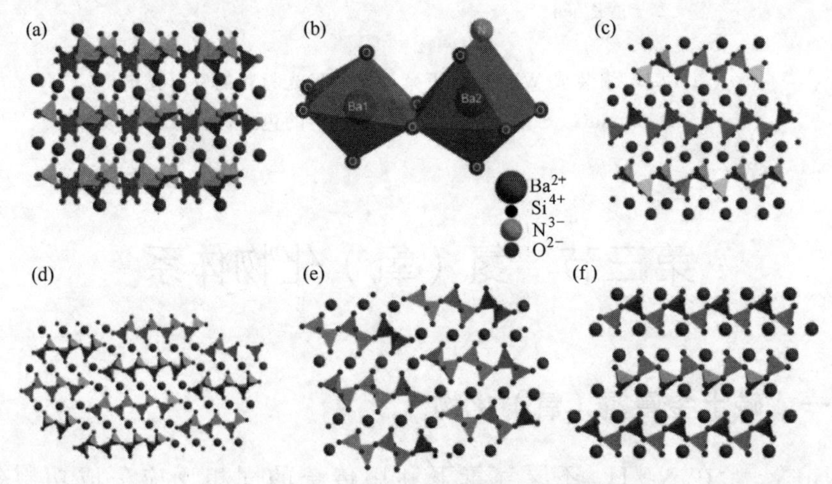

图 5-53 $Ba_3Si_6O_{12}N_2$ 与杂质相正硅酸钡盐晶体结构

(a) $Ba_3Si_6O_{12}N_2$［010］视角；(b) $Ba_3Si_6O_{12}N_2$ 中钡离子两个不同位点配位多面体；(c) $BaSi_2O_5$［010］视角；(d) $Ba_5Si_8O_{21}$［010］视角；(e) $BaSi_2O_5$［001］视角；(f) $BaSiO_3$［010］视角

由于 $BaSi_2O_5$ 是富氧相，与 $Ba_3Si_6O_{12}N_2$ 相比具有较高的 O/Ba，O/Ba 比值必须减小才可以抑制 $BaSi_2O_5$ 的形成（同时保持 Si/Ba＝2.08）。图 5-55 为不同 O/B 比值 $Ba_{2.85}Eu_{0.15}Si_6O_{12}N_2$（Si/Ba＝2.08）的 XRD 图谱，从图中可以看到，随着 O/Ba 比值的减少，正硅酸盐杂质相

开始消失，在 O/Ba＝3.52 时获得纯 $Ba_3Si_6O_{12}N_2$ 相。另外两个正硅酸盐（$Ba_4Si_6O_{16}$ 和 $BaSiO_3$）在 O/Ba 比值小于 3.4 时形成。这两者与 $Ba_3Si_6O_{12}N_2$ 相比具有较低的 Si/Ba 和 O/Ba，意味着低的 O/Ba 趋向于产生 $Ba_4Si_6O_{16}$ 和 $BaSiO_3$。

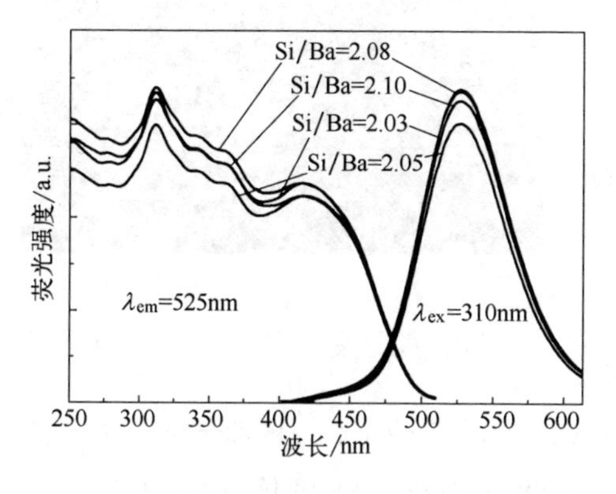

图 5-54 不同 Si/Ba 比值 $Ba_{2.85}Eu_{0.15}Si_6O_{12}N_2$ 的荧光光谱

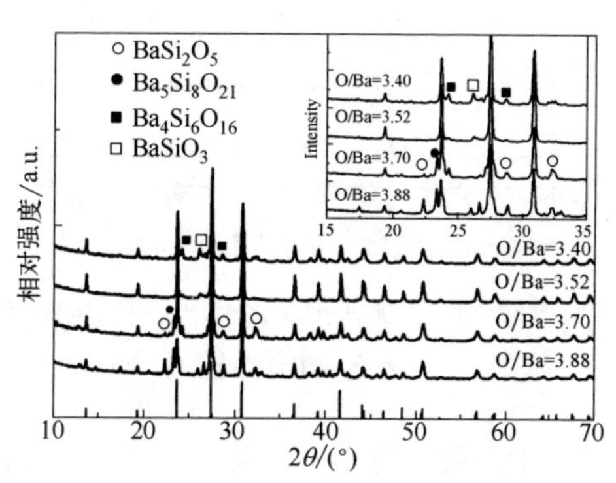

图 5-55 不同 O/B 比值 $Ba_{2.85}Eu_{0.15}Si_6O_{12}N_2$（Si/Ba＝2.08）的 XRD 图谱

如上所述，对 $Ba_3Si_6O_{12}N_2$ 纯相的形成，Si/Ba 和 O/Ba 的值发挥着重要作用。根据 $Ba_3Si_6O_{12}N_2$，原料的化学计量比 Si/Ba 或 O/Ba 可能导致一个非纯相位的出现。在原料中较大的 Si/Ba 和 O/Ba 容易形成 $Ba_5Si_8O_{21}$ 和 $BaSi_2O_5$ 相，而较小的 Si/Ba 和 O/Ba 使得 $Ba_4Si_6O_{16}$ 和 $BaSiO_3$ 相易于形成。通过分别增加和降低 Si_3N_4 和 SiO_2 的含量来控制 Si/Ba（2.08）和 O/Ba（3.52），实现 $Ba_3Si_6O_{12}N_2$ 纯相的制备。

图 5-56 为 Si/Ba＝2.08 和 O/Ba＝3.52 的 $Ba_{3-x}Eu_xSi_6O_{12}N_2$（$x$＝0.05～0.3）发光材料的 XRD 图谱。Eu 的掺杂不产生任何其他杂质相，表明 Eu 在 $Ba_3Si_6O_{12}N_2$ 晶格具有良好的融合。图 5-57 为所制备的 Eu^{2+} 掺杂 $Ba_{2.85}Eu_{0.15}Si_6O_{12}N_2$ 典型的 SEM 图像。发光材料颗粒稍微有些团聚，初级颗粒直径尺寸为 3μm。

Eu^{2+} 掺杂的 $Ba_{2.85}Eu_{0.15}Si_6O_{12}N_2$ 发光材料的激发及发射光谱如图 5-58 所示。激发光谱显示了一个右侧延伸至 500nm 的宽激发带，可以有效吸收近紫外线或蓝色光，并与 WLED 的芯片相匹配。在 310nm、360nm、430nm 或 460nm 的激发下，发光光谱发射峰位都位于在 525nm 处，且发射峰形状相似，半高宽约为 68nm，这是由于 Eu^{2+} 的 $4f^65d^1 \rightarrow 4f^7$ 跃迁发射产生的。

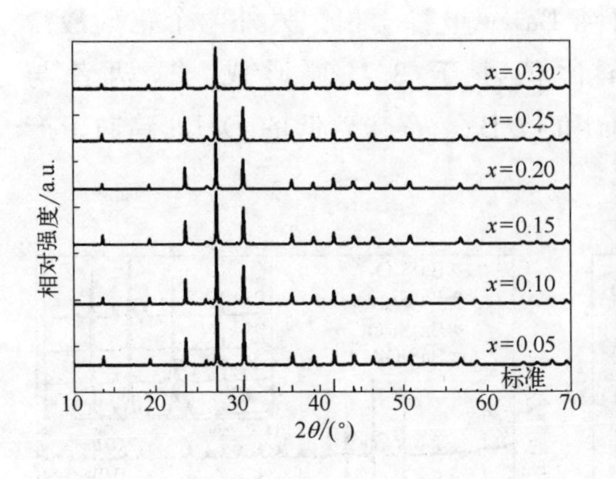

图 5-56　Eu^{2+} 加入量变化 $Ba_{3-x}Eu_xSi_6O_{12}N_2$ 的 XRD 图谱

图 5-57　1350℃制备 $Ba_{2.85}Eu_{0.15}Si_6O_{12}N_2$ 的 SEM 图谱

图 5-59 为 $Ba_{3-x}Si_6O_{12}N_2$：xEu^{2+}（$x=0.05\sim0.3$）的荧光光谱。当 $x=0.25$ 由于 Eu^{2+} 之间的能量传递发生浓度猝灭。能量传递的概率在很大程度上取决于激活剂离子之间的距离，随着 Eu^{2+} 掺杂量增加，Eu^{2+} 之间的距离缩短，这增加了 Eu^{2+} 之间的非辐射能量传递的概率。

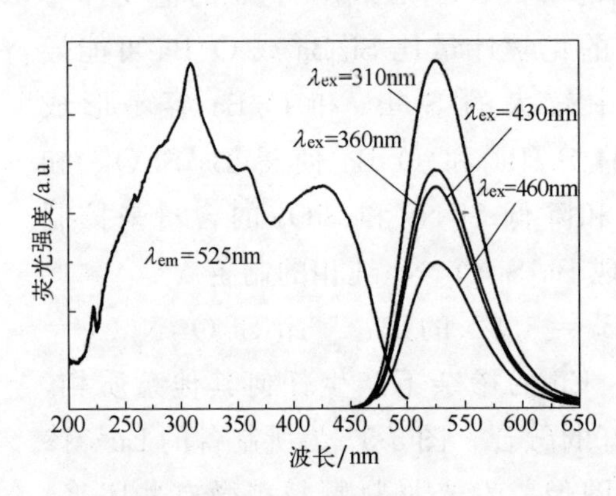

图 5-58　$Ba_{2.85}Eu_{0.15}Si_6O_{12}N_2$ 的荧光光谱

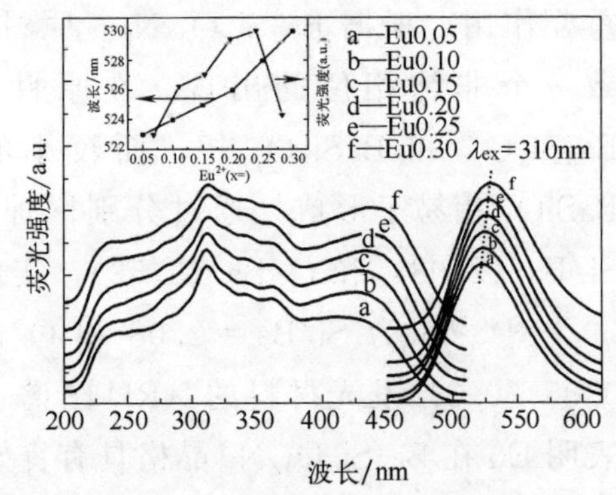

图 5-59　$Ba_{3-x}Si_6O_{12}N_2$：xEu^{2+}（$x=0.05\sim0.3$）的荧光光谱

因为激发和发射光谱之间有小的重叠，重吸收对浓度猝灭的影响可以忽略。能量传递的临界距离可以使用下式大致计算：

$$R_c=2\left(\frac{3V}{4\pi x_c Z}\right)^{1/3}$$

式中，x_c 为激活剂离子的临界浓度；V 为该晶胞的体积；Z 为单位晶胞被激活离子占据的阳离子数目。对于 $Ba_3Si_6O_{12}N_2:Eu^{2+}$，可以认为 Eu^{2+} 主要占据 Ba1 位点（图 5-53），所以 $Z=1$，而不是 $Z=3$。取 $x_c=0.25$，$V=0.317nm^3$，然后该临界距离计算大约为 1.343nm。

图 5-59 显示了发射光谱随 Eu^{2+} 浓度增加而发生红移。当小的 Eu^{2+}（$r=0.11nm$）取代半径较大的 Ba^{2+}（$r=0.134nm$），晶格体积收缩，产生了强大的晶体场强度，红移归因于增强的晶体场分裂。

图 5-60 为不同温度下 $Ba_{2.85}Eu_{0.15}Si_6O_{12}N_2$ 发射光谱图。随着温度升高，发射光谱是蓝移，这是由于最低 5d 能级的因热诱导而上升产生的。当发光材料被加热到 200℃，发光强度仍为在室温下测得的初始强度的 90%（图 5-61）。

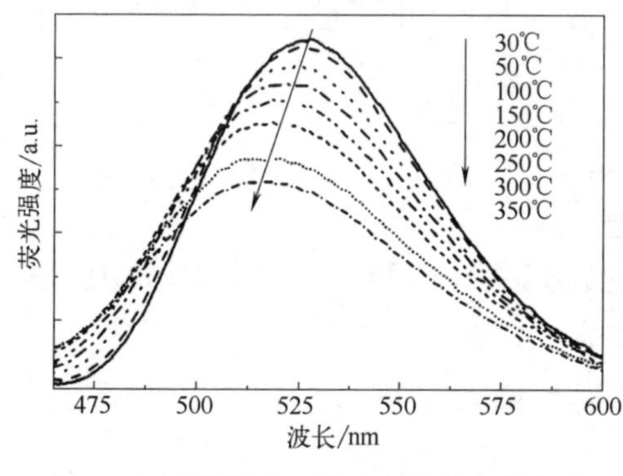

图 5-60　不同温度下发光材料的发射光谱

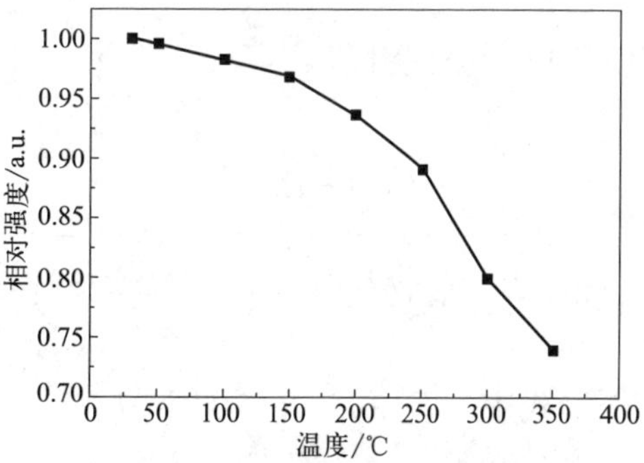

图 5-61　发射强度随温度变化曲线

热猝灭可以通过使用位形坐标图来解释，如图 5-62 所示。在该图中，x 轴表示金属-配体的距离 R，y 轴为一个吸收中心的能量 E。基态和激发态能级分别由抛物线 U_0 和 U' 代表。抛物线 U_0 和 U' 的交叉点在图中用 X 表示，与点 A' 相比在更高的能量水平，那是发光中心的激发态能级在吸收的能量后激发的。一般来说，发光中心经过非辐射弛豫到对应 O' 点的最低振动能级。此时，当温度增加时，该中心将从点 O' 被热激活到结点 X。这意味着该激发 Eu^{2+} 容易通过声子振动到达基态，而不是发射光子。其结果是，由于从点 O' 到点 A 的跃迁发光猝灭。热猝灭过程的概率强烈地依赖于点 O' 与点 X 之间的能量势垒 ΔE_q。更大的 ΔE_q 是发光材料的较低热猝灭的原因。热猝灭 ΔE_q 活化能可以由下式所描述的 Arrhenius 方程计算：

$$I_T=\frac{I_0}{1+c\exp\left(-\frac{\Delta E_q}{kT}\right)}$$

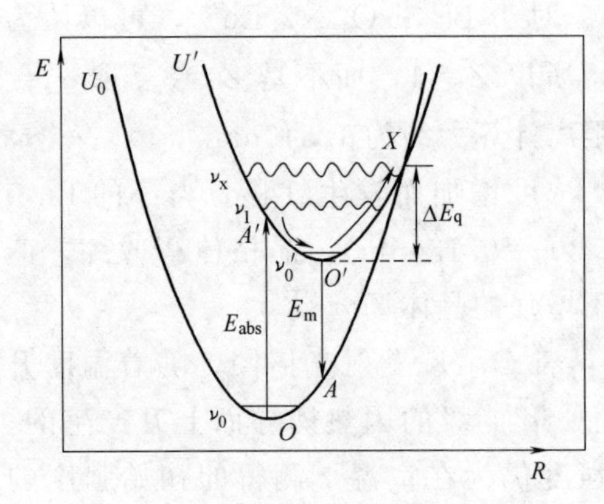

图 5-62　热猝灭的位形坐标

式中，I_0 为初始发射强度；I_T 在给定温度 T 下的强度；c 是常数；k 为玻尔兹曼常数。

对 $\ln[(I_0/I_T)-1]$ 与 $1/T$ 拟合 ΔE_q 计算为 0.257eV。$Ba_3Si_6O_{12}N_2:Eu^{2+}$ 的 ΔE_q 值比 Sr-α-SiAlON: Eu^{2+} 和 Ca-α-SiAlON: Eu^{2+} 发光材料都大，二者分别对应 0.202eV 和 0.2eV。

吸收效率（η_a）、内部量子效率（η_i）、外部量子效率（η_o）可使用以下公式计算：

$$\eta_a=\frac{\int\lambda[E(\lambda)-R(\lambda)]d\lambda}{\int\lambda E(\lambda)d\lambda};\eta_i=\frac{\int\lambda P(\lambda)d\lambda}{\int\lambda[E(\lambda)-R(\lambda)]d\lambda};\eta_o=\frac{\int\lambda P(\lambda)d\lambda}{\int\lambda E(\lambda)d\lambda}$$

式中，$E(\lambda)$、$R(\lambda)$ 和 $P(\lambda)$ 分别是激发光谱每单位波长的强度、反射率和发光材料的发射率。

图 5-63 为 $Ba_{3-x}Eu_xSi_6O_{12}N_2$（$x=0.15$）的吸收和量子效率。在 450nm 处激发，绿色发光材料的吸收效率、内部和外部量子效率分别是 56%、68%和 38%。还可以通过优化加工条件和控制颗粒大小、形态以及发光材料的结晶度来进一步增强。

通过将蓝色光 LED 芯片与 $Sr_2Si_5N_8:Eu^{2+}$ 红色发光材料以及 $Ba_3Si_6O_{12}N_2:Eu^{2+}$ 绿色发光材料组合来得到 WLED。图 5-64 为通过控制发光材料和硅酮环氧树脂的比例（P：G）以及绿色和红色发光材料之间的比率（PG：PR）控制 WLED 不同的相关色温（CCT）的发射光谱。三个主要发射带为 460nm（LED 芯片）、530nm（$Ba_3Si_6O_{12}N_2:Eu^{2+}$）和 616nm（$Sr_2Si_5N_8:Eu^{2+}$），通过光谱合成形成了白光。WLED 的光学特性示于表 5-1。对于不同 CCT 的 WLED 平均 R_a 值位于 88 和 94 之间，其比冷阴极荧光灯（$R_a=50\sim88$）更高。这表明，$Ba_3Si_6O_{12}N_2:Eu^{2+}$ 绿色发光材料非常适合用在高显色性 WLED。

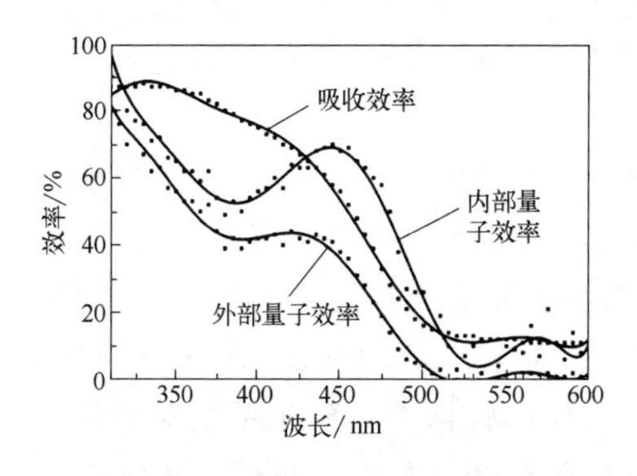

图 5-63 $Ba_{3-x}Eu_xSi_6O_{12}N_2$（$x$=0.15）的吸收效率和量子效率

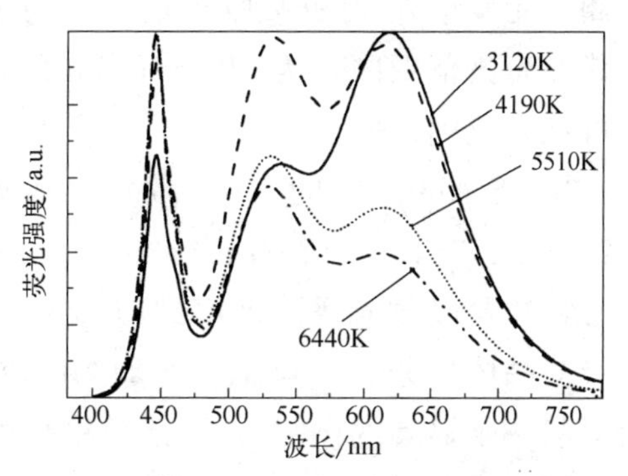

图 5-64 不同色温的发射光谱

表 5-1 $Ba_3Si_6O_{12}N_2$:Eu^{2+} 发光材料的 WLED 光学特性

P∶E	P_G∶P_R	η/(lm/W)	T_c/K	R_a
0.2∶1	93∶7	60.6	3120	94
0.2∶1	95∶5	66	4190	90
0.15∶1	95∶5	71.8	5510	89
0.14∶1	96∶4	75.5	6440	88

Xie 等[14] 成功合成了（$M_{1-2x/v}Yb_x$）$_{m/v}Si_{12-m-n}Al_{m+n}O_nN_{16-n}$（M=Ca、Li、Mg 和 Y，$v$ 是 M 的化合价，0.002⩽x⩽0.10，0.5⩽m=2n⩽3.5）绿色发光材料。图 5-65 为掺杂不同的 Yb^{2+} 浓度的 Ca-α-SiAlON 发光材料的紫外-可见漫反射光谱。Yb^{2+} 掺杂的 α-SiAlON 在紫外-可见光谱区存在几个吸收峰，分别位于 223nm、251nm、284nm、300nm、340nm 和 440nm。在 223nm 处的吸收峰不是由于 Yb^{2+} 的吸收产生的，因此不管是掺杂还是未掺杂的发光材料在这一波长处都存在这个峰，这是（Si，Al)-(O，N）中电荷转移引起的主晶格的吸收产生的。镧系元素主要是三价的，但是稀土元素 Sm、Eu 和 Yb 可以减少到二价，并且可以在许多材料中保持稳定。

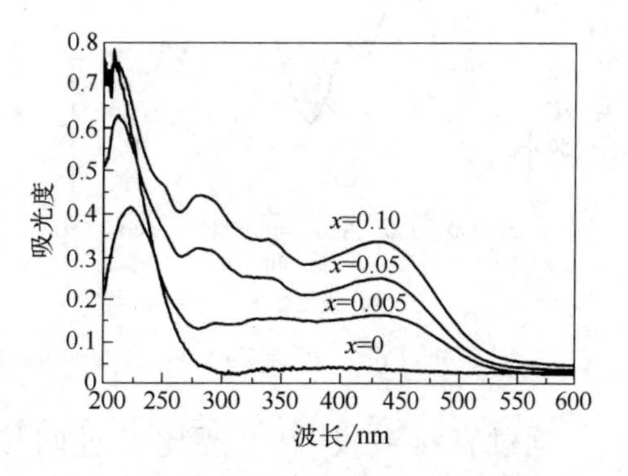

图 5-65 不同 Yb^{2+} 浓度的 Ca-α-SiAlON 紫外-可见漫反射光谱

镧系元素紫外-可见吸收光谱二价与三价存在显著的不同。三价离子处于紫外光谱范围内，为 $4f^n \rightarrow 4f^{n-1}5d$ 跃迁发射，而二价离子的跃迁发射处于可见光范围内。

α-SiAlON 中的 Yb^{2+} 激发光谱如图 5-66（a）所示。可以看到位于 219nm、254nm、283nm、307nm、342nm 及 445nm 处有大量的激发中心，这与吸收光谱所观察到的一致。激发光谱的结构是由于 Yb^{2+} 在 5d 能级的晶体场分裂。与 $4f^{14}$ 的基态形成鲜明对比，5d 的激发态没有被屏蔽，引起一个显著的激发水平分裂和晶格振动的强耦合。配位基的对称性决定了能级分裂的数目，而配位场的强度定义分裂的程度。在结晶场中 5d 能级的分裂进入 t_2 和 e 水平。在 Yb^{2+} 中的一个八面体配位，t_2 水平在一个较低的能级位置，然而在四面体或者立方体配位中 e 能级位置较低。

Yb^{2+} 掺杂的 Ca-α-SiAlON 表现出一个强烈的绿光发射，如图 5-66（b）所示。发射光谱只有一个发射峰，峰位在 549nm 处，这是 Yb^{2+} 的 $4f^{13}5d \rightarrow 4f^{14}$ 的能量发射。激发光的变化除了改变发射光的强度之外，发射光谱其他方面没有改变。

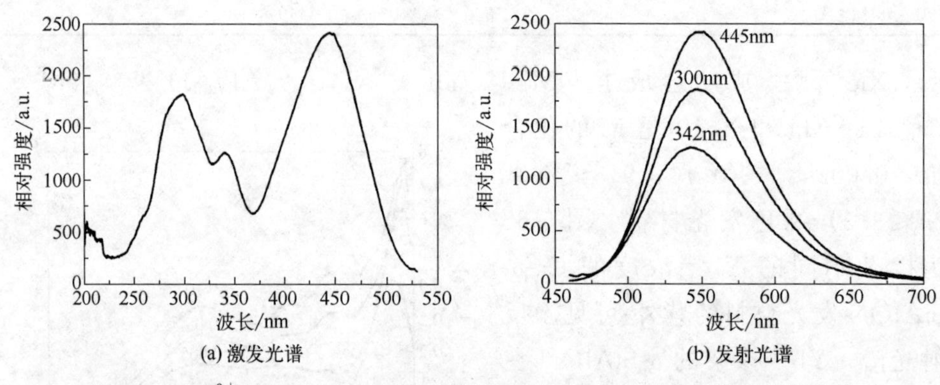

图 5-66 Yb^{2+} 掺杂 Ca-α-SiAlON（$m=2$，$x=0.005$）激发光谱和发射光谱

通过直接激发 Yb^{2+} 要比通过间接激发 Yb^{2+} 更加有效，这一点与 α-SiAlON 中的 Eu^{2+} 相符合。Yb^{2+} 的激发和发射原理类似于 Eu^{2+}，即处于基态的 Yb^{2+} 的激发带激发到 $4f^{13}5d$ 能级，在 5d 能级非辐射跃迁缓和后，发生从激发态到基态的辐射跃迁，并产生了在 549nm 处的绿光发射。另一方面，一旦激发到更高的 5d 能级，Yb^{2+} 将自动电离和激发的电子离开原来的位置进入导带，在缺陷态与一个深穴相复合，将进行非辐射跃迁并不会发出光。

在 α-SiAlON 中 Yb^{2+} 发射出的波长比被观测的正常波长（360～

450nm）要长。显然，这一长波长发射是由于激发态的一个低能位置引起的，而不是一个相当大的Stokes位移。对于导带的最低$4f^{13}5d$状态位置取决于很多因素，如晶体场分裂、带隙和共价性等。对比卤化物、氟化物或者氧化物中的Yb^{2+}，氮氧化物中Yb^{2+}的配位场非常强烈，这是由于N_3的有效电荷更大，从而导致了一个较大的5d能级分裂。Yb^{2+}和配位体之间的平均键长约为0.261nm。这些Yb—(O，N)键被认为比氧化材料中的Yb—O键或者氟化物中的Yb—F键拥有更多的共价键，这是由于与氧（3.40）和氟（4.10）相比氮（3.04）具有较低的电负性。因此Yb^{2+}在氮氧化物中比在氧化物或者氟化物中拥有更强的共价键和电子云重叠效应。电子云重叠效应会降低Yb^{2+}的基态和激发态之间的能量差，包括激发波长的位移以及发射光谱带移动至较长的波长。

Yb^{2+}的浓度对Ca-α-SiAlON发光效率的影响如图5-67所示。发光效率随着Yb^{2+}的浓度变化出现了一个先升高后降低的现象。当Yb^{2+}的浓度（x）为0.05时样品没有可见光的发射，这一临界浓度为浓度猝灭，在Ca-α-SiAlON发光材料中Yb^{2+}的临界浓度为0.005。Yb^{2+}浓度猝灭比α-SiAlON中任何其他镧系元素更为明显。虽然浓度较高的α-SiAlON样品吸收很强烈（图5-65）然而却没有产生有效的激发。对于这一观察浓度猝灭效应可以被很好地解释。随着激活剂浓度的增加，可以观察到Ce^{3+}和Eu^{2+}掺杂Ca-α-SiAlON的发射红移，Yb^{2+}掺杂的发光材料，没有表现出随着Yb^{2+}浓度的增加而增加的趋势。这一差别可能是由于α-SiAlON中一个相当低的Yb^{2+}浓度（<5%）以及Yb^{2+}（$r=1.08$，7CN）和Ca^{2+}（$r^{+}=1.06$，7CN）等离子大小，这几乎不改变Yb^{2+}附近的化学环境。

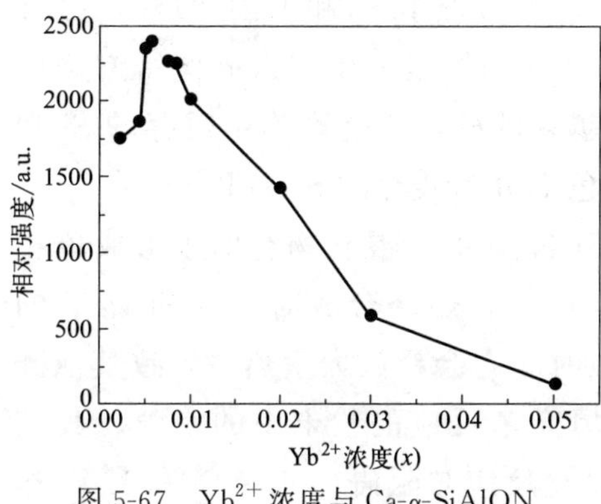

图5-67 Yb^{2+}浓度与Ca-α-SiAlON（$m=2$）发光效率的关系

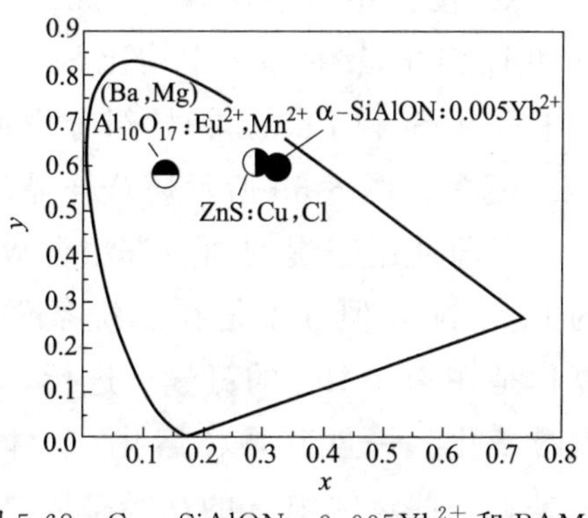

图5-68 Ca-α-SiAlON：0.005Yb^{2+}和BAM：Eu^{2+}，Mn^{2+}及ZnS：Cu，Al的色坐标图

图 5-68 为 Yb^{2+} 掺杂 Ca-α-SiAlON（$x=0.323$，$y=0.601$）的色坐标图，并将市场上可以购买到的绿色发光材料（Ba，Mg）$Al_{10}O_{17}$：Eu^{2+}，Mn^{2+} 和 ZnS：Cu，Al 的色坐标进行比较。可以看出 Ca-α-SiAlON：Yb^{2+} 发光材料相较于（Ba，Mg）$Al_{10}O_{17}$：Eu^{2+}，Mn^{2+} 表现出了更好的色彩饱和度，但接近抗潮湿的化学稳定性差 ZnS：Cu，Al 的色坐标。Ca-α-SiAlON：Yb^{2+} 发光材料的有效激发处于通常为蓝光 LED 芯片的 450～470nm 激发波长范围内，可以很好地联合其他红色发光材料和蓝光 LED 芯片用于 WLED 中产生白光。

二、稀土氮（氧）化物

Zhou 等[15] 利用燃烧法合成 $LaSi_3N_5$：Eu^{2+} 绿色发光材料。以硅粉加入量变化来设计合成 $La_{0.9}Eu_{0.1}Si_3N_5$，Si-0、Si-1、Si-2、Si-3 依次代表为未加入硅粉以及摩尔浓度为 0.45、0.9、1.2 的硅粉。四种燃烧合成后的样品外观如图 5-69 所示，样品均呈现芯-壳结构，这是因为燃烧过程中压成块的粉体内温度梯度引起的。由于多孔炭坩埚周围没有绝缘体，压成块的粉体外侧部分产生的燃烧热和容易丢失，其结果是外部温度比内层温度低，使得表层燃烧不完全。不同的燃烧产物燃烧的压成块的粉体都具有芯-壳结构。

Si-0 的发光材料显示黄绿色。在原料中加入硅粉，在燃烧压块里出现黑色部分，随着硅粉加入量的增加黑色部分的面积增加，这些黑色相对光致发光的吸收是非常不利的。要理解黑色部分的形成原因，需要进行相鉴别分析。图 5-70 为硅粉加入量变化的 XRD 图谱，样品 Si-0 的 XRD 图谱与单相 $LaSi_3N_5$（JCPDS No. 42-1144）吻合。在样品 Si-0、Si-2，Si-3 的 XRD 图谱中不但出现了 $LaSi_3N_5$ 峰，还出现了 Si 和 LaSi 的峰，并且 Si 和 LaSi 的峰在 Si-2 中均比 Si-1 强。即在初始组分中加入硅使得燃烧样品中残存 Si 和 LaSi，初始组分中加入越多的硅，燃烧产物中残存的 Si 和 LaSi 越多。图 5-69 所示燃烧样品的黑色部分为残存的 Si 和 LaSi。

以前使用缓慢的加热方法合成 $LaSi_3N_5$，加入混合物有助于形成单相的 $LaSi_3N_5$，但并不是在燃烧条件下合成。在燃烧合成时，Si 和 LaSi 的氮化是在 6.0MPa 的氮气下进行，很短时间内会释放大量热，导致其他硅颗粒熔化。一旦硅颗粒熔化，液体会填充未反应的粉末中的空隙。其结果是，一些运输氮气的途径被阻挡，氮化反应被阻碍，一些 Si 和 LaSi 作为残余物留在最终的发光材料中。

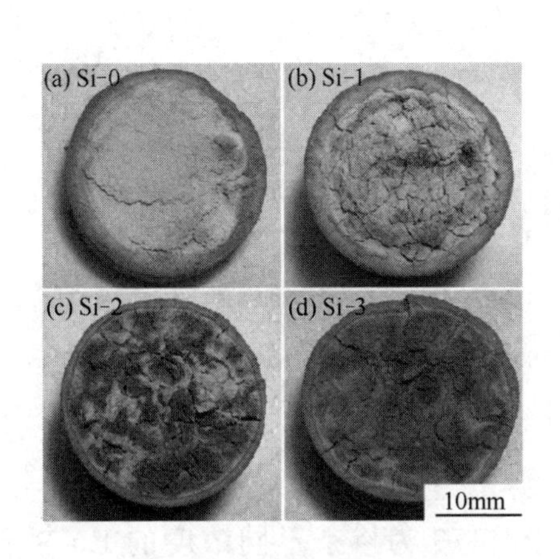

图 5-69　不同硅粉加入量燃烧合成后的样品外观

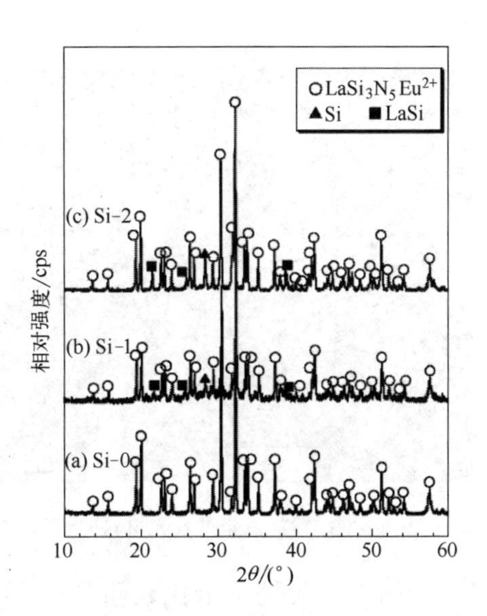

图 5-70　不同硅粉加入量的样品 XRD 图谱

图 5-71 为通过扫描电镜观察到的不同硅粉加入量的发光材料的颗粒形貌。样品 Si-0 为多孔结构。尽管颗粒之间通过缩颈彼此连接，但还是可以很容易地粉碎获得独立的粒子，大多数颗粒呈几微米的圆形，这些特征适用于制造 WLED 用的发光材料。当硅加入到起始组合物中，合成的样品变得不那么多孔。随着硅含量的增加，样品结构变得致密，单个粒子难以区分，样品为煅烧后粘接一起的结构。在样品 Si-3 中可以观察到许多球状颗粒，这些是硅高温燃烧的产物。

样品 Si-0 的荧光光谱如图 5-72 所示，其他三个样品由于包含太多黑色杂质，大大降低光谱的强度，因此未给出荧光光谱。通过图 5-72 可以看到激发光谱为 250～500nm 的宽带，激发中心在 335nm 处。当用 335nm 的紫外光激发时，发射光谱在 553nm 处显示出一个单一的宽带发射。宽带发射主要是由于 Eu^{2+} 的 $5d4f^6 \rightarrow 4f^7$ 跃迁发射形成的。因此，所合成的发光材料的宽带发射表明原料氧化铕粉末在燃烧反应过程中由 Eu^{3+}降低到 Eu^{2+}。在氮化物环境中，Eu^{3+} 的减少可能会根据下面的一般反应发生：$6Eu^{3+} + 2N^{3-} \rightarrow 6Eu^{2+} + N_2$。上述结果表明，$LaSi_3N_5$:$Eu^{2+}$ 可以在几分钟内通过快速燃烧的方法制备。据分析，在初始组分中加入硅粉将难以获得 $LaSi_3N_5$ 单相发光材料。

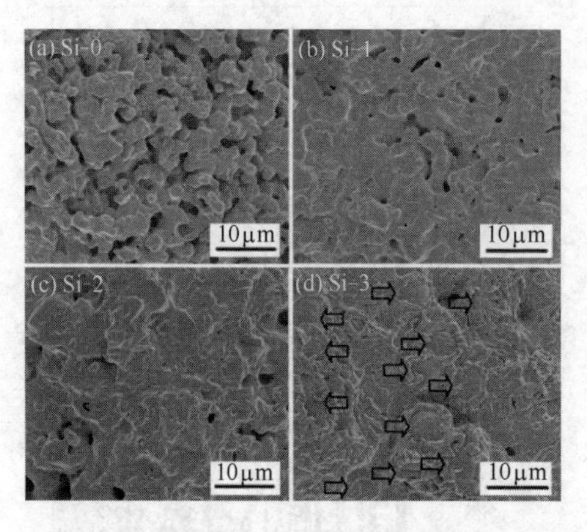

图 5-71 不同硅粉加入量的发光材料的 SEM 图

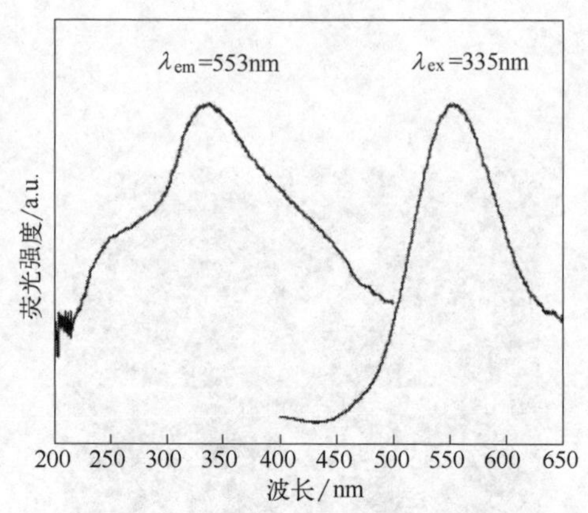

图 5-72 样品 Si-0 的荧光光谱

Eu^{2+} 掺杂是一个比较重要的参数。图 5-73 为掺杂不同浓度的 Eu^{2+} 下合成发光材料的外观图，Eu001、Eu002、Eu005、Eu010 中 Eu^{2+} 的掺杂浓度分别为 1%、2%、5%、10%。掺杂 1% Eu^{2+} 时为浅绿色光。随着 Eu^{2+} 掺杂量的增加，样品颜色逐渐偏向黄色，XRD 图谱分析表明，所合成的样品是 $LaSi_3N_5$ 单相，并且其样品的 XRD 图谱与 Si-0 相同。掺杂不同浓度的 Eu^{2+} 下合成发光材料的 SEM 如图 5-74 所示，四个燃烧样品的尺寸和形貌是相似的，压块为多孔的单独颗粒，并且容易粉碎，颗粒尺寸为几微米。

图 5-73 不同 Eu^{2+} 掺杂量燃烧合成的样品外观

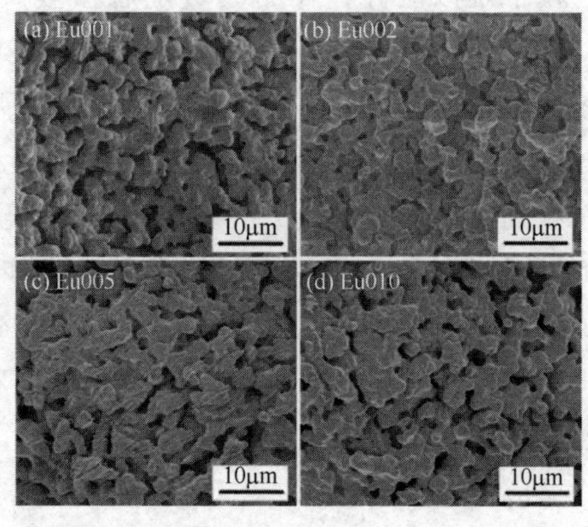

图 5-74 不同 Eu^{2+} 掺杂量的样品 SEM 图

图 5-75 为四个样品的荧光光谱，它们的荧光光谱的峰形状相似，但激发和发射光谱强度有差别较大。掺杂 2%Eu^{2+} 的样品比掺杂 1%Eu^{2+} 的样品发射强度高，进一步增加 Eu^{2+} 的浓度发射强度反而下降。掺杂剂的浓度超过一定临界值所引起的发射强度下降可由能量传递中激活剂离子的浓度猝灭解释。

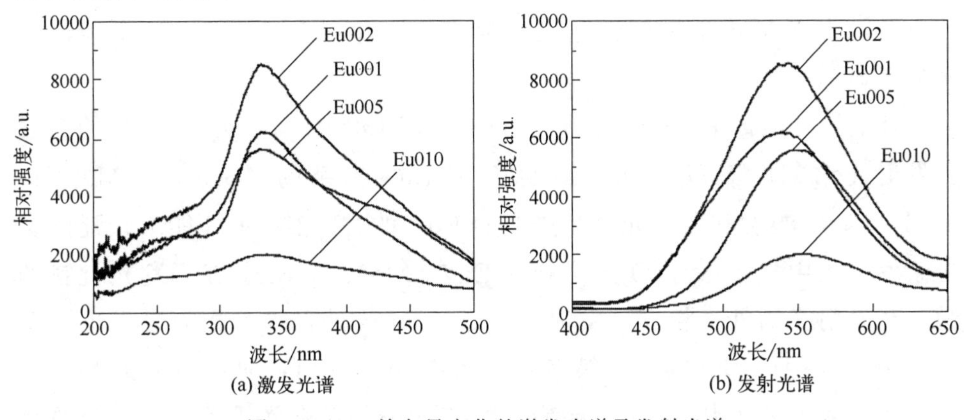

图 5-75 Eu-掺杂量变化的激发光谱及发射光谱

在发射光谱中观察到的另一特点是随着 Eu^{2+} 浓度增加，发射带出现了红移。掺杂离子浓度为 1%、2%、5%、10%所对应的发射峰分别位于 539nm、544nm、548nm、553nm 处。Eu^{2+} 掺杂的发光材料经常出现掺杂剂浓度高导致发射带红移的现象，例如 $BaSi_5N_8:Eu^{2+}$、$BaYSi_4N_7:Eu^{2+}$、SiAlON:Eu^{2+}、$Sr_2Si_5N_8:Eu^{2+}$、$CaAlSiN_3:Eu^{2+}$、SiAlON:Eu^{2+} 发光材料。发生红移的原因仍然不清楚，一种可能的解释是 Eu^{2+} 浓度的增加导致 Eu^{2+} 从 5d 较高能级转移至 5d 较低能级的能量传递的概率增加，因此降低了传输过程中的能量传递，使发射的光红移。

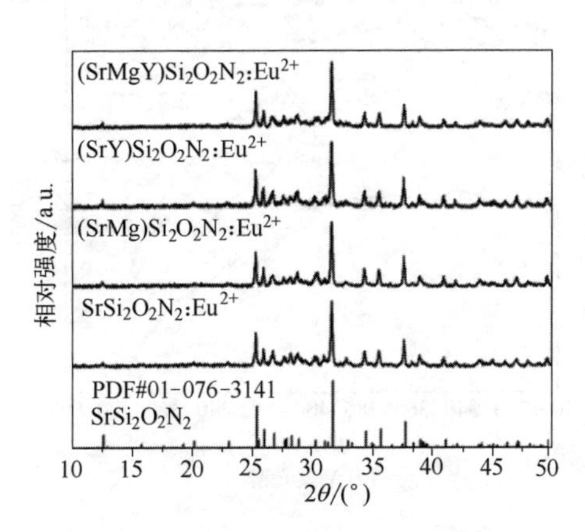

图 5-76 $MSi_2O_2N_2$：0.05Eu^{2+}（M=Sr，Mg，Y）的 XRD 图谱

Jee 等[16] 利用高温固相反应合成了 $MSi_2O_2N_2$：0.05Eu^{2+}（M=Sr，Mg，Y）绿色发光材料。图 5-76 为 $MSi_2O_2N_2$：0.05Eu^{2+}（M=Sr，Mg，Y）的 XRD 图谱。所有的 $MSi_2O_2N_2$：

0.05Eu^{2+}（M＝Sr，Mg，Y）化合物均为三斜晶系的P1空间群结晶，这表明除非掺杂量超过某一临界值一定的值，否则Mg和Y取代Sr在本质上仍具有相似的基本结构。结构中Mg高达27%（摩尔分数），却没有改变$SrSi_2O_2N_2$的晶体结构。应当指出的是$BaSi_2O_2N_2$和$CaSi_2O_2N_2$分别存在自己的斜方晶系和单斜结构，但没有报道过$MgSi_2O_2N_2$的结构。另一方面，由于Y掺杂量低到足以被忽略，因此在$SrSi_2O_2N_2$结构中没有明显地显示Y的存在。

$(Sr_{0.95-x-y}Mg_xY_y)Si_2O_{2-y}N_{2+y}$：0.05$Eu^{2+}$（$x=0.27$，$y=0.01$）的激发和发射光谱如图5-77所示。图5-77中$Eu^{2+}$掺杂的（$Sr_{0.95-x-y}Mg_xY_y$）$Si_2O_{2-y}N_{2+y}$激发和发射光谱为典型的$Eu^{2+}$的5d能级向4f能级跃迁的宽带激发。图中显示$MSi_2O_2N_2$：0.05$Eu^{2+}$（M＝Sr，Mg，Y）发光材料的激发和发射光谱外形相同，发射峰位于535nm处，这些相似之处也说明其结构为固定的$SrSi_2O_2N_2$结构，不受M（M＝Sr，Mg，Y）影响。尽管性质相异元素取代了Sr的晶格，激发光谱和发射光谱的分布并没有显著改变。

这种行为不同于其他几种硅酸盐发光材料，如Li_2(Sr，Ba，Ca）SiO_4：Eu^{2+}和（Sr，Ca，Ba，Mg）$_2Si_5N_8$：Eu^{2+}，因外来碱土金属的加入会导致发光材料的光谱发生显著变化。Y的掺杂量小到可以忽略，因此Y掺杂后的影响很小。在紫外光和蓝光范围处激发，（$Sr_{0.95-x-y}Mg_xY_y$）

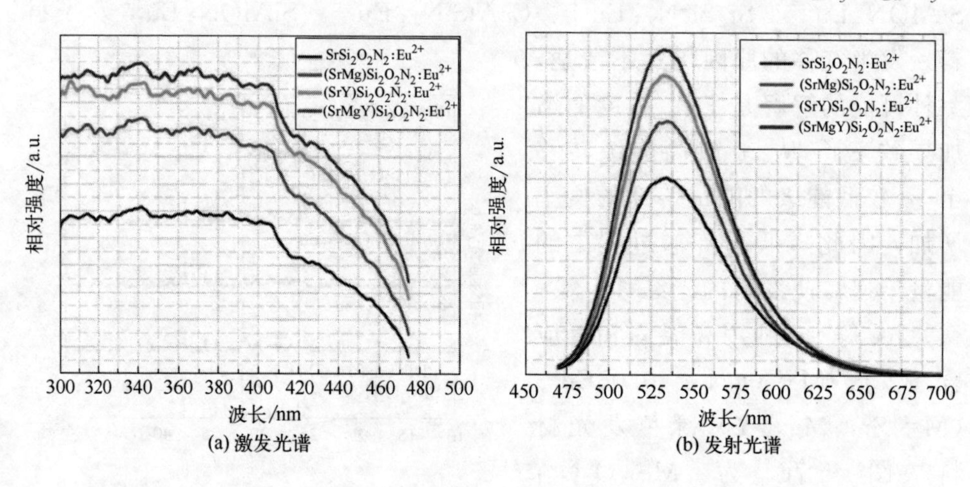

图5-77 （$Sr_{0.95-x-y}Mg_xY_y$）$Si_2O_{2-y}N_{2+y}$：0.05Eu^{2+}（$x=0.27$，$y=0.01$）的激发和发射光谱

$Si_2O_{2-y}N_{2+y}$：0.05Eu^{2+}（x=0.27，y=0.01）中 Mg 和 Y 取代 Sr 的结构变化没有明显导致蓝绿色至黄色光谱发射强度的变化。在图 5-77（b）中，发射波长在 525～550nm 时，发射强度出现了 65%的增加。相比于纯相 $SrSi_2O_2N_2$：0.05Eu^{2+} 发光材料，$(Sr_{0.95-x}Mg_x)Si_2O_2N_2$：0.05$Eu^{2+}$ 和 $(Sr_{0.95-y}Y_y)Si_2O_2N_2$：0.05$Eu^{2+}$ 的发射强度分别增加了 30%和 50%。

图 5-78 为 $(Sr_{0.68}Mg_{0.27})Si_2O_2N_2$：0.05$Eu^{2+}$ 和 $(Sr_{0.94}Y_{0.01})Si_2O_2N_2$：0.05$Eu^{2+}$ 在不同煅烧温度下的 XRD 图谱和 SEM 图。900℃的组织结构主要是 $Sr_3MgSi_2O_8$:Eu^{2+}、Sr_2SiO_4 和 Si_3N_4 的混合物；随着焙烧温度增加

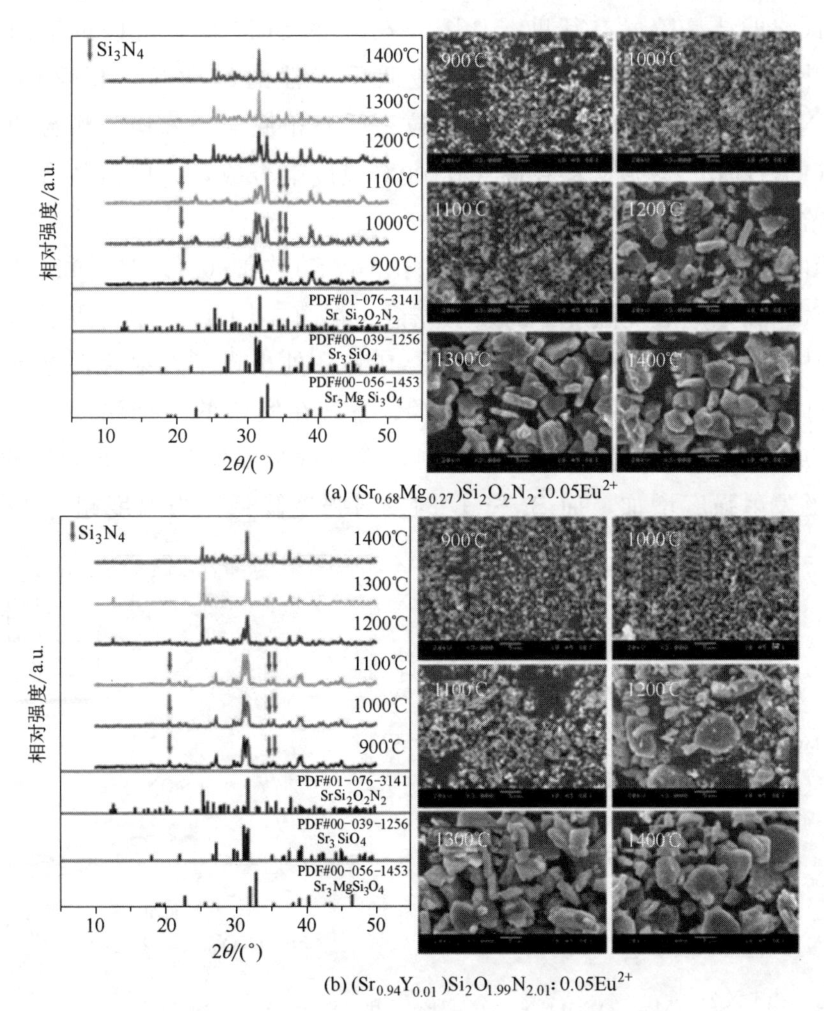

图 5-78　$(Sr_{0.68}Mg_{0.27})Si_2O_2N_2$：0.05$Eu^{2+}$ 和 $(Sr_{0.94}Y_{0.01})Si_2O_{1.99}N_{2.01}$：0.05$Eu^{2+}$ 在不同煅烧温度下的 XRD 图谱和 SEM 图

至 1100℃，$Sr_3MgSi_2O_8$:Eu^{2+} 相的比率逐渐增加；从 1200℃开始，在 $Sr_3MgSi_2O_8$:Eu^{2+} 相中又开始出现大量新的 $SrSi_2O_2N_2$:Eu^{2+} 相；当温度超过 1300℃，产生单一相 $SrSi_2O_2N_2$:Eu^{2+}。这种情况被发现存在于图 5-78（b）中的（$Sr_{0.94}Y_{0.01}$）$Si_2O_{1.99}N_{2.01}$：0.05Eu^{2+} 发光材料，而 $Sr_3MgSi_2O_8$:Eu^{2+} 相对缺少应该引起注意。在 1200℃时形成 Sr_2SiO_4:Eu^{2+} 和 $SrSi_2O_2N_2$:Eu^{2+} 的混合物，而在超过 1300℃时形成单一相 $SrSi_2O_2N_2$。通过对煅烧温度变化的观察发现，$SrSi_2O_2N_2$:Eu^{2+} 是由众所周知的硅酸盐阶段得到的，掺杂的镁形成中间相，该中间相对 $SrSi_2O_2N_2$:Eu^{2+} 最终的结晶阶段有帮助。从图 5-78 中的 SEM 图，可以观察两种发光材料由于低温煅烧造成的氮化硅低反应性的细微粒。相反的，$SrSi_2O_2N_2$:Eu^{2+} 在 1200℃具有的细微粒是低温相混合物。均匀颗粒的单相 $SrSi_2O_2N_2$:Eu^{2+} 发光材料在高于 1300℃温度下合成，这些条件有利于改善发光材料的发光强度。

图 5-79 为（$Sr_{0.68}Mg_{0.27}$）$Si_2O_2N_2$：0.05Eu^{2+} 和（$Sr_{0.94}Y_{0.01}$）$Si_2O_2N_2$：0.05Eu^{2+} 在不同煅烧温度下的发射光谱。在图 5-79（a）中可以看出，当煅烧温度较低时 $Sr_3MgSi_2O_8$:Eu^{2+} 在 455nm 处出现了发射峰，这是蓝色发光材料在近紫外芯片激发的发射峰位置。在实验的煅烧温度下，斜方晶系的 Sr_2SiO_4 在 570nm 处产生发射。随着煅烧温度升高，$Sr_3MgSi_2O_8$:Eu^{2+} 的发射强度增加，而 Sr_2SiO_4 的发射强度降低。当温度超过 1200℃

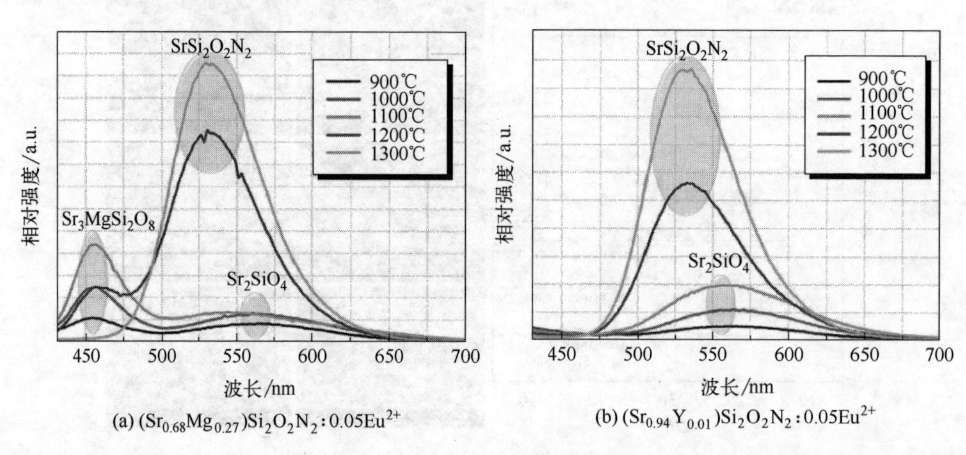

图 5-79 （$Sr_{0.68}Mg_{0.27}$）$Si_2O_2N_2$：0.05Eu^{2+} 和（$Sr_{0.94}Y_{0.01}$）$Si_2O_2N_2$：0.05Eu^{2+} 在不同煅烧温度下的发射光谱

时，由于 $SrSi_2O_2N_2:Eu^{2+}$ 的存在，发射光谱发生变化。图 5-79（b）显示 $(Sr_{0.94}Y_{0.01})Si_2O_2N_2:0.05Eu^{2+}$ 发射光谱的变化为：在低于 1100℃时，在 570nm 处 $Sr_2SiO_4:Eu^{2+}$ 的发射占主导地位，随着温度升高，$SrSi_2O_2N_2:Eu^{2+}$ 的发射逐渐变为主导。

一般来说，随着 Eu^{2+} 进入主晶格量的变化，局部晶格中的一个取代位点的键长度、角度、点对称等将显著改变，最终达到提高其发光特性的目的。用类似的方式，也可通过 Mg 或 Y 实现置换 Sr。作为典型例子，图 5-80 为 $MSi_2O_2N_2:0.05Eu^{2+}$（M＝Sr，Mg，Y）的荧光强度的温度依赖性关系图。200℃时 $SrSi_2O_2N_2:Eu^{2+}$ 发光材料热猝灭比例约为室温的 78%。同时，通过用 Mg 或 Y 取代 Sr 可能使热猝灭比例从 78%改善至 88%。这种提高可能是由于发光材料在形成过程中颗粒的结晶化导致的。由于钇有正三价离子电荷，该改进可能通过用三价电子取代二价电子而使 O/N 比率收缩产生的。本质上通过限制发射光子的电子数减少猝灭，使 O/N 比减少，自动提高了热属性。此外，较少的 Y^{3+} 可缓解由于大量的 Eu^{2+} 所引起的 $MSi_2O_2N_2:0.05Eu^{2+}$（M＝Sr，Mg，Y）的晶格变形。在晶格中 Eu^{2+} 附近可能出现显著应变，并且该应变限制了已进入晶格中的 Eu^{2+} 的稳定性。在结构中共掺杂 Eu^{2+} 和 Y^{3+} 时，Y^{3+} 半径较小可以减轻 Eu^{2+} 半径大产生的膨胀。这意味着结构中 Y^{3+} 掺杂可以增加 Eu^{2+} 的浓度，而不在 Eu^{2+} 浓度区产生大幅下降的副作用。换言之，共掺杂 Y^{3+} 将会最大限度地发挥 Eu^{2+} 高浓度掺杂的作用。此外，Mg 和 Y 对于生产均匀的单颗粒有外在的影响，也可以增强并改善发光材料的发光强度。因此，发光材料 $(Sr_{0.68}Mg_{0.27})Si_2O_2N_2:0.05Eu^{2+}$ 可作为一种新型的具有高热稳定性的发光材料应用于 WLED 中。

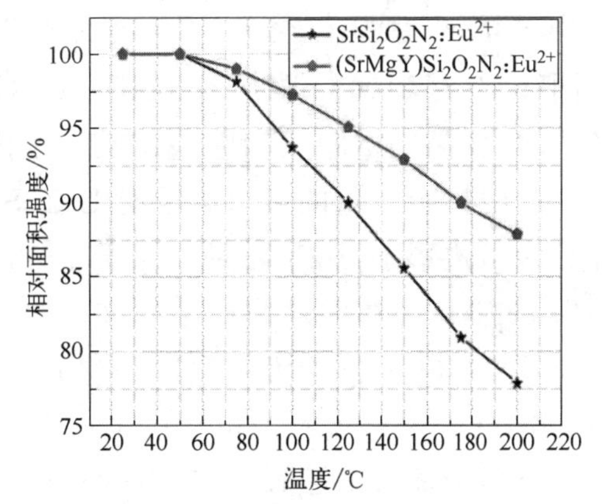

图 5-80 $MSi_2O_2N_2:0.05Eu^{2+}$（M＝Sr，Mg，Y）的荧光强度的温度依赖性关系图

第四节　硅酸盐体系

一、橄榄石及硅钙石类

Yao 等[17] 利用燃烧辅助合成的方法制备了 $BaZnSiO_4:Eu^{2+}$ 发光材料。图 5-81 为 1100℃煅烧 8h 的 $BaZnSiO_4$ 与 $Ba_{1-x}ZnSiO_4$: xEu^{2+} ($x=0\sim0.09$) 样品的 XRD 图谱。在这些衍射图之间并没有观察到明显的差异，这表明掺杂少量的稀土离子对 $BaZnSiO_4$ 晶体结构几乎没有影响。这些样品为六边形 $BaZnSiO_4$ 纯相，与 JCPDS No. 42-0335 相对应。

$BaZnSiO_4$ 晶体的六边形结构如图 5-82 所示，该 $BaZnSiO_4$ 化合物属于鳞石英 (SiO_2) 结构大家庭的衍生物，是空间群为 $P6_322$ 的六方晶系，$a=0.525nm$，$c=0.873nm$。在 $BaZnSiO_4$ 中存在两个四面体 ZnO_4 和 SiO_4，以角角连接形成垂直于 c 轴的层。

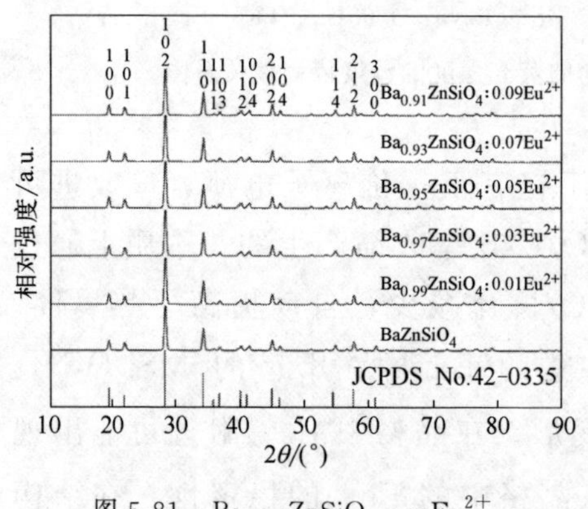

图 5-81　$Ba_{1-x}ZnSiO_4$: xEu^{2+} ($x=0\sim0.09$) XRD 图谱

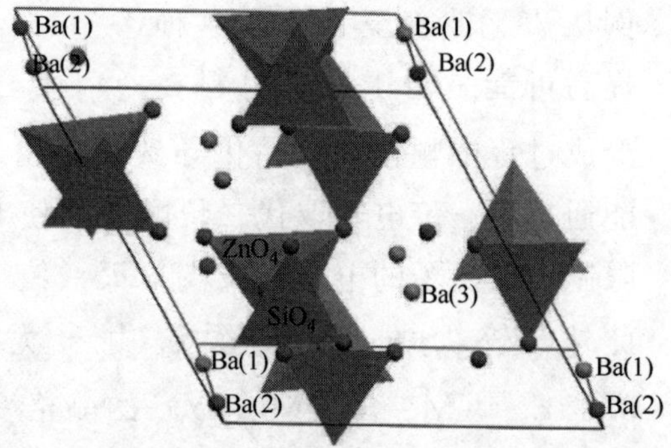

图 5-82　$BaZnSiO_4$ 晶体的结构

Eu^{2+}不同掺杂浓度 $x=0.01\sim0.09$（摩尔分数）的 $Ba_{1-x}ZnSiO_4$: xEu^{2+}发光材料，Eu^{2+}掺杂浓度对发光强度的影响如图 5-83 所示。所有样品的发射带位置无明显变化。随着 Eu^{2+} 的浓度增加，发光强度也随之增加，当 $x=0.05$ 时为最大值。当 Eu^{2+} 浓度超过 0.05，会发生浓度猝灭。

利用发光材料能量传递机理计算临界传输距离，$BaZnSiO_4$ 中 Eu^{2+} 的临界传输距离约为 1.097nm。Eu^{2+}间的能量转移的概率随着 Eu^{2+} 浓度的增加而增加。由于相互交换作用、再吸收或者多极-多极相互作用，产生了从一个 Eu^{2+} 转移到另一个 Eu^{2+} 非辐射能量跃迁。交换相互作用使得能量传递到禁止跃迁，标准的临界距离大约为 0.5nm。只有当敏化剂和激活剂的光致发光光谱发生宽的重叠时，辐射再吸收的机制开始生效。在当前情况下，可以看出 Eu^{2+} 允许 4f→5d 跃迁，且激发和发射光谱之间很少有重叠。交换和重吸收的相互作用无法解释 Eu^{2+} 在 $BaZnSiO_4$ 的能量转移。根据德克斯特的理论，发光材料中 Eu^{2+} 之间的能量传递过程中应该由电多极-电多极相互作用控制。

图 5-84 为 $Ba_{0.95}ZnSiO_4$：$0.05Eu^{2+}$ 的发射光谱和激发光谱。可以观察到 260～465nm 范围的一个宽激发带，对应于 Eu^{2+} 允许 f→d 跃迁。Eu^{2+} 的 5d 能级与低能级的 4f 态有重叠，因此 4f 能级的电子可以被激发到 5d 能级。Eu^{2+} 宽的发射光谱是由于 $4f^6 5d^1 \rightarrow 4f^7$ 跃迁发射，这是一个允许的电多极-电多极相互作用跃迁。然而，5d 的能级很容易受到晶体场影响，换言之，不同的晶体场可以以不同的方式使 5d 能级发生分裂。这使得 Eu^{2+} 在不同的晶体场发射不同波长的光，并且发射光谱可从紫外区域变化到红色区域。主激发峰表明，该发光材料是非常适合于使用紫外光光作为光源的光转换发光材料。它可以被用来作为由近紫外芯片激发的一种绿色发光材料，较好地应用在 WLED 中。

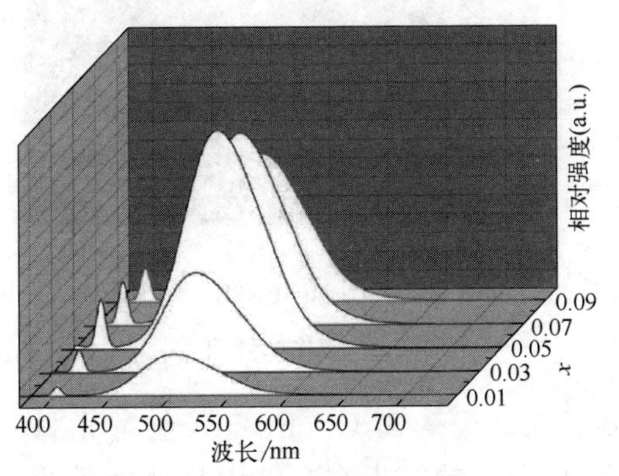

图 5-83 不同 Eu^{2+} 掺杂浓度对发光强度的影响

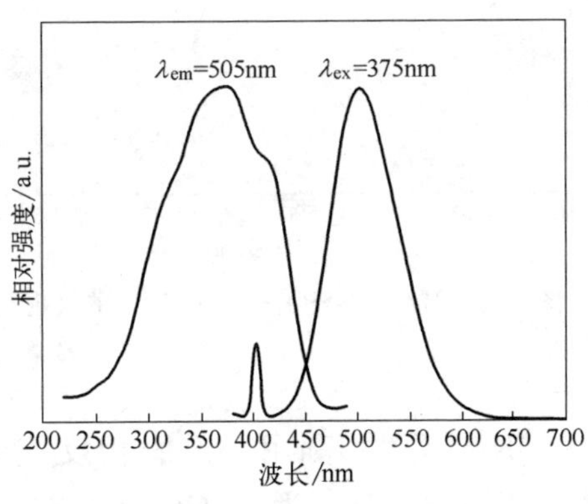

图 5-84 $Ba_{0.95}ZnSiO_4$：$0.05Eu^{2+}$ 的荧光光谱

在 $BaZnSiO_4$ 晶格中存在三个等量的钡位点。其中两个钡位点，与 9 个氧离子配位的 Ba（1）和 Ba（2），Ba—O 键平均长分别为 0.288nm 和 0.294nm。第三个钡位点 Ba（3），与 6 个氧离子配位的 Ba—O 平均键长为0.272nm。当Eu^{2+}进入到Ba位点，预测在$BaZnSiO_4:Eu^{2+}$将有三种类型Eu^{2+}的发射中心。图5-85为$Ba_{0.95}ZnSiO_4$：$0.05Eu^{2+}$的发射光谱，虚线为505nm的高斯拟合曲线，图中在505nm的发射光谱带比403nm宽得多。这个宽带可以分成两个峰值约为492nm和512nm高斯带。由于Eu^{2+}在Ba（1）和Ba（2）位点的晶体环境非常相似，因此将两个长较长的波段归于在Ba（1）和Ba（2）位点的Eu^{2+}发射。在固态化合物的Eu^{2+}的5d激发能级的分裂依赖于Eu^{2+}周围晶体场强度。当晶体环境类似，在Eu^{2+}-O^{2-}更短距离Eu^{2+}中心将给予更长的波长发射。因此，将512nm发射归于在Ba（2）位点的Eu^{2+}，而把492nm发射归于在Ba（1）位点的Eu^{2+}。

从$Ba_{0.95}ZnSiO_4$：$0.05Eu^{2+}$发光材料发射光谱获得了色坐标，标于色坐标图中，如图5-86所示。根据$Ba_{0.95}ZnSiO_4$：$0.05Eu^{2+}$发射光谱得到（x，y）色坐标对应数值为（0.172，0.463）。

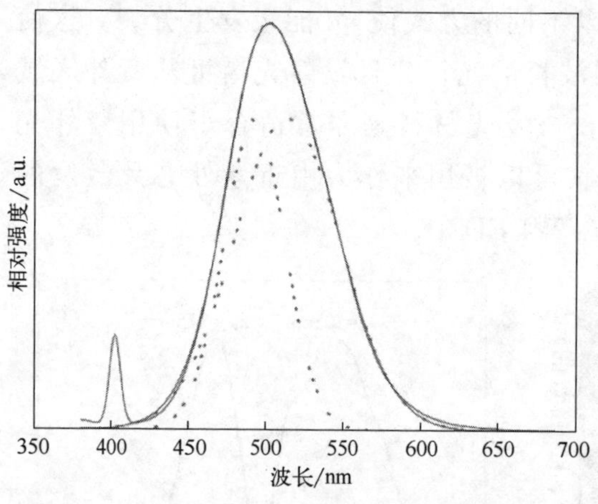

图5-85　$Ba_{0.95}ZnSiO_4$：$0.05Eu^{2+}$的发射光谱

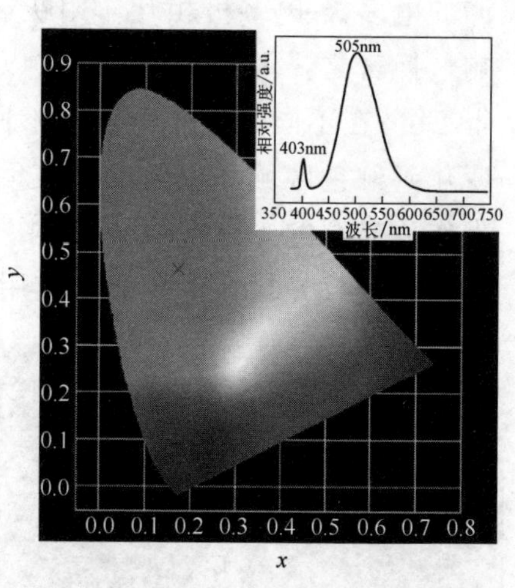

图5-86　$Ba_{0.95}ZnSiO_4$：$0.05Eu^{2+}$的色坐标图

Kim等[18]利用低温固相反应制备了$Li_2Ca_2Si_2O_7:Eu^{2+}$绿色发光材料。图5-87（a）为Li_2CO_3-$CaCO_3$-SiO_2混合的粉末在空气中热处理后的XRD图谱。通过XRD图谱观察到，当煅烧温度低于900℃，可以发现二次相如Li_2SiO_3、Ca_2SiO_4和Li_2CaSiO_4等。900℃时可以成功合成纯的$Li_2Ca_2Si_2O_7$六方结构，晶格常数为a=0.510nm和c=4.130nm。图5-87（b）为制备的$Li_2Ca_{2(1-x)}Si_2O_7:Eu_{2x}^{2+}$（$0.001\leqslant x\leqslant 0.011$）在900℃空气中煅烧后，随后在还原性气氛下以910℃煅烧后得到的发光材料，测试可知

材料为无任何杂质相的 $Li_2Ca_2Si_2O_7$ 结构，虽然 Eu^{2+} 取代了 Ca^{2+} 位点，但 Eu^{2+} 并没有导致 $Li_2Ca_2Si_2O_7$ 主要结构任何明显的改变。

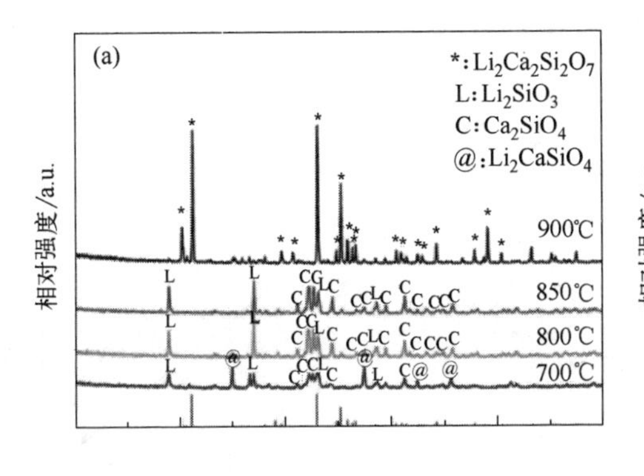

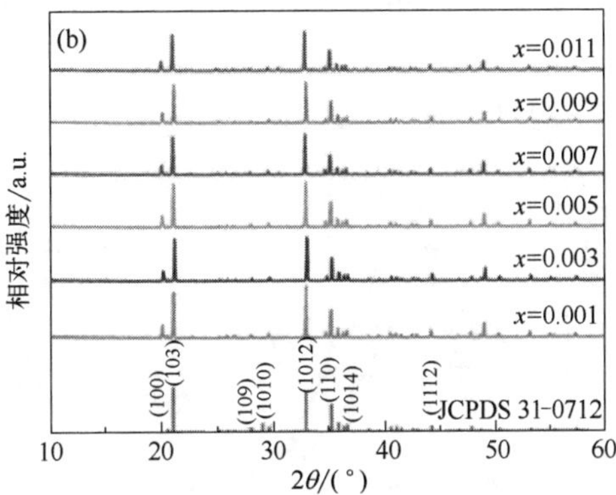

图 5-87 不同温度和浓度变化的 $Li_2Ca_{2(1-x)}Si_2O_7:Eu_{2x}^{2+}$ 的 XRD 图谱

图 5-88 为得到的绿色发光材料 $Li_2Ca_{1.990}Si_2O_7$：0.01Eu^{2+} 的激发和发射光谱。激发光谱显示了中心在约为 350nm 处一个宽峰的存在，峰宽范围为 250～450nm，这表明 $Li_2Ca_2Si_2O_7:Eu^{2+}$ 发光材料适合用于紫外线范围的 WLED。该发光材料显示出了绿色发光，发射峰的中心位于 520nm 处，半峰宽为 250nm，这主要是由于 Eu^{2+} 的 $4f^65d^1 \rightarrow 4f^7$ 跃迁发射。$Li_2Ca_{1.99}Si_2O_7$：0.01Eu^{2+} 色坐标为 (x=0.2793，y=0.5349)，位于绿色区域，标示于图 5-88 的插图中。

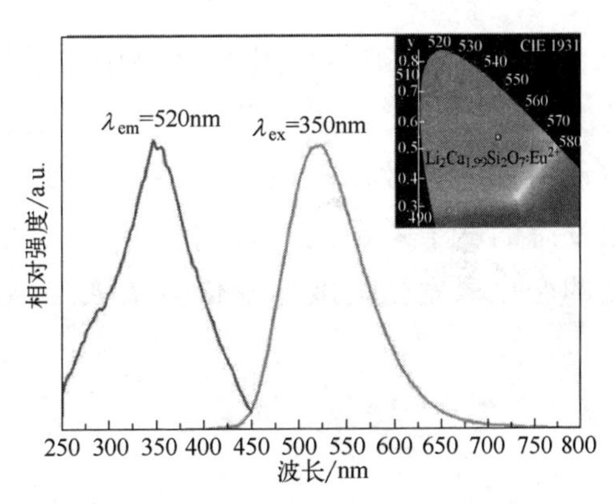

图 5-88 $Li_2Ca_{1.99}Si_2O_7$：0.01Eu^{2+} 的激发和发射光谱

图 5-89（a）为在 350nm 激发下 $Li_2Ca_{2(1-x)}Si_2O_7$：$2xEu^{2+}$ 发光材料中 Eu^{2+} 摩尔分数范围从 0.001 到 0.011 变化的发射光谱。该发射光谱表明随着 Eu^{2+} 浓度的增加，发射光谱形状没有发生变化，但是发射光谱的强度发生变化。如图 5-89（a）中插图所示，随着 Eu^{2+} 浓度的增加，发光强度最大时 x＝0.005。由于浓度猝灭效应，当 Eu^{2+} 浓度继续增加超过 x＝0.005 时发光强度减少。图 5-89（b）为在 0.5％和 1.1％之间超临界

激活剂浓度的激活剂强度曲线。可发现，$\lg x_{Eu^{2+}}$ 与 $\lg(I/x_{Eu^{2+}})$ 之间是一个线性关系，其斜率为－2.096。在 $Li_2Ca_2Si_2O_7:Eu^{2+}$ 发光材料中 Eu^{2+} 发生浓度猝灭的主要机制是电偶极-电偶极相互作用。

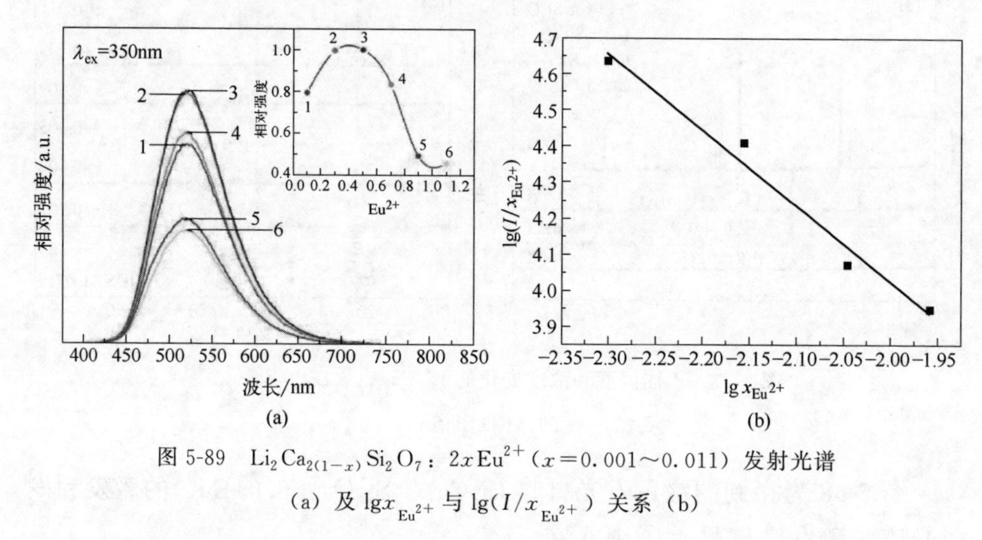

图 5-89　$Li_2Ca_{2(1-x)}Si_2O_7$：$2xEu^{2+}$（$x=0.001\sim0.011$）发射光谱

（a）及 $\lg x_{Eu^{2+}}$ 与 $\lg(I/x_{Eu^{2+}})$ 关系（b）

在 $Li_2Ca_{1.99}Si_2O_7$ 发光材料中 Eu^{2+} 发射的热行为可以观察到。通过从 20℃ 至 140℃ 的发射强度，Eu^{2+} 发射热激活能的值可以计算出来。在位形坐标中当激发态曲线和基态曲线相交，在热能驱动下产生一个处于激发态的电子跃迁到基态的非辐射过程中，可以克服活化能垒。随着温度的变化，发光强度的变化遵循 Arrhenius 方程。

$$I(T)\approx\frac{I_0}{1+c\exp\left(\frac{-E_a}{kT}\right)}$$

式中，$I(T)$ 是在给定温度 T 下的发射强度；I_0 为发射光谱的初始强度；常数 c 是指数常数；E_a 为热激活能垒；k 是玻尔兹曼常数。在 $Li_2Ca_2Si_2O_7:Eu^{2+}$ 发光材料中 Eu^{2+} 发射的热激活能垒为 0.51eV，这是由 $\ln[(I_0/I)-1]$ 与 $1/(kT)$ 相比的线性拟合得到的，如图 5-90 所示。

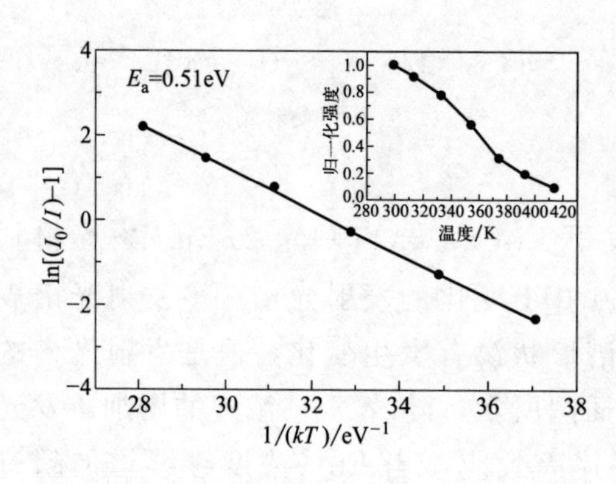

图 5-90　$\ln[(I_0/I)-1]$ 与 $1/(kT)$ 关系

二、其他类

Zhang 等[19] 利用高温固相反应制备了一系列蓝绿色至黄绿色可调的 $Ca_{2(1-x)}Sr_{2x}Al_2SiO_7$:$Eu^{2+}$发光材料。$Ca_2Al_2SiO_7$ 与 $Sr_2Al_2SiO_7$ 都具有四方晶格（空间群 P421nm）。用 XRD 检测获得的 $Ca_{2(1-x)}Sr_{2x}Al_2SiO_7$：0.01$Eu^{2+}$（$x$ = 0，0.3，0.5，0.7，1）发光材料的晶体结构。$Ca_2Al_2SiO_7$:Eu^{2+}、$CaSrAl_2SiO_7$:Eu^{2+}和 $Sr_2Al_2SiO_7$:Eu^{2+}的 XRD 图谱分别与 JCPDS No. 35-0755、JCPDS No. 26-0327 与 JCPDS No. 38-1333 匹配良好，没有观察到杂质相，这表明所得样品为单相，Eu^{2+} 对 $Ca_2Al_2SiO_7Sr_2Al_2SiO_7$ 体系的晶体结构没有产生影响。图 5-91（a）为 $Ca_{2(1-x)}Sr_{2x}Al_2SiO_7$：0.01$Eu^{2+}$发光材料因组成比 x 变化所导致不同的晶格常数与晶胞体积变化的 XRD 图谱。在 $Ca_{2(1-x)}Sr_{2x}Al_2SiO_7$：0.01$Eu^{2+}$中随着 Sr^{2+}的量增加，晶格常数 a 和 c 以及晶胞体积变得越来越大，该衍射图案的峰值位置移向较低的 2θ 值，这是由于较小的 Ca^{2+} 被较大的 Sr^{2+}所置换。XRD 峰的位置与组成之间呈现线性关系，从晶体学的观点来看 $Ca_2Al_2SiO_7$:Eu^{2+}与 $Sr_2Al_2SiO_7$:Eu^{2+}可以完全混溶。

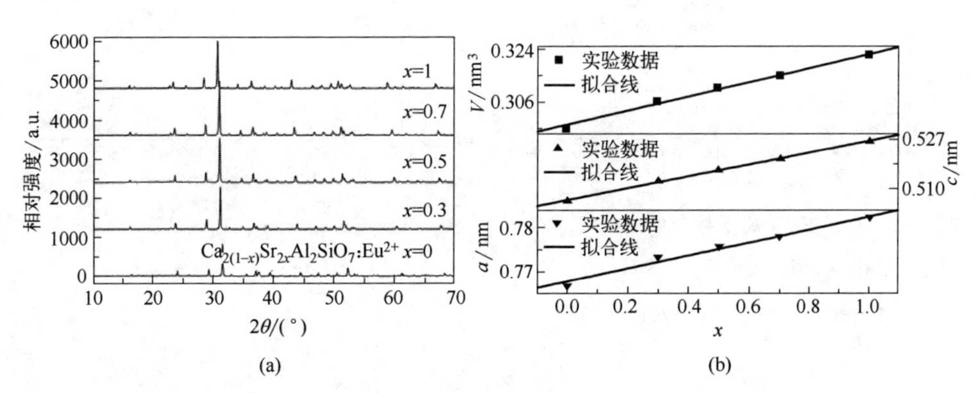

图 5-91　组成比变化的 $Ca_{2(1-x)}Sr_{2x}Al_2SiO_7$：0.01$Eu^{2+}$ XRD 图谱（a）及晶格常数与晶胞体积变化关系（b）

图 5-92（a）为 $Ca_{2(1-x)}Sr_{2x}Al_2SiO_7$：$y$$Eu^{2+}$（$x$=0，0.5，1；$y$=0，0.01）的漫反射光谱。可以通过 Kubelka-Munk 函数由反射光谱得到吸收光谱 $F(R)$：

$$F(R)=(1-R)^2/2R=K/S$$

式中，R、K 和 S 分别是反射率、吸收系数和散射系数。

对于掺杂Eu^{2+}的样品，在波长范围250～300nm和350～450nm内有两个明显的吸收带，这是Eu^{2+}的4f→5d跃迁。对于发光材料基质$Ca_2Al_2SiO_7$、$CaSrAl_2SiO_7$和$Sr_2Al_2SiO_7$，漫反射光谱显示出高反射在250～800nm波长范围出现了高吸收波的平台，在250～200nm范围开始急剧下降，这归因于基质的吸收。由图5-92（b）可估算出$Ca_2Al_2SiO_7$、$CaSrAl_2SiO_7$和$Sr_2Al_2SiO_7$基质吸收分别为5.74eV、5.73eV和5.72eV。

$Ca_2Al_2SiO_7$：$0.01Eu^{2+}$、$CaSrAl_2SiO_7$：$0.01Eu^{2+}$和$Sr_2Al_2SiO_7$：$0.01Eu^{2+}$发光材料的激发光谱如图5-93所示。所有样品的激发光谱都有两个宽带，第一个位于250～300nm，而另一个则位于在350～450nm波长范围内。这是Eu^{2+}从4f基态跃迁到5d激发态造成的。此外，随着Sr^{2+}浓度的增加，Eu^{2+}在长波长的吸收带已逐渐蓝移。晶体场强与蓝移有关。晶体场强度可以通过下式大致确定：

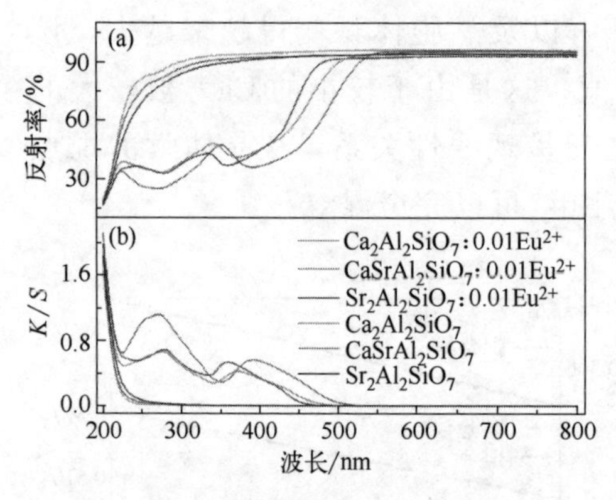

图5-92 有无Eu^{2+}离子掺杂的$Ca_2Al_2SiO_7$、$CaSrAl_2SiO_7$和$Sr_2Al_2SiO_7$的漫反射谱（a）及吸收光谱（b）

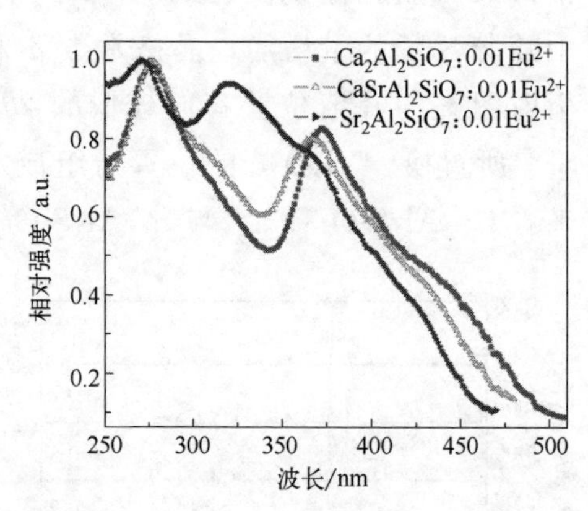

图5-93 $Ca_{2(1-x)}Sr_{2x}Al_2SiO_7$：$0.01Eu^{2+}$（$x=0$，0.5，1）的激发光谱

$$D_q \propto 1/R^5$$

式中，D_q为晶体场强；R是中心金属离子和配位体离子之间M—O的键长。正如在XRD分析部分所讨论的，$Ca_2Al_2SiO_7$与$Sr_2Al_2SiO_7$完全混溶。Ca^{2+}与Sr^{2+}的离子半径为0.112nm和0.126nm。由图5-91的XRD衍射图可知，$Ca_{2(1-x)}Sr_{2x}Al_2SiO_7$：$0.01Eu^{2+}$中的M—O键长随着$Sr^{2+}$浓度增加而增加。Sr—O键的平均距离比Ca—O键长，使得Eu^{2+}处于一个弱晶体场。因此，Eu^{2+}由最低激发能级转移朝向更高的能量是合理的。因为在350～450nm之间的宽带吸收，$Ca_{2(1-x)}Sr_{2x}Al_2SiO_7$：

$0.01Eu^{2+}$可以完美地与近紫外光（370～410nm）的WLED芯片的发射光相匹配。

通常，发光材料的发射波长可通过组成的改变进行调整。$Ca_2Al_2SiO_7$中部分Ca^{2+}被Sr^{2+}取代，可观察到规律的蓝移现象。图5-94为$Ca_{2(1-x)}Sr_{2x}Al_2SiO_7$：$0.01Eu^{2+}$（$x$=0，0.3，0.5，0.7，1）在400nm激发下的发射光谱。$Ca_{2(1-x)}Sr_{2x}Al_2SiO_7$：$0.01Eu^{2+}$发射光谱展现了$Eu^{2+}$固有的发射特性。发射带是$Eu^{2+}$的$4f^65d \rightarrow 4f^7$跃迁。如图所示，随着$x$的增加，发射峰由从537nm（$x=0$）转移至493nm（$x=1$）。$Ca_2Al_2SiO_7$：$0.01Eu^{2+}$、$CaSrAl_2SiO_7$：$0.01Eu^{2+}$和$Sr_2Al_2SiO_7$：$0.01Eu^{2+}$的斯托克位移分别为$4500cm^{-1}$、$3710cm^{-1}$和$3700cm^{-1}$。无论是弱晶体场的强度还是较小的斯托克斯位移都是促进$Ca_{2(1-x)}Sr_{2x}Al_2SiO_7$：$0.01Eu^{2+}$发光材料$Sr^{2+}$的增加而引起的发射蓝移的原因。

图5-95为$Ca_{2(1-x)}Sr_{2x}Al_2SiO_7$：$0.01Eu^{2+}$（$x$=0，0.3，0.5，0.7，1）发光材料在400nm光激发下的色坐标图。可以看出，$Ca_{2(1-x)}Sr_{2x}Al_2SiO_7$：$0.01Eu^{2+}$随着$x$的增加从黄绿色变化到蓝绿色。

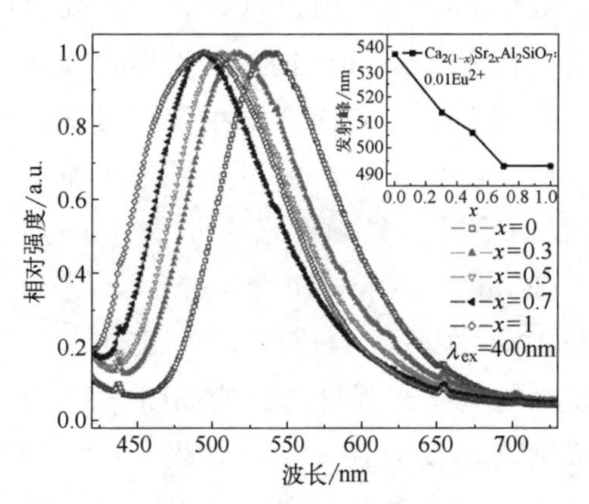

图5-94　$Ca_{2(1-x)}Sr_{2x}Al_2SiO_7$：$0.01Eu^{2+}$（$x$=0，0.3，0.5，0.7，1）的发射光谱

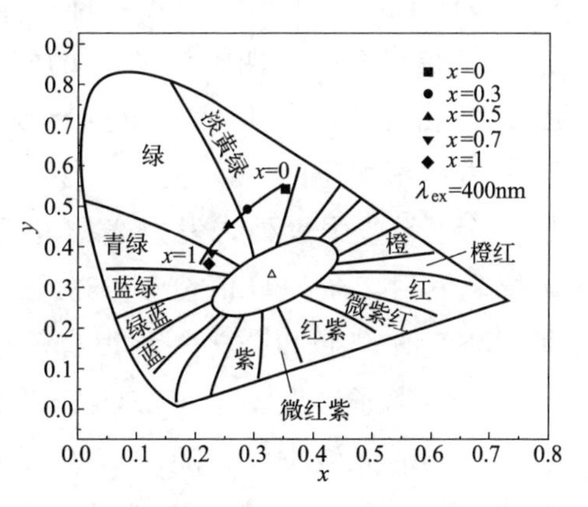

图5-95　$Ca_{2(1-x)}Sr_{2x}Al_2SiO_7$：$0.01Eu^{2+}$（$x$=0，0.3，0.5，0.7，1）的色坐标图

Lyu等[20]利用高温固相反应制备了$Ca_8Zn(SiO_4)_4Cl_2$:Eu^{2+}绿色发光材料。图5-96为Eu^{2+}掺杂的CZSC［即$Ca_8Zn(SiO_4)_4Cl_2$］XRD图谱。CZSC：$0.12Eu^{2+}$样品与JCPDS No.39-1421标准数据大致一样。可以观察到一些弱的杂质峰，它们归属于$Ca_3SiO_4Cl_2$相，用圆形符号来标记。这些杂质相的强度过小，以致对CZSC:Eu^{2+}发光的影响可忽略不计。

图 5-97 为 CZSC:Eu^{2+} 的漫反射谱、激发光谱和发射光谱。可以观察到 300～480nm 区域出现强吸收现象，这是 Eu^{2+} 的 4f-5d 电子偶极允许跃迁产生的。在 315nm 激发下，CZSC:Eu^{2+} 出现峰值为 505nm 的较强的绿色发光带和峰值位于 425nm 的弱蓝光发光带。

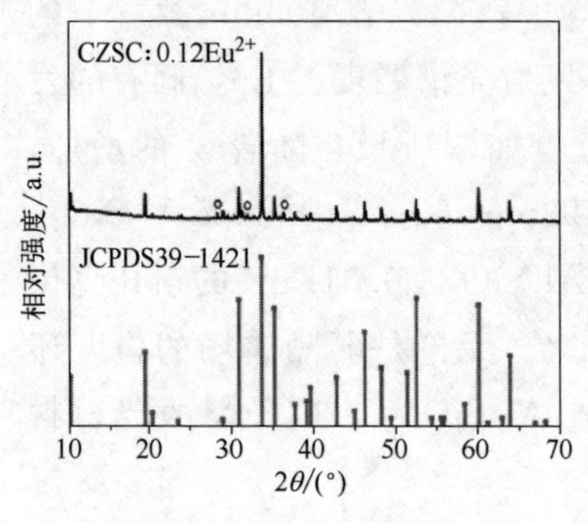

图 5-96　CZSC:Eu^{2+} 的 XRD 图谱

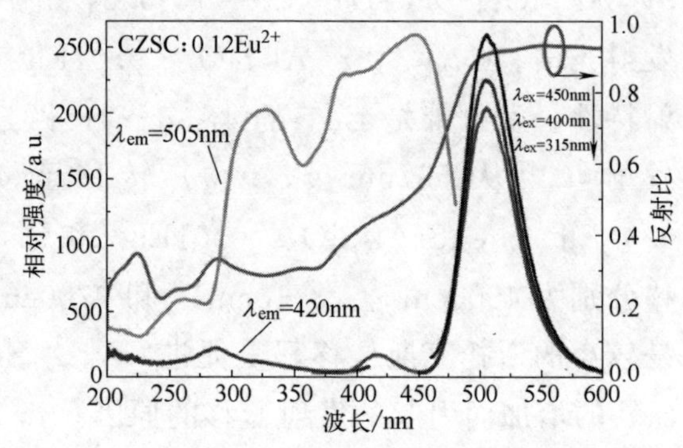

图 5-97　CZSC:Eu^{2+} 的漫反射、激发和发射光谱

$Ca_8Zn(SiO_4)_4Cl_2$ 的空间群为 P21/C，立方晶系。在一个单元晶胞中存在 3 个独立的阳离子位点，即一个八配位的 Ca^{2+} 的位点，一个六配位的 Ca^{2+} 位点和一个四配位 Zn^{2+} 的位点。在大约 425nm 的蓝色发射带可能由 Eu^{2+} 占据六配位的 Ca^{2+} 位点导致，在约 505nm 的绿光发射带则可能是 Eu^{2+} 占据八配位的 Ca^{2+} 位点。在 315nm、400nm 和 450nm 不同的激发波长，除了发光强度外，发射光谱几乎没有变化。发射光谱位于 505nm 产生绿光发射，激发峰值位于 253nm、320nm、400nm 和 450nm 处，这表明 CZSC:Eu^{2+} 可以作为一种很有前途的绿色发光材料应用于 WLED。

Eu^{2+} 离子浓度 x 对 CZSC:Eu^{2+} 发光材料发光强度的影响如图 5-98 所示。450nm 光激发下，随 Eu^{2+} 离子浓度增加发光强度增强，当 $x=0.12$ 达到最大。当 Eu^{2+} 离子浓度超过 0.12 时，发生浓度猝灭。浓度猝灭主要是由于 Eu^{2+} 离子间的非辐射能量传递的结果。CZSC 发光材料中 Eu^{2+} 是 4f→5d 允许的电偶极跃迁，能量传递的过程应通过电多极-电多极的相互作用来控制。

为了获得发射中心近邻离子间的能量传递值作 $\lg(I/x)$ 与 $\lg x$ 之间的关系，如图 5-99 所示。可以看出，$\lg(I/x)$ 与 $\lg x$ 之间为线性关系，斜率为 -0.985，可以计算出近邻离子间的能量传递值为 2.96，大约等于 3。这意味着猝灭与离子浓度是成正比的，表明浓度猝灭是由 CZSC:Eu^{2+}

发光材料近邻离子之间的能量传递造成的。

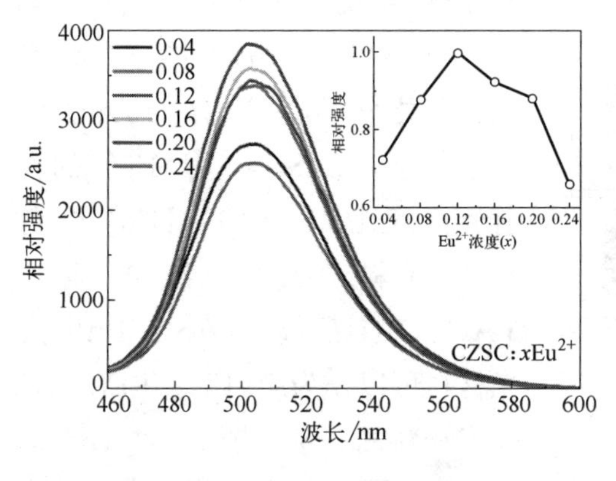

图 5-98 Eu^{2+} 浓度变化对 CZSC:Eu^{2+} 发光强度的影响

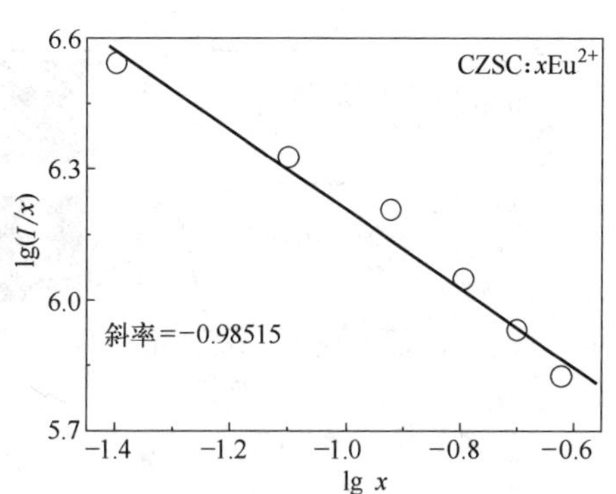

图 5-99 lg(I/x) 与 lg$x$ 的关系

为了研制适用于 WLED 用的绿色发光材料，CZSC：0.12Eu^{2+} 发光材料的 SEM 图和样品随温度变化的发射强度如图 5-100 和图 5-101 所示。发光材料颗粒比较均匀，为 1～5μm 的不规则形状。这可以确保 CZSC：0.12Eu^{2+} 发光材料粉末在溶剂中会有好的分散性，将其涂覆到 GaN 芯片表面形成发光膜来制造 WLED。图 5-101 中插图为发光材料 CZSC：0.12Eu^{2+} 与 Ba_2SiO_4:Eu^{2+} 之间热猝灭性能的比较，可以看出发光材料 CZSC：0.12Eu^{2+} 热猝灭性能与 Ba_2SiO_4:Eu^{2+} 一样好。这些结果还表明 CZSC：0.12Eu^{2+} 在 WLED 应用中可能是一个有前途的发光材料。

图 5-100 CZSC：0.12Eu^{2+} 的 SEM 图

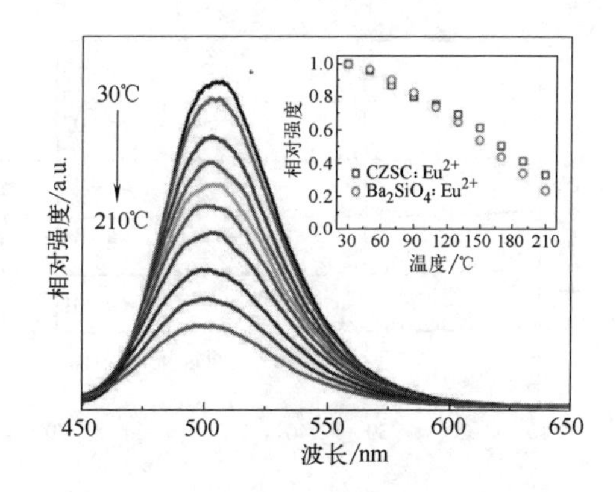

图 5-101 温度变化的 CZSC：0.12Eu^{2+} 发射强度

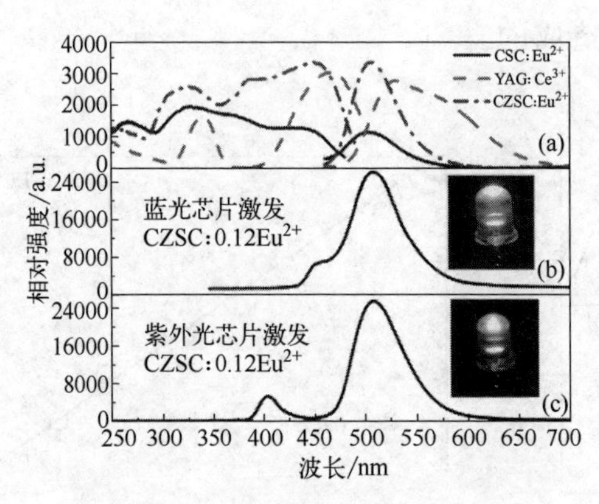

图 5-102　CZSC：0.12Eu^{2+} 的荧光光谱及与 CSC：0.02Eu^{2+}、YAG：0.06Ce^{3+} 的比较

图 5-102 为 CZSC：0.12Eu^{2+} 发光材料的激发和发射光谱以及与 CSC：0.02Eu^{2+}、YAG：0.06Ce^{3+} 发光材料之间的比较。在 450nm 激发条件下，CZSC：0.12Eu^{2+} 的发射光强度比 $Ca_3SO_4Cl_2$：Eu^{2+} 绿色发光材料高 1.9 倍，甚至比 YAG：Ce^{3+} 都高，CZSC：Eu^{2+} 发光材料可以作为应用于 WLED 绿色发光材料的备选。图 5-102（b）和（c）给出了以蓝光和紫外光芯片激发 CZSC：Eu^{2+} 发光材料的发射光效果图，紫外和蓝色光可以被转换成一个较强的绿光，波长为 505nm，对于绿色交通灯这是比较理想的波长，也可作为 WLED 的一个重要组成部分。

第五节　其他体系

Yu 等[21] 利用高温固相反应制备了 Eu^{2+} 掺杂的 $Ca_5(PO_4)_2(SiO_4)$ 绿色发光材料。图 5-103 为 $Ca_{5-x}(PO_4)_2(SiO_4)$：xEu^{2+}（x＝0.01～0.1）样品的 XRD 图谱。所有的衍射峰可以被 $Ca_5(PO_4)_2(SiO_4)$（JCPDS No. 73-

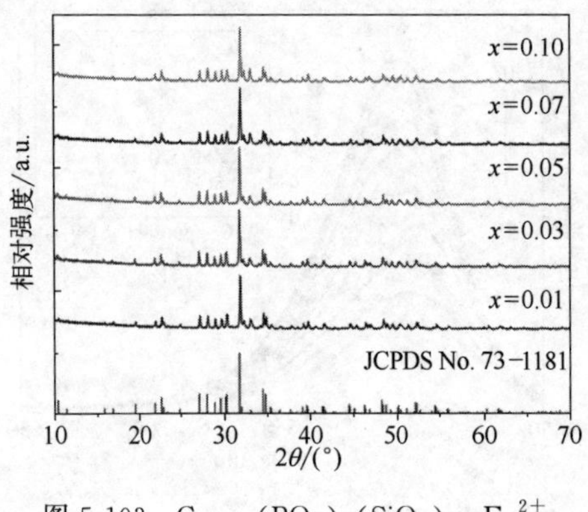

图 5-103　$Ca_{5-x}(PO_4)_2(SiO_4)$：xEu^{2+}（x＝0.01，0.03，0.05，0.07，0.10）XRD 图谱

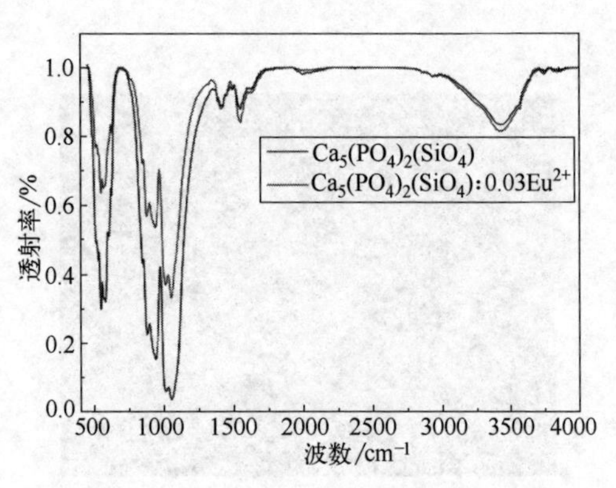

图 5-104　$Ca_{4.97}(PO_4)_2(SiO_4)$：xEu^{2+}（x＝0，0.03）的红外光谱

1181）相索引，这表明掺杂的 Eu^{2+} 并没有产生任何杂质或引起基质结构显著变化。强衍射峰的存在是由于这些样品具有高结晶度。

图 5-104 为掺杂和未掺杂样品的红外光谱。在 1300～4000cm^{-1} 区域的频带是 $PO_4{}^{3-}$ 四面体内部振动和 H_2O 分子的拉伸和弯曲振动的组合。在 1120～940cm^{-1} 和 650～500cm^{-1} 两个区域的频带是由于（PO4）$^{3-}$ 单位的对称伸缩振动引起的。集中在 873cm^{-1} 和 844cm^{-1} 两个红外吸收峰归因于 Si—O 基团的拉伸振动。

$Ca_5(PO_4)_2(SiO_4)$ 具有正交晶体结构，空间群为 Pnma (62)(Z＝4)，晶胞参数为 a＝0.674(1)nm，b＝1.551(2)nm，c＝1.013(1)nm 以及 V＝1.059(23)nm^3。图 5-105 为沿 a 方向 $Ca_5(PO_4)_2(SiO_4)$ 晶体结构的示意图。该结构由相对独立的 PO_4 四面体与 SiO_4 四面体构成。

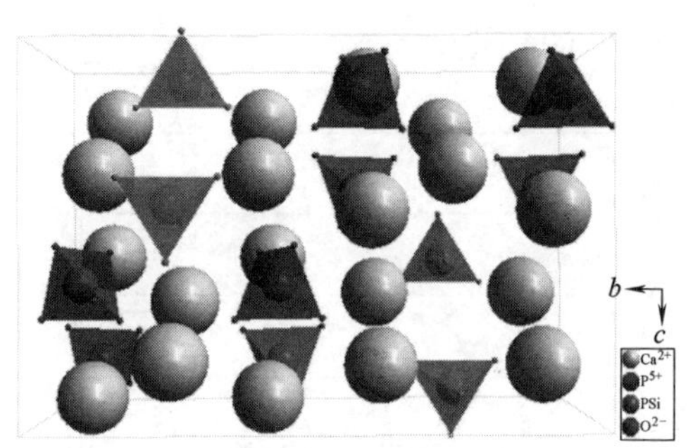

图 5-105　$Ca_5(PO_4)_2(SiO_4)$ 结构

采用密度泛函理论方法计算态密度和 $Ca_5(PO_4)_2(SiO_4)$ 能带结构。图 5-106 为 Ca、Si、P 和 O 原子的部分态密度以及 $Ca_5(PO_4)_2(SiO_4)$ 总的态密度。可以看出，价带主要有 Si-2P、P-3P 和 O-2p 电子态，且其具有约 7.1eV 的带宽。O-2p 态的价带内几乎完全占领－7.1～0eV，而 Ca-3s 状态显著弱。Ca—O 可以看作是离子键。价带范围从 15 eV 到 20 eV 的较低部分有若干尖锐的窄频带，这是复合的 O-2s 态与部分 P-2s2p 和 Ca-3p 态，以及少量的 Si-2s2p 状态混合。价带的顶部是由 O-2p 态以及与 P-2p 和 Si-3p 态混合生成，这有助于 $Ca_5(PO_4)_2(SiO_4)$ 化合物中的化学键向，有一些共价键的特性。$Ca_5(PO_4)_2(SiO_4)$ 导带的底部以 5.08eV 的 Ca-4s 态为主导。而其他构成价带的 Ca-3d、Si-3s3p 和 P-2s2p 态分布在较高的能源 5.10～7.0eV 之间。

图 5-107 为掺 Eu^{2+} 和未掺 Eu^{2+} 的 $Ca_5(PO_4)_2(SiO_4)$ 漫反射光谱。在 400～700nm 的光谱未掺杂 $Ca_5(PO_4)_2(SiO_4)$ 的反射强度更是高达 90%，然后在 400～220nm 逐渐下降，这意味着在可见光范围内基体为弱吸收。带隙估计约为 5.16eV（240nm），这与从密度泛函理论计算获得的值 4.98eV 相一致。由于 Eu^{2+} 被掺杂到 $Ca_5(PO_4)_2(SiO_4)$ 基体，强大的宽

吸收出现在270～500nm的近紫外光范围，这归因于Eu^{2+}的$4f^7 \rightarrow 4f^6 5d^1$吸收。对于高的$Eu^{2+}$浓度吸收增强。

在$Ca_{5-x}(PO_4)_2(SiO_4)$：xEu^{2+}结构，钙离子有三种不同的配位环境，Ca(1)和Ca(2)被定义为六配位，Ca(3)则是七配位。六配位及七配位的Ca^{2+}的离子半径分别为0.1nm和0.106nm。同样，六配位和七配位的Eu^{2+}离子半径分别为0.117nm和0.12nm。因为它们的离子半径的相似性，预测Eu^{2+}离子将随机占据$Ca_{5-x}(PO_4)_2(SiO_4)$:xEu^{2+}晶体结构中Ca^{2+}的位点。

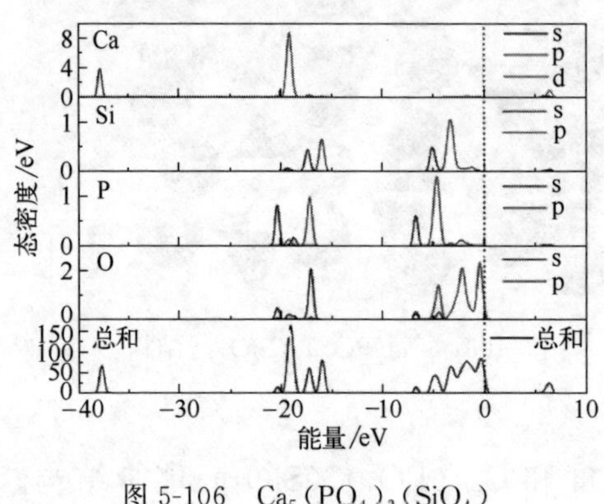

图 5-106 $Ca_5(PO_4)_2(SiO_4)$部分和总的态密度

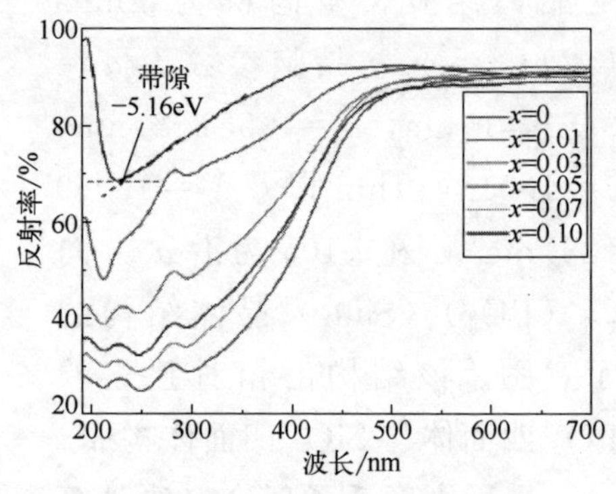

图 5-107 $Ca_5(PO_4)_2(SiO_4)$：xEu^{2+}漫反射谱

图5-108为$Ca_5(PO_4)_2(SiO_4)$:0.03Eu^{2+}的激发光谱和发射光谱及高斯拟合分解峰图。图5-108中激发光谱为一个从270nm至450nm的宽波段，最大在365nm处，这可以归因于Eu^{2+}的4f→5d跃迁。$Ca_5(PO_4)_2(SiO_4)$:Eu^{2+}光吸收与近紫外芯片具有良好的匹配性(360～400nm)。Eu^{2+}掺杂的$Ca_5(PO_4)_2(SiO_4)$在365nm激发下获得的发射光谱显示出一个发射带峰值在495nm处，斯托克斯位移为7195cm^{-1}，这归因于Eu^{2+}的$4f^6 5d \rightarrow 4f^7(^8S_{7/2})$跃迁。

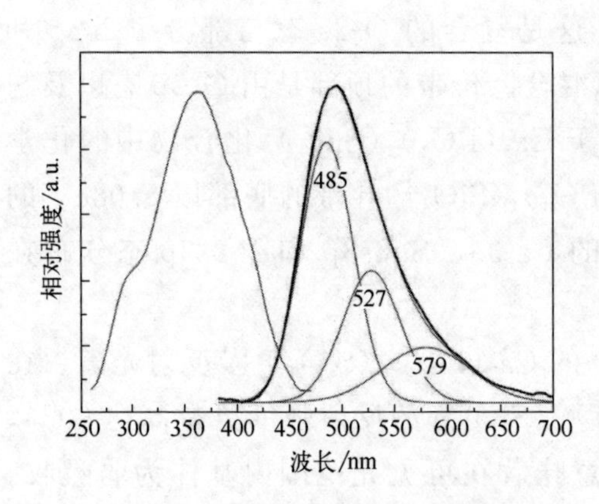

图 5-108 $Ca_5(PO_4)_2(SiO_4)$:0.03Eu^{2+}的激发和发射光谱及高斯拟合分解峰图

图5-108的发射光谱呈现出不

对称性，表明 Eu^{2+} 在 $Ca_5(PO_4)_2(SiO_4)$ 中不止有一个发光中心。通过高斯拟合可以得到，$Ca_{4.97}(PO_4)_2(SiO_4)$：0.03Eu^{2+} 发光材料的发射光谱可以分解为峰值为 485nm、527nm 和 579nm 的高斯剖面，这可以归因于三个不同的钙位点被 Eu^{2+} 取代。

图 5-109 为 $Ca_{4.97}(PO_4)_2(SiO_4)$：0.03Eu^{2+} 发光材料在室温下 485nm、527nm 和 579nm 发射的荧光衰减曲线。实验衰减曲线可以用两个指数项的方程很好地拟合：

$$I=A_1\exp(-t/\tau_1)+A_2\exp(-t/\tau_2)$$

式中，I 为发光强度；A_1 和 A_2 都为常数；t 为时间；τ_1 和 τ_2 为各指数成分寿命。

衰减寿命 τ_1 和 τ_2 分别为 97.8ns 和 749.1ns［在 485nm 处监测，图 5-109（a）］，151.4ns 和 1078.1ns［在 527nm 监测，图 5-109（b）］以及 230.0ns 和 1475.1ns［在 579nm 监测，图 5-109（c）］。平均衰减时间（τ^*）可以通过使用下面给出的公式估算出：

$$\langle\tau^*\rangle=(A_1\tau_1^2+A_2\tau_2^2)/(A_1\tau_1+A_2\tau_2)$$

平均衰减时间（τ^*）被计算为 705ns、964ns 和 1261ns，分别在 485nm、527nm 和 579nm 发射时所得。这一结果也表明了 Eu^{2+} 占据了 Ca^{2+} 在 $Ca_5(PO_4)_2(SiO_4)$ 中三个不同配位环境。

图 5-110 为 Eu^{2+} 不同掺杂浓度 $Ca_{5-x}(PO_4)_2(SiO_4)$：xEu^{2+} 发光材料的激发和发射光谱。对于 $Ca_{5-x}(PO_4)_2(SiO_4)$：xEu^{2+} 发光材料，发射强

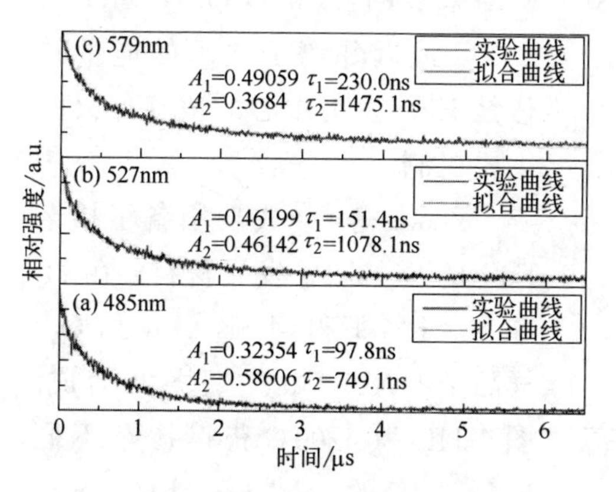

图 5-109　不同波长下 $Ca_{4.97}(PO_4)_2(SiO_4)$：0.03Eu^{2+} 荧光衰减曲线

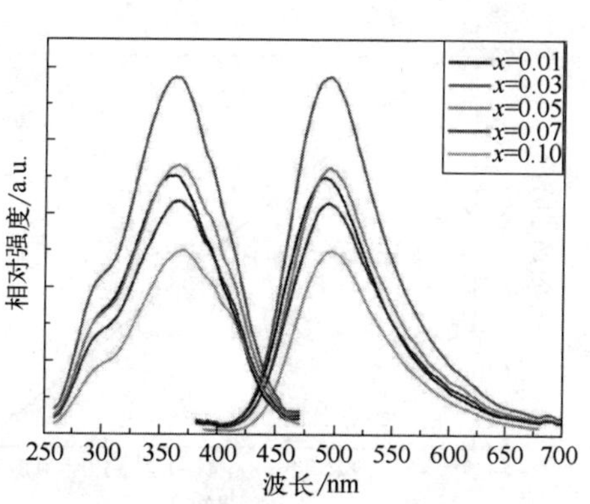

图 5-110　$Ca_{5-x}(PO_4)_2(SiO_4)$：xEu^{2+}（x=0.01，0.03，0.05，0.07，0.10）荧光光谱

度随着 Eu^{2+} 浓度的增加而增加，当 x 值为 0.03 时发射强度达到最大值，在这之后因为 Eu^{2+} 之间的相互作用而出现下降。浓度猝灭的发生可通过两种机制解释：① Eu^{2+} 之间的相互作用，从而导致在稀土次晶格邻近的 Eu^{2+} 的能量再吸收；②能量从 Eu^{2+} 传递到猝灭中心。

通过使用由 Blasse 和 Grabmaier 给出的关系来计算 Eu^{2+} 之间能量转移的临界距离：

$$R_c \approx 2\left(\frac{3V}{4\pi x_c Z}\right)^{1/3}$$

式中，V 是晶胞的体积；x_c 为激活剂的临界浓度；Z 是每个晶胞单元的数量。对于 $Ca_5(PO_4)_2(SiO_4)$ 主晶，$Z=4$，x_c 为 0.03，$V=1.059nm^3$，得到的 R_c 是 2.564nm。

Eu^{2+} 之间的非辐射能量转移是由电多极-电多极相互作用导致的，根据德克斯特的理论，它取决于距离。电多极-电多极相互作用的强度可以从发光强度的变化决定，如果同样类型的激活剂之间的能量转移发生时，激活剂离子的发射强度（I）由下式来表示：

$$I/x = K[1+\beta(x)^{\theta/3}]^{-1}$$

式中，x 为激活剂浓度；当 $\theta=3$ 时表示近邻离子间的能量转移，当 $\theta=6$、8 和 10 时分别代表电偶极-电偶极、电偶极-电四极、或电四极-电四极的相互作用；k 和 β 为在相同激励条件给定的基质晶体的常量。

图 5-111 描述了 $\lg(I/x_{Eu^{2+}})$ 与 $\lg x_{Eu^{2+}}$ 的关系，为线性关系，且其斜率为 -1.32。通过计算，θ 的值为 3.96。结果表明，$Ca_5(PO_4)_2(SiO_4)$：$x Eu^{2+}$ 最近邻离子之间的能量转移是 Eu^{2+} 发射中心的浓度猝灭的主要机制。

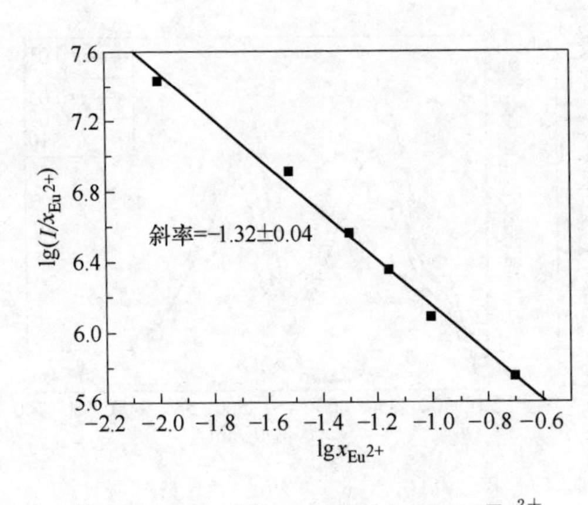

图 5-111 $Ca_5(PO_4)_2(SiO_4)$：$0.03Eu^{2+}$ 的 $\lg(I/x_{Eu^{2+}})/\lg x_{Eu^{2+}}$ 的关系曲线

Zhang 等[22] 成功制备了掺杂 Eu^{2+} 的 $Sr_3Al_2O_6$ 发光材料。在 H_2 和 N_2 气氛下得到 $Sr_{3-x}Eu_xAl_2O_6$。样品于 1100～1400℃煅烧 2h 合成。图 5-112 为 1200℃获得掺杂不同 Eu^{2+} 浓度的 $Sr_{3-x}Eu_xAl_2O_6$（$x=0.03$～0.42）发光材料的 XRD 图谱。结果表明，获得了纯 $Sr_3Al_2O_6$

(JCPDS No. 81-0506) 相。Eu^{2+} 的含量（摩尔分数）超过 6%（x = 0.18）时，杂质相 Sr_2EuAlO_5（JCPDS No. 70-2197）形成。在 1100℃、1300℃和 1400℃中得到的样品与在 1200℃得到样品的 XRD 结果都是相似的。不同的温度下激发和发射光谱是相似的，但在相同 Eu^{2+} 掺杂浓度下，1200℃中得到的样品的相对发光强度具有最大值。

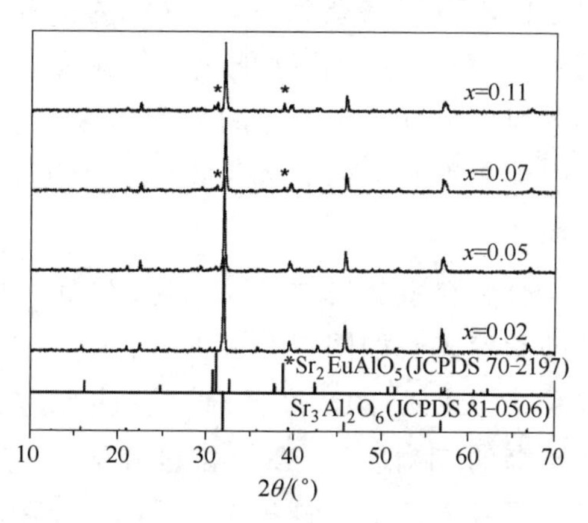

图 5-112 $Sr_{3-x}Eu_xAl_2O_6$（x = 0.03～0.42）的 XRD 图谱

图 5-113 为 $Sr_{3-x}Eu_xAl_2O_6$ 的激发和发射光谱。激发光谱范围为 240～475nm。$Sr_3Al_2O_6$ 的带隙为 6.3eV，这说明主晶格吸收带峰值为 194nm。因此，检测到的激发带（240～475nm）为 Eu^{2+} 的 $4F^7 \rightarrow 4f^65d^1$ 跃迁激发。宽而强的激发光波段与 350～395nm 的近紫外芯片匹配。

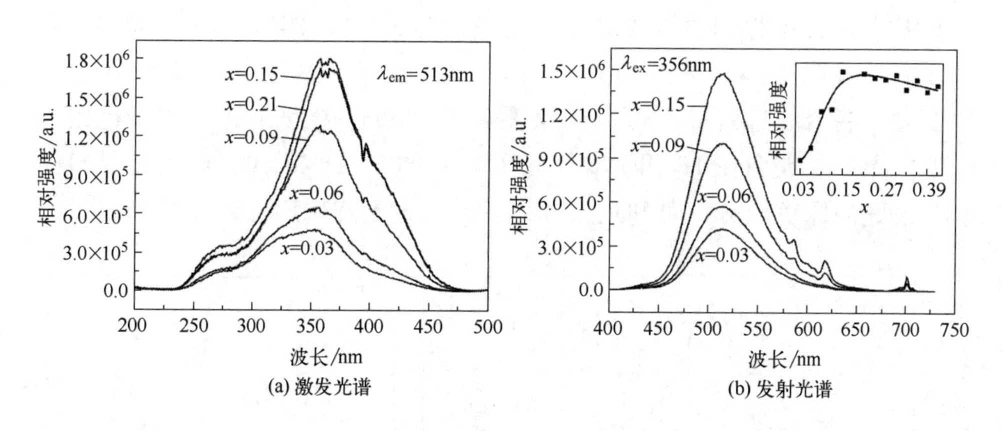

图 5-113 $Sr_{3-x}Eu_xAl_2O_6$ 的激发和发射光谱

发射谱显示发光材料为宽带绿色发光，最大峰位于 513nm 处，这归因于 Eu^{2+} 从 $4f^65d^1 \rightarrow 4F^7$ 的跃迁发射。当 x = 0.09 或更大时，由于少量剩余的 Eu^{2+} 的存在，弱红色发射峰被观测到。图 5-113（b）中插图是 Eu^{2+} 掺杂量与发射强度的关系。当 x 从 0.03 增加到 0.15，发射强度明显增大，然后随 Eu^{2+} 掺量的进一步增加略有下降。掺杂大量 Eu^{2+} 导致杂质相存在，Eu^{2+}掺杂到$Sr_3Al_2O_6$的饱和浓度是5%。Eu^{2+}高于5D能级和低于5D能级的弛豫或能量传输总是伴随有发光波长的轻微红移，而观察一系列$Sr_{3-x}Eu_xAl_2O_6$的发射波长并没有位移。因此，发光强度的降低可能主要来源于形成Sr_2EuAlO_5对Eu^{2+}的消耗，而不是Eu^{2+}之间的能量传递。

改变在主晶格中Eu^{2+}的掺杂量，将Eu^{2+}浓度从1%提高到7%，红移的激发光谱如图5-114所示。进一步增加Eu^{2+}的浓度，不会使激发带红移。当Eu^{2+}的浓度低时，被认为是Eu^{2+}的5d电子有更多的可能性留在更高的5D能级；Eu^{2+}浓度高时，它有更多的概率停留在较低的5D能级。另一方面，无论被激发的电子停留到哪个能级，都将弛豫到激发态的最低能级，然后返回到基态f能级。结果表明不同Eu^{2+}掺杂浓度的发光材料，发射峰值保持不变。

在H_2和N_2气氛下得到的$Sr_{3-x}Eu_xAl_2O_6$激发光谱与近紫外发光芯片匹配良好。在370nm发光芯片上，将在H_2和N_2气氛下制备的$Sr_{2.85}Eu_{0.15}Al_2O_6$用二氧化硅凝胶进行涂覆制成LED。图5-115为所制得的样品在20mA下的正向偏置激励的LED发光光谱。两个发射带结合，在CIE色坐标中得到强烈的绿光，色坐标为$x=0.3240$，$y=0.5334$。在370nm波段归因于近紫外芯片，而513nm波段归因于$Sr_{2.85}Eu_{0.15}Al_2O_6$的发射。剩余的近紫外光可以用来激发其他颜色的发光材料和多色组合产生白光，这表明在H_2和N_2气氛下获得的$Sr_{3-x}Eu_xAl_2O_6$发光材料是一个很好的绿色成分，可和近紫外芯片结合制造WLED。

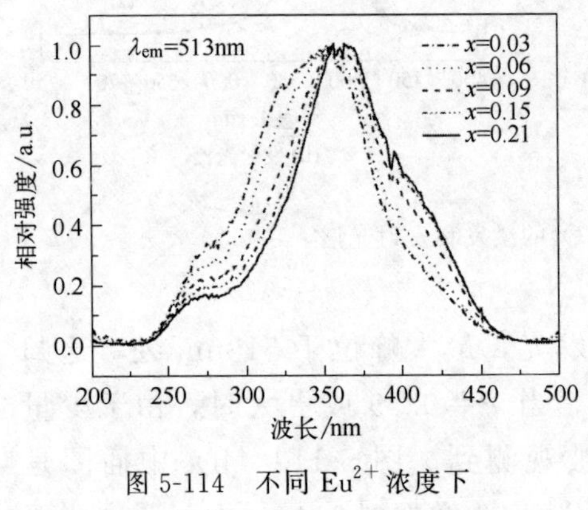

图5-114　不同Eu^{2+}浓度下$Sr_{3-x}Eu_xAl_2O_6$的激发光谱

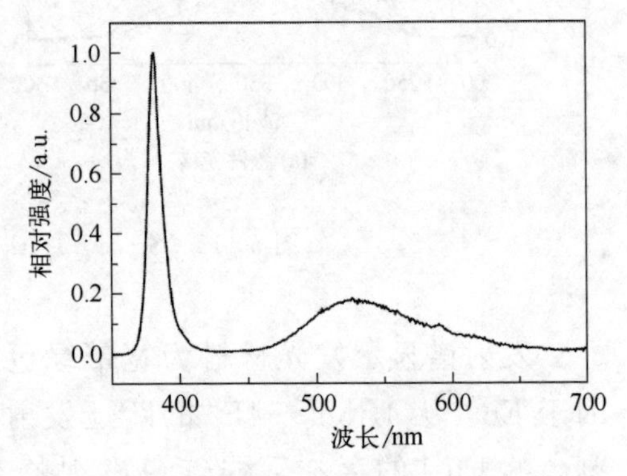

图5-115　近紫外芯片与$Sr_{2.85}Eu_{0.15}Al_2O_6$绿色发光材料结合的发射光谱

参考文献

[1] Li Y, Dong L M, Li Z Y, et al. Preparation and luminescent properties of $Sr_2(P_2O_7)$: Tb^{3+}, Ce^{3+} [C]. Tomsk, Russia: The 7th International Forum on Strategic Technology. 2012: 321-324.

[2] 豆喜华，赵韦人，宋恩海，等. 紫外激发 $Sr_{1-x-y}MgP_2O_7$: xCe^{3+}, yTb^{3+} 荧光粉的发光特性及能量传递 [J]. 物理化学学报，2012，28 (3): 699-705.

[3] Thomas S M, Rao P P, Nair K R, et al. New red-and green-emitting phosphors, $AYP_2O_{7.5}$: RE^{3+} (A=Ca and Sr; RE=Eu and Tb) under near-UV irradiation [J]. Journal of the American Ceramic Society, 2008, 91 (2): 473-477.

[4] Jiang T, Wu Z, Guo C, et al. Research of the halogen phosphate green luminescent materials prepared by sol-gel microwave-assisted [J]. Advanced Materials Research, 2013, 744: 417-421.

[5] 李优. WLED 用发光材料的制备及荧光性能研究 [D]. 哈尔滨：哈尔滨理工大学，2013.

[6] Chen Y, Wang J, Zhang X, et al. An intense green emitting $LiSrPO_4$:Eu^{2+}, Tb^{3+} for phosphor-converted LED [J]. Sensors and Actuators B: Chemical, 2010, 148 (1): 259-263.

[7] Li J, Dong L M, Li Q, et al. The luminescence properties of green YPO_4: Tb^{3+}, Ce^{3+} phosphors for WLED [J]. Advanced Materials Research, 2014, (989-994): 391-394.

[8] Akiko S, Hideki K, Makoto K, et al. Development of a novel green-emitting phosphate phosphor $KSrY(PO_4)_2$:Eu^{2+} [J]. Optics and Photonics Journal, 2013, 3: 19-24.

[9] Joos J J, Meert K W, Parmentier A B, et al. Thermal quenching and luminescence lifetime of saturated green $Sr_{1-x}Eu_xGa_2S_4$ phosphors [J]. Optical Materials, 2012, 34 (11): 1902-1907.

[10] Yu R, Luan R, Wang C, et al. Photoluminescence properties of green-emitting $ZnGa_2S_4$: Eu^{2+} phosphor [J]. Journal of the Electrochemical Society, 2012, 159 (5): J188-192.

[11] Nanai Y, Sakamoto Y, Okuno T. Crystal structure, photoluminescence and electroluminescence of $(Ba,Eu)Si_2S_5$ [J]. Journal of Physics D: Applied Physics, 2012, 45 (26): 265102.

[12] Yu R, Yang H K, Moon B K, et al. Luminescence properties of stoichiometric EuM_2S_4 (M=Ga,Al) conversion phosphors for white LED applications [J]. Physica Status Solidi (a), 2012, 209 (12): 2620-2625.

[13] Li W Y, Xie R J, Zhou T L, et al. Synthesis of the phase pure $Ba_3Si_6O_{12}N_2:Eu^{2+}$ green phosphor and its application in high color rendition white LEDs [J]. Royal Society of Chemistry, 2014.

[14] Xie R J, Hirosaki N, Mitomo M, et al. Strong green emission from α-SiAlON activated by divalent ytterbium under blue light irradiation [J]. The Journal of Physical Chemistry B, 2005, 109 (19): 9490-9494.

[15] Zhou You, Yoshizawa Y, Hirao K, et al. Combustion synthesis of $LaSi_3N_5:Eu^{2+}$ phosphor powders [J]. Journal of the European Ceramic Society, 2011, 31 (1-2): 151-157.

[16] Jee S D, Chol K S, Kim J S. Luminescence properties of $(Sr_{0.95-x-y}Mg_xY_y)Si_2O_{2-y}N_{2+y}:0.05Eu^{2+}$ for novel LED conversion phosphors [J]. Metals and Materials International, 2011, 4 (17): 655-660.

[17] Yao S S, Xue L H, Yan Y W. Synthesis and luminescent properties of hexagonal $BaZnSiO_4:Eu^{2+}$ phosphor [J]. Applied Physics B, 2011, 102 (3): 705-709.

[18] Kim J S, Hee Song J, Roh H S, et al. Luminescent characteristics of green emitting $Li_2Ca_2Si_2O_7:Eu^{2+}$ phosphor [J]. Materials Letters, 2012, 79: 112- 115.

[19] Zhang Q, Wang J, Zhang M, et al. Tunable bluish green to yellowish green $Ca_{2(1-x)}Sr_{2x}Al_2SiO_7:Eu^{2+}$ phosphors for potential LED application [J]. Applied Physics B, 2008, 92 (2): 195-198.

[20] Lyu W, Hao Z, Zhang X, et al. Near UV and blue-based LED fabricated with $Ca_8Zn(SiO_4)_4Cl_2:Eu^{2+}$ as green-emitting phosphor [J]. Optical Materials, 2011, 34 (1): 261-264.

[21] Yu H, Deng D G, Li Y Q, et al. Electronic structure and luminescent properties of $Ca_5(PO_4)_2(SiO_4):Eu^{2+}$ green-emitting phosphor for white light emitting diodes [J]. Optics Communications, 2013, 289: 103-108.

[22] Zhang J L, Zhang X G, Shi J X, et al. Luminescent properties of green- or red-emitting Eu^{2+}-doped $Sr_3Al_2O_6$ for LED [J]. Journal of Luminescence, 2011, 131: 2463-2467.

第六章　蓝色发光材料

蓝色发光材料主要应用于近紫外光激发的 WLED 中，在实际应用中较少，所研究的体系也比较贫乏，主要是一些比较传统的发光材料。WLED 的激发波长大于传统灯用发光材料，当提高激发波长时，会降低发光材料的发光效率。

第一节　铝酸盐体系

铝酸盐是一种比较好的基质，在发光材料中的应用比较多，也处于比较重要的地位，具有发光效率高、显色性好、激发范围宽等优点。但由于铝酸盐发光材料具有合成温度稍高、易潮解等缺点，制约了其在更多方面的应用。

一、BAM

目前 WLED 用蓝色发光材料最主要的是 $BaMgAl_{10}O_{17}:Eu^{2+}$（BAM），这个发光材料在 365nm 以下的紫外光激发下具有较高的发光效率，但当激发波长增大，发光效率会明显降低。目前研究较深入的 BAM 蓝色发光材料主要有 $BaMgAl_{10}O_{17}:Eu^{2+}$ 和 $BaMgAl_{14}O_{23}:Eu^{2+}$ 两种，其中 $BaMgAl_{14}O_{23}:Eu^{2+}$ 发光材料可以看作是 $BaMgAl_{10}O_{17}:Eu^{2+}$ 和 β-Al_2O_3 组成的

固溶体，而对发光有贡献的是 $BaMgAl_{10}O_{17}:Eu^{2+}$，因此只要从结构和性能等方面对 $BaMgAl_{10}O_{17}:Eu^{2+}$ 进行深入研究，就能较好地了解这种发光材料。

图 6-1 为 $BaMgAl_{10}O_{17}:Eu^{2+}$ 的结构，图 6-2 为 $BaMgAl_{10}O_{17}$ 的镜面层在 *X-Y* 平面上的投影。$BaMgAl_{10}O_{17}$ 具有 β-Al_2O_3 结构，由密堆积的尖晶石基块（$MgAl_{10}O_{16}$）和镜面层（BaO）组成，为 P_{63}/mmc 空间群，晶格参数 $a=b=0.553$nm，$c=2.267$nm。尖晶石胞块由 Al、Mg 和 O 组成，与尖晶石具有同样的密排结构。每一个尖晶石胞块中有 32 个氧离子，按照立方密排堆积形成 ACBA 四层，构成了 64 个四面体空隙和 32 个八面体空隙。通常每个晶胞有两个尖晶石胞块和两个镜面层组成，一个晶胞中有 24 个 Al^{3+}，其中 8 个 Al^{3+} 占据四面体空隙，16 个 Al^{3+} 占据八面体空隙，其相对位置与镁铝尖晶石中的铝和镁位置相当，所以称它为尖晶石胞块。镜面层中只有由 Ba^{2+} 和 O^{2-} 组成的非密排结构，镜面层的结构较疏松且镜面层存在空位，Ba^{2+} 或其他氧离子可以较容易地在镜面层运动。由于这样特殊的结构，激活离子在 BAM 作为基质时相对容易掺杂，如在镜面层中，形成发光层。但也由于这种特殊的结构导致 BAM 在高温烘烤（600℃）时结构不稳定。

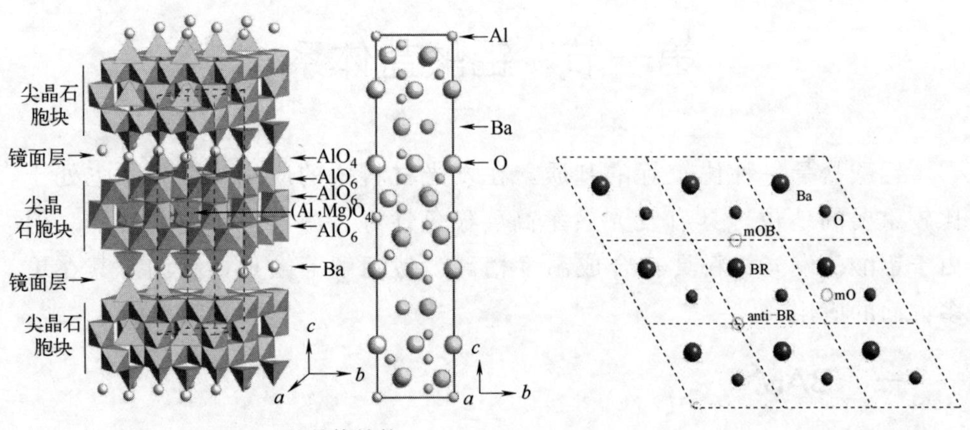

图 6-1　BAM 的晶体结构　　图 6-2　BAM 镜面层在 *X-Y* 平面投影

Zhang 等[1] 利用水热-均匀沉淀/煅烧的方法成功合成了形貌可控的 $BaMgAl_{10}O_{17}$ 蓝色发光材料。图 6-3 是 1200℃及 1400℃下煅烧合成的发光材料的发射光谱及商业 BAM 发光材料的发射光谱，从图中可以看到，发射峰的位置、半峰宽及峰形基本相同，当煅烧温度为 1400℃时，制备的 BAM 发光材料的发射强度高于商用的发光材料。

图 6-4 为 BAM 不同尿素加入量的发光材料 XRD 图谱。当尿素与阳离子的比例为 2.5 时，没有产生沉淀，这是由于尿素用量太少，没有产生碱性环境的原因，因此不形成沉淀物（金属离子的盐或氢氧化物）。当尿素与阳离子的比例为 5 时，在反应釜中可以提供碱性环境并产生沉淀物，因此煅烧后的产物存在一些杂质相，如 $BaAl_2O_4$（JCPDS No. 82-2001）和 Al_2O_3（JCPDS No. 85-1337）等。这个结果表明，需要进一步增加尿素的用量，达到绝对的化学计量的沉淀。当尿素与阳离子的比例为 7.5 时，检测得到沉淀物的 pH 值约为 8，呈碱性。经过离心分离后，在上清液中加入碳酸铵，无沉淀出现，这说明上清液中没有任何金属阳离子中，沉淀完全。与标准卡片对比，和 JCPDS No. 26-0163 的峰位完全符合，为六方晶系结构的 $BaMgAl_{10}O_{17}$。进一步增加尿素的用量，$BaMgAl_{10}O_{17}$ 的结晶度没有表现出明显的改善。

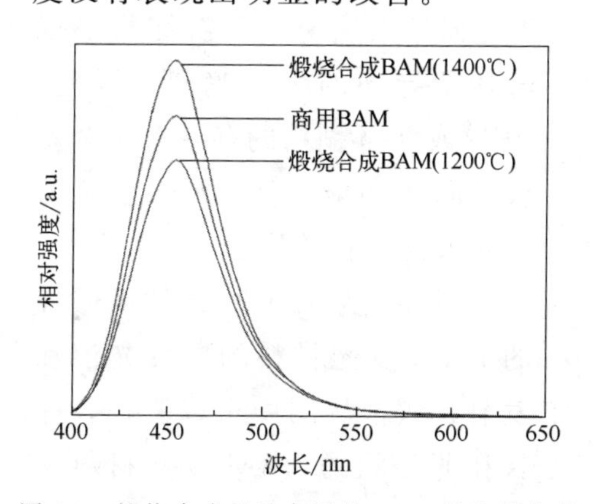

图 6-3　煅烧合成的及商用的 BAM 的发射光谱

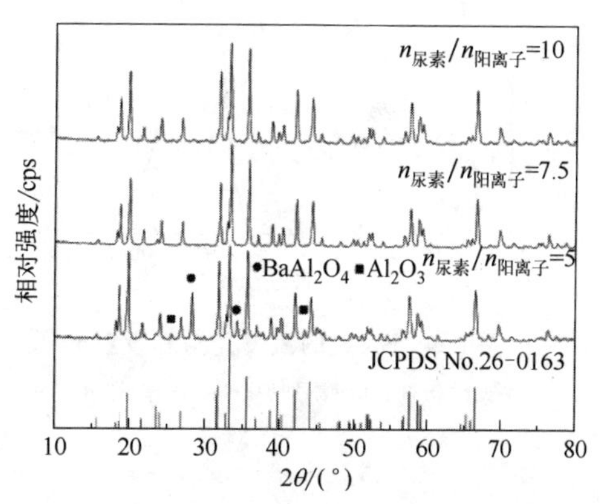

图 6-4　不同尿素加入量的 XRD 图谱

图 6-5 是通过水热均匀沉淀/煅烧方法制备得到的 BAM 发光材料的 SEM 图，从图中可以看到，未添加模板剂制备的样品为平均粒径 0.1mm 左右的颗粒；添加聚乙二醇（PEG）制备的样品为平均长度 1mm 和直径 0.1mm 的棒状；添加 β-环糊精制备的样品为平均直径 1mm 和厚度 0.1mm 的薄片状。通常情况下，小的颗粒尺寸会导致大的比表面积，并增加光的散射，因此棒状和薄片状样品具有较小的比表面积和较少的光散射。

众所周知，PEG 可以作为一条线形链的非离子型表面活性剂，当溶解在水中时创建一个拉伸的线形链的一维胶束结构。当 PEG 作为添加剂

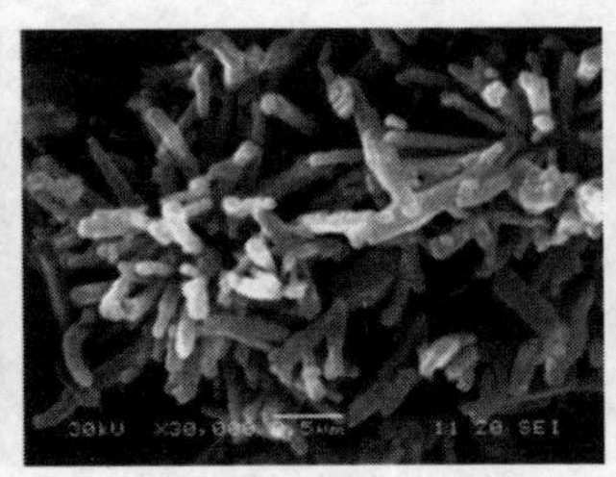

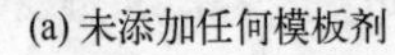

(a) 未添加任何模板剂　　(b)添加PEG　　(c)添加β-环糊精

图 6-5　BAM 发光材料 SEM 图

加入水热-均匀沉淀系统中，PEG 吸附在晶体表面上有利于聚集形成一维的胶束，呈现棒状的生长趋势。同样地，β-环糊精具有环状结构的外缘亲水性和疏水性。添加了β-环糊精反应釜中，沉淀物呈现薄片状导向的生长趋势。因此，PEG 或 β-环糊精的存在有一个模板导向的功能，使 BAM 生长为棒状或薄片状的形态。

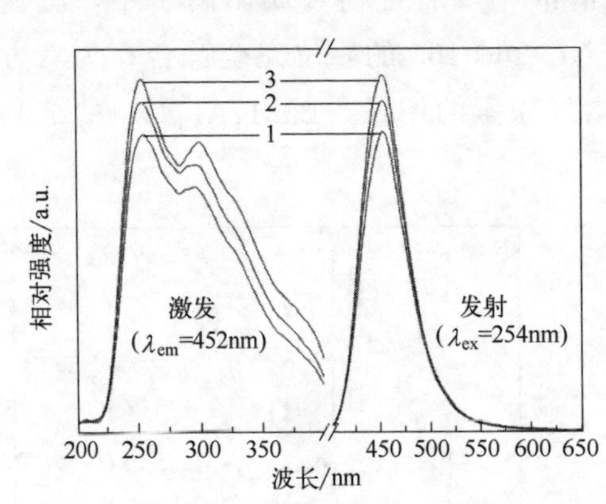

图 6-6　BAM 的激发光谱和发射光谱

1—无模板剂；2—添加 PEG；3—添加 β-环糊精

图 6-6 为 1200℃条件下煅烧的 BAM 发光材料的激发光谱和发射光谱，从图中可以看出，棒状和薄片状的 BAM 发光材料与未添加任何模板剂的发光材料的光谱形状相同，在发光强度上，棒状和片状 BAM 发光材料较强，薄片状样品的发光强度最强，这可能是因为薄片状 BAM 发光材料具有较小的比表面积，有利于降低光散射，从而提高发光强度。

赵星[2] 利用高温固相法和沉淀法合成了 $BaMgAl_{10}O_{17}:Eu^{2+}$ 发光材料。图 6-7 为高温固相法和沉淀法合成的 $BaMgAl_{10}O_{17}:Eu^{2+}$的 SEM 图。

从图中可以看出，利用高温固相法制备的 $BaMgAl_{10}O_{17}:Eu^{2+}$ 粉末颗粒不规则而且大小分布不均匀，涂覆性能很差。由于制备的温度过高，样品有严重的团聚和烧结现象，需要球磨粉碎才能使用，球磨过程中发光材料的晶形和晶体表面形貌会遭到破坏［图 6-7（b)］，从而使发光性

(a) 高温1550℃未球磨

(b) 高温1550℃球磨后

(c) 沉淀法1350℃

图 6-7　不同合成方法合成 $BaMgAl_{10}O_{17}:Eu^{2+}$ 的 SEM 图

能下降并且会加剧后处理过程中的热劣化。而采用沉淀法在 1350℃制备的 BAM 呈球状且大小分布较均匀，涂覆性能较好。这是由于在制备粉体材料中合成温度越高产物的团聚越严重，沉淀法的合成温度较高温固相法的低 200℃左右，能有效降低合成温度过高时粉体的团聚，沉淀过程中 NH_4HCO_3 在与 Al^{3+} 和 H^+ 反应时会产生大量的 CO_2 气体，CO_2 气体不仅可以起到很好的搅拌作用，还可以增大沉淀体系中沉淀离子的沉淀率。

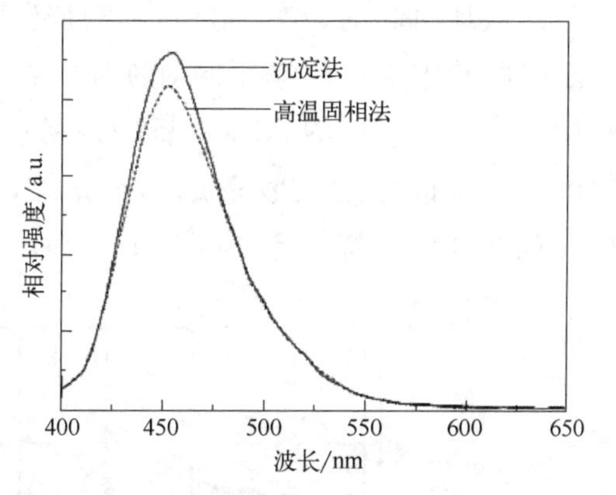

图 6-8　不同合成方法制备的样品的发射光谱

图 6-8 为沉淀法和高温固相法制备的 $Ba_{0.9}MgAl_{10}O_{17}$：$Eu_{0.1}{}^{2+}$ 发光材料发射光谱。从图可看出，采用沉淀法制备的 $Ba_{0.9}MgAl_{10}O_{17}$：$0.1Eu^{2+}$ 发光材料的发射光谱强度比采用高温固相法制备的发光材料提高 10%左右。这表明采用沉淀法不但能够降低合成温度，还能够提高发光强度。

二、碱土铝酸盐

Pawade 等[3] 利用燃烧法制备了 $SrMg_2Al_{16}O_{27}:Eu^{2+}$ 蓝色发光材料。参考商业化的 $BaMg_2A_{11}6O_{27}:Eu^{2+}$ 发光材料，利用 Sr^{2+} 替换 Ba^{2+}，合成了新型 $SrMg_2Al_{16}O_{27}:Eu^{2+}$ 发光材料。

图 6-9 为不同放大倍数的 $SrMg_2Al_{16}O_{27}$ 发光材料的 SEM 图。可以很明显地看出，图中晶粒的尺寸从几微米到 50μm，晶粒表面有较尖的角及

凸起，颗粒之间高度团聚形成海绵状形态，平均尺寸在亚微米范围内，颗粒尺寸较均匀。

图 6-9 不同放大倍数的 $SrMg_2Al_{16}O_{27}$ 发光材料的 SEM 图

$SrMg_2Al_{16}O_{27}$ 发光材料的红外光谱如图 6-10 所示。由红外光谱可以发现，在 3450 cm^{-1} 处为 O—H 吸收峰；约在 1630 cm^{-1} 处的峰为 O—H 的弯曲振动引起的；在 1400cm^{-1} 处还存在一个十分微弱的带，这主要归因于硝酸盐中 N—O 基团的对称伸缩振动；在 1045cm^{-1} 处的峰源于尖晶石结构中 β-Al_2O_3 的 Al—O 键的振动；在 1640cm^{-1} 处的吸收峰是由于少数的 C—O 键振动吸收造成的。此外，在红外光谱 830～400cm^{-1} 区域内，观察到由于特征金属-氧（M—O）振动而引起的特征峰。

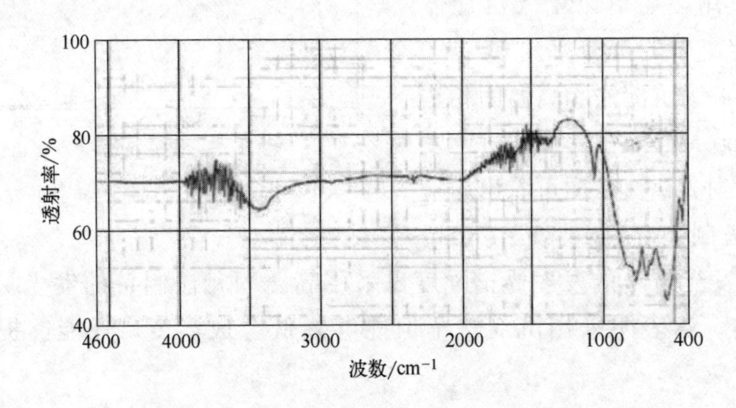

图 6-10 $SrMg_2Al_{16}O_{27}$ 发光材料的红外光谱

$SrMg_2Al_{16}O_{27}$:Eu^{2+} 的光致发光激发和发射光谱如图 6-11 所示，并将这一光致发光的发射光谱，与在相同的激发波长下通过相同方法制备的 BAM:Eu^{2+} 发光材料进行对比。图 6-11（a）为激发光谱，宽激发光谱带的峰值在 324nm 处。以 324nm 波长激发，$SrMg_2Al_{16}O_{27}$:Eu^{2+} 的发射峰的最大值出现在 465nm 处，发射出蓝光，而对于 BAM:Eu^{2+}，发射峰位于 451nm 处。观察位于 465nm 处 $SrMg_2Al_{16}O_{27}$：1%Eu^{2+} 的发射，这个发射峰是 Eu^{2+} 在 $4f^6 5d \rightarrow 4f^7$ 的跃迁。$^8S_{7/2}$ 组态与 $4f^7$ 组态是 Eu^{2+} 的基态，激发态形成于 $4f^6 5d^1$。发光材料中 Eu^{2+} 的晶体场发生了 $4f^6 5d^1$ 结构分裂，^6P_J 组态之下，在激发和发射中只有 Eu^{2+} 在 $4f^7 5$（$^8S_{7/2}$）$\rightarrow 4f^6 5d^1$ 之间的跃迁可以被观察到。Eu^{2+} 发射带的光谱位置与晶体场在 $5d^1$ 水平上的分裂以及 $^8S_{7/2}$ 态和 5d 水平中心之间的能差有关，在 324nm 处被观察到的激发光谱要归因于 $4f^7 5(^8S_{7/2}) \rightarrow 4f^6 5d^1(t_{2g})$ 之间的跃迁。Sr^{2+} 和 Eu^{2+} 的离子尺寸相近（分别为 0.121nm 和 0.120nm），因此，当被 Eu^{2+} 取代两种不同格位的 Sr^{2+} 时将会产生相似的局部变形，位于取代两个不同格位 Sr^{2+} 的 Eu^{2+} 将会拥有相似的局部环境。β-Al_2O_3 的结构中包含共角的 AlO_4 四面体和 9 个 Sr^{2+} 配位，Mg^{2+} 会以取代 Al^{3+} 进入到尖晶石结构中，因此，在 $SrMg_2Al_{16}O_{27}$ 中至少存在两个格位可以让 Eu^{2+} 取代。如上所述，Sr^{2+} 的半径与 Eu^{2+} 的非常接近，因此，Eu^{2+} 主要占据了 Sr^{2+} 的格位，并且形成了发射中心，发射峰约在 465nm 处，这是 Eu^{2+} 的 $4f^6 5d^1 \rightarrow 4f^7$ 发射跃迁的结果。

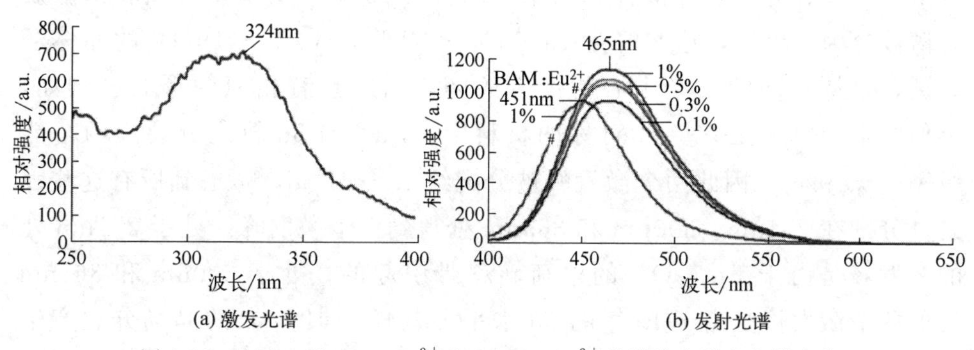

图 6-11 $SrMg_2Al_{16}O_{27}:Eu^{2+}$ 和 BAM：Eu^{2+} 的激发光谱和发射光谱

Cui 等[4] 通过传统的固相反应法成功合成了（Mg，Sr)$Al_2O_4:Eu^{2+}$ 蓝色发光材料，$MgAl_2O_4$、$MgAl_2O_4:Eu^{2+}$、$Mg_{0.92}Sr_{0.06}Al_2O_4$：0.02$Eu^{2+}$ 和 $Mg_{0.88}Sr_{0.10}Al_2O_4$：0.02$Eu^{2+}$ 的 XRD 图谱如图 6-12 所示。$MgAl_2O_4$ 和 $MgAl_2O_4:Eu^{2+}$ 的衍射峰与 JCPDS No. 21-1152 相对应，为纯 $MgAl_2O_4$ 相，表明掺杂 Eu^{2+} 对发光材料的晶体结构影响很小。根据 Vegard's 定律，当 Eu^{2+} 取代 $MgAl_2O_4$ 中 Mg^{2+} 格位时，晶胞的体积将会变大，而在低浓度的情况下掺杂 Eu^{2+} 不会改变主晶格结构。对于 Sr^{2+} 掺杂样品，根

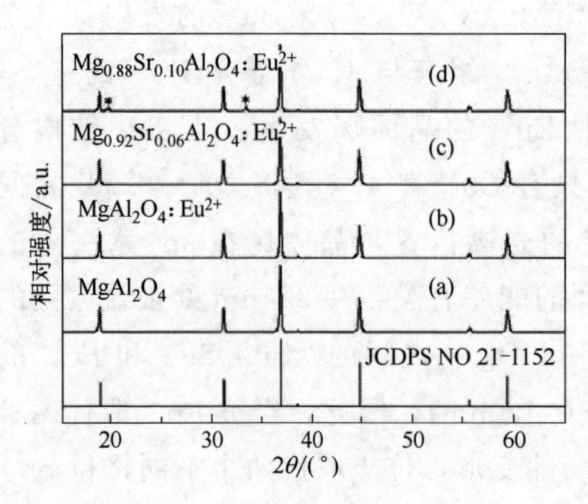

图 6-12 发光材料的 XRD 图谱

据 XRD 图谱，当 Sr^{2+} 的浓度在 0.02～0.08 范围内将获得单一的 $MgAl_2O_4$ 阶段，当浓度增大至 0.10 时，会形成 $Mg_{1-y}Sr_yAl_2O_4$ 相，当浓度超过 0.10 时，在 XRD 谱图中可以观察到未知的杂质相。

$Mg_{0.98}SrAl_2O_4$：$0.02Eu^{2+}$ 发光材料的激发和发射光谱如图 6-13 所示。激发光谱（图 6-13 中 1）为以 460nm 处发射波长测试得到的一个 200～420nm 处宽的激发波长范围，可以很好应用于近紫外光激发的 WLED 中。由于 $MgAl_2O_4$ 基体在 200～420nm 范围内几乎没有表现出任何的吸收现象（图 6-13 中 3），因此激发带被认为是 Eu^{2+} 的掺杂产生的。使用最小二乘法对 $Mg_{0.98}SrAl_2O_4$：$0.02Eu^{2+}$ 的激发光谱进行曲线拟合，所有的激发峰拟合后的结果如图 6-13 中 1 所示，可以看出激发光谱被分为三个峰，这些峰是 Eu^{2+} 的 5d 能级上（$4f^7 \rightarrow 4f^6 5d$）的晶体场分裂，是从相同的发光中心所产生的峰，因此具有相似的形状，例如，类似的半峰值。在一些 t_d 对称的材料中，Eu^{2+} 的 5d 轨道分裂成两个能级——t_{2g} 和 e_g，因此两个激发峰被分配给 $4f^7 \rightarrow 4f^6 5d$，考虑到所有这些因素，分别在 254nm、300nm 和 365nm 处得到三个激发峰。处于 254nm 处的激发峰是由于 Eu^{2+}-O^{2-} 的电荷转移带引起的；处于 300nm 和 365nm 处的两个激发峰是由于 Eu^{2+} 的 5d 水平上（$4f^7 \rightarrow 4f^6 5d$）的晶场分裂产生的。实际上面的曲线拟合只是一个数学拟合，存在标准偏差。$Mg_{0.98}SrAl_2O_4$：$0.02Eu^{2+}$ 的发射光谱（图 6-13 中 2）是在 365nm 下激发检测的，为一个强的蓝光发射带。发射光谱是一个单一激发峰，且以 460nm 处为中心对称的宽带，这个带的半峰全宽大约为 35nm。蓝光发射是 Eu^{2+} 在 $4f^6 5d \rightarrow 4f^7$ 上的跃迁发射。没有观察到 Eu^{3+} 的红光发射，说明在还原气氛下材料中的 Eu^{3+} 都被完全还原成了 Eu^{2+}。

激活剂的浓度对发光材料的发光强度有较大的影响。假设在一个没有浓度猝灭的理想环境，发射强度与紫外光可激发 Eu^{2+} 的量成正比。而将发射强度开始出现下降时的浓度称为临界浓度。最佳的 Eu^{2+} 浓度还与制备方法和发光材料的基体有关。以 365nm 光激发，Eu^{2+} 浓度（$x=0.01\sim0.05$）变化的 $Mg_{1-x}Al_2O_4:xEu^{2+}$ 发光材料与发射强度的关系如图 6-14 所示。当 Eu^{2+} 容量达到 2%时可以观察到最高的强度，再将 Eu^{2+} 浓度增加，则出现发射强度下降的现象，这是 Eu^{2+} 之间发生非辐射能量传递，从而导致发射强度降低。

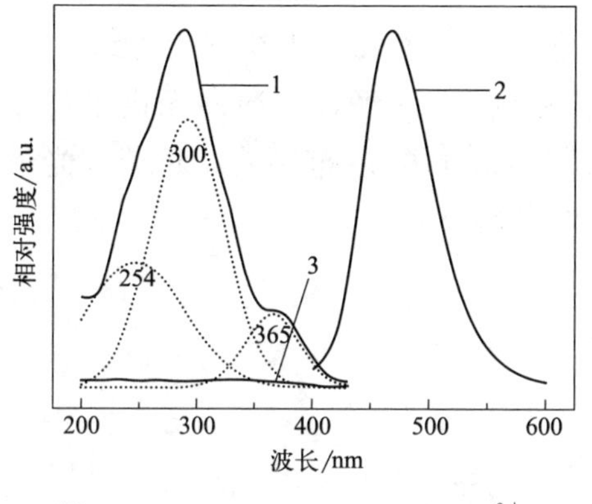

图 6-13 $Mg_{0.98}SrAl_2O_4:0.02Eu^{2+}$ 的荧光光谱

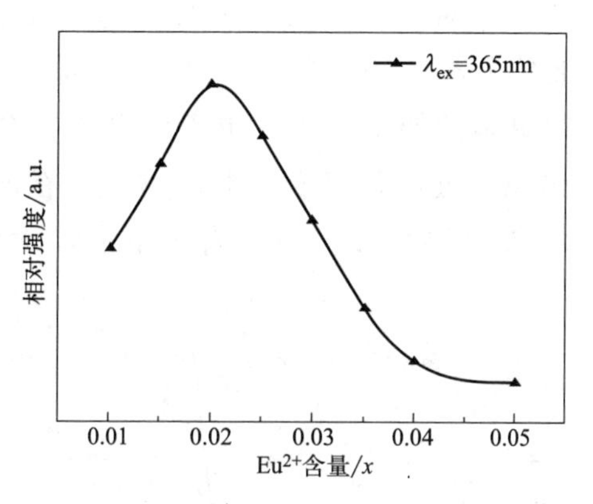

图 6-14 Eu^{2+} 浓度与发射强度的关系

为提高发光强度，用锶离子代替镁离子。$Mg_{0.98}SrAl_2O_4:0.02Eu^{2+}$ 发光材料中 Sr^{2+} 加入相比没有 Sr^{2+} 的发光强度出现了很大的提高。图 6-15 为 $Mg_{0.92}Sr_{0.06}Al_2O_4:0.02Eu^{2+}$（$\lambda_{em}=460$nm）的激发光谱和 $Mg_{0.98-y}Sr_yAl_2O_4:0.02Eu^{2+}$（$y=0.0\sim1.0$）（$\lambda_{ex}=365$nm）的发射光谱。$Mg_{0.98}SrAl_2O_4:0.02Eu^{2+}$ 发光材料的激发和发射光谱都与 $MgAl_2O_4:Eu^{2+}$ 相似，激发光谱位于 200～430nm 较宽的波长范围，发射光谱的中心在 460nm 处。当 Sr^{2+} 的浓度增长到 6%，发射强度出现了明显的增强，大约为 $Mg_{0.98}Al_2O_4:0.02Eu^{2+}$ 发射强度 10 倍，之后，随着 Sr^{2+} 含量的增加发射强度开始下降。直到 Sr^{2+} 的浓度达到 10%时发射峰值的位置都没有发生变化，这表明 Sr^{2+} 浓度不影响 Eu^{2+} 在发光材料中所处的位置。利用最小二乘法拟合激发光谱曲线，第一个激发峰由 Eu^{2+}-O^{2-}（254nm）的电荷转移引起的，其余的两个激发峰（300nm 和 365nm）与 Eu^{2+} 在 $4f^7\rightarrow4f^65d$ 跃迁发射相关。与 $MgAl_2O_4:Eu^{2+}$ 相比，$Mg_{0.92}Sr_{0.06}Al_2O_4:0.02Eu^{2+}$ 在 365nm 处发射峰强度有明显的增强，导致了一个较宽的激发带，这可能是由于 Sr^{2+} 的掺杂引起的。Sr^{2+} 的离子半径（0.112nm）要大

于的 Mg^{2+} 的离子半径（0.072nm）。根据 Vegard’s 定律，当 Sr^{2+} 取代 Mg^{2+} 的位置时，将会引起晶胞的体积增大，Sr^{2+} 的掺杂将会帮助 Eu^{2+} 更容易进入 $MgAl_2O_4$ 的晶格。

Eu^{2+} 有趋向取代 Mg^{2+} 的位置，掺杂加入的 Eu^{2+} 为四面体配位，表现为类似 EuO_4 四面体。Eu^{2+} 的 5d 轨道分裂成两个水平（图 6-16）：t_{2g} 和 e_g。对于 Sr^{2+} 掺杂的样品，晶格会产生变形并改变晶体场强度，导致晶体分裂能的变化。t_{2g} 和 e_g 之间的能量差将会增大，从基态跃迁到 e_g 态需更多的能量。因此更多的电子将会转移到 t_{2g} 水平，在激发光谱中位于 365nm 处的强度有明显的增强。在波长 360～410nm 范围对于近紫外光激发 WLED 的发光材料有一个很好的激发光谱。

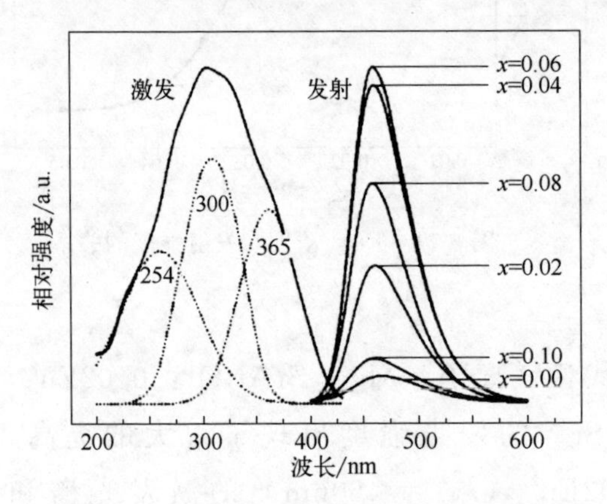

图 6-15　发光材料的激发光谱与发射光谱

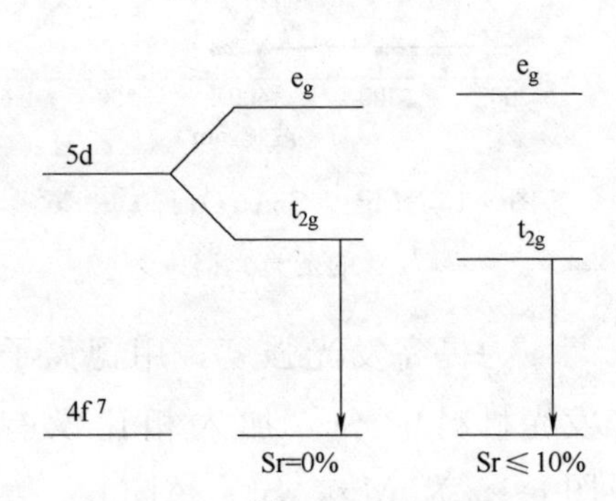

图 6-16　Eu^{2+} 能量水平的示意图

$Mg_{0.92}Sr_{0.06}Al_2O_4$：0.02$Eu^{2+}$ 发光材料经 1350℃煅烧 5h 后的颗粒形貌 SEM 图及 X 射线能谱（EDAX）如图 6-17 所示。颗粒的形状较不规则，颗粒尺寸为 2～5μm，表面较光滑。EDXA 的结果证明了 $Mg_{0.92}Sr_{0.06}9Al_2O_4$：0.02$Eu^{2+}$ 发光材料中 Mg、O、Al、Sr 和 Eu 元素的存在（Au 是测量导电所需的喷涂层）。

在 365nm 紫外线的激发下，Sr^{2+} 浓度变化的 $Mg_{0.98-y}Sr_yAl_2O_4$：0.02Eu^{2+} 发光材料的真实发光图如图 6-18 所示。所有的样品都发出蓝光。Sr^{2+} 的浓度变化对于 $Mg_{0.98-y}Sr_yAl_2O_4$：0.02Eu^{2+} 发光材料的发射强度改变起重要作用。$MgAl_2O_4$:Eu^{2+} 本身发出一个微弱的蓝光，当掺杂 Sr^{2+} 后发光强度有了明显增加。当 Sr^{2+} 的浓度提高时，发光材料的发光强度明显增强，直到 Sr^{2+} 的浓度达到 6%时，发射强度就开始下降。

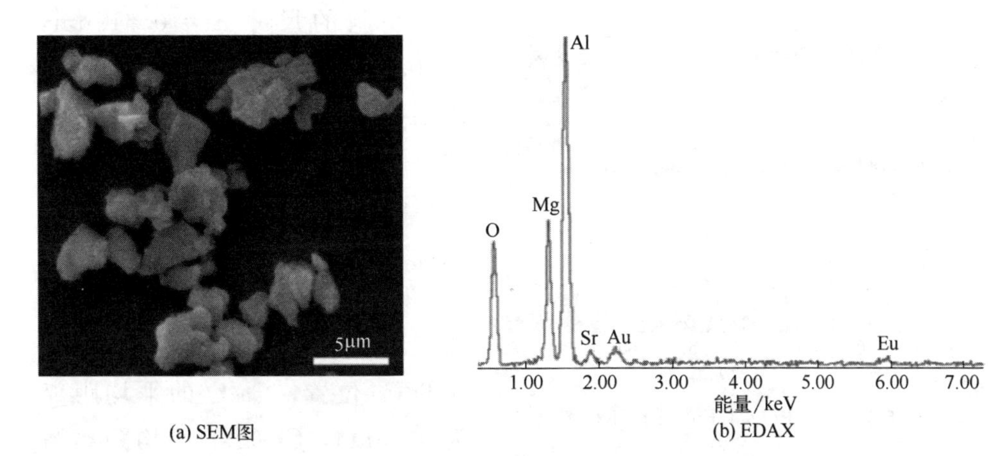

图 6-17　$Mg_{0.92}Sr_{0.06}Al_2O_4$：$0.02Eu^{2+}$ 发光材料的 SEM 图及 EDAX

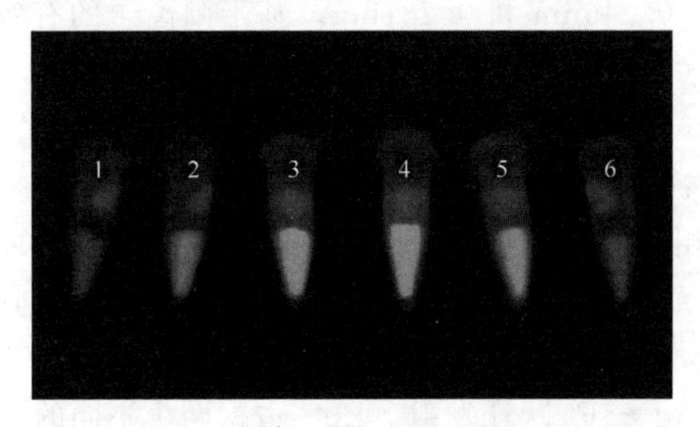

图 6-18　在 365nm 紫外光激发下 Sr^{2+} 浓度变化的 $Mg_{0.98-y}Sr_yAl_2O_4$：$0.02Eu^{2+}$ 照片

1—0；2—2%；3—4%；4—6%；5—8%；6—10%

第二节　卤磷酸盐体系

以磷酸盐为基体的发光材料具有合成温度低、价格经济、性能较好等优点，一直是发光材料研究的较深入的方向，而在磷酸盐基体中加入卤素，能够获得更好的发射效率，并有效地降低劣化现象。

Chiu 等[5] 利用固相反应成功合成了 Ca_2PO_4Cl:Eu^{2+}（CAP）蓝色发光材料。图 6-19 为 11% 的 Ca_2PO_4Cl: Eu^{2+} 的 XRD 图谱，与 JCPDS No. 72-0010 的图谱相吻合，这些结果表明，掺入 Eu^{2+} 并没有产生任何杂质相。Ca_2PO_4Cl 为正交晶系，属于 Pbcm 空间群，每个晶胞含有 4 个单

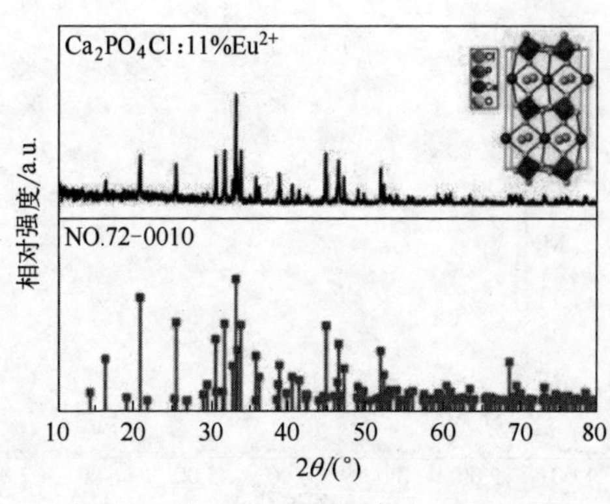

图 6-19　$Ca_2PO_4Cl:Eu^{2+}$ 的 XRD 图谱

元。晶胞的尺寸 $a=0.619$nm，$b=0.698$nm 及 $c=1.082$nm。晶体结构由 PO_4^{3-} 的四面体组成，主要是由 Ca^{2+} 结合在一起。Ca^{2+} 占据两种不同的格位，一个与 C_2 位置对称，其他与 C_S 位置对称。两个交点处的钙离子是由 6 个氧离子和 2 个氯离子配位。对于较大的 C_S 位置，Ca-O 的平均距离为 0.25nm，Ca-Cl 的平均距离为 0.289nm；对于较小的 C_2 位置，这些距离分别是 0.246nm 和 0.281nm。基于阳离子的有效离子半径（r）与不同配位数（CN），Eu^{2+} 的离子半径（$r=0.125$nm，CN＝8）接近 Ca^{2+}（$r=0.112$nm，CN ＝8），由于四配位 P^{5+} 半径（$r=0.017$nm）太小，Eu^{2+} 应该占据 Ca^{2+} 的位置。

图 6-20 为相同测量条件下 CAP 和 BAM 发光材料的激发和发射光谱。在 370nm 激发波长下发光材料发出发射峰位置为 454nm 的蓝色发光带。激发光谱是 Eu^{2+} 的 $4f^65d^1$ 多重谱线引起的，400～550nm 的发射光谱是 Eu^{2+} 的 $4f^65d \rightarrow 4F^7$ 跃迁发射。Eu^{2+} 占据两个不同的 Ca^{2+} 格位，会产生 447nm 和 466nm 两个单独发射带，并合并成为一个中心。在 Ca_2PO_4Cl 中，当 Eu^{2+} 占据晶格位置与 C_2 或 C_S 对称，在激发光谱下 5d 轨道有望出现五重简并。宽的激发带归因于 Ca_{Eu}-Cl 高的共价结合力和晶体场分裂。图 6-20 右上角为 $(Ca_{1-x}Eu_x)_2PO_4Cl$ 中掺杂的 Eu^{2+} 含量与发光强度的关系。可以看到最佳掺杂摩尔浓度为 11%，而 Eu^{2+} 的含量超过 11%时，由于浓度猝灭，发光强度则出现了下降。

在图 6-20 中，CAP:Eu^{2+} 的发射波长（454nm）接近 BAM:Eu^{2+} 波长（453nm）。然而，在 380nm 光激发下 CAP:Eu^{2+} 的发光强度是 BAM:Eu^{2+} 的 128%，在 400nm 光激发时为 149%，在 420nm 光激发时为 247%，CAP:Eu^{2+} 的半峰宽约为 37nm，这比 BAM（61nm）更窄，说明 CAP:Eu^{2+} 作为商用蓝色发光材料表现出更好的色纯度。

在 WLED 的应用中，发光材料的热稳定性是要考虑的重要问题之一。图 6-21 为在 370nm 激发下不同温度的 CAP：Eu^{2+} 的发射光谱，CAP：

Eu^{2+}与BAM:Eu^{2+}的温度与发射光强度关系的对比如图中插图所示。可以看到温度为100℃时，CAP:Eu^{2+}只有5%的衰减，这表明，CAP:Eu^{2+}表现出与BAM一样好的热猝灭性能。

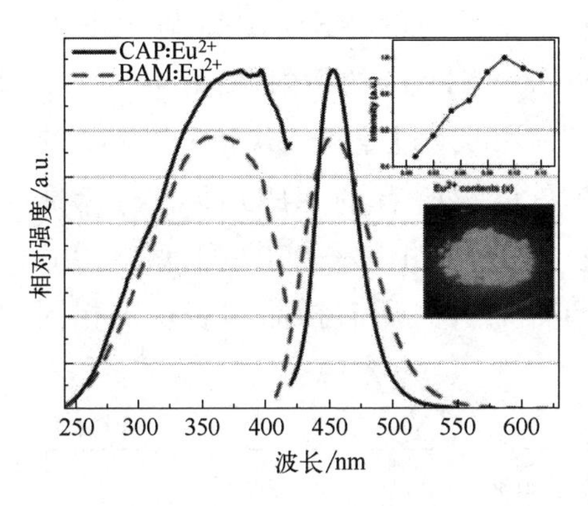

图 6-20 CAP和BAM的荧光光谱图

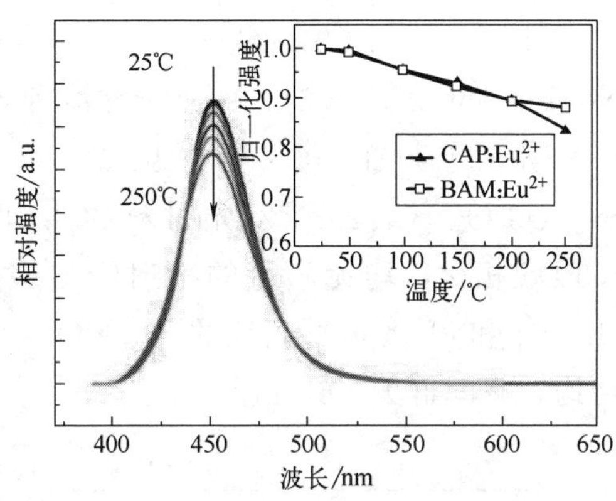

图 6-21 温度与发光强度的关系

通过色度模拟，400nm发射波长GaN为激发光源，Ca_2PO_4Cl:Eu^{2+}、(Ba，Sr)$_2SiO_4$:Eu^{2+}和$CaAlSiN_3$:Eu^{2+}为三色发光材料，进行WLED封装，其发光光谱如图6-22所示。WLED的色坐标、相关色温度及显色指数分别为（0.363，0.380）、4590K和93.4。图6-22中的插图为点亮的WLED照片。这些结果表明，除了BAM，CAP:Eu^{2+}也是高量子效率和优异色纯度的一个潜在的蓝色发光材料，可较好地用于WLED的显示和照明中。

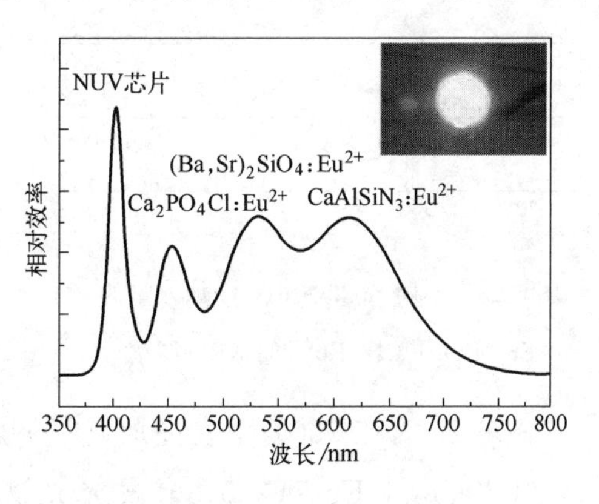

图 6-22 封装后的发光光谱

Guo等[6]在还原气氛下利用固相反应法制备了$Sr_5(PO_4)_3Cl$:Eu^{2+}，Mn^{2+}蓝色发光材料。$Sr_5(PO_4)_3Cl$的XRD图谱如图6-23所示，与标准卡片对比为JCPDS No. 16-0666，为纯的六方晶系的$Sr_5(PO_4)_3Cl$相。在本实验中加入过量的$SrCl_2\cdot 6H_2O$具有助熔剂的作用，能够有效提高材料的性能，不同$SrCl_2\cdot 6H_2O$加入量$Sr_5(PO_4)_3Cl$:xEu^{2+}（$x=0.25$）发光

材料的 XRD 图谱如图 6-23 所示，(a)、(b)、(c)、(d) 依次为 $SrCl_2 \cdot 6H_2O$ 化学计量比不足 10%、满足化学计量比、过量 5%、过量 10%。当加入量未过量时，可以检测到 $Sr_3(PO_4)_2$ 的弱衍射峰，随着 $SrCl_2 \cdot 6H_2O$ 量的增加，发光材料的纯度提高，杂质 $Sr_3(PO_4)_2$ 的衍射峰强度也越弱，加入过量 5% 和 10% 的 $SrCl_2 \cdot 6H_2O$ 时，得到的 XRD 图谱与 JCPDS No. 16-0666 是一致的，而且未检测到 $SrCl_2 \cdot 6H_2O$ 的衍射峰。

图 6-24 为在 900℃下煅烧 2～8h，加入 5%过量的 $SrCl_2 \cdot 6H_2O$ 的 $Sr_{4.975}(PO_4)_3Cl:Eu^{2+}$ 发光材料的 XRD 图谱，所有的 XRD 图谱与标准 JCPDS 相比，均无杂质的衍射峰出现。结果表明，在 900℃下煅烧 2h、4h、6h 和 8h 均可得到纯的 $Sr_5(PO_4)_3Cl$ 相，并且所有样品均表现出相同结构，空间群为 $P6_3/m$。

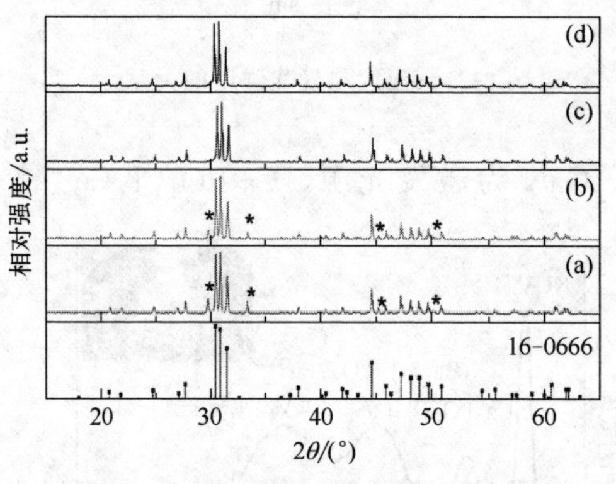

图 6-23　不同 $SrCl_2 \cdot 6H_2O$ 加入量的 $Sr_5(PO_4)_3Cl:Eu^{2+}$ 的 XRD 图谱

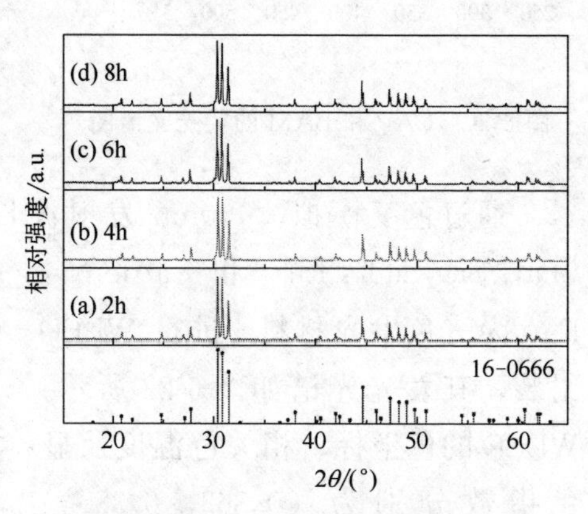

图 6-24　不同煅烧温度的 $Sr_{4.975}(PO_4)_3Cl:Eu^{2+}$ 的 XRD 图谱

图 6-25 为在 900℃下在还原气氛下煅烧 6h 的 $SrCl_2 \cdot 6H_2O$ 不同加入量 $Sr_{4.975}(PO_4)_3Cl:Eu^{2+}$ (2.5%) 发光光谱。$Sr_{4.975}(PO_4)_3Cl:Eu^{2+}$ (2.5%) 发光材料的激发光谱出现 290nm 和 330～400nm 两个激发峰，对应于 Eu^{2+} 的 $^8S_{7/2}(4F^7)$ 基态到 $4f^65d^1$ 激发态的两个宽的激发波段，这与近紫外 LED 芯片的发光峰匹配。发光材料发射光谱的发射峰位于 445nm 处，对应 Eu^{2+} 的 $^6P_j \rightarrow ^8S_{7/2}$ 跃迁发射。$Sr_5(PO_4)_3Cl:Eu^{2+}$ 的发光强度和发射光谱形状受 $SrCl_2 \cdot 6H_2O$ 的加入量影响。加入少于化学计量的 $SrCl_2 \cdot 6H_2O$，产生的发光强度较弱，随着 $SrCl_2 \cdot 6H_2O$ 加入量的增加，发光强度逐渐增加，当 $SrCl_2 \cdot 6H_2O$ 加入量过量 5%时，发光强度达到最大值，再提升到 10%时，

其发光强又出现了下降。此外，加入 $SrCl_2 \cdot 6H_2O$ 少于化学计量的 $Sr_{4.975}(PO_4)_3Cl:Eu^{2+}$（2.5%）发光材料的发光光谱在 400nm 左右还有一个非常弱发射峰，源自于 Eu^{2+} 对杂质 $Sr_3(PO_4)_2$ 的激发，在加入过量 5%和 10%的 $SrCl_2 \cdot 6H_2O$ 的发光材料中没有出现这个发射峰，这与 X 射线衍射的结果一致。这些结果说明，该 $Sr_5(PO_4)_3Cl:Eu^{2+}$ 发光材料的发光强度的变化可通过调节 $SrCl_2 \cdot 6H_2O$ 的加入量获得。

助熔剂通常加入到原料混合物中以帮助晶体生长和激活剂离子进入主晶格。对于碱土金属卤磷酸盐的制备，典型的助熔剂是硼酸、NH_4X（X＝F、Cl、Br）和碱金属碳酸盐（如 Li_2CO_3、Na_2CO_3 和 K_2CO_3）。图 6-26 为分别采用碳酸锂、碳酸钠、碳酸钾和硼酸为助熔剂制备的 $Sr_5(PO_4)_3Cl:Eu^{2+}$ 发光材料的荧光光谱，所用的助熔剂的量约为原料重量的 3%。

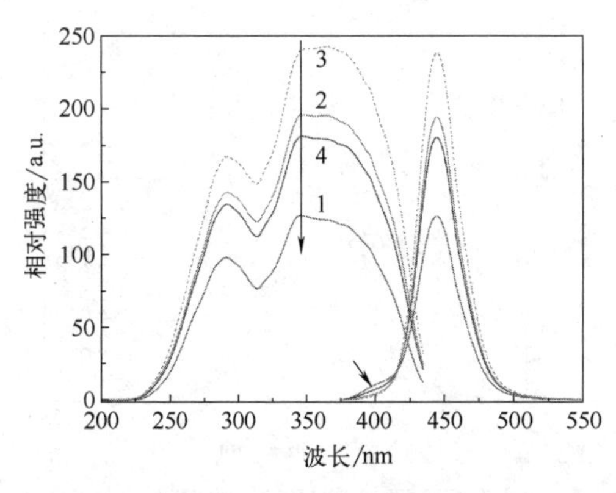

图 6-25　$SrCl_2$ 不同加入量的发光光谱

1—少 10%；2—0；3—5%；4—10%

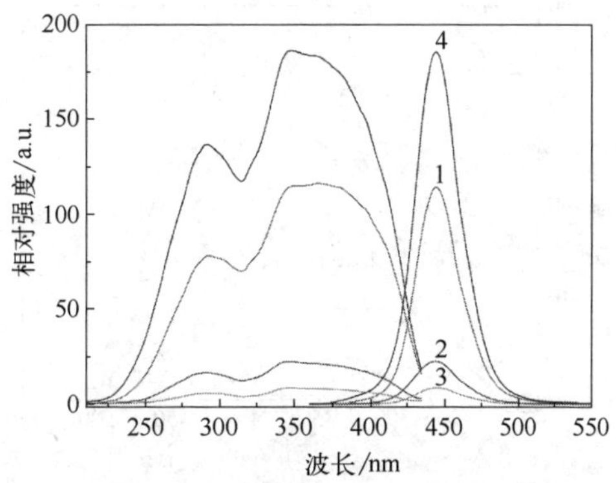

图 6-26　不同助熔剂的荧光光谱

1—碳酸锂；2—碳酸钠；3—碳酸钾；4—硼酸

含有不同的碱性碳酸盐发光材料的荧光强度随着碱金属离子半径的减小将增加（$r_{Li^+}=0.06nm$，$r_{Na^+}=0.095nm$，$r_{K^+}=0.133nm$），这可能是因为一个小半径的离子进入间隙位置并产生阳离子空位，离子可以加速扩散。此外，用硼酸作为助熔剂比用碱金属碳酸作助熔剂制备的发光材料发光强度强，这可能是由于碱金属碳酸盐助熔剂的离子成分（Li^+、Na^+、K^+）为杂质，残留在发光材料的晶格中产生副作用，降低发光强度；而硼酸不仅促进了晶体生长和离子扩散，并且在高温下具有高挥发性，没有杂质引入。

图 6-27 为在 900℃下煅烧，不同煅烧时间得到的 $Sr_5(PO_4)_3Cl:Eu^{2+}$

发光材料的激发（$\lambda_{em}=445nm$）和发射（$\lambda_{ex}=345nm$）光谱。激发和发射光谱发射峰位置及形状基本没有差别。图 6-27 中的插图为发射光强度与煅烧时间的关系。发射光强度随退火时间的增加而增加，当退火时间为 6h 达到最大值，这是因为结晶度随煅烧时间的增加而增强导致的，当煅烧时间增至 8h，发光强度又出现下降。

图 6-28 为不同浓度的 Eu^{2+} 掺杂的 $Sr_5(PO_4)_3Cl$ 的发光光谱图（$\lambda_{ex}=345nm$）。发射峰及形状不随 Eu^{2+} 浓度发生变化，但发光强度会发生变化，当 Eu^{2+} 的浓度为 1% 时出现最大发光强度。图 6-28 中的插图为 $Sr_{5-x}Eu_x(PO_4)_3Cl$ 的发光强度与 Eu^{2+} 的浓度变化关系。当 Eu^{2+} 的浓度小于 1%时，发光强度随 Eu^{2+} 浓度增加而增大，而当 Eu^{2+} 的浓度大于 1%时，发光强度又开始下降，这是因为浓度猝灭导致的。

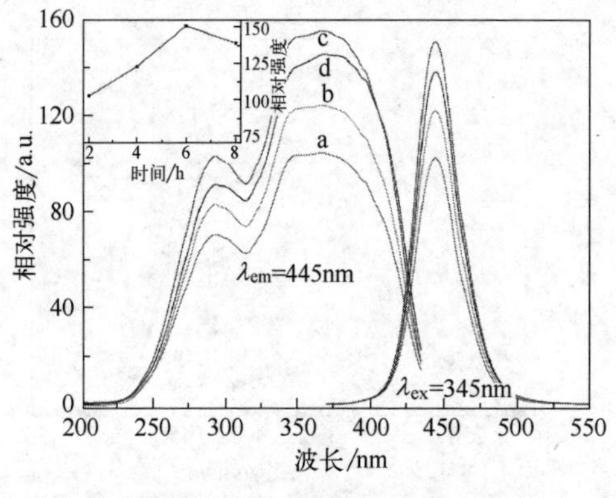

图 6-27 煅烧时间变化的荧光光谱

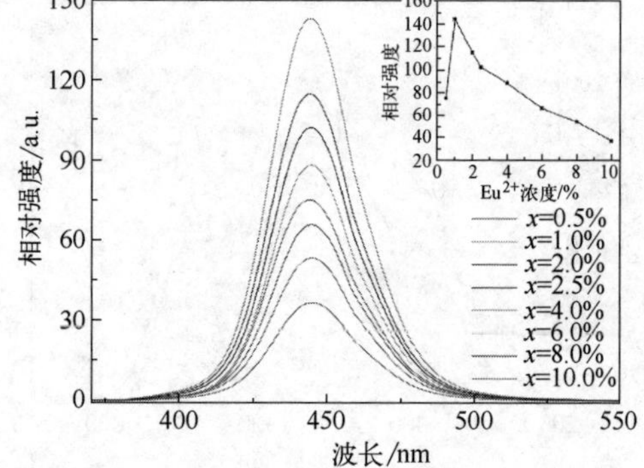

图 6-28 Eu^{2+} 浓度变化的发光光谱

图 6-29 为 $Sr_5(PO_4)_3Cl:Eu^{2+}$（1.0%）和 $Sr_5(PO_4)_3Cl:Eu^{2+}$，Mn^{2+}（1.8%）的发射光谱和激发光谱。如果把 Eu^{2+} 从发光材料中去除，观察不到 Mn^{2+} 的发射，因为 Mn^{2+} 的本身状态并没有明显的紫外区吸收，因此 Eu^{2+} 既是激活剂，又是 Mn^{2+} 发射的敏化剂。Eu^{2+} 和 Mn^{2+} 的共激活 $Sr_5(PO_4)_3Cl$ 发射光谱，包括来自 Eu^{2+} 强的蓝光发射和 Mn^{2+} 弱的橙光发射，发射峰在 445nm（Eu^{2+} 的发射）与 570nm 处（Mn^{2+} 的发射）。此外，$Sr_5(PO_4)_3Cl:Eu^{2+}$，Mn^{2+}（1.8%）的激发光谱（$\lambda_{em}=445nm$ 或 $\lambda_{em}=570nm$）与 $Sr_5(PO_4)_3Cl:Eu^{2+}$（1.0%）激发光谱的形状和发射峰位置基本一致。上述结果表明，在 $Sr_5(PO_4)_3Cl$ 基质中 Eu^{2+} 和 Mn^{2+} 能量转移是存在的，但由于在基质中较长的离子间距而效果不明显，按能量转换机

理，$Eu^{2+} \rightarrow Mn^{2+}$的能量传递将是小范围的。激发光谱覆盖225～450nm的光谱范围内，提高了双掺杂发光材料适用于近紫外光LED激发的机会，因此这种发光材料可作为近紫外光激发的WLED用橙色和蓝色的双色发光材料的应用。

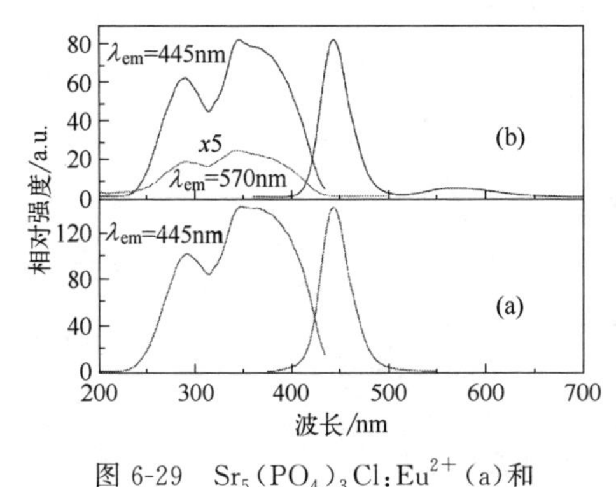

图 6-29　$Sr_5(PO_4)_3Cl:Eu^{2+}$(a)和$Sr_5(PO_4)_3Cl:Eu^{2+},Mn^{2+}$(b)的荧光光谱

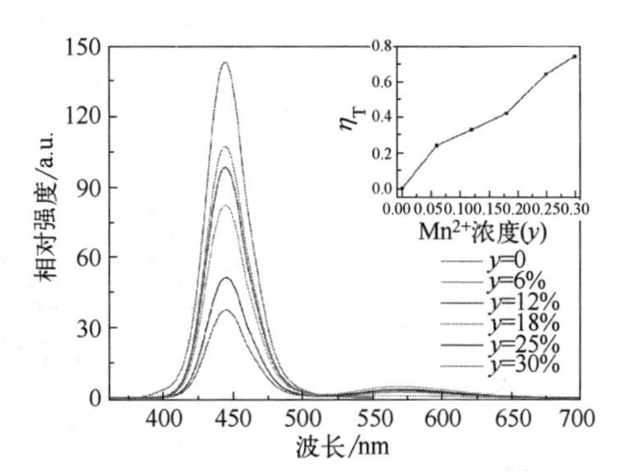

图 6-30　$Sr_{4.975-y}(PO_4)_3Cl:Eu^{2+}(2.5\%)$，$Mn^{2+}(y)$发光材料的发射光谱

图6-30为$Sr_{4.975-y}(PO_4)_3Cl:Eu^{2+}(2.5\%)$，$Mn^{2+}(y)$发光材料的发射光谱，$Mn^{2+}$的浓度分别为0.6%、12%、18%、25%、30%。在345nm波长的激发下，Eu^{2+}的发射强度随着Mn^{2+}浓度的增加而下降；Mn^{2+}发射强度随着Mn^{2+}的浓度增加而增强，当掺杂浓度为18%达到最大值，再增加Mn^{2+}浓度，Mn^{2+}的发光强度出现了下降，这些现象是能量转移的结果。从Eu^{2+}到Mn^{2+}的能量转移效率可以表示为：

$$\eta_T = 1 - \frac{I_S}{I_{S0}}$$

式中，I_{S0}和I_S分别为存在和不存在Eu^{2+}的Mn^{2+}的发光强度。图6-30中的插图为η_T与Mn^{2+}的浓度y的关系。η_T随着Mn^{2+}浓度的增加而增大。基于Dexter定则的能量传输公式和Reisfeld近似规律，有如下表达式：

$$\frac{\eta_0}{\eta} \propto C^{n/3}$$

式中，η_0和η分别是不存在和存在Mn^{2+}的Eu^{2+}的发光量子效率，η_0/η的值可以由相关的发光强度之比近似计算（I_{S0}/I_S）；C为Mn^{2+}和Eu^{2+}的浓度之和；n=6、8、10分别对应于电偶极-电偶极、电偶极-电四极、电四极-电四极间的相互作用。由图6-31中的I_{S0}/I_S-$C^{n/3}$线性关系曲线说明，当n=6

时 Eu-Mn 是电偶极-电偶极机制。上述结果表明，$Sr_{4.99-y}(PO_4)_3Cl:Eu^{2+}$ (1.0%)，Mn^{2+}(y) 中的 Eu^{2+} 和 Mn^{2+} 之间存在能量传递。蓝色和红色发光的相对强度可以通过 Eu^{2+} 和 Mn^{2+} 的浓度进行调整。

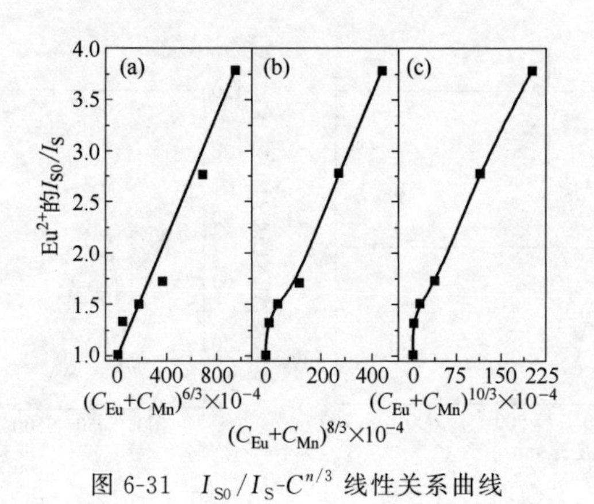

图 6-31 I_{S0}/I_S-$C^{n/3}$ 线性关系曲线

第三节 硅酸盐体系

一、碱土硅酸盐

李优[7] 利用燃烧法合成了 WLED 用碱土硅酸盐发光材料。利用燃烧法制备发光材料，通常是由氧化剂和还原剂组成，氧化剂多为构成发光材料的化学组分的阳离子硝酸盐，易于配成溶液；而还原剂多为有机化合物，例如尿素、甘氨酸、卡巴胺等。

为了获得较好的颗粒均匀度、较优的发光强度等，选择用尿素作为燃烧剂。图 6-32 是由不同摩尔比的尿素与金属离子制备的发光材料的 SEM 图。当未加入燃烧剂尿素时，所得到的发光材料的颗粒粘连在一起，颗粒之间的界面不清晰，呈现液态化，是并未煅烧成型的颗粒；当尿素的加入量与金属离子的摩尔比为 1∶1 时，所得的发光材料的颗粒呈现片状，颗粒粒度差别较大，晶粒间的界面较清晰，但存在些许粘连现象；当尿素的加入量与金属离子的摩尔比为 2∶1 时，所得到的发光材料呈现不规则的块状结构，颗粒之间的界面清晰可见，颗粒的粒度均匀性增高，出现些许团聚现象；当尿素的加入量与金属离子的摩尔比为 3∶1 时，所

图 6-32 不同尿素含量的 SEM 图

(a) 0；(b) 1∶1；(c) 2∶1；(d) 3∶1；(e) 4∶1；(f) 5∶1

得的发光材料的颗粒为多边形块状结构，颗粒的粒度均一性较高，粒径为 2～3μm，颗粒间的界面清晰可见，形貌规则，分散性良好；当尿素的加入量与金属离子的摩尔比为 4∶1 时，所得发光材料比较细碎，均一性下降，出现团聚现象，分散性变差；当尿素的加入量与金属离子的摩尔比为 5∶1 时，所得发光材料为颗粒团聚在一起形成的不规则块状结构，颗粒间的界面不清晰，粒径较大，分散性不好。

随着尿素加入量的增加，颗粒间的界面逐渐清晰，颗粒的均一性逐渐提高，由开始的粘连在一起变为粒径均匀、完整的颗粒。当尿素与金属离子的摩尔比为 3∶1 时制备的发光材料的颗粒最优；再增加尿素的加入量，颗粒变得细碎，出现团聚现象。当加入量为 5∶1 时，小颗粒团聚成为大颗粒，严重影响合成的发光材料的粒径。产生这个现象的主要原因是尿素作为燃烧剂，利用燃烧剂燃烧提供的热量对原料进行高温加热，从而得到制备发光材料的目的。尿素在燃烧过程中，释放出来大量的热，同时也释放出大量的 NO_2、CO_2、H_2O 等气体，在合成发光材料的同时，能够使反应物膨胀，从而得到疏松的泡沫状产物。当没有尿素时，合成只是通过炉温加热进行，炉温达不到反应物的合成温度，所以得不到所需的发光材料；随着尿素加入量的增多，尿素燃烧产生高温放热，能够越来越好地合成粒度较优的发光材料；而当尿素的含量过多时，释放出来的热量多于发光材料所需的热量，造成了过烧的现象，出现颗粒间的团聚，影响发光材料的制备。

将金属离子硝酸盐作为氧化剂和以尿素作为还原剂放入一定温度下的马弗炉中，炉膛温度用于加热反应物，使反应物达到着火点，产生燃烧，瞬间合成发光材料。炉温的变化对于燃烧合成的颗粒形貌及大小，以及反应时间有非常大的影响。图 6-33 是不同炉温下合成的发光材料的 SEM 图。表 6-1 为原料放入不同炉温的马弗炉中至看到白烟出现的时间 t_1 及原料放入不同炉温的马弗炉中至产生燃爆现象的时间 t_2 与炉温的关系。Δt_1 和 Δt_2 为前后炉温制备发光材料所需的时间差值。

由图 6-33 可以看出，当炉温为 400℃时，制备的发光材料的颗粒为不规则多颗粒团聚的块状，颗粒大小差别较大，颗粒间界面不清晰，形状不规则；当炉温为 450℃时，制备的发光材料的颗粒为片状与块状小颗粒团聚的不规则大颗粒，小颗粒间粘连比较严重，分散性较差；当炉温为 500℃时，制备的发光材料的颗粒为不规则块状结构，颗粒大小为 1～2μm，颗粒大小差别变小，但形貌不规则，有团聚现象；当炉温为 550℃时，制备的发光材料的颗粒为多边形块状小颗粒，颗粒粒径为 1～2μm，颗粒大小差别不大，形貌规则，基本没有团聚现象；当炉温为 600℃时，制备的发光材料的颗粒为片状颗粒团聚的大颗粒，大颗粒表面有细碎小颗粒，小颗粒间界面不清晰；当炉温为 650℃时，制备的发光材料的颗粒为不规则块状结构，颗粒表面有许多小颗粒，颗粒粒径较大，颗粒间出现团聚、粘连现象；当炉温为 700℃时，制备的发光材料的颗粒为多个不规则块状颗粒团聚、粘连的大颗粒，颗粒粒径达到 10μm，大颗粒表面有许多小颗粒，形貌不规则。

随着炉温的增加，制备的发光材料颗粒的完整度增加，颗粒粒径的差别变小，形貌的规整度提高，颗粒间的界面越来越清晰，当炉温为 550℃时为最佳，再提高炉温，颗粒间的团聚、粘连现象越来越严重，颗粒粒径变大，且大小不一，形貌不规则。由表 6-1 可以看到，随着炉温增加，原料放入不同炉温的马弗炉中至看到白烟出现的时间 t_1 及原料放入不同炉温的马弗炉中至产生燃爆现象的时间 t_2 越来越短，而前后炉温制备发光材料所需的时间差值 Δt_1 和 Δt_2 呈现先减少后增加的趋势，在 500～600℃时差值最小。

图 6-33 不同炉温的 SEM 图

(a) 400℃;(b) 450℃;(c) 500℃;(d) 550℃;(e) 600℃;(f) 650℃;(g) 700℃

综合图 6-33 与表 6-1 可知，当炉温低于 550℃时，制备的发光材料颗粒较细碎并团聚，反应的时间也较长，前后炉温差趋于减小的趋势，产生此现象的主要原因是，炉温太低，原料中的水分蒸发较慢，反应启动的时间较晚；当炉温高于 550℃时，制备的发光材料出现团聚现象，颗粒较大，反应时间短，产生此现象的主要原因是反应快速启动，原料升温较快，水分蒸发得不完全，残留的水分包裹原料，与尿素在高温下分解生成—OH 基的碱式化合物，对发光材料的质量产生影响。

表 6-1 不同炉温下发生反应的时间

炉温/℃	t_1/s	t_2/s	Δt_1/s	Δt_2/s
400	240	890	30	169
450	210	721	15	145
500	185	576	5	128
550	180	448	15	20
600	165	428	43	39
650	122	389	15	61
700	115	328	—	—

在初次合成时，合成时间较短，所制备的样品的结晶度较差，颗粒的形貌及发光性能都会受到很大影响，因此需要在一定温度下进行二次煅烧的后处理，才能达到所需要的发光材料。图 6-34 为不同二次煅烧温度下制备的硅酸盐蓝色发光材料的 SEM 图。当二次煅烧温度为 800℃时，制备的发光材料的颗粒表面较光滑，只有些许小颗粒，颗粒粒径较均匀，粒径大小为 2～3μm，有粘连现象出现；当二次煅烧温度为

900℃时，制备的发光材料的颗粒呈多边形的块状结构，颗粒表面较光滑，细碎颗粒较少，粒径较小且均匀，粒径大小为1～2μm，分散较好；当二次煅烧温度为1000℃时，制备的发光材料团聚非常严重，颗粒间的界面模糊不清，大颗粒表面有很多细碎的小颗粒，形貌不规则；当二次煅烧温度为1100℃时，制备的发光材料的颗粒为不规则的块状，颗粒粒径不均匀，有较大颗粒出现，颗粒间团聚现象比较严重；当二次煅烧温度为1200℃时，制备的发光材料为不规则块状的颗粒，颗粒大小不均匀，细碎颗粒较多，并粘连在大颗粒表面，表面形貌不规则。

图 6-34　不同二次煅烧温度的 SEM 图

(a) 800℃；(b) 900℃；(c) 1000℃；(d) 1100℃；(e) 1200℃

当二次煅烧温度低于1000℃时，所制备的发光材料的颗粒粒径较均匀，表面形貌较好，分散较均匀，是希望得到的发光材料的形貌，其中以900℃为二次煅烧温度的效果最佳；当二次煅烧温度达到1000℃甚至更高时，发光材料的颗粒间的团聚、粘连现象严重，颗粒间的界面模糊，细碎颗粒较多，形貌不规则。产生此现象的主要原因为，二次煅烧能够提高燃烧法制备发光材料初制品的晶粒的完整度、均一性，减少晶粒内部缺陷，提高发光材料的发光性能。但当二次煅烧温度过高时，初制品的晶粒会出现过分生长，使颗粒间出现团聚现象，颗粒的均一性和表面形貌的规则性均降低，不利于发光材料的制备。

Eu^{2+}是WLED用发光材料研究中的重要的激活离子，有效的掺杂能够获得较好蓝光位置的发射峰。Eu^{2+} 电子构型为 $1s^2 2s^2p^6 3s^2p^6d^{10}4s^2p^6d^{10}f^7 5s^2p^6$，其一种最低激发态的构成为 7 个 4f 电子中的一个电子被激发到 5d 上，形成 $4f^6 5d$ 构型，这个激发态是 f⇆d 的允许跃迁，位于 400～550nm 间。图 6-35 为不同 Eu^{2+} 加入量的激发波长为 385nm 的发光材料发射光谱，金属离子与 Eu^{2+} 的摩尔比分别为 100∶0.25、100∶1、100∶2、100∶3、100∶4、100∶5、100∶6。主发射峰位于 499nm 处，这是 Eu^{2+} 的 $4f^6 5d^1 \rightarrow 4f^7$ 跃迁发射峰。Eu^{2+} 掺杂浓度的变化并没有改变发光材料的发射峰的位置，只出现了发射峰强度的变化。随着掺杂浓度的增加，发射峰的强度逐渐增强，当金属离子与 Eu^{2+} 的摩尔比分别为 100∶3 时达到最佳值，再增加 Eu^{2+} 的加入量，发射峰强度开始降低，产生了先增大后减小的现象。产生的原因可能是，发光材料中相同的激活离子的激发能态相同，激活剂的浓度增加，这些能态会相互靠拢，容易发生能态间的能量转移，产生的结果是能量通过猝灭杂质中心消耗于基质晶格振动中，导致了发光的猝灭。

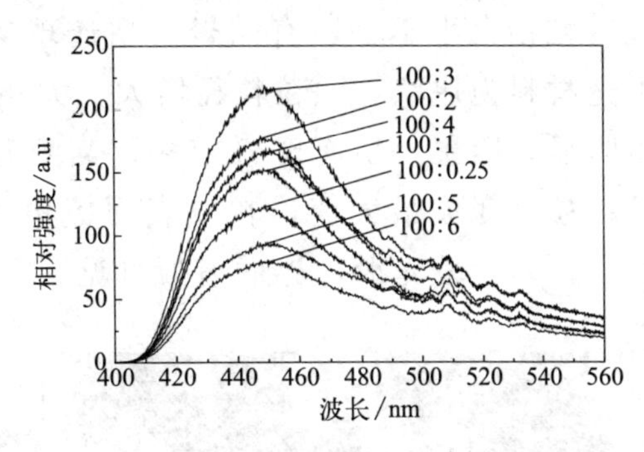

图 6-35 不同 Eu^{2+} 加入量的发光材料的发射光谱

通过改变基体中金属离子的比例，研究 Ba∶Ca 变化对于发光材料的表面形貌及发光性能的影响。图 6-36 为不同 Ba∶Ca 的发光材料的 SEM 图。图 6-37 为不同 Ba∶Ca 的发光材料的发射光谱。

由图 6-36 可以看到，当只存在 Ca^{2+} 时，制备的发光材料的颗粒较均匀，为多边形块状，颗粒表面较光滑，有团聚现象，但界面较清晰；当 Ba∶Ca 为 0.1 时，制备的发光材料的颗粒为多表性块状结构，颗粒粒径差别不大，形貌规则，有团聚现象，Ba^{2+} 的掺杂量较少，并没有影响表面形貌；当 Ba∶Ca 为 0.3 时，制备的发光材料表面形貌不规则，团聚、粘连现象严重，颗粒大小差别变大；当 Ba∶Ca 为 0.5 时，制备的发光材料的颗粒变大，颗粒表面棱角分明，粒径差别不大大，界面清晰，Ba^{2+} 的加入量增多对于发光材料表面形貌有较大影响；当 Ba∶Ca 为 0.7 时，制备的发光材料片状与块状同时存在，颗粒表面形貌差别较大，粒径大小不一，有团聚、粘连现象；当 Ba∶Ca 为 0.9 时，制备的发光材料为块状，颗粒粒径增大，大颗粒表面附着小颗粒，颗粒表面棱角明显，团聚、粘连现象较多；当只存在 Ba^{2+} 时，制备的发光材料的颗粒粒径变成最大值，颗粒表面棱角明显，与只存在 Ca^{2+} 的相比更为突出，表面较光滑，界面清晰可见。

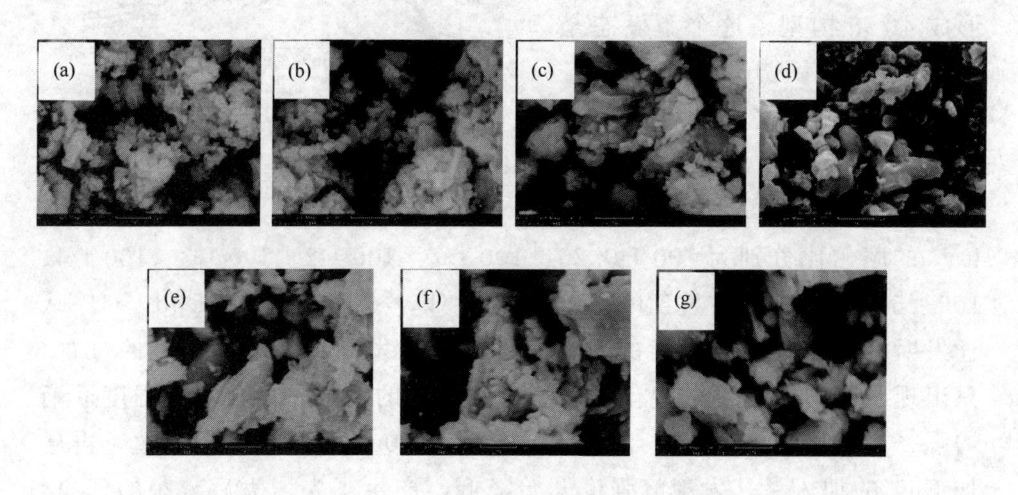

图 6-36 Ba∶Ca 变化的发光材料的 SEM 图

(a) 0（只有 Ca^{2+}）；(b) 0.1；(c) 0.3；(d) 0.5；(e) 0.7；(f) 0.9；(g) 1（只有 Ba^{2+}）

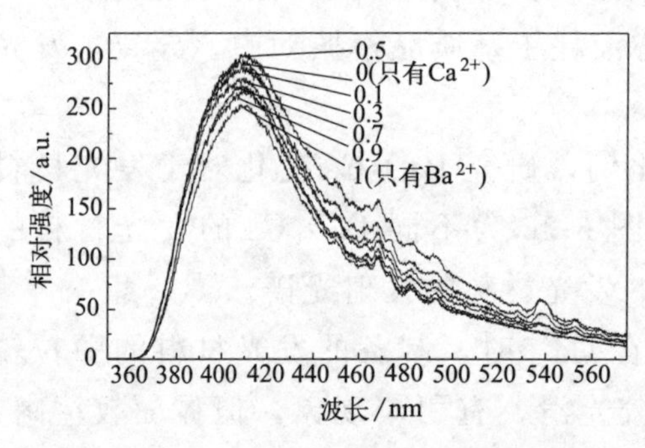

图 6-37 Ba∶Ca 变化的荧光发射光谱

由图 6-37 可以看到，Ba∶Ca 比例变化没有改变发光材料发射光谱的发射峰位置，主发射峰位于 410nm 处，为较纯正的蓝色光发射，随着 Ba^{2+} 加入量的增多，发光强度会变低，发光强度较高的为只掺杂 Ca^{2+} 与 Ba∶Ca 为 0.5 的两条发光曲线。

综合图 6-36 与图 6-37 分析可知，当发光材料基体中只含有 Ca^{2+} 和 Ba∶Ca 为 0.5 时，制备的发光材料的表面形貌与发光性能都较好，且 Ca^{2+} 占的比例较多的发光材料的表面形貌及发光性能都较好。产生的原因可能是，当只存在 Ca^{2+} 的时候，由于 Ca^{2+} 的离子半径较 Ba^{2+} 小，能够更加容易地掺杂入发光材料的晶格中，制备出来的发光材料表面较光滑，颗粒粒径也较小；

当 Ba^{2+} 与 Ca^{2+} 各半时，制备的发光材料既存在 Ca^{2+} 基体的性能，又存在 Ba^{2+} 的性能，能够充分发挥两个离子的优势，提高发光材料的形貌规则度与发光性能。只存在 Ba^{2+} 时，由于 Ba^{2+} 的离子半径较大，对发光材料颗粒的形成、粒径的大小都有较大影响，过大的粒径不利于发光性能的提高[8]。

二、氯硅酸盐

刘冲等[9] 利用高温固相法制备了用于紫外激发 WLED 用的蓝绿色 $Ca_7(SiO_4)_2Cl_6:Eu^{2+}$ 发光材料。图 6-38 显示的为在 900℃ 下制备的 $Ca_7(SiO_4)_2Cl_6:Eu^{2+}$ 发光材料的 XRD 图，Eu^{2+} 的摩尔浓度为 0.75%。通过与标准粉末衍射卡片比较，样品的衍射峰与 JCPDS No. 50-1545 卡片一致，说明合成的样品为纯相的 $Ca_7(SiO_4)_2Cl_6$，Eu^{2+} 进入基质晶格后替代 Ca^{2+} 的位置，由于 Eu^{2+} 半径（0.099nm）和 Ca^{2+} 半径（0.0947nm）相近，价态相同，少量的 Eu^{2+} 进入晶格后对晶体结构几乎没有影响。

图 6-39 为在 900℃下二次煅烧制备的 $Ca_7(SiO_4)_2Cl_6:Eu^{2+}$ 样品的激发和发射光谱，Eu^{2+} 的摩尔浓度为 0.75%。由图可知，样品的发射谱在 375～675nm 范围内呈现双峰宽带谱，发射峰的位置分别位于 418nm 和 502nm。在 209nm 紫外光激发下，418nm 处的峰较强；而在 360nm 激发下，502nm 处的发射峰强度较强。因为 Ca^{2+} 与 O^{2-} 和 Cl^- 分别配位时，由于 O^{2-} 和 Cl^- 的亲和能不同，导致 Ca—O 键和 Ca—Cl 键键能不同，形成两种不同的晶体格位 Ca（Ⅰ）和 Ca（Ⅱ）。当 Eu^{2+} 进入晶格替代不同格位上的 Ca^{2+} 后，形成两种发光中心 Eu（Ⅰ）和 Eu（Ⅱ），使样品具有

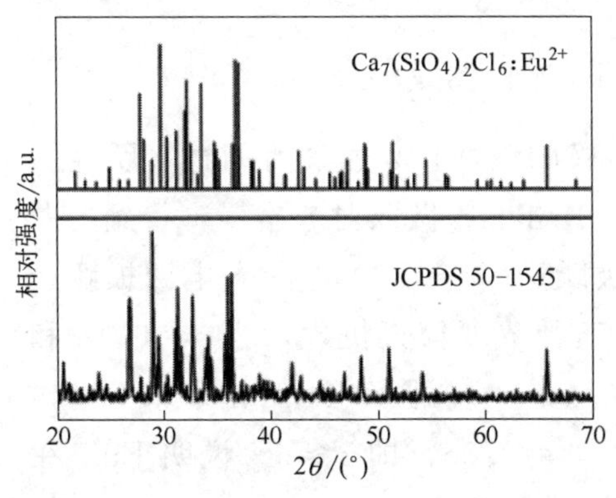

图 6-38　$Ca_7(SiO_4)_2Cl_6:Eu^{2+}$ 的 XRD 图

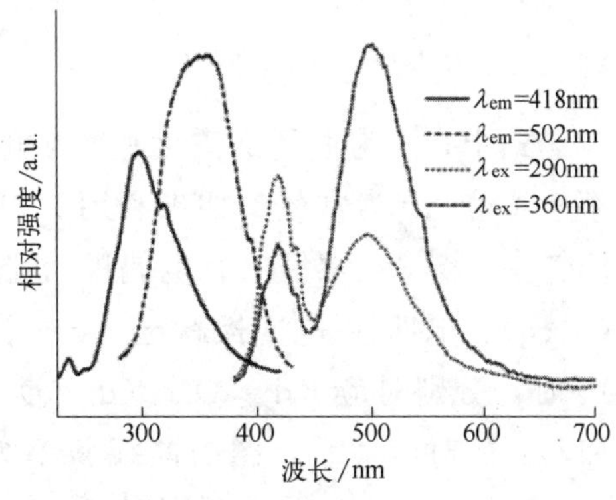

图 6-39　$Ca_7(SiO_4)_2Cl_6:Eu^{2+}$ 的发光光谱

两个发射峰。监测 418nm 处的发射峰得到的激发谱是一个位于 225～400nm 范围内的宽带，峰值位于 290nm 处；而监测 502nm 处的发射峰得到的激发谱是一个位于 300～400nm 的宽带，峰值位于 360nm 处。这说明样品的发射谱中的两个发射带是由不同的激发引起的，也证明了确实存在两个发光中心。

在相同的合成条件下，制备了不同 Eu^{2+} 离子浓度的一系列 $Ca_{7-x}(SiO_4)_2Cl_6$：xEu^{2+}（x＝0.002，0.005，0.0075，0.01，0.015，0.02）发光材料，在相同测试条件下得到了样品的发射光谱，并研究了发光强度与 Eu^{2+} 离子浓度变化的关系如图 6-40 所示。由图 6-40 可以看出，在 360nm 紫外光激发下，样品位于 502nm 处的绿光发射峰随激活剂浓度的增加逐渐增强，当 Eu^{2+} 浓度达到 0.75％时，样品的发光强度达到最大，继续增加 Eu^{2+} 浓度时，发光强度逐渐降低，发生了浓度猝灭。位于 418nm 处的蓝光发射峰随 Eu^{2+} 浓度变化不大。

随着激活剂浓度增加，离子间距离逐渐减小，当小于某一临界距离时，一部分激活剂离子的能量将以非辐射跃迁的形式损失。根据 Blasse’s 方程可以大概估计离子间的临界距离。

$$R_c \approx 2\left(\frac{3V}{4\pi X_c N}\right)^{1/3}$$

式中，V 是原胞的体积；X_c 是临界浓度；N 是原胞中基质阳离子的个数。对于 $Ca_{7-x}(SiO_4)_2Cl_6$：xEu^{2+}，V 为 5.08nm^3，X_c 为 0.0075，N 为 12。由以上数据可以计算出大概临界距离为 4.89nm。

根据 Dexter 的理论推导，可以得到发光强度与激活剂浓度的关系式。

$$I \propto (1+A)/\gamma[\alpha^{1-s}/3\Gamma(1+s/3)] \quad (\alpha \geqslant 1)$$

$$\alpha = x[(1+A)X_0/\gamma]^{3/s}\Gamma(1-3/s) \propto x$$

式中，x 为激活剂浓度；s 为电多极的极数；γ 为激活剂直接跃迁概率；A 和 X_0 为常数。如果利用 $\lg(I/x)$ 和 $\lg x$ 做双对数坐标，得到的曲线斜率为 $s/3$。常见的有电偶极-电偶极跃迁（d→d）、电偶极-电四极跃迁（d→q）、电四极-电四极跃迁（q→q）三种浓度猝灭机理，当 s＝6、8 和 10 时，分别对应（d→d）、（d→q）和（q→q）。图 6-41 给出了 $\lg(I/x)$ 和 $\lg x$ 的对应关系，图中曲线斜率为 $s/3$＝2.05，即 $s \approx 6$。说明 Eu^{2+} 在 $Ca_{7-x}(SiO_4)_2Cl_6$：xEu^{2+} 的浓度猝灭是 d→d 跃迁引起的。

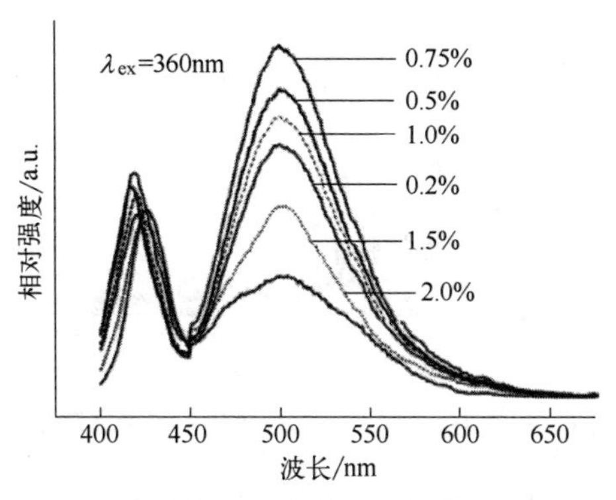

图 6-40 Eu^{2+}浓度变化的发光材料的发射光谱

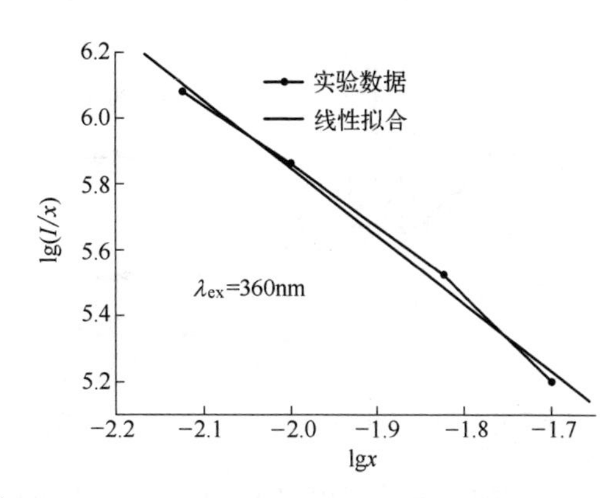

图 6-41 lg(*I*/*x*) 和 lg*x* 的对应关系

表 6-2 给出了不同 Eu^{2+} 摩尔浓度 $Ca_7(SiO_4)_2Cl_6:Eu^{2+}$ 发光材料的相对强度以及色坐标（*x*，*y*），相关色温（CCT）和显色指数（CRI）等色参数。由表可以看出该发光材料的色参数随 Eu^{2+} 掺杂浓度的变化而变化。当 Eu^{2+} 的摩尔浓度为 0.75%时，发光材料的相对强度最强，色坐标、相关色温和显色指数分别为（0.1846，0.3429）、13562K 和 33.1。由色品图上色坐标对应的区域可以知道，该发光材料的发光在蓝绿光区域。

表 6-2 不同 Eu^{2+} 摩尔浓度的色参数表

Eu^{2+}摩尔浓度/%	*x*	*y*	*I*	CCT/K	CRI
0.2	0.1829	0.4026	2295	14949	38.3
0.5	0.1838	0.3714	3283	14121	36.4
0.75	0.1846	0.3429	4659	13562	33.1
1.0	0.1854	0.3159	2929	14399	37.3
1.5	0.1902	0.2837	2864	15624	41.6
2.0	0.1940	0.2589	2340	18926	47.8

Dhoble 等[10] 利用燃烧法制备了 $X_{3.5}Mg_{0.5}Si_3O_8Cl_4:Eu^{2+}$（X=Sr 或 Ba）发光材料。$Sr_{3.5}Mg_{0.5}Si_3O_8Cl_4$ 发光材料的 XRD 图谱如图 6-42 所示，制备的发光材料与 JCPDS No. 40-0074 相对应；图 6-43 为 $Ba_{3.5}Mg_{0.5}Si_3O_8Cl_4$ 发光材料的 XRD 图谱，并没有标准的 JCPDS 数据与此化合物相匹配。利用 Debye-Scherrer 公式计算可知，Sr 和 Ba 的氯硅酸盐化合物的离子半径分别为 85nm 和 72nm。在化合物中，Sr 有 9 个氧与其配合，而 Ba 需要 12 个氧相配合。Sr 的化合物具有更低的对称性，9 个 Sr—O 键的长度都不相同，从 0.245nm 到 0.322nm 变化；而 Ba 的化合物只有两种类型的键长：Ba—O 1×6 的 0.333nm 和 Ba—O 2×6 的 0.389nm。

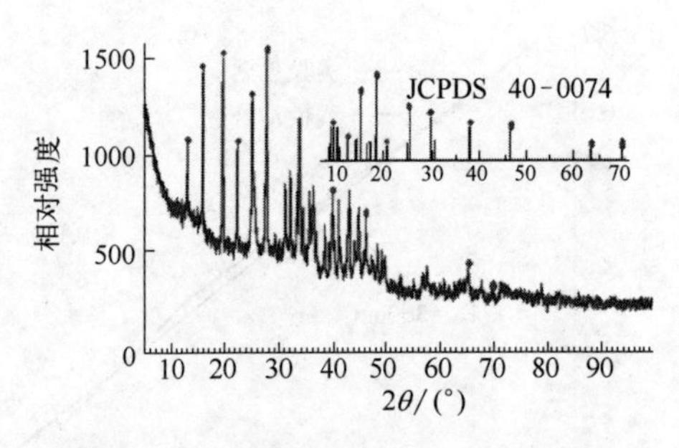

图 6-42 $Sr_{3.5}Mg_{0.5}Si_3O_8Cl_4$ 的 XRD 图谱

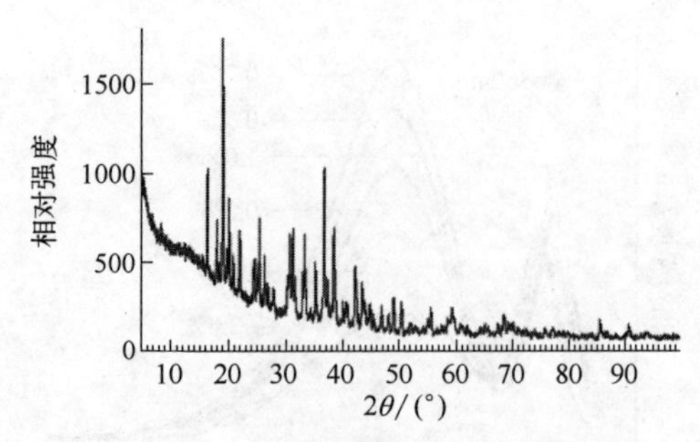

图 6-43 $Ba_{3.5}Mg_{0.5}Si_3O_8Cl_4$ 的 XRD 图谱

晶体场强度由键长决定，更短的键长表示具有更强的晶体场的强度。Sr—O 的平均键长为 0.28nm，而 Ba—O 平均键长为 0.36nm，因此认为在本实验制备的发光材料中 Sr^{2+} 位点晶体场强度比 Ba^{2+} 更强。

$Sr_{3.5}Mg_{0.5}Si_3O_8Cl_4$ 和 $Ba_{3.5}Mg_{0.5}Si_3O_8Cl_4$ 发光材料的激发光谱如图 6-44 所示，发射光谱如图 6-45 和图 6-46 所示。以 445nm 处的发射带的峰值检测得到 358nm 的激发峰，对应于 Eu^{2+} 的 $4f^65d^1 \rightarrow 4F^7$ 跃迁激发。Eu^{2+} 掺入 $Sr_{3.5}Mg_{0.5}Si_3O_8Cl_4$ 和 $Ba_{3.5}Mg_{0.5}Si_3O_8Cl_4$ 发光材料的晶体结构，去替代所有 Sr^{2+}、Ba^{2+} 或 Si^{4+} 阳离子是有可能的，但考虑到不论离子半径，或允许的氧配位数，对 Eu^{2+} 替代 Si^{4+} 都是困难的，因此认为在 $Sr_{3.5}Mg_{0.5}Si_3O_8Cl_4$ 和 $Ba_{3.5}Mg_{0.5}Si_3O_8Cl_4$ 发光材料中 Eu^{2+} 更有可能取代 Sr^{2+} 或 Ba^{2+} 的位置。Sr^{2+}/Ba^{2+} 阳离子大小不同会导致不同的晶体对称性。尽管在 $Sr_{3.5}Mg_{0.5}Si_3O_8Cl_4$ 基质中 Sr^{2+} 由约 4 个氧原子和 4 个氯原子配合，但从其他因素，如离子半径（Sr^{2+} 为 0.126nm，Eu^{2+} 为 0.112nm）、配位数（CN=8）等方面考虑，Sr^{2+} 位点能够由 Eu^{2+} 取代。$Sr_{3.5}Mg_{0.5}Si_3O_8Cl_4:Eu^{2+}$ 的发射光谱为发射峰位于 445nm 波长的发射谱带。同理，在 $Ba_{3.5}Mg_{0.5}Si_3O_8Cl_4$ 发光材料中，Eu^{2+} 也只能占据 Ba^{2+} 的晶格位置。在激发光谱中有 348nm 和 358nm 两个不同的激发峰，发射光谱位于 445nm，这与在 $Sr_{3.5}Mg_{0.5}Si_3O_8Cl_4$ 和 $Ba_{3.5}Mg_{0.5}Si_3O_8Cl_4$ 基

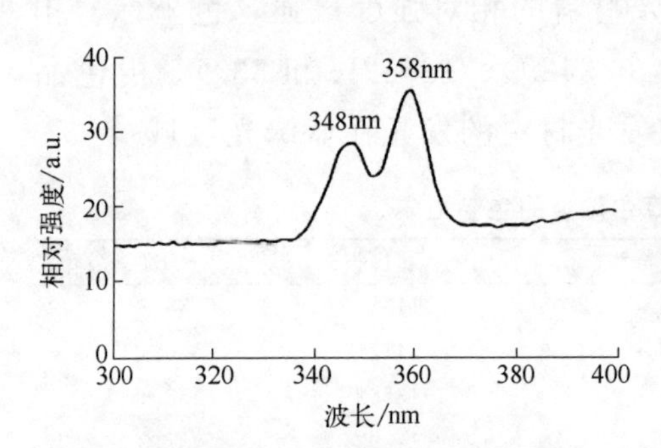

图 6-44 $X_{3.5}Mg_{0.5}Si_3O_8Cl_4:Eu^{2+}$（X=Sr，Ba）的激发光谱

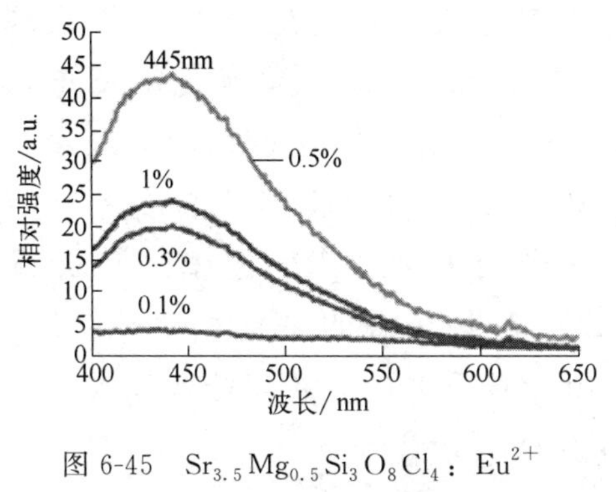

图 6-45 $Sr_{3.5}Mg_{0.5}Si_3O_8Cl_4$：$Eu^{2+}$ 的发射光谱

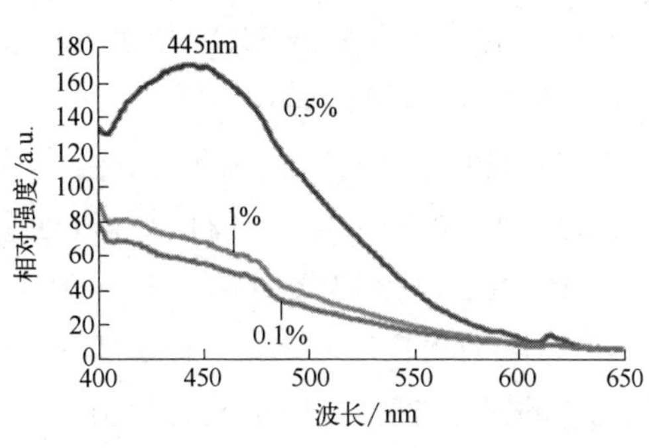

图 6-46 $Ba_{3.5}Mg_{0.5}Si_3O_8Cl_4$：$Eu^{2+}$ 的发射光谱

质材料只有一种 Sr 或 Ba 位点的事实一致。激发峰的发射波长在 358nm 处，这表明该发光材料是非常适合于使用近紫外 LED 芯片激发的蓝色发光材料，有在 WLED 中应用的潜质。

第四节 其他体系

Liu 等[11] 成功制备了近紫外激发 $NaSrBO_3$：Ce^{3+} 发光材料。该发光材料为单斜晶结构，空间群为 $P2_1/c$。晶格常数为 $a=0.532nm$，$b=0.927nm$，$c=0.607nm$ 和 $\beta=1.006°$。晶胞体积（V）和晶胞中的阳离子数目（Z）分别为 $0.294nm^3$ 和 4。图 6-47 为 $NaSrBO_3$ 晶体结构和锶原子的配位环境。如图（a）所示，$NaSrBO_3$ 化合物是孤立的平面 $[BO_3]^{3-}$ 基团，该基团沿两个方向以平行的方式分布。在晶格中的 Na 有 6 个氧原子八面体配位，图（b）显示了 Sr 与 9 个氧原子配位。

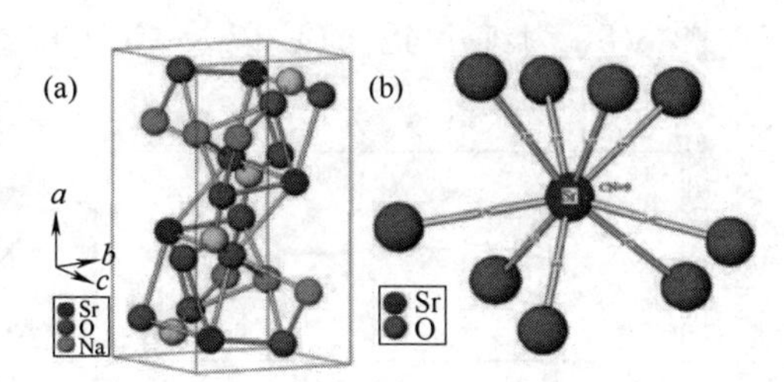

图 6-47 $NaSrBO_3$ 晶体结构（a）和 Sr 原子的配位环境（b）

图 6-48 为按照一定化学计量比（$NaCO_3$、$SrCO_3$ 和 H_3BO_3）的混合物的热重/差热曲线，在空气中以 10℃/min 的升温速率从室温升高到

900℃。插图为所合成样品的 SEM 图。在 600℃之前的失重主要是因为初始原料的分解并释放 CO_2 和 H_2O。由差热分析可看出在大约 850℃出现明显的峰，这可能是由于 $NaSrBO_3$ 结晶相的形成。因此，确定 $NaSrBO_3$ 和 $NaSrBO_3$：Ce^{3+} 样品的煅烧温度为 850℃。图 6-48 中的插图可以看到所制备的 $NaSrBO_3$ 发光材料的表面形貌呈现不规则的形状，粒度为 10～20μm。图 6-49 为合成的 $NaSrBO_3$ 发光材料的 XRD 图谱。与标准 $NaSrBO_3$ 的卡片对比，峰位基本一致，表明获得的是单相 $NaSrBO_3$。Ce^{3+} 的离子半径接近于 Sr^{2+}，在 $NaSrBO_3$ 基质中 Ce^{3+} 不可能取代 Na^+ 或 B^{3+}。因此，认为在晶格中 Sr^{2+} 的位点由 Ce^{3+} 取代。

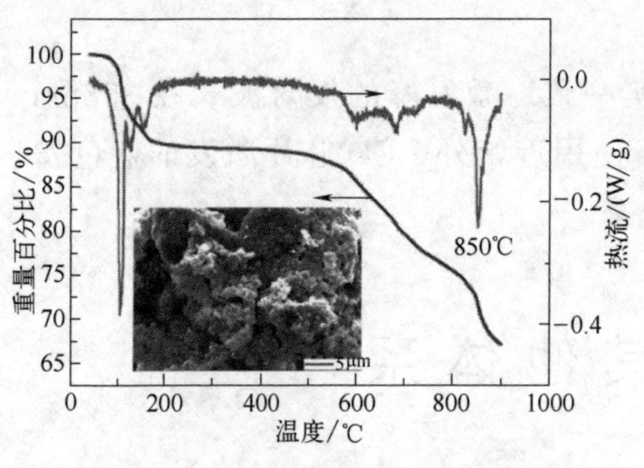

图 6-48　混合物的热重/差热曲线

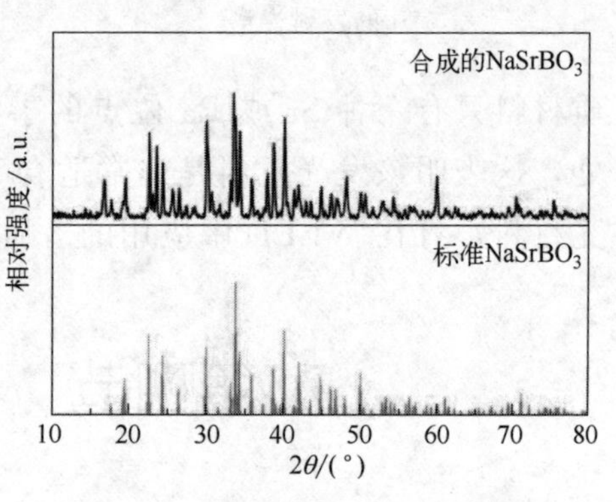

图 6-49　$NaSrBO_3$ 样品的 XRD 图谱

图 6-50 为纯 $NaSrBO_3$ 以及 Ce^{3+} 掺杂的 $NaSrBO_3$ 的漫反射光谱。纯 $NaSrBO_3$ 表现出从 200nm 到 400nm 的吸收带，这是基质吸收。$NaSrBO_3$：1% Ce^{3+} 的样品在 300～500nm 近紫外范围表现出现强吸收，这主要是由于 Ce^{3+} 由 4f 基态跃迁到 5d 激发态产生的吸收。图 6-51 为 $NaSrBO_3$：1% Ce^{3+} 发光材料分别在室温和一200℃的激发和发射光谱，图中的插图为在 365nm 紫外光激发下，最佳配比 $NaSrBO_3$：xCe^{3+} 发光材料的照片。图 6-51 的发射光谱图表明，所合成的 $NaSrBO_3$：1%Ce^{3+} 发

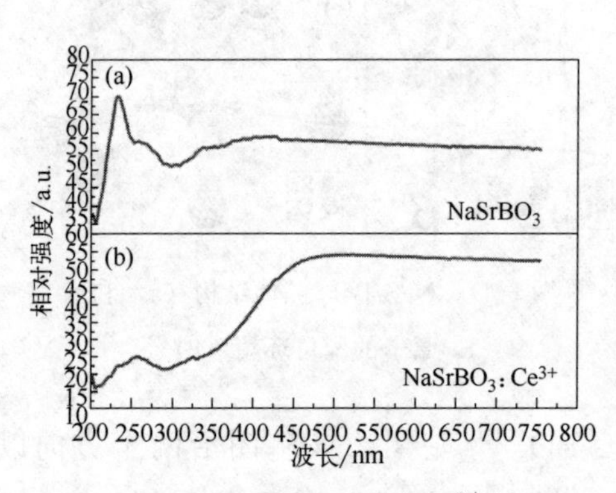

图 6-50　纯 $NaSrBO_3$ 以及 Ce^{3+} 掺杂 $NaSrBO_3$ 的漫反射光谱

光材料显示出蓝色发光带，峰值在 400nm 处，这主要是由于 Ce^{3+} 在 365nm 激发下发生的 5d→4f 跃迁。在－200℃下可观察到 $NaSrBO_3$：1% Ce^{3+} 有两个比较明显的发射峰，这可以通过假设一个高斯型分布进一步分解为两个发射峰，分别位于 396nm 和 426nm 处，这都分别归因于 $5d\rightarrow{}^2F_{5/2}$ 跃迁和 $5d\rightarrow{}^2F_{2/7}$ 跃迁。396nm 和 426nm 之间的能量差约是 $1778cm^{-1}$，这与理论值（约 $2000cm^{-1}$）相接近。这一发现表明，晶格中 Ce^{3+} 的发光中心的类型只有一种。$NaSrBO_3$：1% Ce^{3+} 的激发光谱在 276nm 和 360nm 处表现出两个明显的激发带。即使在较低的温度（－200℃）时，$NaSrBO_3$：1% Ce^{3+} 的激发光谱与在室温下得到的相似。第一个激发带是由于基质吸收，第二个激发带是由于典型的 Ce^{3+} 5d→4f 跃迁。晶体场分裂能因此可以计算为 $8508cm^{-1}$。图 6-52 为 $NaSrBO_3$：xCe^{3+}（x＝0.5%、1%、3%、5%、7%，摩尔分数）发光材料的激发和发射光谱，图中 $NaSrBO_3$：xCe^{3+} 发光材料的激发和发射光谱重叠并不严重，甚至对于更高的 Ce^{3+} 掺杂浓度的发光材料谱图也是如此。

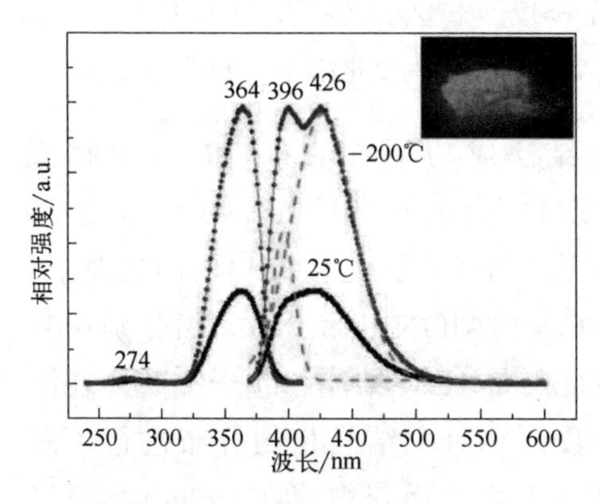

图 6-51　$NaSrBO_3$：1% Ce^{3+} 在室温和－200℃的激发和发射光谱

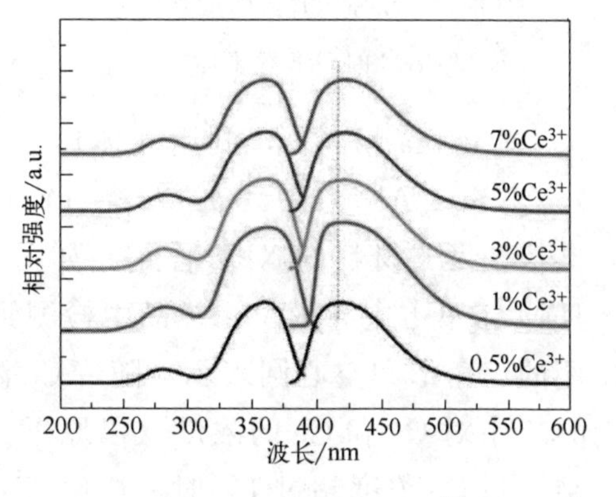

图 6-52　$NaSrBO_3$：xCe^{3+} 的激发及发射光谱

图 6-53 为 $NaSrBO_3$：1% Ce^{3+} 和 BAM 的 CIE 色坐标。$NaSrBO_3$：1% Ce^{3+} 和 BAM 的色坐标分别为（0.1583，0.0493）和（0.1417，0.1072），说明 $NaSrBO_3$：1% Ce^{3+} 发光材料比 BAM 具有更好的色纯度。

图 6-54 为 $NaSrBO_3$：Ce^{3+} 蓝色发光材料、Ba_2SiO_4：Eu^{2+} 绿色发光材料和 $CaAlSiN_3$：Eu^{2+} 红色发光材料与氮化镓（370nm 芯片）结合后得到的电致发光光谱图。插图为紫外光芯片与 R/G/B 发光材料混合一起后，在 350mA 光照

射后的发光现象。色坐标、相关色温以及平均显色指数分别为（0.324，0.337)、5763K 和 93.13。从插图可见，包装良好的 3 种发光材料和单一发光材料转换的发光二极管，表现出高发光强度的发光现象。紫外光激发的蓝色发光 $NaSrBO_3$：Ce^{3+} 发光材料可以很好地用于 WLED 中。

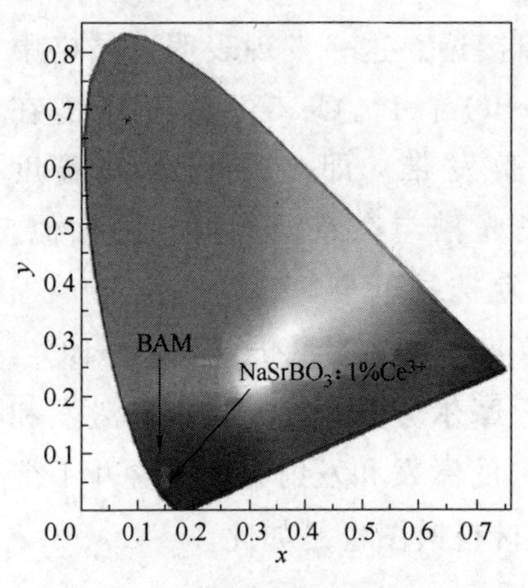

图 6-53　$NaSrBO_3$：1%Ce^{3+} 和 BAM 的 CIE 色坐标

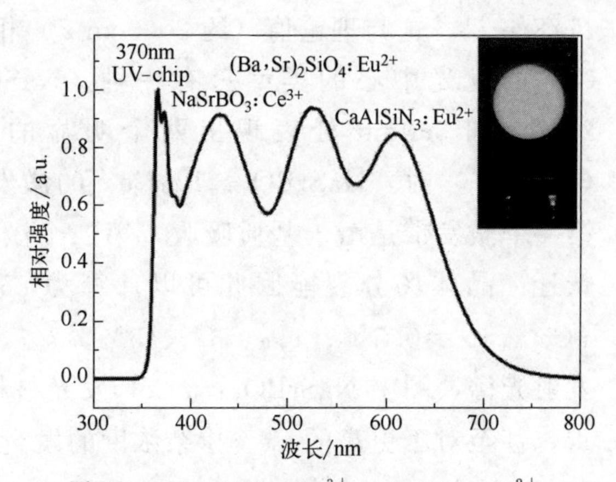

图 6-54　$NaSrBO_3$：Ce^{3+}、Ba_2SiO_4：Eu^{2+}、$CaAlSiN_3$：Eu^{2+} 与氮化镓结合的电致发光光谱

Takahashi 等[12] 利用气体压力烧结法成功制备了 Ce 和 Ca 共掺杂 $LaAl(Si_{6-z}Al_z)(N_{10-z}O_z)$（$z \approx 1$）（JEM）蓝色发光材料。图 6-55 为 Ca 共掺杂发光材料的 XRD 图谱。如图所示，在 Ce 浓度为 0.14%的情况下，JEM 相不占主导地位，样品中检测到的 α-SiAlON 相和 N-La 相分别用封闭的三角形和空心圆表示，随着 Ce 浓度增加 JEM 结晶相趋于完整。在图 6-56 中对 Ca 和 Ce 的浓度（以原子分数计）对主结晶相的分布进行了总结。当 Ce 浓度超过 1%时，JEM 相可作为主相而获得；在 Ce 浓度<1%的情况下，α-SiAlON 相和 N-La 相占主导。在用相同的 Ce 浓度的样品，如图中的插图随着钙离子浓度的增加 JEM 相比例降低。当 Ce 浓度为 4.1%时，即使样品中没有 La 相，JEM 相依然占据主导地位，JEM 相可以在相当宽的组成范围内获得。

对具有不同 Ce 和 Ca 浓度的发光材料进行 SEM 观察分析，结果如图 6-57 所示。Ce 的含量为 1.1%，具有较低钙浓度（例如，0.69%和 1.4%）的样品 SEM 图如图 6-57（a）和（b）所示，颗粒大小为 10μm，颗粒间相互粘连，在较高的钙浓度（4.1%）的样本中［图（c)］，并未形

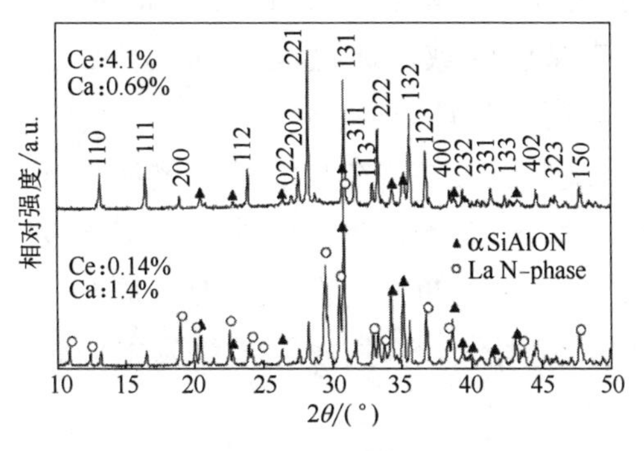

图 6-55　Ca 共掺杂发光材料的 XRD 图谱

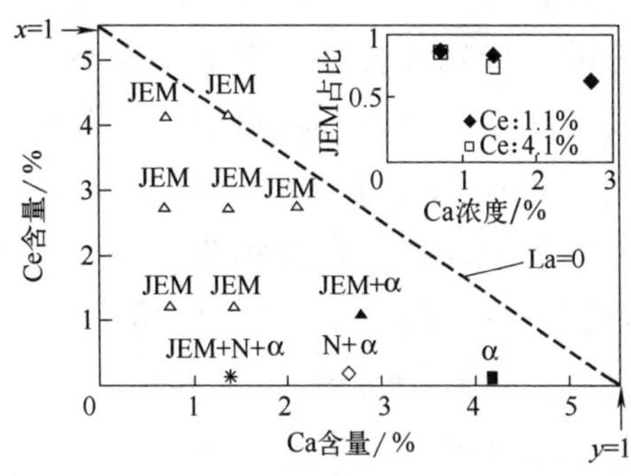

图 6-56　Ca、Ce 浓度对主晶相的分布规律

成完整的晶面，这表明 JEM 相可以由硬质玻璃相包围。这也适用于具有较高 Ce 浓度的样品的情况下，如 4%时［图（d）和（e)］。这是由于液相量增加瞬间，加速了颗粒生长过程中的溶解、扩散。

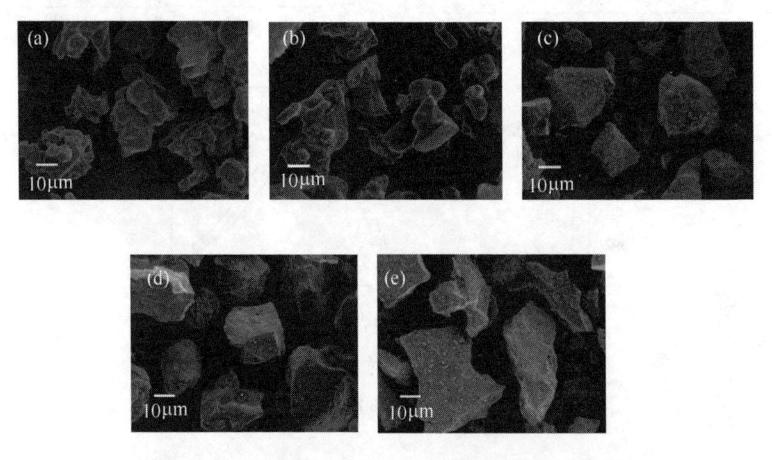

图 6-57　Ca 和 Ce 浓度变化的发光材料 SEM 图

(a) Ca=0.69%；Ce=1.1%；(b) Ca=1.4%，Ce=1.1%；(c) Ca=2.8%，Ce=1.1%；(d) Ca=0.69%，Ce=4%；(e) Ca=1.4%，Ce=4%

图 6-58 为不同 Ce 浓度时发光材料的激发光谱和发射光谱。从图中可见，随着 Ca 浓度的变化荧光光谱发生变化。在最大激发光测定发光光谱，在最大发射值监测激发光谱。在 320～400nm 波长范围的激发带是由于 5d 能级到 t_{2g} 带的三个能级跃迁，这与 $CaAlSiN_3$：Ce^{3+} 中两个较高能级的跃迁不同。比起 $CaAlSiN_3$：Ce^{3+}，在 JEM 发光材料中的 Ce^{3+} 有氮或氧原子较长键的七配位数，这些配体结构导致的结果是激发光谱的小晶体场分裂和 JEM 的蓝光发射，如图 6-59 所示。Ce^{3+} 的配体结构有较低

的对称性，将分裂时 T_{2g} 带最低。宽发射光谱一般特征是由于Ce的4f基态的自旋轨道分裂，覆盖整个蓝色到蓝绿色区域。通过混合黄色和红色发光材料，可以预期得到的WLED具有高显色性。

随着Ca浓度的增加激发和发射光谱整体红移。在长波长一侧激发光谱也显示红移。在低钙浓度的情况下，大于400nm波长处的激发谱强度急剧下降，随着Ca浓度的增加，在405nm的强度接近最大值时。同时发射波长峰值的变化与Ca和Ce的浓度关系如图6-60所示，最终发射波长峰值红移可能大于40nm。

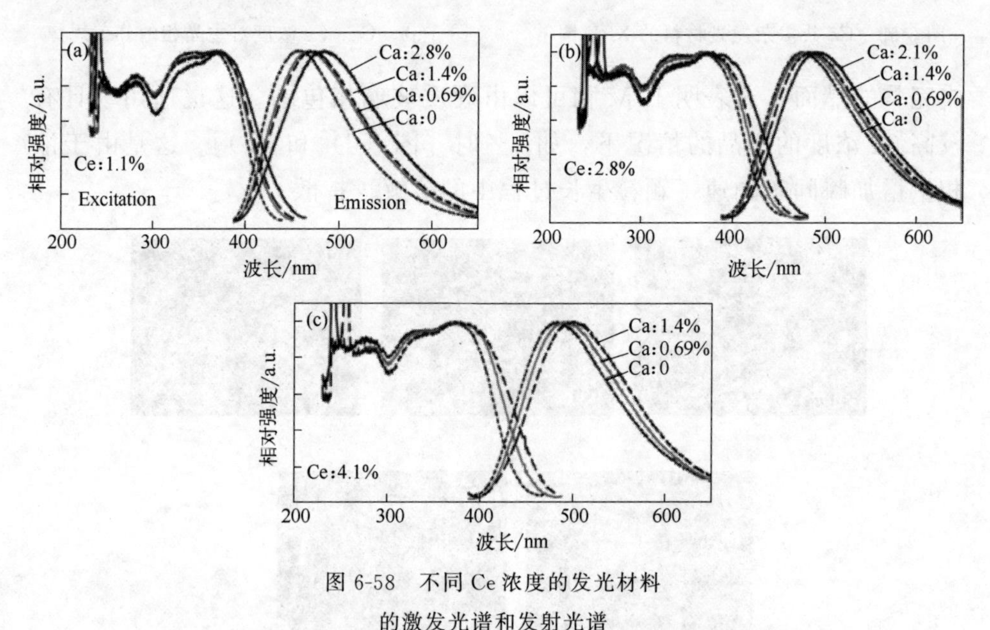

图 6-58　不同Ce浓度的发光材料的激发光谱和发射光谱

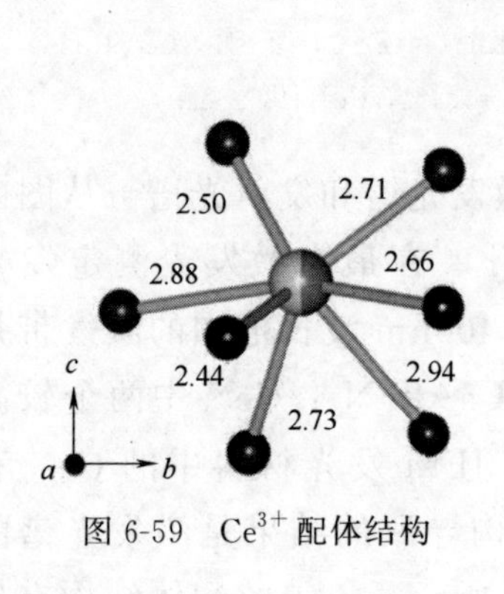

图 6-59　Ce^{3+} 配体结构

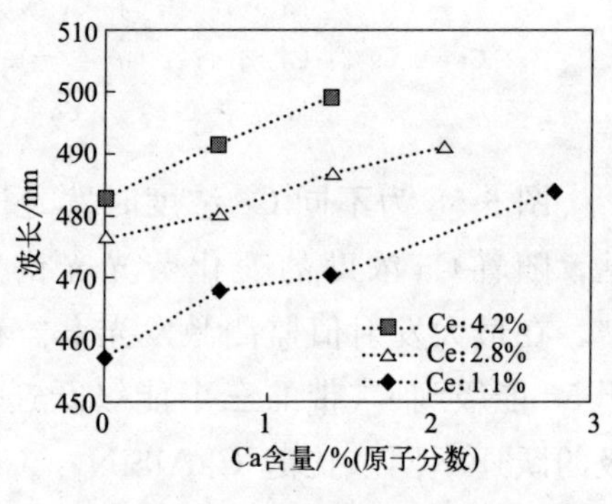

图 6-60　发射波长峰值的变化与Ca和Ce的浓度关系

图 6-61 为不同 Ca 含量（原子分数）的 JEM 晶体的正交结构与晶格常数 a、b 和 c 的关系。晶格常数沿晶轴减小，可能是由于 Ca^{2+} 相比于 Ce^{3+} 或 La^{3+} 尺寸较小。晶格常数的收缩增强的晶体场，使最低的 5d 轨道能级降低，随着 Ce 浓度的变化可以观察到类似的趋势。另一方面，沿 c 方向的晶格常数随 Ce 浓度的变化保持不变，而随着 Ca 浓度的变化略有变化。这可能是由于沿 c 轴有空隙，稀土离子掺杂在 c 方向 JEM 晶体结构上和原子结构的刚性不足导致的。

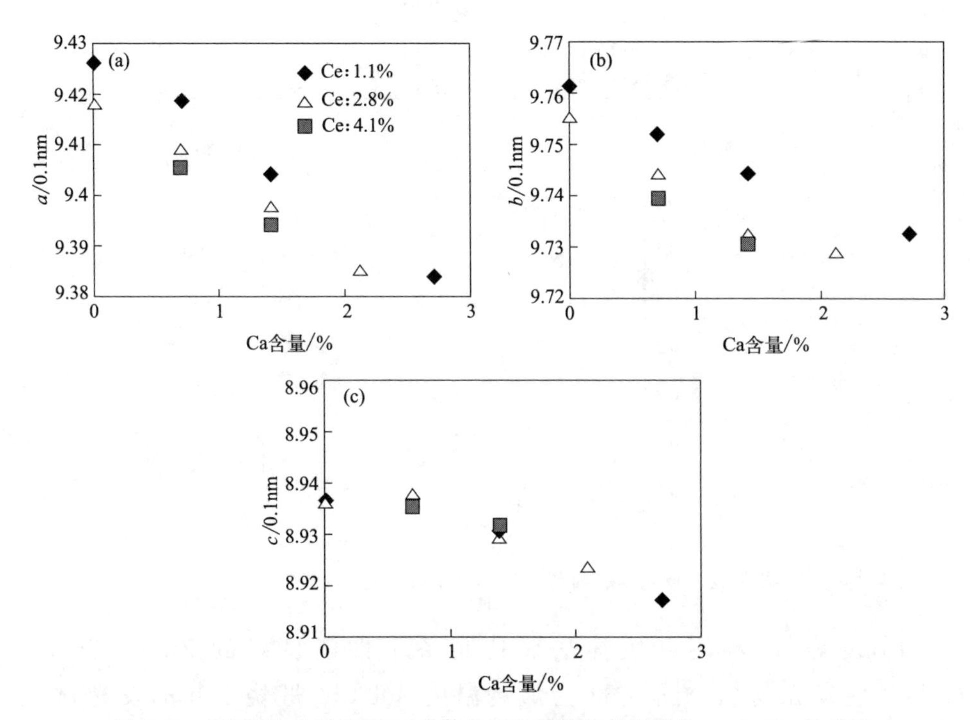

图 6-61 不同 Ca 含量的 JEM 晶体的正交结构与晶格常数 a、b 和 c 的关系

JEM 发光材料的吸光度、内部量子效率和外部量子效率与不同 Ce 浓度的关系，如图 6-62 所示。样品被峰值为 405nm 的氙灯激发，在低钙浓度区域，吸光度随钙浓度（除 4.1%Ce 样品）的增加而增加，这与激发光谱是一致的。随 Ce 和 Ca 浓度增加内部量子效率趋于降低，外部量子效率也降低。然而，在低 Ca 浓度区域中，即使烧结时间短至 2h，也可以获得相当高的内部量子效率（大于 60%），这是由于 Ca 源大量增加产生瞬时液相，与此相反，在更高的 Ca 浓度情况下，过量的液相产生坏的结果，使在 SEM 图像中观察到玻璃相增加。通过对每一个 Ca 和 Ce 的浓度

下优化烧结工艺，玻璃相将显著消除，量子效率将进一步提升。此外，为了消除过度的玻璃相，氧浓度的优化也是必不可少的。

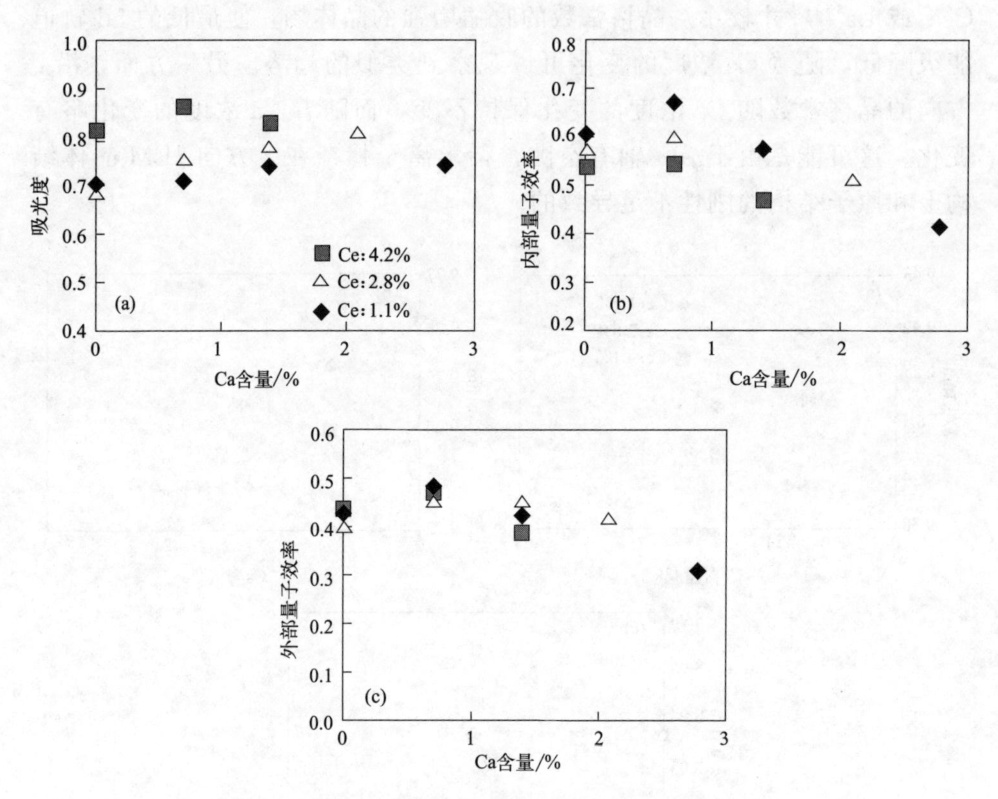

图 6-62 吸光度、内部和外部量子效率与 Ce 浓度的关系

Dong 等[13] 利用共沉淀法成功制备了性能良好的 ZnO：Tm^{3+}，Gd^{3+} 蓝色发光材料。图 6-63 为煅烧温度 900℃、煅烧 3 h 的发光材料 XRD 图及 SEM 图。所标注的晶面与标准卡片中 80-75 ZnO 完全对应，而图中 A 位置所对应的峰接近于 Tm_2O_3 和 Gd_2O_3 的衍射峰，是激活剂和敏化剂的氧化物的混合峰位。SEM 图显示颗粒的形貌比较规则，颗粒大小一致性较高。

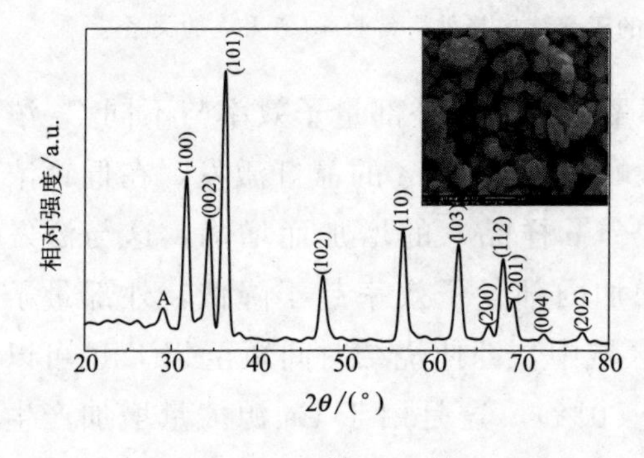

图 6-63 ZnO：Tm^{3+}，Gd^{3+} 蓝色发光材料的 XRD 图和 SEM 图

图 6-64 为 Tm^{3+} ：Gd^{3+} 不同

比例的荧光光谱。从图中可以看出，不同 Tm^{3+} 和 Gd^{3+} 比例的发光材料的 $^1D_2 \rightarrow ^3H_4$ 发射峰都位于 410nm 附近，没有出现偏移，$^1G_4 \rightarrow ^3H_6$ 发射峰的位置同样没有出现偏移，在 Tm^{3+} 和 Gd^{3+} 的比例为 3∶2 时发光强度最强，但 Tm^{3+} 和 Gd^{3+} 比例为 3∶5 与 3∶4、3∶1 与 1∶1 的发光强度相差不大，这是因为 Gd^{3+} 对 Tm^{3+} 的敏化作用在 $^1G_4 \rightarrow ^3H_6$ 处发射峰位置的影响没有位于 $^1D_2 \rightarrow ^3H_4$ 处发射峰的影响强。

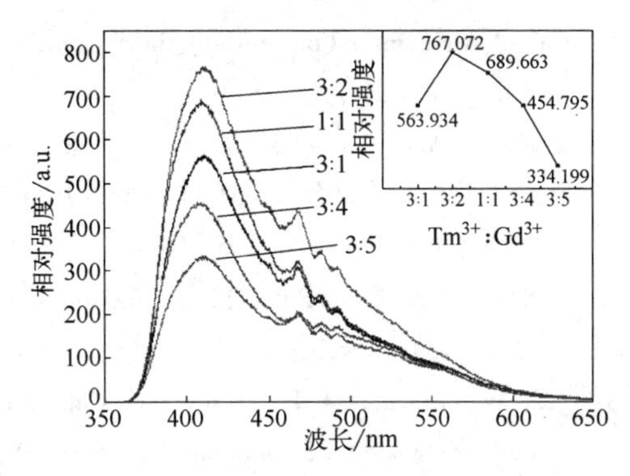

图 6-64 Tm^{3+} ∶ Gd^{3+} 不同比例的荧光光谱

参考文献

[1] Zhang Z H，Chen L，Gan Q H，et al. Morphology and luminescent properties of $BaMgAl_{10}O_{17}$∶Eu^{2+} phosphor synthesized by a hydrothermal homogeneous precipitation method [J]. Physica Status Solidi (a)，2013，210 (2)：378-382.

[2] 赵星. $BaMgAl_{10}O_{17}$∶Eu^{2+} 蓝色稀土荧光粉的沉淀法合成及其热劣化性能的研究 [D]. 兰州：兰州理工大学，2011.

[3] Pawade V B，Dhoble S J. Novel blue-emitting $SrMg_2Al_{16}O_{27}$∶Eu^{2+} phosphor for solid-state lighting [J]. Luminescence，2011，26 (6)：722-727.

[4] Cui S，Jiao H，Li G，et al. Characterization and luminescence properties of blue emitting phosphor (Mg，Sr) Al_2O_4：Eu^{2+} for white LEDs [J]. Journal of The Electrochemical Society，2010，157 (3)：J88-J91.

[5] Chiu Y C，Liu W R，Chang C K，et al. Ca_2PO_4Cl∶Eu^{2+}：an intense near-ultraviolet converting blue phosphor for white light-emitting diodes [J]. Journal of Materials Chemistry，2010，20 (9)：1755-1758.

[6] Guo C，Luan L，Ding X，et al. Luminescent properties of $Sr_5(PO_4)_3Cl$：Eu^{2+}，Mn^{2+} as a potential phosphor for UV-LED-based white LEDs [J]. Applied Physics B，2009，95 (4)：779-785.

[7] 李优. WLED 用发光材料的制备及荧光性能研究 [D]. 哈尔滨：哈尔滨理工大学，2013.

[8] Li Y, Xu S X, Huang H J, et al. Study on the preparation of luminescent material Ba-$CaSiO_4$ by combustion method and its luminescent properties [J]. Journal of Ovonic Research, 2021, 6 (17): 539-547.

[9] 刘冲，关丽，张浩，等. 白光 LED 用 $Ca_7(SiO_4)_2Cl_6$: Eu^{2+} 荧光粉的光谱性能研究[J]. 光谱学与光谱分析，2012，32 (4)：1016-1019.

[10] Dhoble N S, Pawade V B, Dhoble S J. Combustion synthesis of $X_{3.5}Mg_{0.5}Si_3O_8Cl_4$ ($X_{3.5}$ = Sr, Ba): Eu^{2+} blue emitting phosphors [J]. Advanced Materials Letters, 2011, 2: 327-330.

[11] Liu W R, Huang C H, Wu C P, et al. High efficiency and high color purity blue-emitting $NaSrBO_3$: Ce^{3+} phosphor for near-UV light-emitting diodes [J]. Journal of Materials Chemistry, 2011, 21 (19): 6869-6874.

[12] Takahashi K, Harada M, Yoshimura K, et al. Improved photoluminescence of Ce^{3+} activated LaAl $(Si_{6-z}Al_z)(N_{10-z}O_z)(z\sim1)$ blue oxynitride phosphors by calcium codoping [J]. ECS Journal of Solid State Science and Technology, 2012, 1 (4): R109-R112.

[13] Dong L M, Li Y, Li Q, et al. Preparation of ZnO: Tm, Gd and its fluorescence properties [J]. Surface Review and Letters, 2012, 19 (5): 1250048.

第七章　白色发光材料

第一节　硼酸盐体系

一、碱土金属硼酸盐

硼酸盐的结构非常丰富，一直是发光材料领域比较好的研究方向。硼原子具有高度的亲氧性，在自然界中就能够和氧结合形成硼酸盐。硼酸盐中金属阳离子多为价态较低、半径较大的碱金属、碱土金属，同一元素往往形成几种，甚至几十种硼酸盐[1]。

在硼酸盐中 B 和 O 有两种不同的配位方式，当 B 形成 sp^2 杂化轨道时，三个杂化轨道在一个平面上，互成 120°夹角，此时 B 和 O 构成平面三角形 BO_3 基团［图 7-1（a）］；当 B 形成 sp^3 杂化轨道时，四个杂化轨道在空间方向以 B 为核心的正四面体的顶角方向伸出，此时 B 和 O 构成正四面体的 BO_4 基团［图 7-1（b）］。BO_3 和 BO_4 能够以多种方式连接形成络阴离子，形成五种结构类型：① 孤立的 $(BO_3)^{3-}$、$(BO_4)^{5-}$、$(B_2O_5)^{4-}$［图 7-1（c）］双三角和双四面体 $(B_2O_7)^{8-}$ 岛状结构；②多个 $(BO_3)^{3-}$ 或 $(BO_4)^{5-}$ 彼此公用两个顶点而成单环或双环的环状结构，如 $(B_3O_6)^{3-}$［图 7-1（d）］、$(B_3O_7)^{5-}$［图 7-1（e）］、$(B_3O_8)^{7-}$［图 7-1

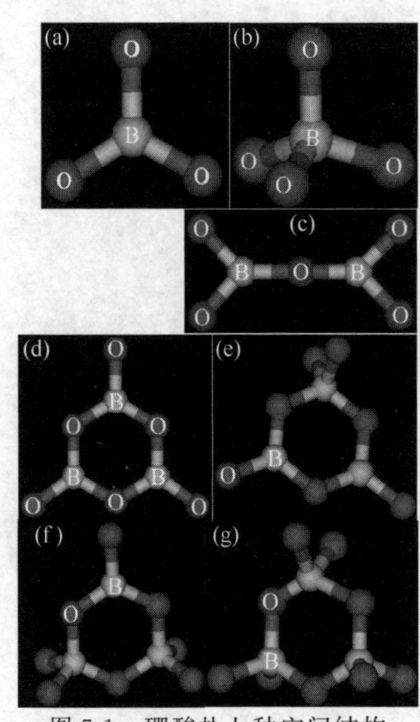

图 7-1　硼酸盐七种空间结构

(a) BO_3；(b) BO_4；(c) B_2O_5；(d) $(B_3O_6)^{3-}$；(e) $(B_3O_7)^{5-}$；(f) $(B_3O_8)^{7-}$；(g) B_3O_9

(f)］三联单环，$(B_4O_9)^{6-}$ 四联双环，$(B_5O_{10})^{5-}$、$(B_5O_{11})^{7-}$ 等五联双环等；③多个 $(BO_3)^{3-}$ 或 $(BO_4)^{5-}$ 彼此公用两个或三个顶点而形成的链状结构，如 $(BO_2)_n^{n-}$［图 7-1（g）］等；④多个 $(BO_3)^{3-}$ 或 $(BO_4)^{5-}$ 彼此公用三个顶点而形成的层状结构，如 $(B_3O_6)_n^{3n-}$ 等；⑤自然界仅有的方硼石类骨架结构。

孙彦龙[2] 采用高温固相法制备出 $Sr_3B_2O_6:Eu^{3+}$，Dy^{3+} 白色发光材料。图 7-2 为 3h 的保温时间下，样品 $Sr_3B_2O_6:Dy^{3+}$ 的 XRD 图与 $Sr_3B_2O_6$ 的标准 XRD 图谱相比较。从图中可以看出合成温度为 700℃保温时间为 3h 时，样品 $Sr_3B_2O_6:Eu^{3+}$，Dy^{3+} 的 XRD 图与 $Sr_3B_2O_6$ 的 JCPDS No. 31-1343 吻合。这表明试验所得到的样品为 $Sr_3B_2O_6$ 相，少量掺杂的 Eu^{3+} 和 Dy^{3+} 的进入并没有给晶体结构带来影响，其中仅有两个强度很低的杂峰，为反应过程中产生的碳酸锶的杂质。

图 7-3 为 $Sr_3B_2O_6$ 晶体结构，$Sr_3B_2O_6$ 发光材料的晶格参数为 $a=0.905\text{nm}$，$c=1.257\text{nm}$，$Z=6$，空间群为 R3c (no. 167)。

在晶体中，Sr^{2+} 有两个格位，即四配位和八配位。而稀土离子取代这

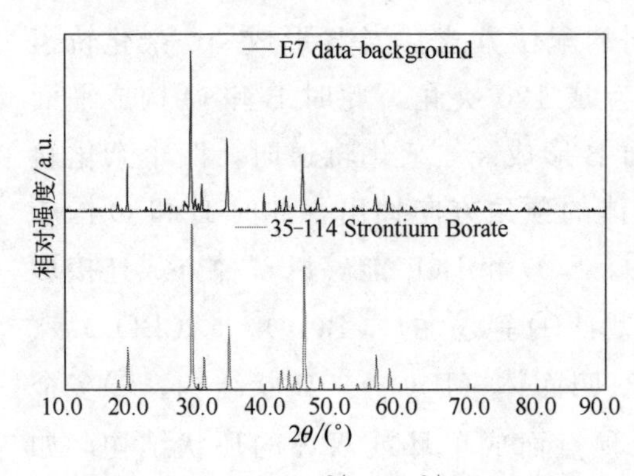

图 7-2　$Sr_3B_2O_6:Eu^{3+}$，Dy^{3+} 的 XRD 图

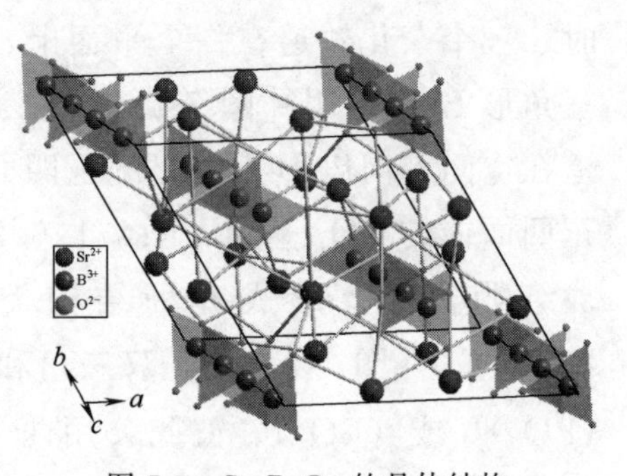

图 7-3　$Sr_3B_2O_6$ 的晶体结构

两种格位的 Sr^{2+} 都是被允许的。当稀土离子取代金属阳离子时也会产生两种发光中心，每一种稀土元素产生两个相应的荧光发射带，而掺杂的不同种类稀土元素产生的发光中心也会有能量传递，发生非辐射传递或辐射传递，进而发生敏化增强或荧光猝灭等现象。稀土离子种类越多影响就越明显，这同时也限制了白色发光材料的发射波长覆盖面，因此WLED发光材料的显色性不高。因此，选择 $Sr_3B_2O_6$ 为基体可以达到掺杂两种离子发射3个或以上波段波长的光，以达到发射白光的目的，同时提高其显色指数。

图7-4为700℃下煅烧4h制备的 $Sr_3B_2O_6:Eu^{3+}$，Dy^{3+} 样品SEM图。从图中可以看到，发光材料样品表面形貌为均匀的粒状，颗粒表面不光滑，但界面清晰度高，颗粒半径范围为0.5～1μm，颗粒局部有粘连。发光材料颗粒表面规则的形貌对其在器件上的应用是一项重要的参数，小尺寸且均匀的发光材料可以改善应用到WLED上的涂覆性能，使其发光更均匀。SEM测试结果表明所制备的 $Sr_3B_2O_6:Eu^{3+}$，Dy^{3+} 发光材料能够应用于WLED。

图7-5为 $Sr_3B_2O_6:Eu^{3+}$，Dy^{3+} 的激发光谱（左，$\lambda_{em}=578nm$）和发射光谱（右，$\lambda_{ex}=393nm$）。由图7-5样品的激发光谱可以看到，激发光谱被330nm波长分为两部分：小于330nm波长的谱线为宽带；大于330nm的谱线由一些较为尖锐的峰组成。前者称为电荷迁移带，而后者与 $Sr_3B_2O_6$ 中 Eu^{3+} 的4f→4f跃迁和 $6H_{15/2}\rightarrow6P_{2/3}$、$^6H_{15/2}\rightarrow{}^6P_{2/7}$、$^6H_{15/2}\rightarrow{}^6P_{2/5}$、$^6H_{15/2}\rightarrow{}^6M_{21/2}$ 的能级跃迁有关，其中 Eu^{3+} 的4f→4f跃迁吸收峰位于393nm，而 Dy^{3+} 的 $6H_{15/2}\rightarrow6P_{2/3}$、$^6H_{15/2}\rightarrow{}^6P_{2/7}$、$^6H_{15/2}\rightarrow{}^6P_{2/5}$、$^6H_{15/2}\rightarrow{}^6M_{21/2}$ 的能级分别对应在320nm、349nm、363nm、385nm处的吸收峰。380～400nm处的非对称峰为 Eu^{3+} 和 Dy^{3+} 的吸收峰叠加造成的，而 Eu^{3+} 和 Dy^{3+} 的吸收和发射峰也并非简单叠加，两种离子会相互影响，同时有能量传递。其激发峰与商用LED的近紫外芯片非常匹配。

从图7-5中发射光谱中可以看到，其中包含一些尖峰，比如590nm、612nm，这些尖峰是 Eu^{3+} 的 $^5D_0\rightarrow{}^7F_J$（$J=1$，2，3，4）的特征发射峰。由于Eu原子的外电子构型为 $4f^76s^2$，失去三个电子后，f轨道的电子数为6（$4f^6$），其基态光谱项为 ^7F_J（$J=0$，1，2，3，4，5，6），由于受外层满电子壳层 $5s^25p^6$ 轨道的屏蔽作用，晶体场对4f电子的影响较小，所以 Eu^{3+} 在晶体中受到激发后发射光谱为线状发射光谱。其中包括 $^5D_0\rightarrow{}^7F_1$、

图 7-4　$Sr_3B_2O_6:Eu^{3+}$，Dy^{3+} 的 SEM 图

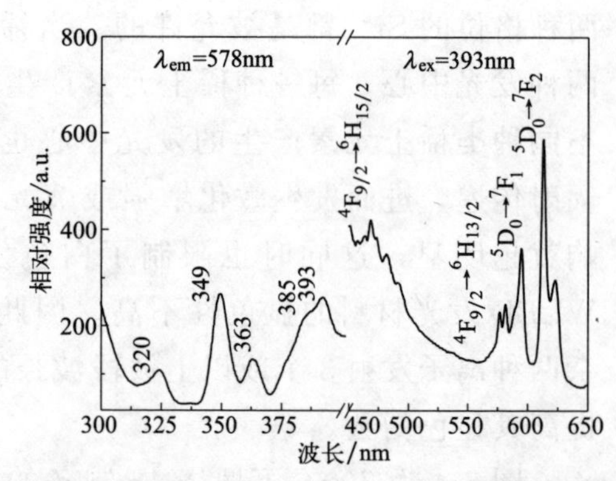

图 7-5　$Sr_3B_2O_6:Eu^{3+}$，Dy^{3+} 的荧光光谱

$^5D_0→^7F_2$ 的两个能级跃迁发射峰。根据 Eu^{3+} 电子跃迁的一般定则，当 Eu^{3+} 处于具有严格反演中心的晶体格位即 8 配位晶体格位时产生的磁偶极跃迁占据主导地位，产生 590nm 的黄橙光发射。而当 Eu^{3+} 处于偏离反演中心格位即四配位晶格中时，由于在 $4f^6$ 组态中混入了相反宇称的 5d 和 5g 组态及晶体场的不均匀性，使晶体中的宇称选择定则放宽，f→f 禁戒跃迁被部分解禁，所以出现 $^5D_0→^7F_2$ 的电偶极跃迁发射出 610nm 的红光。从 LED 发光材料应用角度来说，这种跃迁有助于提高发光材料的发光性能。从图中还可以观察到 $^5D_0→^7F_2$ 的电偶极跃迁强度高于 $^5D_0→^7F_1$ 的磁偶极跃迁，这是由两种发光中心数量不同引起的。

而 Dy^{3+} 发光在可见光由两组发射峰组成它们的发光中心，中心值分别位于 472nm 和 575nm 处，472nm 处对应 $^4F_{9/2}→^6H_{15/2}$ 的跃迁，而 575nm 处对应的是 $^4F_{9/2}→^6H_{13/2}$ 的跃迁，由于 $^4F_{9/2}→^6H_{13/2}$ 属于超灵敏跃迁，受晶体环境影响较大，因此在不同基体中的黄蓝光强度比值有所不同，而随着 Eu^{3+} 的加入 575nm 处对应的 $^4F_{9/2}→^6H_{13/2}$ 发射峰也受到影响相应变弱，因为随着 Eu^{3+} 的加入，发光中心数量不断增加发光中间距离也不断缩短，这使临近的发光中心相互作用，Eu^{3+}、Dy^{3+} 产生了无辐射能量传递，这在不同程度解禁了 Dy^{3+} 在 4f 组态内的电偶极跃迁，导致 Eu^{3+}、Dy^{3+} 的多级作用增加从而使 575nm 处对应的 $^4F_{9/2}→^6H_{13/2}$ 跃迁发光强度降低。

Dy^{3+} 的发射峰分别对应于可见光中的蓝光和黄光，Eu^{3+} 的发射峰对应黄橙光和红光。根据三基色原理，两种离子被激发时样品不同颜色的光会复合从而得到白光发射。

对于 $Sr_3B_2O_6:Eu^{3+}$，Dy^{3+} 发光材料，Eu^{3+}、Dy^{3+} 取代基质中的

Sr^{2+}，则 Eu^{3+}、Dy^{3+} 会出现正电荷过剩，这对材料的发光性能有很大影响，既可能吸入氧进入晶格，也可能两个 Eu^{3+} 替代三个 Sr^{2+}，从而产生空位缺陷。空位缺陷会阻碍能量传递从而影响发光过程，很多时候会大大降低发光材料的发光强度。这两种可能性可以用下式表示。

$$Eu_{Eu}^{\times}+Sr_{Sr}^{\times}\longrightarrow Eu_{Sr}^{*}+V_{Sr}^{*}$$

$$2Eu_{Eu}^{\times}+3Sr_{Sr}^{\times}\longrightarrow 2Eu_{Sr}^{*}+V_{Sr}^{**}$$

若引入碱土金属离子 K^+、Li^+ 或 Na^+，则 K^+、Li^+ 或 Na^+ 取代基质中的 Sr^{2+} 会相应地产生一个负电荷过剩，由于这两个取代使它们电荷吸引，又因为它们靠得很近，会形成电荷补偿效应，因此从大范围的角度看此发光材料呈中性，这有利于改善材料的荧光性能。电荷补偿原理可用下式表示：

$$Eu_{Eu}^{\times}+2Sr_{Sr}^{\times}+Na_{Na}^{\times}\longrightarrow Eu_{Sr}^{*}+Na_{Sr}^{*}$$

图 7-6 为电荷补偿剂对 $Sr_3B_2O_6:Eu^{3+}$，Dy^{3+} 发光性能的影响。从图中也可以看出加入电荷补偿剂的样品发光强度高于未加入样品，这说明电荷补偿剂在 $Sr_3B_2O_6$ 中起到了效果。而加入 Na^+ 做为的电荷补偿剂的样品发光效果优于掺杂 K^+ 的样品，通过计算可知 Sr 的半径为 0.219nm、Na 半径为 190nm、K 半径为 243nm，由于 Na^+ 的半径更小，与 K^+ 相比 Na^+ 与 Sr^{2+} 的半径更为接近，更容易进入晶格中晶格畸变的概率更小，从而取代 Sr^{2+} 而产生电荷补偿效应，使样品发光强度更高。从图中数据可知用 Na^+ 作为电荷补偿剂后样品与不加入电荷补偿剂在 610nm 处的发射峰比较，发射峰强度有 282%的提升。

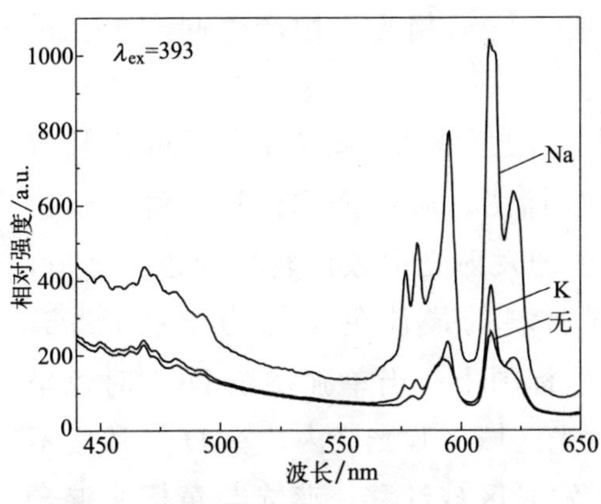

图 7-6 电荷补偿剂变化的 $Sr_3B_2O_6:Eu^{3+}$，Dy^{3+} 的发射光谱

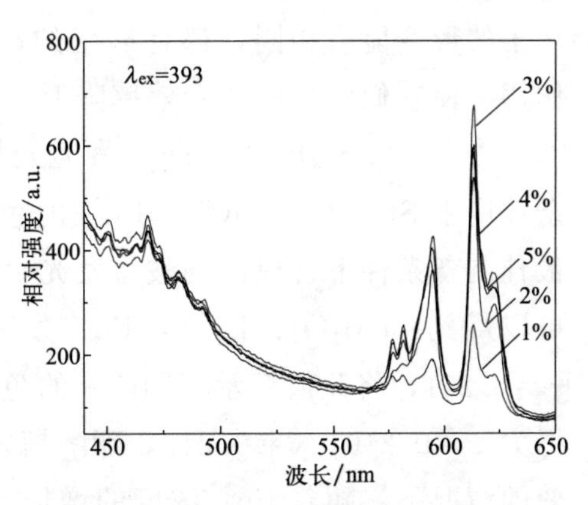

图 7-7 Eu^{3+} 掺杂浓度变化的 $Sr_3B_2O_6:Eu^{3+}$，Dy^{3+} 的发射光谱

图 7-7 为Dy^{3+}浓度为 2%，不同 Eu^{3+}浓度对 $Sr_3B_2O_6$:Eu^{3+}，Dy^{3+}发光材料的发光性能的影响。

图 7-7 表明，Eu^{3+}的加入量只对发光材料的橙色和红色光发光强度产生影响，但对发射峰的峰位却没有影响。当 Eu^{3+} 浓度较小时，由于发红光中心少，发光中心比较孤立，在发光中心之间传递发光的总能量就小，这时橙色和红色光发光强度较低，且全光谱通过计算后发光的色坐标在白光偏蓝区域，随着 Eu^{3+} 含量的增加，橙光逐渐增多，橙色和红色光与Dy^{3+}被激发产生的蓝光与少量黄光混合可以产生白光，且发光色坐标在白光位置。在此实验中，最佳掺杂 Eu^{3+} 浓度为 3%，此时发光强度达到最大值且色坐标位置最好。一旦 Eu^{3+} 含量超过 3%，随着 Eu^{3+} 含量的增加，橙色和红色光发光强度反而下降，色坐标会向蓝色区域靠近，这是由于随着 Eu^{3+} 含量继续增加发生了浓度猝灭现象。这主要是因为稀土离子的浓度超过一定数值以后，发光中心过于接近，它们之间的相互作用增强了，增大了无辐射跃迁概率，从而使发光强度下降。这种浓度猝灭现象可以从三个方面来解释，一是随着 Eu^{3+} 浓度的增加，使得 Eu^{3+}之间互相传递能量的可能性增加，交叉弛豫变强，在这一能量的传递过程中，大部分能量不是用来发光而是以热振动的形式耗掉，所以使发射峰降低；二是可跃迁的电子数量减少的结果，也就是说荧光中心离子数量的减少，当激活离子浓度很高，有可能两个或更多的激活离子共处于同一个晶胞中，使该晶胞内的对称性有所增加，不对称晶场力有所减少；三是两个离子的形变能力相同，都有形变的趋势，它们相互作用产生同离子互斥作用，使它们各自的发光效率降低。

表 7-1 为 $Sr_3B_2O_6$：Dy^{3+}发光光材料的色坐标。图 7-8 为不同 Eu^{3+}掺杂浓度下 $Sr_3B_2O_6$：Dy^{3+}，Eu^{3+}的色坐标图。通过公式计算，将实验中最佳制备条件下合成的硼酸盐发光材料的发射光谱数据转化为色坐标值，可以得到 $Sr_3B_2O_6$：Dy^{3+}，Eu^{3+} 发光材料的最佳色坐标为 $x=0.296$，$y=0.251$，将此值标示于图 7-8 的色坐标图中，当单独掺杂 Dy^{3+}时色坐标为 $x=0.210$，$y=0.216$，硼酸锶发光区域在蓝光区内，在 Dy^{3+}浓度不变的情况下，随着 Eu^{3+}浓度的增加，发光区域红移，蓝光与黄橙光混合在近紫外激发下可获得白光。从色坐标图中观察得出当 Dy^{3+} 浓度为 2%、Eu^{3+}浓度为 3%时，发射光谱的色坐标最接近白光区中心[3]。

表 7-1　$Sr_3B_2O_6$：Dy^{3+} 的色坐标

Eu/Dy 比变化	色坐标
$0.02Dy^{3+}$ ：$0.01Eu^{3+}$	(0.241,0.207)
$0.02Dy^{3+}$ ：$0.02Eu^{3+}$	(0.278,0.225)
$0.02Dy^{3+}$ ：$0.03Eu^{3+}$	(0.296,0.251)
$0.02Dy^{3+}$ ：$0.04Eu^{3+}$	(0.282,0.226)
$0.02Dy^{3+}$ ：$0.05Eu^{3+}$	(0.280,0.224)

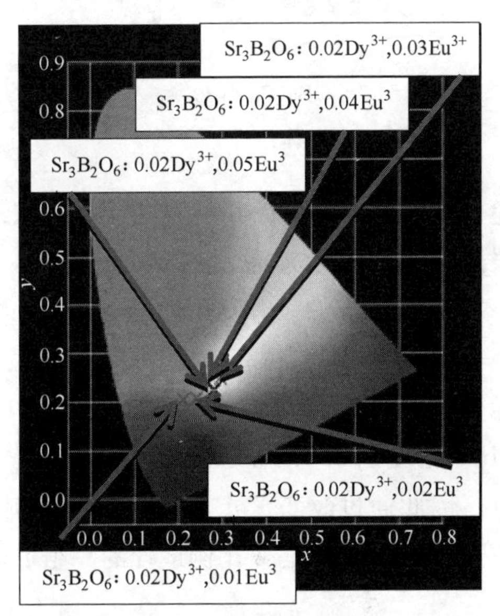

图 7-8　Eu^{3+}/Dy^{3+} 比变化的 $Sr_3B_2O_6$：Eu^{3+}，Dy^{3+} 色坐标图

Xiao 等[4] 采用高温固相法分别合成了 $Ba_2Ca(B_3O_6)_2$：Eu^{2+}，Mn^{2+} 发光材料，研究其晶体结构和紫外光下的发光特性。$Ba_2Ca(B_3O_6)_2$ 化合物为三方晶系，空间群为 R3，晶胞参数分别为 $a=0.717$nm，$c=1.768$nm，$V=0.786nm^3$ 和 $Z=3$，其晶体结构如图 7-9 中所示。从图中可以看到，$Ba_2Ca(B_3O_6)_2$ 中的硼氧基团为一种类苯结构的平面六元环 B_3O_6 基团组成，三个 BO_3 基团通过三个共用氧相互结合，环内（B—O）键的平均键长为 0.14nm，环外（B—O）键的平均键长为 0.132nm，O—B—O 的平均键角为 120°。在该结构中 Ba 和 Ca 原子以 Ba—Ca—Ba 的顺序排列在同一直线上，且都占据八面体的中心。$Ba_2Ca_{0.88}(B_3O_6)_2$：$0.04Eu^{2+}$，$0.08Mn^{2+}$ 发光材料的 SEM 图如图 7-10 所示，由图可见样品分散性较好，粒径分布均匀且平均粒径大约为 2μm。

图 7-11 为 $Ba_2Ca_{0.88}(B_3O_6)_2$：$0.04Eu^{2+}$，$0.08Mn^{2+}$ 的激发（$\lambda_{em}=459$nm，$\lambda_{em}=608$nm）和发射光谱（$\lambda_{ex}=330$nm）。在 330nm 紫外光激发下，Eu^{2+} 和 Mn^{2+} 共掺的 $Ba_2Ca(B_3O_6)_2$ 发光材料发射光谱中不仅出现了归属于 Eu^{2+} 的蓝光发射，也有归属于 Mn^{2+} 的红光发射。不论在 608nm 还是在 459nm 激发下都存在一个符合 Mn^{2+} $^6A^1(6S) \rightarrow [^4Al(^4G),^4E(^4G)]$ 的位于 413nm 小激发峰。这表明存在 Eu^{2+} 到 Mn^{2+} 的共振能量传

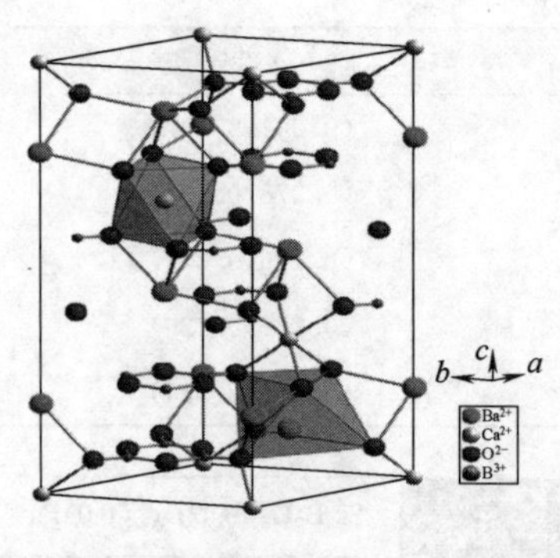

图 7-9 $Ba_2Ca(B_3O_6)_2$ 晶体结构

图 7-10 $Ba_2Ca_{0.88}(B_3O_6)_2$：0.04Eu，0.08Mn^{2+} 的 SEM 图

递。从 250nm 到 420nm 宽带激发的 Eu^{2+} 和 Mn^{2+} 共掺杂 Ba_2Ca（B_3O_6）$_2$ 很适合应用在紫外激发的 WLED 中。

根据对应的 $Ba_2Ca(B_3O_6)_2$：xEu^{2+}，yMn^{2+} 发射光谱计算出 CIE 色坐标，见图 7-12 和表 7-2。仅掺杂 Eu^{2+} 或 Mn^{2+} 的 $Ba_2Ca(B_3O_6)_2$ 的色坐标分别为（0.14，0.09）和（0.59，0.41）分别对应蓝色和红色。随着 Mn^{2+} 浓度的增加 Ba_2Ca（B_3O_6）$_2$:Eu^{2+}，Mn^{2+} 从蓝色变成白色最终变成红色。因此通过改变 Eu^{2+} 和 Mn^{2+} 的比例可获得用于紫外芯片激发 WLED 的白光。更重要的是，比例最佳的一组 $Ba_2Ca(B_3O_6)_2$：0.04Eu^{2+}，0.12Mn^{2+}

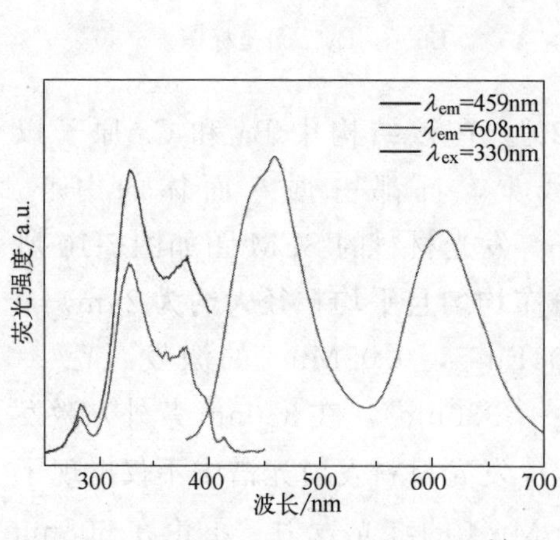

图 7-11 $Ba_2Ca_{0.88}(B_3O_6)_2$：0.04Eu^{2+}，0.08Mn^{2+} 的荧光光谱

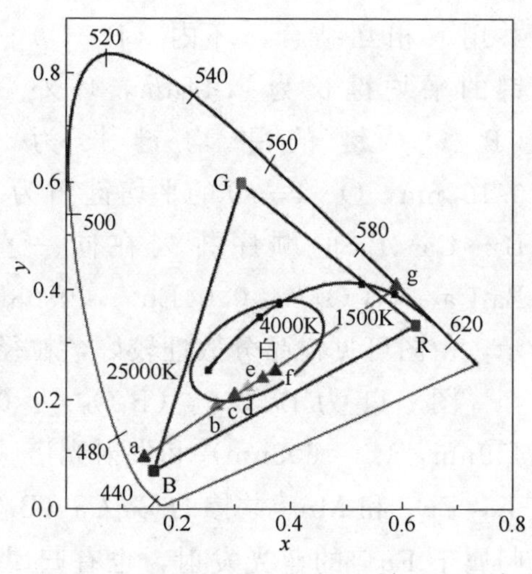

图 7-12 $Ba_2Ca(B_3O_6)_2$：xEu^{2+}，yMn^{2+} 的色坐标

表 7-2　$Ba_2Ca(B_3O_6)_2$：xEu^{2+}，yMn^{2+} 色坐标的比较

序号	$Ba_2Ca(B_3O_6)_2:xEu^{2+},yMn^{2+}$	λ_{ex}/nm	(x,y)
a	$x=0.04,y=0$	330	(0.41,0.09)
b	$x=0.04,y=0.04$	330	(0.27,0.19)
c	$x=0.04,y=0.06$	330	(0.30,0.21)
d	$x=0.04,y=0.08$	330	(0.32,0.22)
e	$x=0.04,y=0.10$	330	(0.35,0.24)
f	$x=0.04,y=0.12$	330	(0.37,0.25)
g	$x=0.00,y=0.08$	420	(0.59,0.41)

的色坐标（0.37，0.25），色温 2654K 非常接近暖白光。这在室内照明用紫外芯片激发的 WLED 具有潜在的应用价值。

二、碱土金属硼磷酸盐

为了适应现在日益增长要求的发光材料的发展，对于基质的研究越来越多，在硼酸盐中掺杂磷酸盐优化结构，可以有效增加发光材料的荧光性能，使之更加适用于 WLED 中。

硼磷酸盐是一种既含磷氧基团又含有硼氧基团的新型化合物，由于硼酸盐和磷酸盐在发光材料中都是较优的基质材料，因此有助于合成性能良好的发光材料。硼磷酸盐的结构较多，有 $M(BPO_5)$（M＝Ca，Sr，Ba）、$M_3(BPO_7)$（M＝Zn，Mg）、$RE_7O_6(BO_3)(PO_4)_2$（RE＝La，Ga，Dy）等[5]。而随着越来越多人的关注，也出现了许多新型的硼磷酸盐化合物。

在通常的硼磷酸盐化合物中，磷氧呈［PO_4］四面体配位，而硼氧则有两种配位方式，一种为［BO_4］四面体配位，一种为［BO_3］平面三角形配位。但含有［BO_3］平面三角形配位的化合物较少，大部分化合物硼的配位数为 4，也有少量化合物硼既是三配位又是四配位。这些配位体，通过共顶相连而形成孤立岛状、团簇状、环状、链状、层状和架状阴离子结构，并通过过渡金属或主族元素与氧配位形成的多面体而构成复杂的三维网络结构。碱土金属硼磷酸盐体系的阳离子较少，其结构也较简单，但应用在发光材料上可以有效提高性能。

孙彦龙[2] 同样采用高温固相法合成了 $Ba_{3-x-y}BP_3O_{12}$：xEu^{3+}，yDy^{3+}。$Ba_3BP_3O_{12}$（空间结构示意图如图 7-13 所示）属于斜方晶系，空间群为 Ibca（No.73），晶格参数 $a=0.707$nm，$b=1.427$nm，$c=2.216$nm，$Z=8$。在晶体中，Ba^{2+} 有两个格位，即 6 配位和 8 配位。稀

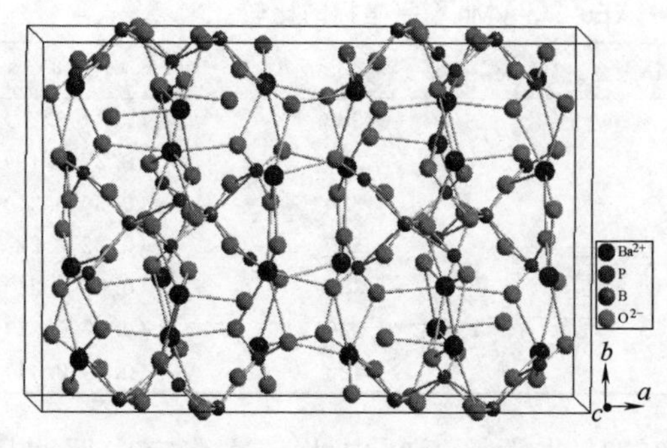

图 7-13 $Ba_3BP_3O_{12}$ 的空间结构

土离子取代这两种格位的 Ba^{2+} 都是被允许的。当稀土离子进入晶格中替代不同格位的金属阳离子会产生两种发光中心，从而会产生两个发射带，同时发光中心的不同则导致发射带强度的不同。因此，选择 $Ba_3BP_3O_{12}$ 为基体可以达到掺杂两种离子发射 3 个或以上波段波长的光，以达到发射白光，同时提高其显色指数的目的。

图 7-14 为 $Ba_3BP_3O_{12}:Eu^{3+}$，Dy^{3+} 在 800℃保温 4h 获得的发光材料的 XRD 谱图和标准卡片的对比图，经比较可以看出，各个区域对应非常吻合，此物质为 $Ba_3BP_3O_{12}$。$Ba_3BP_3O_{12}$ 化合物为斜方系，空间群为 R3，晶胞参数分别为 $a=0.707$nm，$b=1.427$nm，$c=2.216$nm，密度$=4.208$g/cm^3 和 $Z=8$。且只是进行少量的掺杂离子 Eu^{3+} 和 Dy^{3+} 的加入，这并未改变目标样品的晶体结构。

图 7-15 为 700℃煅烧 4h 制备的 $Ba_3BP_3O_{12}:Eu^{3+}$，Dy^{3+} 样品 SEM 图。从图中可以看到，发光材料样品表面形貌为均匀的粒状，颗粒表面光滑，界面清晰度较高，颗粒半径范围为 1～2μm，颗粒局部有粘连。发光材料颗粒表面规则的形貌对其在器件上的应用是一项重要的参数，小尺寸且均匀可以改善发光材料的涂覆性能，使其发光更均匀。通过 SEM 测试，结果表明所制备的 $Ba_3BP_3O_{12}:Eu^{3+}$，Dy^{3+} 发光材料的尺寸和形貌适合应用于 WLED 进行封装。

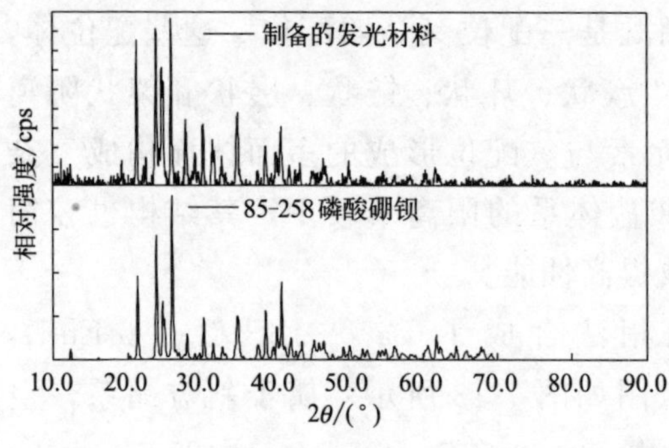

图 7-14 $Ba_3BP_3O_{12}:Eu^{3+}$，Dy^{3+} 的 XRD 图

图 7-15 $Ba_3BP_3O_{12}:Eu^{3+}$，Dy^{3+} 的 SEM 图

图 7-16 显示的为高温固相法制备的 $Ba_3BP_3O_{12}$：Eu^{3+}，Dy^{3+} 发光材料的荧光光谱。图中左侧和右侧线段分别代表激发光谱（λ_{em} = 608nm）和发射光谱（λ_{ex}=393nm)。由激发光谱可以看出，所得 $Ba_3BP_3O_{12}$：Eu^{3+}，Dy^{3+} 在 390～400nm 处有一很强的非对称激发峰，峰值为 393nm，这个非对称激发峰为 Eu^{3+} 内部的 f→f 高能级跃迁吸收（$^7F_0 \rightarrow {}^5L_6$）与 Dy^{3+} 的 $^6H_{15/2} \rightarrow {}^6M_{21/2}$ 跃迁吸收叠加造成的。一般来说，Eu^{3+} 掺杂的发光材料在激发光谱中电荷迁移带的强度要远远大于 f→f 跃迁的强度。而在 360nm 附近的较小激发峰是 Dy^{3+} 的 $^6H_{15/2} \rightarrow {}^6P_{5/2}$ 跃迁形成的。

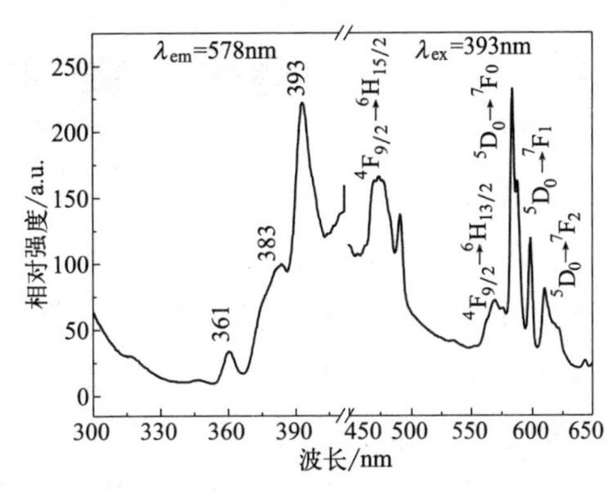

图 7-16　$Ba_3BP_3O_{12}$:Eu^{3+}，Dy^{3+} 的荧光光谱

从发射光谱可以看到 $Ba_3BP_3O_{12}$:Eu^{3+}，Dy^{3+} 在 393nm 下激发后，Dy^{3+} 有两个主要的发射带，一个是由超灵敏跃迁 $^4F_{9/2} \rightarrow {}^6H_{13/2}$ 引起的黄色光发射带，波长在 573nm 左右，这个发射峰主要由于 Dy^{3+} 占据了无反演对称中心的格位，$^4F_{9/2} \rightarrow {}^6H_{13/2}$ 的黄光发射属电偶极跃迁占据主导地位，其跃迁产生的发射峰强度受 Dy^{3+} 所处的结晶学环境影响比较大；另一个发射峰是由 Dy^{3+} 的 $^4F_{9/2} \rightarrow {}^6H_{15/2}$ 跃迁引起的蓝色光发射带，波长在 480nm 左右，这个发射峰为 Dy^{3+} 占据了具有反演对称中心的晶体格位，产生了 $^4F_{9/2} \rightarrow {}^6H_{15/2}$ 蓝光发射为磁偶极跃迁发射，此发射峰受配位环境影响较小，其跃迁的选择规律是宇称选择规则允许的，因此，改变 Dy^{3+} 浓度时，材料的蓝色峰强度改变相对较小。大多数基体中 Dy^{3+} 的黄光发射要强于蓝光发射，但在由于 $Ba_3BP_3O_{12}$ 的对称性和 Eu^{3+} 的共掺导致 573nm 处黄光发射变弱。

发射光谱中 Eu^{3+} 主要有三个发射峰，它们所处位置分别是 585nm、599nm、610nm。它们分别对应于 Eu^{3+} 的 $^5D_0 \rightarrow {}^7F_J$（$J$=1，2，3）跃迁，位于 599nm、610nm 的 2 个发射峰位分别归属于 Eu^{3+} 的磁偶极跃迁（$^5D_0 \rightarrow {}^7F_J$）和电偶极跃迁（$^5D_0 \rightarrow {}^7F_J$）。由于 Eu 原子的外电子构型为

$4f^7 6s^2$，失去三个电子后，f 轨道的电子数为 6（$4f^6$），其基态光谱项为^7F_J（$J=0$，1，2，3，4，5，6），由于受外层满电子壳层 $5s^2 5p^6$ 轨道的屏蔽作用，晶体场对 4f 电子的影响较小，所以 Eu^{3+} 在晶体中受到激发后发射光谱为线状发射光谱，其中包括$^5D_0 \rightarrow {}^7F_1$、$^5D_0 \rightarrow {}^7F_2$ 的两个能级跃迁发射峰。根据 Eu^{3+} 电子跃迁的一般定则，当 Eu^{3+} 处于具有严格反演中心的晶体格位时产生的磁偶极跃迁占据主导地位时，会产生发射光谱位于 599nm 的黄橙光发射，由于晶体场强度不同，$Ba_3BP_3O_{12}$ 比 $Sr_3B_2O_6$ 基体中的发射峰红移了 9nm。而当 Eu^{3+} 处于偏离反演中心格位即四配位晶格中时，由于在 $4f^6$ 组态中混入了相反宇称的 5d 和 5g 组态及晶体场的不均匀性，使晶体中的宇称选择定则放宽，f→f 禁戒跃迁被部分解禁，所以出现$^5D_0 \rightarrow {}^7F_2$ 的电偶极跃迁发射出 610nm 的红光。与 $Sr_3B_2O_6$ 基体的另一处不同点是：在 $Ba_3BP_3O_{12}$ 基体中出现了很强的 585nm 的橙光发射峰，此发射峰的出现是因为 $Ba_3BP_3O_{12}$ 基体具有点对称格位，而当 Eu^{3+} 处于点对称格位时由于晶体势展开时出现了奇次晶体场，产生了$^5D_0 \rightarrow {}^7F_0$ 的跃迁发射。Dy^{3+} 的发射峰分别对应于可见光中的蓝光和黄光，Eu^{3+} 的发射峰对应黄橙光、橙光和红光，根据三基色原理，调整这几种不同颜色光的比例复合后可以得到白光发射。

对于 $Ba_3BP_3O_{12}$：Dy^{3+}，Eu^{3+} 材料，Eu^{3+}、Dy^{3+} 取代基质中的 Ba^{2+}，则 Eu^{3+}、Dy^{3+} 会产生正电荷过剩，电荷不匹配会影响材料的发光性能。若引入 K^+ 或 Na^+，则 K^+ 或 Na^+ 取代基质中的 Ba^{2+} 会相应地产生一个负电荷过剩，这两个取代，因电荷吸引，同时它们靠得很近形成电荷补偿效应，在大范围内的角度看材料呈现中性。电荷补偿原理如下式所示：

$$Eu_{Eu}^{\times} + 2Ba_{Ba}^{\times} + Na_{Na}^{\times} \longrightarrow Eu_{Ba}^{*} + Na_{Ba}^{*}$$

图 7-17 为电荷补偿剂对 $Ba_3BP_3O_{12}$：Dy^{3+}，Eu^{3+} 发光性能的影响。从图中可以看出在样品中加入不同电荷补偿剂后发光性能均得到一定程度的提高。而加入 Na^+ 作为电荷补偿剂的样品发光效果优于掺杂 K^+ 的样品，通过计算可知 Na^+ 的半径为 190nm、K^+ 半径为 243nm，由于 Na^+ 的半径更小，与 K^+ 相比 Na^+ 更容易进入，$Ba_3BP_3O_{12}$ 的晶格中，从而取代 Ba^{2+} 而产生电荷补偿效应，使样品发光强度更高。从图中数据可知用 Na^+ 作为电荷补偿剂后样品与不加入电荷补偿剂在 585nm 处发射光谱最

强发射峰作为比较峰，发现峰强度有245％的提升。

图7-18表示$Ba_3BP_3O_{12}$：xEu^{3+}，$0.03Dy^{3+}$，x分别为0.01、0.02、0.03、0.04时的发射光谱。从图中可以明显看出，随着Eu^{3+}掺杂量的增加，大于550nm的发射峰值明显增加。通过调节红光成分的强弱可以调节发光材料在色坐标上的位置，从而得到白光发射。但是当掺杂量超过0.03时，$Ba_3BP_3O_{12}$：Eu^{3+}橙光区域减少，红光发射强度降低，这是因为掺杂浓度过高导致浓度猝灭，因而发光强度降低，这会使光谱计算后得到的色坐标向冷色方向移动，而现在使用WLED发光材料需求为暖色光，所以$Ba_3BP_3O_{12}$：xEu^{3+}，$0.03Dy^{3+}$发光材料中$x=0.03$为最佳掺杂量。

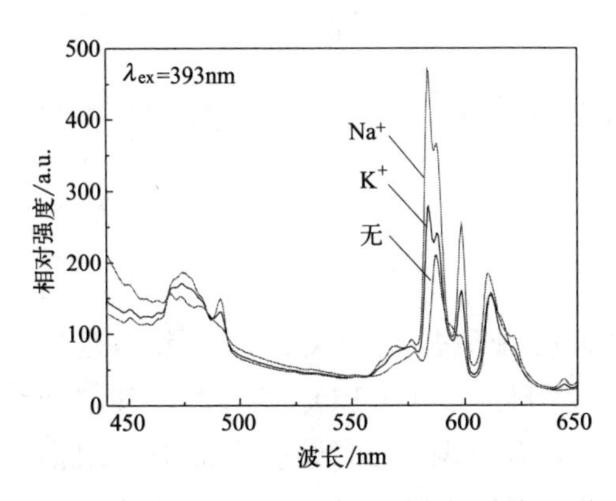

图7-17 电荷补偿剂改变的发光材料发射光谱

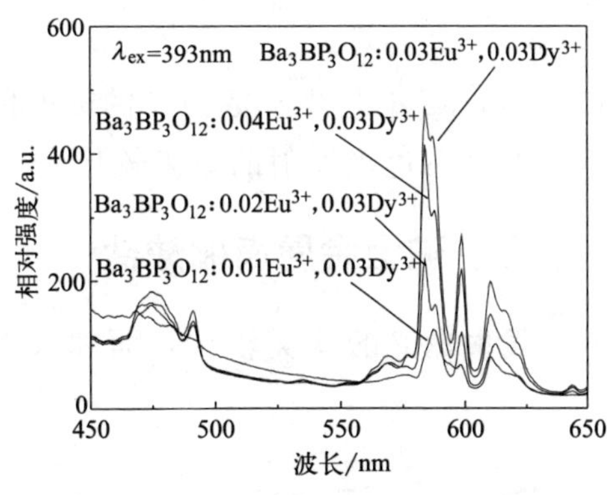

图7-18 Eu浓度变化的发射光谱

图7-19为$Ba_3BP_3O_{12}$：xEu^{3+}，$0.03Dy^{3+}$，x分别为0.01、0.02、0.03、0.04、0.05时的色坐标图。由图中可以看出，当$Ba_3BP_3O_{12}$基体中掺杂离子仅为Dy^{3+}时，色坐标在蓝光区域，缺少黄橙光，当$Ba_3BP_3O_{12}$基体中掺杂Eu^{3+}浓度为0.01时，色坐标向白光区域移动，在蓝光和白光的交界处，当$Ba_3BP_3O_{12}$基体中掺杂Eu^{3+}浓度为0.02时，色坐标继续向橙光方向移动接近白光区域中心，当$Ba_3BP_3O_{12}$基体中掺杂Eu^{3+}浓度为0.03时，色坐标接近白光中心区域，得到了较标准的白光；当$Ba_3BP_3O_{12}$基体中掺杂Eu^{3+}浓度为0.04时，色坐标开始向蓝光方向移动，远离了白光中心，这是因为浓度猝灭所导致的；当$Ba_3BP_3O_{12}$基体中掺杂Eu^{3+}浓度为0.05时，色坐标继续向蓝光区域移动。当$Ba_3BP_3O_{12}$：xEu^{3+}，yDy^{3+}中$x=0.03$、$y=0.03$时，$Ba_3BP_3O_{12}$：

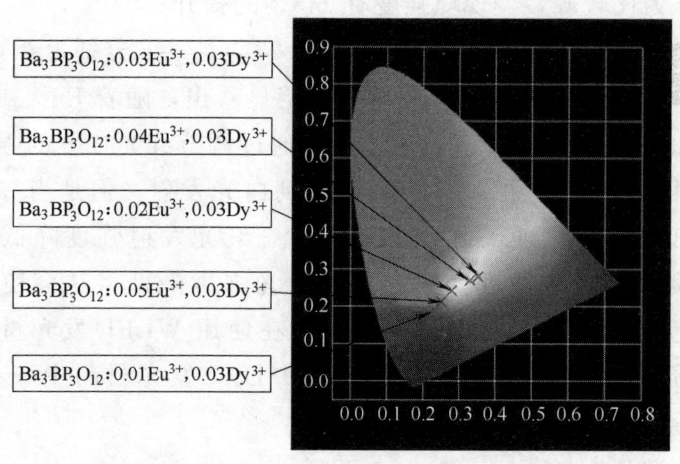

图 7-19　$Ba_3BP_3O_{12}$：Eu^{3+}，Dy^{3+} 的色坐标图

Eu^{3+}，Dy^{3+} 的色坐标数值与的标准白光的值（$x=0.33$，$y=0.33$）很接近，产生白色光发射的效果较佳[6]。

三、碱土金属卤硼酸盐

发射白光的盐类较少，而加入卤素的硼酸盐是一类比较重要的基质材料。以 Ca_2BO_3Cl 为例，其空间结构如图 7-20 所示，属于单斜晶系，其空间群为 $P2_1/C$，晶格参数为 $a=0.395$nm，$b=0.869$nm，$c=1.240$nm。在 Ca_2BO_3Cl 晶体结构中，Ca^{2+} 处于两种七配位的多面体中，一种为 $CaCl_2O_5$［Ca1］；另外一种为 $CaCl_3O_4$［Ca2］。由此可见，化合物 Ca_2BO_3Cl 中可以提供两个不同环境的 Ca 格位以供稀土离子取代，而有效的占位对于提高发光材料的发光特性具有重要意义。

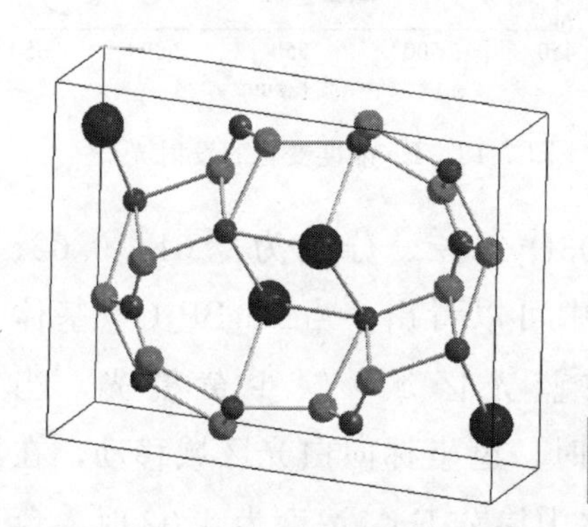

图 7-20　Ca_2BO_3Cl 空间结构

肖芬[7] 利用高温固相法合成 Ca_2BO_3Cl：Ce^{3+}，Eu^{2+} 发光材料。图 7-21 为发光材料 $Ca_{1.94}BO_3Cl$：$0.06Ce^{3+}$，$Ca_{1.99}BO_3Cl$：$0.01Eu^{2+}$ 和 $Ca_{1.93}BO_3Cl$：$0.06Ce^{3+}$，$0.01Eu^{2+}$ 的 XRD 图谱。从图中可以看到所合成样品的衍射峰都与 Ca_2BO_3Cl 的标准卡片 JCPDS No. 29-0302 相对应，这

表明所合成的发光材料为单一相的目标产物，且少量 Ce^{3+} 和 Eu^{2+} 的掺入并没有对 Ca_2BO_3Cl 基质晶格产生太大的影响。在 Ca_2BO_3Cl 晶格中，有 Ca^{2+} 和 B^{3+} 两种独立的阳离子可供取代，根据不同配位体的有效阳离子半径原则，由于 B^{3+} 的离子半径（0.023nm）很小不易被取代，Ce^{3+} 和 Eu^{2+} 将倾向于占据 Ca^{2+} 的位置，因为三者具有相近的离子半径（Ce^{3+} 为 0.103nm，Eu^{2+} 为 0.109nm，Ca^{2+} 为 0.099nm）。

图 7-22 为发光材料 $Ca_{1.94}BO_3Cl$：$0.06Ce^{3+}$ 的激发和发射光谱。当监测波长为最大发射峰值 422nm 时，激发谱中的宽带激发谱峰值位于 360nm，对应于 Ce^{3+} 基态到 5d 激发态不同劈裂能级的跃迁。在 360nm 的激发光激发下，发射光谱呈现出强而宽的非对称发射峰，峰值波长位于 422nm，属于 Ce^{3+} 的 5d→4f（$^2F_{5/2}$ 和 $^2F_{7/2}$）跃迁。此外，由于在 Ca_2BO_3Cl 晶体中存在两种不同晶格环境的 Ca，也导致 Ce^{3+} 取代 Ca 格位后由于受到不同晶格环境的影响而使得发射谱峰因为部分重叠而产生了非对称性。通过计算得出 Ca_2BO_3Cl 晶体中 Ce^{3+} 的 Stoke 位移约为 $4080cm^{-1}$，该位移值处于 $ScBO_3$：Ce^{3+}（$1200cm^{-1}$）和 SrY_2O_4：Ce^{3+}（$8000cm^{-1}$）之间。

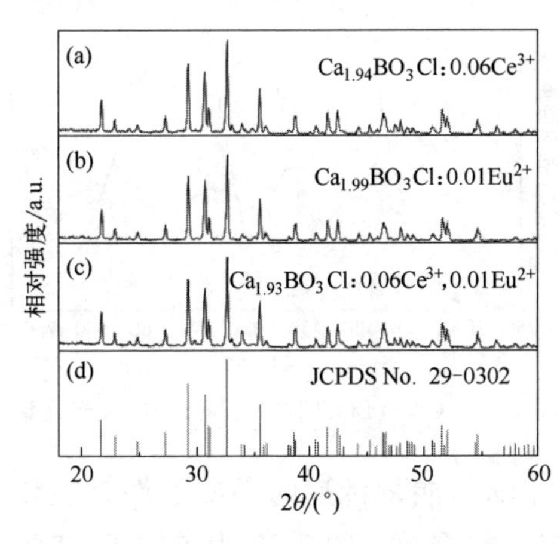

图 7-21 发光材料的 XRD 图谱

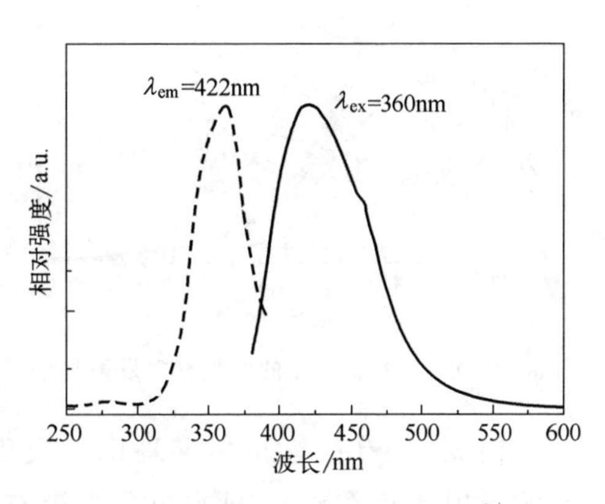

图 7-22 $Ca_{1.94}BO_3Cl$：$0.06Ce^{3+}$ 的激发和发射光谱

图 7-23 为 360nm 激发下不同 Ce^{3+} 掺杂浓度对 $Ca_{2-x}BO_3Cl$：xCe^{3+} 发光材料发光强度的影响。随着 Ce^{3+} 掺杂浓度的逐渐增大，Ca_2BO_3Cl：Ce^{3+} 发光材料的发光强度逐渐增强。当 Ce^{3+} 的掺杂浓度占据 Ca 格位的

3%时，其发光强度达到最大。随后由于浓度猝灭的影响荧光强度随掺杂浓度增大又逐渐降低。此外，由于实验中 Ce^{3+} 的掺杂浓度不大，没有观察到明显的峰值位移。

图 7-24 为发光材料 $Ca_{1.99}BO_3Cl$：$0.01Eu^{2+}$ 的激发和发射光谱。在近紫外 410nm 波长激发下，$Ca_{1.99}BO_3Cl$：$0.01Eu^{2+}$ 的发射光谱为峰值位于 573nm 的宽带黄色光，归属于 Eu^{2+} 的 $4f^6 5d^1(t_{2g}) \rightarrow 4f^7(^8S_{7/2})$ 跃迁。在 Ca_2BO_3Cl 基质中，Eu^{2+} 的低能量发射光是由于当 Eu^{2+} 取代 Ca^{2+} 后，七配位的 Ca^{2+} 周围的强晶体场效应和电子云重排效应造成的。在图中的发射光谱中没有观察到 Eu^{3+} 的特征线状发射，因此可以推断铕离子在 Ca_2BO_3Cl 中主要表现为二价离子的性质。在 573nm 监测波长下得到的激发光谱为从 300nm 延伸到 500nm 的宽带吸收，这是由 Eu^{2+} 的 $4f^6 5d^1$ 多重激发态所产生的。$Ca_{1.99}BO_3Cl$：$0.01Eu^{2+}$ 发光材料在紫外和蓝光区域的宽带吸收，正好覆盖了紫外和蓝光 LED 芯片的辐射范围，有利于其在单色或者组合 WLED 方面的应用。

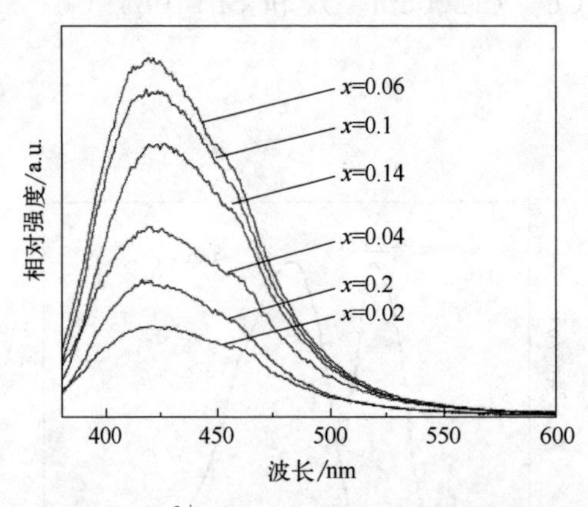

图 7-23　Ce^{3+} 浓度变化的发光材料发射光谱

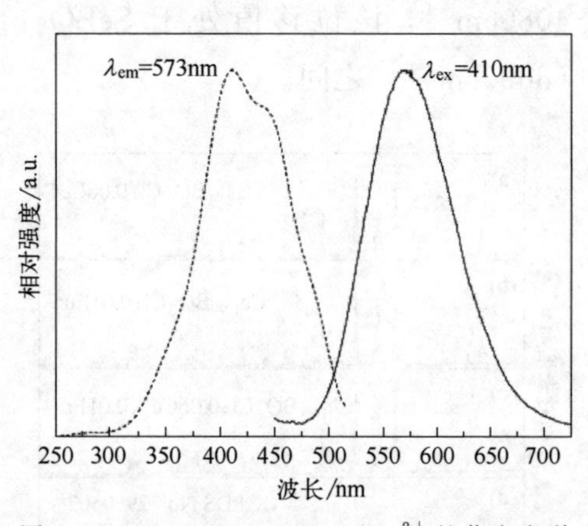

图 7-24　$Ca_{1.99}BO_3Cl$：$0.01Eu^{2+}$ 的荧光光谱

根据 Dexter 能量传递理论，发生非辐射能量传递的必要条件是敏化剂的发射光谱和激活剂的激发光谱有较大的重叠。图 7-25 为单掺 Eu^{2+} 的 Ca_2BO_3Cl 发光材料激发光谱和单掺 Ce^{3+} 的 Ca_2BO_3Cl 发光材料发射光谱，从图上明显可以看出 Ce^{3+} 的发射带和 Eu^{2+} 的激发带之间有明显的光谱重叠，这表明在 Ca_2BO_3Cl 基质中 Ce^{3+} 和 Eu^{2+} 之间可能存在能量传递过程。内插图为 $Ca_{1.99}BO_3Cl$：$0.01Eu^{2+}$ 和 $Ca_{1.93}BO_3Cl$：$0.06Ce^{3+}$，$0.01Eu^{2+}$ 中 Eu^{2+} 的发光强度比较。在 360nm 激发下，$Ca_{1.93}BO_3Cl$：$0.06Ce^{3+}$ 和

$0.01Eu^{2+}$发光材料的发光强度明显强于$Ca_{1.99}BO_3Cl:0.01Eu^{2+}$发光材料，说明$Ce^{3+}$作为敏化剂离子将部分能量有效地传递给了$Eu^{2+}$，使得$Eu^{2+}$的黄色发光增强，初步证实$Ce^{3+}$和$Eu^{2+}$之间存在有效的能量传递现象。

图7-26为发光材料$Ca_{1.93}BO_3Cl:0.06Ce^{3+},0.01Eu^{2+}$的激发和发射光谱。在360nm激发下，$Ca_{1.93}BO_3Cl:0.06Ce^{3+},0.01Eu^{2+}$发光材料的发射光谱由两部分组成，包括$Ce^{3+}$的位于422nm的蓝光发射峰和$Eu^{2+}$位于573nm的5d→4f允许跃迁黄光发射峰。此外，从图中还可看出该样品的宽带激发光谱与近紫外LED芯片的发射光谱相匹配，由此可以说明发光材料Ca_2BO_3Cl：Ce^{3+}，Eu^{2+}可以作为应用于近紫外LED的荧光转换型候选材料。

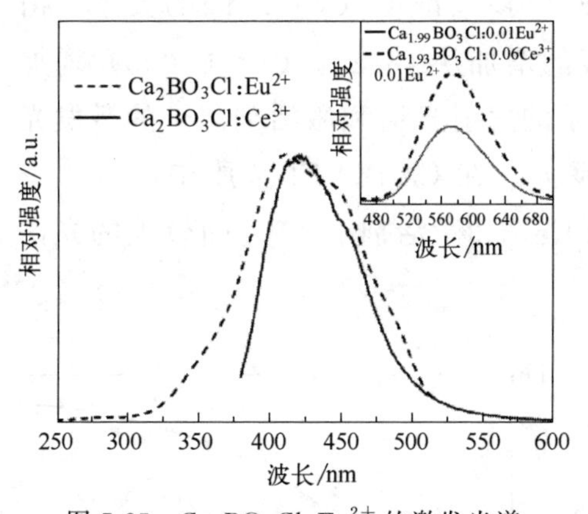

图7-25 $Ca_2BO_3Cl:Eu^{2+}$的激发光谱和Ca_2BO_3Cl：Ce^{3+}的发射光谱

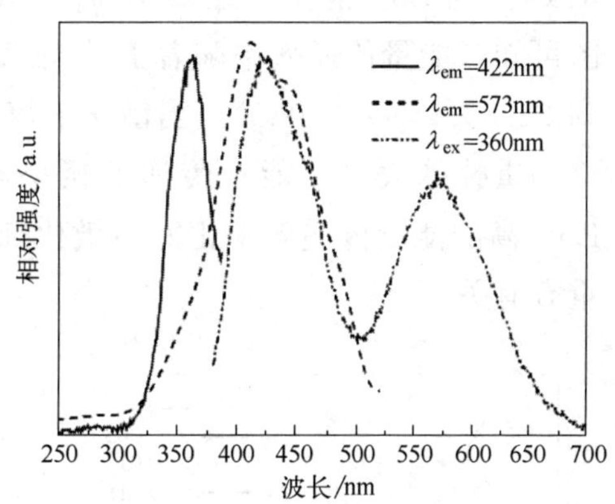

图7-26 $Ca_{1.93}BO_3Cl$：$0.06Ce^{3+}$，$0.01Eu^{2+}$的激发和发射光谱

为了进一步证明Ce^{3+}→Eu^{2+}能量传递过程的存在，图7-27给出了在360nm激发下发光材料$Ca_{1.94-y}BO_3Cl:0.06Ce^{3+},yEu^{2+}$（$y=0$，0.005，0.01，0.015，0.02，0.025）的系列发射光谱。从图中可以看出，在保持Ce^{3+}掺杂浓度不变的情况下，随着Eu^{2+}掺杂浓度的逐渐增加，Ce^{3+}的蓝光发射逐渐下降，表明在Ca_2BO_3Cl基质中Eu^{2+}从Ce^{3+}中获得的能量越来越多；此外随着Eu^{2+}掺杂浓度的逐渐增加，Ce^{3+}和Eu^{2+}之间的距离也越来越近，因此能量传递过程也越容易。而对于Eu^{2+}的黄光发射，其发光强度随着Eu^{2+}掺杂浓度的增加先增加后下降，且在$y=0.015$时达到最大值；其中黄光发光强度的下降可能是由于Eu^{2+}的浓度猝灭所导致。以上结果都验证了在Ca_2BO_3Cl基质中从Ce^{3+}到Eu^{2+}有效能量传递过程

的存在。

由以上对 Ca_2BO_3Cl：Ce^{3+}，Eu^{2+} 系列荧光光谱的分析可以得出，Ce^{3+} 可以作为 Eu^{2+} 的有效敏化剂，且从 Ce^{3+} 到 Eu^{2+} 能量传递过程与稀土离子的掺杂浓度有很大的关系。从敏化剂 Ce^{3+} 到激活剂 Eu^{2+} 的能量传递效率（η_T）可由下式计算：

$$\eta_T = 1 - I_s / I_{s0}$$

式中，I_s 代表没有掺杂 Eu^{2+} 激活离子时，敏化剂 Ce^{3+} 的发光强度；I_{s0} 代表掺杂 Eu^{2+} 激活离子时，敏化剂 Ce^{3+} 的发光强度。

图 7-28 为通过计算得出的 $Ca_{1.94-y}BO_3Cl$：$0.06Ce^{3+}$，yEu^{2+} 基质中从 Ce^{3+} 到 Eu^{2+} 能量传递效率 η_T 与 Eu^{2+} 掺杂浓度（y）之间的关系。由图可知，能量传递效率随着 Eu^{2+} 浓度的增加从 48.2%（$y=0.005$）增加到 92.8%（$y=0.025$）。当敏化剂离子的发射光谱和激活剂离子的激发光谱的重叠越大时，能量传递的概率越大。在 Ca_2BO_3Cl 基质中，$Ce^{3+} \rightarrow Eu^{2+}$ 高的能量传递效率正好与敏化剂 Ce^{3+} 和激活剂 Eu^{2+} 之间较大的光谱重叠有关。

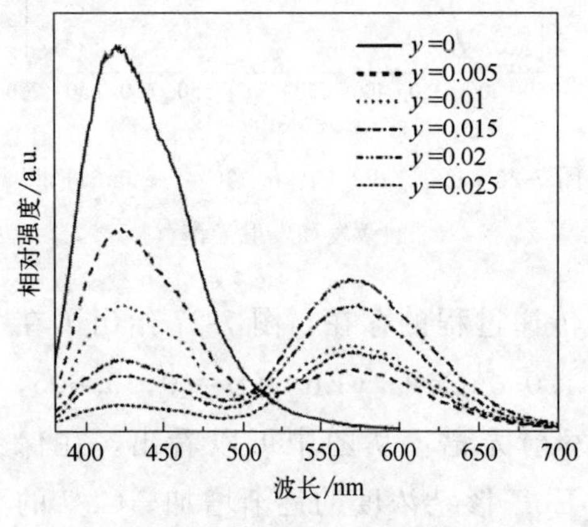

图 7-27 Eu^{2+} 掺杂浓度变化的发光材料发射光谱

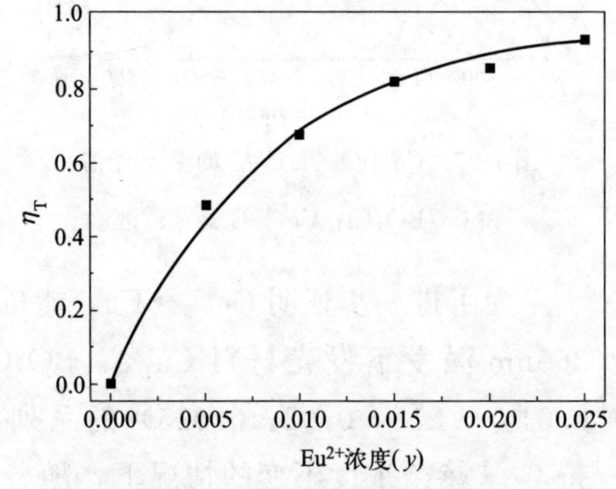

图 7-28 $Ce^{3+} \rightarrow Eu^{2+}$ 能量传递效率与 Eu^{2+} 掺杂浓度的关系

通过以上讨论可以得出 $Ce^{3+} \rightarrow Eu^{2+}$ 的确有能量传递过程存在，下面将对其能量传递机理进行研究。根据 Dexter 多极相互作用下能量传递公式和 Reisfeld 近似处理，可以得到如下关系式：

$$\eta_0 / \eta \propto C^{n/3}$$

式中，η_0 和 η 分别表示掺杂和不掺 Eu^{2+} 时 Ce^{3+} 的发光量子效率；η_0/η 的值可以近似为相应的发光强度比值（I_{S0}/I_S）；C 为 Eu^{2+} 离子的掺杂浓度；$n=6$ 和 $n=8$ 分别对应电偶极-电偶极和电偶极-电四极之间的相互作用。图 7-29 为 I_{S0}/I_S 与 $C^{n/3}$ 的关系，从图中可知当 $n=6$ 或 8 时，曲线都呈现一个线性关系。值得注意的是，因为 Coulombic 效应，电偶极-电偶极之间的相互作用要强于电偶极-电四极之间的相互作用，所以在 Dexter 能量传递理论中 Ca_2BO_3Cl 基质中 Ce^{3+} 到 Eu^{2+} 的能量传递主要来源于电偶极-电偶极之间的相互作用，同样的结果也有类似报道。

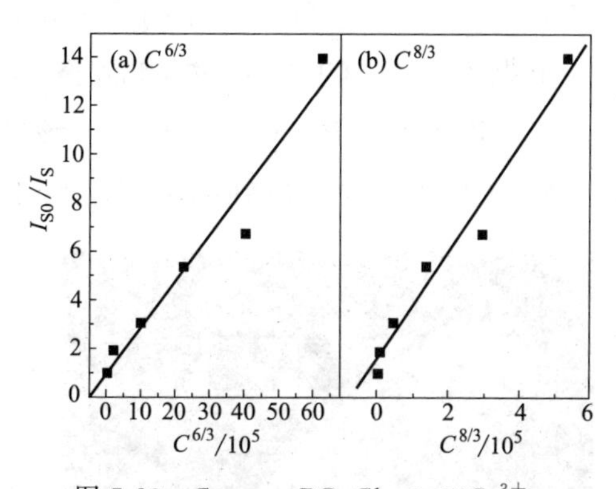

图 7-29 $Ca_{1.94-y}BO_3Cl$：$0.06Ce^{3+}$，yEu^{2+} 中 Ce^{3+} 的 I_{S0}/I_S 与 $C^{n/3}$ 的关系

在电偶极-电偶极相互作用机制中，从 Ce^{3+} 到 Eu^{2+} 的能量传递的临界距离（R_c）可以通过下式来计算：

$$R_c^6=(3\times10^{12})\frac{f_a}{E^4}\int F_s(E)F_A(E)\mathrm{d}E$$

式中 f_a 为 Eu^{2+} 的电偶极振子强度，约 0.02；E 为光谱重叠处的最大能量；$\int F_s(E)F_A(E)\mathrm{d}E$ 表示归一化的 Ce^{3+} 发射峰与 Eu^{2+} 激发峰的光谱重叠面积，根据图 7-25 可计算两峰的重叠面积约为 $1.17eV^{-1}$。

由此，从敏化离子 Ce^{3+} 到激活离子 Eu^{2+} 的临界能量传递距离约为 3.105nm。当 Ce^{3+} 和 Eu^{2+} 之间的距离大于临界能量传递距离时，Ce^{3+} 的发射将占优势；当 Ce^{3+} 和 Eu^{2+} 之间的距离小于临界能量传递距离时，这时将由从 Ce^{3+} 到 Eu^{2+} 的能量传递占主导地位。

此外，采用 Blasse 推导的能量传递临界距离（R_c）公式同样也可计算出 Ca_2BO_3Cl 基质中从 Ce^{3+} 到 Eu^{2+} 的临界距离：

$$R_c\approx2\times\left(\frac{3V}{4\pi x_c Z}\right)^{1/3}$$

式中，V 为晶胞体积；Z 为单胞中可以被掺杂离子取代的阳离子数；x_c 为临界浓度，定义为掺杂 Eu^{2+} 离子时 Ce^{3+} 离子发光强度是没有掺杂

Eu^{2+}时Ce^{3+}发光强度的一半时所对应的浓度（$\eta_T=0.5$）。

根据Ca_2BO_3Cl化合物的晶格结构，$V=0.419$nm，$Z=4$，$x_c=0.006$，相应计算R_c为3.218nm。该结果与通过计算Ce^{3+}发射峰与Eu^{2+}激发峰的光谱重叠所得到的临界距离相一致。

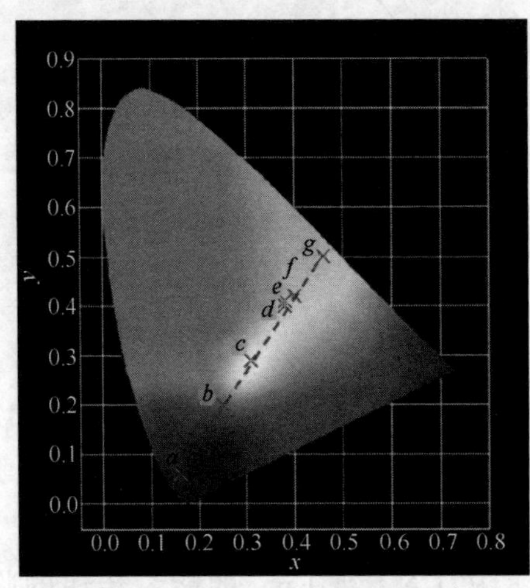

图 7-30　$Ca_{2-x-y}BO_3Cl$：xCe^{3+}，yEu^{2+}的色坐标

根据样品的发射光谱计算所得相应的$Ca_{2-x-y}BO_3Cl$：xCe^{3+}，Eu^{2+}发光材料的色坐标和色温归纳于表7-3，并绘于图7-30中。单掺Ce^{3+}和单掺Eu^{2+}的Ca_2BO_3Cl发光材料的色坐标分别为（$x=0.16$，$y=0.07$）和（$x=0.46$，$y=0.50$），分别对应于蓝光和黄色光，如图7-30中的a点和g点所示。从图中a点到g点的虚线看到，随着Eu^{2+}浓度的增加，$Ca_{1.94-y}BO_3Cl$:$0.06Ce^{3+}$，yEu^{2+}发光材料的色调由蓝光经过白色光，最后变成黄色光。换句话说，通过调节掺杂离子的浓度，近紫外LED芯片激发的Ca_2BO_3Cl：Ce^{3+}，Eu^{2+}发光材料可以得到不同色温的白光。而实验体系中$Ca_{1.93}BO_3Cl$:$0.06Ce^{3+}$，$0.01Eu^{2+}$发光材料所发的白光CIE色坐标为（$x=0.31$，$y=0.29$），色温为7330K，与CIE理想白光（$x=0.33$，$y=0.33$）最为接近。由此表明白光发射Ca_2BO_3Cl：Ce^{3+}，Eu^{2+}发光材料在近紫外基片WLED应用方面具有巨大潜力。

表 7-3　$Ca_{2-x-y}BO_3Cl$：xCe^{3+}，yEu^{2+}的色坐标和色温

点	$Ca_{2-x-y}BO_3Cl$:xCe^{3+}	yEu^{3+}	λ_{ex}/nm	CIE	T_c/K
a	$x=0.6$	$y=0$	360	(0.16,0.06)	
b	$x=0.6$	$y=0.005$	360	(0.25,0.20)	24898
c	$x=0.6$	$y=0.01$	360	(0.31,0.29)	7330
d	$x=0.6$	$y=0.015$	360	(0.38,0.40)	4167
e	$x=0.6$	$y=0.02$	360	(0.38,0.41)	4225
f	$x=0.6$	$y=0.025$	360	(0.40,0.42)	3830
g	$x=0$	$y=0.03$	410	(0.46,0.50)	3304

肖芬[7]还制备了 Ca_2BO_3Cl：$0.06Ce^{3+}$，$0.01Eu^{2+}$ 发光材料。图 7-31 为 Ca_2BO_3Cl：$0.06Ce^{3+}$，$0.01Eu^{2+}$ 发光材料的激发光谱和发射光谱，从图中可以看出，存在 360nm 的激发峰，其与现在商用的近紫外 LED 芯片相匹配；在发射光谱上，Ca_2BO_3Cl：$0.06Ce^{3+}$，$0.01Eu^{2+}$ 发光材料不仅存在 442nm 的蓝光发射，还存在一个位于 573nm 的黄光发射。位于 442nm 和 573nm 的发射光谱分别与单掺在 Ca_2BO_3Cl 的 Ce^{3+} 和 Eu^{2+} 的发射光谱类似，两个发射光可以很好地合成白光。

根据发光材料 Ca_2BO_3Cl：xCe^{3+}，yEu^{2+} 发射光谱计算出的色坐标如图 7-32 和表 7-4，可以看到仅掺杂 Ce^{3+} 或 Eu^{2+} 的 Ca_2BO_3Cl 的色坐标分别位于（x=0.16，y=0.07）和（x=0.46，y=0.50），呈现蓝色和黄色。随着 Eu^{2+} 浓度的增加，在图中可以看到发光材料 Ca_2BO_3Cl：xCe^{3+}，yEu^{2+} 的色调从蓝色到白色最终变成黄色。也就是说 Ca_2BO_3Cl：Ce^{3+}，Eu^{2+} 可通过调节发射白光。此外，发光材料 Ca_2BO_3Cl：$0.06Ce^{3+}$，$0.01Eu^{2+}$ 发出白光色坐标位于（x=0.31，y=0.29），色温为 7330K，其非常接近理想的色坐标（x=0.33，y=0.33）。这意味着 Ca_2BO_3Cl：xCe^{3+}，yEu^{2+} 作为紫外芯片激发的发光材料在 WLED 上具有广泛应用。

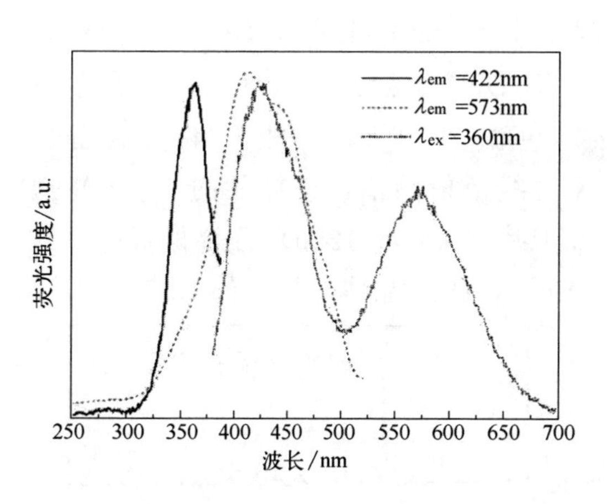

图 7-31　Ca_2BO_3Cl：$0.06Ce^{3+}$，$0.01Eu^{2+}$ 的荧光光谱

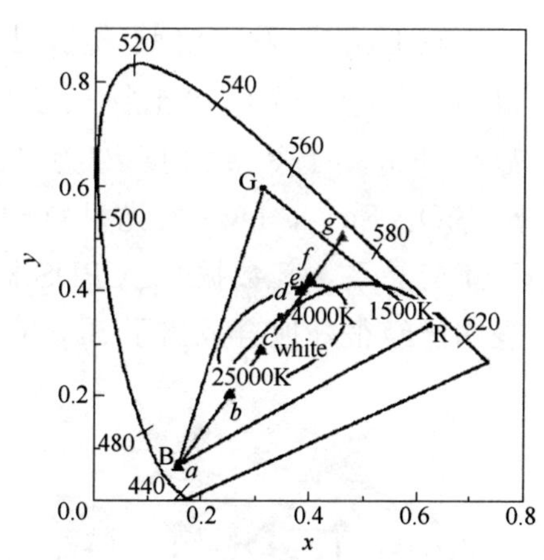

图 7-32　Ca_2BO_3Cl：xCe^{3+}，yEu^{2+} 的色坐标图

表 7-4　Ca_2BO_3Cl：xCe^{3+}，yEu^{2+} 色坐标的比较

点	Ca_2BO_3Cl:xCe^{3+},yEu^{2+}		λ_{ex}/nm	(x,y)
a	x=0.06	y=0	360	(0.16,0.06)
b	x=0.06	y=0.005	360	(0.25,0.20)

续表

点	$Ca_2BO_3Cl:xCe^{3+},yEu^{2+}$		λ_{ex}/nm	(x,y)
c	$x=0.06$	$y=0.01$	360	(0.31,0.29)
d	$x=0.06$	$y=0.015$	360	(0.38,0.40)
e	$x=0.06$	$y=0.02$	360	(0.38,0.41)
f	$x=0.06$	$y=0.025$	360	(0.40,0.42)
g	$x=0.00$	$y=0.015$	410	(0.46,0.50)

第二节　硅酸盐体系

一、正硅酸盐

M_2SiO_4（M＝Mg、Ca、Sr、Ba 等）的晶体结构属于单斜晶系，晶格中两种不同的格位可标识为 M（Ⅰ）和 M（Ⅱ），分别具有 10 个和 9 个氧配位。晶格中硅氧四面体以共点的方式形成链状，M（Ⅰ）离子在晶格中沿着 c 轴排列，M（Ⅱ）离子沿 a 轴排列，各 $[SiO_4]^{4-}$ 是单独存在的，只通过 O—M—O 键连接在一起[8]。其结构如图 7-33 所示。

赵玉晶[9] 采用溶胶-凝胶法制备出 $Sr_2SiO_4:Eu^{3+}$，Dy^{3+} 发光材料，得到最接近白光的稀土掺杂浓度，即 Dy^{3+} 的掺杂浓度为 4%（摩尔分数），Eu^{3+} 的掺杂浓度约为 1%，色温为 5603K。图 7-34 为制备的 $Sr_2SiO_4:Eu^{3+}$，Dy^{3+} 发光材料的 X 射线衍射图谱，该样品的 Sr_2SiO_4 属于正交晶系，其数据与 JCPDS 标准卡片（No. 39-1256）符合得很好，这表明已经很好地合成出了 $Sr_2SiO_4:Eu^{3+}$，Dy^{3+} 晶体，掺入的 Eu^{3+}，Dy^{3+}

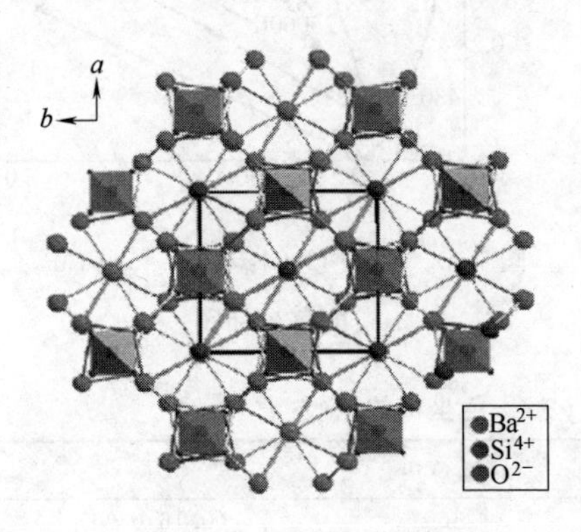

图 7-33　正硅酸盐结构

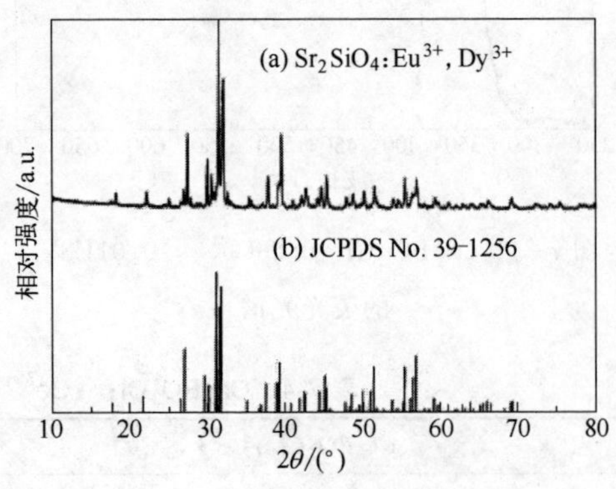

图 7-34　$Sr_2SiO_4:Eu^{3+}$，Dy^{3+} 的 XRD 图谱

稀土离子并未改变基质材料的单相结构。

图 7-35 为 Sr_2SiO_4：Dy^{3+}的荧光光谱，其中（a）为监测波长 577nm 下的激发光谱，可以看到存在 4 个明显的激发峰，分别在 325nm、350nm、365nm 和 386nm 附近，其中 386nm 处的激发峰最强，各峰分别对应 Dy^{3+} 的$^6H_{15/2}\rightarrow^6P_{3/2}$、$^6H_{15/2}\rightarrow^6P_{7/2}$、$^6H_{15/2}\rightarrow^6P_{5/2}$、$^6H_{15/2}\rightarrow^6M_{21/2}$ 跃迁；（b）为监测波长 386nm 下的发射光谱，有两个比较明显的特征发射峰，分别为蓝色发射带 486nm（$^4F_{9/2}\rightarrow^6H_{15/2}$）和黄色发射带 577m（$^4F_{9/2}\rightarrow^6H_{15/2}$），但是整个发光材料的红光发射不足，为了得到白光，需要加入红色光的激活剂，如 Eu^{3+} 等。

图 7-36 为 Sr_2SiO_4:Eu^{3+} 的荧光光谱，其中（a）为监测波长 620nm 下的激发光谱，可以看到存在 4 个明显的激发峰，其中 393nm 处的激发峰最强，各峰分别对应 Eu^{3+} 的$^7F_0\rightarrow^5D_4$、$^7F_0\rightarrow^5G_2$、$^7F_0\rightarrow^5L_6$、$^7F_0\rightarrow^5D_3$ 跃迁；（b）为监测波长 393nm 下的发射光谱，以 620nm 处的发射峰最强，产生强烈的红光发射，整个发射光谱的特征发射峰分别为$^5D_0\rightarrow^7F_1$（590nm）、$^5D_0\rightarrow^7F_2$（620nm）、$^5D_0\rightarrow^7F_3$（655nm）、$^5D_0\rightarrow^7F_4$（688nm）和$^5D_0\rightarrow^7F_5$（703nm）的跃迁发射。

图 7-37 为发光材料 Sr_2SiO_4：0.04Eu^{3+}，0.001Dy^{3+} 的激发光谱，监测波长为 486nm。由图中可以看出 Sr_2SiO_4:Eu^{3+}，Dy^{3+} 有几个显著的激发峰，分别位于 325nm、350nm、365nm 和 386nrn 附近，对应 Dy^{3+} 的$^6H_{15/2}\rightarrow^6P_{3/2}$、$^6H_{15/2}\rightarrow^6P_{7/2}$、$^6H_{15/2}\rightarrow^6P_{5/2}$、$^6H_{15/2}\rightarrow^4M_{21/2}$ 跃迁发射。图 7-38 为发光材料 Sr_2SiO_4：0.04Eu^{3+}，0.001Dy^{3+} 的激发光谱，监测波长为 578nm，图中 Sr_2SiO_4:Eu^{3+}，Dy^{3+} 的几个显著的激发峰与图上基本相同。

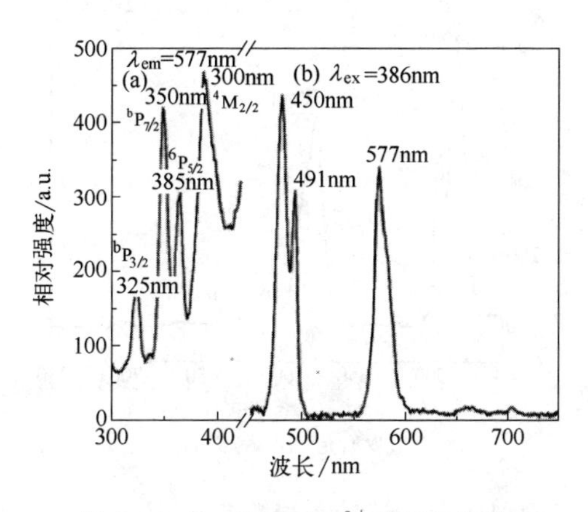

图 7-35　Sr_2SiO_4：Dy^{3+} 的荧光光谱

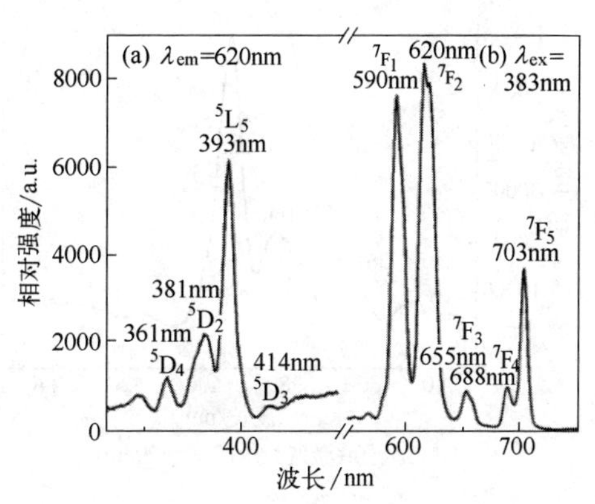

图 7-36　Sr_2SiO_4:Eu^{3+} 的荧光光谱

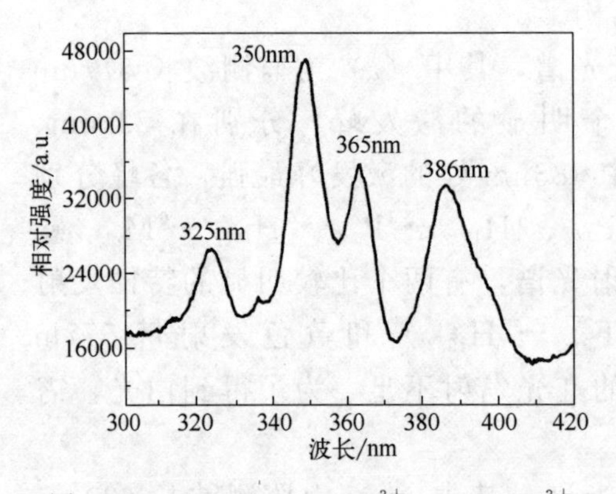

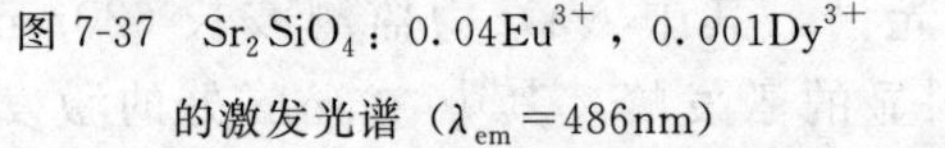

图 7-37　Sr_2SiO_4：0.04Eu^{3+}，0.001Dy^{3+} 的激发光谱（λ_{em}=486nm）

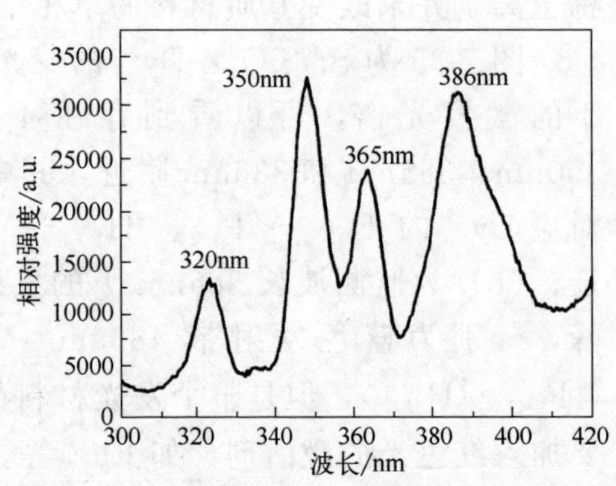

图 7-38　Sr_2SiO_4：0.04Eu^{3+}，0.001Dy^{3+} 的激发光谱（λ_{em}=578nm）

图 7-39（a）为发光材料 Sr_2SiO_4：0.04Eu^{3+}，0.001Dy^{3+} 的激发光谱，监测波长为 620nm，由图中可以看出，Sr_2SiO_4：0.04Eu^{3+}，0.001Dy^{3+} 有几个显著的激发峰，其中 393nm 对应于 Eu^{3+} 的 $^7F_0 \rightarrow {}^5L_0$，通过图 7-37～图 7-39 可以看出，激发波长为 386nm 的近紫外光对于 486nm、578nm、620nm 发光均有贡献，因此，这个发光材料测试研究的激发光为 386nm。

图 7-39（b）为发光材料 Sr_2SiO_4：0.04Eu^{3+}，0.001Dy^{3+} 的发射光谱，激发波长为 386nm，从图中可看出，样品的发射主峰为 486nm、497nm、578nm，其中 486nm 和 497nm 的发射峰对应于 Dy^{3+} 的 $^4F_{9/2} \rightarrow {}^6H_{15/2}$ 能级跃迁，578nm 的宽谱带对应于 Dy^{3+} 的 $^4F_{9/2} \rightarrow {}^6H_{13/2}$ 的发

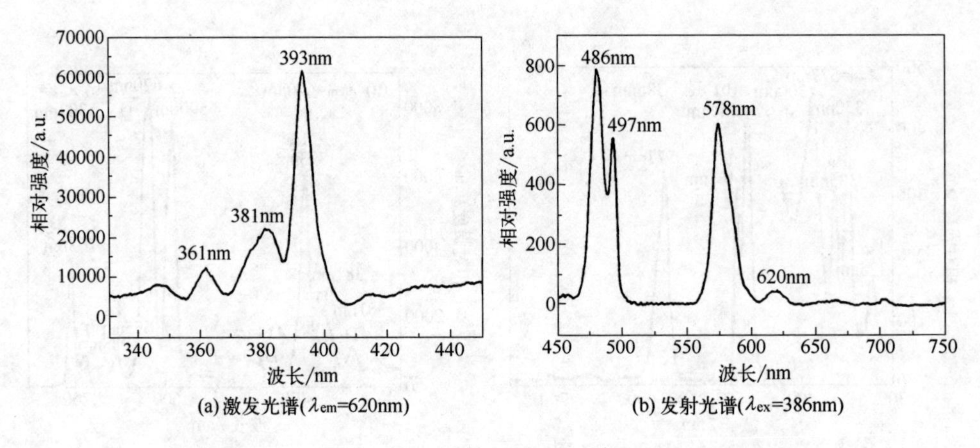

图 7-39　Sr_2SiO_4：0.04Eu^{3+}，0.001Dy^{3+} 的激发和发射光谱

射跃迁，620nm 对应于 Eu^{3+} 的 $^5D_0 \rightarrow {}^7F_2$，分析计算其色坐标为（0.33，0.36），与白光的最佳色坐标（033，0.33）仍然存在一定差距，继续改变掺杂 Eu^{3+} 含量，并分析其光谱的变化特性。

激发波长为 386nm，Dy^{3+} 的摩尔分数保持在 4%，Eu^{3+} 的掺杂浓度在 0.1%～4%范围内改变，其色坐标及色温情况见表 7-5，由计算结果可知，Sr_2SiO_4：0.04Dy^{3+}，0.01Eu^{3+} 的色坐标最接近白光（0.33，0.33）。将计算的各样品所对应的色坐标在图 7-40 中标注。

表 7-5　Sr_2SiO_4：Eu^{3+}，Dy^{3+} 样品配比情况表

点	Dy^{3+} 浓度	Eu^{3+} 浓度	(x,y)	色温
A	4%	0.1%	(0.33,0.36)	5593
B	4%	1%	(0.33,0.34)	5603
C	4%	2%	(0.39,0.37)	3697
D	4%	4%	(0.39,0.36)	3612

从图 7-40 可以看出，*A*、*B* 两点在白光区域内，随着 Eu^{3+} 浓度的不断增大，可以看出发光材料色坐标从白光区域向红光区域靠近，色温也逐渐降低。

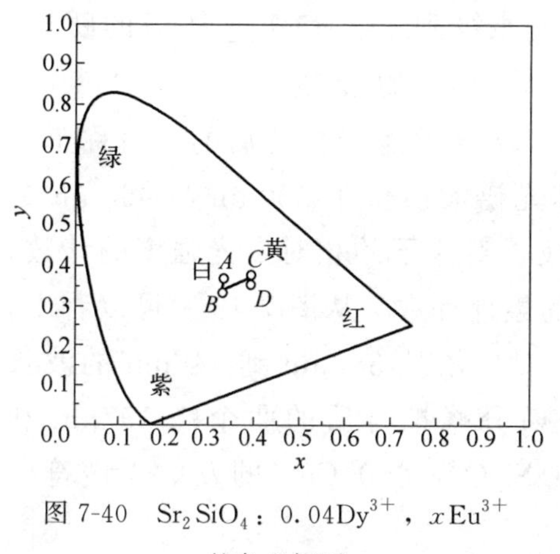

图 7-40　Sr_2SiO_4：0.04Dy^{3+}，$x$$Eu^{3+}$ 的色坐标图

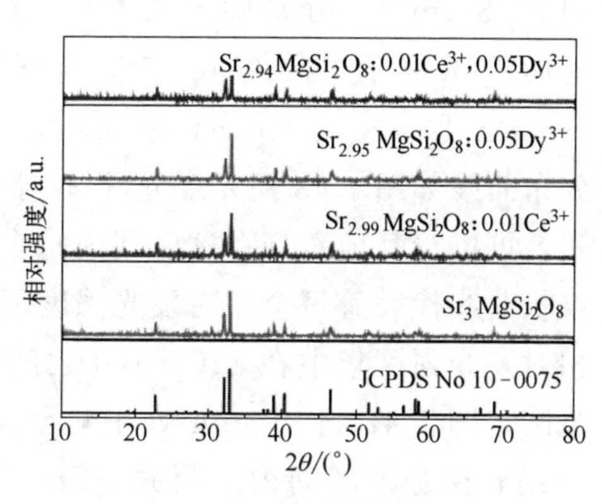

图 7-41　Ce^{3+}/Dy^{3+} 浓度比变化 XRD 图谱

于泓[10] 采用高温固相法合成了 $Sr_3MgSi_2O_8$：Ce^{3+}，Dy^{3+}。当两种稀土离子在最佳浓度时样品的色坐标与标准白光色坐标接近，色纯度较好。

$Sr_{3-x-y}MgSi_2O_8$：$x$$Ce^{3+}$，$y$$Dy^{3+}$（$x=0.01$，$y=0$；$x=0$，$y=0.05$；$x=0.01$，$y=0.05$）及基质 $Sr_3MgSi_2O_8$ 的标准卡片的 XRD 图谱

如图 7-41 所示。图中所有衍射峰指标化很好，都与 $Sr_3MgSi_2O_8$ 的标准卡片（JCPDS No. 10-0075）符合，表明少量稀土离子 Ce^{3+} 和 Dy^{3+} 的掺杂不会引起晶相的变化，是很好的单相。其原因是 Ce^{3+}（0.101nm）和 Dy^{3+}（0.091nm）的半径与 Sr^{2+}（0.118nm）的半径比较接近，所以 Ce^{3+}（0.101nm）和 Dy^{3+}（0.091nm）可以掺杂到基质中取代 Sr^{2+} 而非取代 Si^{4+}（0.026nm）。$Sr_3MgSi_2O_8$ 的晶格属于正交晶系（$a \neq b \neq c$，$\alpha = \beta = \gamma = 90°$），空间群为 $P2_1/n$。相应的晶格参数分别为 $a = 0.54$nm，$b = 0.96$nm，$c = 0.72$nm，$Z = 2$，$V = 0.373$nm^3。

图 7-42 给出了 $Sr_{2.99}MgSi_2O_8$：$0.01Ce^{3+}$ 的激发光谱和发射光谱。如图所示，在 403nm 的发射波长的监测下，Ce^{3+} 的激发波段为带有最强激发峰 338nm 的 220～400nm 的宽带激发，这些激发峰分别归属于 Ce^{3+} 的 4f 基态到 5d 激发态不同劈裂能级的跃迁。在 338nm 激发下测得的发射光谱为主峰位于 403nm 处的 350～550nm 的不对称发射带，其中 403nm 处归属于 Ce^{3+} 的 5d→4f（$^2F_{5/2}$ 和 $^2F_{7/2}$）跃迁。通常情况下，Ce^{3+} 发射带的不对称双结构正是由于基态自旋轨道劈裂而造成的。经过高斯拟合，可以将 403nm 处的主峰拟合成 397nm 和 433nm 的两个峰，即 23094cm^{-1} 和 25188cm^{-1}，分别归属于 Ce^{3+} 的 5d 能级到 $^2F_{5/2}$ 和 $^2F_{7/2}$ 能级的跃迁。这两个峰值差为 2094cm^{-1}，与 $^2F_{5/2}$ 和 $^2F_{7/2}$ 的能量差符合（2000～2200cm^{-1}）。$Sr_{2.99}MgSi_2O_8$：$0.01Ce^{3+}$ 的发射光谱经拟合后的不对称正态分布曲线如图 7-43 所示。这个不对称光谱波段位于 380nm 与 490nm 之间，可以清楚地看到在这区间内每个波长对应下的相对发光强度的计数，点状曲线代表着每个相对发光强度下的累计计数，从图 7-43 中可以看出，相对发光强度集中在 120～160 之间，对应了从 382nm 到 446nm 的波长范围，图 7-42 将 403nm 处主峰经高斯分峰拟合后的两个峰 397nm 和 433nm 在这个区间内。因此，$Sr_{2.99}MgSi_2O_8$：$0.01Ce^{3+}$ 的发射光谱符合不对称曲线的正态分布。

为了探索不同浓度 Ce^{3+} 对 $Sr_3MgSi_2O_8$：Ce^{3+} 的影响以及确定 Ce^{3+} 的最佳掺杂浓度，合成了系列样品 $Sr_{3-x}MgSi_2O_8$：xCe^{3+}（$x = 0.005$～0.07），在 338nm 激发下的发射光谱如图 7-44（a）所示，系列样品的发射光谱形状相似，强度有变化，开始浓度较小时发光强度随着 Ce^{3+} 浓度的增加而增强，当 Ce^{3+} 的掺杂浓度高于 0.01 时发光强度逐渐降低，发生了浓度猝灭现象。因此，将 1%（摩尔分数）确定为 Ce^{3+} 的最佳掺杂浓

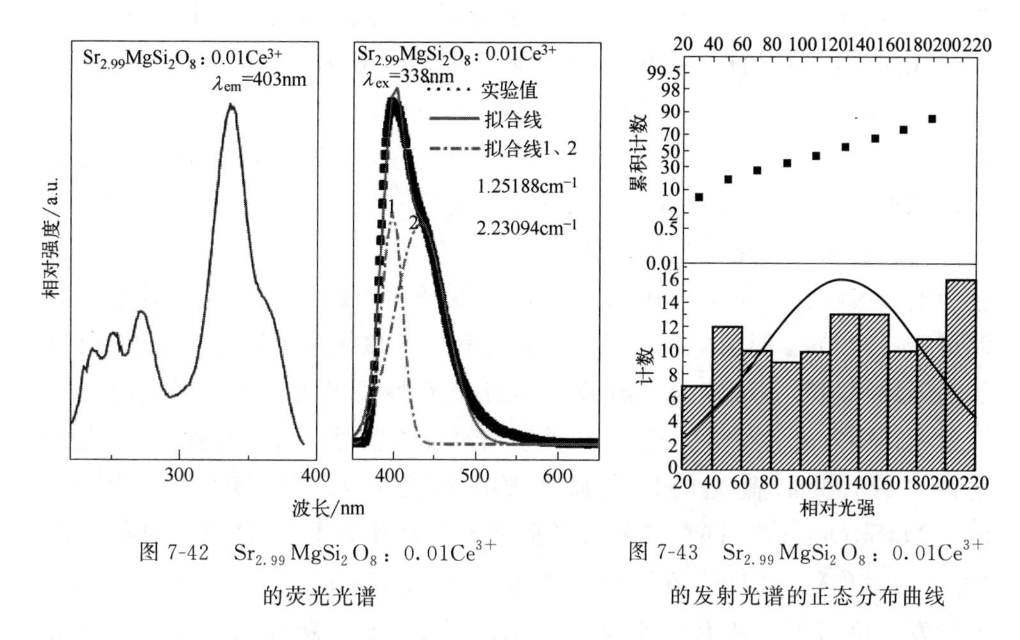

图 7-42　$Sr_{2.99}MgSi_2O_8$：0.01Ce^{3+} 的荧光光谱

图 7-43　$Sr_{2.99}MgSi_2O_8$：0.01Ce^{3+} 的发射光谱的正态分布曲线

度。图 7-44（b）为不同 Ce^{3+} 离子浓度下的相对发光强度，可以明显观察到 Ce^{3+} 发光强度的变化。

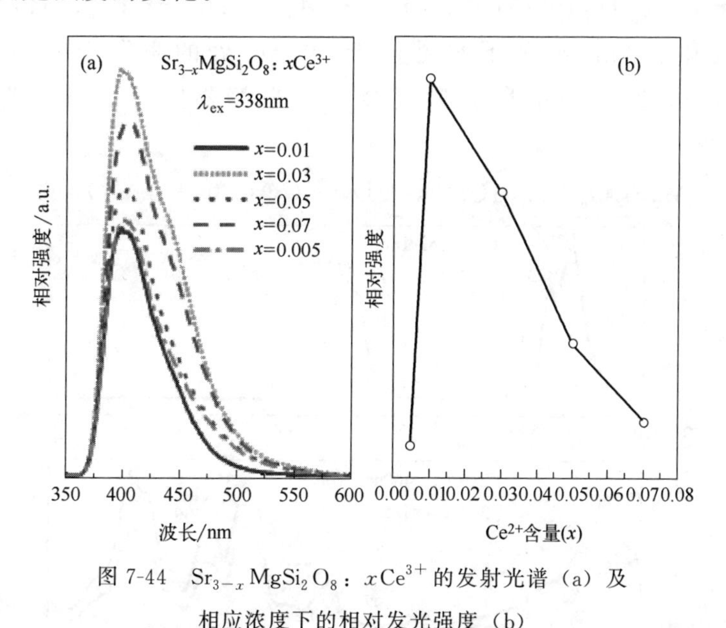

图 7-44　$Sr_{3-x}MgSi_2O_8$：xCe^{3+} 的发射光谱（a）及相应浓度下的相对发光强度（b）

$Sr_{2.95}MgSi_2O_8$：0.05Dy^{3+} 在 391nm 激发下的发射和激发光谱如图 7-45 所示。其中发射光谱（1）包含了 450～700nm 之间的波长范围，

为 Dy^{3+} 的典型跃迁发射，相应发射峰的跃迁分别对应 $^4M_{21/2} \to ^6H_{13/2}$（480nm）、$^4F_{9/2} \to ^6H_{15/2}$（490nm）、$^4F_{9/2} \to ^6H_{13/2}$（575nm）、$^4G_{11/2} \to ^6H_{11/2}$（664nm），发射峰的主峰位于 480nm、490nm 和 575nm 处，位于红色区域内的 664nm 波长较弱。其中，480nm 和 575nm 处是典型的两个主峰位，位于 480nm 处对应的发光强度高于位于 575nm 处对应的发光强度，蓝光的发射强度要比黄光发射强度要强，其中，位于 575nm 处对应的跃迁为电偶极跃迁，位于 480nm 处对应的跃迁属于磁偶极跃迁，敏感的电偶极跃迁和 Dy^{3+} 周围的晶体场环境息息相关，磁偶极子跃迁对 Dy^{3+} 周围的晶体场环境是不敏感的，当 Dy^{3+} 处于低对称位置时（不是反演对称），发射光谱中黄光占主导；当 Dy^{3+} 处于高对称位置时（反演对称），蓝光发射占主导，此时蓝光的发光强度要比黄光的发光强度要强。因此，$Sr_{2.95}MgSi_2O_8$：0.05Dy^{3+} 中较强的蓝光发射意味着 Dy^{3+} 处于高对称位置（即反演对称）。由 Dy^{3+} 在发射波长 480nm 和 575nm 监测下 220～440nm 的激发光谱可见，所有的激发峰都是从基态 $^6H_{15/2}$ 跃迁到激发态，位于 297nm、325nm、354nm、366nm 和 391nm 处的激发峰对应的跃迁分别为 $^6H_{15/2} \to ^4D_{7/2}$、$^6H_{15/2} \to ^4M_{17/2}$、$^6H_{15/2} \to ^4M_{15/2}$、$^6H_{15/2} \to ^4I_{11/2}$、$^6H_{15/2} \to ^4I_{13/2}$。在 480nm 和 575nm 监测下都是位于 391nm 处的激发峰的强度最强，并且在 480nm 监测下的所有激发峰的峰强都要比在 575nm 监测下的要强。

$Sr_{2.99-y}MgSi_2O_8$：0.01Ce^{3+}，yDy^{3+}（y = 0 ～ 0.09）的色坐标如

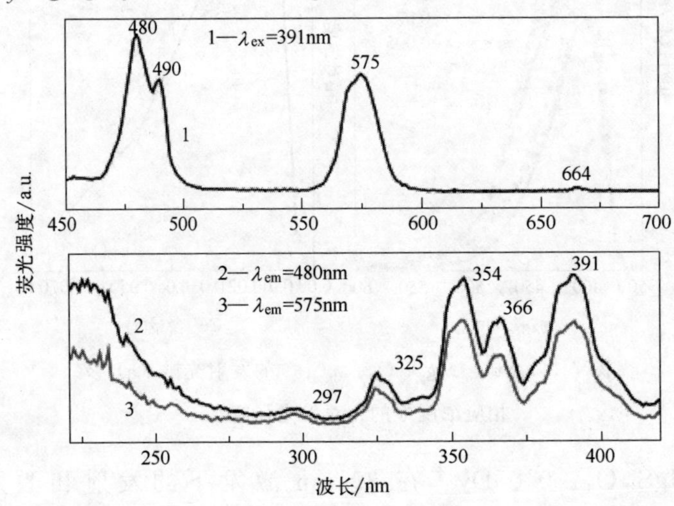

图 7-45　$Sr_{2.95}MgSi_2O_8$：0.05Dy^{3+} 的发射光谱和激发光谱

图 7-46 所示。随着 Dy^{3+} 浓度的增加，相应的 CIE 坐标（x，y）逐渐从蓝光区域向白光区域移动。色坐标（x，y）分别为：（0.159，0.064），（0.197，0.137），（0.212，0.164），（0.277，0.256），（0.257，0.236），（0.240，0.214）。通过改变 Dy^{3+} 浓度，最终可得到白光发光材料 $Sr_{2.94}MgSi_2O_8$：$0.01Ce^{3+}$，$0.05Dy^{3+}$。结果表明 $Sr_{2.94}MgSi_2O_8$：$0.01Ce^{3+}$，$0.05Dy^{3+}$ 可以作为紫外激发的白光发光材料较佳候选材料。

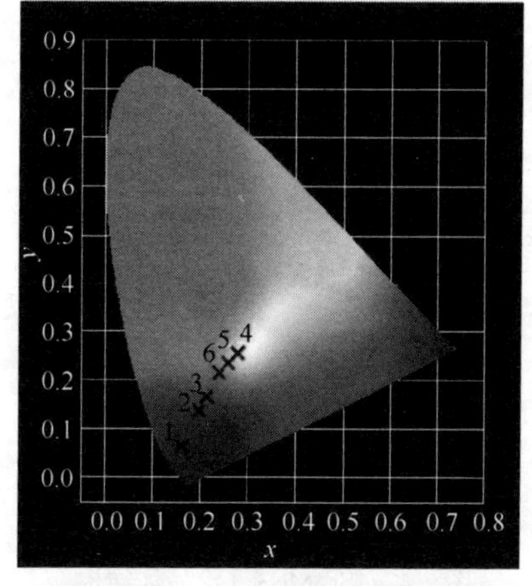

图 7-46　$Sr_{2.99-y}MgSi_2O_8$：$0.01Ce^{3+}$，yDy^{3+} 的色坐标图

二、焦硅酸盐

$M_2NSi_2O_7$（M，N＝Sr、Ca、Mg 等）属于一种同构型四方晶系结构，在这种结构中，2 个 SiO_4 四面体通过共用 1 个氧原子连在一起，形成孤立的 Si_2O_7 基团，这些孤立的基团通过四配位中的 Mg、八配位的 Ca 或 Sr 连在一起。图 7-47 为 $Sr_2MgSi_2O_7$ 晶体结构，存在八配位（SrⅠ）格位当半径较小的 Ce^{3+}、Tb^{3+}、Eu^{3+} 取代 Sr^{2+} 格位，晶格产生扭曲，导致 Mg—O 键长发生变化，基质中有可能产生六配位（SrⅡ）格位，并且 Ce^{3+}、Tb^{3+}、Eu^{3+} 将优先占据 Sr^{2+} 的八配位晶体场格位，形成稳定结构。

吴静[11] 采用高温固相法合成了 $Sr_2MgSi_2O_7$：Ce^{3+}，Tb^{3+}，Eu^{3+} 发光材料。图 7-48 为合成的 $Sr_{2-x-y-z}MgSi_2O_7$：xCe^{3+}，yTb^{3+}，zEu^{3+} 的 X 射线粉末 XRD 图谱。所有样品的衍射峰与 $Sr_2MgSi_2O_7$ 标准卡片（No. 75-1736）完全对应，表明所合成的样品为 $Sr_2MgSi_2O_7$ 物相，Ce^{3+}、Tb^{3+}、Eu^{3+} 和 Li^+ 的加入并未对 $Sr_2MgSi_2O_7$ 晶体结构产生影响。合成样品 $Sr_2MgSi_2O_7$ 属于四方晶系，空间群为 $P\bar{4}2_1m$（No. 113），其晶格常数为 $a=b=7.995nm$，$c=5.152nm$。

图 7-49 是监控波长变化获得的发光材料 $Sr_{2-x-y}MgSi_2O_7$：xCe^{3+}，yTb^{3+}，zEu^{3+}（SMS：CTE）的激发光谱。以 Eu^{3+} 的红色发射波长（611nm）为监控波长，其激发峰分别为 265nm、327nm、394nm 和 465nm，

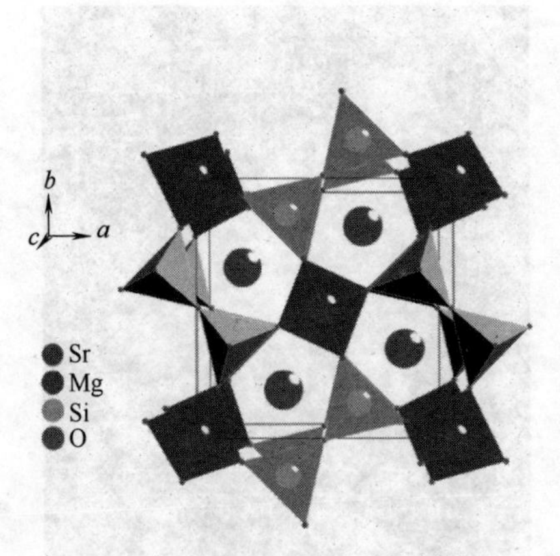

图 7-47 $Sr_2MgSi_2O_7$ 晶体结构

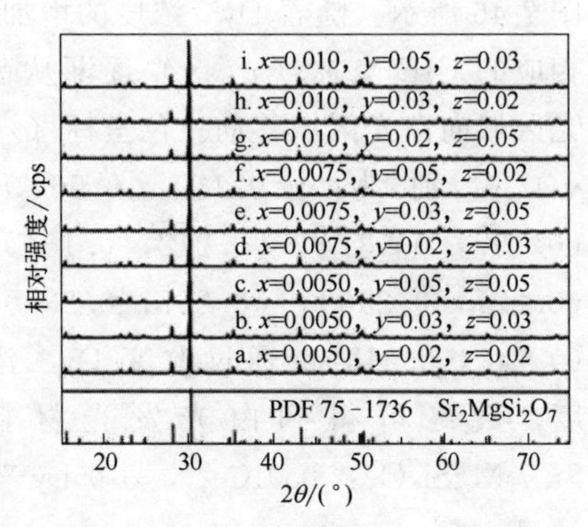

图 7-48 $Sr_{2-x-y-z}MgSi_2O_7$：xCe^{3+}，yTb^{3+}，zEu^{3+} 的 XRD 图谱

327nm 处峰强度最大［图（a)］；分别以 Tb^{3+} 的绿光发射（542nm）和 Ce^{3+} 的蓝紫光发射（384nm）为监控波长，其主要激发峰均在 327nm 处。由此可见，Ce^{3+}、Tb^{3+}、Eu^{3+} 在发光材料基质 $Sr_2MgSi_2O_7$ 中有共同的最佳激发波长 327nm。图（d）是 327nm 波长激发下发光材料 SMS：CTE 的发射光谱。在 327nm 激发下，发光材料 SMS：CTE 在可见光区域呈现多峰发射，主要发射峰分别位于 384nm、435nm、488nm、542nm、584nm、590nm、595nm 和 611nm。其中 384nm 发射为 Ce^{3+} 的特征发射光（蓝紫光），488nm、542nm 和 590nm 发射分别归属于 Tb^{3+} 的 $^5D_4 \rightarrow {}^7F_J$ 电子跃迁。受 $Sr_2MgSi_2O_7$ 晶体场的影响，Tb^{3+} 的 $^5D_4 \rightarrow {}^7F_4$（590nm）跃迁发射可以发生劈裂现象，分裂成 584nm、590nm 和 595nm 发射峰。另外，Tb^{3+} 还可以产生 613nm 的红光发射（$^5D_4 \rightarrow {}^7F_3$）。590nm、611nm 和 620nm 红光发射又是 Eu^{3+} 的 $^5D_4 \rightarrow {}^7F_J$（$J=6$，5，4）特征跃迁发射，所以，在 590～611nm 红色发光区域存在着 Tb^{3+} 和 Eu^{3+} 发射光谱的叠加。图 7-49（d）表明，在 327nm 激发下，所有样品都能检测到来自 Ce^{3+} 的蓝紫色特征发光、Tb^{3+} 的特征绿色发光和 Eu^{3+} 的特征红色发光。

虽然发光材料的蓝色、绿色和红色发光主要来自于 Ce^{3+}、Tb^{3+} 和 Eu^{3+} 的特征发射，由于共掺杂体系中存在能量传递，每一种发光中心都会受到其他掺杂离子的影响。只有适合的红、绿、蓝发射强度比才能复合得到白光。根据图 7-49（d）发射光谱数据，采用色坐标软件 CIE 计算

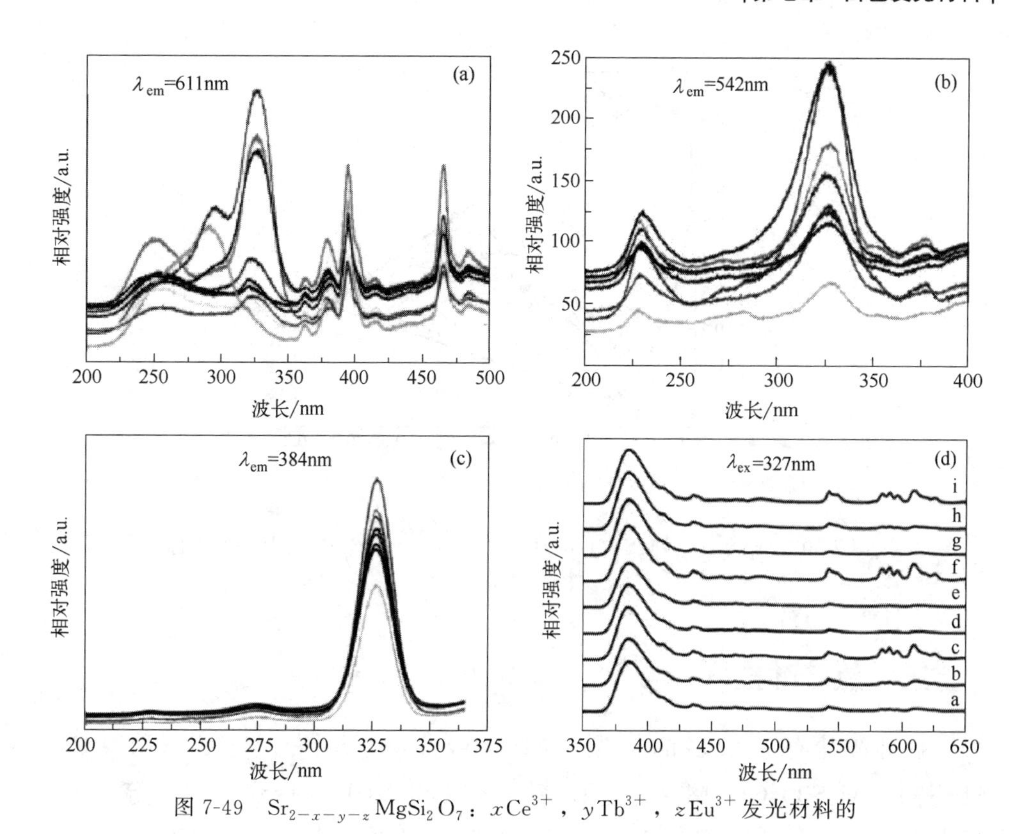

图 7-49 $Sr_{2-x-y-z}MgSi_2O_7$：xCe^{3+}，yTb^{3+}，zEu^{3+}发光材料的激发光谱（a）、（b）、（c）和发射光谱（d）

了 $Sr_2MgSi_2O_7$：xCe^{3+}，yTb^{3+}，zEu^{3+}系列样品的色坐标，结果列于表7-6。由表 7-6 可知，在 327nm 紫外光激发下，样品的色坐标随掺杂离子的浓度变化而变化。

样品 a、b、c、f 和 i 的色坐标位于白光区（图 7-50），并且 i（x=0.010，y=0.05，z=0.03）的色坐标（0.337，0.313）与纯白光色坐标 W（0.33，0.33）很接近，能够很好地应用到 WLED 中。

表 7-6 $Sr_2MgSi_2O_7$：xCe^{3+}，yTb^{3+}，zEu^{3+}色坐标值

编号	Ce^{3+}	Tb^{3+}	Eu^{3+}	(x,y)
a	0.0050	0.02	0.02	(0.290,0.275)
b	0.0050	0.03	0.03	(0.304,0.288)
c	0.0050	0.05	0.05	(0.346,0.302)
d	0.0075	0.02	0.03	(0.292,0.282)
e	0.0075	0.03	0.05	(0.288,0.284)
f	0.0075	0.05	0.02	(0.347,0.311)
g	0.010	0.02	0.05	(0.292,0.283)
h	0.010	0.03	0.02	(0.292,0.287)
i	0.010	0.05	0.03	(0.337,0.313)

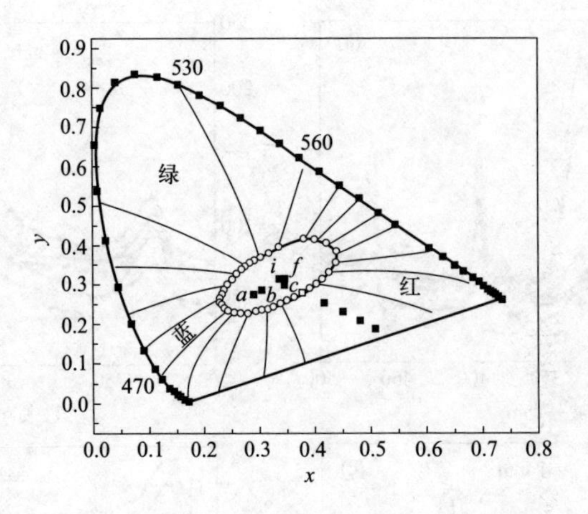

图 7-50　$Sr_{2-x-y-z}MgSi_2O_7$：xCe^{3+}，yTb^{3+}，zEu^{3+}样品的色坐标

三、氯硅酸盐

氯硅酸盐存在较多的构型，如（Sr，M）$_8$[$Si_{4x}O_{4+8x}$]Cl_8（M＝Ca、Mg 等）、$M_5SiO_4Cl_6$（M＝Sr、Ba 等）、$M_2SiO_3Cl_2$（M＝Ca、Ba 等）等，其中 $M_2SiO_3Cl_2$（M＝Ca、Ba 等）属于四方晶系，在 $M_2SiO_3Cl_2$ 基质中，M^{2+}具有两种不同的格位：与 Cl^-配位的 M^{2+}（Ⅰ）格位和与 $[SiO_4]^{4-}$离子团配位的 M^{2+}（Ⅱ）格位。掺杂离子进入基质后可占据不同的 M^{2+}格位并在晶体场的作用下产生不同的发光性能[12]。

宁清菊等[13] 采用溶胶凝胶法制备了 $Ca_2SiO_3Cl_2$：Tb^{3+}单一基质白光发光材料，近紫外光激发下，出现了明显的多波长发射（415nm、440nm、460nm、486nm、544nm、595nm、619nm 和 700nm），混合后发射白光。

图 7-51 为不同煅烧温度保温 8h 的 $Ca_2SiO_3Cl_2$：$0.003Tb^{3+}$ 的 XRD 图谱。与标准卡 JCPDS No. 42-1445 比较，560℃开始生成 $Ca_2SiO_3Cl_2$，与强衍射峰基本对应，次强峰的强度却很低，有杂相，随着温度的升高，峰型逐渐明显，580℃、600℃ 时，$Ca_2SiO_3Cl_2$ 相大量生成，但 600℃又有杂相形成。这是因为随温度升高，样品中的硅氧四面体由无桥氧的 $[SiO4]^{4-}$四面体向有桥氧的 $[Si_2O_7]^{6-}$双四面体转换的结果。图 7-52 为 580℃煅烧，不同保温时间的 $Ca_2SiO_3Cl_2$：$0.003Tb^{3+}$发光材料的 XRD 图

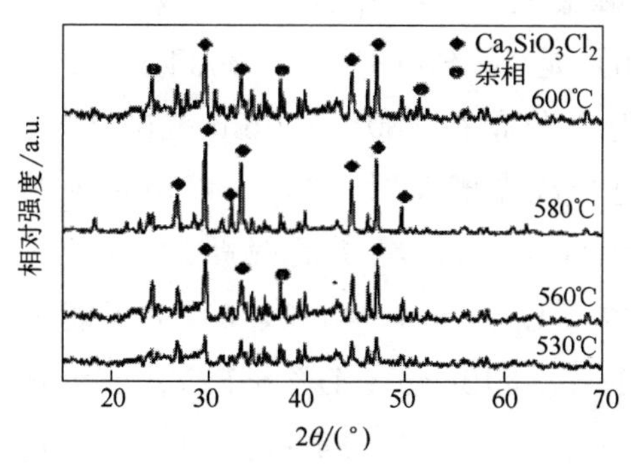

图 7-51　不同煅烧温度下样品的 XRD 图谱

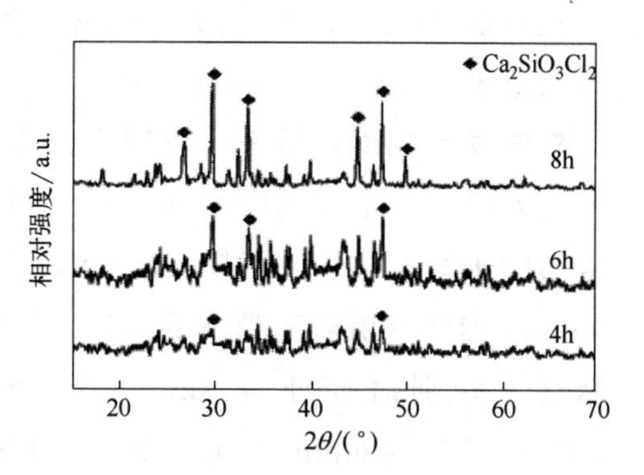

图 7-52　不同保温时间样品的 XRD 图谱

谱。样品最强峰与次强峰位置与标准卡片 JCPDS No. 42-1455 一致。保温 4h，样品主衍射峰强度都较低，主峰较钝，存在较多的非晶态，这是因为保温时间过短，晶粒没有完全长大，晶体颗粒结晶不完全。保温 6h，衍射峰强度提高，且更加尖锐。保温 8h，衍射峰的强度继续提高而且峰形尖锐，主晶相的其他次衍射峰也大量出现，且非晶态最少，说明获得结晶较完整的晶粒需要有足够的保温时间。稀土离子的掺杂没有改变基质晶体的结构，说明稀土离子对基质晶格的影响很小。这是因为 Tb^{3+} 的半径与 Ca^{2+} 半径相近，当 Tb^{3+} 取代 Ca^{2+} 时，几乎没有晶格畸变，故而晶体场情况基本不变。

图 7-53（a）为 $Ca_2SiO_3Cl_2$：$0.003Tb^{3+}$ 发光材料的激发光谱，从图中可以看出，激发光谱为一个多峰宽谱，覆盖从紫外到蓝光区，其激发光谱的主峰分别为 302nm、317nm、340nm、350nm、369nm、377nm、

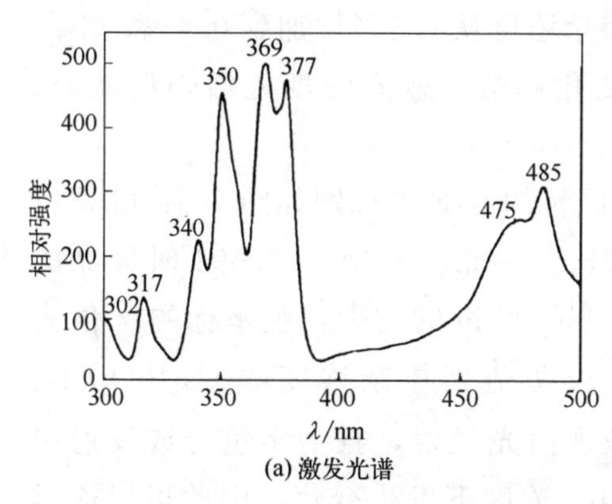

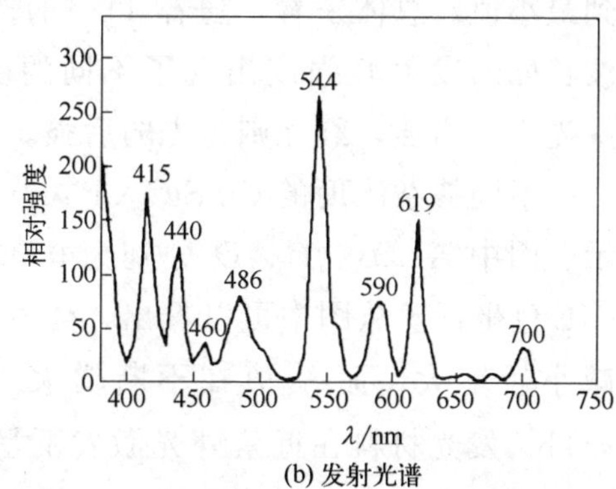

图 7-53　$Ca_2SiO_3Cl_2$：$0.003Tb^{3+}$ 的荧光光谱

475nm 和 485nm，其中以 369nm 处的峰最强。这些峰是 Tb^{3+} 主要激发峰分布范围（350～377nm）。图 7-53（b）是 $Ca_2SiO_3Cl_2$：0.003Tb^{3+} 发光材料的发射光谱，从图中可以看出发射带分布在 380～720nm 范围之内。发射光谱由多个发射峰组成，属于多色合成光谱发射。380～475nm 内的发射峰主要源自 Tb^{3+} 的 $^5D_3 \rightarrow ^7F_J$（$J=4, 5, 6$）电子能级跃迁，475～650nm 内的发射峰主要源自 Tb^{3+} 的 $^5D_4 \rightarrow ^7F_J$（$J=3, 4, 5, 6$）电子能级跃迁。分别对应于 415nm（$^5D_3 \rightarrow ^7F_6$）、440nm（$^5D_3 \rightarrow ^7F_5$）、460nm（$^5D_3 \rightarrow ^7F_4$）、486nm（$^5D_4 \rightarrow ^7F_6$）、544nm（$^5D_4 \rightarrow ^7F_5$）、595nm（$^5D_4 \rightarrow ^7F_4$）、619nm（$^5D_4 \rightarrow ^7F_3$）。特别是 544nm 处最高的发射峰是 Tb^{3+} 典型 4f→4f 的 $^5D_4 \rightarrow ^7F_5$ 电子能级跃迁。发射光谱上出现的 486nm、544nm、590nm 和 619nm 共 4 个主发射峰，分别归属于 Tb^{3+} 的 $^5D_4 \rightarrow ^7F_J$（$J=6, 5, 4, 3$）磁偶极跃迁发射，在 540～550nm 窄绿色光谱区集中的能量最多，其中归属于 $^5D_4 \rightarrow ^7F_5$ 的 544nm 发射峰最强，这是因为 $^5D_4 \rightarrow ^7F_5$ 的能级跃迁属于电偶极和磁偶极允许跃迁。

图 7-54（a）为不同浓度的 $Ca_2SiO_3Cl_2$：mTb^{3+} 在 370nm 光激发下的发射光谱。当 $m=0.1\%\sim0.4\%$ 时，发射峰的位置几乎没有出现变化，强度却有明显的变化；415nm（$^5D_3 \rightarrow ^7F_6$）、440nm（$^5D_3 \rightarrow ^7F_5$）、460nm（$^5D_3 \rightarrow ^7F_4$）、486nm（$^5D_4 \rightarrow ^7F_6$）、544nm（$^5D_4 \rightarrow ^7F_5$）五处发射峰先增强后减弱，$m=0.3\%$ 时，达到最大值；595nm（$^5D_4 \rightarrow ^7F_4$）、619nm（$^5D_4 \rightarrow ^7F_3$）两处发射峰随着 m 增大，发生明显的浓度猝灭效应，强度先增大后减小；700nm 处的发射峰强度先减小后增大，当 $m=0.3\%$ 时，达到最小值。总体来看，随着 Tb^{3+} 的掺杂浓度从 0.1%增加到 0.4%，不同波长处的发射峰强度出现了不同的变化趋势，蓝光强度先增强后减弱，绿光不断增强，红光则为先弱后强。

不同掺杂浓度的 $Ca_2SiO_3Cl_2$：mTb^{3+} 的 CIE 坐标图如图 7-54（b）所示。图中 A、B、C、D 分别为 0.001、0.002、0.003、0.004 时样品的 CIE 色坐标。从图中可以看出，随着 Tb^{3+} 浓度的增大，色坐标的 x 值先减小后增大，而 y 值在不断增大。说明适当掺杂浓度的 $Ca_2SiO_3Cl_2$：mTb^{3+} 发光材料在近紫外光激发下呈现白光发射，且为多色合成发射白光情况。由于色坐标的位置在不同 Tb^{3+} 浓度下发生变化，因此可以通过改变掺杂离子的浓度来调整白光的纯度，从而使样品的色坐标更接近白光的中心区域。

不同 m 值的 $Ca_2SiO_3Cl_2$：mTb^{3+} 的显色性与色温如图 7-54（c）所示。从图中可以看出，随着 Tb^{3+} 浓度的增大，显色性指数 R_a 值不断增大，样品发光的色彩还原能力不断增强。随着 Tb^{3+} 的浓度从 0.1%增大到 0.4%，发光材料的色温先增大后减小，当掺杂浓度为 0.3%时，色温达到最大值，其值 T_c=6161K，在正白光色温 6000～6500K 范围内。这种多色合成发射白光的情况更接近于自然光，较红绿蓝三尖峰混合成白光的情况，显色性更好。一般情况下，尖峰发射的光色组合，较之带状发射光谱组合发光效率高，但无法保持高显色性，而 $Ca_2SiO_3Cl_2$：mTb^{3+} 发光材料采用近紫外激发单一基质获得白光，与蓝光激发的情况相比，减少了背景颜色吸收等问题，发光效率明显较高。

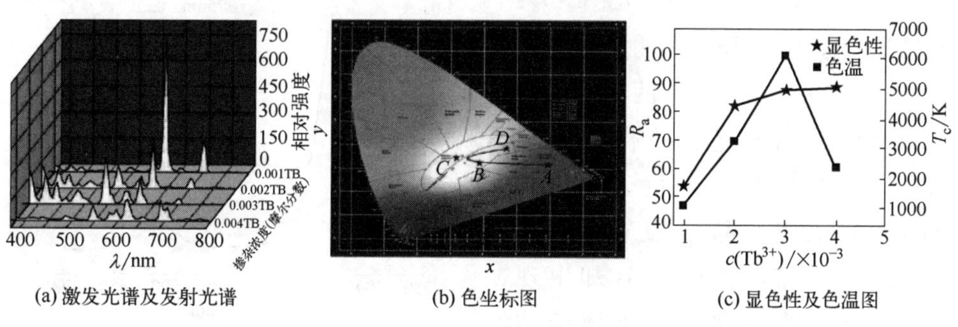

(a) 激发光谱及发射光谱　(b) 色坐标图　(c) 显色性及色温图

图 7-54　$Ca_2SiO_3Cl_2$：mTb^{3+} 发光材料的发光性能

四、镁硅钙石

$M_3MgSi_2O_8$（M = Ca、Ba、Sr 等）是镁硅钙石型基质材料，$Ca_3MgSi_2O_8$ 为菱形斜方晶系镁硅钙石结构，在镁硅钙石结构中有 3 个不同的 Ca 格位，配位数分别为 8、9、8，此外，还有 1 个八面体的 Mg 格位[14,15]。$Sr_3MgSi_2O_8$ 和 $Ba_3MgSi_2O_8$ 属正交晶系，与镁硅钙石有相类似的阳离子格位。

毛志勇等[16] 采用稀土复合溶胶雾化-热解的方法成功制备了 $Ba_3MgSi_2O_8$:Eu^{2+}，Mn^{2+} 发光材料。在近紫外光激发下，可同时发射红、绿、蓝三色光发射，进而合成白光。发光材料的 XRD 图谱如图 7-55 所示，主要特征衍射谱线与 JCPDS No. 12-0074 卡片特征峰一致，说明发光材料的主基质相为 $Ba_3MgSi_2O_8$ 晶体。同时也观察到了少量伴生相 Ba_2SiO_4 晶体的

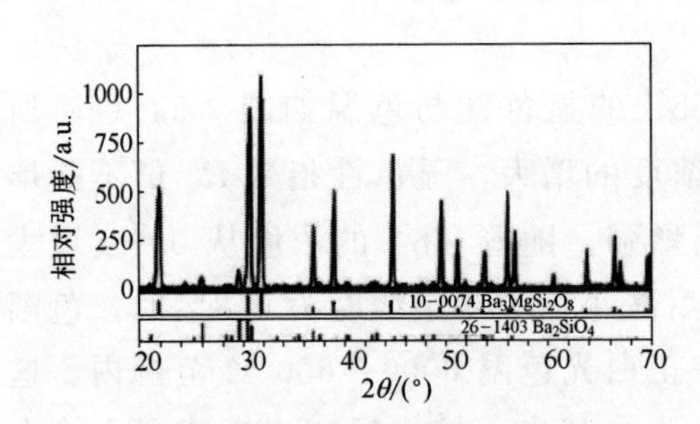

图 7-55 $Ba_3MgSi_2O_8:Eu^{2+}$，Mn^{2+} 发光材料的 XRD 图谱

衍射线。$Ba_3MgSi_2O_8$ 具有硅镁钙石结构，空间群为 $P2_1/a$，晶格常数 $a=0.5506nm$，$b=0.9751nm$，$c=0.7624nm$。$Ba_3MgSi_2O_8$ 中存在 Ba^{2+}、Mg^{2+} 和 Si^{4+} 三种阳离子，它们具有不同的格位和配位环境，考虑到在不同配位场的有效离子半径，Eu^{2+} 和 Mn^{2+} 进入基质晶格后分别取代 Ba^{2+} 和 Mg^{2+}，由于掺杂量小且离子半径接近而对基质晶体结构没有明显影响。

$Ba_3MgSi_2O_8:Eu^{2+}$，Mn^{2+} 发光材料的突出特征是多波段发射。在 375nm 激发下的 $Ba_3MgSi_2O_8:0.02Eu^{2+}$，$0.1Mn^{2+}$ 发射光谱如图 7-56 所示，图中的两条曲线，一个有红和蓝两色光（样品 A），另一个发射红绿蓝三色光（样品 B）。可以看出样品 A 没有观测到 505nm 发射带，而样品 B 却出现了。对蓝光发射带，基于微结构参数的最低能带边计算可以得出 Eu^{2+} 在配位数为 10 的 Ba 格位的 5d→4f 跃迁发射峰值为 438nm，与实验观察值 437nm 一致；对 505nm 的绿光发射带，证实了来自 Eu^{2+} 在伴生的 Ba_2SiO_4 对 Ba 格位的 5d→4f 替代跃迁发射；608nm 的红光发射是通过 Eu^{2+} 的蓝光发光中心的能量传递促使 ${}^4T_1 \to {}^6A_1$ 跃迁发射。由 $Ba_3MgSi_2O_8$ 主相及其中的 Ba_2SiO_4 伴生相组成的发光材料的复合相结构，原则上可实现 $Ba_3MgSi_2O_8:Eu^{2+}$，Mn^{2+} 发光材料的红蓝绿全色白光合成，用于 WLED，对于提高器件的显色性具有十分重要的意义。

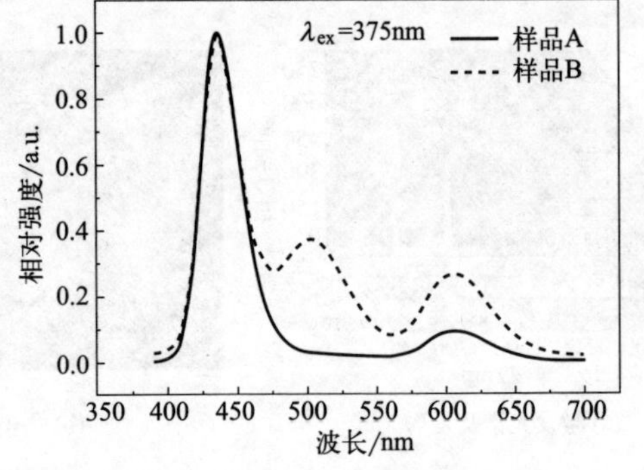

图 7-56 $Ba_3MgSiO_2O_8:0.02Eu^{2+}$，$0.1Mn^{2+}$ 的发射光谱

Thiyagarajan 等[17] 采用高温固相法合成了性能较好的 $Ca_{3-(l+n)}MgSi_2O_8:Ce^{3+}$，$nEu^{2+}$ 单基质白色发光材料。图 7-57 为在监测波长为 470nm 时 $Ca_{2.97-n}MgSi_2O_8:0.03Ce^{3+}$，$nEu^{2+}$（$n=0.0075$，0.0150，0.025，0.030）各离子掺杂浓度的激发光谱。当 Eu^{2+} 浓度上升时，可以看到由于 Ce^{3+} 和 Eu^{2+}

光带混合引起的激发峰的转移，这清楚地表明能量转移的存在。图 7-58 为 $Ca_{2.97-n}MgSi_2O_8$：0.03Ce^{3+}，nEu^{2+}（n = 0.0075，0.0150，0.025，0.030）在监测波长 365nm 下的发射光谱以及不同 Eu^{2+} 浓度对发光强度的影响。在激发光谱中可以观察到随着 Eu^{2+} 浓度的增加，Ce^{3+} 的灵敏度随之减小，这是因为 Ce^{3+} 的部分能量传递给了 Eu^{2+}。还可以观察 Ce^{3+} 的发射峰发生了几纳米的位移。当 Eu^{2+} 的浓度进一步增加至 0.0150 时，来源于占据 Ca^{2+} 位置的 Ce^{3+} 和 Eu^{2+} 共同作用产生的发射光成为唯一的发射光。因此把发蓝光的 Ce^{3+} 和发蓝绿光的 Eu^{2+} 结合在一起可以产生冷白光。

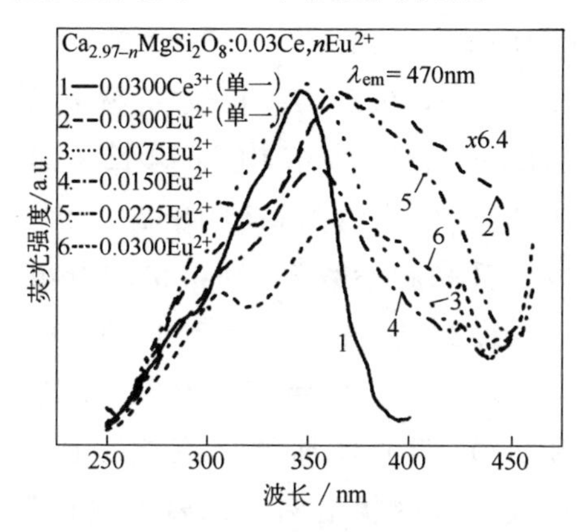

图 7-57　$Ca_{2.97-n}MgSi_2O_8$：0.03Ce^{3+}，nEu^{2+} 的激发光谱

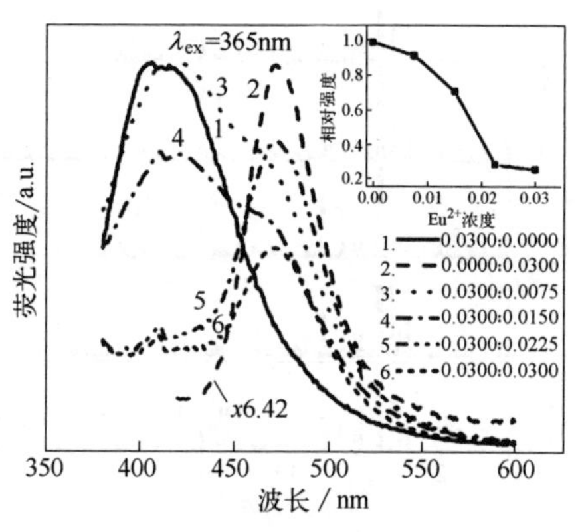

图 7-58　$Ca_{2.97-n}MgSi_2O_8$：0.03Ce^{3+}，nEu^{2+} 的发射光谱及发光强度关系

根据掺杂浓度不同对合成的发光材料的 CIE 色坐标进行测定，结果见图 7-59。随着图中 Eu^{2+} 的浓度从 0.00 向 0.03 变化，（x，y）的值逐渐从（0.221，0.141）向（0.217，0.150）变化，相应的发射光从蓝色变为蓝绿色。当 Eu^{2+} 浓度为 0.0150 时，色坐标 CIE 转向蓝绿色。然后当 Eu^{2+} 浓度达到 0.03 时出现非常接近冷白光的蓝白光。因此，合成的发光材料适用于 365nm

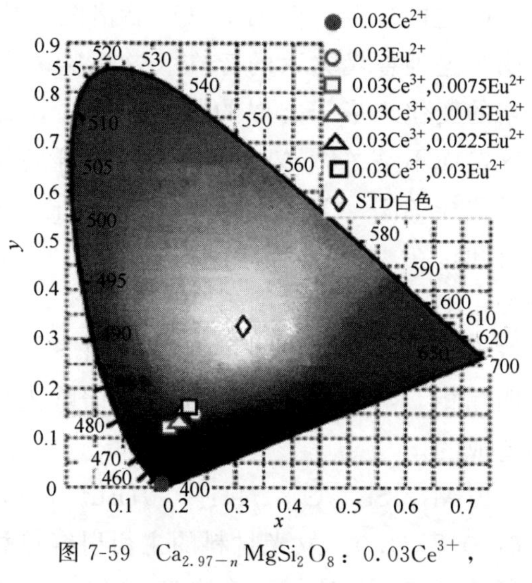

图 7-59　$Ca_{2.97-n}MgSi_2O_8$：0.03Ce^{3+}，nEu^{2+} 的色坐标

紫外激发的冷白光 LED 领域。

五、其他

硅酸盐结构复杂，构型丰富，通过不同元素的加入可以形成较多、较好的发光材料基质。

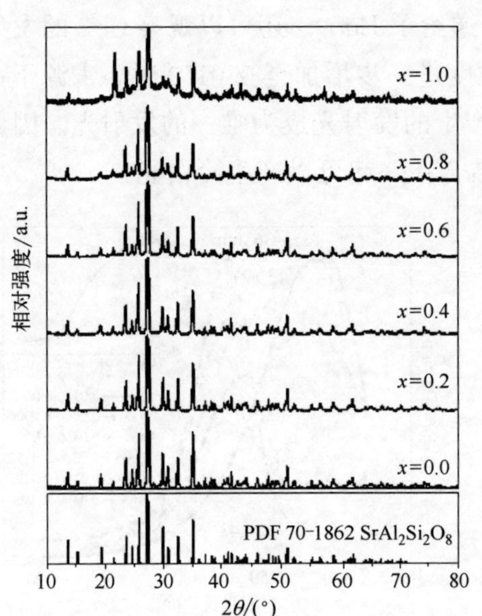

图 7-60　$SrAl_{2-x}Si_{2+x}O_{8-x}N_x$ 的 XRD 图谱

Zheng 等[18] 采用高温固相法合成了 $SrAl_2Si_2O_8$：Eu^{2+}，Mn^{2+} 发光材料。图 7-60 为 $SrAl_{2-x}Si_{2+x}O_{8-x}N_x$：$0.01Eu^{2+}$，$0.1Mn^{2+}$（$x=0.0$，0.2，0.4，0.6，0.8，1.0）发光材料的 XRD 图谱。其结构与锶长石的 JCPDS 卡片（No. 70-1862）相一致。其晶胞参数为 $a=0.83943nm$，$b=1.29957nm$，$c=1.42832nm$，$\alpha=\gamma=90°$，$\beta=115.460°$，AlO_4 和 SiO_4 四面体通过顶点相互连接形成三维网状结构，锶离子填充其中。由于离子半径存在差异，在 $SrAl_2Si_2O_8$ 中 Si—N 键趋向于占据 Al—O 键的位置。$SrAl_2Si_2O_8$ 晶格图形中存在 4 个铝和 8 个氧，进一步证明了这种替代关系的存在。这意味着可用离子键价态的总和表现出主晶格的变化。基于类似的替代原则，认为定量的硅离子进入 Al1/Al4 的位置，而不是 Al2/Al3 的位置。同样氮离子也能替代 O1 或者 O2 的位置。这样 Al1—O1 或 Al4—O2 键就很可能被 Si—N 键取代。根据理论计算得知，在 4 个 Al 当中只有占 50%的 Al1 和 Al4 可被 Si 取代，表明了 $SrAl_{2-x}Si_{2+x}O_{8-x}N_x$ 中当 Si—N 达到最大浓度时 $x=1.00$。当 Si—N 组合键浓度小于 $x=1.00$ 时可发现 $SrAl_2Si_2O_8$ 晶相的存在，当 $x=1$ 时检测到不明晶相。当 $x=1.0$ 的 XRD 图谱峰强比替代后理论上的要低，这是实验造成的。

$SrAl_{2-x}Si_{2+x}O_{8-x}N_x$：$0.01Eu^{2+}$，$0.1Mn^{2+}$（$x=0.0$，0.2，0.4，0.6，0.8，1.0）发光材料的主衍射峰位移变化如图 7-61 所示，在图 7-61 中可以看出当 Si—N 键浓度增加时，$SrAl_{2-x}Si_{2+x}O_{8-x}N_x$：$0.01Eu^{2+}$，

$0.1Mn^{2+}$（$x=0.0$，0.2，0.4，0.6，0.8，1.0）发光材料 XRD 的衍射峰（220）和（204）出现了红移。产生这种现象的原因是 Si—N 的键长（0.174nm）略短于 Al—O 的键长，随着 Si—N 浓度的增加，Si—N 替代 Al1—O1 和 Al4—O2 增多导致晶胞尺寸变小造成的。

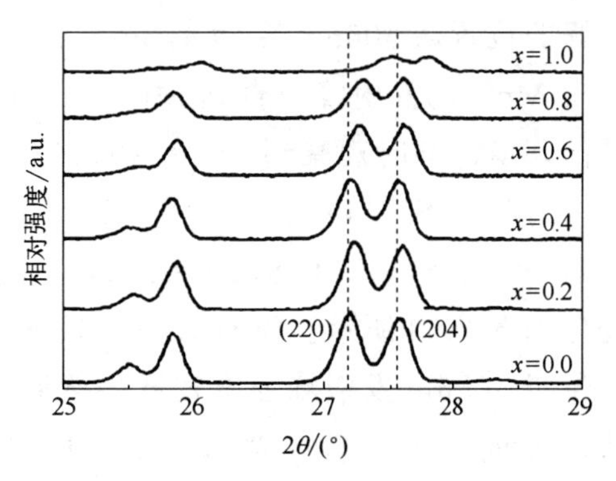

图 7-61 主衍射峰位移变化

图 7-62 为 $SrAl_{2-x}Si_{2+x}O_{8-x}N_x$：$0.01Eu^{2+}$，$0.1Mn^{2+}$（$x=0.0$，$x=0.2$，$x=0.4$，$x=0.6$，$x=0.8$，$x=1.0$）在 365nm 监测波长下的发射光谱和在其发射光激发下 $SrAl_2Si_2O_8$：$0.01Eu^{2+}$，$0.1Mn^{2+}$ 的激发光谱。当发光材料中不存在 Si—N 键，在 406nm 处出现强蓝光，在 565nm 处出现弱黄光。蓝光和红光的发射分别由 Eu^{2+} 的 $4f^65d \rightarrow {}^8S_{7/2}$ 和 Mn^{2+} 的 ${}^4T_1 \rightarrow {}^6A_1$ 的跃迁引起的。Eu^{2+} 的激发光谱与 Mn^{2+} 发射光谱存在相似之处，这表明 Eu^{2+} 与 Mn^{2+} 存在能量传递。然而 565nm 的发射峰很弱说明 Eu^{2+} 与 Mn^{2+} 的能量传递很弱。因此结构未改良的发光材料 $SrAl_2Si_2O_8$：$0.01Eu^{2+}$，$0.1Mn^{2+}$ 很难在紫外激发下发白光，因为其缺少黄光部分。

当存在 Si—N 键时，随着 Si—N 键的浓度增加可以发现 Eu^{2+} 的发射峰半峰宽变宽且发射峰变长。当 Si—N 键的浓度达到 1.0 时，Eu^{2+} 的发

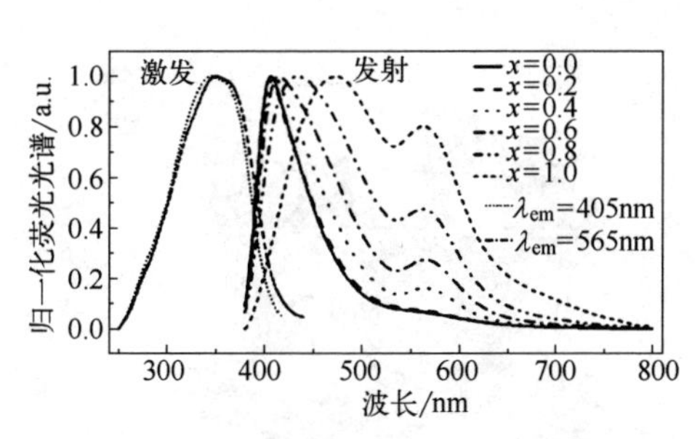

图 7-62 $SrAl_{2-x}Si_{2+x}O_{8-x}N_x$：$0.01Eu^{2+}$，$0.1Mn^{2+}$ 的发射光谱及 $SrAl_2Si_2O_8$：$0.01Eu^{2+}$，$0.1Mn^{2+}$ 激发光谱

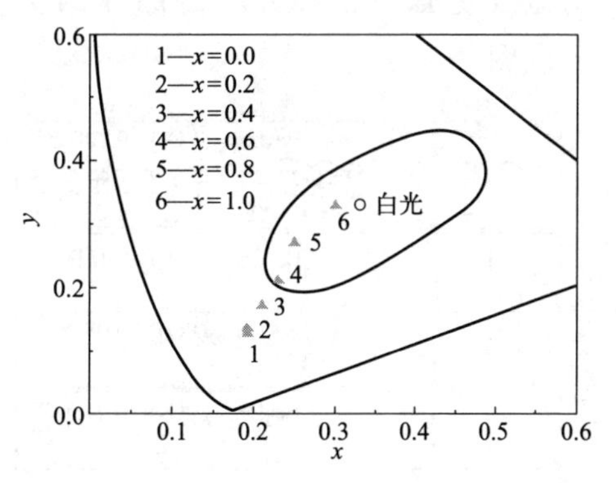

图 7-63 $SrAl_{2-x}Si_{2+x}O_{8-x}N_x$：$0.01Eu^{2+}$，$0.1Mn^{2+}$ 的色坐标图

射峰的位置从406nm变为473nm半峰宽从55.6nm变为187.7nm。没有发现Mn^{2+}的发射峰，直到Mn^{2+}的3d电子层被$4s^2$电子层屏蔽变为惰性晶体环境。同时观察到Si—N掺入使565nm的黄光明显增强。

$SrAl_{2-x}Si_{2+x}O_{8-x}N_x$：$0.01Eu^{2+}$，$0.1Mn^{2+}$（$x=0$，$x=0.2$，$x=0.4$，$x=0.6$，$x=0.8$，$x=1.0$）发光材料在365nm激发光下的色坐标变化如图7-63所示。没有Si—N发光材料的色坐标处在蓝光区，这是由于位于565nm发射峰强度较低，然而随着Si—N的增加样品CIE色坐标从蓝光向白光转变，当$x=1.0$时变为色坐标位于（0.33，0.33）的白光。

第三节 其他体系

一、磷酸盐

杨志平等[19]通过高温固相法合成了一系列$Ba_3La_{1-x}(PO_4)_3$：xDy^{3+}发光材料。图7-64是$Ba_3La_{1-x}(PO_4)_3$：xDy^{3+}的XRD图谱，将衍射图谱与标准卡片对比，发现衍射峰数据与PDF卡片No. 85-2448数据基本一致，没有明显的杂峰出现，表明在当前的合成条件下能够合成$Ba_3La(PO_4)_3$晶体结构，少量Dy^{3+}取代La^{3+}进入基质的晶格并没有明显改变$Ba_3La(PO_4)_3$的晶体结构。图7-65为$Ba_3La(PO_4)_3$晶体结构示意图。

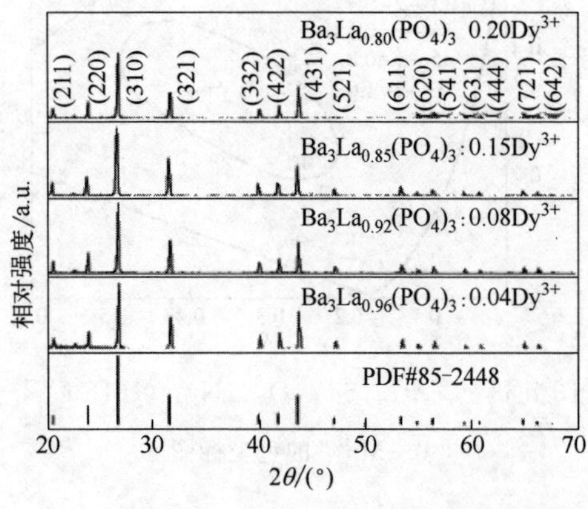

图7-64 $Ba_3La_{1-x}(PO_4)_3$：xDy^{3+}的XRD图谱

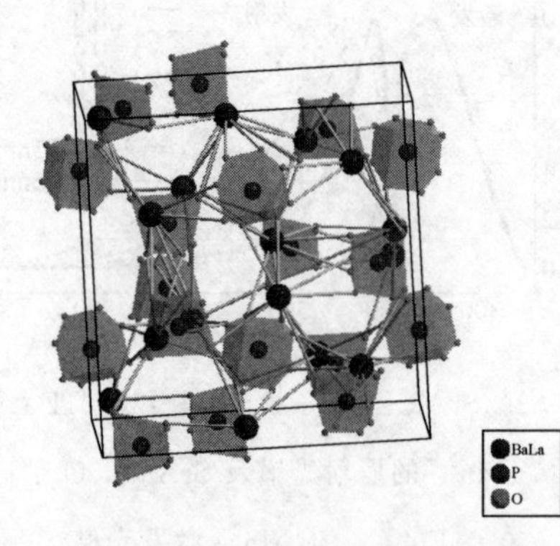

图7-65 $Ba_3La(PO_4)_3$晶体结构

图 7-66 是监测 575nm 的 $Ba_3La_{0.92}(PO_4)_3$：0.08Dy^{3+} 的激发光谱。激发光谱分布在 300～470nm 范围内，来源于 Dy^{3+} 的基态 $^6H_{15/2}$ 向激发态 $4f^9$ 的能级跃迁。激发光谱峰值分别位于 322nm（$^6H_{15/2}\rightarrow{}^4M_{17/2}$）、347nm（$^6H_{15/2}\rightarrow{}^6P_{7/2}$）、360nm（$^6H_{15/2}\rightarrow{}^4I_{11/2}$）、386nm（$^6H_{15/2}\rightarrow{}^4I_{13/2}$）、424nm（$^6H_{15/2}\rightarrow{}^4G_{11/2}$）和 451nm（$^6H_{15/2}\rightarrow{}^4I_{15/2}$）。

观察图 7-66 可知，$Ba_3La(PO_4)_3$：Dy^{3+} 发光材料既可以被近紫外光激发，又可以被蓝光有效激发。在所有的激发带中，347nm 处的强度最大，因此采用 347nm 光对样品进行激发。图 7-67 为不同 Dy^{3+} 掺杂浓度样品的发射光谱，图中右上角插图为不同 Dy^{3+} 掺杂浓度下 575nm 处发光强度的变化曲线。发射光谱主要由两个强带组成，中心分别位于 482nm 和 575nm，分别对应 $^4F_{9/2}\rightarrow{}^6H_{15/2}$ 和 $^4F_{9/2}\rightarrow{}^6H_{13/2}$ 能级跃迁。随着 Dy^{3+} 掺杂浓度的增加，发光强度首先增大，在 Dy^{3+} 摩尔分数达到 0.10 时发射强度最大，然后由于浓度猝灭，发光强度逐渐减小。此外，不同 Dy^{3+} 掺杂浓度下发射峰位置并没有发生变化。当 Dy^{3+} 位于高对称点时，磁偶极跃迁 $^4F_{9/2}\rightarrow{}^6H_{15/2}$ 占主导地位；反之当 Dy^{3+} 位于低对称点时，电偶极跃迁 $^4F_{9/2}\rightarrow{}^6H_{13/2}$ 更强。在本文中，位于 575nm（$^4F_{9/2}\rightarrow{}^6H_{13/2}$）的黄光发射要强于 482nm（$^4F_{9/2}\rightarrow{}^6H_{15/2}$）的蓝光发射，表明在 $Ba_3La(PO_4)_3$ 基质中，Dy^{3+} 占据的是低对称点。

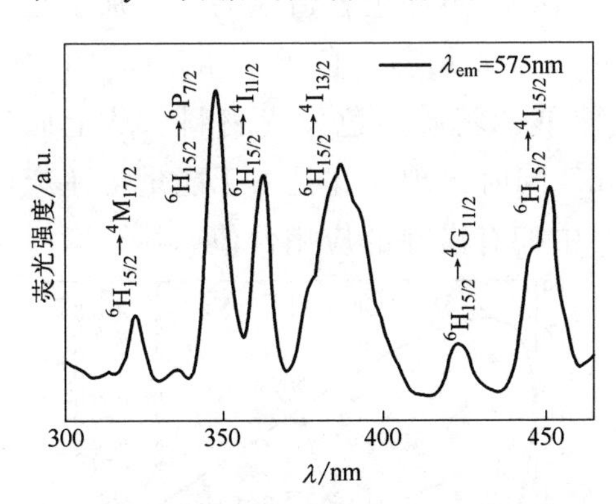

图 7-66 $Ba_3La_{0.92}(PO_4)_3$：0.08Dy^{3+} 的激发光谱

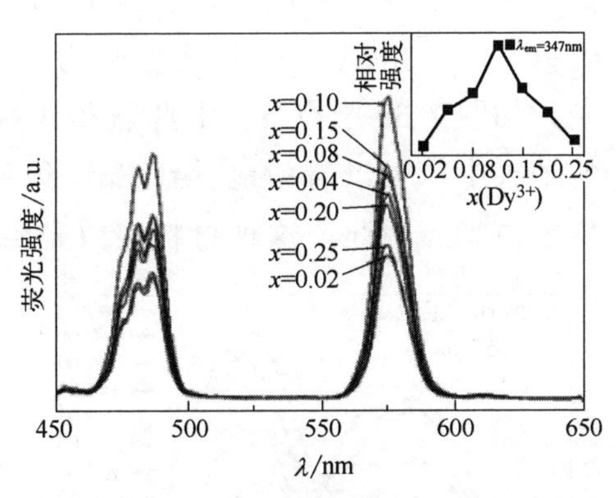

图 7-67 Dy^{3+} 掺杂量变化的发射光谱

发光材料的色坐标及色温是 WLED 应用中的重要参数。利用 CIE 1931 色坐标软件计算不同 Dy^{3+} 掺杂浓度的 $Ba_3La(PO_4)_3$：Dy^{3+} 发光材料的色坐标及色温。表 7-7 给出了 Dy^{3+} 摩尔分数从 0.02～0.20 对应的色

表 7-7 Dy^{3+} 浓度变化的色坐标及色温表

Dy^{3+} 摩尔分数	x	y	相关色温/K
0.02	0.3326	0.3574	3803
0.04	0.3421	0.3706	3766
0.08	0.3394	0.3687	3754
0.10	0.3433	0.3728	3828
0.15	0.3437	0.3732	3917
0.20	0.3389	0.3677	3975

坐标及色温值。发现样品的发光属于暖白光，并且通过改变 Dy^{3+} 的掺杂浓度可以调节发光材料的色坐标。

Guo 等[20] 采用高温固相法制备了 $Sr_3Gd(PO_4)_3$:Eu^{2+}，Mn^{2+} 单一白光的发光材料。图 7-68 为检测波长 355nm 不同 Mn^{2+} 浓度的 $Sr_3Gd(PO_4)_3$：0.01Eu^{2+}，$n$$Mn^{2+}$ 发射光谱。可以看出从 $n=0.005$ 到 $n=0.08$，随着 Mn^{2+} 浓度的增加，Eu^{2+} 的发光强度减小，Eu^{2+} 向 Mn^{2+} 传递的能量增加。同时，Mn^{2+} 的发光强度增加，在 $n=0.05$ 时达到最大，超出后发光强度降低，原因是 Mn^{2+} 发生浓度猝灭。此外，Mn^{2+} 的发射峰发生了红移，当 $n=0.005$ 到 $n=0.08$ 发射峰从 600nm 向 630nm 转移。

图 7-69 为根据不同 Mn^{2+} 浓度的 $Sr_3Gd(PO_4)_3$：0.01Eu^{2+}，$n$$Mn^{2+}$ 在 355nm 激发下的发射光谱计算出的色坐标。在 n 从 0 变化到 0.08 的过程中 $Sr_3Gd(PO_4)_3$：0.01Eu^{2+}，$n$$Mn^{2+}$ 非常容易地从绿色变化到黄绿、暖白、黄，最终变为橙色，这由于 Eu^{2+} 与 Mn^{2+} 不同组合造成的。特别是在 $n=0.03$ 时出现了一个色坐标为（0.401，0.405）、色温为 3617K 的白光，如图 7-69 中点 5。由此获得了一种单一基质白色发光材料。从上面的结果中，可以清楚地看到 Eu^{2+} 和 Mn^{2+} 同时出现，并且由于能量传递产生了白光。因此，这种材料在白光照明中拥有潜在的应用价值。

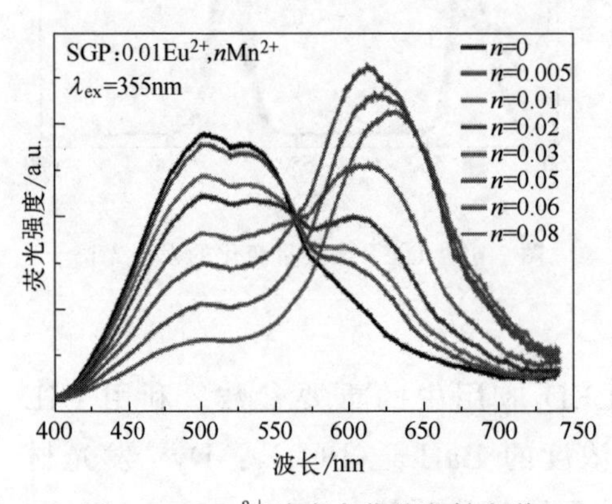

图 7-68 Mn^{2+} 浓度变化的发射光谱

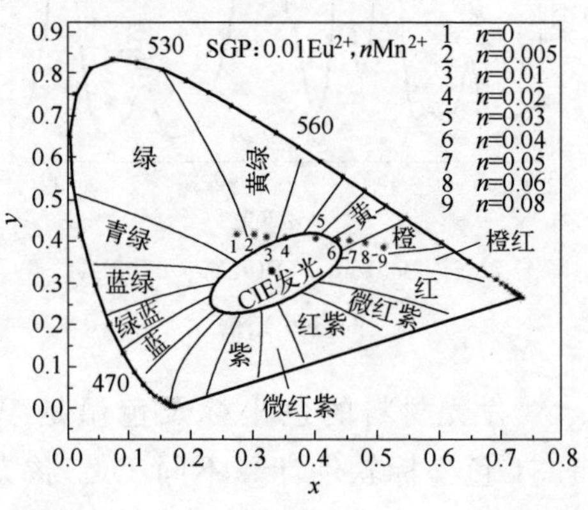

图 7-69 Mn^{2+} 浓度变化的色坐标图

二、铝酸盐

Won 等[21] 利用固相反应法成功制备了暖白色 WLED 用可调谐全色发光的 $La_{0.827}Al_{11.9}O_{19.09}$：$Eu^{2+}$，$Mn^{2+}$ 发光材料。

$La_{0.827}Al_{11.9}O_{19.09}$：$Eu^{2+}$，$Mn^{2+}$ 发光材料 XRD 图谱如图 7-70 所示。所得图谱与 JCPDS 标准卡片具有良好的吻合，这表明样品为单相。空间群为 $P6_3/mmc$，在晶胞中有 12 配位 La 位点，三个不同配位数为 4、5、6 的 Al 位点。La^{3+} 位点被 Eu^{2+} 取代，四面体和八面体位置由 Mn^{2+} 取代。

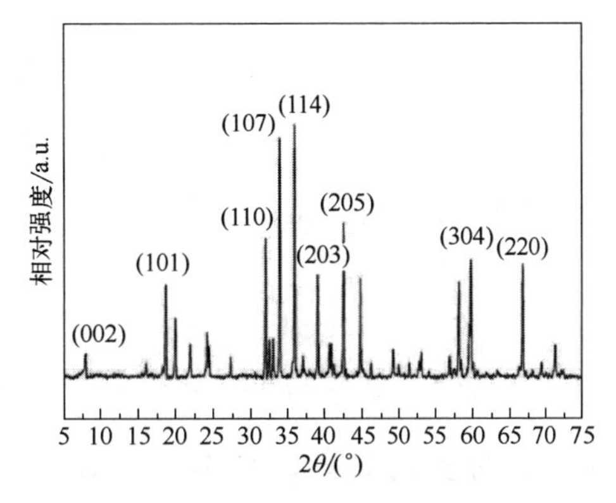

图 7-70 $La_{0.827}Al_{11.9}O_{19.09}$：$Eu^{2+}$，$Mn^{2+}$ XRD 图谱

图 7-71 为 $La_{0.827}Al_{11.9}O_{19.09}$：$Eu^{2+}$，$Mn^{2+}$ 发光材料的发射光谱和激发光谱。其发射光谱是由分别位于 450nm、525nm 和 660nm 的蓝色、绿色和红色发射带组成。在 450nm 的蓝色发射带归因于取代了 La^{3+} 的 Eu^{2+} 典型 $4f^65d^1 \rightarrow 4f^7$ 跃迁。绿色（525nm）和红色（660nm）发射带归属于 Mn^{2+} $3d^5$ 能级的 $^4T_1 \rightarrow {}^6A_1$ 跃迁，分别进入 Al^{3+} 的四面体位和八面体位置。

一般来说，作为一个八面体位置的晶体场比一个四面体位置的更强，红色发射带是由于 Mn^{2+} 的八面体氧环境，红色发射带大约在 660nm 处，其半高峰宽为近 90nm。这些特征清楚地表明，包括在 650nm 处几个相当尖锐发射光谱，不是 Mn^{4+} 造成的。如图 7-71（b）所示，在 450nm、525nm 和 660nm 监测波长下激发光谱非常相似。在 250～400nm 范围内的主激发带主要是由于 Eu^{2+} 的 $4f^7 \rightarrow 4f^65d^1$ 跃迁，且激发带在 425～450nm 范围内出现最大值，是由于 Mn^{2+} $3d^5$ 层的 $^6A_1 \rightarrow {}^4E_g$，$^4A_1$（$^4G$）和 $^6A_1 \rightarrow {}^4T_{2g}{}^4G$ 跃迁，因此，该曲线表明，Mn^{2+} 产生绿色和红色两种发光，主要是 Eu^{2+} 的激发。$La_{0.827}Al_{11.9}O_{19.09}$：$Eu^{2+}$，$Mn^{2+}$ 发光材料在紫外区域具有很强的激发带，它是一个适用于紫外激发的 WLED 发光材料。

图 7-72（a）为蓝色、绿色和红色的发射量归一化的发射强度与

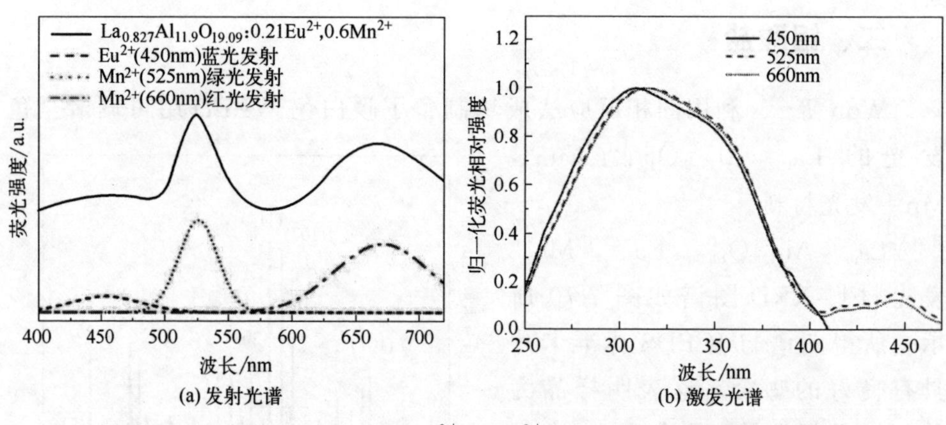

图 7-71 $La_{0.827}Al_{11.9}O_{19.09}$:$Eu^{2+}$，$Mn^{2+}$ 发光材料的发射和激发光谱

Mn^{2+} 量的变化关系，当 $La_{0.827}Al_{11.9}O_{19.09}$:$Eu^{2+}$ 发光材料不掺杂 Mn^{2+}，它发出的只有蓝色光；随着 Mn^{2+} 含量的增加，蓝色光发射大大降低，绿色光发射增加，这种现象归因于四面体位点上的 Eu^{2+} 能量传递到 Mn^{2+}，导致发绿光；当 $La_{0.827}Al_{11.9}O_{19.09}$:$Eu^{2+}$，$xMn^{2+}$ 发光材料掺杂超过 0.3Mn^{2+} 时，红色发射增加和绿色发射下降，这种现象是由于能量从四面体位点的 Mn^{2+} 传递到位点上的 Mn^{2+}。图 7-72（b）表示不同浓度 Mn^{2+} 掺杂 $La_{0.827}Al_{11.9}O_{19.09}$：0.18$Eu^{2+}$，$xMn^{2+}$（$x=0\sim0.75$）发光材料的色坐标，$La_{0.827}Al_{11.9}O_{19.09}$：0.18$Eu^{2+}$，$xMn^{2+}$（$x=0\sim0.75$）发光材料的发光颜色为全彩色的，并且可以通过控制 Mn^{2+} 的含量很容易达到从发绿色光到发红色光的转变。

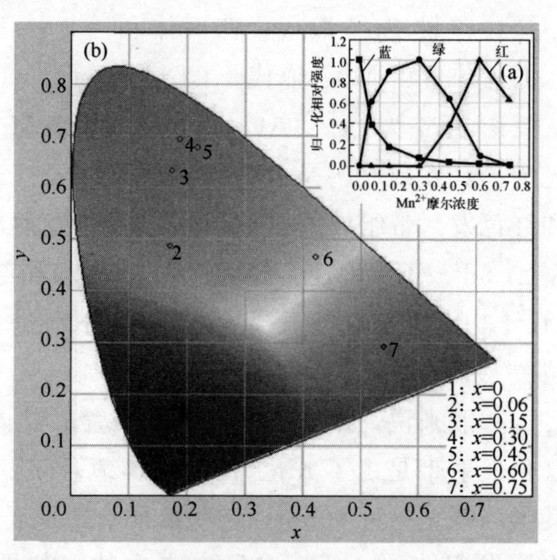

图 7-72 发射强度与 Mn^{2+} 量的依赖关系（a）及 Mn^{2+} 浓度变化的色坐标图（b）

为了确认 Eu^{2+} 和 Mn^{2+} 之间的能量转移（可以解释发光材料 $La_{0.827}Al_{11.9}O_{19.09}$:$Eu^{2+}$，$Mn^{2+}$ 的发光机制），对 Eu^{2+} 和 Mn^{2+} 发光的衰减

时间进行了测量。$La_{0.827}Al_{11.9}O_{19.09}$：0.18$Eu^{2+}$，$x$$Mn^{2+}$的发光材料中，$Eu^{2+}$在450nm和$Mn^{2+}$在525nm发射的衰减曲线见图7-73。

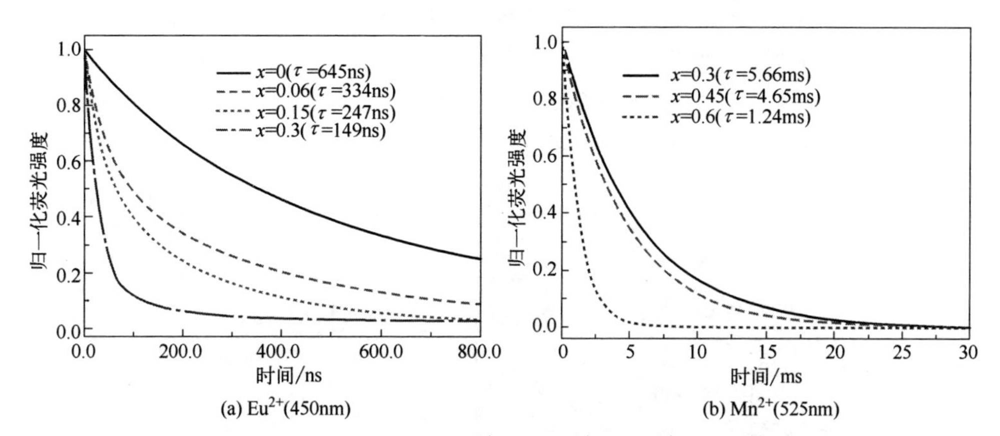

图7-73　$La_{0.827}Al_{11.9}O_{19.09}$：0.18$Eu^{2+}$，$x$$Mn^{2+}$中$Eu^{2+}$和$Mn^{2+}$发射衰减曲线

Blasse和Grabmaier所描述的衰减特性可表示为：

$$I=I_0\exp(-t/\tau)$$

式中，I和I_0分别为t_0和0时间的发光强度；τ为发光寿命。图7-73（a）的衰减曲线中Eu^{2+}在$La_{0.827}Al_{11.9}O_{19.09}$：0.18$Eu^{2+}$，$x$$Mn^{2+}$（$x$=0、0.06、0.15和0.30）的衰减时间分别为645ns、334ns、247ns和149ns。根据Dexter's定则的能量传递速率：

$$P(R)\propto\frac{Q_A}{R^b\tau_D}\int\frac{f_D(E)f_A(E)}{E^c}dE$$

式中，τ_D为施主发射的衰减时间；Q_A为受主离子的总吸收截面；R为施主和受主之间的距离；b和c是依赖于能量传递的类型参数；概率函数$f_D(E)$和$f_A(E)$分别代表施主发射带和受主吸收带的形状。

可以观察到能量传递率（P）与衰减时间（τ_D）成反比。因此，随Mn^{2+}含量的增加，Eu^{2+}的发光衰减时间减少，这是由Eu^{2+}蓝色发射能量传递到Mn^{2+}绿色吸收的强有力证据。另外，在图7-73（b）中，对于$La_{0.827}Al_{11.9}O_{19.09}$：0.18$Eu^{2+}$，$x$$Mn^{2+}$（$x$=0.30、0.45和0.60）$Mn^{2+}$的525nm发射带的衰减时间值分别为5.66ms、4.65ms和1.24ms。随着Mn^{2+}的红色发射增加，绿色发光的衰减时间减少。显而易见，能量传递发生在Mn^{2+}的四面体位置到Mn^{2+}的八面体位置。

图7-74为紫外激发WLED与不同的正向电流（5～40mA）下发光材

料 $La_{0.827}Al_{11.9}O_{19.09}$：0.21$Eu^{2+}$，0.6$Mn^{2+}$的发光光谱及色坐标。发射光谱有：紫外线和蓝色、绿色和红色发射四个频段，其对应 $La_{0.827}Al_{11.9}O_{19.09}$:$Eu^{2+}$，$Mn^{2+}$的峰值分别在385nm、450nm、525nm和660nm处。所制作的WLED的色坐标（$x=0.40\sim0.43$，$y=0.40\sim0.41$）和色温（$T_c=3100\sim3600K$）在暖白光的范围内。显色性能在正向偏置操作下变化不大，具有高色彩稳定性。

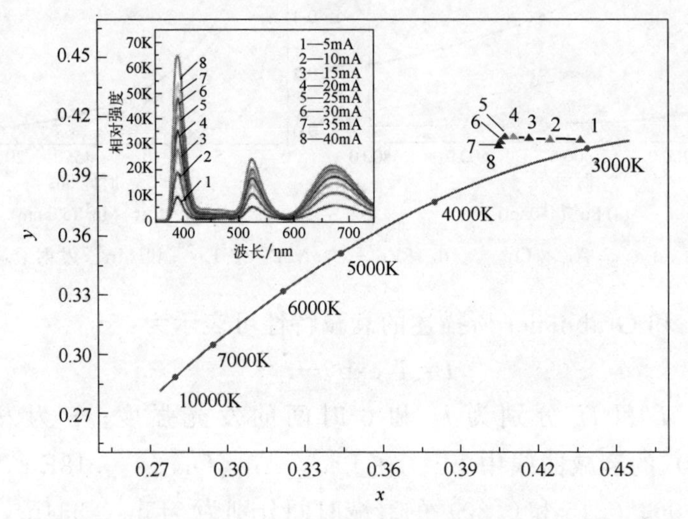

图 7-74 $La_{0.827}Al_{11.9}O_{19.09}$：0.21$Eu^{2+}$，0.6$Mn^{2+}$制得WLED在不同的正向电流（5～40mA）紫外激发下的发光光谱和色坐标图

Mao等[22] 利用传统的高温固相法制备了 $La_{0.99-x}Sr_xAlO_{3-\delta}$：0.01Eu和 $La_{0.994}Al_{1-x}O_{3-\delta}$：0.006Eu，$x$Mn，0.012Li发光材料。图7-75（a）为发光材料样品 $La_{0.99-x}Sr_xAlO_{3-\delta}$：0.01Eu的发射光谱。当样品中没有Sr，在515nm、537nm、557nm、593nm和618nm处出现尖锐发射峰，这主要是由于 Eu^{3+} 的$^5D_2\rightarrow{}^7F_3$、$^5D_1\rightarrow{}^7F_1$、$^5D_1\rightarrow{}^7F_2$、$^5D_0\rightarrow{}^7F_1$ 和 $^5D_0\rightarrow{}^7F_2$ 跃迁发射，而在450nm处的宽发射峰主要是由于 Eu^{2+} 典型的d→f跃迁发射。随着Sr掺杂量的增加，绿光发射强度增加但蓝光发射强度减小，这意味着 Eu^{2+} 和5D能级的 Eu^{3+} 之间的能量传递影响了部分Sr取代La。因此，色坐标的结果显示发射的白光得到了改善，如图7-75（b）所示，发光材料的色坐标从黑体轨迹下部区域转移到上部，在以上的混合光中添加波长在515nm的绿光即可得到白光。图7-75（c）为320nm波长激发后的样品发光颜色变化的照片。因此，通过控制Sr的掺杂量可以有效

提升可见光中的不同颜色。此外，使用锂离子作为电荷补偿剂也可以实现增强蓝光的作用。因此，通过掺杂锶离子和锂离子可以获得白光，其作用分别为调节晶格的化学结构以及电荷补偿剂的调节机制。

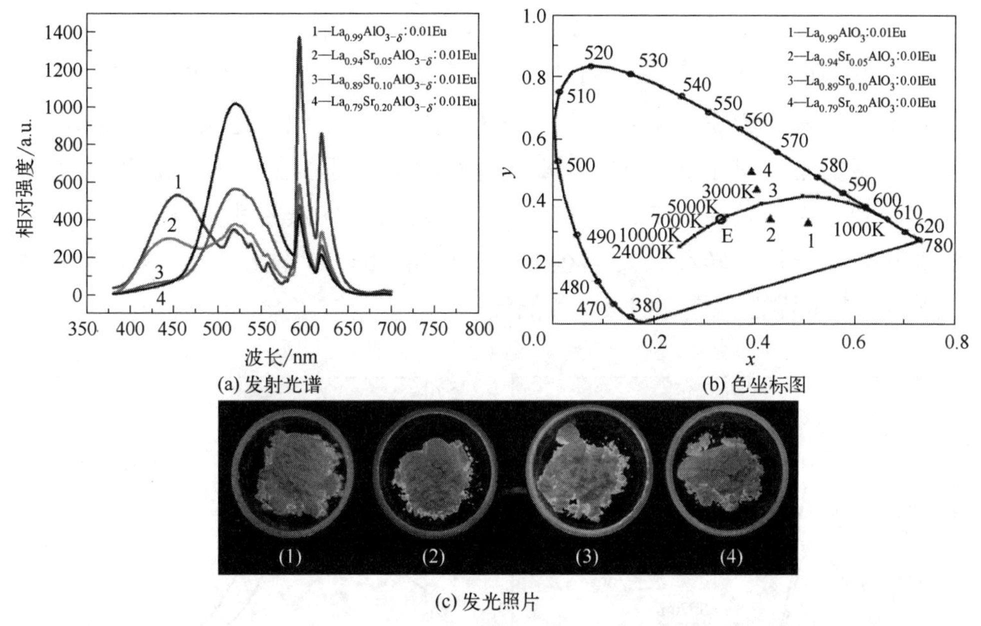

(a) 发射光谱

(b) 色坐标图

(c) 发光照片

图 7-75 $La_{0.99-x}Sr_xAlO_{3-\delta}$：0.01Eu（$x$=0.00，0.05，0.10，0.20）的发光特征

图 7-76 为在不掺杂 Sr 的样品 $La_{0.99-x}Sr_xAlO_{3-\delta}$：0.01Eu 的光致光谱图。在图 7-76（a）中，在 592nm 以及 618nm 下的两个宽发射带分别归因于 275nm 的基体激发和 325nm 下的电荷迁移激发，其中在 397nm、419nm、466nm 和 527nm 处的几条锐利的发射峰分别归因于 Eu^{3+} 的 $^7F_0\rightarrow{}^5L_6$、$^7F_0\rightarrow{}^5D_3$、$^7F_0\rightarrow{}^5D_2$ 和 $^7F_0\rightarrow{}^5D_1$ 跃迁发射。基体激发对应于基体导带化合价的跃迁，进而表现出红移现象，和 $LaAlO_3$ 单晶相比，因为该粉末样品中的多晶体缺陷，Eu^{3+} 的激发大致位于 250～400nm 的宽带。对于 $LaAlO_3$ 来说，激发能量大约是 4.00eV，即 320nm，这与以上结果相吻合。激发和发射光谱揭示了能量传递发生在基体激发和电荷迁移与 $^5D_0$ 之间，这对 $^5D_0\rightarrow{}^7F_{1,2}$ 的跃迁起到了至关重要的作用。基体激发和电荷迁移之间相关联的 $^5D_1$-$^7F_{1,2}$ 能量传递也可得出类似的结论，如图 7-76（b）所示，这表明了发射峰在 537nm 和 557nm。在 450nm 监测下的激发光谱如图 7-76（d）所示。除了基体激发和电荷迁移的激发带，还检测到了在 307nm 和 365nm 的其他两个激发带，它们分别归因于 Eu^{2+}

的$^8S_{7/2}$→5d(e_g) 和$^8S_{7/2}$→5d(t_{2g}) 跃迁。发射谱带中基体激发和电荷迁移的缺少暗示了入射光子的能量可以从基体激发和电荷迁移转移到Eu^{2+}。图7-76 (c) 和 (d) 中在515nm和450nm处的发射光谱具有惊人的相似性，这也证明发生了从Eu^{2+}到$^5D_2$能级下的Eu^{3+}能量的有效转移。此外，基体激发和电荷迁移激发带对于Eu^{3+}的$^5D_2$发射起到类似的作用，这些发射不是由基体激发和电荷转移直接得到的，而是间接地由Eu^{2+}得到的。值得注意的是，对于Eu^{2+}的f→d跃迁的激发带可以在515nm监测的激发光谱看到，而不是在537nm、557nm、592nm、618nm处监测的。这种现象意味着，能量的转移只发生在Eu^{2+}和Eu^{3+}的$5d^2$能级，但不能发生在无Sr掺杂样品的Eu^{2+}和Eu^{3+}各能级。

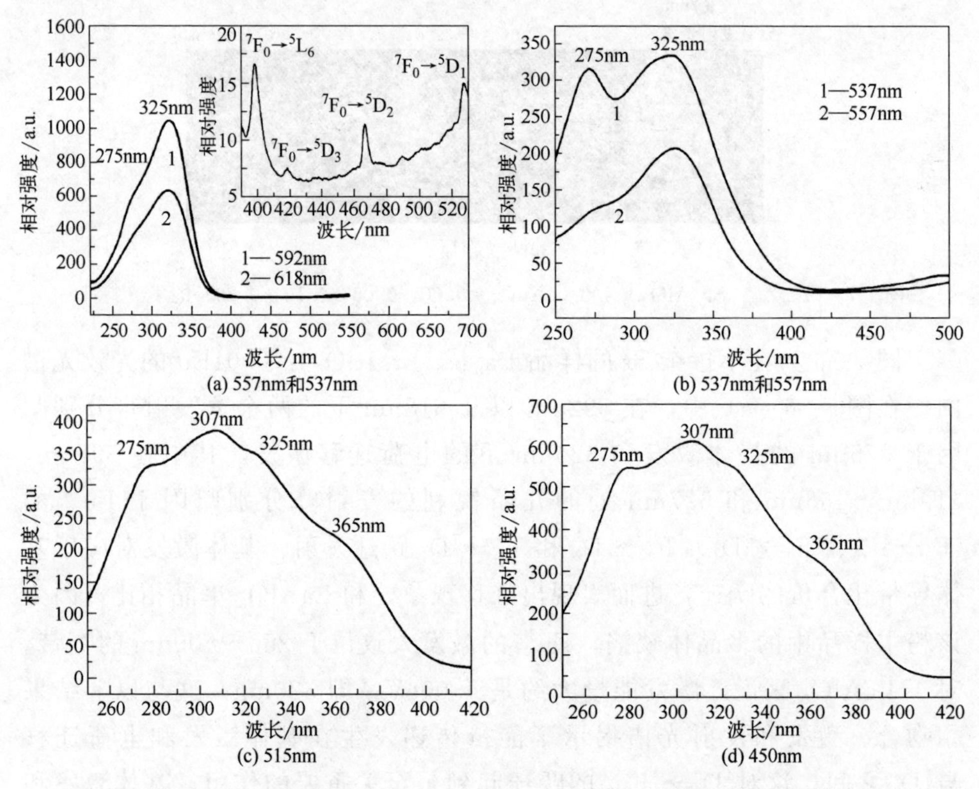

图7-76 不同监测波长下$La_{0.99}AlO_3$：0.01Eu发光材料的激发光谱

图7-77为$La_{0.99-x}Sr_xAlO_{3-\delta}$：0.01Eu发光材料的激发和发射光谱。其中 (a) 为在515nm处监测的Sr掺杂的样品激发光谱，随着Sr掺杂量的增加样品发生红移。位于275nm、365nm、425nm三处的激发带分别

分配在 Eu^{2+} 的基体激发、$^8S_{7/2}\rightarrow 5d(e_g)$ 和 $^8S_{7/2}\rightarrow 5d(t_{2g})$ 的激发带。Sr 掺杂样品激发谱的电荷迁移激发带不存在意味着能量的转移已经被压制在电荷迁移和 Eu^{2+} 之间。Eu^{2+} 的 $^8S_{7/2}\rightarrow 5d$ 激发带的红移现象被归因于 Sr 被掺入在基体中导致的晶体场变化。随着 Sr 掺杂量的增加，515nm 的激发谱和 Eu^{2+} 的发射谱之间的重叠放大处 Eu^{2+} 和 Eu^{3+} 之间 $^5D_2$ 能级的能量传递率提高，如图 7-77（a）所示。图 7-77（b）示出了 $La_{0.99-x}Sr_xAlO_{3-\delta}$：0.01Eu 样品在 592nm 监测下的激发光谱和无掺杂 Sr 样品的发射光谱，可观察到 $^8S_{7/2}\rightarrow 5d$ 激发带的形状和随 Sr 掺杂浓度增加的增强带，Eu^{2+} 的发射光谱和激发光谱之间的重叠的增加揭示 Eu^{2+} 和 Eu^{3+} 之间的 $^5D_0$ 能级的能量转移加强。

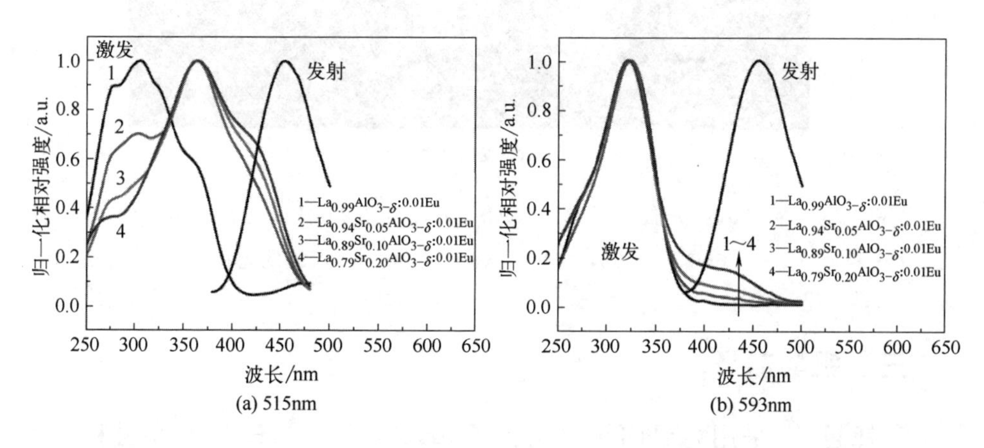

图 7-77 不同监测波长下 $La_{0.99-x}Sr_xAlO_{3-\delta}$：0.01Eu 激发光谱和发射光谱

图 7-78（a）为 $La_{0.994}Al_{1-x}O_{3-\delta}$：0.006Eu，$x$Mn，0.012Li 发光材料的发射光谱，锂离子为电荷补偿离子。在这种情况下，Mn^{2+} 产生位于 515nm 绿色发光和 Eu^{3+} 的 $^5D_2\rightarrow {}^7F_3$ 跃迁发射叠加。由图可见，绿色发射谱带随着 Mn^{2+} 的增加而增强，当 $x=0.004$ 达到最大值，再增加 Mn^{2+} 后，发光强度出现下降，产生了浓度猝灭效应，而掺杂 Mn^{2+} 的含量增加导致蓝色发射带的降低，这可以归因于 Eu^{2+} 和 Mn^{2+} 之间能量传递减少。图 7-78（b）为 $La_{0.994}Al_{1-x}O_{3-\delta}$：0.006Eu，$x$Mn，0.012Li 发光材料的色坐标图，图 7-78（c）为 320nm 波长激发的发光材料的发光照片。色坐标可以通过调整 Mn^{2+} 掺杂含量达到显色性的纯白色光发射。

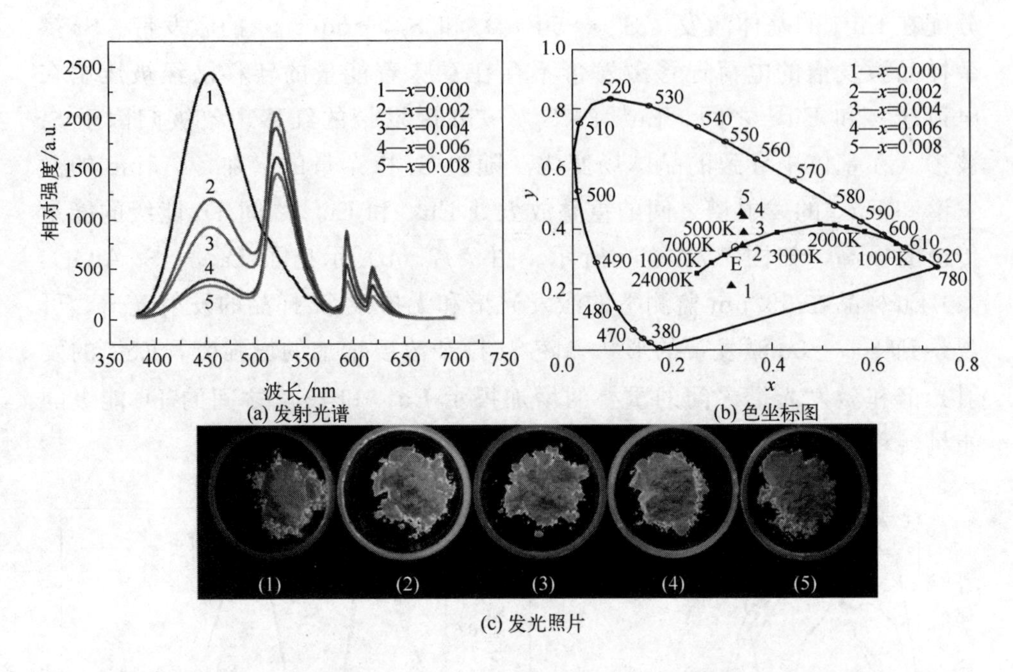

图 7-78　在 320nm 光激发下 $La_{0.994}Al_{1-x}O_{3-\delta}$：0.006Eu，$x$Mn，0.012Li（$x$=0.000，0.002，0.004，0.006，0.008）的发光特征

三、钒酸盐

王锋超[23] 采用高温固相法制备了 $Sr_{2-x}V_2O_7$：$x Eu^{3+}$ 发光材料。图 7-79 为在不同煅烧温度条件下样品的 XRD 检测分析，样品制备条件依次为原料预烧温度都设定为 600℃，煅烧时间为 2 h，再在 700℃、750℃和 800℃二次煅烧温度下煅烧 12h。从图中可以发现，不同温度条件下样品的 XRD 衍射峰基本与 JCPDS No. 48-0145 对应，激活剂离子 Eu^{3+} 的掺杂没有改变主体基质 $Sr_2V_2O_7$ 的晶体结构，其晶体结构如图 7-80 所示。

随着样品煅烧温度的增加，样品的 XRD 衍射峰强度逐渐增强，由图 7-79 中可以看出，在二次煅烧温度为 700℃时出现了 $SrCO_3$ 和 $Sr_3(VO_4)_2$ 的杂质衍射峰，当煅烧温度达到 750℃时杂质衍射峰消失，并且衍射峰强度增强；继续增加样品的煅烧温度，当煅烧温度达到 800℃衍射峰强度并没有增加，与 750℃条件下的衍射峰强度基本相似。

图 7-81 是在二次煅烧温度为 750℃、煅烧时间为 12h 的条件下制得的样品的 SEM 图，从图中可以看出制得的样品呈现不规则形貌，粒径大小

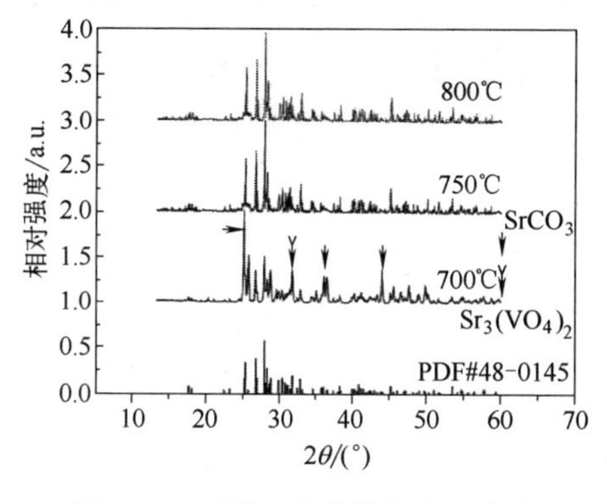

图 7-79 不同二次煅烧温度下发光材料 XRD 图谱

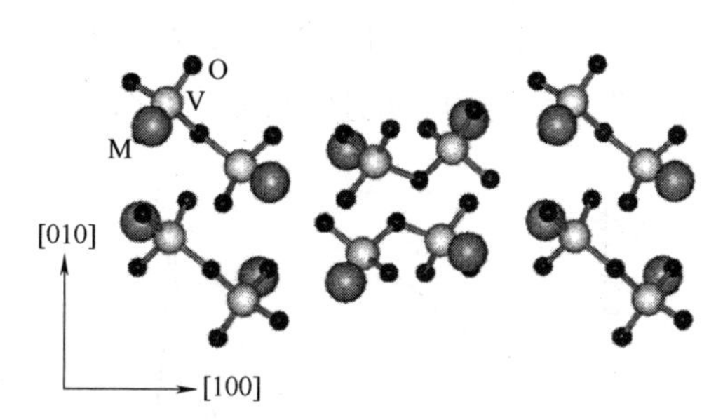

图 7-80 $Sr_{2-x}V_2O_7$：xEu^{3+} 的晶体结构

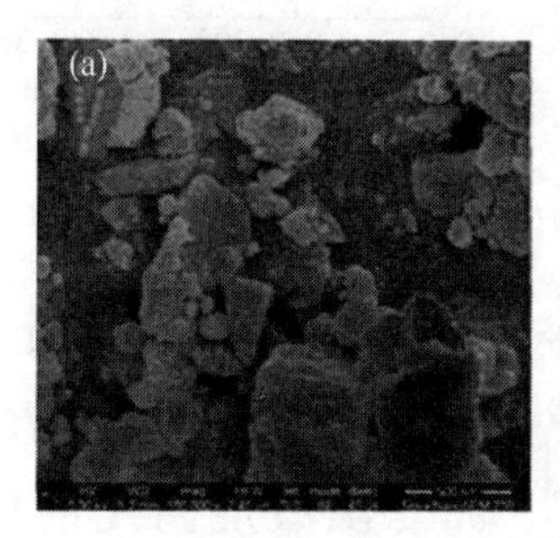

图 7-81 $Sr_{2-x}V_2O_7$：xEu^{3+} 的 SEM 图

为 1～2μm，并有轻微的团聚现象。样品的粒径大小与发光性能有很大的关系，颗粒太大往往造成涂覆过程困难，而粒径也不能过小，否则会对激发光辐射的反射增大，降低对激发光辐射的吸收，造成发光器件的光效下降；从颗粒大小分布来说，最好应呈狭窄的正态分布。

图 7-82 分别是二次煅烧温度为 750℃、煅烧时间为 12h 的条件下制得的样品 $Sr_{1.90}V_2O_7$：0.10Eu^{3+} 的激发光谱（a）与发射光谱（b）。从图（a）中可以看到激发光谱分布在 300～380nm 范围内，吸收主峰的位置在 350nm 附近，由 VO_4^{3-} 的能级结构得知 VO_4^{3-} 分子轨道激发态能量顺序为 $^3T_1<^3T_2<^1T_1<^1T_2$，由跃迁规则可知，300～380nm 的宽带激发峰归属于 $V^{5+}\rightarrow O^{2-}$ 电荷迁移带吸收，即来自于（基态）$^1A_1\rightarrow {}^1T_1$，^{1}T2 的电荷迁移；激发主峰位于 350nm，则对应于 VO_4^{3-} 的 $^1A_1\rightarrow {}^1T_1$ 电荷转移。从图（b）可见，其在 400～600nm 的范围内同样出现了一个宽带发射峰，这个发射峰是钒酸根离子典型的特征发射峰，源于 VO_4^{3-} 的 $^3T_1$，

$^3T_2 \to {}^1A_1$（基态）电子转移。同时，分别在 594nm、617nm 和 650nm 的红光区内出现了 Eu^{3+} 的特征发射峰，它们分别属于 $^5D_0 \to {}^7F_1$、$^5D_0 \to {}^7F_2$ 和 $^5D_0 \to {}^7F_3$，说明制得的发光材料中 Eu^{3+} 发射峰电偶极跃迁是明显强于磁偶极跃迁的，电偶极跃迁占据主导地位。

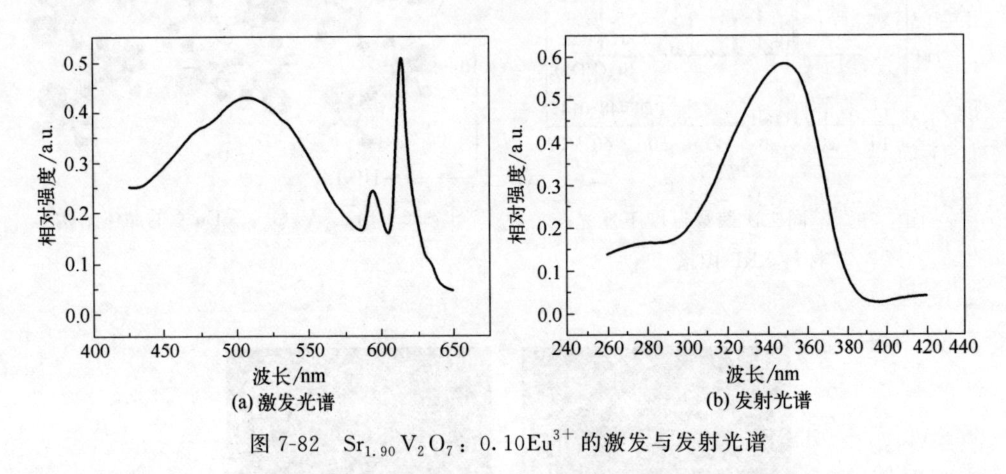

图 7-82　$Sr_{1.90}V_2O_7$：$0.10Eu^{3+}$ 的激发与发射光谱

图 7-83 为发光材料的发光强度随二次煅烧温度变化的关系。从图中看出，从 700℃到 750℃，随着样品二次煅烧温度的增加，发光强度增强，二次煅烧温度为 750℃时发光强度达到最大，随后继续增加温度，样品发光强度降低，这是因为当样品的二次煅烧温度超过 750℃后，继续增加温度导致样品的晶体结构出现破坏，同时团聚现象也更加严重，发光强度也自然降低。这与前面样品的 XRD 测试结果是对应的。

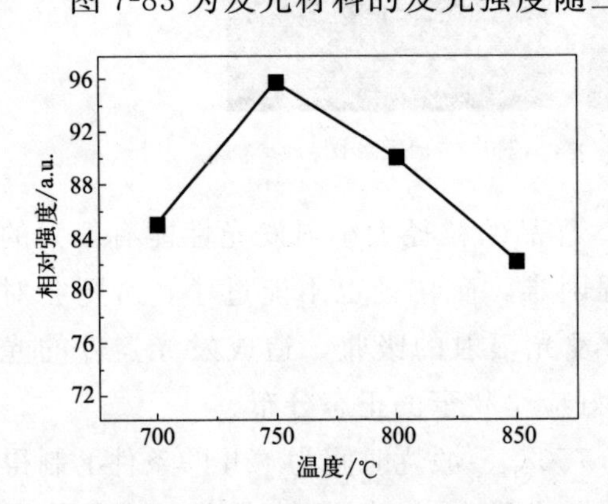

图 7-83　不同的二次煅烧温度下 $Sr_{2-x}V_2O_7$：xEu^{3+} 的发射强度

助熔剂是高温固相法制备材料的一个重要添加剂。制备过程中如果未加助熔剂，反应主要通过固相间的传质完成，要使反应完全以及使产物结晶更趋完整，则需耗费相当长的时间，所以助熔剂的添加以及它的选取至关重要。制备过程中正确选取合适的助熔剂，不但可以降低样品制备过程的高温煅烧温度，减少高温煅烧时间，使样品的形貌更规整、颗粒大小更趋均一，而且还可以使得样品结晶更趋完整、杂相减少，发光强度也随之提高。图 7-84 为不同助熔剂条件下样品的发射光谱，助熔剂分别选取了 Li_2CO_3、Na_2CO_3、K_2CO_3。如图所示，选取的这三种助熔剂，添加任何一种后得到的发射光谱强度相比未添加的样品都要强；添加助熔剂 Li_2CO_3 样品的发射光谱强度最大，助熔剂 Na_2CO_3 效果其次，而添加 K_2CO_3 制备出的样品强度相对最低。

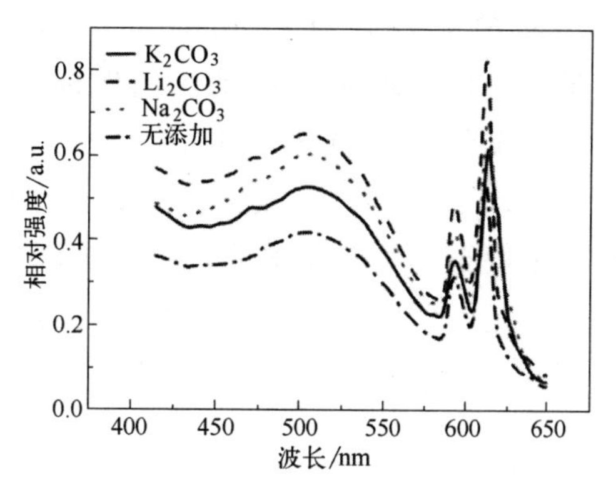

图 7-84　不同助溶剂添加的 $Sr_{2-x}V_2O_7$：xEu^{3+} 的发射强度图

此实验选用的三种添加剂（Li_2CO_3、Na_2CO_3、K_2CO_3）中 Li_2CO_3 效果最佳，可能由以下原因造成的：三种化合物中 Li_2CO_3 的熔点最低，在高温固相反应中最容易熔化，Li_2CO_3 在低于煅烧温度下便分解成为 Li_2O 并以液相存在，这种熔化产生的液相黏度较低、流动性能好，反应物颗粒均匀分布在液相中，便于产物形成过程中各向同性地生长；另外，Li_2O 作为碱性物质，其与在高温条件下的其他反应物之间可能会发生某些反应，另外两种助熔剂可能达不到这种效果。再者，三种单价金属离子（Li^+，Na^+，K^+）中，Li^+的离子半径最小，在反应过程中更容易进入晶格，所以相比另外两种添加剂，助溶剂 Li_2CO_3 效果最佳。

图 7-85 为不同激活剂浓度下样品的发射光谱。随着激活剂浓度的增大，归属于钒酸根离子的特征宽带发射峰（400～600nm）强度逐渐减弱，而对应于激活剂离子的特征发射峰强度相对增强，特别是对应于 Eu^{3+} 的电偶极跃迁 $^5D_0 \rightarrow {}^7F_2$ 特征发射峰（617nm）强度明显增强。说明钒酸根离子与激活剂离子之间存在着很强的能量传递作用。传统 WLED 用发光材料 YAG 之所以显色指数低、色温较高，主要原因就是黄色发光材料 YAG 的发射光谱中缺少红光发射成分，而掺杂激活剂离子的钒酸盐单一基质发光材料与传统发光材料相比，其发射光谱是一个宽带发射峰，红光区出现了 Eu^{3+} 的尖锐特征发射峰，红光发射与宽带发射光谱混合产生低色温、高显色指数的白光。

图 7-86 为不同激活剂浓度的色坐标在色坐标图中的变化。如图所示

$Sr_{2-x}V_2O_7$：$x Eu^{3+}$（x＝0.01，0.05，0.10，0.20）的色坐标随着Eu^{3+}加入量的变化出现明显移动，色坐标值从偏黄绿光区的（0.260，0.355）偏移至偏红光区的（0.415，0.355）；当Eu^{3+}掺杂浓度为10%时，样品$Sr_{2.9}V_2O_7$：$0.10Eu^{3+}$的色坐标最接近标准白光的色坐标，继续增加Eu^{3+}掺杂浓度至20%时，样品的色坐标则将向红光区偏移。通过调节激活剂的掺杂量，可以得到不同发光颜色的发光材料。

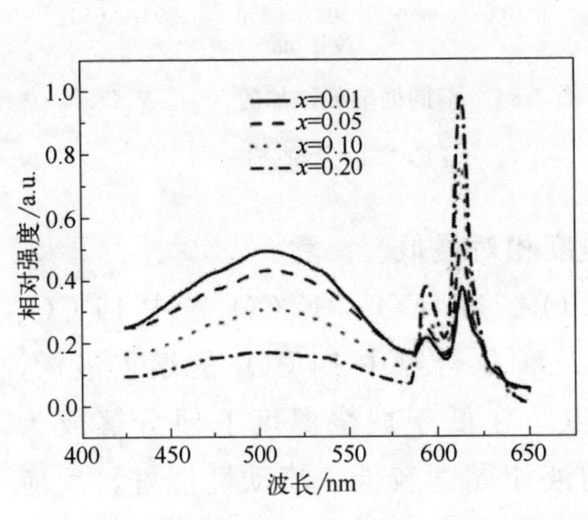

图 7-85　$Sr_{2-x}V_2O_7$：$x Eu^{3+}$的发射光谱

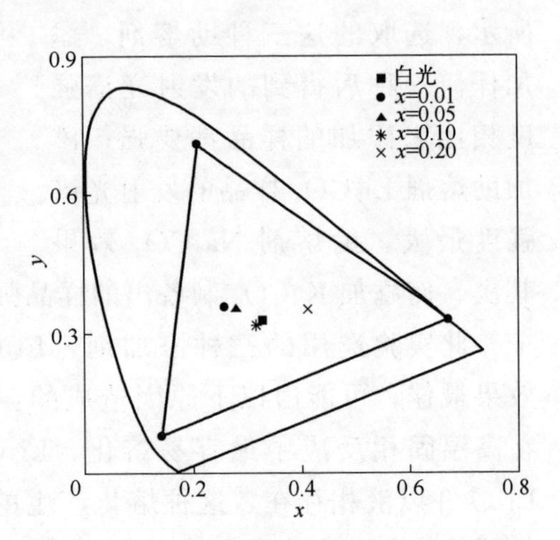

图 7-86　$Sr_{2-x}V_2O_7$：$x Eu^{3+}$的色坐标图

四、锗酸盐

林良武等[24]利用溶胶-水热法成功合成出了近紫外和蓝光激发的Eu^{3+}、Tb^{3+}共掺杂一维锗酸锶全色纳米发光材料。图 7-87 是在 200℃条件下采用溶胶-水热法所制备未掺杂（a）和Eu^{3+}、Tb^{3+}共掺杂（b）一维锗酸锶纳米线的 XRD 图谱。XRD 测试的结果表明制备的掺杂和未掺杂锗酸锶纳米线结晶性良好。在 2θ＝15.6°、24.5°、27.3°、30.8°、31.8°、33.3°、37.2°、38.1°、39.2°、41.8°、42.8°、47.0°、47.6°、50.5°、51.4°、52.6°、53.6°、56.1°、

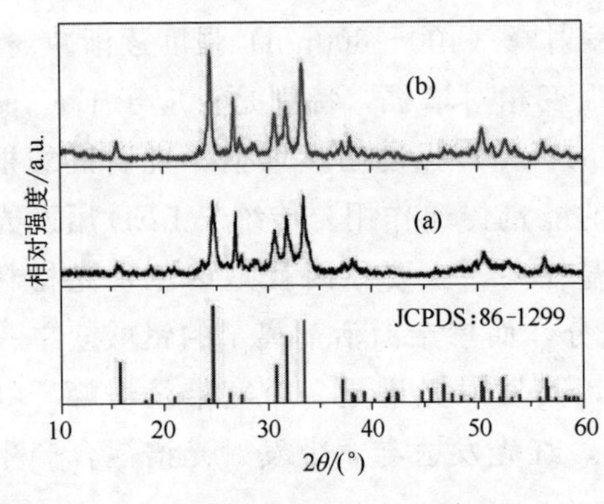

图 7-87　未掺杂和Eu^{3+}、Tb^{3+}共掺杂锗酸锶纳米线的 XRD 图谱

56.9°、58.2°等主要衍射峰与 JCPDS No.86-1299 110 完全相同，表明制备的产物主要由属于 P321（150）空间群的六方晶格结构的 $SrGe_4O_9$ 组成。对比（a）和（b）发现锗酸锶纳米线掺杂前后的衍射峰与 JCPDS No.86-1299 完全相同，表明稀土离子 Eu^{3+}、Tb^{3+} 的掺入并不影响 $SrGe_4O_9$ 物相的晶格结构，这可能是因为 Eu^{3+}（96pm）和 Tb^{3+}（95pm）的半径与 Sr^{2+}（113pm）的半径都相差不大，少量 Sr^{2+} 被 Eu^{3+} 和 Tb^{3+} 取代后对晶格结构影响不大。

采用场发射扫描电子显微镜对 Eu^{3+}、Tb^{3+} 共掺杂锗酸锶的形貌进行分析，结果如图 7-88 所示。由图可知，采用溶胶-水热法制备的 Eu^{3+}、Tb^{3+} 共掺杂锗酸锶为一维线状结构，对线状结构的直径进行统计计算，得出其直径分布在 10～80nm 之间，以直径为 30nm 的居多，其长度为几十到几百微米不等。从放大图可以看出，这些线状结构基本呈较直的直线形貌，且其表面光滑，整根纳米线的直径变化幅度小。这些结果表明制备的 Eu^{3+}、Tb^{3+} 共掺杂锗酸锶表面光滑，直径均匀且分布较窄。

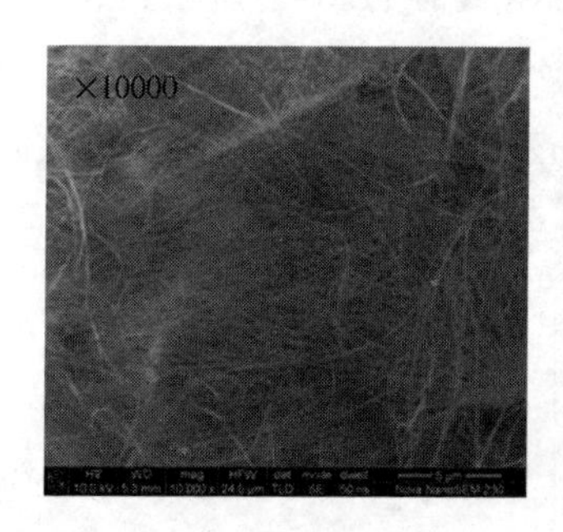

图 7-88 不同放大倍数 Eu^{3+}、Tb^{3+} 共掺杂锗酸锶纳米线 SEM 图

为了进一步研究 Eu^{3+}、Tb^{3+} 共掺杂纳米线的形貌、成分和微结构，采用 TEM、HRTEM 和 EDS 进行表征。图 7-89 为 Eu^{3+}、Tb^{3+} 共掺杂锗酸锶纳米线的 TEM、HRTEM、EDS 和快速傅里叶变换（FFT）图。从图 7-89（a）中可见大部分的纳米线直径分布在 20～35nm 之间，其表面光滑，直径均匀。其化学成分如图 7-89（b）所示，主要由 O、Ge、Sr、Tb 和 Eu 五种元素组成，进一步表明制备的纳米线为 Eu^{3+}、Tb^{3+} 共掺杂的锗酸锶纳米线。图 7-89（c）为锗酸锶纳米线的 HRTEM 图。从图中可以看到清晰的晶格条纹，表明制备的纳米线为晶态，结晶性良好，掺杂离子形成了均匀掺杂。图 7-89（d）为图（c）图中正方形区域的傅里叶

变换图。从傅里叶变换图中也可以清楚地看到衍射斑点，这一点进一步表明制备的纳米线为晶态。

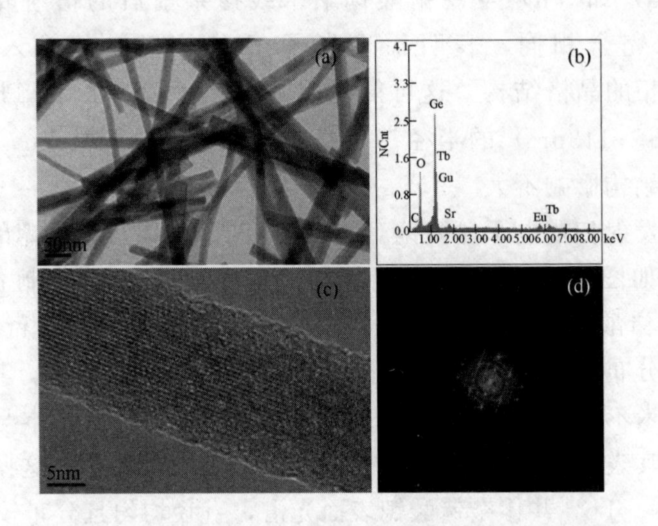

图 7-89　Eu^{3+}、Tb^{3+} 共掺杂锗酸锶纳米线的 TEM 图（a）、EDS 谱（b）、HRTEM 图（c）及与正方形覆盖区域相应的快速傅里叶变换图（d）

图 7-90 所示的是锗酸锶纳米线（1）和 Eu^{3+}、Tb^{3+} 共掺杂锗酸锶纳米线（2）的红外光谱图。曲线（1）中 860cm^{-1} 和 573cm^{-1} 处的吸收峰分别归属于 Ge—O—Ge 键的反对称伸缩和弯曲振动，说明产物中存在少量未反应的氧化锗，与体材料氧化锗相比（880cm^{-1} 和 529cm^{-1}），Ge—O—Ge 的反对称伸缩和弯曲振动分别发生了红移和蓝移，红移和蓝移量分别为 20cm^{-1} 和 44cm^{-1}，这是因为随着反应釜中原材料反应的进行，结构中 Ge—O—Ge 键受 Sr^{2+} 影响程度逐渐增加，从而 Ge—O—Ge 键被逐渐削弱，Sr^{2+} 对 Ge—O—Ge 键的削弱作用引起 GeO_2 中 Ge—O—Ge 键的断裂，形成 Ge-O-Sr 键，即网络中存在少量的非桥氧键，这样随着 Ge—O—Ge 键被削弱的程度增加，其非对称伸缩振动频率降低，向低波

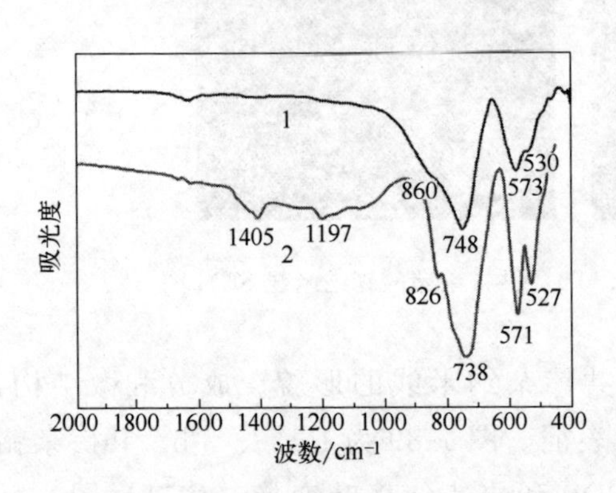

图 7-90　锗酸锶纳米线和 Eu^{3+}、Tb^{3+} 共掺杂锗酸锶纳米线的红外光谱

数方向移动，意味着沿伸缩方向受到的作用力增强，要使其弯曲需要吸收更高的能量，所以 Ge—O—Ge 的弯曲振动峰向高波数方向移动，因而分别产生红移和蓝移现象。748cm^{-1} 和 530cm^{-1} 分别归属于 Ge—O—Sr 键的伸缩和弯曲振动；1197cm^{-1} 和 1405cm^{-1} 来源于样品中残存的 CH_3COO—中的 O—C ═O 键。粗略看起来，掺杂前后锗酸锶纳米线的红外光谱基本相似。但仔细对比发现相对于曲线 1，曲线 2 还是存在一些差异：①400～1000cm^{-1} 之间的吸收峰的强度相对于曲线 1 有所增加；②860cm^{-1} 和 573cm^{-1} 处 Ge—O—Ge 的反对称伸缩和弯曲振动分别红移至 826cm^{-1} 和 571cm^{-1}；③748cm^{-1} 和 530cm^{-1} 处的 Ge—O—Sr 的伸缩和弯曲振动分别红移至 738cm^{-1} 和 527cm^{-1} 处。Ge—O—Ge 和 Ge—O—Sr 的伸缩和弯曲振动发生红移的现象与掺入的 Eu^{3+} 和 Tb^{3+} 取代部分 Sr^{2+}后引起的结果有关，这是因为 Eu^{3+} 和 Tb^{3+} 的离子半径（分别为 95pm 和 92.5pm）比 Sr^{2+} 的离子半径（113pm）小，而其离子场强（分别为 3.15 和 3.25）比 Sr^{2+} 的离子场强（1.77）大得多，因而对周围的 O^{2-} 及其负电基团［GeO_6］和［GeO_4］具有较大的聚集作用，从而对 Ge—O—Ge 键削弱的幅度更大，其非对称伸缩振动峰向低波数方向移动幅度的就更大，所以 Ge—O—Ge 和 Ge—O—Sr 的伸缩振动发生红移的现象。

采用 F-4500 光谱仪在室温条件下对 Eu^{3+}，Tb^{3+} 共掺杂锗酸锶纳米线的发射光谱和激发光谱进行测试，其结果如图 7-91 所示。

图 7-91（a）、（b）分别为 613nm 和 543nm 发射峰的激发光谱。从图（a）中可以看出，该激发光谱主要由 340nm、350nm、360nm、378nm、395nm、414nm、463nm、485nm 和 531nm 等系列锐谱线组成，归属于 Eu^{3+}的 4f 内层电子间 f→f 跃迁吸收峰，对应于 Eu^{3+} 的$^7F_0\rightarrow{}^5H_J$、$^7F_0\rightarrow{}^5D_4$、$^7F_0\rightarrow{}^5G_4$、$^7F0\rightarrow{}^5D_3$、$^7F_0\rightarrow{}^5D_2$ 和$^7F_1\rightarrow{}^5D_1$ 跃迁吸收，其中最强的锐线峰位于 395nm 附近，对应于 Eu^{3+} 的$^7F_0\rightarrow{}^5L_6$ 跃迁吸收。从图（b）可以观察到，该激发光谱主要由 300～400nm 之间的系列锐谱线和 485nm 锐谱线组成。301nm（$^7F_6\rightarrow{}^3H_6$）、318nm（$^7F_6\rightarrow{}^5D_0$）、340nm（$^7F_6\rightarrow{}^5L_7$）、350nm（$^7F_6\rightarrow{}^5L_9$）、368nm（$^7F_6\rightarrow{}^5G_5$）和 376nm（$^7F_6\rightarrow{}^5G_6$）、485nm（$^7F_6\rightarrow{}^5D_4$）属于 Tb^{3+}的 f→f 跃迁。对比两图发现 Eu^{3+} 的激发能量远高于 Tb^{3+}的激发能量，特别值得注意的是在 320～400nm 近紫外区和 450～500nm 蓝光区两区域，两激发光谱都存在交集，分别为 340nm、350nm、376nm、485nm，特别是在蓝光区 485nm 处，两激发谱的激发强

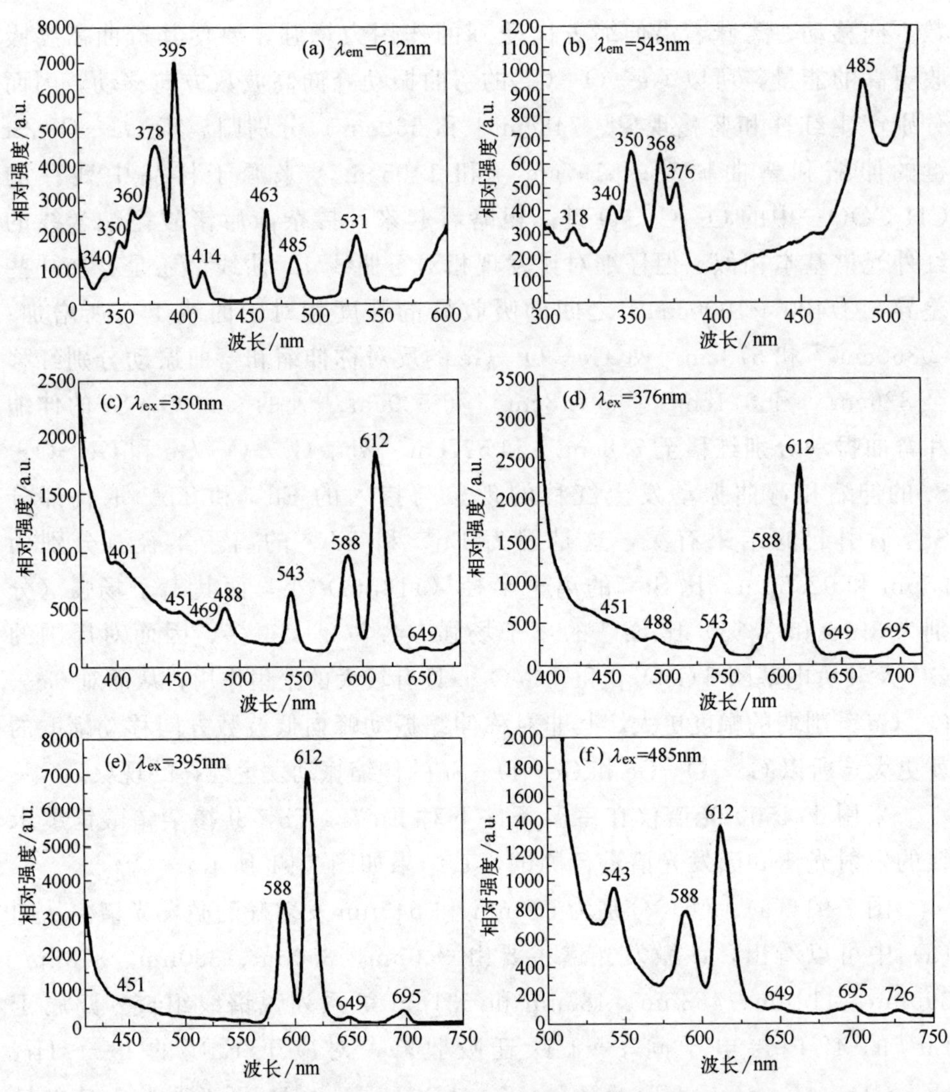

图 7-91 Eu^{3+}，Tb^{3+} 共掺杂锗酸锶纳米线激发和发射光谱

度基本一致。交集的存在一方面说明在 Eu^{3+} 和 Tb^{3+} 共掺杂体系中除了存在 Eu^{3+} 的特征吸收外，还可以看到 Tb^{3+} 的 f→f 跃迁吸收线，表明激发能量被 Tb^{3+} 吸收后有效地以无辐射传递方式将吸收的部分能量传递给了 Eu^{3+}，从而使 Eu^{3+} 的 $^5D_0 \rightarrow ^7F_J$ 跃迁发射大大增强，另一方面为制备单基质全色纳米发光材料提供了必要条件。在近紫外和蓝光区同时存在交集也说明制备的 Eu^{3+} 掺杂锗酸锶纳米线不仅能够被近紫外有效激发而且能更好地被蓝光有效激发，从而表明所制备的 Eu^{3+}，Tb^{3+} 共掺杂锗酸锶纳

米线在主流 WLED 用红色发光材料领域具有巨大的应用价值。

采用 350nm、376nm 和 395nm 的近紫外光以及 485nm 的蓝光对 Eu^{3+}、Tb^{3+} 共掺杂锗酸锶纳米线进行激发，其发射光谱分别如图 7-91 (c)～(f) 所示。对比图 (c) 和 (d)，发现两发射光谱基本一致，光谱中同时出现了红（612nm、649nm 和 695nm）、橙（588nm）、绿（543nm）、蓝绿（488nm）和蓝（400-475nm）等发射峰。其中红光归属于典型的 Eu^{3+} 的 $^5D_0 \rightarrow ^7F_J$ ($J=0\sim4$) 跃迁发射，612nm 附近的 $^5D_0 \rightarrow ^7F_2$ 电偶极跃迁及强度很弱的 649nm 附近的 $^5D_0 \rightarrow ^7F_3$ 跃迁和 698nm 附近的 $^5D_0 \rightarrow ^7F_4$ 跃迁，其中以 612nm 处的发光强度最大。橙光 588nm 为 Eu^{3+} 的 $^5D_0 \rightarrow ^7F_1$ 磁偶极跃迁和 Tb^{3+} 的 $^5D_4 \rightarrow ^7F_6$ 跃迁共同作用的效果。488nm 和 543nm 分别归属于 Tb^{3+} 的 $^5D_4 \rightarrow ^7F_6$ 和 $^5D_4 \rightarrow ^7F_5$ 跃迁，除此之外，在 400～475nm 的蓝光发射带可能为锗酸锶纳米线自身蓝光发射以及 Tb^{3+} 的 $^5D_3 \rightarrow ^7F_J$ ($J=4\sim6$) 和 Eu^{2+} 的 d→f 跃迁三者共同复合作用的结果，这表明锗酸锶基质中可能同时存在 Eu^{3+}、Tb^{3+} 和 Eu^{2+} 三种离子。由于 Eu^{3+} 和 Tb^{3+} 是一对电子组态，具有共轭性的稀土离子，共掺于基质中时，两者之间会发生电子转移，产生下列平衡：

$$Eu^{3+}(4f^6)+Tb^{3+}(4f^8) \rightleftharpoons Eu^{2+}(4f^7)+Tb^{4+}(4f^7)$$

上述研究结果表明利用本身能够发蓝光的一维锗酸锶纳米线作为基质，通过稀土离子共掺杂的方式可以非常简单地复合调制出新型 WLED 用一维全色纳米发光材料，这为研究新型 WLED 用全色发光材料提供了一种新的途径。

特别值得注意的是在 485nm 蓝绿光激发下，所制备的发光材料也能够同时发出红（612nm、649nm、695nm 和 726nm）、橙（588nm）、绿（543nm）三色光 [图 7-91 (f)]，与现有主流蓝光 LED 芯片具有很好的匹配性能，具有巨大的潜在应用价值。另外，在 395nm 近紫外激发下，产物发出的红光和橙光强度远高于其他光 [图 7-91 (e)]，说明 Eu^{3+}、Tb^{3+} 共掺杂锗酸锶纳米线在近紫外激发型红色发光材料领域也具有巨大的应用价值。上述结果表明 Eu^{3+}、Tb^{3+} 共掺杂锗酸锶纳米线既可以作为一种全色发光材料与近紫外或蓝光 LED 匹配制备 WLED，也可以作为一种红色发光材料与其他颜色发光材料混合匹配近紫外 LED 芯片制备 WLED。

参考文献

[1] 武莉. 碱金属碱土金属硼酸盐体系化合物结构及性质 [D]. 北京：中国科学院物理研究所，2005.

[2] 孙彦龙. 单一基质白光LED用荧光粉的制备及发光性能研究 [D]. 哈尔滨：哈尔滨理工大学，2014.

[3] Li Y, Shi W H, Dong L M, et al. Preparation and properties of $Sr_3B_2O_6$：Dy^{3+}，Eu^{3+} white phosphors using high temperature solid- state method [J]. Journal of Applied Spectroscopy，2022，89 (3)：534-541.

[4] Xiao F, Xue Y N, Ma Y Y, et al. $Ba_2Ca(B_3O_6)_2$:Eu^{2+}，Mn^{2+}：A potential tunable blue-white-red phosphors for white light-emitting diodes [J]. Physica B: Condensed Matter，2010，405 (3)：891-895.

[5] 柳伟，赵景泰. 水热合成新型硼磷酸盐化合物的研究进展 [J]. 无机化学学报，2003，23 (8)：797-800.

[6] Li Y, Yin J R, Dong L M, et al. Synthesis and luminescent properties of single white $Ba_3BP_3O_{12}$:Eu^{3+}，Dy^{3+} luminescent material for WLEDs [J]. Ferroelectrics，2022，589 (1)：80-90.

[7] 肖芬. 紫外激发白光LED荧光粉的制备及发光特性研究 [D]. 广州：华南理工大学，2011.

[8] 何洪. 硅酸盐基稀土发光材料的制备及其光谱特性与光谱调控 [D]. 南京：南京航空航天大学，2010.

[9] 赵玉晶. 溶胶凝胶法制备 Sr_2SiO_4：Dy^{3+}，Eu^{3+}荧光粉及其发光性能的研究 [D]. 北京：北京交通大学，2010.

[10] 于泓. 白光LED用硅酸盐荧光粉的合成与性能研究 [D]. 长春：吉林大学，2013.

[11] 吴静. LED用单基白光焦硅酸盐荧光粉的制备与发光性能 [D]. 长沙：湖南师范大学，2012.

[12] 杨小燕，李颖毅，胡江峰. 白光LED用碱土氯硅酸盐荧光粉的研究进展 [J]. 化工新型材料，2010，38 (9)：15-18.

[13] 宁清菊，郭芳芳，乔畅君. 白光LED $Ca_2SiO_3Cl_2$：Tb^{3+}单一基质荧光粉的制备及性能研究 [J]. 功能材料，2013，14 (44)：1995-2002.

[14] 章少华，周明斌，胡江峰. 近紫外光激发的白光LED用单基质硅酸盐荧光粉的研究进展 [J]. 材料导报，2009， 23 (5)：25-34.

[15] Zhang X Q, Dong L M, Tang X C, et al. Preparation and luminescent properties of single white $Ca_2MgSi_2O_7$:Eu^{3+}，Ce^{3+}，Tb^{3+} phosphor for WLED [J]. Advanced

Materials Research，2014，989-994：395-398.

［16］ 毛智勇，王达健，马亮．近紫外光激发的 $Ba_3MgSi_2O_8$：Eu^{2+}，Mn^{2+} 全色荧光材料的发光性质研究［J］．天津理工大学学报，2008，24（6）：9-12.

［17］ Thiyagarajan P，Ramachandra Rao M S. Cool white light emission on $Ca_{3-(l+n)}MgSi_2O_8$：Ce_l^{3+}，Eu_n^{2+} phosphors and analysis of energy transfer mechanism［J］. Appl Phys A，2010，99：947-953.

［18］ Zheng X，Fei Q N，Mao Z Y，et al. Incorporation of Si-N inducing white light of $SrAl_2Si_2O_8$:Eu^{2+}，Mn^{2+} phosphor for white light emitting diodes［J］. Science Direct，2011，29（6）：522-526.

［19］ 杨志平，刘鹏飞，宋延春，等．白光 LED 用 $Ba_3La(PO_4)_3Dy^{3+}$ 荧光粉的制备与发光性能［J］．发光学报，2013，34（1）：35-39.

［20］ Guo N，Zheng Y H，Jia Y C. A tunable warm-white-light $Sr_3Gd(PO_4)_3$:Eu^{2+}，Mn^{2+} phosphor system for LED-based solid-state lighting［J］. New Journal of Chemistry，2012，1（36）：168-172.

［21］ Won Y H，Jang H S，Im W B，et al. Tunable full-color-emitting $La_{0.827}Al_{11.9}O_{19.09}$：$Eu^{2+}$，$Mn^{2+}$ phosphor for application to warm white-light-emitting diodes［J］. Applied Physics Letters，2006，89（23）：231909-231911.

［22］ Mao Z Y，Wang D J. Color tuning of direct white light of lanthanum aluminate with mixed-valence europium［J］. Inorganic Chemistry，2010，49（11）：4922-4927.

［23］ 王锋超．钒酸盐基质白光 LED 用荧光粉的制备与发光性能研究［D］．长沙：中南大学，2012.

［24］ 林良武，江垚，孙心瑗，等．Eu^3，Tb^{3+} 共掺杂一维锗酸锶全色纳米荧光粉的水热合成及其光学性能［EB/OL］．北京：中国科技论文在线．［2013-01-29］．http://www.paper.edu.cn/releasepaper/content/201301-1142.